普通高等教育农业部“十三五”规划教材

普通高等教育“十一五”国家级规划教材

无土栽培学

第二版

郭世荣　主编

中国农业出版社

内容提要

本教材集中反映21世纪以来国内外无土栽培技术的新理论、新成果、新技术、新模式和新动态，着重介绍我国近年来所采用的先进、实用、节能、高效的无土栽培新设施、新技术和新模式。教材充分体现“基本”和“新”的原则，力求做到理论联系实际。

本教材分13章。主要讲授无土栽培技术的发展概况及其在农业中的地位，无土栽培的基本理论，营养液的组成及其配制和管理，固体基质的种类、性能和应用，无土育苗技术，常用无土栽培设施的结构、组成及管理，园艺作物的无土栽培技术，无土栽培与有机农业，以及无土栽培技术在其他方面的应用等。

本教材既是一本高等农林院校设施农业、植物生产类专业学生的适用教材，又可作为设施作物和园艺作物生产、科研、推广工作者和农业相关部门技术、管理人员实用的参考书。

数字课程使用方法

1. 注册并登录中国农业教育在线（www.ccapedu.com）。
2. 在高等教育-教材配套数字课程下搜索“无土栽培学”课程。
3. 输入封底所贴明码（图标网址下16位数字）及暗码（刮开涂层获取暗码），激活数字课程进行学习。
4. 课程码使用时限为自激活之日起1年，请及时激活畅享数字课程增值服务。

1　稳定理论基础

1.1　稳定性与屈曲的概念

1.1.1　稳定性的概念

平衡的稳定性概念可用图 1.1 所示的经典例子，即用钢球在曲面上的运动表现来加以定性说明（Timoshenko and Gere，1961 年）。当钢球处于凸曲面的顶端静止时[图 1.1(a)]，若其受到外界扰动力影响，则钢球会立即偏离其原始平衡位置，在重力分力 $P\sin\theta$ 的作用下沿着曲面滚下，最终钢球不会回到其原始平衡位置，即此时的钢球处于不稳定平衡状态（Unstable Equilibrium State）。当钢球处于凹曲面的底端静止时[图 1.1(b)]，若其受到外界扰动力影响，虽然钢球也会偏离其原始平衡位置，沿着曲面滚上或滚下，但在重力分力 $P\sin\theta$ 的作用下，最终钢球会静止下来，并回到其原始平衡位置，即此时的钢球处于稳定平衡状态（Stable Equilibrium State）。若外界扰动力作用于水平面静止的钢球时[图 1.1(c)]，钢球虽然也会偏离其原始平衡位置，但一旦去除外界扰动力，则钢球就会在新的位置停下来，即此时的钢球处于中性平衡状态（Neutral Equilibrium State），因为此时钢球的重心位置既没有被提升也没有被降低。

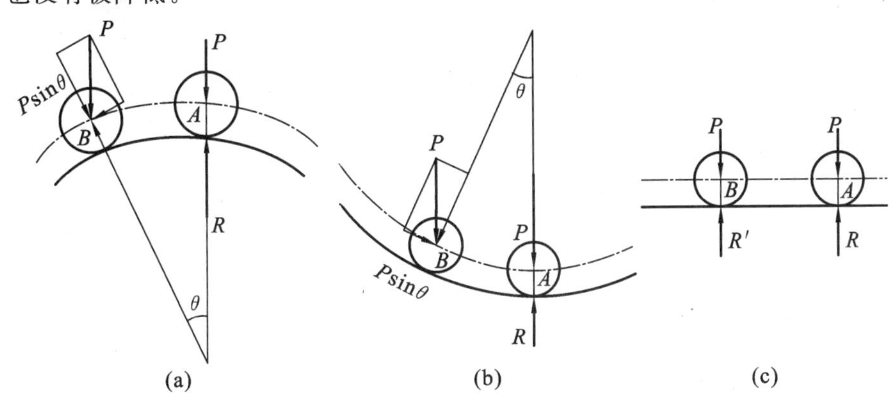

图 1.1　钢球的三种平衡状态

(a)不稳定平衡状态；(b)稳定平衡状态；(c)中性平衡状态

(1) 上述关于稳定与不稳定平衡状态的定义仅适合扰动力比较小，且扰动力的施加是比较缓慢的情况，即上述讨论仅限于静力平衡的稳定性问题。

与静力稳定性问题相对应，还有动力稳定性问题，比如轴向力为简谐动荷载的 Euler 柱的稳定性问题（图 1.2）。李亚普诺夫（Lyapunov）对动力稳定性的定义为：若任意时刻的运动（比如位移和速度）是有界的，则体系的运动就是稳定的，否则就是不稳定的。

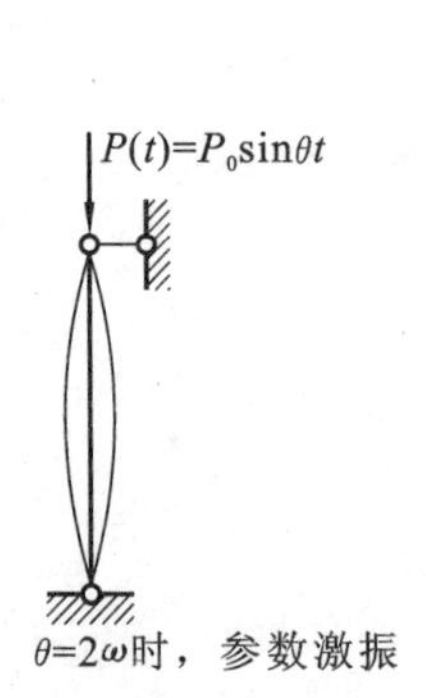

图 1.2　轴压杆的动力稳定性

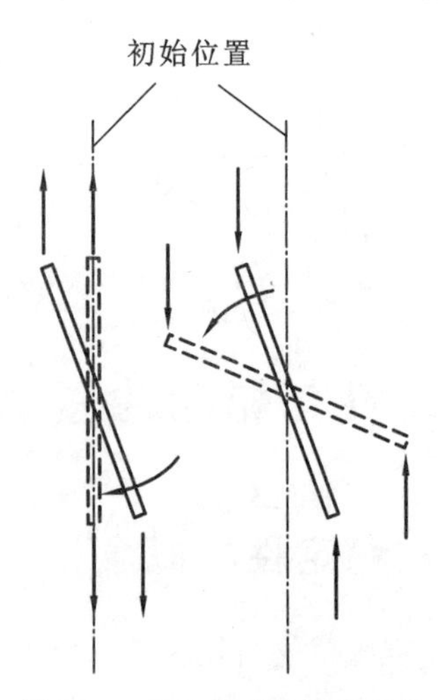

图 1.3　受拉杆件和受压杆件

(2) 关于失稳的驱动力

若没有重力的影响,比如钢圆盘放在地面上,则钢圆盘在任意位置都可能处在“中性平衡状态”,且与曲面形状无关。因此,此时重力是钢球失稳的驱动力。后面我们将看到,对于结构或构件的失稳而言,压应力是驱动力。即只要结构或构件存在压应力,则其必然会存在稳定问题。据此我们可以理解为图 1.3 所示的拉杆是稳定的,因为它即使受到外界(侧向)扰动力的影响,由于两端拉力的恢复力特性它也会回到铅直的平衡状态。

(3) 关于“稳定性”的进一步说明

虽然利用曲面上钢球的表现来介绍稳定性的概念比较通俗易懂,但本书的稳定理论是以钢梁、柱、框架等弹性体为研究对象的,因为不包括如下的刚体稳定性问题:

① 与几何组成相关的稳定性问题

几何组成分析中假设杆件为刚体,其分析的目的在于确定哪种组成是“结构”,哪种组成是“机构”。“结构”和“机构”仅一字之差,但其力学表现却是大相径庭。以图 1.4 所示的排架为例,虽然两者在重力荷载下都是处于平衡状态,但前者属于“机构”,因为其平衡是不稳定的,而后者是“结构”,因此其平衡是稳定的。

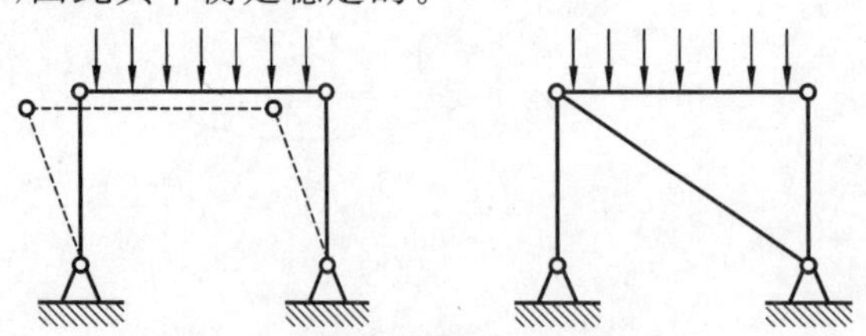

图 1.4　与几何构成相关的稳定性

② 与倾覆(Overturning)相关的稳定性问题

在倾覆分析中,一般假设构件是刚性的,即构件弹性对结果的影响可以忽略。以图 1.5 所示的单墩桥梁和对角点支承鞍形屋盖为例,倾覆分析的目的是研究水平荷载下桥梁或屋盖等的稳定性问题。

根据前述的刚体假设可知,与几何组成和倾覆相关的稳定性问题与构件的强度和刚度关系不大,因此这是一类特殊的刚体静力学问题,不在本书讨论范围之内。

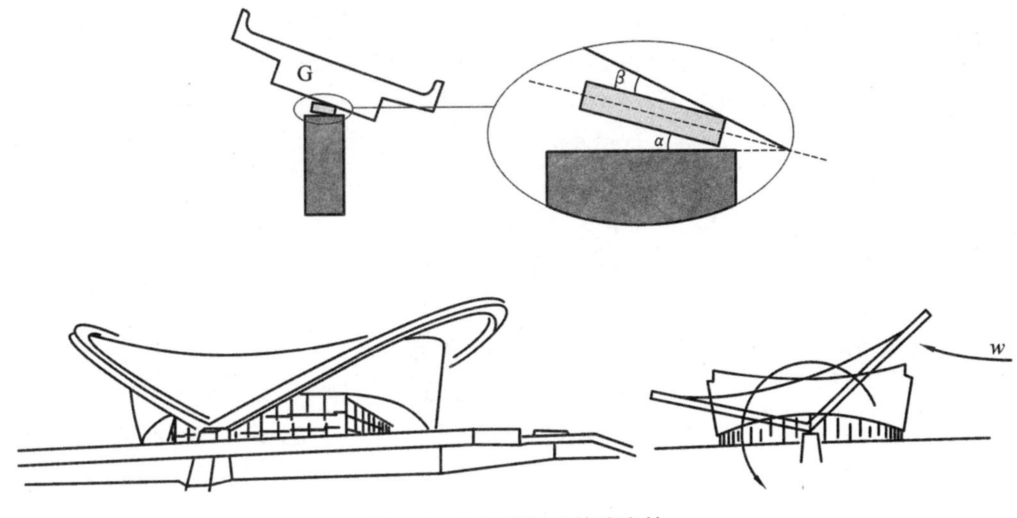

图 1.5 与倾覆相关的稳定性

1.1.2 屈曲的概念

若查阅相关英文文献，我们会发现早期的文献标题较多地采用了“稳定性”(Stability)，而近 40 年的文献标题则较多地采用了“屈曲”(Buckling)的概念。

一般认为，屈曲(Buckling)与失稳(Instability)同义。但不同学者对屈曲的定义也不尽相同。比如 T V Galambos 在其著作《钢结构稳定理论》(2008 年)中认为：失稳(Instability)是指荷载的小变化将导致位移的大变化；陈铁云和沈惠申在其著作《结构的屈曲》(1993 年)中对屈曲的定义为：当结构所受荷载达到某一值时，若增加一微小的增量，则结构的平衡位形(Configuration)将发生很大的变化，这种情况叫做结构失稳或屈曲(Buckling)，相应的荷载称为临界荷载或屈曲荷载。

一般来说，结构失稳后的承载能力有时可增大，有时则减小。这与荷载种类、结构的几何特征等因素有关。

实质上，若参照李亚普诺夫(Lyapunov)对稳定性的定义，屈曲荷载可直接依据运动无界，即位移无穷大的条件来确定，也可以按照如下的切线刚度为零的条件来确定。

【说明】

(1) 从刚度变化的角度来理解结构体系屈曲问题的本质

众所周知，结构体系的位移变化与体系的刚度改变密切相关。因此，屈曲的概念也可以通过结构体系的刚度变化来解释。R D Cook(1981 年)的解释参见本书的几何刚度矩阵讨论。

陈惠发在其著作《结构稳定》中指出：对于多自由度体系，体系的力和位移通过刚度矩阵联系起来。若刚度矩阵是正定的，则体系是稳定的；若刚度矩阵是负定的，则体系是不稳定的。刚度矩阵从正定到负定的转变点为中性平衡点，也称为稳定极限点(Stability Limit Point)。此时体系的切线刚度消失了，即切线刚度矩阵的行列式为零。此书还给出了如何利用切线刚度特征值等于零来确定屈曲荷载的数值算例。

(2) 临界荷载与屈曲荷载的区别

虽然众多学者都认为临界荷载(Critical Load)和屈曲荷载(Buckling Load)这两个术语

含义上相近，但个别欧美学者则认为两者之间还是存在一些微小差别的。比如 N G R Iyengar(1988 年)和 R D Ziemian(2010 年)认为临界荷载为通过稳定理论分析得到的发生分枝屈曲的荷载，比如 Euler 荷载，适合于理想结构(Idea Structures)，而屈曲荷载为偏压构件或者单元在使用中垮塌，或者在试验中屈曲的荷载，适合于实际结构(Real Structures)。C M Wang(2005 年)在其著作中还将 Euler 荷载称为临界屈曲荷载(Critical Buckling Load)。

1.2 失稳事故

由于钢材轻质高强，钢结构的构件通常比较柔细和单薄，易于发生屈曲(失稳)破坏。因此从 19 世纪末至今，钢结构工程技术史记录了许多重要的失稳事故和坍塌事件，这不仅加快了人们对于事故相关稳定问题的研究与探索，而且推动了钢结构稳定理论和设计方法的进一步完善与发展。

1.2.1 整体失稳事故

1875 年，俄国克夫达河的敞开式桁架桥因上弦压杆发生侧向失稳导致全桥发生破坏(图 1.6)。

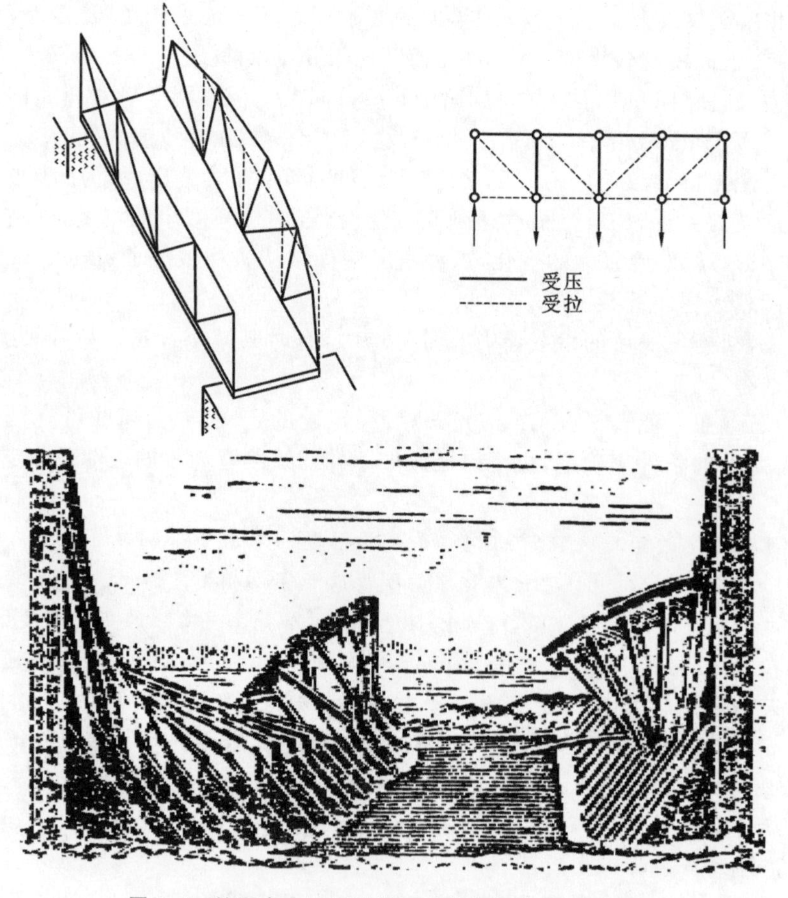

图 1.6 俄国克夫达河的敞开式桁架桥失稳后的状况

1940 年,美国塔科玛海峡吊桥(Tacoma Narrows Bridge)倒塌(图 1.7)。该桥于 1940 年 7 月 1 日通车,同年 11 月 7 日 11 点 10 分,主梁(板式钢梁)在中等风速下就被戏剧性地摧毁。桥梁垮塌时的风速仅为 18.8m/s,远低于设计风速 53.6m/s,这就是著名的空气动力失稳现象。这一奇特的失稳现象被一支摄影队有幸拍摄了下来(原始影像可以从网上查到)。实际上此事故与飞机机翼的颤振破坏类似,因而引起冯·卡曼、弗拉索夫(Vlasov)等著名学者的关注。冯·卡曼认为“卡曼涡街”可以用来解释此次事故;Vlasov 在其不朽的著作《弹性薄壁梁》中,基于薄壁构件弯扭振动方程,考虑了空气动力的影响,对塔科玛海峡吊桥的失稳事故进行了理论分析。

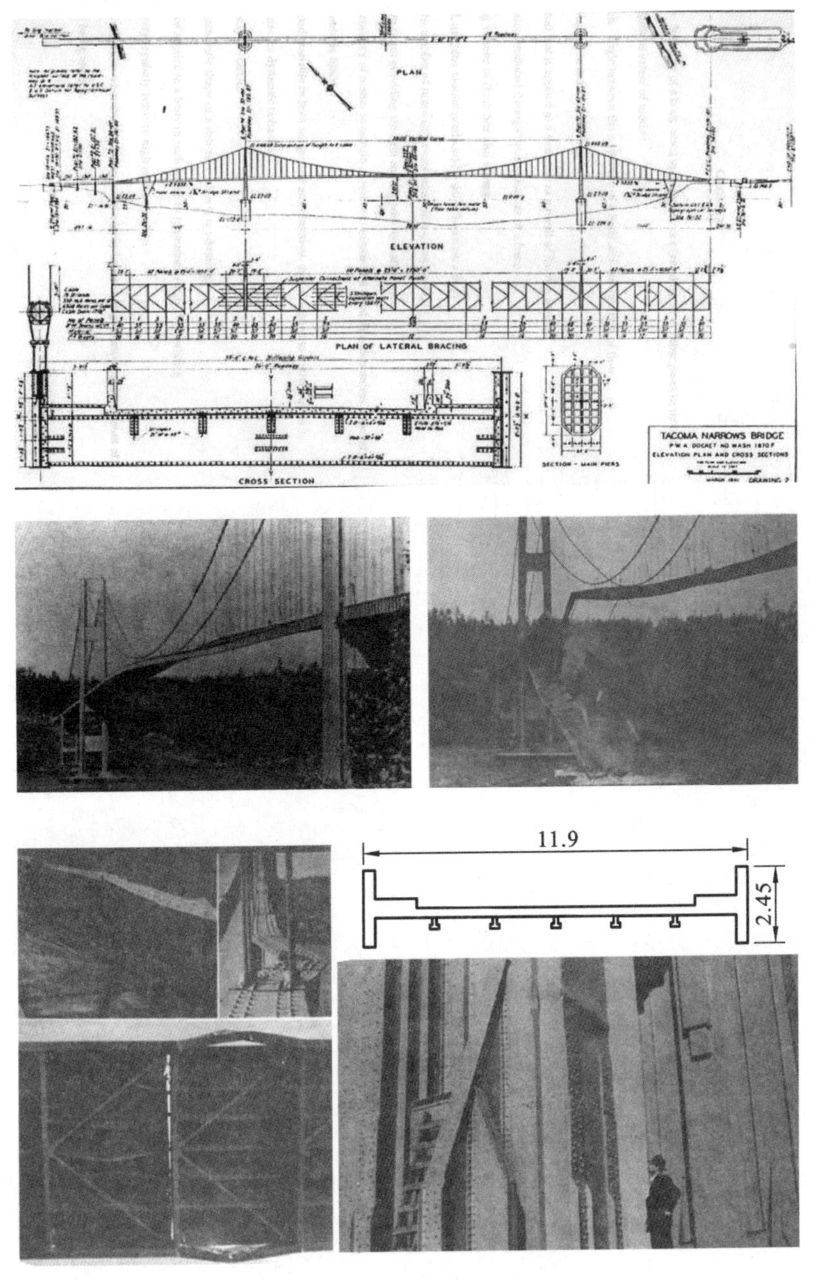

图 1.7 塔科玛海峡吊桥的倒塌

1963 年罗马尼亚布加勒斯特穹顶(Dome)倒塌。布加勒斯特穹顶于 1961 年建成,跨度约 93.6m,矢跨比约 1∶5。穹顶是由钢管杆件构成的单层网壳,其网格呈等边三角形,支承在沿圆形周边布置的混凝土柱上。为了节省组装成本,工程师设计了一种用金属丝绑扎的杆件连接方式。这种连接方式可简化节点构造,使构件都能贯通。然而此穹顶建成 17 个月后,于 1963 年 1 月 30 日晚整体倒塌。倒塌后,屋顶穹顶翻转成倒置的穹顶(图 1.8)。事后专家们认定,布加勒斯特穹顶的倒塌是由于弹性失稳所致。这种整体失稳就是著名的“跳跃屈曲”(Snap-Through Buckling)。

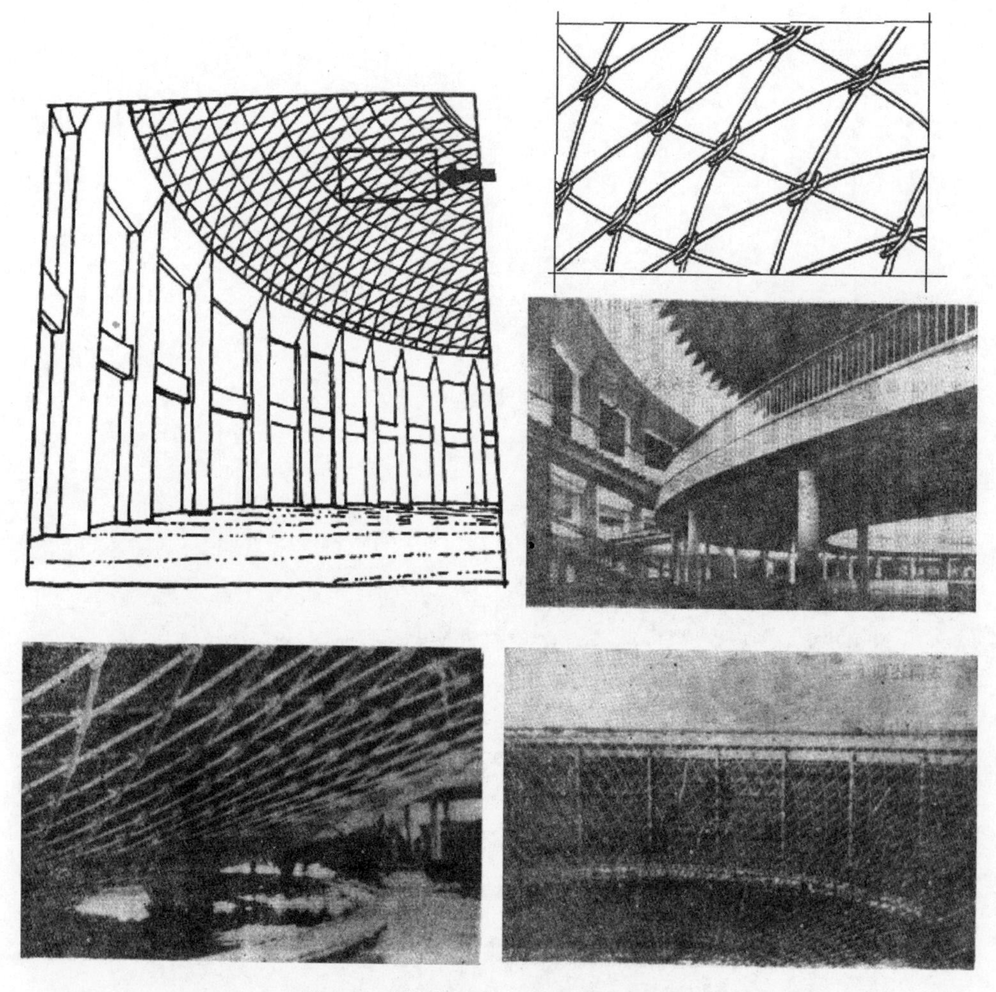

图 1.8　罗马尼亚布加勒斯特穹顶倒塌

1.2.2　构件失稳事故

1907 年 8 月,加拿大魁北克桥(The Quebec Bridge)架设阶段倒塌。此桥为钢桁架悬臂桥(Riveted Steel Truss Bridge)。在悬臂端的架设过程中,由于靠近柱墩的下弦杆(A9L)的屈曲而引发了严重的垮塌事故(图 1.9)。8 月 29 日下午 5:30,17000t 钢材坠入河中,75 人

(a)

(b)

图 1.9　加拿大魁北克钢桥

(a)倒塌前;(b)倒塌后的现场

遇难。桥梁倒塌仅用时 15s,其巨响在 10km 外都可以听到。1916 年该桥在架设中间桁架的过程中,因施工问题又一次倒塌(图 1.10)。

1925 年,苏联的莫兹尔桥在试车时由于压杆失稳而发生严重事故(图 1.11)。

1978 年,美国哈特福德(Hartford)体育馆网架倒塌。该体育馆于 1973 年建成,其屋盖跨度为 91m×110m,结构形式为正放四角锥的空间网架,采用了再分式腹杆体系,网格尺寸约 9m(偏大)。屋盖由四根立柱点式支承。1978 年 1 月 18 日凌晨(4:19 a.m.),该体育馆网架整体轰然倒塌。顷刻间 1400t 钢材、石膏板吊顶和建筑屋面材料砸在 1 万个空座位上。所幸当时场馆内无人,否则后果不堪设想。倒塌的原因是端部上弦杆(十字形截面)的失稳所致(图 1.12)。

图 1.10　加拿大魁北克钢桥的第二次事故

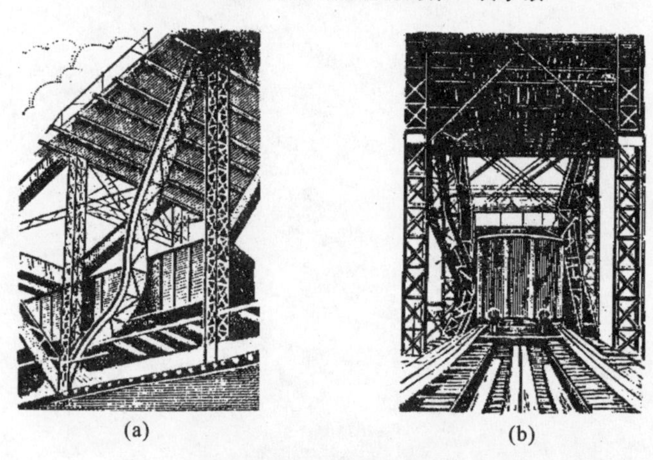

图 1.11　苏联莫兹尔桥失稳后桁架的变形情况

(a)侧视图;(b)截面图

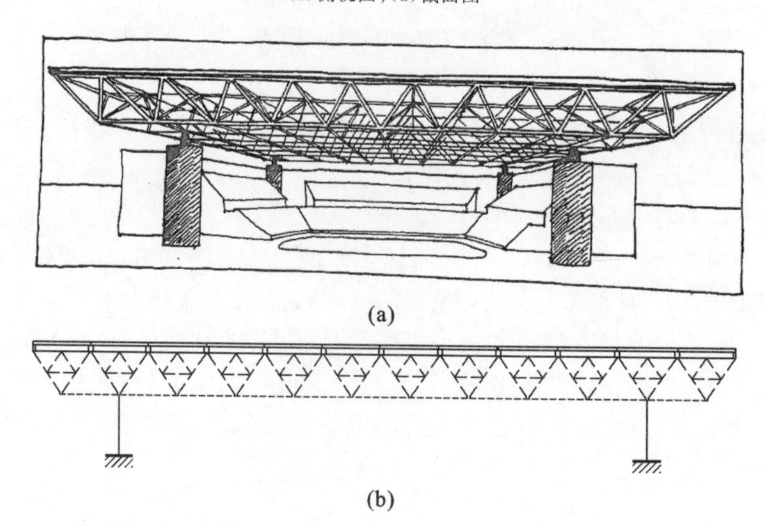

(c)

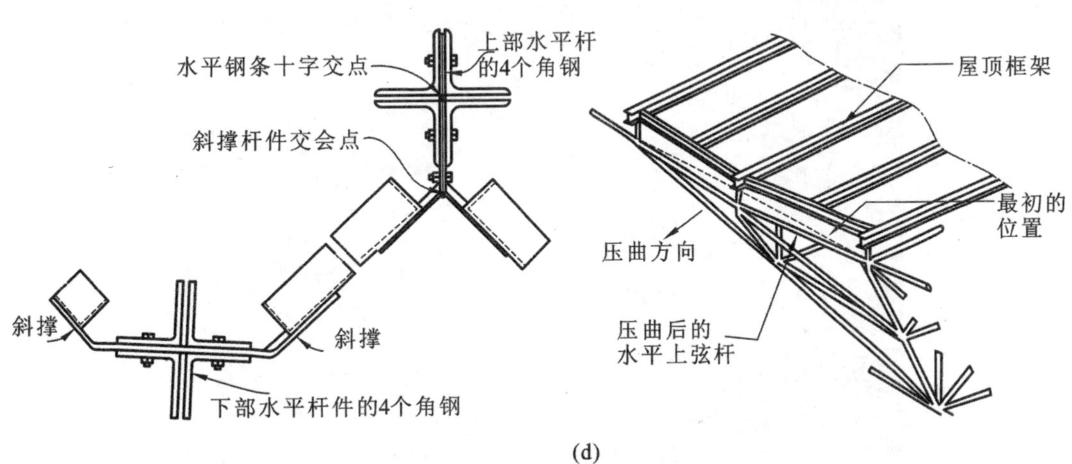

(d)

图 1.12　哈特福德(Hartford)体育馆网架失稳破坏

1990年2月16日下午，大连某工厂的梭形轻钢屋架，因受压腹杆失稳破坏而倒塌(图1.13)，42人死，179人伤。该工厂的四楼会议室(14.4m×21m)屋盖共有四榀梭形轻型屋架，跨度为14.4m，参照《轻型钢屋架设计资料集》设计。倒塌是由于图1.13(b)所示的边跨屋架的14号斜腹杆屈曲所致。

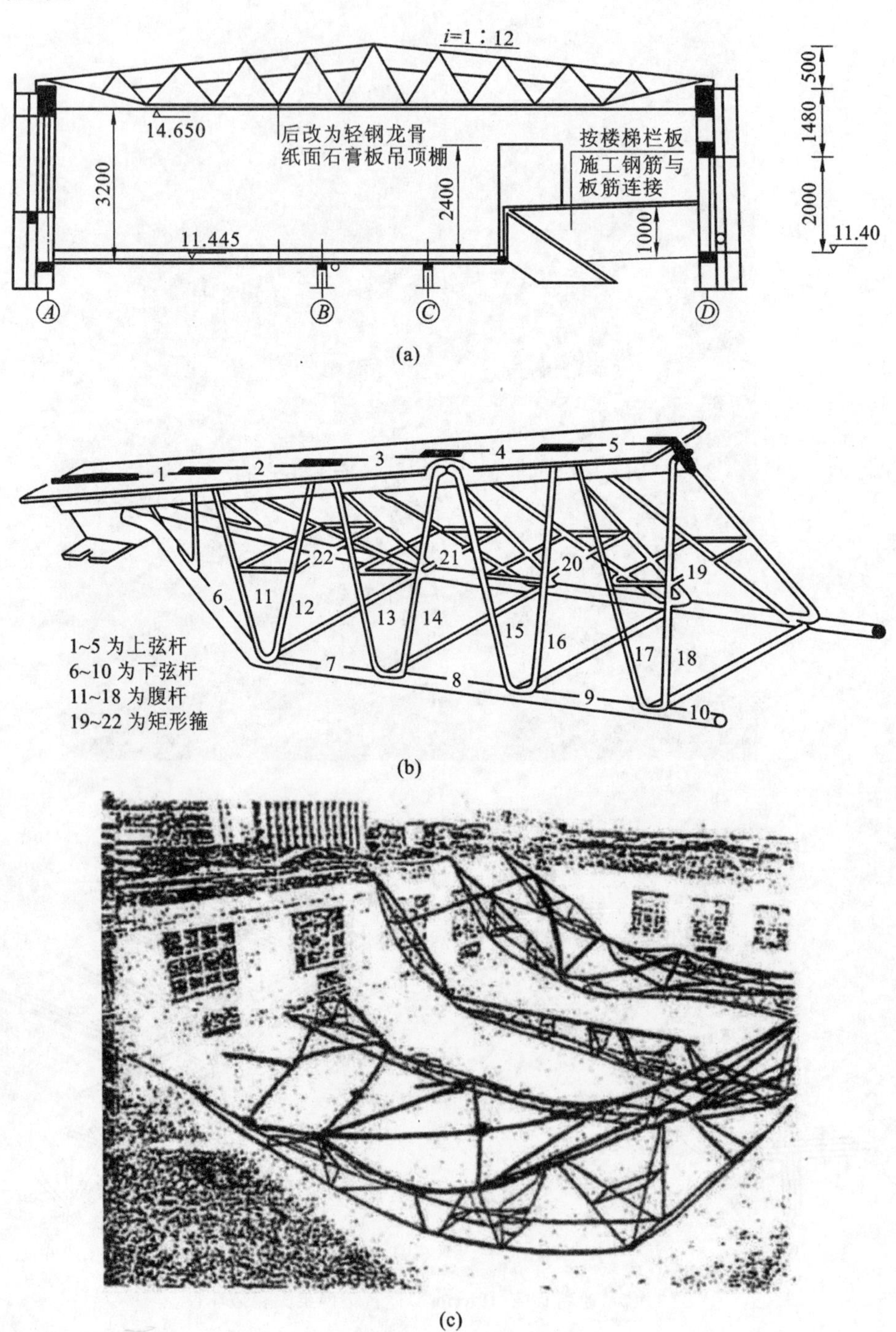

(d)

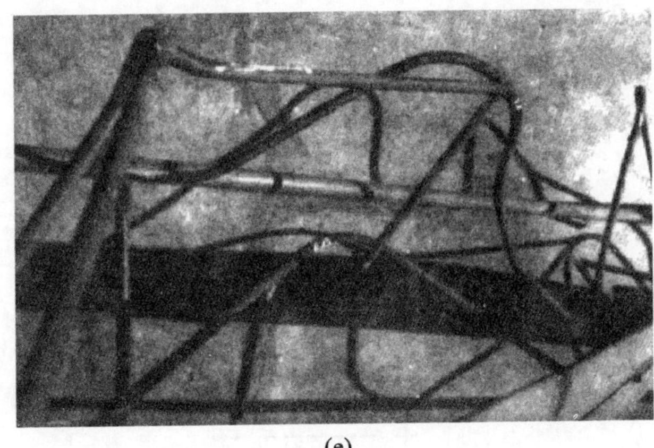

(e)

图 1.13 大连某工厂梭形轻钢屋架失稳破坏

1.3 稳定问题的类型与屈曲准则

1.3.1 稳定问题的类型

（1）按荷载性质分

按荷载大小是否变化，可将稳定问题分为动力稳定性（随时间变化）和静力稳定性（不随时间变化）。

按荷载方向是否变化，可将稳定问题分为非保守力稳定性（变化）和保守力稳定性（恒定）。

（2）按材料工作状态不同，可将稳定问题分为弹性稳定和非弹性稳定。

（3）按屈曲的部位分

对于复杂的结构体系而言（参见前述的失稳事故），可分为整体稳定和杆件稳定。对于钢梁而言，可分为整体屈曲、局部屈曲和畸变屈曲。

（4）按荷载-位移曲线分

对于静力稳定性问题而言，根据荷载-位移曲线可以将稳定问题分为以下三类：

① 分枝屈曲（Bifurcation Buckling）

所谓分枝屈曲就是荷载-位移曲线具有两种以上平衡路径的屈曲现象。以图 1.14 所示的理想轴心受压构件的荷载-位移曲线为例，图中 A 点就是分枝点。与此点对应的荷载称为构件的临界荷载。由图 1.14(a)可见，当荷载到达 A 点后，荷载-位移曲线出现了“岔道”，即呈现了三种可能的平衡路径：直线 AC（跨中挠度 v 为零）、水平线 AB（v 为正）或者水平线 AB'（v 为负），这就是分枝屈曲概念的由来。与上述平衡路径对应，理想轴心受压构件有两种平衡状态，即直线平衡状态[图 1.14(b)]和微弯平衡状态[图 1.14(c)]。前者适合常规的静力分析，后者适合不同屈曲分析，即对于弹性分枝屈曲问题而言，其屈曲荷载仅能通过研究微弯平衡状态才可以获得。历史上这类稳定问题也曾被称为“第一类稳定问题”，因为这是历史上最早被研究的一类稳定问题。

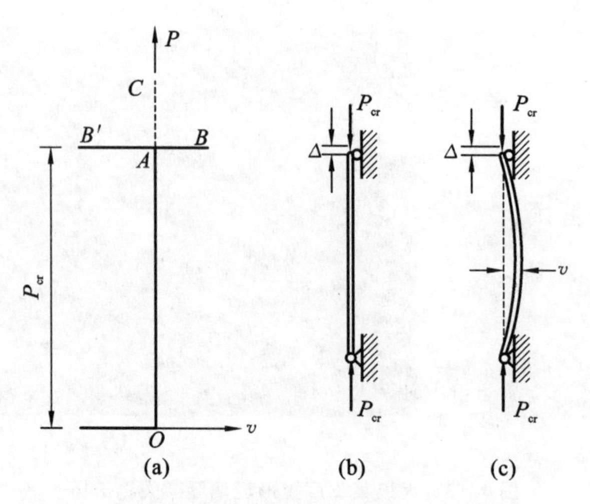

图 1.14　理想轴心受压构件的荷载-位移曲线

与理想压杆屈曲类似，钢拱的平面内非对称屈曲[图 1.15(a)]、框架的侧移屈曲[图 1.15(b)]和薄壁钢梁的平面外弯扭屈曲[图 1.15(c)]都属于分枝屈曲。属于这一类屈曲的还有中面内受压平板的失稳(图 1.16)、受压桅杆的失稳(图 1.17)和倒 L 形刚架的失稳(图 1.18)。

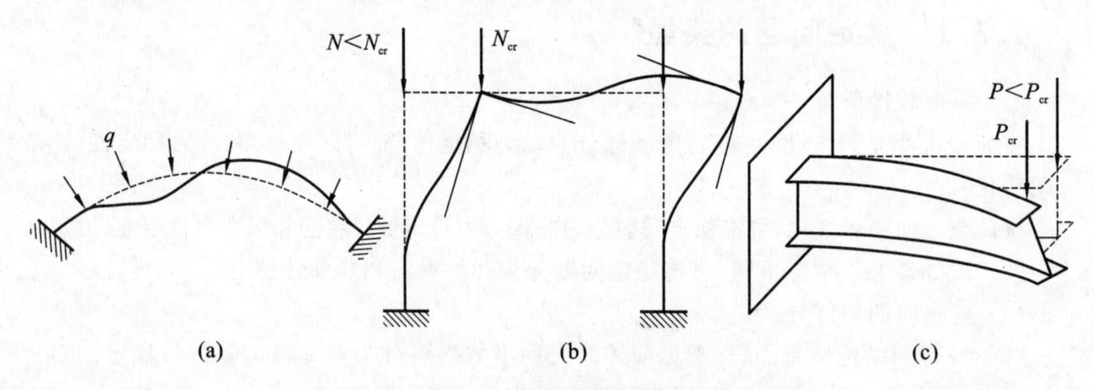

图 1.15　分枝屈曲的示例

(a)拱屈曲；(b)框架屈曲；(c)梁屈曲

虽然前述的例子都属于分枝屈曲的例子，但实践和试验都证明，它们屈曲后(Post-Buckling)的性能却不尽相同。据此还可将分枝屈曲进一步分为两大类：具有对称屈曲后性能的屈曲(图 1.17)和具有不对称屈曲后性能的屈曲(图 1.18)。

② 极值荷载屈曲(Limit Load Buckling)

所谓极值荷载屈曲就是荷载-位移曲线存在 1 个极值点的屈曲现象。以图 1.19 所示的偏心受压构件的荷载-位移曲线为例，它由两段曲线构成，即上升段 OA 曲线(稳定平衡状态)和下降段 AB 曲线(不稳定平衡状态)，因此存在 1 个极值点 A。与 A 点对应的荷载称为构件的极限荷载。与前述的分枝屈曲不同，此时的 A 点不存在两种以上的平衡路径，且从 OA 段转化到 AB 段，构件始终处于压弯变形状态，故此失稳也称为极值点失稳。历史上此类稳定问题也曾被称为“第二类稳定问题”。

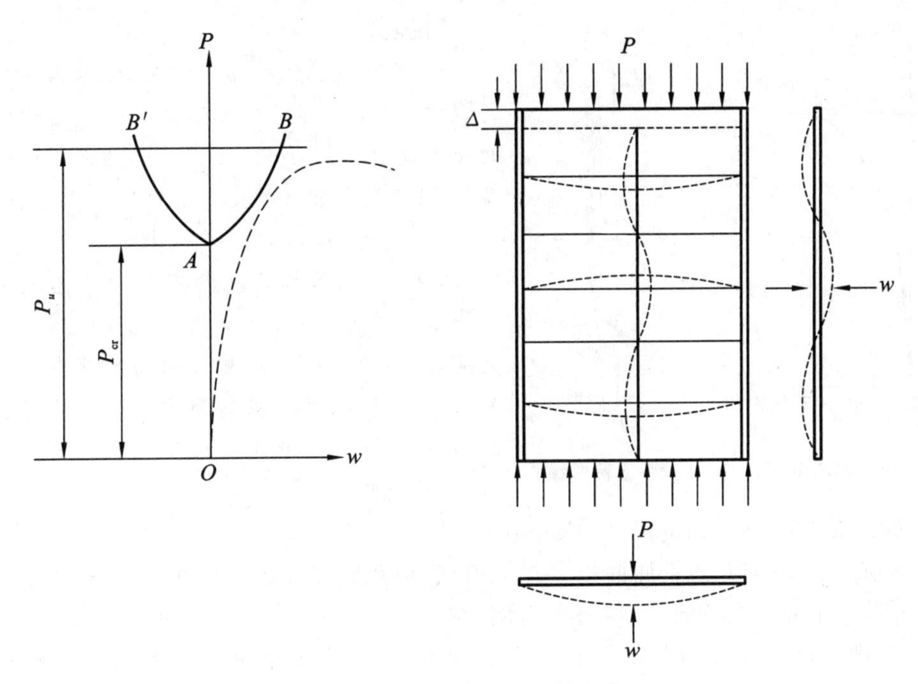

图 1.16 中面内受压平板失稳

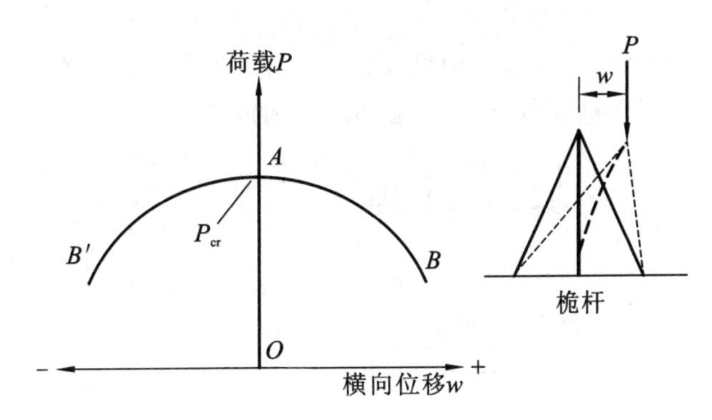

图 1.17 受压桅杆失稳

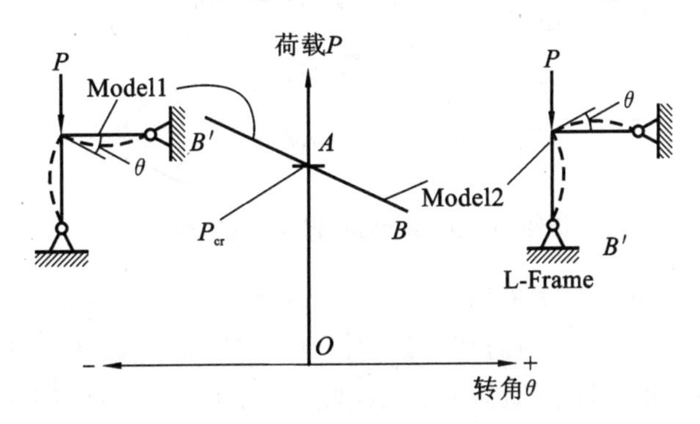

图 1.18 倒 L 形刚架失稳

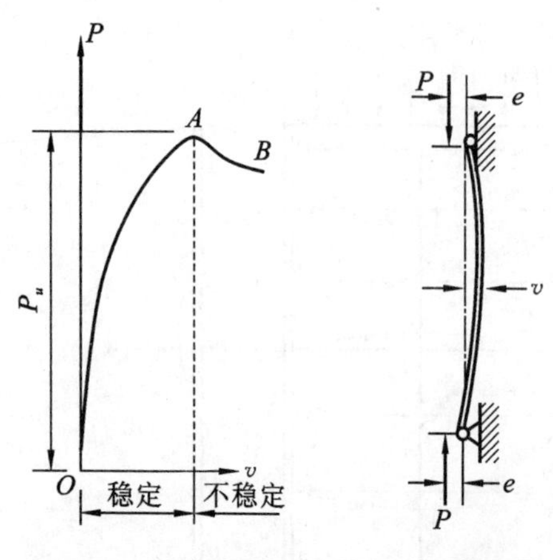

图 1.19 偏心受压构件的荷载-位移曲线

【说明】

a. 下降段 AB 的物理意义是，只有不断减小荷载方能维持平衡，而实际上当荷载达到极值点时是不能自动变小的，因此，与钢球从凸面滚落类似，AB 段实质上是处于不稳定平衡状态。

b. 对于偏压构件而言，极值点对应的荷载（极限荷载）既是构件从稳定平衡状态到不稳定平衡状态的转换点，也是构件实际能够承受的最大荷载，即此类极值点屈曲问题不存在可以利用的后屈曲强度，因此根据西方学者对临界荷载和屈曲荷载的定义，此时将极限荷载称为屈曲荷载（Buckling Load）比较恰当。

③ 跳跃屈曲（Snap-through Buckling）

与极值点屈曲类似，跳跃屈曲也存在极值点，但跳跃屈曲存在两个极值点。以图 1.20 所示均布荷载下扁拱的荷载-位移曲线为例，它由 OA、AB 和 BC 三段曲线组成，且存在两个极值点，即上极值点 A 和下极值点 B，分别代表直线平衡状态和倒拱（即扁索）平衡状态。显然，由 A 点到 B 点，为了维持平衡，荷载必须不断减小，因而路径 AB 是不稳定的。所以，当荷载增大到达 A 点时会突然跳跃到 C 点，即瞬间由扁拱变为一个具有很大变形的倒拱（即扁索）。这个屈曲现象与前述的布加勒斯特穹顶倒塌（图 1.8）类似。为此可将上极值点 A 对应的荷载定义为扁拱的屈曲荷载（Buckling Load）。

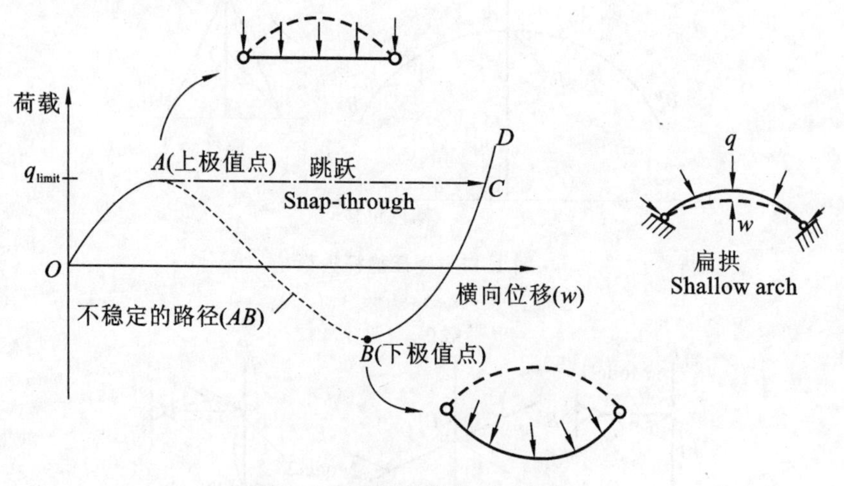

图 1.20 扁拱的荷载-位移曲线

扁球壳或者扁平的单层网壳有可能发生跳跃屈曲。图 1.21(a)是单层网壳的整体跳跃屈曲，而图 1.21(b)是单层网壳的局部跳跃屈曲或者节点跳跃屈曲。对于大跨度门式刚架而言，其屈曲特性与扁拱类似，因此，当门式刚架的横梁坡度较小且两端立柱抗弯刚度较弱时，极易发生图 1.21(c)所示的整体跳跃屈曲。

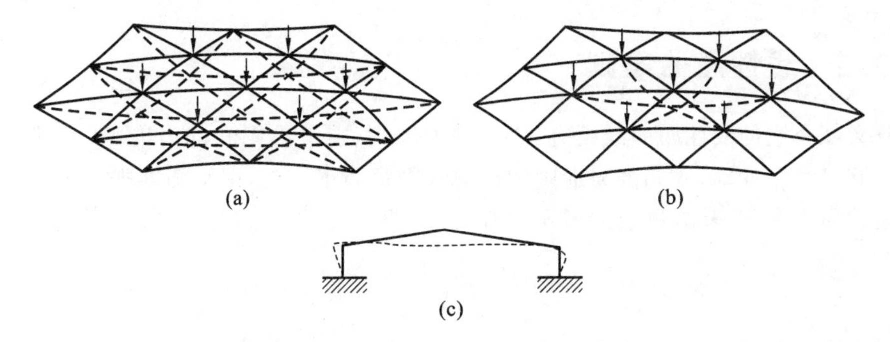

图 1.21　跳跃屈曲的例子

【说明】

虽然跳跃屈曲有两个极值点，但仍可用极值点来定义屈曲荷载。因此，有人认为跳跃屈曲与前述的极值荷载屈曲有一定的相似性，实质上，两者的屈曲后性能还是有较大区别的。首先，屈曲形态不同。极值荷载屈曲形态与构件原始形态类似，而跳跃屈曲形态与原始形态完全不同，比如受压的坦拱(矢跨比小于 1/10 的拱)会瞬间变为受拉的坦索(垂跨比小于1/10的悬索)。其次，屈曲后的平衡状态不同。极值荷载屈曲后将立即进入不稳定平衡状态，但跳跃屈曲后则立即由不稳定平衡状态“跳跃”至一个新的稳定平衡状态。前者实质意味着“结构发生了破坏”，后者虽然理论上还有继续承载的可能，但实际上因形状发生了质变，故此时结构已无使用价值。

(5) 按几何变形大小分

根据几何变形大小不同，稳定问题可分为线性屈曲(分枝屈曲)和非线性屈曲，非线性屈曲又可分为极值屈曲和跳跃屈曲。

所谓线性屈曲是指荷载-位移曲线存在突变的一类屈曲问题[图 1.22(a)]，其屈曲荷载仅能通过线性特征值分析而得到，故也称之为线性特征值屈曲。目前一般的有限元软件都设置了相应的特征值屈曲分析模块。力学上一般将线性屈曲称为分枝屈曲。

所谓非线性屈曲是指荷载-位移曲线(连续曲线)为非线性的且仅存在极值点的屈曲问题，数学上属于非线性特征值问题，力学上其屈曲荷载可由荷载-位移曲线的峰值点[图 1.22(b)]来确定，其中非线性荷载-位移曲线只能借助非线性数值分析(如非线性有限元分析)来获得。

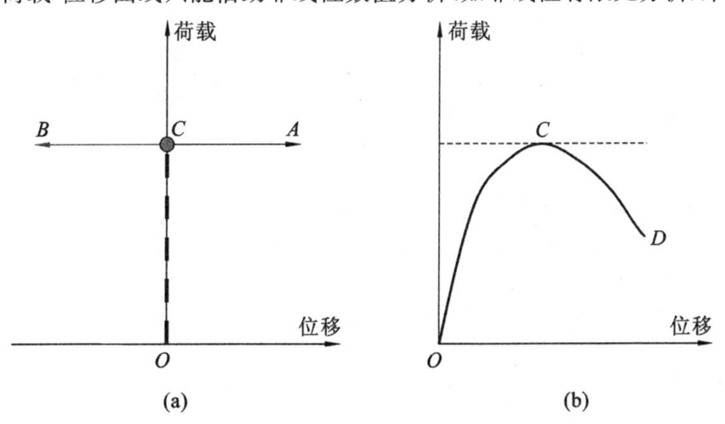

图 1.22　线性屈曲与非线性屈曲

(a)线性屈曲(分枝屈曲)；(b)非线性屈曲(极值屈曲)

1.3.2 线性屈曲准则

一般文献介绍的线性屈曲准则有三个：静力准则、能量准则和动力准则。实际上，这样的划分不够科学和准确，比如静力准则和动力准则都属于一类，即平衡准则。

以运动质点为例，其具体表述形式也有两种，即

平衡准则（牛顿第二定律）
$$F=m\left(\frac{\mathrm{d}^2 v}{\mathrm{d}t^2}\right) \tag{1.1}$$

能量准则（Hamilton 原理）
$$\delta \Pi=\int_{t_1}^{t_2}\left\{\delta\left[\frac{1}{2}m\left(\frac{\mathrm{d}v}{\mathrm{d}t}\right)^2\right]-F\cdot\delta v\right\}\mathrm{d}t=0 \tag{1.2}$$

利用变分法可以证明两者是等价的。

基于上述认识，作者提出线性屈曲准则应有两大类：平衡准则和能量准则。此外，还可按照静力学和动力学观点细分为四种：

① 静力学平衡形式的静力平衡准则；

② 静力学能量变化的静力能量准则；

③ 动力学平衡形式的动力平衡准则；

④ 动力学能量变化的动力能量准则。

【例题 1.1】 图 1.23(a)中 AB 为等截面的刚性杆（$EA\rightarrow\infty$，$EI\rightarrow\infty$），长度为 l，沿铅直方向放置，其单位长度的分布质量为 $\overline{m}$=常数。顶部与水平放置的弹簧（弹性系数为 k）相连，弹簧的另一端则用销钉和固定壁面中的无摩阻的滑槽相连接。若顶部铅直方向作用有一个保向力 P。试求其临界荷载 P_{cr}。

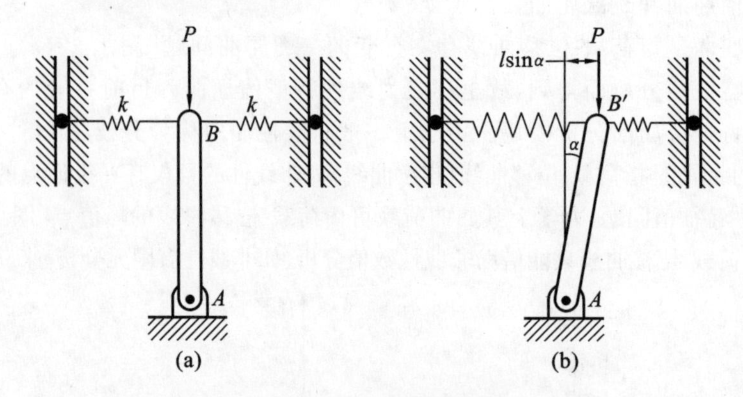

图 1.23 SDOF 屈曲问题

【解】 取铅垂平衡状态为初始平衡状态，而邻近的倾斜状态为微弯平衡状态。

在图 1.23(b)所示的微弯平衡状态下，选取倾斜角 α 为未知量。

根据几何关系可以求得

$$\Delta_h=l\sin\alpha\approx l\alpha \tag{1.3}$$

$$\Delta_v=l(1-\cos\alpha)\approx l\left(\frac{\alpha^2}{2!}-\frac{\alpha^4}{4!}+\cdots\right)\approx\frac{l\alpha^2}{2} \tag{1.4}$$

上式利用了如下的级数展开关系

$$\cos\alpha \approx 1-\frac{\alpha^2}{2!}+\frac{\alpha^4}{4!}-\cdots \tag{1.5}$$

(1) 静力平衡准则

利用静力平衡条件

$$\sum M_A = 0 \tag{1.6}$$

得到

$$P \cdot \Delta_h - k\Delta_h \cdot l = 0 \tag{1.7}$$

解得

$$P_{cr} = kl \tag{1.8}$$

(2) 静力能量准则

应变能

$$U=\frac{1}{2}k\Delta_h^2=\frac{1}{2}k\ (l\alpha)^2=\frac{1}{2}kl^2\alpha^2 \tag{1.9}$$

外力势能

$$W=-P \cdot \Delta_v=-Pl\frac{\alpha^2}{2} \tag{1.10}$$

总势能

$$\Pi=U+W=\frac{1}{2}kl^2\alpha^2-Pl\frac{\alpha^2}{2} \tag{1.11}$$

利用 $\delta\Pi=0$ 的条件,有

$$\delta\Pi=kl^2\alpha-Pl\alpha=0 \tag{1.12}$$

或者

$$(kl-P)\alpha=0 \tag{1.13}$$

求得

$$P_{cr}=kl \tag{1.14}$$

(3) 动力平衡准则

惯性力矩

$$M_I=I_m \cdot \ddot{\alpha}(t)=\frac{\overline{m}l^3}{12}\ddot{\alpha}(t) \tag{1.15}$$

惯性力

$$f_I=\overline{m}l \cdot \frac{1}{2}\ddot{\Delta}_h=\overline{m}l \cdot \frac{1}{2}\ddot{\alpha}(t)l=\frac{\overline{m}l^2}{2}\ddot{\alpha}(t) \tag{1.16}$$

其中,$\ddot{\alpha}(t)=\frac{\mathrm{d}^2\alpha(t)}{\mathrm{d}t^2}$。

利用动力平衡条件

$$M_I+f_I \cdot \frac{l}{2}-P \cdot \Delta_h+k\Delta_h \cdot l=0 \tag{1.17}$$

得到

$$\frac{\overline{m}l^3}{12}\ddot{\alpha}(t)+\frac{\overline{m}l^3}{4}\ddot{\alpha}(t)+kl^2\alpha(t)-Pl\alpha(t)=0 \tag{1.18}$$

或者

$$\frac{\overline{m}l^3}{3}\ddot{\alpha}(t)+(kl^2-Pl)\alpha(t)=0 \tag{1.19}$$

或者

$$m^*\ddot{\alpha}(t)+k^*\alpha(t)=0 \tag{1.20}$$

其中，$m^*=\frac{1}{3}\overline{m}l^3$；$k^*=kl^2-Pl$，分别称为广义质量和广义刚度。

相应的 $t=0$ 时刻的运动状态，即初始条件(Initial Condition)为

$$初位移\ \alpha(0)=\alpha_0\ 和初速度\ \dot{\alpha}(0)=\dot{\alpha}_0 \tag{1.21}$$

若令

$$\omega^2=k^*/m^* \tag{1.22}$$

并将方程式(1.20)两边同时除以 m^*，得

$$\ddot{\alpha}(t)+\omega^2\alpha(t)=0 \tag{1.23}$$

设式(1.23)解的形式为

$$\alpha(t)=Ge^{st}\quad(G\ 为常数) \tag{1.24}$$

则

$$\ddot{\alpha}(t)=s^2\cdot Ge^{st} \tag{1.25}$$

代入式(1.23)，得

$$(s^2+\omega^2)Ge^{st}=0 \tag{1.26}$$

解得

$$s=\pm i\omega \tag{1.27}$$

根据常系数微分方程理论，式(1.23)的解可写为指数函数形式

$$\alpha(t)=G_1e^{i\omega t}+G_2e^{-i\omega t} \tag{1.28}$$

引入 Euler 方程

$$e^{\pm i\omega t}=\cos(\omega t)\pm i\sin(\omega t) \tag{1.29}$$

可将式(1.28)的转角改写为常用的三角函数形式

$$\alpha(t)=A_1\sin(\omega t)+A_2\cos(\omega t) \tag{1.30}$$

角速度为

$$\dot{\alpha}(t)=A_1\omega\cos(\omega t)-A_2\omega\sin(\omega t) \tag{1.31}$$

其中，A_1、A_2 为两个待定常数，可根据两个初始条件(1.21)求出，即

$$\alpha(0)=\alpha_0=A_1\sin0+A_2\cos0，有\ A_2=\alpha_0$$

$$\dot{\alpha}(0)=\dot{\alpha}_0=A_1\omega\cos0-A_2\omega\sin0，有\ A_1=\dot{\alpha}_0/\omega$$

从而

$$\alpha(t)=\frac{\dot{\alpha}_0}{\omega}\sin(\omega t)+\alpha_0\cos(\omega t) \tag{1.32}$$

若令初速度为零，即 $\dot{\alpha}_0=0$，则有

$$\alpha(t)=\alpha_0\cos(\omega t) \tag{1.33}$$

【说明】

① 当 $kl^2>Pl$ 时，频率 $\omega=\sqrt{\dfrac{3(kl^2-Pl)}{\overline{m}l^3}}=\omega_0>0$。可见，随着竖向力 P 的逐步增加，频率 ω 呈现逐步降低的趋势。只要满足 $kl^2>Pl$ 的条件，刚性杆的振动都是稳定的，即随着时间的增长振幅维持不变，相应的平衡状态为稳定平衡状态。

② 当 $kl^2<Pl$ 时，频率 $\omega=\mathrm{i}\omega_0$，相应的振动位移变化规律变为

$$\alpha(t)=\alpha_0\cos(\mathrm{i}\omega_0 t)=\alpha_0\cosh(\omega_0 t) \tag{1.34}$$

显然，随着时间的增长，振幅将不断增大，即振幅最终是无限大。此时，刚性杆的振动是不稳定的，相应的平衡为不稳定平衡状态。

③ 当 $kl^2=Pl$ 时，频率 $\omega=0$，相应的振幅为常量，即

$$\alpha(t)=\alpha_0\cos(0\cdot t)=\alpha_0 \tag{1.35}$$

随着时间的增长振幅不变。此时，刚性杆的平衡为中性平衡状态，从而求得临界荷载为

$$P_{cr}=kl \tag{1.36}$$

研究表明：对于变形体系，在保守力作用下上述两类线性屈曲准则给出的屈曲荷载相同。然而，对非保守力此结论却不一定总正确。典型的反例之一就是顶部有切向跟随力作用下Beck悬臂柱的屈曲问题(图1.24)，由静力平衡准则和静力能量准则都得到此类柱子不会屈曲的结论，而Beck则利用动力平衡准则得到了此类柱屈曲荷载的正确解答。因此，对于弹性系统而言，使外力具有势能是十分重要的，不然的话，静力平衡准则和静力能量准则都可能导致错误的结论。关于Beck柱屈曲的动力平衡准则以及动力能量变分模型详见本书第6章。

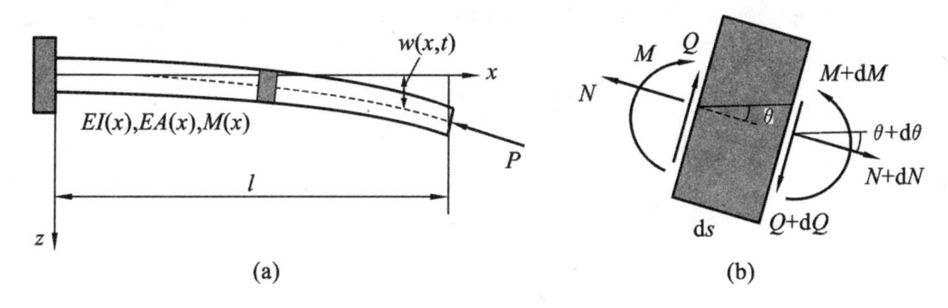

图1.24 切向跟随力作用下Beck柱屈曲问题

1.3.3 简化分析方法

众所周知，非线性屈曲分析的关键是获取荷载-位移全过程曲线。虽然目前ABAQUS、ANSYS等大型通用有限元软件非常强大，已能胜任大部分的非线性屈曲分析任务，并可利用弧长法获得较为精确的荷载-位移全过程曲线，但它毕竟属于一种数值实验方法，缺乏直观性和普适性，也无法从机理上解释各种复杂屈曲现象。实际上，在非线性稳定理论的发展历程中，人们曾提出和建立了多种简化分析方法。本节将介绍其中6种常见的简化分析方法，其目的是说明各种简化分析方法的近似程度，以及它们相互间的联系和差别。掌握这些方法有助于人们从宏观层次判断非线性有限元数值模拟结果的正确性，也利于从机理上了解相关的失稳现象。

【说明】

在下面各种分析方法中，当平衡方程按结构变形前的轴线建立时，称为一阶，也称为几何线性；当平衡方程按结构变形后的轴线建立时，称为二阶，也称为几何非线性。为了避免名称过于冗长，此处参照西方学者的叫法，定名为一阶(First Order)和二阶(Second Order)。

以图 1.25(a)所示的悬臂柱为例，该悬臂构件受轴向力 P 和横向力 αP 同时作用，属于比例加载，此时 α 为比例常数。可以证明，对于图 1.25(c)所示横梁刚度无限大的简单框架，若忽略两根柱中轴向力的差异(当 α 不大时，此差异很小)，则其工作性能与图 1.25(a)中的悬臂构件是完全相同的。

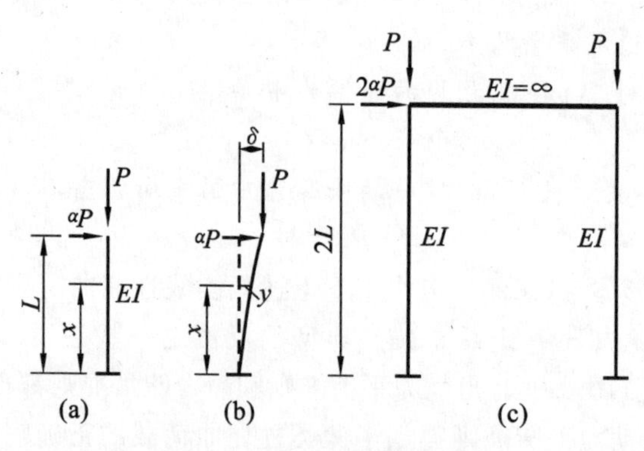

图 1.25　悬臂柱与简单框架

(1) 一阶弹性分析

在此法中，力的平衡按变形前轴线建立，而构件的位移按弹性公式确定。参照图 1.25(b)，构件任一截面处的弯矩为

$$M=\alpha P(L-x) \tag{1.37}$$

从而可得如下的微分方程模型

$$EIy''[x]=\alpha P(L-x), y[0]=0, y'[0]=0 \tag{1.38}$$

其解为

$$y[x]=\frac{\alpha P(3Lx^2-x^3)}{6EI} \tag{1.39}$$

自由端的侧移为

$$\delta=\frac{\alpha PL^3}{3EI} \tag{1.40}$$

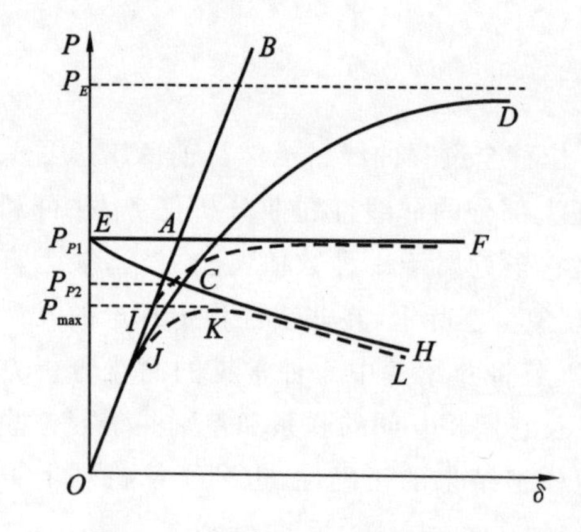

图 1.26　悬臂柱的 6 种分析方法

据此可得 P-δ 曲线如图 1.26 中的直线 OAB 所示，即 P 与 δ 呈线性关系。

这一方法看起来似乎过于粗糙，但如果对照图 1.25(c)中的简单框架，则可发现这一方法其实就是目前工程实践中分析框架时普遍应用的方法，即经典的材料力学和结构力学方法。

(2) 一阶刚-塑性分析

在刚-塑性分析中，认为构件的弹性变形可以忽略，为此可假设构件截面的弯矩-曲率关系(M-ψ

曲线)由竖直线和水平线两段组成[图 1.27(a)]。水平线对应的弯矩为有轴向力 P 存在时截面的极限弯矩(M_{pc})。通常 M_{pc} 随着 P 值的增大而减小,因此图 1.27(a)中一系列平行的水平线对应不同的 P 值。

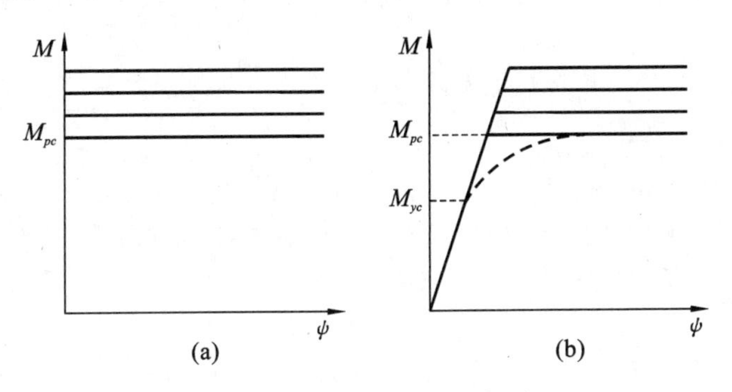

图 1.27　截面的弯矩-曲率关系

当截面弯矩未达到 M_{pc} 时,假定截面无相对转动。一旦弯矩达到 M_{pc} 值,该截面将形成塑性铰,此时截面即在弯矩保持不变的情况下持续发生转动。因此,按照一阶刚-塑性理论所讨论的悬臂柱所能承受的极限荷载 P_{P1} 可按如下条件确定

$$\alpha P_{P1} L = M_{pc} \tag{1.41}$$

由此得

$$P_{P1} = \frac{M_{pc}}{\alpha L} \tag{1.42}$$

此时 P-δ 曲线如图 1.26 中的折线 OEF 所示,其形状与刚-塑性的 M-ψ 曲线类似,即当 $P < P_{P1}$ 时,构件没有弹性变形;当 $P = P_{P1}$ 时,悬臂柱的下端截面将形成塑性铰,构件变为一个可变机构,在荷载保持不变的情形下不断侧移。

(3) 一阶弹-塑性分析

在弹-塑性分析中,构件的弹性变形不再被忽略。此时截面的 M-ψ 曲线由斜直线和水平线两段组成[图 1.27(b)的实线]。由于图 1.27(b)中斜直线与弹性分析对应,而水平线与刚-塑性分析对应,因此,一阶弹-塑性分析结果可由前述的一阶弹性和一阶刚-塑性分析结果叠加得到。据此可知,悬臂柱的一阶弹-塑性 P-δ 曲线如图 1.26 中的 OAF 所示。开始时悬臂柱只产生弹性侧移,并沿着直线 OB(一阶弹性)前进;当到达与水平线(一阶刚-塑性)的交点 A 时,柱根部截面的弯矩将达到 M_{pc},进而形成塑性铰,此后 P-δ 曲线按水平线 AF 确定,即在荷载保持常量的情形下不断侧移。

(4) 二阶弹性分析

力的平衡按变形后的轴线建立。参照图 1.25(b),构件任一截面处的弯矩为

$$M = \alpha P(L - x) + P(\delta - y) \tag{1.43}$$

自由端的侧移为

$$\delta = \frac{\alpha P L^3}{3EI} \frac{3(\tan u - u)}{u^3} \tag{1.44}$$

式中 $u = L\sqrt{\dfrac{P}{EI}}$。

此时 P-δ 关系曲线如图 1.26 中的曲线 OCD 所示，即 P 与 δ 呈非线性关系。当 P 接近构件的 Euler 荷载（弹性屈曲荷载），即

$$P \rightarrow P_E = \frac{\pi^2 EI}{L^2} \tag{1.45}$$

时，$u \rightarrow \frac{\pi}{2}$，而式(1.44)的侧移将趋于无穷大($\delta \rightarrow \infty$)。

（5）二阶刚-塑性分析

与一阶刚-塑性分析类似，在开始阶段，即荷载尚未达到 P_{P1} 以前，构件也保持不变形。当 $P = P_{P1}$ 时，悬臂柱根截面将形成塑性铰，构件开始侧移，但随着侧移的增大，荷载值必须不断减小才能维持体系的平衡。这一平衡条件是

$$\alpha PL + P\delta = M_{pc} \tag{1.46}$$

由上式可解得荷载 P 与侧移 δ 之间的关系为

$$P = \frac{M_{pc}}{\alpha L + \delta} \tag{1.47}$$

据此可得 P-δ 关系曲线如图 1.26 中的折线 OEH 所示，即 P 与 δ 呈非线性关系，且当 $\delta = 0$ 时，$P = P_{P1}$。

（6）二阶弹-塑性分析

与一阶弹-塑性分析类似，二阶弹-塑性分析可以由前述二阶弹性和二阶刚-塑性分析结果叠加得到。据此可知悬臂柱的二阶弹-塑性分析 P-δ 关系曲线如图 1.26 中的 OCH 所示。开始时悬臂柱只产生弹性侧移，并沿着曲线 OCD（二阶弹性）前进；当到达与曲线 EH（二阶刚-塑性）的相交点 C 时，柱根部将形成塑性铰，此后悬臂柱 P-δ 曲线将按曲线 CH 确定。在这条 P-δ 曲线中，OC 段是稳定的，CH 段是不稳定的，因此与 C 点对应的荷载 P_{P2} 即为失稳极限荷载的近似值。

需要指出的是，前述的弹-塑性分析中采用了集中塑性铰模型和理想的双线性 M-φ 曲线。其优点是可以通过简单的叠加法得到弹-塑性分析结果，缺点是分析结果由两段曲线构成，且与构件的实际工作性能有一些出入。为了更好地模拟构件的工作性能，需要以图 1.27(b)中虚线所代表的实际 M-φ 曲线为基础，并考虑分布塑性的影响，据此可得到改进的一阶弹-塑性和二阶弹-塑性数值分析结果，分别如图 1.26 中曲线 OIF（虚线）和曲线 $OJKL$（虚线）所示，其中与曲线最高点 K 相应的荷载 P_{max} 就是构件的失稳极限荷载。

1.4 钢材的性能与简化模型

我国钢结构主要采用两个种类的钢材，即碳素结构钢和低合金高强度结构钢。碳素结构钢常用的钢号为 Q235A、Q235B、Q235C 和 Q235D，其屈服强度的标准值为 $f_y = 235\text{N/mm}^2$，大致与美国的 A36($f_y = 248\text{N/mm}^2$)、日本的 SN400($f_y = 235\text{N/mm}^2$)相当；低合金高强度结构钢常用的钢号为 Q345，其屈服强度的标准值为 $f_y = 345\text{N/mm}^2$，大致与美国的 A572-50($f_y = 345\text{N/mm}^2$)、日本的 SN490($f_y = 325\text{N/mm}^2$)相当。

钢结构稳定计算以钢材拉伸试验给出的相关数据为依据，一般认为钢材受压时曲线的开始部分与受拉相同。

图1.28为美国三种常用钢材的拉伸曲线。从图中可见，钢材具有良好的延性。对碳素钢而言，塑性平台结束，即强化阶段开始时的应变ε_{st}为屈服时弹性应变ε_y的6～16倍；径缩断裂时的总拉伸可达20%，为ε_y的160～200倍。

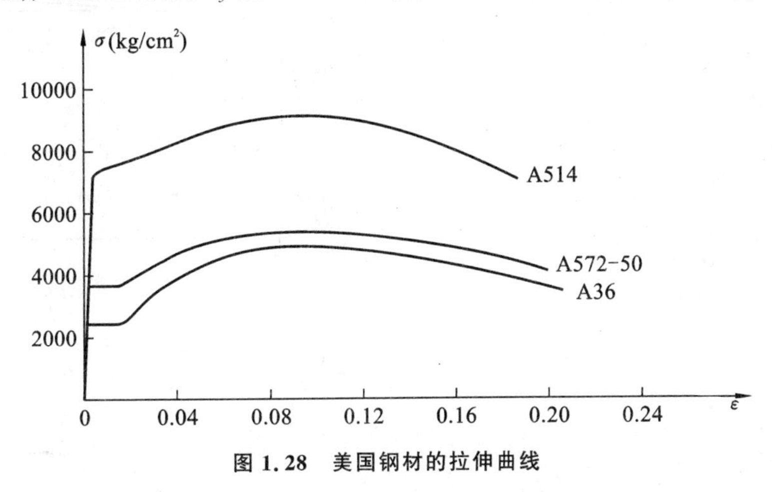

图1.28 美国钢材的拉伸曲线

如前所述，为了得到更为真实的二阶弹-塑性分析结果，可直接利用钢材拉伸试验曲线进行精细的FEM分析。为了简化二阶弹-塑性分析，通常需要根据实际钢材应力-应变曲线的特点，对钢材性能的力学模型进行简化处理。欧洲规范EC3的附录C对有限元分析推荐了如下四种应力-应变曲线模型：①无强化的理想弹塑性模型；②具有1MPa（或者更小）名义倾角的弹塑性模型；③具有$E/1001$应变强化倾角的弹塑性模型；④从试验结果修正得到的真实应力-应变曲线。研究表明：FEM计算模型的数值稳定性随着强化倾角的减小而增加，例如EC3中模型②的数值稳定性比模型①高。

图1.29是一些著名学者在采用FEM开展非线性屈曲分析中采用的一些简化应力-应变曲线模型。前两种常为欧洲学者采用，后两种通常为澳大利亚和我国学者所采用。

【说明】

(1) 在弹性阶段，各国学者对钢材弹性模量的取值略有不同。我国学者一般习惯按规范取$E=2.06\times10^5\mathrm{N/mm^2}$，即$E=206\mathrm{GPa}$，而国外学者取值则为$E=210\mathrm{GPa}$或者$E=200\mathrm{GPa}$；在弹塑性阶段，钢材的应力与应变呈非线性关系，此时的变形模量为切线模量，其定义为$E_t=\dfrac{\mathrm{d}\sigma}{\mathrm{d}\varepsilon}$，据此可从钢材拉伸试验曲线加以确定，也可按下面的近似公式确定

Ylinen公式
$$E_t=\left(\frac{f_y-\sigma}{f_y-\alpha\sigma}\right)E \tag{1.48}$$

Bleich公式
$$E_t=\frac{\sigma(f_y-\sigma)}{f_p(f_y-f_p)}E \tag{1.49}$$

(2) 在弹性阶段，钢材的剪切模量$G=\dfrac{E}{2(1+\mu)}$，泊松比$\mu=0.3$；钢材屈服后，泊松比$\mu\to0.5$，钢材的剪变模量G_t为G的1/4～1/3，计算时可取$G_t=G/4$；

(3) 在钢结构的塑性设计中，为了保证塑性铰能充分转动，通常要求钢材的屈强比不应小于1.2。Q235(SN400)和Q345(SN490)的屈强比分别约为1.6和1.5；A36和A572-50的屈强比分别约为1.6和1.3，均能满足相关规定。

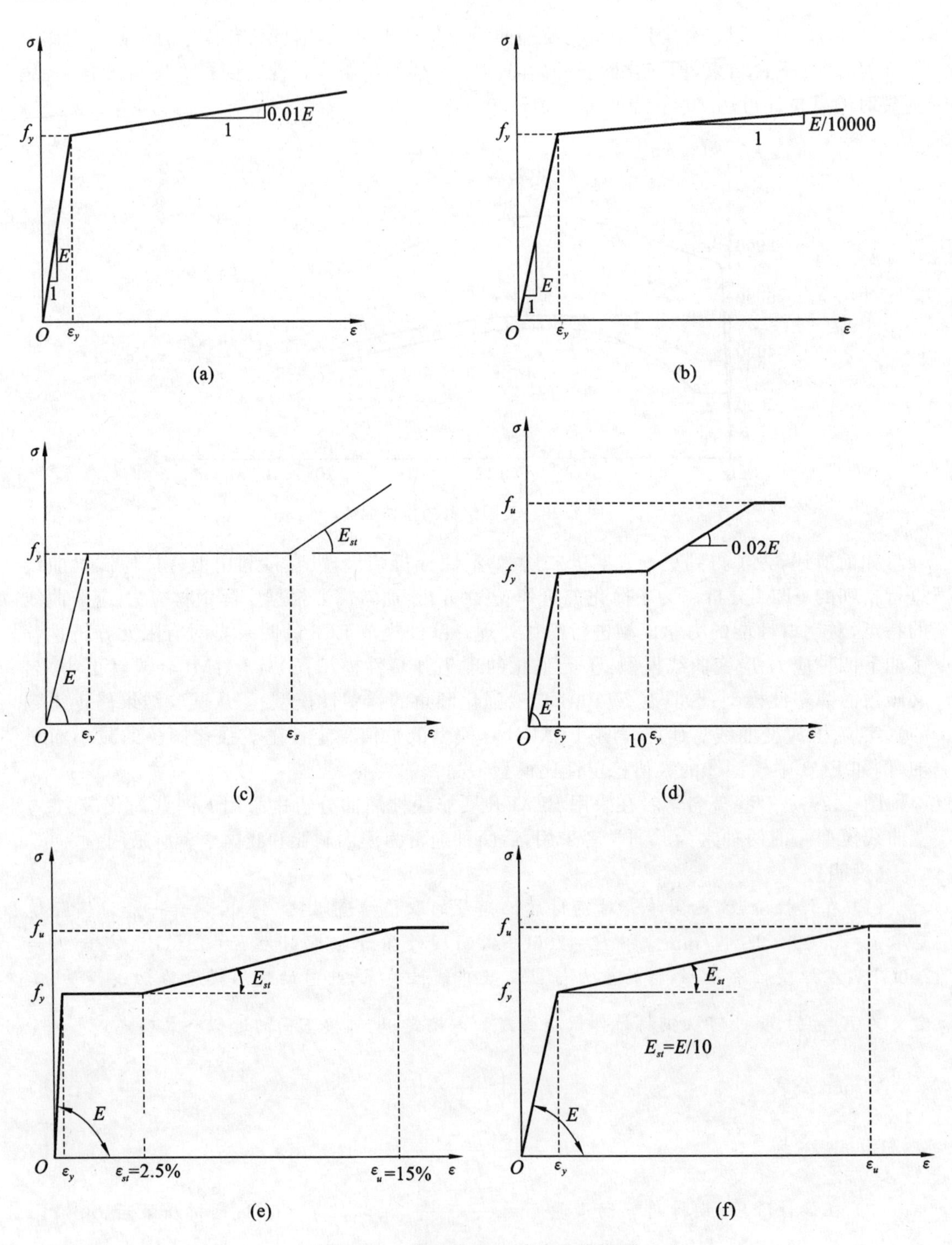

图 1.29 常用的应力-应变曲线模型

1.5 钢构件截面纵向残余应力与简化模型

残余应力是由于构件生产和制作过程中产生的塑性变形引起的。在型钢热轧以后的冷却过程中、焊接(或气割)及随后的冷却过程中,以及冷弯矫直等制作过程中,都会产生这类塑性变形,因此,除经过退火等特殊处理外,几乎所有钢构件内部都存在残余应力。

型钢内部的残余应力主要是由于热轧以后的冷却过程中,截面各部分冷却速度不一致造成的。以图 1.30 所示的轧制工字形截面为例,翼缘端部冷却快,翼缘-腹板交接处冷却慢,其结果是前者冷却过程中将使后者产生塑性变形。当前者冷却完毕而后者继续冷却时,根据自平衡要求,则会在翼缘端部引起压应力,而在翼缘-腹板交接处引起拉应力。

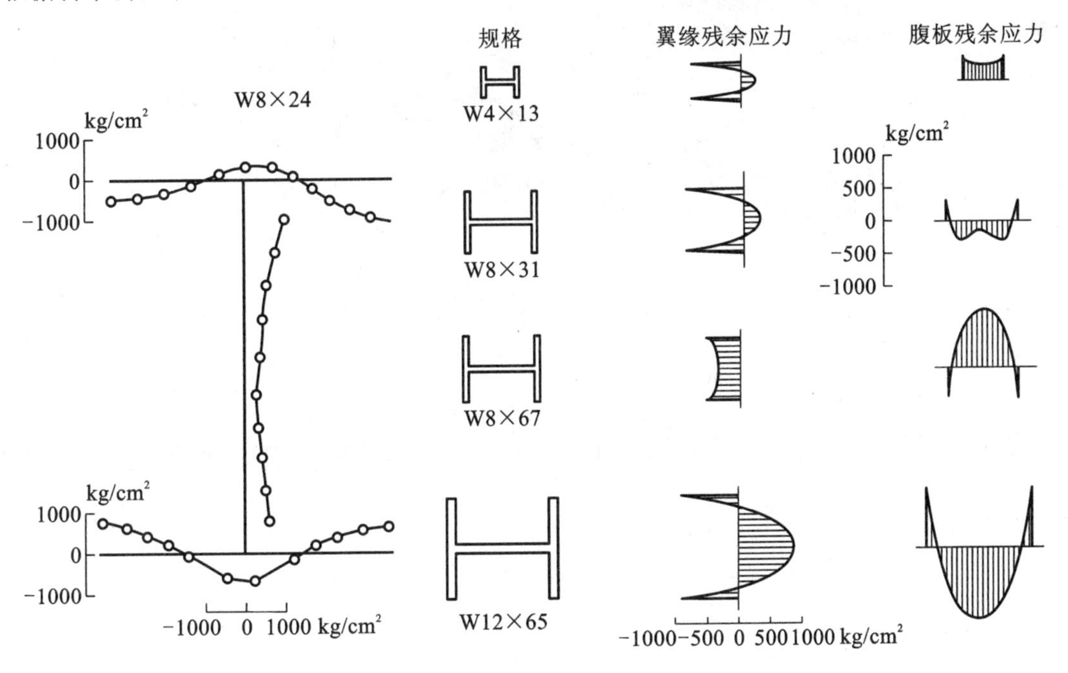

图 1.30 轧制工字形截面残余应力分布

理论上,钢板的残余应力都是三维(纵向、横向、厚度)的,但通常钢构件都属于薄壁构件,因此可忽略厚度方向的残余应力。另外,横向残余应力一般会出现在构件拼接处,且对构件力学性能影响不大,因此,目前各国通常采用锯割法(图 1.31)来测定横截面的纵向残余应力。图 1.32 为轧制截面残余应力的测试结果与近似残余应力分布曲线(图中正号代表拉应力,负号代表压应力);图 1.33 为焊接截面残余应力的测试结果与近似残余应力分布曲线;图 1.34 为 460MPa 高强钢材焊接截面残余应力的测试结果。对比图 1.33 与图 1.34 的测试结果可以发现,普通钢材和高强钢材的残余应力分布规律相似。

大量的测试结果表明:截面纵向残余应力的大小和分布与截面形式、轧制或焊接过程、冷却条件以及材料性质等因素有关,因此实测的数据具有较大的离散性,各国学者采用的纵向残余应力简化模型也不尽相同。图 1.35 和图 1.36 为常用的轧制型钢截面残余应力简化模型;图 1.37 和图 1.38 为焊接截面的残余应力简化模型。

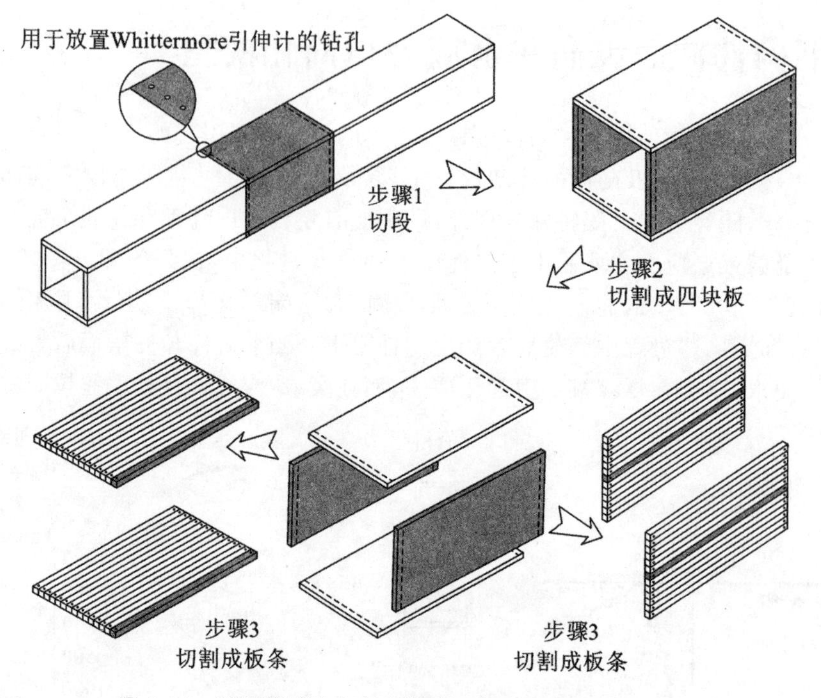

图 1.31　测定截面残余应力的截面法(Sectioning Method)

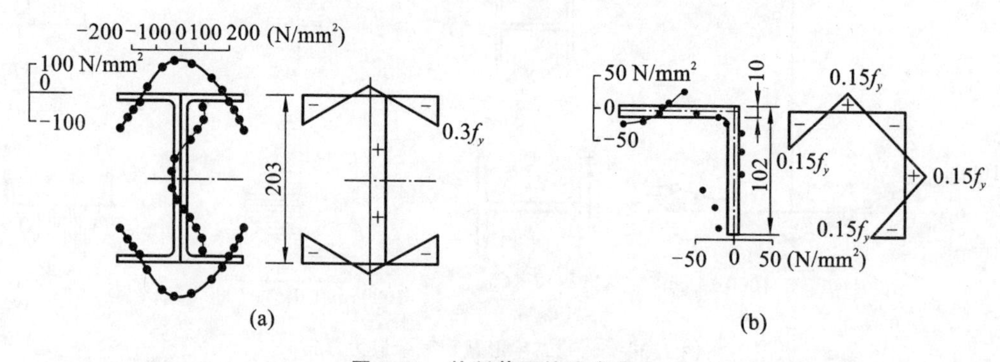

图 1.32　轧制截面的残余应力

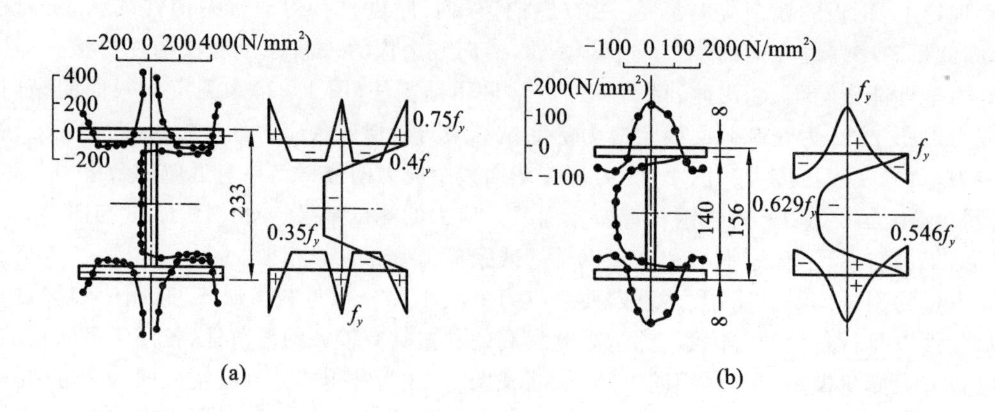

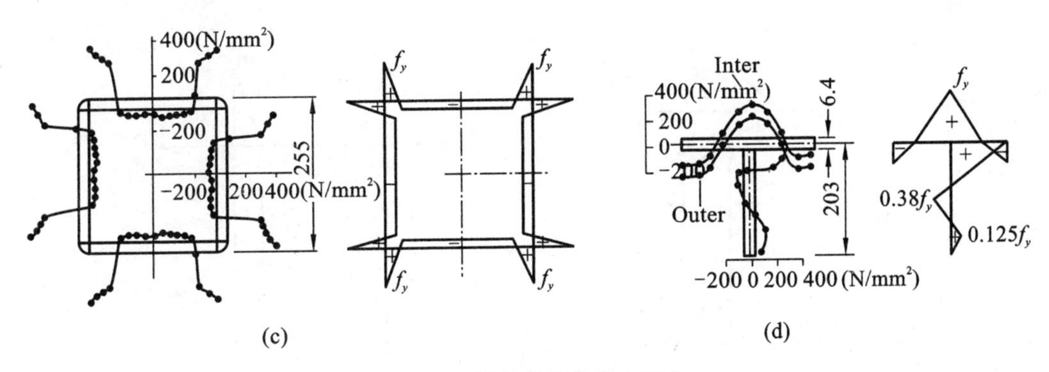

图 1.33 焊接截面的残余应力

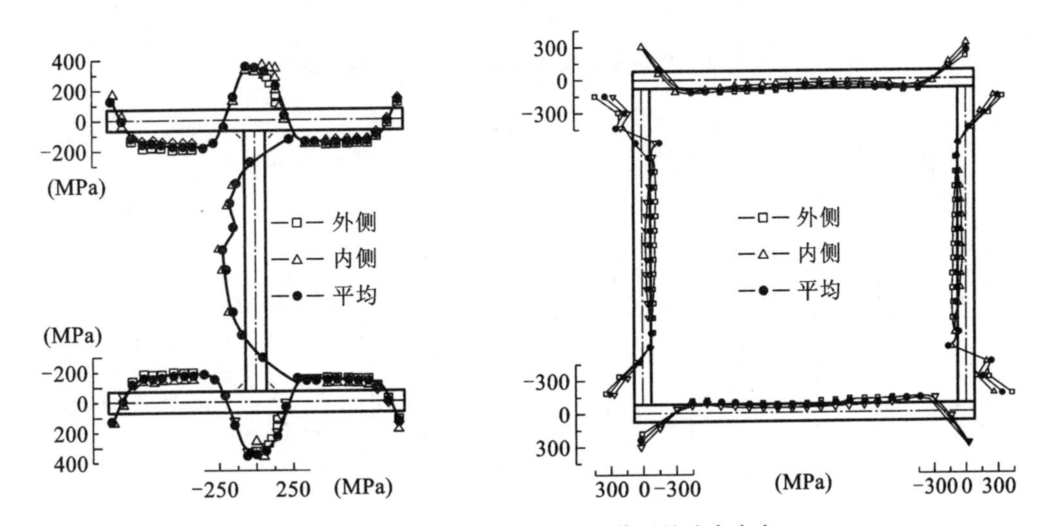

图 1.34 460MPa 高强钢材焊接截面的残余应力

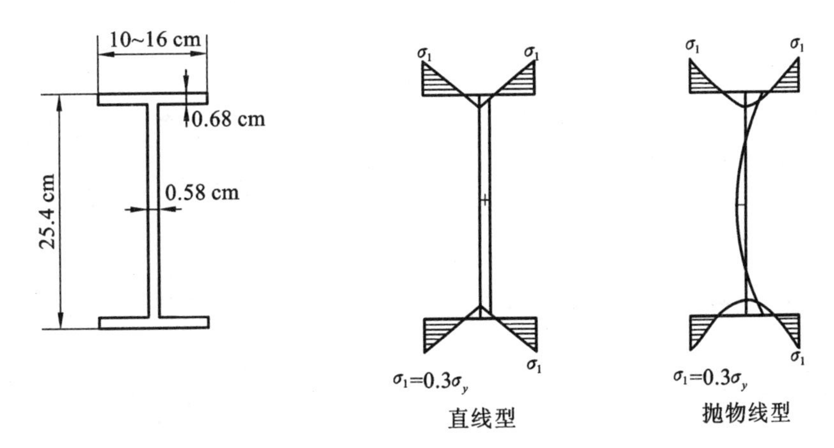

图 1.35 轧制型钢截面残余应力的简化模型

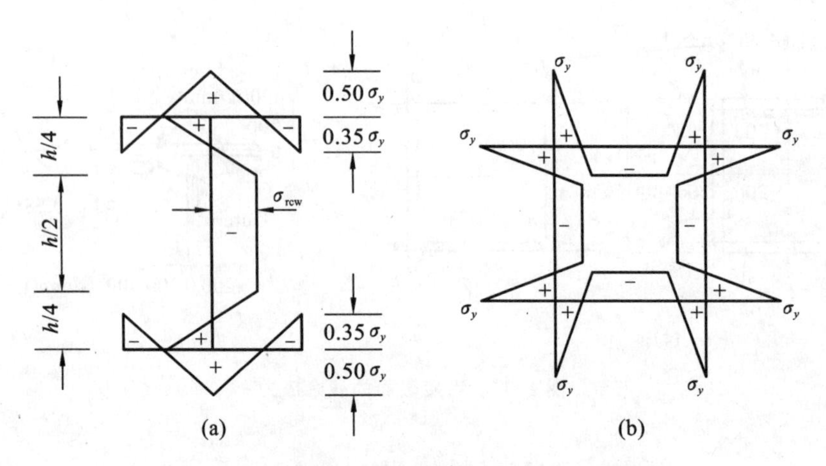

图 1.36 Pi 的轧制型钢截面残余应力的简化模型

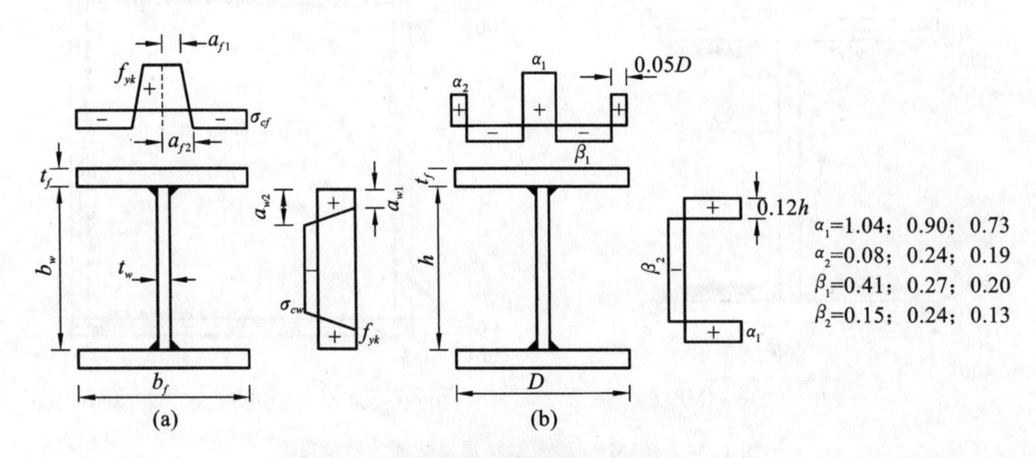

图 1.37 焊接工字形截面残余应力的简化模型

(a)非火焰切割边;(b)火焰切割边

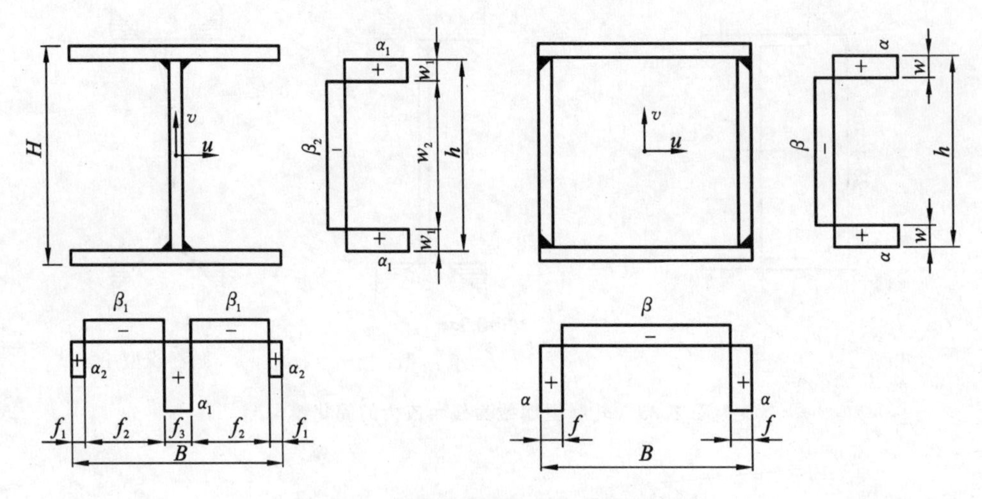

图 1.38 焊接截面残余应力的简化模型

由于目前尚缺少单轴对称工字形截面残余应力的试验数据，为此 Trahair 忽略了腹板残余应力影响，提出了图 1.39 所示的单轴对称截面残余应力简化模型。

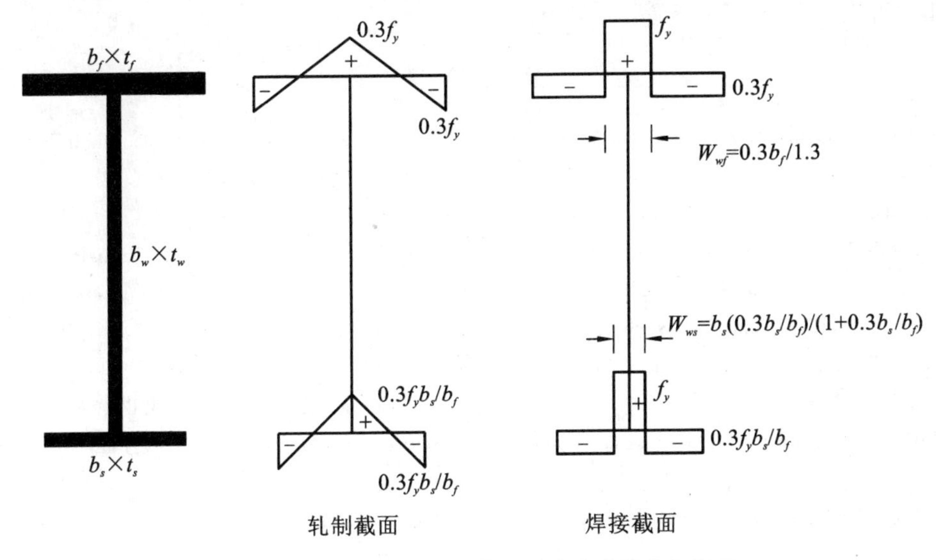

图 1.39 单轴对称工字形截面残余应力的简化模型

由于钢构件截面的残余应力是在没有外力作用下产生的内应力，因此构件内部残余应力应该满足自平衡条件。对于截面的纵向残余应力而言，这些条件包括弯矩平衡条件

$$\int_A \sigma_r x\,\mathrm{d}A = 0 \tag{1.50}$$

$$\int_A \sigma_r y\,\mathrm{d}A = 0 \tag{1.51}$$

以及轴力平衡条件

$$\int_A \sigma_r\,\mathrm{d}A = 0 \tag{1.52}$$

可以证明，Trahair 提出的单轴对称截面残余应力简化模型(图 1.39)可满足上述三个自平衡条件；图 1.36 所示的纵向残余应力简化模型也能满足前两个自平衡条件，依据轴力平衡条件还可确定腹板中部残余应力 σ_{rcw} 的数值。

需要指出的是，虽然前面介绍的多数纵向残余应力模型均可满足弯矩和轴力的自平衡条件，但某些残余应力模型却可能存在一个缺陷，即纵向残余应力引起的 Wagner 应力合力(Wagner，1936 年)

$$W_r = \int_A \sigma_r (x^2 + y^2)\,\mathrm{d}A \tag{1.53}$$

不为零。因此，若钢梁发生一个单位长度转角 θ'，则这个非零的 Wagner 应力合力 W_r 将额外贡献一个自由扭矩分量 $W_r\theta'$。也就是说，如果 $W_r=0$ 的条件不能得到满足，则相当于截面的自由扭转刚度变小了，即此时的自由扭转刚度应为(GJ_k-W_r)。最近，Trahair 还试图在钢梁弹塑性屈曲中消除此项的不利影响，并将 Wagner 系数改写为

$$\beta_x = \frac{1}{2M_x}\int_A \cdot (\sigma_{z0} - \sigma_r)[x^2 + (y - y_0)^2]\mathrm{d}A \tag{1.54}$$

相关讨论参见本书第 16 章。

参 考 文 献

[1] DYM C L. Stability Theory and its Applications to Structural Mechanics. Leyden: Noordhoff International Publishing, 1974.

[2] BLEICH F. Buckling strength of metal structures. New York: McGraw-Hill, 1952.

[3] VLASOV V Z. Thin-walled elastic beams. Jerusalem: Israel Program for Scientific Translations, 1961.

[4] TIMOSHENKO S P, GERE J. Theory of elastic stability. 2nd ed. New York: McGraw-Hill, 1961.

[5] CHEN W F, ATSUTA T. Theory of beam-columns. New York: McGraw-Hill, 1977.

[6] GJELSVIK A. The theory of thin-walled bars. New York: Wiley, 1981.

[7] TRAHAIR N S. Flexural-torsional buckling of structures. London: Chapman & Hall, 1993.

[8] ZIEMIAN R D. Guide to stability design criteria for metal structures. 6th ed. New Jersey: John Wiley & Sons, 2010.

[9] 吕烈武，沈世钊，沈祖炎等. 钢结构构件稳定理论. 北京：中国建筑工业出版社，1983.

[10] 陈骥. 钢结构稳定理论与设计. 5 版. 北京：科学出版社，2011.

[11] 童根树. 钢结构的平面外稳定. 北京：中国建筑工业出版社，2007.

[12] JÖNSSON J, STAN T-C. European column buckling curves and finite element modelling. Journal of Constructional Steel Research, 2017, 128: 51-136.

[13] TARAS A, PUIG M G. Behaviour and design of members with monosymmetric cross-section. Structures and Buildings, 2013, 166(8): 413-423.

[14] BAN H, SHI G, et al. Residual stress of 460 MPa high strength steel welded I section: Experimental investigation and modeling. International Journal of Steel Structures, 2013, 13(4): 691-705.

[15] PI Y L, BRADFORD M, UY B. A rational elasto-plastic spatially curved thin-walled beam element. International Journal for Numerical Methods in Engineering, 2007(70): 253-290.

[16] WANG Y B, LI G Q, CHEN S W. Residual stresses in welded flame-cut high strength steel H-sections. Journal of Constructional Steel Research, 2012(12): 159-165.

[17] Li T J, LIU S W, CHAN S L. Direct analysis for high-strength steel frames with explicit-model of residual stresses. Engineering Structures, 2015(100): 342-355.

[18] TRAHAIR N S. Inelastic buckling of monosymmetric I-beams. Research Report No. R920, School of Civil Engineering. The University of Sydney. Sydney, 2011.

2　Euler 柱弹性弯曲屈曲：力学与数学模型

2.1　Euler 柱的力学模型

轴心受压柱的弹性屈曲是弹性稳定的经典问题，最早由 Euler 在 1744 年解决，故也称为 Euler 柱弯曲屈曲问题。

Euler 柱为等截面的简支柱，其基本假设为：

① 构件是理想的直杆，即不考虑制造偏差导致的初始几何缺陷影响；

② 压力作用在端部截面的形心，即不考虑荷载偏心的影响；

③ 材料符合胡克定律，即应力和应变的关系为线性；

④ 平截面假设成立，即变形前的平截面变形后仍为平截面，且垂直于变形后微弯的轴线（中性轴），据此可知，Euler 柱屈曲忽略了剪切变形的影响；

⑤ 弯曲屈曲时构件的弯曲变形是微小的。

据此建立的力学模型称为 Euler 柱力学模型。实际上假设①和假设②的要求相当苛刻，即使是经过精细设计的试验也很难同时满足这两个条件，因此 Euler 柱力学模型是一种理想化的简化力学模型，至今仍被各国教材和著作所广泛采用。

下面我们依据这种力学模型来建立轴心受压柱弹性弯曲屈曲的数学模型。

【说明】

虽然至今人们仍习惯于将轴心受压的简支柱称为 Euler 柱，实际上 Euler 的原始论文中分析的是悬臂柱，参见 A. 查尔斯著作《结构稳定性原理》pg. 3 的脚注。

2.2　Euler 柱的微分方程模型

用数学方法求解实际问题，必须首先掌握其内在的量化关系，然后以数学形式将其准确地表达出来，这种表达实际问题内在的量化规律的数学形式即为数学模型。

平衡准则和能量准则是研究结构平衡和屈曲问题的两类基本准则，与此相对应地可以构造出两类数学模型，即微分方程模型与能量变分模型。虽然这两类数学模型的分析思想和具体表现形式是不相同的，但它们所描述的是同一个力学问题，因此这两类模型之间存在等价关系。本章还将证明在一定条件下，这两类数学模型可相互转化。

本节首先讨论 Euler 柱弹性弯曲屈曲的微分方程模型。

以图 2.1(a)所示处于微弯平衡状态的 Euler 柱为研究对象。取 Euler 柱左端作坐标原点，z 轴沿着柱轴线方向，y 轴朝下。选取屈曲时 Euler 柱形心（即轴线）的横向挠度 $v(z)$ 为基本未知量。在图 2.1(a)所示的坐标系中：$v(z)$ 沿 y 轴正向为正，反之为负；截面的转角 $\theta(z)\approx$

$\mathrm{d}v(z)/\mathrm{d}z$，自 z 轴正向转到 y 轴正向为正，反之为负。图 2.1(a)所示的 $v(z)$、$\theta(z)$均为正。

与弹性力学和杆系超静定问题类似，几何方程、物理方程、平衡方程是求解 Euler 柱弯曲屈曲问题的三大基本方程。

(1) 几何方程

根据假设④，可以不计剪切变形，则根据高等数学定义，Euler 柱弯曲变形[图 2.1(b)]引起任意截面的曲率为：

$$\kappa=\left|\frac{\mathrm{d}\theta}{\mathrm{d}s}\right| \tag{2.1}$$

式中，$\theta(z)$为截面的转角，s 为弯曲状态 Euler 柱形心线的曲线坐标。

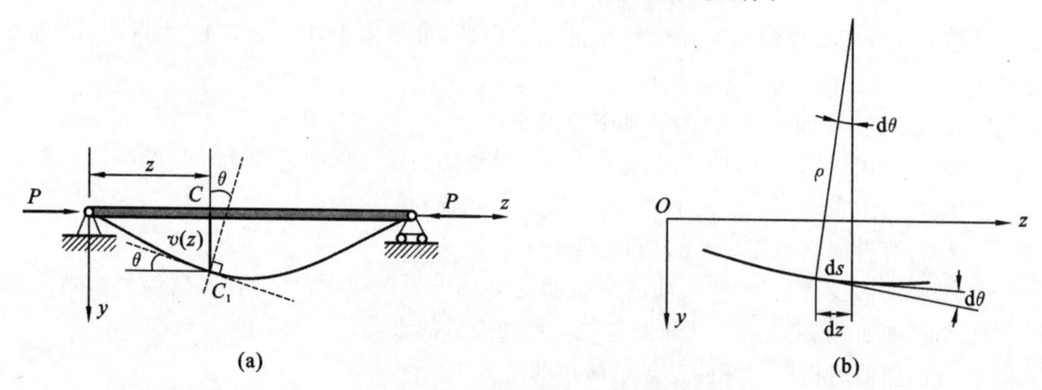

图 2.1　Euler 柱的屈曲位移与变形

弧长为

$$\mathrm{d}s=\sqrt{\mathrm{d}z^2+\mathrm{d}v^2}=\mathrm{d}z\sqrt{1+\left(\frac{\mathrm{d}v}{\mathrm{d}z}\right)^2}=\mathrm{d}z\ \sqrt{1+v'^2} \tag{2.2}$$

任意截面的倾角与挠度之间的关系为

$$\tan\theta=\frac{\mathrm{d}v}{\mathrm{d}z}=v' \tag{2.3}$$

因此有

$$\theta=\arctan(v') \tag{2.4}$$

将式(2.2)和式(2.4)代入式(2.1)可得

$$\kappa=\left|\frac{\mathrm{d}}{\mathrm{d}s}[\arctan(v')]\right|=\left|\frac{\mathrm{d}}{\mathrm{d}z}[\arctan(v')]\cdot\frac{\mathrm{d}z}{\mathrm{d}s}\right|=\left|\frac{v''}{1+v'^2}\cdot\frac{1}{\sqrt{1+v'^2}}\right|=\left|\frac{v''}{(1+v'^2)^{3/2}}\right| \tag{2.5}$$

此式与高等数学的公式一致，是曲率的精确表达式。但此式过于复杂，会导致后续微分方程求解困难。下面依据假设⑤对其进行数学简化处理。

若 Euler 柱处于“微弯”的平衡状态，即属于小挠度的弯曲问题，此时截面转角 θ 很小，即 v'为小量，从而可认为 $v'^2\ll1$，则上式可以简化为

$$\kappa\approx|v''| \tag{2.6}$$

若弯矩和曲率按图 2.2(a)的正负号约定，即 Timoshenko 约定，则有

$$\kappa\approx v'' \tag{2.7}$$

此为本书所采用的曲率与位移之间的关系。

【说明】

1. 关于 $v'^2 \ll 1$ 的说明

其实,上述关于 $v'^2 \ll 1$ 的推理比较勉强。下面我们从“轴线不可伸长”的假设来解释其合理性。

依据式(2.2)可得 Euler 柱处于“微弯”状态的轴线弧长为

$$s = \int_0^L \sqrt{1 + v'^2} \mathrm{d}z \tag{2.8}$$

利用 Taylor 级数展开可得

$$s \approx \int_0^L \left(1 + \frac{1}{2}v'^2\right)\mathrm{d}z = L + \int_0^L \left(\frac{1}{2}v'^2\right)\mathrm{d}z \tag{2.9}$$

显然,若认为 Euler 柱的形心轴线不可伸长,也就是上式的结果应该等于原始长度 L,则上式的第二项积分应该为零。因为 Euler 柱的屈曲模态必然是对称的,即第二项积分为零的条件只有当 $v'^2 \approx 0$ 才可能满足。换句话说,常用的曲率与横向挠度的关系,即式(2.6)也可从“轴线不可伸长”的假设中自然推出。

2. 关于曲率正负号如何选取的说明

研究发现,稳定理论著作中,对于曲率正负号的取法有两种方案,如图 2.2 所示。Timoshenko 采用的是第一种方案[图 2.2(a)],即曲率为正,弯矩为负,并用于推导如图 2.3 所示的压弯构件微分方程。陈骥教授采用的是第二种方案[图 2.2(b)],本书则与 Timoshenko 相同,采用第一种方案。

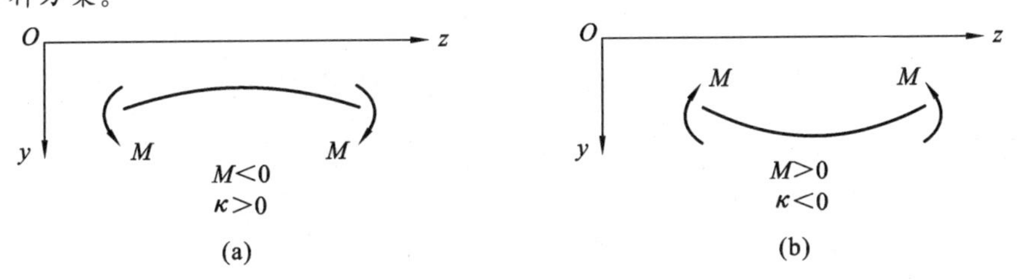

图 2.2 曲率与弯矩的正负号

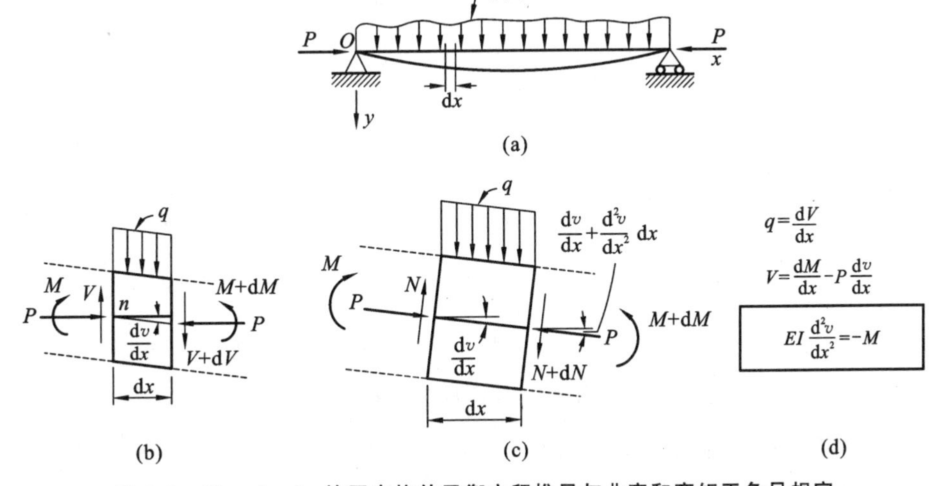

图 2.3 Timoshenko 的压弯构件平衡方程推导与曲率和弯矩正负号规定

(2) 物理方程

内力矩与曲率之间的关系为

$$M_i = EI \cdot \kappa \tag{2.10}$$

式中,EI 为截面的抗弯刚度。

将式(2.7)代入上式则得

$$M_i = EI \cdot v'' \tag{2.11}$$

此式即为常用的内力矩与横向挠度之间的关系。

(3) 平衡方程

屈曲后,杆件任意截面的内力方向如何?有的著作避而不谈,有的著作认为图 2.3(b)是正确的。Timoshenko 采用图 2.3(b)的目的是简化推导,他在著作中也对图 2.3(c)微段进行了推导。实际上,Euler 柱的屈曲中隐含这样一个假设,即轴力始终与变形后的轴线相切,而剪力始终沿着变形后轴线的法线方向,正确的内力方向如图 2.4(c)所示。显然,若忽略剪切变形的影响,这是正确的假设。研究表明,即使需要考虑剪切变形,此规定依然还可以近似采用,比如后面要介绍的 Timoshenko 柱(第 9 章)依然隐含着这样的假设。

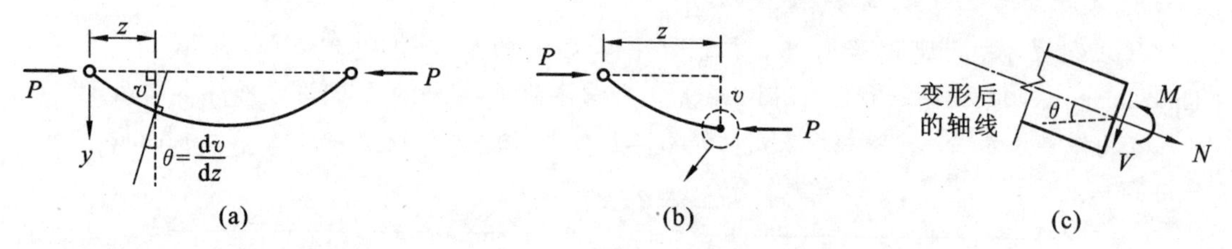

图 2.4 Euler 柱的内力与外力的关系

【说明】

陈惠发教授提倡的是微段平衡法,他采用的两种等价微段与内力如图 2.5(b)、(c)所示。利用其中任何一种微段的平衡即可建立轴力、弯矩和剪力的平衡方程,据此可得到屈曲的四阶微分方程。

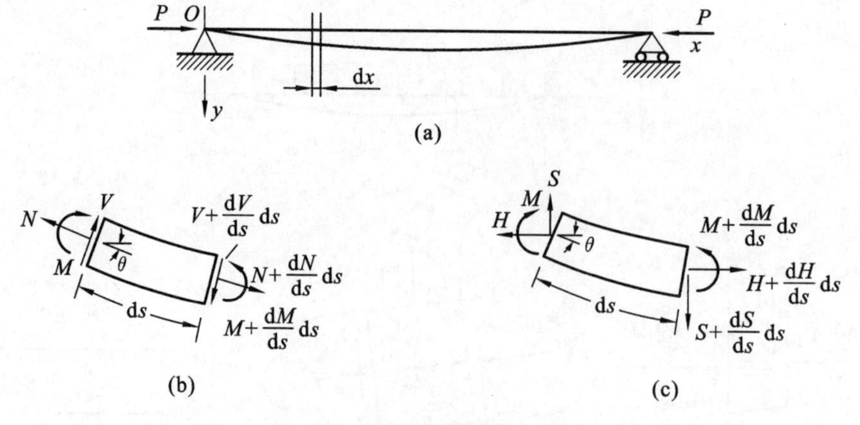

图 2.5 微段的两种等效内力

与陈惠发教授不同,本书采用的是内外力矩相等的方法。此法简单易懂,缺点是只能得到屈曲的二阶微分方程。

在微弯平衡状态下,任意截面的轴力引起的外弯矩为

$$M_e = -P \cdot v \tag{2.12}$$

这是轴向力 P 作用于屈曲位移 v 引起的附加弯矩,此附加弯矩是由轴力二阶效应引起的,它将降低杆件的总侧移刚度。因此,此附加弯矩将增大侧移,而侧移的变大又会进一步增加附加弯矩,这种相互影响,即 P-δ 效应将最终导致杆件的失稳,此时杆件的总侧移刚度为零,侧移趋向无穷大。

【说明】

在结构稳定文献中,经常提到两种效应:P-δ 效应(图 2.4)和 P-Δ 效应(图 2.6)。这两种效应都是用来描述轴向力与横向位移相互作用的术语,其结果是对一阶弯矩(侧移)进行了放大。通常,P-δ 效应用于构件屈曲分析,而 P-Δ 效应用于框架屈曲或楼层屈曲(Story Buckling)分析(陈惠发,1991 年)。对于图 2.6 所示的单层框架,若将框架柱看作一个弹性支撑柱,则此时 P-δ 效应和 P-Δ 效应是统一的。

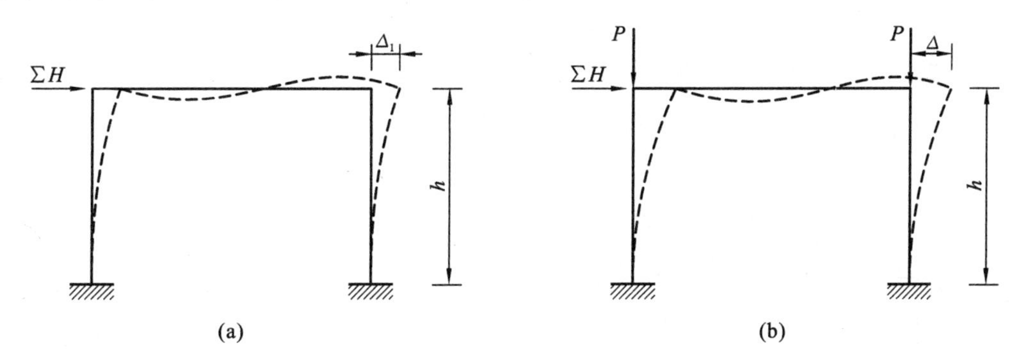

图 2.6　框架的 P-Δ 效应

(a)一阶分析(常规分析);(b)考虑 P-Δ 效应的二阶分析

根据内外力平衡的条件,有

$$M_i = M_e \tag{2.13}$$

则由式(2.11)和式(2.12)易得

$$EIv'' + Pv = 0 \tag{2.14}$$

此式即关于横向挠度 $v(z)$ 的二阶常系数微分方程。

根据微分方程理论,若求解此微分方程,尚需要补充 2 个边界条件。

(4) 边界条件

本题中有两类边界条件:

第一类边界条件(限定边界上未知函数的值),即位移边界条件

$$\left.\begin{aligned} v(0)&=0 \\ v(L)&=0 \end{aligned}\right\} \tag{2.15}$$

第二类边界条件(限定边界上未知函数导数的值),即力边界条件

$$\left.\begin{aligned} M(0)&=-EIv''(0)=0 \\ M(L)&=-EIv''(L)=0 \end{aligned}\right\} \tag{2.16}$$

显然,根据微分方程式(2.14)写出其通解,该通解应该含有 2 个待定积分常数,然后根

据 2 个边界条件来确定积分常数，从而可获得 Euler 柱屈曲的屈曲方程解答。

(5) 微分方程模型

至此，我们已将 Euler 柱屈曲问题转化为这样一个数学问题：在 $0 \leqslant z \leqslant L$ 的区间内寻找一个挠度函数 $v(z)$，使它满足微分方程式(2.14)，同时满足位移边界条件式(2.15)和力边界条件式(2.16)。

此即 Euler 柱屈曲的微分方程模型。

【说明】

童根树教授曾基于图 2.7 的受力分析图，对屈曲过程中的内力平衡关系有段精彩的描述。

根据图 2.7(b)所示的微段，建立其平衡方程，弯矩平衡得到 $V=\dfrac{\mathrm{d}M}{\mathrm{d}y'}=M'$，此关系与材料力学相同。法线 n 方向的平衡条件为

$$(V+\mathrm{d}V)-V-P\times 0.5\mathrm{d}y'-P\times 0.5\mathrm{d}y'=0 \tag{2.17}$$

从而有

$$V'=\frac{\mathrm{d}V}{\mathrm{d}y'}=Py'' \tag{2.18}$$

这就是童根树教授给出的剪力导数与轴向力、曲率乘积的关系。

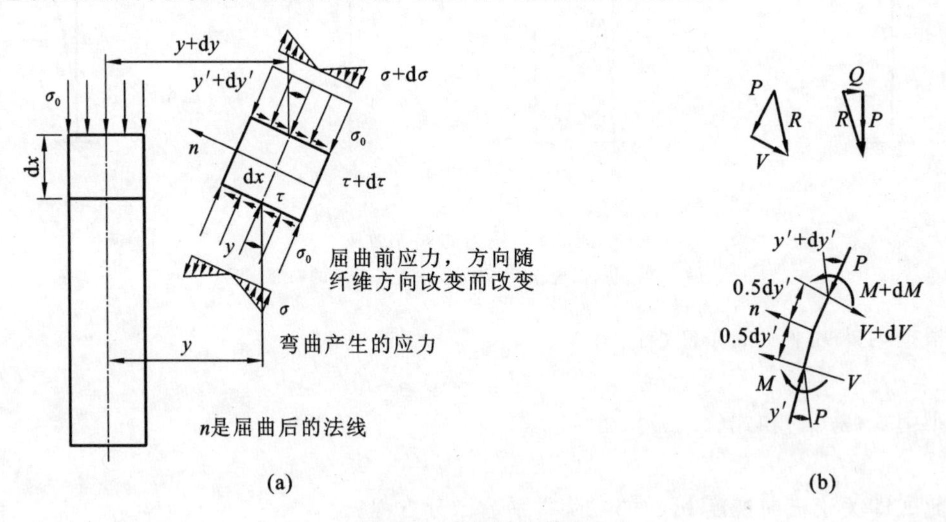

图 2.7 童根树的模型

(a)截面上的应力；(b)合力的平衡

若将经典的关系

$$V=-EIy''' \tag{2.19}$$

微分一次，并将结果代入到式(2.18)，则可直接得到

$$EIy^{(4)}+Py''=0 \tag{2.20}$$

这就是童根树教授推导的 Euler 柱弯曲屈曲方程，为一个四阶的常系数微分方程。

实际上，根据式(2.18)可知，在数值上，剪力导数等于外荷载。因此若将式(2.20)与材料力学的经典方程

$$EIy^{(4)}=q \tag{2.21}$$

进行类比，可以发现，若令

$$q_{等效}=-Py'' \tag{2.22}$$

则依据 Euler 梁静力分析方程式(2.21)，直接推导出 Euler 柱弯曲屈曲方程(2.20)。这就是 Euler 柱屈曲分析的等效荷载法。这种类比法有助于理解和简化屈曲问题，后面我们在推导薄板屈曲方程(第 11 章)时还会用到。

2.3　Euler 柱的能量变分模型

为了与前述微分方程模型对照，仍以 Euler 柱形心的挠度 $v(z)$ 为基本未知量，写出该弹性体系发生屈曲的总势能 Π 表达式，它包括两部分：

(1) 应变能 U

考虑图 2.8 所示的 Euler 柱弯曲屈曲情形，取柱的左端为坐标原点，z 轴沿着横截面的形心轴，y 轴朝下，此时弯曲平面为(y,z)平面。

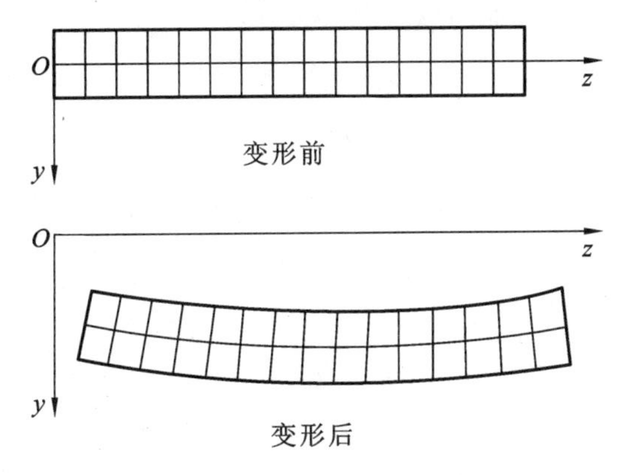

图 2.8　Euler 柱的变形示意图

与薄板弯曲类似，若忽略横向应变的影响，即 $\varepsilon_y=\dfrac{\mathrm{d}v}{\mathrm{d}y}=0$，则可知柱截面内任意点的横向位移与形心轴的挠度 $v(z)$ 相同，即

$$v(y,z)=v(z) \tag{2.23}$$

根据平截面假设，柱截面内任意点的纵向位移可以用形心轴的挠度 $v(z)$ 表示如下

$$w(y,z)=-y\frac{\mathrm{d}v}{\mathrm{d}z} \tag{2.24}$$

可见，在 Euler 柱模型中，$v(z)$ 是唯一的未知函数。

需要指出的是，式(2.24)与 Euler 梁的纵向位移表达式相同，即忽略了轴向力引起的轴向变形 $w_0(z)$ 的影响。因为依据初应力理论，屈曲势能的计算起点选在轴向变形完成之后微弯状态，因此可取 $w_0(z)=0$。

几何方程(线性应变)为

$$\varepsilon_y^{\mathrm{L}}=\frac{\mathrm{d}v}{\mathrm{d}y}=0,\quad \varepsilon_z^{\mathrm{L}}=\frac{\mathrm{d}w}{\mathrm{d}z}=-y\frac{\mathrm{d}^2v}{\mathrm{d}z^2} \tag{2.25}$$

式(2.25)中，上标“L”表示线性。可见，横向应变为零，此结论与 Euler 梁理论相同。

物理方程(胡克定律)为

$$\sigma_z^{\mathrm{L}} = E\varepsilon_z^{\mathrm{L}} \tag{2.26}$$

应变能的计算公式为

$$U = \frac{1}{2}\int_V (\sigma_z^{\mathrm{L}}\varepsilon_z^{\mathrm{L}})\mathrm{d}V \tag{2.27}$$

将几何方程式(2.25)和物理方程式(2.26)代入上式,得到

$$U = \frac{1}{2}\int_0^L\left[\int_A E\ (\varepsilon_z^{\mathrm{L}})^2\mathrm{d}A\right]\mathrm{d}z = \frac{1}{2}\int_0^L\left[\int_A E\left(-y\frac{\mathrm{d}^2v}{\mathrm{d}z^2}\right)^2\mathrm{d}A\right]\mathrm{d}z = \frac{1}{2}\int_0^L E\left(\int_A y^2\mathrm{d}A\right)\left(\frac{\mathrm{d}^2v}{\mathrm{d}z^2}\right)^2\mathrm{d}z \tag{2.28}$$

若令

$$I = \int_A y^2\mathrm{d}A \tag{2.29}$$

为截面的惯性矩,则 Euler 柱屈曲的应变能可简写为

$$U = \frac{1}{2}\int_0^L EI\cdot\left(\frac{\mathrm{d}^2v}{\mathrm{d}z^2}\right)^2\mathrm{d}z \tag{2.30}$$

(2) 初应力势能 W

对于轴心受压的 Euler 柱,屈曲前全截面受压,且压应力相等,即初应力为

$$\sigma_{z,0} = -\frac{P}{A} \tag{2.31}$$

与材料力学相似,这里规定:拉应力为正,压应力为负。

上式中的下标 z 代表沿着杆轴向方向的纵向应力,0 代表初应力。

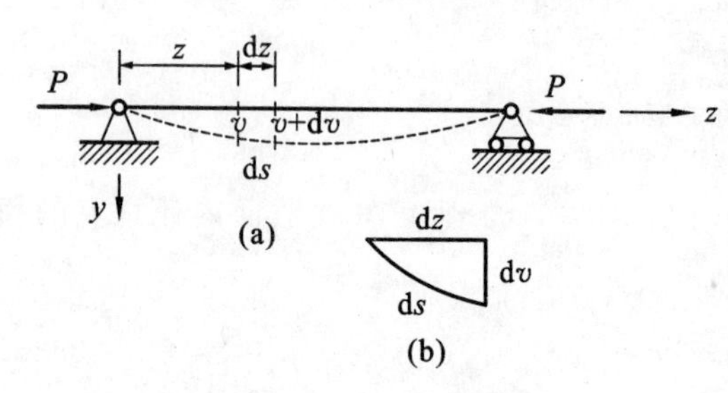

图 2.9 纵向纤维长度的变化

每根纵向纤维屈曲过程中被拉伸,即原始长度为 $\mathrm{d}z$ 的纵向纤维,因为屈曲位移 $\mathrm{d}v$,长度变为 $\mathrm{d}s$[图 2.9(a)]。根据几何关系[图 2.9(b)]可得

$$\mathrm{d}s = \sqrt{(\mathrm{d}z)^2 + (\mathrm{d}v)^2} \tag{2.32}$$

对应的拉伸应变为

$$\varepsilon_z^{\mathrm{NL}} = \frac{\mathrm{d}s - \mathrm{d}z}{\mathrm{d}z} = \frac{\mathrm{d}s}{\mathrm{d}z} - 1 = \sqrt{1 + \left(\frac{\mathrm{d}v}{\mathrm{d}z}\right)^2} - 1 \tag{2.33}$$

利用 Taylor 级数展开关系

$$\sqrt{1 + \left(\frac{\mathrm{d}v}{\mathrm{d}z}\right)^2} \approx 1 + \frac{1}{2}\left(\frac{\mathrm{d}v}{\mathrm{d}z}\right)^2 \tag{2.34}$$

可得

$$\varepsilon_z^{\mathrm{NL}} \approx \frac{1}{2}\left(\frac{\mathrm{d}v}{\mathrm{d}z}\right)^2 \tag{2.35}$$

上标 NL 表示非线性。

此结果与 Karman 在薄板大变形中采用的非线性应变相同。

根据初应力理论，初应力势能为初应力与相应非线性应变的乘积，即

$$W=\int_V(\sigma_{z,0}\varepsilon_z^{\mathrm{NL}})\mathrm{d}V \tag{2.36}$$

与弯曲应变能的表达式(2.27)相比[图 2.10(a)]，式(2.36)中缺少一个因子 1/2，这是因为根据分枝屈曲的概念，屈曲过程中，初应力大小是不变的[图 2.10(b)]。

这个概念对于后面的预应力杆件屈曲问题的研究也有借鉴价值。

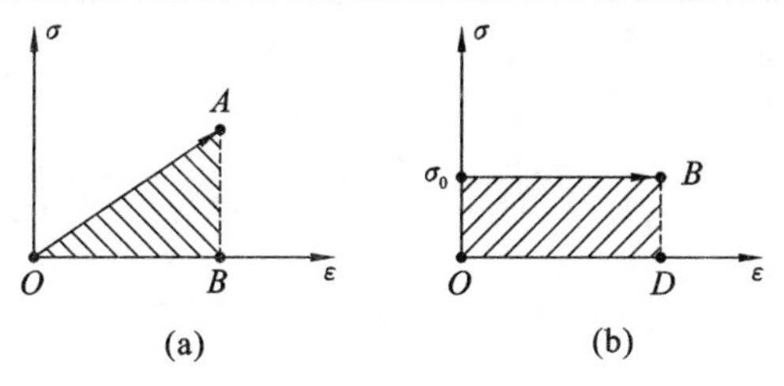

图 2.10　应变能与初应力势能的计算方法

将式(2.31)和式(2.35)代入上式，可得

$$W=\int_0^L\left[\int_A\left(-\frac{P}{A}\right)\frac{1}{2}\left(\frac{\mathrm{d}v}{\mathrm{d}z}\right)^2\mathrm{d}A\right]\mathrm{d}z=-\frac{1}{2}\int_0^L P\left(\frac{\mathrm{d}v}{\mathrm{d}z}\right)^2\mathrm{d}z \tag{2.37}$$

【说明】

实际上，我们可以从另外一个角度来推导荷载势能。如前所述，屈曲过程中，包括梁在横向荷载作用下，Euler 梁都隐含一个假设：梁轴线不伸长。因此，屈曲过程中，梁的每个微段的长度不变[图 2.11(b)、(c)]，只是发生了一个刚性转动 $\theta=\mathrm{d}v/\mathrm{d}z$，如图 2.11(c)所示。据此可知，沿着荷载方向的位移 $\delta=\mathrm{d}z(1-\cos\theta)\approx\frac{1}{2}\theta^2\mathrm{d}z=\frac{1}{2}\left(\frac{\mathrm{d}v}{\mathrm{d}z}\right)^2\mathrm{d}z$，因此微段的势能为

$$\mathrm{d}W=-\frac{1}{2}P\left(\frac{\mathrm{d}v}{\mathrm{d}z}\right)^2\mathrm{d}z \tag{2.38}$$

沿着长度的积分即可得式(2.37)。

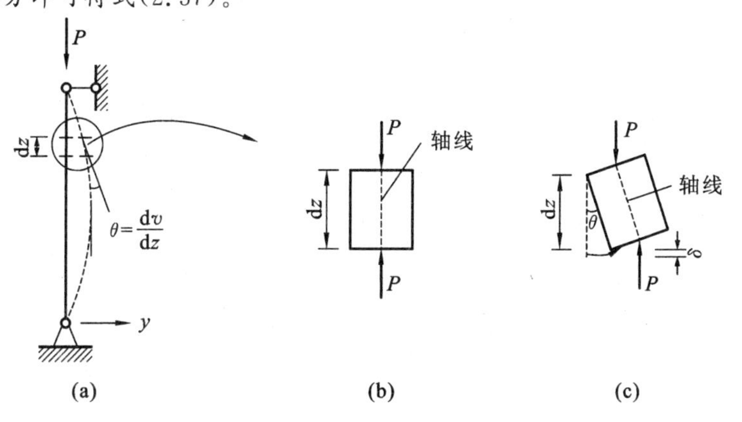

图 2.11　微段的刚体转动

(3) 总势能

$$\Pi(v)=U+W=\frac{1}{2}\int_0^L\left[EI\cdot\left(\frac{\mathrm{d}^2v}{\mathrm{d}z^2}\right)^2-P\left(\frac{\mathrm{d}v}{\mathrm{d}z}\right)^2\right]\mathrm{d}z \tag{2.39}$$

其中，挠度 $v(z)$ 应预先满足规定的位移边界条件，即

$$\left.\begin{aligned} v(0)=0 \\ v(L)=0 \end{aligned}\right\} \tag{2.40}$$

(4) 能量变分模型

至此，我们将 Euler 柱屈曲问题转化为一个变分问题，并可用能量变分模型表述为：在 $0\leqslant z\leqslant L$ 的区间内寻找一个位移函数 $v(z)$，使它满足位移边界条件[式(2.40)]，并使由式(2.39)定义的能量泛函 $\Pi(v)$ 取最小值。

2.4 两种数学模型的等价性与相互转化问题

前面我们已经构建了 Euler 柱弯曲屈曲问题的两类数学模型，即**微分方程模型**与**能量变分模型**。本小节将证明它们之间是等价的，并且是可以互相转化的。

2.4.1 变分学的正问题与反问题

人们的一般习惯是将由能量变分模型推出微分方程模型称为**变分学的正问题**，反之将由微分方程模型推出能量变分模型称为**变分学的反问题**。这是因为微分方程发展在前，变分学发展在后。

过去人们一般认为解决了正问题，即将泛函的驻值问题化为微分方程的边值问题，则问题已得到解决。然而，伴随着科学技术的发展，推出的微分方程模型越来越复杂，很多问题的微分方程难以求解甚至不能求解。自从里兹提出求解泛函极值的直接解法后，人们逐渐认识到：从求近似解的角度看，能量变分模型比微分方程模型更简便、实用。随着有限元软件的普及和应用，这种观点得到了越来越多的赞同，因为有限元即是人们依据能量变分原理创造的实用数值计算方法。

目前，人们对变分学的正问题已经建立了一套相对成熟和系统的分析方法，然而变分学的反问题的研究进展缓慢，相应的分析方法尚需要探索和做更多的工程检验。

2.4.2 由能量变分模型推出微分方程模型——变分学的正问题

(1) 直接变分的方法

根据变分法的必要条件，微弯状态 Euler 柱的平衡条件是

$$\delta\Pi(v)=\delta\left\{\frac{1}{2}\int_0^L\left[EI\cdot\left(\frac{\mathrm{d}^2v}{\mathrm{d}z^2}\right)^2-P\left(\frac{\mathrm{d}v}{\mathrm{d}z}\right)^2\right]\mathrm{d}z\right\}=0 \tag{2.41}$$

从而有

$$\frac{1}{2}\int_0^L\left[EI\cdot 2\frac{\mathrm{d}^2v}{\mathrm{d}z^2}\delta\left(\frac{\mathrm{d}^2v}{\mathrm{d}z^2}\right)-P\cdot 2\frac{\mathrm{d}v}{\mathrm{d}z}\delta\left(\frac{\mathrm{d}v}{\mathrm{d}z}\right)\right]\mathrm{d}z=0 \tag{2.42}$$

或者

$$\int_0^L\left[EI\cdot\frac{\mathrm{d}^2v}{\mathrm{d}z^2}\delta\left(\frac{\mathrm{d}^2v}{\mathrm{d}z^2}\right)-P\frac{\mathrm{d}v}{\mathrm{d}z}\delta\left(\frac{\mathrm{d}v}{\mathrm{d}z}\right)\right]\mathrm{d}z=0 \tag{2.43}$$

首先研究第一项的变分，可以发现它包含有二阶导数的变分 $\delta v''$，为此需要借助分部积

分的方法将 $\delta v''$ 转化为 δv。已知分部积分公式为

$$\int_{z_1}^{z_2}(a\cdot b')\mathrm{d}z = a\cdot b\Big|_{z_1}^{z_2} - \int_{z_1}^{z_2}(a'\cdot b)\mathrm{d}z \tag{2.44}$$

令 $a = EI\dfrac{\mathrm{d}^2 v}{\mathrm{d}z^2}, b = \delta\left(\dfrac{\mathrm{d}v}{\mathrm{d}z}\right)$，则

$$\begin{aligned}&\int_0^L\left[EI\frac{\mathrm{d}^2 v}{\mathrm{d}z^2}\delta\left(\frac{\mathrm{d}^2 v}{\mathrm{d}z^2}\right)\right]\mathrm{d}z\\ &= EI\frac{\mathrm{d}^2 v}{\mathrm{d}z^2}\delta\left(\frac{\mathrm{d}v}{\mathrm{d}z}\right)\Big|_0^L - \int_0^L\left[\frac{\mathrm{d}}{\mathrm{d}z}\left(EI\frac{\mathrm{d}^2 v}{\mathrm{d}z^2}\right)\delta\left(\frac{\mathrm{d}v}{\mathrm{d}z}\right)\right]\mathrm{d}z\end{aligned} \tag{2.45}$$

再令 $a=\dfrac{\mathrm{d}}{\mathrm{d}z}\left(EI\dfrac{\mathrm{d}^2 v}{\mathrm{d}z^2}\right), b=\delta v$，则有

$$\begin{aligned}&\int_0^L\left[EI\frac{\mathrm{d}^2 v}{\mathrm{d}z^2}\delta\left(\frac{\mathrm{d}^2 v}{\mathrm{d}z^2}\right)\right]\mathrm{d}z\\ &= EI\frac{\mathrm{d}^2 v}{\mathrm{d}z^2}\delta\left(\frac{\mathrm{d}v}{\mathrm{d}z}\right)\Big|_0^L - \frac{\mathrm{d}}{\mathrm{d}z}\left(EI\frac{\mathrm{d}^2 v}{\mathrm{d}z^2}\right)\delta v\Big|_0^L + \int_0^L\left[\frac{\mathrm{d}^2}{\mathrm{d}z^2}\left(EI\frac{\mathrm{d}^2 v}{\mathrm{d}z^2}\right)\delta v\right]\mathrm{d}z\end{aligned} \tag{2.46}$$

其次研究第二项的变分。若令 $a=P\dfrac{\mathrm{d}v}{\mathrm{d}z}, b=\delta v$，则

$$\int_0^L\left[P\frac{\mathrm{d}v}{\mathrm{d}z}\delta\left(\frac{\mathrm{d}v}{\mathrm{d}z}\right)\right]\mathrm{d}z = P\frac{\mathrm{d}v}{\mathrm{d}z}\delta v\Big|_0^L - \int_0^L\left[\frac{\mathrm{d}}{\mathrm{d}z}\left(P\frac{\mathrm{d}v}{\mathrm{d}z}\right)\delta v\right]\mathrm{d}z \tag{2.47}$$

综合式(2.46)和式(2.47)可得

$$\begin{aligned}&EI\frac{\mathrm{d}^2 v}{\mathrm{d}z^2}\delta\left(\frac{\mathrm{d}v}{\mathrm{d}z}\right)\Big|_0^L - \left[\frac{\mathrm{d}}{\mathrm{d}z}\left(EI\frac{\mathrm{d}^2 v}{\mathrm{d}z^2}\right) + P\frac{\mathrm{d}v}{\mathrm{d}z}\right]\delta v\Big|_0^L +\\ &\int_0^L\left[\frac{\mathrm{d}^2}{\mathrm{d}z^2}\left(EI\frac{\mathrm{d}^2 v}{\mathrm{d}z^2}\right) + \frac{\mathrm{d}}{\mathrm{d}z}\left(P\frac{\mathrm{d}v}{\mathrm{d}z}\right)\right]\delta v\,\mathrm{d}z = 0\end{aligned} \tag{2.48}$$

因为变分 δv 的任意性，根据变分预备定理，必有

$$\frac{\mathrm{d}^2}{\mathrm{d}z^2}\left(EI\frac{\mathrm{d}^2 v}{\mathrm{d}z^2}\right) + \frac{\mathrm{d}}{\mathrm{d}z}\left(P\frac{\mathrm{d}v}{\mathrm{d}z}\right) = 0 \tag{2.49}$$

对于定轴力($P=$ 常数)、等截面($EI=$ 常数)的 Euler 柱情况，上式变为

$$EI\frac{\mathrm{d}^4 v}{\mathrm{d}z^4} + P\frac{\mathrm{d}^2 v}{\mathrm{d}z^2} = 0 \tag{2.50}$$

这就是我们依据变分法推出的 Euler 方程，它也是经典 Euler 柱弯曲屈曲的平衡微分方程。

此外，为了保证式(2.48)恒成立，必有如下的附加条件，即自然边界条件

$$\left.\begin{aligned}&EI\frac{\mathrm{d}^2 v}{\mathrm{d}z^2}\delta\left(\frac{\mathrm{d}v}{\mathrm{d}z}\right) = 0\\ &\left[\frac{\mathrm{d}}{\mathrm{d}z}\left(EI\frac{\mathrm{d}^2 v}{\mathrm{d}z^2}\right) + P\frac{\mathrm{d}v}{\mathrm{d}z}\right]\delta v = 0\end{aligned}\right\} \tag{2.51}$$

对于定轴力($P=$常数)、等截面($EI=$常数)的特殊情况，上式转变为如下的自然边界条件

在 $z=0$ 及 $z=L$ 处：

弯矩
$$EI\frac{\mathrm{d}^2v}{\mathrm{d}z^2}=0 \text{ 或者} \frac{\mathrm{d}v}{\mathrm{d}z}=0 \tag{2.52}$$

剪力
$$EI\frac{\mathrm{d}^3v}{\mathrm{d}z^3}+P\frac{\mathrm{d}v}{\mathrm{d}z}=0 \text{ 或者 } v=0 \tag{2.53}$$

式(2.50)为四阶微分方程,有四个待定积分常数。根据每端的2个自然边界条件[即式(2.52)、式(2.53)],问题可解。

另外发现,这里得到的Euler微分方程是四阶的,而依据微分方程模型得出的式(2.14)是二阶的。显然,若将后者微分两次即可得到完全一致的结果,即两者等价。

(2) 借鉴已有变分成果的方法

观察发现,Euler柱屈曲问题的能量泛函与附录1的泛函式(附1.44)相似。此时,有下面的对应关系

$$F=\frac{1}{2}\left[EI\left(\frac{\mathrm{d}^2v}{\mathrm{d}z^2}\right)^2-P\left(\frac{\mathrm{d}v}{\mathrm{d}z}\right)^2\right]=\frac{1}{2}(EIv''^2-Pv'^2)$$

$$F_v=\frac{\partial F}{\partial v}=0;F_{v'}=\frac{\partial F}{\partial v'}=-Pv';F_{v''}=\frac{\partial F}{\partial v''}=EIv''$$

代入附录1的Euler方程式(附1.45),可得

$$F_v-\frac{\mathrm{d}}{\mathrm{d}z}F_{v'}+\frac{\mathrm{d}^2}{\mathrm{d}z^2}F_{v''}=0-\frac{\mathrm{d}}{\mathrm{d}z}(-Pv')+\frac{\mathrm{d}^2}{\mathrm{d}z^2}(EIv'')=0 \tag{2.54}$$

或者

$$\frac{\mathrm{d}^2}{\mathrm{d}z^2}(EIv'')+\frac{\mathrm{d}}{\mathrm{d}z}(Pv')=0 \tag{2.55}$$

对于等截面(EI=常数)、定轴力(P=常数)情况,上式变为

$$EIv^{(4)}+Pv''=0 \tag{2.56}$$

此式即为Euler方程。

自然边界条件:

在$z=0$及$z=L$处:

对应δv[式(附1.46)]:v给定,且$v=0$ (2.57)

对应$\delta v'$[式(附1.47)]: $F_{v''}=EIv''=0$ (2.58)

方法(1)是基本方法,具有通用性强的特点;方法(2)对于特定问题简便,但不具有普适性,采用时需要认真核对。

2.4.3 由微分方程模型推出能量变分模型——变分学的反问题

目前将微分方程模型转化为能量变分模型的方法有两种:

方法一:尝试和核对的方法。此方法的基本思想是,根据微分方程模型的力学和工程背景,先猜想一个泛函的驻值问题,然后再进行核对,看它是否和原来的微分方程边值问题等价。此方法适合有经验的研究者,属于一种"经验性"的方法。

方法二:利用伽辽金法来构造能量变分模型的方法。此方法属于一种"理性"的方法,适应性较强。

下面以Euler柱屈曲问题为例,介绍利用伽辽金法来构造能量变分模型的方法。

首先需要认识到式(2.55)是一种形式上的静力平衡条件，可以将其看作一种"假想横向力"与内力的平衡。若将其与相应的虚位移相乘则会得到相应的虚功，积分即得

$$\int_0^L \left[\frac{d^2}{dz^2}(EIv'') + \frac{d}{dz}(Pv')\right]\delta v\, dz = 0 \tag{2.59}$$

此即依据伽辽金法得到的虚功方程形式。

下面要做的与上节方法(1)的变分推导过程正好相反，即需要对上式的第一项和第二项进行数学反变换，将 δv 分别转化为 $\delta v''$ 和 $\delta v'$。

推导过程中还会用到下面的分部积分公式

$$\int_{z_1}^{z_2}(a'b)\,dz = ab\Big|_{z_1}^{z_2} - \int_{z_1}^{z_2}(ab')\,dz \tag{2.60}$$

令 $a = Pv'$，$b = \delta v$，则式(2.59) 第二项的积分转化为

$$\begin{aligned}\int_0^L \frac{d}{dz}(Pv')\delta v\, dz &= (Pv')\delta v\Big|_0^L - \int_0^L (Pv')\frac{d}{dz}\delta v\, dz\\ &= (Pv')\delta v\Big|_0^L - \int_0^L (Pv')\delta v'\, dz\end{aligned} \tag{2.61}$$

根据位移边界条件式(2.57)，有 $\delta v|_0^L = 0$，则上式简化为

$$\int_0^L \frac{d}{dz}(Pv')\delta v\, dz = -\int_0^L (Pv')\delta v'\, dz \tag{2.62}$$

根据平方的变分运算法则，易得

$$\int_0^L \frac{d}{dz}(Pv')\delta v\, dz = -\int_0^L (Pv')\delta v'\, dz = -\frac{1}{2}\delta\int_0^L [P\,(v')^2]\, dz \tag{2.63}$$

再令 $a = \frac{d}{dz}(EIv'')$，$b = \delta v$，并利用边界条件 $\delta v|_0^L = 0$，则式(2.59) 第一项的积分转化为

$$\begin{aligned}&\int_0^L \frac{d^2}{dz^2}(EIv'')\delta v\, dz\\ &= \frac{d}{dz}(EIv'')\delta v\Big|_0^L - \int_0^L \frac{d}{dz}(EIv'')\delta v'\, dz = -\int_0^L \frac{d}{dz}(EIv'')\delta v'\, dz\end{aligned} \tag{2.64}$$

再令 $a = EIv''$，$b = \delta v'$，并利用边界条件式(2.58)，即 $[EIv'']_0^L = 0$，则式(2.64) 可进一步转化为

$$-\int_0^L \frac{d^2}{dz^2}(EIv'')\delta v\, dz = \int_0^L EIv''\delta v''\, dz - (EIv'')\delta v'\big|_0^L = \frac{1}{2}\delta\int_0^L EI\,(v'')^2 dz \tag{2.65}$$

将上式与式(2.63) 代入式(2.59)，得

$$\frac{1}{2}\delta\int_0^L EI\,(v'')^2 dz - \frac{1}{2}\delta\int_0^L [P\,(v')^2]\, dz = 0 \tag{2.66}$$

或者

$$\delta\left\{\frac{1}{2}\int_0^L [EI\,(v'')^2 - P\,(v')^2]\, dz\right\} = 0 \tag{2.67}$$

或者

$$\delta\Pi = 0 \tag{2.68}$$

从而有

$$\Pi(v)=\frac{1}{2}\int_0^L\left[EI\ (v'')^2-P\ (v')^2\right]\mathrm{d}z \tag{2.69}$$

可见，殊途同归，此能量泛函式(2.69)与式(2.39)完全一致。这是因为这两类数学模型在推导过程中运用了相同的几何方程式(2.6)、物理方程式(2.10)以及边界条件式(2.15)和式(2.16)。

以上的推演研究表明，尽管微分方程模型与能量变分模型的表达形式不同，但只要它们是正确的，则它们就是等价的，并且可以相互推演。据此我们还可以检验现有的微分方程模型或能量变分模型的正确性。

【说明】

变分法是本书常用的数学工具，建议不熟悉变分法的读者先学习附录1。另外，伽辽金法是基于微分方程来获得近似解析解的一种经典方法。但限于篇幅，本书未加深入讨论，为此将伽辽金院士发表于1915年的经典论文列于附录2，供感兴趣的读者来领略大师的风采和了解伽辽金方法的思想内涵。

参 考 文 献

[1] TIMOSHENKO S P, GERE J. Theory of Elastic Stability. 2nd ed. McGraw-Hill, New York, NY, USA, 1961.

[2] 查尔斯 A. 结构稳定性理论原理. 唐家祥，译. 兰州：甘肃人民出版社，1982.

[3] 陈骥. 钢结构稳定：理论和设计. 5版. 北京：科学出版社，2011.

[4] 童根树. 钢结构的平面内稳定. 北京：中国建筑工业出版社，2015.

[5] 胡海昌，胡闰梅. 变分学. 北京：中国建筑工业出版社，1987.

[6] 胡海昌. 弹性力学的变分原理及其应用. 北京：科学出版社，1981.

3　Euler 柱弹性弯曲屈曲：微分方程解答

3.1　Euler 柱屈曲荷载

根据第 2 章的推导，可知 Euler 柱弯曲屈曲的控制方程为

$$EIv''+Pv=0 \tag{3.1}$$

边界条件为

$$v(0)=v(L)=0 \tag{3.2}$$

首先参照高等数学的方法，引入符号

$$k^2=\frac{P}{EI} \tag{3.3}$$

将式(3.1)改写为

$$v''+k^2v=0 \tag{3.4}$$

这是一个标准的二阶常系数微分方程，其解答为

$$v(z)=A\sin(kz)+B\cos(kz) \tag{3.5}$$

式中，A 和 B 为两个待定系数。

根据边界条件式(3.2)可得 $B=0$ 和

$$v(L)=A\sin(kL)=0 \tag{3.6}$$

显然，对于处于“微弯”状态的 Euler 柱而言，必须保证 $A\neq0$，从而必有 $\sin(kL)=0$，即

$$kL=\pi,2\pi,3\pi,\cdots,n\pi,\cdots,\infty \tag{3.7}$$

取最小解 $kL=\pi$，利用式(3.3)可得到

$$P_E=\frac{\pi^2EI}{L^2} \tag{3.8}$$

此式即为著名的 Euler 柱屈曲荷载。

将 $B=0$ 和 $kL=\pi$ 代入式(3.5)可得与 Euler 柱屈曲荷载对应的屈曲模态为

$$v(z)=A\sin\frac{\pi z}{L} \tag{3.9}$$

需要指出的是，至此我们尚无法定量确定 A 的大小。因此与振型的概念类似，屈曲模态只能给出屈曲的形状。这是屈曲分析的特点。仿照结构动力学中对振型的处理方法，可以令最大值为 1，从而得到归一化的屈曲模态为

$$v(z)=\sin\frac{\pi z}{L} \tag{3.10}$$

实际上，Euler 柱到底是向左侧屈曲还是向右侧屈曲也是无法确定的，这是符合实际情况的。因此 A 既可取正值，也可取负值，此即为“分枝屈曲”(Bifurcation Buckling)的几何含义。

【说明】

Euler 曾错误地认为他推导的临界荷载不仅适用于细长柱，也适用于短柱。但 19 世纪的试验结果表明，Euler 公式对于粗短柱子是不安全的，因此 Euler 的成果曾被认为是完全错误的而被弃用了 100 多年。直到 1889 年，F Engesser 才再次证明，Euler 荷载是正确的，但仅适用于细长柱。参见 A. 查尔斯的著作《结构稳定性原理》pg. 33。

3.2 端部约束对 Euler 柱屈曲荷载的影响与计算长度系数

Timoshenko 曾指出，与前面的二阶微分方程相比，四阶微分方程更适用于求解任何边界条件的柱子屈曲问题。但边界条件需要依据静力平衡条件来确定，比较烦琐，尤其是正负号非常容易出错。利用能量变分原理可以方便地解决此类问题。

下面我们将采用能量变分原理来建立端部约束 Euler 柱屈曲的控制方程和边界条件。

3.2.1 顶端具有侧向弹性约束的 Euler 柱

众所周知，Euler 柱力学模型的顶端为铰接，即侧向为刚性连杆。图 3.1 为两种可能的顶部侧向弹性支撑方式，一种是受压柱与刚性墙体之间用弹性连杆相连接[图 3.1(a)]，一种是受压柱通过刚性系杆与弹性立柱相连接[图 3.1(b)]。这些弹性连杆或者弹性立柱需要满足什么条件，才能符合“刚性连杆”的要求？这是本节要讨论的内容。

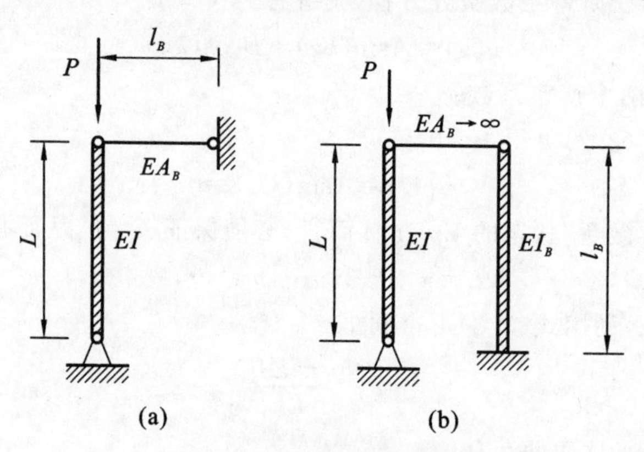

图 3.1　侧向弹性支撑的例子

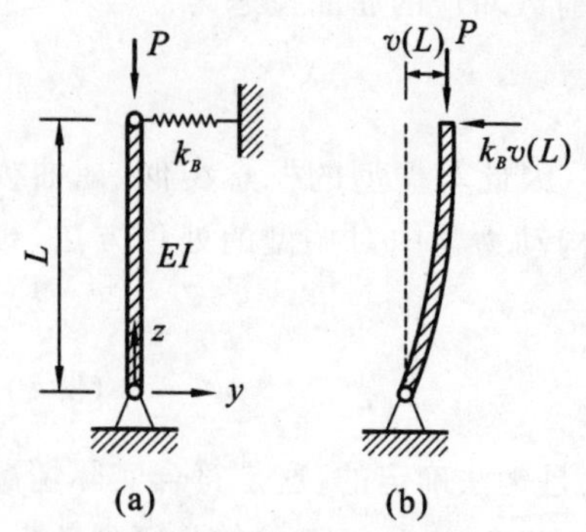

图 3.2　侧向弹性约束的 Euler 柱

为此我们考虑图 3.2 所示的 Euler 柱，该柱底端为简支，顶端($z=L$ 处)有侧向弹性约束。假设侧向弹性约束的刚度为 k_B，则此时 Euler 柱的总势能为

$$\Pi(v)=\frac{1}{2}\int_0^L\left[EI\left(\frac{\mathrm{d}^2 v}{\mathrm{d}z^2}\right)^2-P\left(\frac{\mathrm{d}v}{\mathrm{d}z}\right)^2\right]\mathrm{d}z+\frac{1}{2}k_B v_{z=L}^2 \tag{3.11}$$

根据能量变分原理，必有

$$\delta\Pi(v)=0 \tag{3.12}$$

上述变分结果(留作读者练习)为

$$EI\left(\frac{\mathrm{d}^2 v}{\mathrm{d}z^2}\right)\delta\left(\frac{\mathrm{d}v}{\mathrm{d}z}\right)\Bigg|_0^L-\left\{\frac{\mathrm{d}}{\mathrm{d}z}\left[EI\left(\frac{\mathrm{d}^2 v}{\mathrm{d}z^2}\right)\right]+P\left(\frac{\mathrm{d}v}{\mathrm{d}z}\right)\right\}\delta v\Bigg|_0^L+k_B\cdot\delta v\big|_{z=L}+$$
$$\int_0^L\left\{\frac{\mathrm{d}^2}{\mathrm{d}z^2}\left[EI\left(\frac{\mathrm{d}^2 v}{\mathrm{d}z^2}\right)\right]+\frac{\mathrm{d}}{\mathrm{d}z}\left[P\left(\frac{\mathrm{d}v}{\mathrm{d}z}\right)\right]\right\}\delta v\,\mathrm{d}z=0 \tag{3.13}$$

根据变分预备原理，可得相应的 Euler 方程，即平衡方程为

$$EI\frac{\mathrm{d}^4 v}{\mathrm{d}z^4}-P\frac{\mathrm{d}^2 v}{\mathrm{d}z^2}=0 \tag{3.14}$$

在 $z=0$ 的边界条件是

位移 $$v=0 \tag{3.15}$$

弯矩 $$-EI\frac{\mathrm{d}^2 v}{\mathrm{d}z^2}=0 \tag{3.16}$$

在 $z=L$ 的边界条件是

剪力 $$-\left(EI\frac{\mathrm{d}^3 v}{\mathrm{d}z^3}+P\frac{\mathrm{d}v}{\mathrm{d}z}\right)+k_B v=0 \tag{3.17}$$

弯矩 $$EI\frac{\mathrm{d}^2 v}{\mathrm{d}z^2}=0 \tag{3.18}$$

我们注意到，依据能量变分模型推导得到的 Euler 方程，即式(3.14)是一个四阶微分方程，还可同时获得复杂的边界条件，比如式(3.17)。

因此，能量变分模型不仅可以用来求 Euler 柱屈曲问题的近似解析解和建立相应的有限元模型，也可以用来推导具有普遍意义的平衡方程和边界条件。

若引入符号

$$k^2=\frac{P}{EI} \tag{3.19}$$

则可将平衡方程式(3.14)改写为

$$v^{(4)}+k^2\cdot v''=0 \tag{3.20}$$

其通解为

$$v(z)=C_1\sin(kz)+C_2\cos(kz)+C_3 z+C_4 \tag{3.21}$$
$$v'(z)=C_1 k\cos(kz)-C_2 k\sin(kz)+C_3 \tag{3.22}$$
$$v''(z)=-C_1 k^2\sin(kz)-C_2 k^2\cos(kz) \tag{3.23}$$
$$v'''(z)=-C_1 k^3\cos(kz)+C_2 k^3\sin(kz) \tag{3.24}$$

由 $z=0$ 的边界条件，位移 $v=0$ 可得

$$C_2+C_4=0 \tag{3.25}$$

由 $z=0$ 的边界条件，弯矩 $-EI\frac{\mathrm{d}^2 v}{\mathrm{d}z^2}=0$，可得 $C_2=0$。结合上式关系有

$$C_2=C_4=0 \tag{3.26}$$

由 $z=L$ 的边界条件，剪力 $-\left(EI\frac{\mathrm{d}^3 v}{\mathrm{d}z^3}+P\frac{\mathrm{d}v}{\mathrm{d}z}\right)+k_B v=0$ 可得

$$-\{EI[-C_1 k^3\cos(kL)]+P[C_1 k\cos(kL)+C_3]\}+k_B[C_1\sin(kL)+C_3 L]=0 \tag{3.27}$$

注意到 $EI[-C_1 k^3\cos(kL)]+P[C_1 k\cos(kL)]=0$，则上式化简为

$$-PC_3+k_B[C_1\sin(kL)+C_3L]=0 \tag{3.28}$$

或者

$$C_1k_B\sin(kL)+C_3(k_BL-P)=0 \tag{3.29}$$

由 $z=L$ 的边界条件，弯矩 $EI\dfrac{d^2v}{dz^2}=0$ 可得

$$C_1k^2\sin(kL)=0 \tag{3.30}$$

由式(3.29)和式(3.30)可得

$$\begin{pmatrix} k_B\sin(kL) & k_BL-P \\ k^2\sin(kL) & 0 \end{pmatrix}\begin{pmatrix} C_1 \\ C_3 \end{pmatrix}=\begin{pmatrix} 0 \\ 0 \end{pmatrix} \tag{3.31}$$

为了保证 C_1 和 C_3 不同时为零，必有

$$\mathrm{Det}\begin{pmatrix} k_B\sin(kL) & k_BL-P \\ k^2\sin(kL) & 0 \end{pmatrix}=0 \tag{3.32}$$

从而有

$$(kL)^2(k_BL-P)\sin(kL)=0 \tag{3.33}$$

或者

$$(kL)^2[\tilde{k}_B-(kL)^2]\sin(kL)=0 \tag{3.34}$$

其中，$\tilde{k}_B=k_B\Big/\left(\dfrac{EI}{L^3}\right)$为无量纲的侧向弹簧刚度。

显然，满足屈曲方程式(3.34)的解有两个，一个是 $\sin(kL)=0$，即 $kL=\pi$，此解对应的是 Euler 屈曲荷载；另一个是 $\tilde{k}_B-(kL)^2=0$，即 $kL=\sqrt{\tilde{k}_B}$。这两个解的关系如图 3.3 所示。

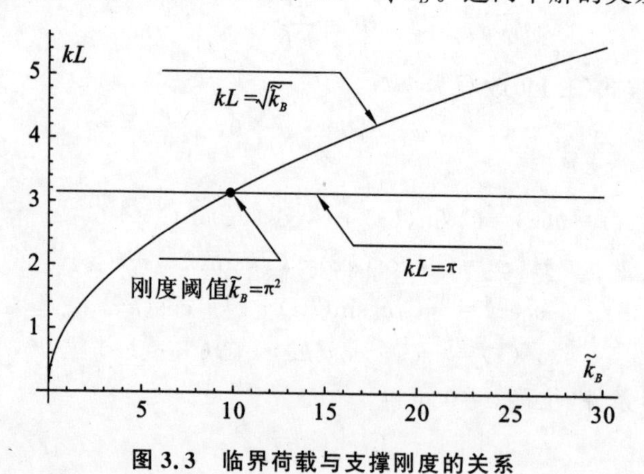

图 3.3　临界荷载与支撑刚度的关系

研究弹性约束，即弹性支撑问题的工程目的有两个，一是定量考察弹性支撑对构件屈曲荷载的影响；二是为设计者提供一个量化的最小刚度要求，即设计多大截面的支撑即可达到刚性支撑的效果。因此需要首先给出完全支撑最小刚度，即“刚度阈值”的定量表述。

为了与传统的刚性支撑（理论上，刚性支撑的刚度为无穷大）相区别，国外文献提出了“完全支撑”(Full Brace)的概念。所谓“完全支撑”就是指其作用效果与刚性支撑（刚性连杆）作用相同的一类支撑。

对于这里的问题而言,完全支撑最小刚度,即“刚度阈值”可以根据图 3.3 中两个解的交点确定,其结果为 $\tilde{k}_B=\pi^2$。据此可知,图 3.1(a)中右侧弹性杆的刚度必须满足

$$\left(\frac{EA_B}{l_B}\right)_B \geqslant \pi^2 \frac{EI}{L^3} \tag{3.35}$$

才能符合“刚性连杆”的要求。

同理,图 3.1(b)中的右侧立柱侧移刚度必须满足

$$\left(\frac{3EI_B}{l_B^3}\right)_B \geqslant \pi^2 \frac{EI}{L^3} \tag{3.36}$$

这就是说,若两根柱子等高,则右侧“辅助”立柱的抗弯刚度需要达到左侧柱的 3.3 倍,才能符合“刚性支撑”的要求。显然,此要求是不低的,工程中需要引起注意。

上述结果提醒我们,实际工程中 Euler 柱的侧向弹性支撑,必须满足一定的刚度要求,否则实际的屈曲荷载将低于 Euler 荷载。

3.2.2 端部具有多个弹性约束的 Euler 柱

考虑图 3.4 所示的 Euler 柱,假设顶端($z=L$ 处)侧向弹性约束的刚度为 k_B,抗弯弹性约束的刚度为 r_{B1},底端($z=0$ 处)抗弯弹性约束的刚度为 r_{B2},则此时 Euler 柱的总势能为

$$\Pi(v)=\frac{1}{2}\int_0^L\left[EI\left(\frac{\mathrm{d}^2v}{\mathrm{d}z^2}\right)^2-P\left(\frac{\mathrm{d}v}{\mathrm{d}z}\right)^2\right]\mathrm{d}z+\frac{1}{2}r_{B1}\left(\frac{\mathrm{d}v}{\mathrm{d}z}\right)^2_{z=L}+\frac{1}{2}k_B(v)^2_{z=L}+\frac{1}{2}r_{B2}\left(\frac{\mathrm{d}v}{\mathrm{d}z}\right)^2_{z=0} \tag{3.37}$$

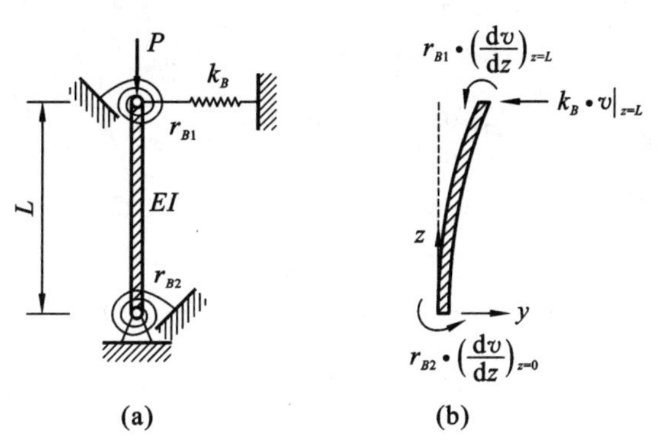

图 3.4 多个弹性约束的 Euler 柱

根据能量变分原理,必有

$$\delta\Pi(v)=0 \tag{3.38}$$

上述变分结果(留作读者练习)为

$$EI\frac{\mathrm{d}^2v}{\mathrm{d}z^2}\delta\left(\frac{\mathrm{d}v}{\mathrm{d}z}\right)\Bigg|_0^L+r_{B1}\delta\left(\frac{\mathrm{d}v}{\mathrm{d}z}\right)\Bigg|_{z=L}+r_{B2}\delta\left(\frac{\mathrm{d}v}{\mathrm{d}z}\right)\Bigg|_{z=0}-$$
$$\left[\frac{\mathrm{d}}{\mathrm{d}z}\left(EI\frac{\mathrm{d}^2v}{\mathrm{d}z^2}\right)+P\frac{\mathrm{d}v}{\mathrm{d}z}\right]\delta v\Bigg|_0^L+k_B\delta v\,|_{z=L}+$$
$$\int_0^L\left[\frac{\mathrm{d}^2}{\mathrm{d}z^2}\left(EI\frac{\mathrm{d}^2v}{\mathrm{d}z^2}\right)+\frac{\mathrm{d}}{\mathrm{d}z}\left(P\frac{\mathrm{d}v}{\mathrm{d}z}\right)\right]\delta v\,\mathrm{d}z=0 \tag{3.39}$$

根据变分预备原理，可得相应的 Euler 方程，即平衡方程为

$$EI\frac{d^4v}{dz^4}-P\frac{d^2v}{dz^2}=0 \tag{3.40}$$

在 $z=0$ 的边界条件是

位移
$$v=0 \tag{3.41}$$

弯矩
$$-EI\frac{d^2v}{dz^2}+r_{B2}\frac{dv}{dz}=0 \tag{3.42}$$

在 $z=L$ 的边界条件是

剪力
$$-\left(EI\frac{d^3v}{dz^3}+P\frac{dv}{dz}\right)+k_Bv=0 \tag{3.43}$$

弯矩
$$EI\frac{d^2v}{dz^2}+r_{B1}\cdot\frac{dv}{dz}=0 \tag{3.44}$$

可见，此时的 Euler 方程，即平衡方程(3.40)仍是一个四阶微分方程，因此其通解与式(3.21)～式(3.24)相同，即

$$v(z)=C_1\sin(kz)+C_2\cos(kz)+C_3z+C_4 \tag{3.45}$$

$$v'(z)=C_1k\cos(kz)-C_2k\sin(kz)+C_3 \tag{3.46}$$

$$v''(z)=-C_1k^2\sin(kz)-C_2k^2\cos(kz) \tag{3.47}$$

$$v'''(z)=-C_1k^3\cos(kz)+C_2k^3\sin(kz) \tag{3.48}$$

其中，$k^2=P/EI$。

由 $z=0$ 的边界条件，位移 $v=0$ 可得

$$C_2+C_4=0 \tag{3.49}$$

由 $z=0$ 的边界条件，弯矩 $-EI\frac{d^2v}{dz^2}+r_{B2}\frac{dv}{dz}=0$ 可得

$$-EI(-C_2k^2\cos0)+r_{B2}(C_1k\cos0+C_3)=0 \tag{3.50}$$

或者

$$C_1(r_{B2}k)+C_2(EIk^2)+C_3r_{B2}=0 \tag{3.51}$$

由 $z=L$ 的边界条件，剪力 $-\left(EI\frac{d^3v}{dz^3}+P\frac{dv}{dz}\right)+k_Bv=0$ 可得(具体推导过程参见前一个例题)

$$C_1k_B\sin(kL)+C_2k_B\cos(kL)+C_3(k_BL-P)+C_4k_B=0 \tag{3.52}$$

由 $z=L$ 的边界条件，弯矩 $EI\frac{d^2v}{dz^2}+r_{B1}\frac{dv}{dz}=0$ 可得

$$EI[-C_1k^2\sin(kL)-C_2k^2\cos(kL)]+r_{B1}[C_1k\cos(kL)-C_2k\sin(kL)+C_3]=0 \tag{3.53}$$

或者

$$C_1[-EIk^2\sin(kL)+r_{B1}k\cos(kL)]+C_2[-EIk^2\cos(kL)-r_{B1}k\sin(kL)]+C_3r_{B1}=0 \tag{3.54}$$

由式(3.49)、式(3.51)、式(3.54)和式(3.52)可得

$$\begin{pmatrix} 0 & 1 & 0 & 1 \\ r_{B2}k & EIk^2 & r_{B2} & 0 \\ -EIk^2\sin(kL)+r_{B1}k\cos(kL) & -EIk^2\cos(kL)-r_{B1}k\sin(kL) & r_{B1} & 0 \\ k_B\sin(kL) & k_B\cos(kL) & k_BL-P & k_B \end{pmatrix}\begin{pmatrix} C_1 \\ C_2 \\ C_3 \\ C_4 \end{pmatrix}=\begin{pmatrix} 0 \\ 0 \\ 0 \\ 0 \end{pmatrix} \tag{3.55}$$

根据线性代数知识可知，为了获得 C_1、C_2、C_3 和 C_4 的非零解，必有

$$\mathrm{Det}\begin{pmatrix} 0 & 1 & 0 & 1 \\ r_{B2}k & EIk^2 & r_{B2} & 0 \\ -EIk^2\sin(kL)+r_{B1}k\cos(kL) & -EIk^2\cos(kL)-r_{B1}k\sin(kL) & r_{B1} & 0 \\ k_B\sin(kL) & k_B\cos(kL) & k_BL-P & k_B \end{pmatrix}=0 \tag{3.56}$$

引入无量纲的抗弯弹簧刚度 $\tilde{r}_{B1}=r_{B1}\Big/\left(\dfrac{EI}{L}\right)$，$\tilde{r}_{B2}=r_{B2}\Big/\left(\dfrac{EI}{L}\right)$ 以及无量纲的侧向弹簧刚度 $\tilde{k}_B=k_B\Big/\left(\dfrac{EI}{L^3}\right)$，则可将上式改写为无量纲形式

$$\mathrm{Det}\begin{pmatrix} 0 & 1 & 0 & 1 \\ \tilde{r}_{B2}(kL) & (kL)^2 & \tilde{r}_{B2} & 0 \\ \tilde{r}_{B1}(kL)\cos(kL)-(kL)^2\sin(kL) & -\tilde{r}_{B1}(kL)\sin(kL)-(kL)^2\cos(kL) & \tilde{r}_{B1} & 0 \\ \tilde{k}_B\sin(kL) & \tilde{k}_B\cos(kL) & \tilde{k}_B-(kL)^2 & \tilde{k}_B \end{pmatrix}=0 \tag{3.57}$$

此式即为 3 个弹性约束下 Euler 柱的屈曲方程。

因为抗弯弹簧刚度为零意味着柱端无转动约束，即柱端可以自由转动，而抗弯弹簧刚度为无穷大意味着柱端无转动变形，相当于固端。同理，侧向弹簧刚度为零意味着柱端可以自由平动，而侧向弹簧刚度为无穷大意味着柱端无侧移，即相当于刚性连杆。因此，上述屈曲方程包括了多种弹性约束组合的影响。

这里仅讨论几种特例：

(1) $\tilde{r}_{B1}=\tilde{r}_{B2}=0$ 情形

此时式(3.57)简化为

$$\mathrm{Det}\begin{pmatrix} 0 & 1 & 0 & 1 \\ 0 & (kL)^2 & 0 & 0 \\ -(kL)^2\sin(kL) & -(kL)^2\cos(kL) & 0 & 0 \\ \tilde{k}_B\sin(kL) & \tilde{k}_B\cos(kL) & \tilde{k}_B-(kL)^2 & \tilde{k}_B \end{pmatrix}=0 \tag{3.58}$$

可得此时的屈曲方程为

$$(kL)^4\sin(kL)[(kL)^2-\tilde{k}_B]=0 \tag{3.59}$$

此表达式的解及结果与上节的结果一致。

(2) $\tilde{r}_{B1}=0$，$\tilde{r}_{B2}\to\infty$ 情形

此时式(3.57)简化为

$$\mathrm{Det}\begin{pmatrix} 0 & 1 & 0 & 1 \\ kL & 0 & 1 & 0 \\ -(kL)^2\sin(kL) & -(kL)^2\cos(kL) & 0 & 0 \\ \tilde{k}_B\sin(kL) & \tilde{k}_B\cos(kL) & \tilde{k}_B-(kL)^2 & \tilde{k}_B \end{pmatrix}=0 \tag{3.60}$$

可得此时的屈曲方程为

$$\frac{\tan(kL)}{kL}=1-\frac{(kL)^2}{\tilde{k}_B} \tag{3.61}$$

(3) $\tilde{k}_B\to\infty$ 情形，即顶部侧向支撑为刚性系杆的情况

此时式(3.57)简化为

$$\mathrm{Det}\begin{pmatrix} 0 & 1 & 0 & 1 \\ \tilde{r}_{B2}(kL) & (kL)^2 & \tilde{r}_{B2} & 0 \\ \tilde{r}_{B1}(kL)\cos(kL)-(kL)^2\sin(kL) & -\tilde{r}_{B1}(kL)\sin(kL)-(kL)^2\cos(kL) & \tilde{r}_{B1} & 0 \\ \sin(kL) & \cos(kL) & 1 & 1 \end{pmatrix}=0 \tag{3.62}$$

可得此时的屈曲方程为

$$\begin{aligned}&\cos(kL)\left[(kL)^2(\tilde{r}_{B1}+\tilde{r}_{B2})+2\tilde{r}_{B1}\tilde{r}_{B2}\right]-\\&(kL)\sin(kL)\left[(kL)^2-\tilde{r}_{B1}(-1+\tilde{r}_{B2})+\tilde{r}_{B2}\right]-2\tilde{r}_{B1}\tilde{r}_{B2}=0\end{aligned} \tag{3.63}$$

若令 $\bar{\alpha}=(kL)^2$ 为屈曲荷载参数，则可得到表 3.1 所示的计算结果。

表 3.1　抗弯弹性约束与柱子屈曲荷载参数 $\bar{\alpha}=(kL)^2$

$\tilde{r}_{B1}$	$\tilde{r}_{B2}$							
	0	0.5	1	2	4	10	20	∞
$\tilde{r}_{B2}$	π^2	11.772	13.492	16.463	20.957	28.168	30.355	$4\pi^2$
0	π^2	10.798	11.598	12.894	14.660	17.076	18.417	20.191
∞	20.191	21.659	22.969	25.182	28.397	33.153	35.092	$4\pi^2$

因为约束的对称性，表 3.1 中 $\tilde{r}_{B1}$ 和 $\tilde{r}_{B2}$ 可以互换。从该表中可以看出，当 $\tilde{r}_{B1}$ 和 $\tilde{r}_{B2}$ 都是零时，屈曲荷载参数为 $\bar{\alpha}=\pi^2$，此解与两端铰接 Euler 柱的屈曲荷载参数相同；当 $\tilde{r}_{B1}$ 和 $\tilde{r}_{B2}$ 都是无穷大时，屈曲荷载参数为 $\bar{\alpha}=4\pi^2$，此解与两端固接柱的屈曲荷载参数相同；$\bar{\alpha}=20.191=2.0457\pi^2$ 对应的是经典铰接-固定柱的屈曲荷载参数。

(4) $\tilde{k}_B\to0$ 情形，即顶部可以自由平动的情况

此时式(3.57)简化为

$$\mathrm{Det}\begin{pmatrix} 0 & 1 & 0 & 1 \\ \tilde{r}_{B2}(kL) & (kL)^2 & \tilde{r}_{B2} & 0 \\ \tilde{r}_{B1}(kL)\cos(kL)-(kL)^2\sin(kL) & -\tilde{r}_{B1}(kL)\sin(kL)-(kL)^2\cos(kL) & \tilde{r}_{B1} & 0 \\ 0 & 0 & -(kL)^2 & 0 \end{pmatrix}=0 \tag{3.64}$$

可得此时的屈曲方程为

$$(kL)(\tilde{r}_{B1}+\tilde{r}_{B2})+[\tilde{r}_{B1}\tilde{r}_{B2}-(kL)^2]\tan(kL)=0 \tag{3.65}$$

若令 $\bar{\alpha}=(kL)^2$ 为屈曲荷载参数,则可得到表 3.2 所示的计算结果。

表 3.2　抗弯弹性约束与柱子屈曲荷载参数 $\bar{\alpha}=(kL)^2$

$\tilde{r}_{B1}$	$\tilde{r}_{B2}$							
	0	0.5	1	2	4	10	20	∞
$\tilde{r}_{B2}$	0	0.9220	1.7071	2.9607	4.6386	6.9047	8.1667	π^2
0	0	0.4268	0.7402	1.1597	1.5992	2.0517	2.2384	$\pi^2/4$
∞	$\pi^2/4$	3.3731	4.1159	5.2392	6.6071	8.1955	8.9583	π^2

从表 3.2 中可以看出,当 $\tilde{r}_{B1}$ 和 $\tilde{r}_{B2}$ 都是零时,屈曲荷载参数为 $\bar{\alpha}=0$,因为此时柱子为机构,无法承载。$\bar{\alpha}=\pi^2$ 对应的是经典固定-滑动约束柱的屈曲荷载参数;$\bar{\alpha}=\pi^2/4$ 对应的是经典固定-自由柱,即悬臂柱的屈曲荷载参数。

表 3.3 还列出了若干约束柱的工程实例、屈曲方程、屈曲荷载参数。

表 3.3　约束柱的屈曲方程、屈曲荷载参数与计算长度系数

	C-F 柱	P-P 柱	C-P 柱	C-C 柱	C-S 柱
屈曲模态		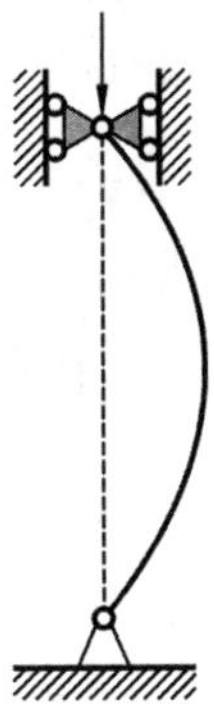	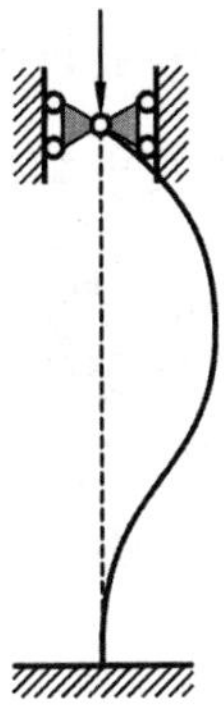	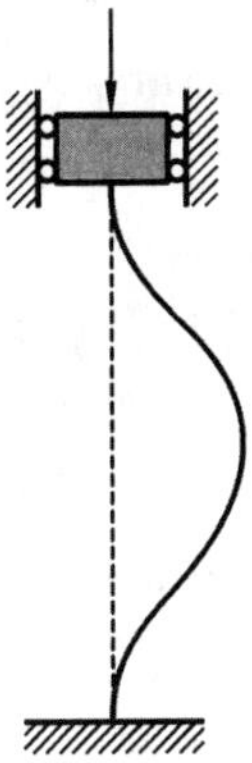	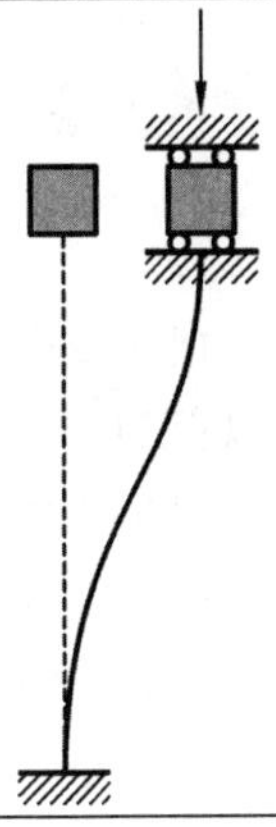
工程实例	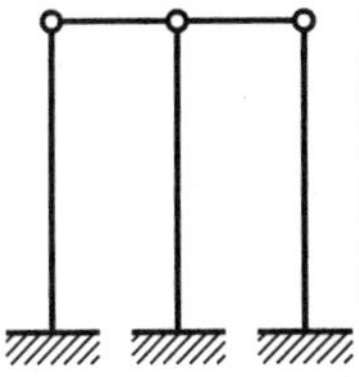	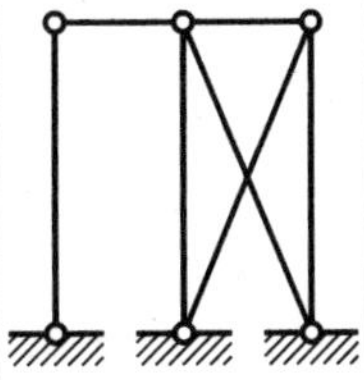	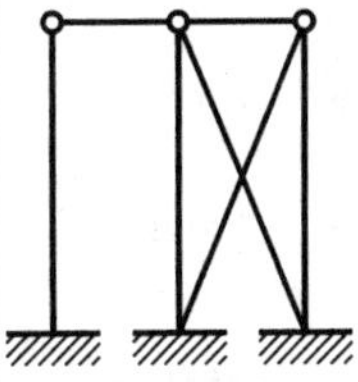	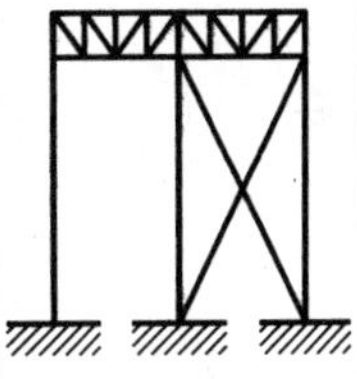	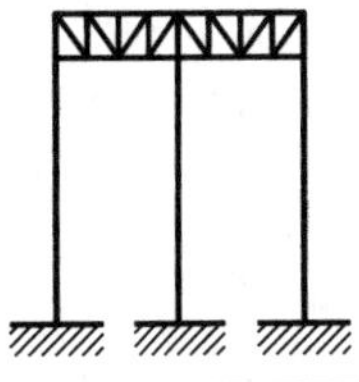
屈曲方程	$\cos\sqrt{\alpha}=0$	$\sin\sqrt{\alpha}=0$	$\sqrt{\alpha}=\tan\sqrt{\alpha}$	$\sin\dfrac{\sqrt{\alpha}}{2}=0$	$\cos\dfrac{\sqrt{\alpha}}{2}=0$
屈曲荷载系数	$\alpha=\dfrac{\pi^2}{4}$	$\alpha=\pi^2$	$\alpha=2.0457\pi^2$	$\alpha=4\pi^2$	$\alpha=\pi^2$
计算长度系数	2.0	1.0	0.7	0.5	1.0

C=固定(fixed);F=自由(free);P=铰接(pinned);S=滑动约束(sliding restraint).

3.2.3 单根柱的计算长度系数

众所周知，实际工程中的每根柱子并非“孤立”，都是与周边杆件相连而构成结构体系的(图 3.5)。为了简化分析，工程中常常按照单根柱进行设计，此时需要引入“计算长度系数”的概念来考虑端部杆件约束的影响。因此在钢框架、桁架、网架等结构的稳定设计中，计算长度系数是一个使用频率极高的专业术语，在各国规范中得到广泛应用。

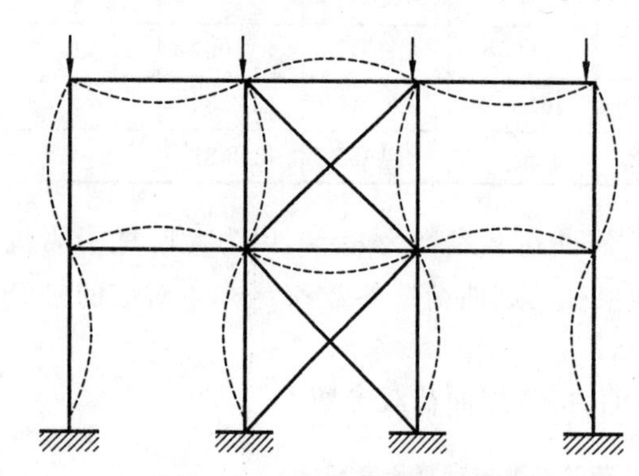

图 3.5 无侧移框架柱的屈曲

以无侧移框架(图 3.5)的设计为例，若假设上下横梁刚度为无穷大，则此时的框架柱可按两端固定柱进行设计。由表 3.1 可得其临界荷载为

$$P_{cr}=\frac{4\pi^2 EI}{L^2} \tag{3.66}$$

这一临界荷载也可改写为

$$P_{cr}=\frac{\pi^2 EI}{(0.5L)^2}=\frac{\pi^2 EI}{(\mu L)^2} \tag{3.67}$$

上式中，$\mu=0.5$ 就是“计算长度系数”或者“有效长度系数”(Effective Length Factor)。

根据上述分析可知，所谓“计算长度”，就是反弯点(弯矩为零的点)之间的距离，而“计算长度系数”就是端部约束下构件的“计算长度”与“实际长度”(几何长度)之比，即

$$计算长度系数=\frac{计算长度}{实际长度} \tag{3.68}$$

据此定义可知，“计算长度系数”是这样一个系数，用它与端约束柱的“实际长度”相乘，可以得到一个“等效”的两端铰接柱，此“等效”柱的屈曲荷载与端约束柱相同。因此，国外文献一般将“计算长度系数 μ”称为“有效长度系数 K”。

根据上述定义，表 3.3 列出了若干约束柱的工程实例以及计算长度系数。

另外，式(3.67)还可写为

$$P_{cr}=\frac{\pi^2 EI}{(\mu L)^2}=\frac{P_E}{\mu^2} \tag{3.69}$$

其中，$P_E=\frac{\pi^2 EI}{L^2}$为 Euler 荷载。由上式可得

$$\mu=\sqrt{\frac{P_E}{P_{cr}}} \tag{3.70}$$

此式即为“计算长度系数”的数学表达式。

此外，后续的理论推导中还常用如下的关系

$$kL=L\sqrt{\frac{P}{EI}}=L\sqrt{\frac{[\pi^2 EI/(\mu L)^2]}{EI}}=\frac{\pi}{\mu} \tag{3.71}$$

或者

$$\mu=\frac{\pi}{kL},\mu=\sqrt{\left(\frac{\pi}{kL}\right)^2}=\sqrt{\frac{\pi^2}{\alpha}} \tag{3.72}$$

其中，$\bar{\alpha}=(kL)^2$ 为屈曲荷载参数。

仍需要指出的是，工程中的计算长度系数还与柱子的屈曲平面有关，因此还要仔细区分平面内、平面外、斜平面的计算长度系数。

3.3　跨中支撑对 Euler 柱屈曲荷载的影响

3.3.1　跨中弹性支撑对 Euler 柱屈曲荷载的影响

(1) 平衡方程和边界条件

以图 3.6(a)所示的 Euler 柱为例，此柱的跨中布置有一道侧向弹性支撑。其总势能为

$$\Pi = 2\times\frac{1}{2}\int_0^{L/2}(EIv''^2 - Pv'^2)\mathrm{d}z + \frac{1}{2}k_L v\left(\frac{L}{2}\right)^2 \tag{3.73}$$

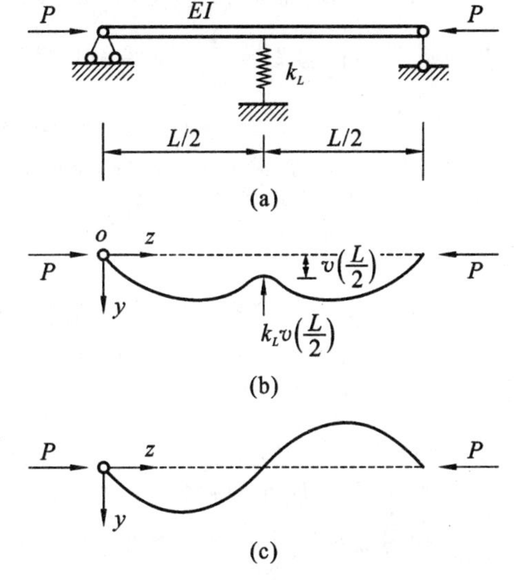

图 3.6　跨中布置一道侧向弹簧约束

(a)示例图；(b)对称屈曲；(c)反对称屈曲

其一阶变分为

$$\delta\Pi = 2\int_0^{L/2}(EIv''\delta v'' - Pv'\delta v')\mathrm{d}z + k_L v\left(\frac{L}{2}\right)\delta v\left(\frac{L}{2}\right) \tag{3.74}$$

利用分部积分的方法，可得

$$\begin{aligned}\int_0^{L/2} EIv''\delta v''\mathrm{d}z &= [EIv''\delta v']_0^{L/2} - \int_L (EIv'')'\delta v'\mathrm{d}z \\ &= [EIv''\delta v']_0^{L/2} - [(EIv'')'\delta v]_0^{L/2} + \int_0^{L/2}(EIv'')''\delta v\mathrm{d}z\end{aligned} \tag{3.75}$$

$$\int_0^{L/2} Pv'\delta v'\mathrm{d}z = [Pv'\delta v]_0^{L/2} - \int_0^{L/2}(Pv')'\delta v\mathrm{d}z \tag{3.76}$$

汇总上述变分结果如下

$$\begin{aligned}\delta\Pi = {}& 2[EIv''\delta v']_0^{L/2} - 2[[(EIv'')' + (Pv')']\delta v]_0^{L/2} + k_L v\left(\frac{L}{2}\right)\delta v\left(\frac{L}{2}\right) + \\ & 2\int_0^{L/2}[(EIv'')'' + (Pv')']\delta v\mathrm{d}z = 0\end{aligned} \tag{3.77}$$

根据变分的任意性，可以得到此问题的平衡方程和边界条件。

平衡方程为

$$(EIv'')'' + (Pv')' = 0 \tag{3.78}$$

对于 Euler 柱，P=常数，EI=常数，从而有

$$EIv^{(4)} + Pv'' = 0 \tag{3.79}$$

边界条件

① $z=0$ 处

对于本问题，$z=0$ 处为简支边界，从而有

$$v(0)=0,\quad EIv''(0)=0 \tag{3.80}$$

② $z=L/2$ 处

对于本问题,可能发生两类屈曲[图 3.6(b)、(c)],即反对称屈曲和对称屈曲。与此对应,$z=L/2$ 处的边界条件也是两类:

一类是反对称屈曲边界条件,即

$$v\left(\frac{L}{2}\right)=0,\quad EIv''\left(\frac{L}{2}\right)=0 \tag{3.81}$$

另一类是对称屈曲边界条件,即

$$v'\left(\frac{L}{2}\right)=0,\quad -2\left[EIv'''\left(\frac{L}{2}\right)+Pv'\left(\frac{L}{2}\right)\right]+k_L v\left(\frac{L}{2}\right)=0 \tag{3.82}$$

(2) 反对称屈曲和对称屈曲的解答

若引入记号 $k^2=\dfrac{P}{EI}$,则平衡方程式(3.79)的通解亦为

$$v(z)=C_1\sin(kz)+C_2\cos(kz)+C_3 z+C_4 \tag{3.83}$$

$$v'(z)=C_1 k\cos(kz)-C_2 k\sin(kz)+C_3 \tag{3.84}$$

$$v''(z)=-C_1 k^2\sin(kz)-C_2 k^2\cos(kz) \tag{3.85}$$

$$v'''(z)=-C_1 k^3\cos(kz)+C_2 k^3\sin(kz) \tag{3.86}$$

利用 $z=0$ 的边界条件式(3.80),有

$$v(0)=C_1\sin 0+C_2\cos 0+C_3\cdot 0+C_4=0 \tag{3.87}$$

$$v''(0)=-C_1 k^2\sin 0-C_2 k^2\cos 0=0 \tag{3.88}$$

可解得 $C_2=C_4=0$。

① 反对称屈曲的解答

利用反对称屈曲边界条件式(3.81),有

$$v\left(\frac{L}{2}\right)=C_1\sin\left(\frac{kL}{2}\right)+C_3\cdot\left(\frac{L}{2}\right)=0 \tag{3.89}$$

$$v''\left(\frac{L}{2}\right)=-C_1 k^2\sin\left(\frac{kL}{2}\right)=0 \tag{3.90}$$

或者

$$\begin{pmatrix}\sin\left(\frac{kL}{2}\right) & \frac{L}{2}\\ k^2\sin\left(\frac{kL}{2}\right) & 0\end{pmatrix}\begin{pmatrix}C_1\\ C_3\end{pmatrix}=\begin{pmatrix}0\\ 0\end{pmatrix} \tag{3.91}$$

为了保证 C_1 和 C_3 不同时为零,必有

$$\mathrm{Det}\begin{pmatrix}\sin\left(\frac{kL}{2}\right) & \frac{L}{2}\\ k^2\sin\left(\frac{kL}{2}\right) & 0\end{pmatrix}=0 \tag{3.92}$$

从而有

$$k^2\left(\frac{L}{2}\right)\sin\left(\frac{kL}{2}\right)=0 \tag{3.93}$$

显然，上式若成立必有 $\sin(kL/2)=0$，即

$$kL/2=\pi,2\pi,3\pi,\cdots,n\pi,\cdots,\infty \tag{3.94}$$

取最小解 $kL=2\pi$，利用式(3.3)可得到

$$P_{cr}=\frac{4\pi^2 EI}{L^2} \tag{3.95}$$

此式即 Euler 柱的对称屈曲荷载。

② 对称屈曲的解答

利用 $z=L/2$ 的边界条件

$$v'\left(\frac{L}{2}\right)=C_1 k\cos\left(\frac{kL}{2}\right)+C_3=0 \tag{3.96}$$

$$Q\left(\frac{L}{2}\right)=-2\left[EIv'''\left(\frac{L}{2}\right)+Pv'\left(\frac{L}{2}\right)\right]+k_L v\left(\frac{L}{2}\right)=0 \tag{3.97}$$

将式(3.83)、式(3.84)和式(3.86)代入式(3.97)可得

$$\left\{-C_1 k^3\cos\left(\frac{kL}{2}\right)+k^2\left[C_1 k\cos\left(\frac{kL}{2}\right)+C_3\right]\right\}-\frac{k_L}{2EI}\left[C_1\sin\left(\frac{kL}{2}\right)+C_3\ \frac{L}{2}\right]=0 \tag{3.98}$$

整理后可得

$$C_1\ \frac{k_L}{2EI}\sin\left(\frac{kL}{2}\right)+C_3\left(\frac{k_L L}{4EI}-k^2\right)=0 \tag{3.99}$$

将式(3.96)和式(3.99)改写为矩阵的形式，有

$$\begin{pmatrix} k\cos\left(\frac{kL}{2}\right) & 1 \\ \frac{k_L}{2EI}\sin\left(\frac{kL}{2}\right) & \frac{k_L L}{4EI}-k^2 \end{pmatrix}\begin{pmatrix} C_1 \\ C_3 \end{pmatrix}=\begin{pmatrix} 0 \\ 0 \end{pmatrix} \tag{3.100}$$

为了保证 C_1 和 C_3 不同时为零，必有

$$\mathrm{Det}\begin{pmatrix} k\cos\left(\frac{kL}{2}\right) & 1 \\ \frac{k_L}{2EI}\sin\left(\frac{kL}{2}\right) & \frac{k_L L}{4EI}-k^2 \end{pmatrix}=0 \tag{3.101}$$

或者

$$k\cos\left(\frac{kL}{2}\right)\left(\frac{k_L L}{4EI}-k^2\right)=\frac{k_L}{2EI}\sin\left(\frac{kL}{2}\right) \tag{3.102}$$

若将上式改写为

$$\begin{aligned}\tan\frac{kL}{2}&=\left(\frac{k_L L}{4EI}-k^2\right)\frac{2kEI}{k_L}=\frac{kL}{2}-k^2\ \frac{2kEI}{k_L}\\ &=\frac{kL}{2}-\frac{P}{EI}\frac{2kEI}{k_L}=\frac{kL}{2}-\frac{4P}{k_L L}\left(\frac{kL}{2}\right)\end{aligned} \tag{3.103}$$

则有

$$\frac{\tan\frac{kL}{2}}{\frac{kL}{2}}=1-\frac{4P}{k_L L} \tag{3.104}$$

此结果与陈骥《钢结构稳定:理论与设计》(第 4 版)pg. 525 结果一致,据此可证明我们依据能量变分原理得到的边界条件式(3.82)是正确的。

实际求解中,引入如下的无量纲侧向弹簧刚度是非常简便的

$$\tilde{k}_L=\frac{k_L L^3}{4EI} \tag{3.105}$$

据此首先将式(3.102)改写为

$$kL\cos\left(\frac{kL}{2}\right)\left(\frac{k_L L^3}{4EI}\cdot\frac{1}{L^2}-k^2\right)=2\,\frac{k_L L^3}{4EI}\cdot\frac{1}{L^2}\sin\left(\frac{kL}{2}\right) \tag{3.106}$$

将式(3.105)代入上式可得

$$(kL)\cos\left(\frac{kL}{2}\right)[\tilde{k}_L-(kL)^2]=2\tilde{k}_L\sin\left(\frac{kL}{2}\right) \tag{3.107}$$

从而有

$$\tan\left(\frac{kL}{2}\right)=\frac{kL}{2}\left[1-\frac{4}{\tilde{k}_L}\left(\frac{kL}{2}\right)^2\right] \tag{3.108}$$

此式即侧向弹簧约束下 Euler 柱对称屈曲的屈曲方程。

相应的屈曲模态为

$$v(z)=C_1\left[\sin\left(\frac{kL}{2}\cdot\frac{2z}{L}\right)-\frac{kL}{2}\cos\left(\frac{kL}{2}\right)\left(\frac{2z}{L}\right)\right] \tag{3.109}$$

(3) 刚度阈值与临界荷载的近似计算公式

对于这里研究的问题而言,完全支撑的最小刚度,即"刚度阈值"被定义为可使 Euler 柱的屈曲模态由对称屈曲(单个半波的屈曲)转变为反对称屈曲(两个半波的屈曲)的支撑刚度限值,如图 3.7 所示。

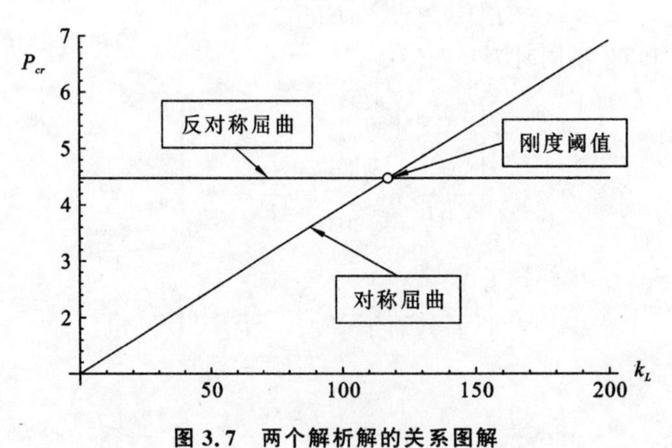

图 3.7 两个解析解的关系图解

从图 3.7 可以看出,当支撑刚度小于"刚度阈值"时,Euler 柱以对称屈曲起控制作用,此时屈曲荷载随着支撑刚度的增加而增大;当支撑刚度大于"刚度阈值"时,Euler 柱以反对称屈曲起控制作用,此时屈曲荷载恒定,与支撑刚度无关,为此我们将支撑刚度大于"刚度阈值"的弹性支撑定义为"完全支撑"。

"刚度阈值"的求解比较简单,根据对称屈曲荷载和反对称屈曲荷载相等的条件,由式(3.94)求得 $kL=2\pi$,然后将其代入式(3.108)可得

$$\tilde{k}_{L\min}=4\pi^2 \tag{3.110}$$

下面讨论临界荷载与侧向弹簧刚度的关系。

当支撑刚度小于"刚度阈值"时，临界荷载与侧向弹簧刚度的关系由屈曲方程式(3.108)限定。但屈曲方程式(3.108)为超越方程(Transcendental Equation)，比较难求解。Mathematica 的 NSolve 命令也无法求解，只能利用 FindRoot 来获得数值解，由此获得的临界荷载与侧向弹簧刚度的关系如图 3.8 所示。

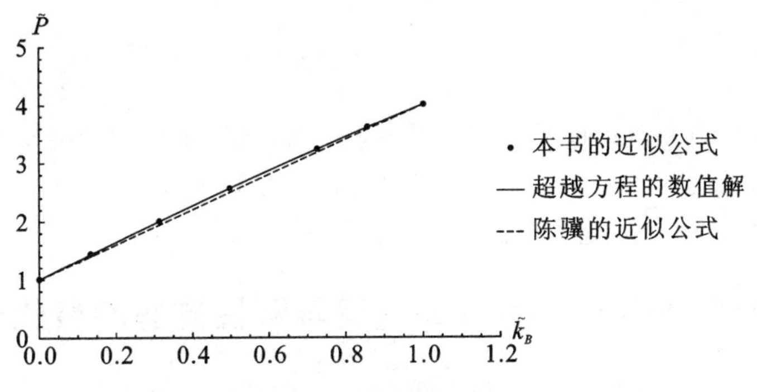

图 3.8 超越方程的数值解与近似公式的比较

为了工程应用方便，我们可依据超越方程的数值解建立临界荷载与侧向弹簧刚度关系的近似公式

$$\tilde{P}=-0.266\alpha^2+3.266\alpha+1 \tag{3.111}$$

式中，$\tilde{P}=P/P_E$ 为无量纲的临界荷载，$\alpha=\tilde{k}_L/4\pi^2$。

陈骥教授给出的近似公式如下

$$\tilde{P}=1+3\alpha \tag{3.112}$$

上述公式均满足两个端点条件，即 $\alpha=0$，$\tilde{P}=1$；$\alpha=1$，$\tilde{P}=4$。但在 $0<\alpha<1$ 区间内，近似公式的精度不同。以 $\alpha=0.5$ 为例，超越方程解为 $\tilde{P}=2.571$，本书的近似公式 $\tilde{P}=2.567$，陈骥的近似公式 $\tilde{P}=2.5$。如图 3.8 所示，本书的近似公式几乎与超越方程解一致，但陈骥教授的近似公式略低于超越方程解。

图 3.9 为屈曲模态与 $\alpha=\tilde{k}_L/4\pi^2$ 的关系图。

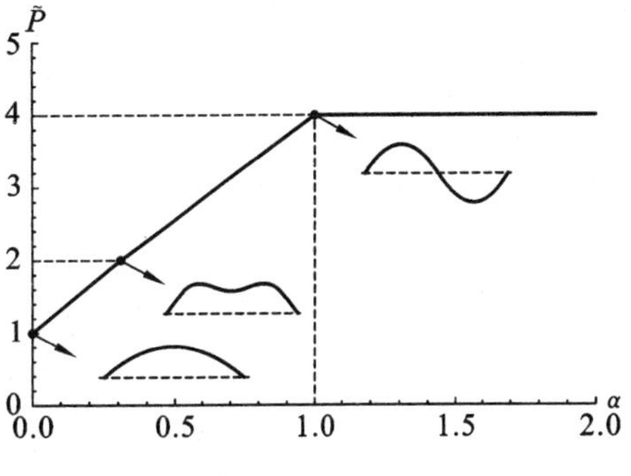

图 3.9 屈曲模态与 $\alpha=\tilde{k}_L/4\pi^2$ 的关系图

【说明】

1. 对于此问题而言，有些读者容易犯的一个错误就是，直接套用 Euler 的方法，即按整根柱来求解四阶微分方程式(3.79)，此时求得解必与 Euler 解一致，而无法考虑跨中的弹性支撑影响。选取半柱为研究对象才是正确的求解方法(后面的例题是选择两个半柱为研究对象，但需要引入连续性条件)。

2. 有些读者错误地认为，当 $\tilde{k}_L \to \infty$ 时，弹性支撑的作用才能达到刚性支座（支撑）的效果。据此由式(3.108)的极限可得

$$\tan\left(\frac{kL}{2}\right)=\frac{kL}{2} \tag{3.113}$$

求得

$$\frac{kL}{2}=4.4934 \tag{3.114}$$

$$P_{cr\max}=\frac{80.76EI}{L^3} \tag{3.115}$$

此解约为反对称屈曲荷载的两倍，显然此解答结果是错误的。因为实际工程中，式(3.115)给出的对称屈曲荷载是不可能达到的，即采用极限的讨论方法是不正确的。这就是本书讨论的"刚度阈值"概念与相关公式的意义所在。

3.3.2 双跨 Euler 柱的屈曲方程与刚性支座的最优位置

下面研究图 3.10 所示的一个双跨 Euler 柱，设跨间有一刚性支座，此支座将柱子分为左半跨和右半跨。假设此双跨 Euler 柱的总长度为 L，刚性支座距离左端的距离为 a。

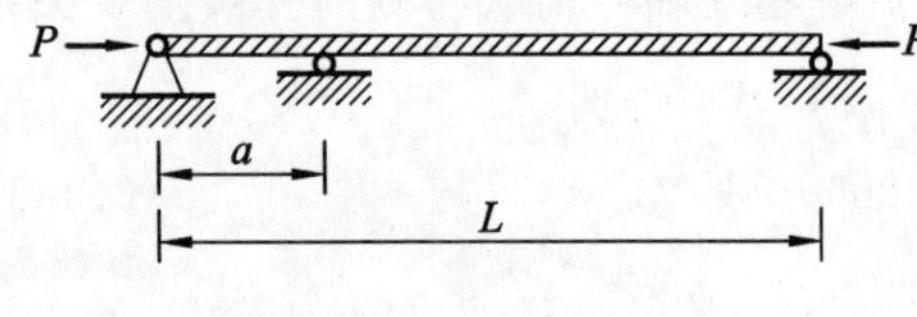

图 3.10 双跨 Euler 柱

(1) 屈曲方程

若左右半跨的竖向位移分别为 $v_1(z)$ 和 $v_2(z)$，则相应的平衡方程分别为

$$EIv_1^{(4)}+Pv_1''=0, 0\leqslant z<a \tag{3.116}$$

$$EIv_2^{(4)}+Pv_2''=0, a\leqslant z<L \tag{3.117}$$

边界条件为

$$v_1(0)=v_1''(0)=0 \tag{3.118}$$

$$v_2(L)=v_2''(L)=0 \tag{3.119}$$

因为左右支座的位移是连续的，因此上述的四阶微分方程还必须满足如下的连续性条件

$$\text{位移连续}\quad v_1(a)=v_2(a)=0 \tag{3.120}$$

$$\text{转角连续}\quad v_1'(a)=v_2'(a) \tag{3.121}$$

$$\text{弯矩连续}\quad v_1''(a)=v_2''(a) \tag{3.122}$$

若引入记号 $k^2=\dfrac{P}{EI}$，左半跨平衡方程式(3.116)的位移通解为

$$v_1(z)=A_1\sin(kz)+A_2\cos(kz)+A_3z+A_4 \tag{3.123}$$

$$v_1'=A_1k\cos(kz)-A_2k\sin(kz)+A_3 \tag{3.124}$$

$$v_1''=-A_1k^2\sin(kz)-A_2k^2\cos(kz) \tag{3.125}$$

根据边界条件式(3.118)和连续条件式(3.120)，可得

$$v_1(z)=A_1\left[\sin(kz)-\frac{z}{a}\sin(ka)\right] \tag{3.126}$$

同理可求,右半跨平衡方程的位移通解为

$$v_2(z)=B_1\left\{\sin[k(L-z)]-\frac{L-z}{L-a}\sin[k(L-a)]\right\} \tag{3.127}$$

根据转角连续条件式(3.121),可得

$$A_1\left[k\cos(ka)-\frac{\sin(ka)}{a}\right]+B_1\left\{k\cos[k(L-a)]-\frac{\sin[k(L-a)]}{L-a}\right\}=0 \tag{3.128}$$

根据弯矩连续条件式(3.122),可得

$$A_1\sin(ka)-B_1\sin[k(L-a)]=0 \tag{3.129}$$

将式(3.128)和式(3.129)合并改写为矩阵的形式,有

$$\begin{pmatrix} k\cos(ka)-\dfrac{\sin(ka)}{a} & k\cos[k(L-a)]-\dfrac{\sin[k(L-a)]}{L-a} \\ \sin(ka) & -\sin[k(L-a)] \end{pmatrix}\begin{pmatrix} A_1 \\ B_1 \end{pmatrix}=\begin{pmatrix} 0 \\ 0 \end{pmatrix} \tag{3.130}$$

为了保证 A_1 和 B_1 不同时为零,上式的系数行列式必为零,从而得到

$$\sin[k(L-a)]\left[k\cos(ka)-\frac{\sin(ka)}{a}\right]+\sin(ka)\left\{k\cos[k(L-a)]-\frac{\sin[k(L-a)]}{L-a}\right\}=0 \tag{3.131}$$

这就是我们得到的双跨 Euler 柱屈曲方程。

(2) 刚性支座的最优位置

注意到式(3.131)为复杂超越方程。为了便于后续的讨论,首先引入无量纲参数

$$\gamma=\frac{a}{L},\quad \alpha=kL \tag{3.132}$$

利用三角函数关系,可将式(3.131)简化为

$$2\alpha\sin\alpha+\frac{1}{\gamma-\gamma^2}[\cos\alpha-\cos(2\gamma-1)]=0 \tag{3.133}$$

为了确定刚性支座的最优位置,我们将上式写为

$$f(\alpha,\gamma)=2\alpha\sin\alpha+\frac{1}{\gamma-\gamma^2}[\cos\alpha-\cos(2\gamma-1)] \tag{3.134}$$

需要注意的是,上式中 α 为 γ 的隐函数,即 $\alpha=\alpha(\gamma)$。

根据高等数学知识可知,刚性支座的最优位置应由下面的条件确定

$$\frac{d\alpha}{d\gamma}=0 \tag{3.135}$$

对式(3.134)的复合函数求导,可得

$$\frac{\partial f}{\partial\alpha}\frac{d\alpha}{d\gamma}+\frac{\partial f}{\partial\gamma}=0 \tag{3.136}$$

因此

$$\frac{d\alpha}{d\gamma}=-\left(\frac{\partial f}{\partial\gamma}\right)\Big/\left(\frac{\partial f}{\partial\alpha}\right) \tag{3.137}$$

假设$\dfrac{\partial f}{\partial\alpha}$不为零,则式(3.136)转化为

$$\frac{\partial f}{\partial \gamma}=0 \tag{3.138}$$

从而有

$$-\frac{1-2\gamma}{(\gamma-\gamma^2)^2}[\cos\alpha-\cos(2\gamma-1)]+\frac{2\alpha}{\gamma-\gamma^2}\sin(2\gamma-1)=0 \tag{3.139}$$

虽然此方程比较复杂，但根据三角函数的知识可以发现，只要取 $\gamma=1/2$，不论 α 取何值上式恒成立。因此双跨连续 Euler 柱的刚性支座的最优位置应在跨中。

若将 $\gamma=1/2$ 回代到式(3.132)和式(3.131)，可得

$$\sin\left(\frac{\alpha}{2}\right)\left[\alpha\cos\left(\frac{\alpha}{2}\right)-2\sin\left(\frac{\alpha}{2}\right)\right]=0 \tag{3.140}$$

上式有两个解

$$\sin\left(\frac{\alpha}{2}\right)=0\text{，或者 }\alpha=2\pi \tag{3.141}$$

$$\tan\left(\frac{\alpha}{2}\right)=\frac{\alpha}{2}\text{，或者 }\alpha=8.986 \tag{3.142}$$

根据上节的讨论可知，前一个解为反对称屈曲，后一个解为对称屈曲。显然前者起控制作用，因为此时临界荷载最小，从而有

$$P_{cr}=\frac{4\pi^2EI}{L^2} \tag{3.143}$$

此式即为刚性支座布置在跨中的双等跨 Euler 柱的屈曲荷载。

上节已经证明：采用弹性支座也可取得相同效果，只要弹性支撑刚度满足最低刚度要求即可。

3.4 预应力对 Euler 柱屈曲荷载的影响

目前预应力技术在混凝土结构和钢-混凝土组合结构中得到广泛的应用。

事实上，预应力钢结构的工程应用起步最早，据说 Paxton 在 1851 年修建的“水晶宫”中就使用了预应力钢梁，1907 年 Koenen 还提出了预应力钢杆的概念。直到 1928 年“预应力之父”Eugène Freyssinet 才将预应力定义为可改善混凝土使用性能的一种工程技术。国外最早开展预应力钢结构研究的是比利时的 Magnel 教授，他在 1950 年通过实验证明了预应力桁架具有很好的经济效益；1953 年建成的布鲁塞尔飞机库采用了双跨预应力钢桁架，为世界上第一个按照现代预应力钢结构理论设计的结构；国内钟善桐先生 1959 年出版的《预应力钢结构》是国内第一本该领域的专著。

然而，后来的发展出人意料。预应力混凝土在全世界得到了广泛的应用，而预应力钢结构的发展却滞后了。导致这种“尴尬”现象的原因是多方面的，预应力屈曲理论的研究明显落后于实践是主要原因之一。比如工程师关心的钢梁在张拉阶段的屈曲荷载如何确定？预应力钢梁在使用阶段的屈曲荷载如何计算？这些问题至今尚未见相关的研究报道。这些问题不解决工程师就不敢在工程中大胆使用预应力钢结构技术。另外，相关的工程教育相对

滞后,截至2017年国内外钢结构稳定的著作中均未见关于预应力钢结构屈曲理论的介绍。

本书试图对预应力构件的屈曲问题进行一些探索性研究。首先介绍预应力拉杆的受力性能与张拉屈曲问题。

实际上,工程常用的钢材抗拉强度并不高。为了缩小拉杆截面尺寸,一种措施就是在型钢截面中引入高强钢索,形成钢索-型钢共同受力的、高强与低强钢材组合的钢拉杆(图3.11)。

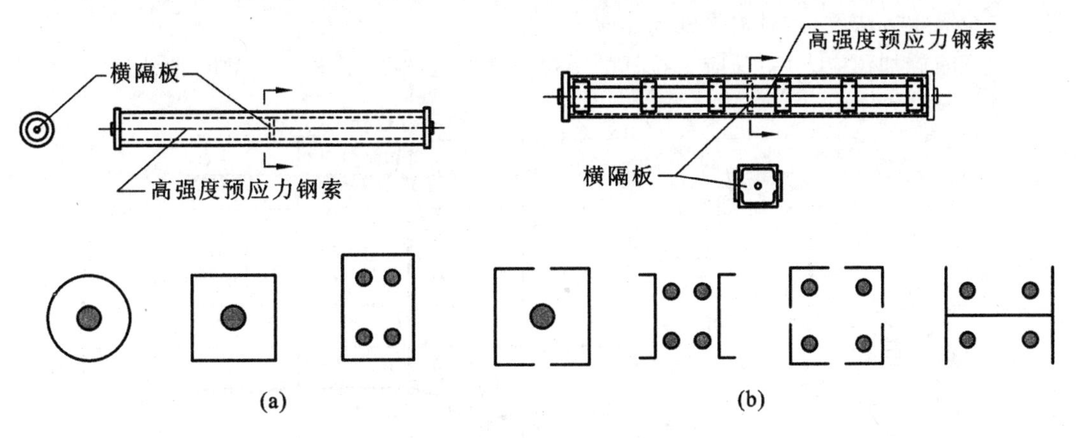

图3.11 预应力拉杆的形式与构造

(a)实腹式;(b)格构式

3.4.1 预应力拉杆的受力性能

若不对钢索施加预应力,则钢索-钢管组合钢拉杆的受拉力学性能如图3.12所示。此图是假设钢索和型钢均为理想弹塑性材料得到的。根据图中的数据可知,钢管和钢索的强度分别为f_{ty}、f_{cy},可承受的轴向拉力分别为

$$N_{\text{tube}}=A_t f_{ty}=879\times355\times10^{-3}=312\text{kN}$$

$$N_{\text{cable}}=A_c f_{cy}=100\times1860\times10^{-3}=186\text{kN}$$

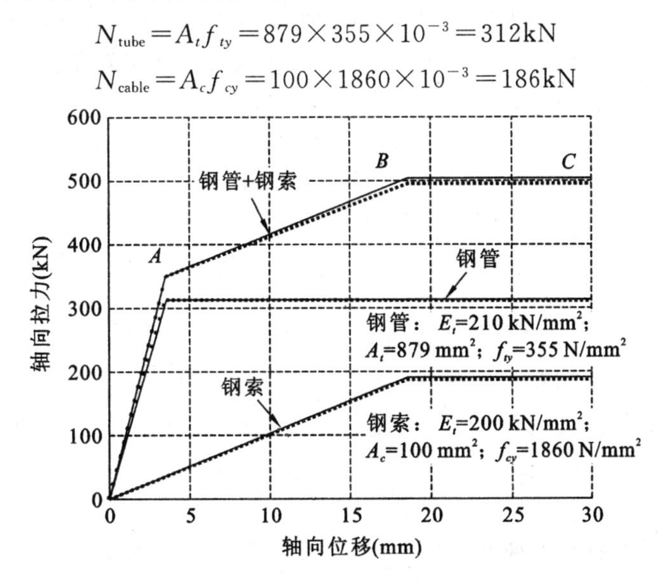

图3.12 钢索-型钢组合的钢拉杆的工作特性(A Wadee,2014)

钢索-钢管组合钢拉杆可承受的轴向拉力为

$$N_y = N_{\text{tube}} + N_{\text{cable}} = 312 + 186 = 498\text{kN}$$

由图中可见，钢索-钢管组合钢拉杆外形尺寸没变，但可承受的轴向拉力较单纯钢管有较大提高。然而，若不对钢索施加预应力，则钢管屈服后，组合钢拉杆的刚度（图中 AB 段）仅由钢索提供，因此较初始弹性刚度降低较多，会因此产生拉伸变形过大的问题。解决此问题的一个简单方法就是，对钢索施加预应力。

对钢索施加预应力后，预应力拉杆的受拉力学性能如图 3.13 中 $OABC$ 曲线所示。

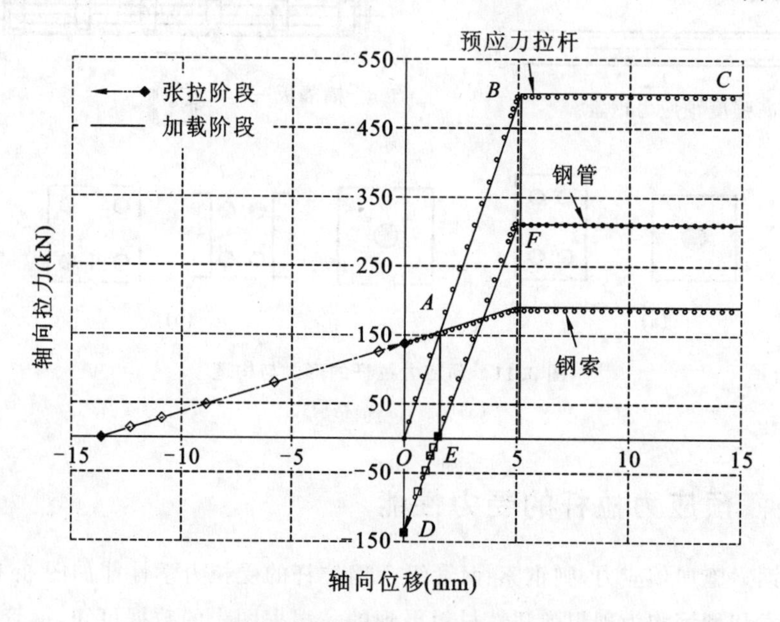

图 3.13　预应力钢拉杆的工作特性（A Wadee，2014）

从图中可以看出：通过施加预应力，钢管的弹性工作阶段增长了，即由 EF 增加到 DF，但最终的承载力没变，仍是 $N_y = 498\text{kN}$。因此，施加预应力的益处在于，改善预应力拉杆的弹性工作性能，解决钢管屈服后弹性刚度变小的问题。

显然，理想的设计应该是钢管和钢索同时屈服，即预应力 $P_{s,0}$ 的大小应该满足

$$\frac{f_{ty}}{E_t} + \frac{P_{s,0}}{E_t A_t} = \frac{f_{cy}}{E_c} - \frac{P_{s,0}}{E_c A_c} \tag{3.144}$$

从而得到

$$P_{s,0} = \frac{A_c A_t}{E_c A_c + E_t A_t}(E_t f_{cy} - E_c f_{ty}) \tag{3.145}$$

然而，施加预应力的不利之处在于，本来是拉杆，在张拉钢索阶段却变为受压构件，因此需要考虑其张拉稳定性的问题。另外，预应力也不能超过钢索的屈服强度。换句话说，预应力 $P_{s,0}$ 还应满足如下的附加条件

$$P_{s,0} \leqslant \varphi f_{ty} A_t = N_{0,cr}, \quad P_{s,0} \leqslant f_{cy} A_c \tag{3.146}$$

式中，$N_{0,cr}$ 为张拉阶段钢管的屈曲荷载。

3.4.2　预应力拉杆的张拉屈曲荷载

在张拉阶段，一般是通过双作用的千斤顶张拉钢索（钢绞线），对钢拉杆施加预压力，以改善钢拉杆的弹性工作性能。此时拉杆处于受压状态，应看成是压杆，因此在张拉阶段钢拉杆也存在屈曲的问题。

显然，若仅在两端张拉钢索，且拉杆中间不设横隔板，则千斤顶的压力通过两端的盖板直接作用于钢拉杆。此时钢拉杆相当于两端铰接的轴压杆，其张拉屈曲荷载 $N_{0,cr}$ 由 Euler 临界荷载控制，即

$$N_{0,cr}=\frac{\pi^2 EI}{L^2} \tag{3.147}$$

为了提高张拉临界力，最简单有效的办法是沿着钢拉杆的长度方向增设一定数量的横隔板（图 3.14）。横隔板要与钢拉杆焊接，且要开洞或设置套筒（Collar）便于钢绞线通行。通常套筒与钢绞线的预留间隙很小，一般是 1～1.5mm 左右。

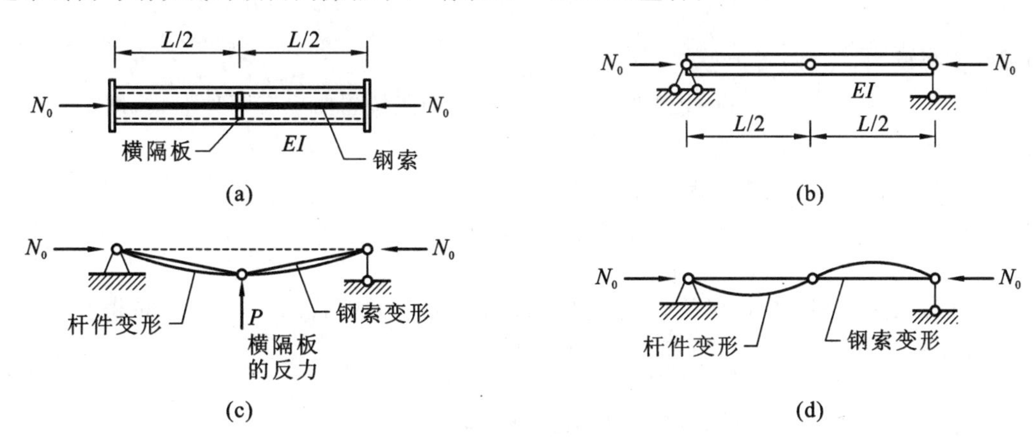

图 3.14　单横隔板的预应力拉杆张拉屈曲

(a)构造图；(b)计算简图；(c)正对称屈曲；(d)反对称屈曲

考虑图 3.14(a)所示的跨中设置 1 道横隔板的情况，确定此预应力拉杆的张拉屈曲荷载。

为了简化分析，这里假设：

① 钢拉杆可用 Euler 柱模型描述；

② 钢绞线与横隔板钢拉杆为点接触，在此接触位置，钢绞线与钢拉杆的横向变形协调，纵向可自由伸缩；

③ 张拉屈曲时，假设跨中钢索的内力与端部张拉荷载相同，忽略钢索倾斜引起的内力变化。

④ 两端对称张拉，且千斤顶的张拉力为保向力，即始终与原始杆轴线方向一致。

图 3.14(b)为张拉阶段预应力拉杆的计算简图。其中用两个杆模拟钢索，跨中铰链代表横隔板，用来保证钢索与 Euler 柱横向变形协调。

由图 3.14(c)可见，一旦张拉过程中发生屈曲，拉杆将首先与预应力钢索接触（通过跨中横隔板）。此时预应力钢索将以“弹性反力”P 的形式为钢拉杆提供横向“支撑”作用。因此，此时横隔板的作用相当于跨中的弹性支座。显然，跨中横隔板的存在将提高预应力钢拉

杆的张拉屈曲荷载。

根据假设③和假设④，利用平衡条件 $\sum M=0$，可得

$$N_0 v\frac{L}{2}-\frac{P}{2}\times\frac{L}{2}=0 \tag{3.148}$$

从而有

$$P=\frac{4N_0}{L}v\frac{L}{2} \tag{3.149}$$

此为预应力钢索的“弹性反力”。

此问题可以采用分段的微分方程来求解，详细推导和求解过程参见钟善桐先生的《预应力钢结构》。

为了直接利用图 3.6 的分析结果，这里将采用“弹性支撑”类比法。与图 3.6 所示的跨中弹性支撑类比，可知此“弹性反力”相当于刚度为

$$k_L=\frac{4N_0}{L} \tag{3.150}$$

的弹性支撑反力。

与跨中弹性支撑的 Euler 柱类似，预应力钢拉杆的张拉屈曲也有两种形式，即正对称屈曲[图 3.14(c)]和反对称屈曲[图 3.14(d)]。

已知反对称屈曲的张拉临界荷载为

$$N_{0,cr}=\frac{4\pi^2 EI}{L^2} \tag{3.151}$$

下面研究正对称屈曲的张拉临界荷载。首先将式(3.150)代入式(3.105)可得

$$\tilde{k}_L=\frac{k_L L^3}{4EI}=\left(\frac{4N_0}{L}\right)\frac{L^3}{4EI}=\frac{N_0}{EI}L^2=(kL)^2 \tag{3.152}$$

将上式代入到式(3.108)，可得正对称屈曲的屈曲方程为

$$\tan\left(\frac{kL}{2}\right)=\frac{kL}{2}\left[1-\frac{4}{(kL)^2}\left(\frac{kL}{2}\right)^2\right]=0 \tag{3.153}$$

其解答为$\frac{kL}{2}=\pi$，即正对称屈曲与反对称屈曲的张拉临界荷载相同，均为式(3.151)。

这是一个很有趣的“巧合”现象。其实稍加分析就会发现，这种结果是必然的。因为式(3.151)的解答对应 $kL=2\pi$，由式(3.152)可知，此时 $\tilde{k}_L=4\pi^2$，即此值恰好等于“刚度阈值”，因此正对称屈曲与反对称屈曲的张拉临界荷载必然相等。

同理可证，若跨中等距设置 2 个横隔板，则张拉临界荷载为

$$N_{0,cr}=\frac{9\pi^2 EI}{L^2} \tag{3.154}$$

若跨中等距设置 $n-1$ 个横隔板，则张拉临界荷载为

$$N_{0,cr}=\frac{n^2\pi^2 EI}{L^2} \tag{3.155}$$

根据公式(3.155)可知，若在钢管内填满混凝土以替代横隔板，则 $n\to\infty$，因此理论上钢管混凝土(CFST)拉杆的张拉临界荷载为无穷大。

【说明】

在前述的分析中,我们假定张拉力是保向力。

以图 3.15 所示预应力悬臂柱的张拉屈曲为例,伴随着杆件的屈曲,不仅横隔板与端板之间的钢索倾角不同,而且张拉端的千斤顶必然会跟随端板,即端截面发生偏转。显然,此时千斤顶的张拉力(对于杆件为压力荷载)属于非保守力。若按我们后面提出的非保守力能量变分原理求解,可得其张拉屈曲荷载为

$$N_{0,cr}=\frac{4\pi^2 EI}{L^2} \tag{3.156}$$

此荷载为常规悬臂柱屈曲荷载的 16 倍。

若图 3.15 中取消横隔板,即用 1 根钢索张拉,其张拉屈曲荷载为

$$N_{0,cr}=\frac{\pi^2 EI}{L^2} \tag{3.157}$$

此荷载为常规悬臂柱屈曲荷载的 4 倍。

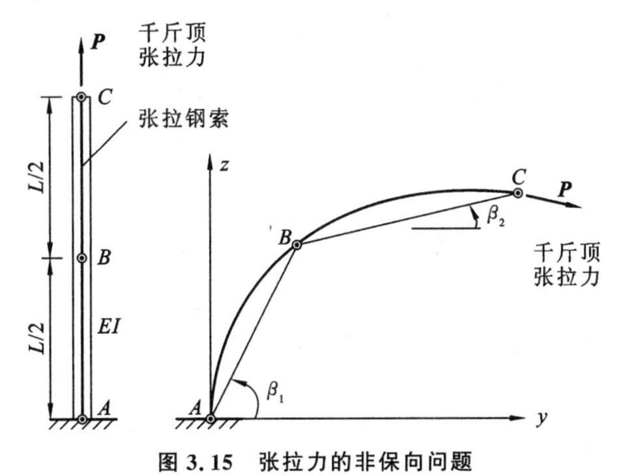

图 3.15 张拉力的非保向问题

3.5 变截面 Euler 柱的弹性弯曲屈曲

3.5.1 楔形悬臂柱和两端铰接梭形柱:二次函数

(1) 微分方程的解答

对于双肢格构柱或四肢格构柱,其截面的惯性矩按二次函数变化。设大头端和小头端的惯性矩和边长分别为 I_1、h_1 和 I_2、h_2,则在图 3.16 所示的坐标系下,任意截面的惯性矩可表示为

$$I_z=I_1\left(\frac{h_z}{h_1}\right)^2=I_1\left(\frac{z}{b}\right)^2 \tag{3.158}$$

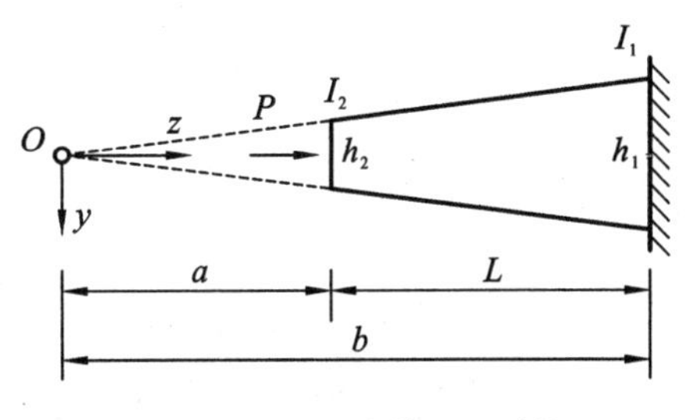

图 3.16 楔形变截面悬臂柱

据此可知,小头端的惯性矩可表示为

$$I_2=I_1\left(\frac{h_2}{h_1}\right)^2=I_1\left(\frac{a}{b}\right)^2 \tag{3.159}$$

从而有如下的关系

$$\frac{I_1}{I_2}=\left(\frac{b}{a}\right)^2=\left(\frac{h_1}{h_2}\right)^2=(1+\gamma)^2,\quad \frac{a}{b}=\frac{h_2}{h_1}=\frac{1}{1+\gamma} \tag{3.160}$$

式中，$\gamma=h_1/h_2-1$ 为楔率。

【说明】

格构柱的剪切变形对屈曲荷载影响较大，宜采用 Timoshenko 柱模型。这里采用 Euler 柱模型是一种近似处理方法。

与此问题对应的微分方程为

$$EI_z\frac{d^2v}{dz^2}+Pv=0 \tag{3.161}$$

将式(3.158)代入上式，并引入符号

$$k^2=\frac{Pb^2}{EI_1} \tag{3.162}$$

可得到如下的变系数微分方程

$$z^2\frac{d^2v}{dz^2}+k^2v=0 \tag{3.163}$$

经过数学变换(参见 Timoshenko《弹性稳定理论》pg. 135-136)可得，这一变系数微分方程的通解为

$$v(z)=\sqrt{z}\left[A\cos(\alpha\ln z)+B\sin(\alpha\ln z)\right] \tag{3.164}$$

式中，

$$\alpha=\sqrt{k^2-\frac{1}{4}} \tag{3.165}$$

上式是否是通解？检验的方法其实很简单，只要将此式回代到微分方程(3.163)即可证明(留作读者练习)。

式(3.164)中有两个待定系数 A、B，需要两个边界条件。对于图 3.16 所示的问题，其边界条件为

$$v\big|_{z=a}=0,\quad \frac{dv}{dz}\bigg|_{z=b}=0 \tag{3.166}$$

将通解式(3.164)及其一阶导数

$$\frac{dv}{dz}=\frac{1}{2\sqrt{z}}\left[(A+2B\alpha)\cos(\alpha\log z)+(B-2A\alpha)\sin(\alpha\log z)\right] \tag{3.167}$$

代入到边界条件式(3.166)，整理可得关于待定系数 A、B 的代数方程为

$$\begin{pmatrix}\cos\left(\frac{k}{a}\right) & \sin\left(\frac{k}{a}\right)\\ b\cos\left(\frac{k}{b}\right)+k\sin\left(\frac{k}{b}\right) & -k\cos\left(\frac{k}{b}\right)+b\sin\left(\frac{k}{b}\right)\end{pmatrix}\begin{pmatrix}A\\B\end{pmatrix}=\begin{pmatrix}0\\0\end{pmatrix} \tag{3.168}$$

若 A 和 B 不同时为零，必有

$$\mathrm{Det}\begin{pmatrix} \cos\left(\frac{k}{a}\right) & \sin\left(\frac{k}{a}\right) \\ b\cos\left(\frac{k}{b}\right)+k\sin\left(\frac{k}{b}\right) & -k\cos\left(\frac{k}{b}\right)+b\sin\left(\frac{k}{b}\right) \end{pmatrix}=0 \tag{3.169}$$

从而得到

$$\tan\left[\alpha\ln\left(\frac{a}{b}\right)\right]=2\alpha \tag{3.170}$$

引入符号

$$U=\alpha\ln(\gamma+1) \tag{3.171}$$

则式(3.170)可改写为

$$\frac{\tan U}{U}=-2\,[\ln(\gamma+1)]^{-1} \tag{3.172}$$

此式为图 3.16 所示楔形变截面悬臂柱的屈曲方程。

若 $\gamma=0$,$h_1=h_2$,即为等截面柱,此时屈曲方程为

$$\frac{U}{\tan U}=0 \tag{3.173}$$

其解为 $U=\pi/2$。

若 $\gamma\to\infty$,此时屈曲方程为

$$\frac{\tan U}{U}=0 \tag{3.174}$$

其解为 $U=\pi$。因此屈曲方程式(3.172)的解为:$\frac{\pi}{2}\leqslant U\leqslant\pi$。

利用 1stOpt 软件,可以将屈曲方程的解近似表达为

$$U=\frac{\pi}{1+[1+0.4280\ln(\gamma+1)]^{-1}} \tag{3.175}$$

近似公式(虚线)与精确解(实线)的对比如图 3.17 所示。可见:在楔率 $\gamma\leqslant 8$ 范围内,近似公式解与精确解几乎一致;在 $\gamma>8$ 范围内,近似公式解略低于精确解,偏于安全。

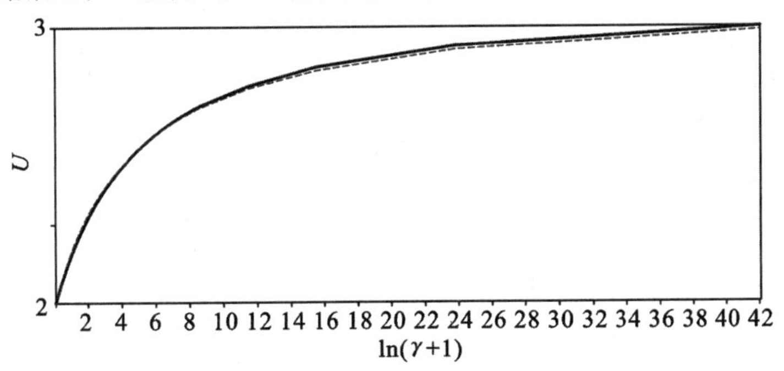

图 3.17 U 与楔率 γ 的关系

(2) 临界荷载的表达式

根据式(3.165)和式(3.171),可知

$$U^2=\alpha^2\ln^2(\gamma+1)=\left(k^2-\frac{1}{4}\right)\ln^2(\gamma+1) \tag{3.176}$$

将式(3.162)代入上式,有

$$U^2=\left(\frac{Pb^2}{EI_1}-\frac{1}{4}\right)\ln^2(\gamma+1) \tag{3.177}$$

整理可得

$$P_{cr}=\frac{EI_1}{b^2}\left\{\frac{1}{4}+\left[\frac{U}{\ln(\gamma+1)}\right]^2\right\}=\frac{EI_1}{L^2}\left(\frac{L}{b}\right)^2\left\{\frac{1}{4}+\left[\frac{U}{\ln(\gamma+1)}\right]^2\right\} \tag{3.178}$$

根据式(3.160)的第二式,有

$$\frac{L}{b}=1-\frac{a}{b}=1-\frac{1}{1+\gamma}=\frac{\gamma}{1+\gamma} \tag{3.179}$$

将此式代入到式(3.178),可得

$$P_{cr}=m\frac{EI_1}{L^2} \tag{3.180}$$

其中,

$$m=\left(\frac{\gamma}{1+\gamma}\right)^2\left\{\frac{1}{4}+\left[\frac{U}{\ln(\gamma+1)}\right]^2\right\} \tag{3.181}$$

式(3.180)是用大头端惯性矩表达的楔形悬臂柱临界荷载。此形式为著名学者Timoshenko、Bleich和Dinnk所采用。

表3.4为本书式(3.175)近似解与Timoshenko解的m值对比。其中,$I_2/I_1=1/(1+\gamma)^2$。从表中可见,本书的近似解具有较高的精度。可供设计参考。

表3.4 本书式(3.175)近似解与Timoshenko解的m值对比

I_2/I_1	0.1	0.2	0.3	0.4	0.5	0.6	0.7	0.8	0.9	1.0
m_1	1.350	1.593	1.763	1.904	2.023	2.128	2.223	2.311	2.392	$\pi^2/4$
m_2	1.365	1.608	1.780	1.918	2.035	2.139	2.232	2.316	2.394	$\pi^2/4$

注:m_1——Timoshenko解;m_2——本书解。

(3) 设计建议

我国《门式刚架轻型房屋钢结构技术规范》和《钢结构设计标准》都采用小头端惯性矩来表达屈曲荷载。为此本书将式(3.180)改写为如下的形式

$$\begin{aligned}P_{cr}&=\frac{EI_2}{L^2}\left(\frac{I_1}{I_2}\right)\left(\frac{\gamma}{1+\gamma}\right)^2\left\{\frac{1}{4}+\left[\frac{\pi}{\ln(\gamma+1)[1+(1+0.4280\ln(\gamma+1))^{-1}]}\right]^2\right\}\\&=\frac{\pi^2EI_2}{L^2}\left\{\frac{\gamma^2}{4}+\left[\frac{\gamma}{\ln(\gamma+1)[1+(1+0.4280\ln(\gamma+1))^{-1}]}\right]^2\right\}=\frac{\pi^2EI_2}{L^2}\zeta(\gamma)\end{aligned} \tag{3.182}$$

其中

$$\zeta(\gamma)=\frac{\gamma^2}{4}+\left\{\frac{\gamma}{\ln(\gamma+1)[1+(1+0.4280\ln(\gamma+1))^{-1}]}\right\}^2 \tag{3.183}$$

此系数公式虽然形式上较为精确,但实用性较差。首先是形式复杂,计算麻烦,更重要的是对于等截面情况,楔率$\gamma=0$,此时需要对式(3.183)求极限才能得到$\zeta(0)=1/4$。为此

我们利用 1stOpt 软件,可将其简化为

$$\zeta(\gamma)=\frac{1}{4}+0.4068\gamma+0.2853\gamma^2 \tag{3.184}$$

图 3.18 为 $\zeta(\gamma)$ 精确解与近似公式的对比。从图中可见两者几乎重合。显然,近似公式(3.184)不但精度高,且更简单实用。

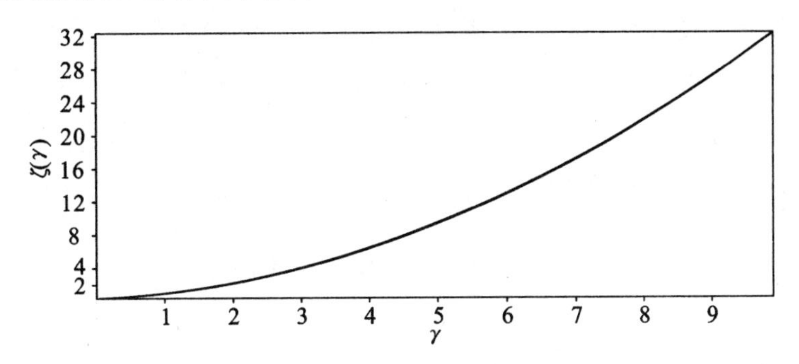

图 3.18 $\zeta(\gamma)$ 的精确解与近似公式的对比

这样我们可得到如下简洁的临界荷载公式

$$P_{cr}=\frac{\pi^2 EI_2}{L_h^2} \tag{3.185}$$

式中,I_2 为小头端的惯性矩,L_h 为换算长度,即

$$L_h=L/\zeta(\gamma)=L\left(\frac{1}{4}+0.4068\gamma+0.2853\gamma^2\right)^{-1} \tag{3.186}$$

设小头端的截面面积为 A_2,则可将式(3.185)改写为

$$P_{cr}=\frac{\pi^2 E(A_2 i_2^2)}{L_h^2}=\frac{\pi^2 EA_2}{\lambda_h^2} \tag{3.187}$$

式中,$\lambda_h=L_h/i_2$ 为换算长细比,$i_2=\sqrt{I_2/A_2}$ 为小头端的截面回转半径。

参照格构柱的方法,若用换算长细比 λ_h 代替实际长细比,则格构悬臂柱的设计公式为

$$N\leqslant\varphi A_2 f \tag{3.188}$$

式中,φ 为轴心受压稳定系数,按换算长细比 $\lambda_h=L_h/i_2$ 查 b 类柱子曲线;$i_2=\sqrt{I_2/A_2}$ 为小头端的截面回转半径;A_2、I_2 分别为小头端的截面面积和惯性矩;f 为钢材设计强度。

对于图 3.19 所示的两端铰接梭形变截面柱(格构柱),上述设计方法依然适用,仅需将换算长度公式(3.186)中的 L 用 $L/2$ 代替即可。

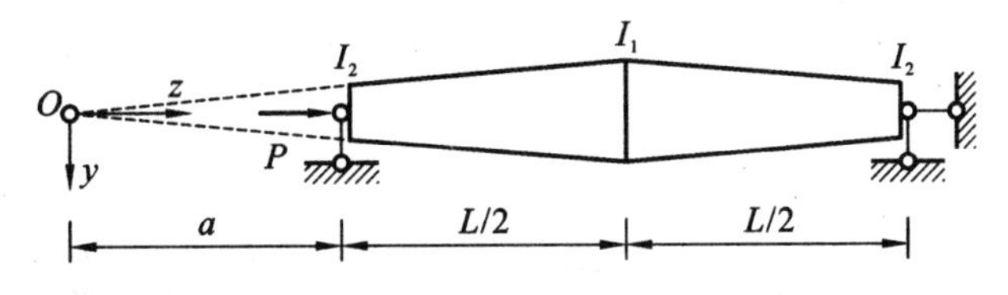

图 3.19 两端铰接的梭形变截面柱

需要指出的是,格构柱的剪切变形影响比较大,因此上述设计公式仅适合求弯曲屈曲的临界荷载。关于考虑剪切变形的理论详细参见第 9~10 章。

3.5.2 楔形悬臂柱和两端铰接梭形柱：四次函数

（1）微分方程的解答

对于图 3.16 所示的圆锥体或者四棱柱体，其截面的惯性矩按四次函数变化。设大头端和小头端的惯性矩和边长分别为 I_1、h_1 和 I_2、h_2。它们之间的关系式如下

$$\frac{I_1}{I_2}=\left(\frac{b}{a}\right)^4=\left(\frac{h_1}{h_2}\right)^4=(1+\gamma)^4,\quad \frac{b}{a}=\frac{h_1}{h_2}=1+\gamma \tag{3.189}$$

式中，$\gamma=h_1/h_2-1$ 为楔率。

此问题的微分方程为

$$z^4\frac{\mathrm{d}^2v}{\mathrm{d}z^2}+k^2v=0,\quad k^2=\frac{Pb^4}{EI_1} \tag{3.190}$$

其通解为

$$v(z)=z\left[A\cos\left(\frac{k}{z}\right)+B\sin\left(\frac{k}{z}\right)\right] \tag{3.191}$$

为了确定两个待定系数 A、B，需要引入如下两个边界条件

$$v\big|_{z=a}=0,\quad \left.\frac{\mathrm{d}v}{\mathrm{d}z}\right|_{z=b}=0 \tag{3.192}$$

据此可得关于待定系数 A、B 的代数方程为

$$\begin{pmatrix}\cos\left(\frac{k}{a}\right) & \sin\left(\frac{k}{a}\right)\\ b\cos\left(\frac{k}{b}\right)+k\sin\left(\frac{k}{b}\right) & -k\cos\left(\frac{k}{b}\right)+b\sin\left(\frac{k}{b}\right)\end{pmatrix}\begin{pmatrix}A\\B\end{pmatrix}=\begin{pmatrix}0\\0\end{pmatrix} \tag{3.193}$$

根据 A、B 不同时为零的条件，可得到

$$\tan\left(\frac{kL}{ab}\right)=-\frac{k}{b} \tag{3.194}$$

引入符号

$$U=\frac{kL}{ab} \tag{3.195}$$

则上式可改写为

$$\frac{\tan U}{U}=-\left(\frac{a}{L}\right)=-\frac{1}{\gamma} \tag{3.196}$$

式中，$\gamma=h_1/h_2-1$ 为楔率。

式(3.196)为本问题的屈曲方程，与 Timoshenko 的《弹性稳定理论》pg. 137 的结果相同，其解为$\frac{\pi}{2}\leqslant U\leqslant\pi$。

与上节例题相同，利用 1stOpt 软件，可将屈曲方程的解答 U 近似表达为

$$U=\frac{\pi}{1+(1+0.8518\gamma)^{-1}} \tag{3.197}$$

近似公式(3.197)与精确解式(3.196)的对比如图 3.20 所示。可见在楔率 $\gamma\leqslant4$ 范围

内，近似公式解（虚线）与精确解（实线）几乎一致；在 $\gamma>4$ 范围内，近似公式解略低于精确解。

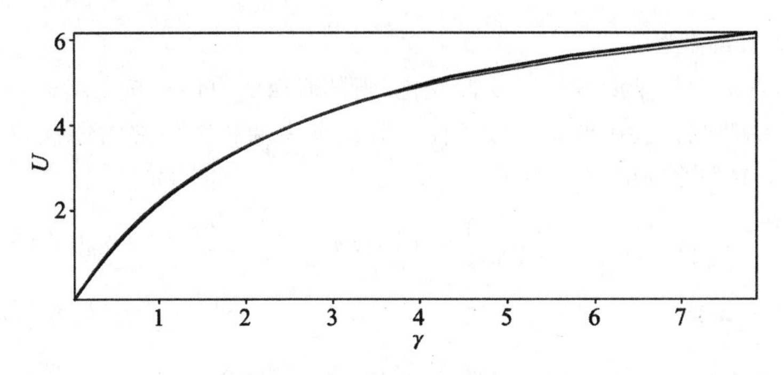

图 3.20　U 与楔率 γ 的关系

（2）设计建议

根据式（3.195）和式（3.190）的第二式，可得

$$U^2=\left(\frac{kL}{ab}\right)^2=\frac{P_{cr}L^2}{EI_2}\cdot\frac{I_2}{I_1}\left(\frac{b}{a}\right)^2 \tag{3.198}$$

利用关系式（3.189），可将上式简化为

$$U^2=\frac{P_{cr}L^2}{EI_2}(1+\gamma)^{-2} \tag{3.199}$$

从而得到

$$P_{cr}=\frac{\pi^2 EI_2}{L^2}(1+\gamma)^2\left(\frac{U}{\pi}\right)^2 \tag{3.200}$$

或者简写为

$$P_{cr}=\frac{\pi^2 EI_2}{L_h^2} \tag{3.201}$$

式中，I_2 为小头端的惯性矩，L_h 为换算长度，即

$$L_h=L\left[\frac{U}{\pi}(1+\gamma)\right]^{-1}=L\,\frac{1+(1+0.8518\gamma)^{-1}}{1+\gamma} \tag{3.202}$$

参照格构柱的方法，若用换算长细比 λ_h 代替实际长细比，则圆锥体或者四棱柱体悬臂柱的设计公式为

$$N\leqslant\varphi A_2 f \tag{3.203}$$

式中，φ 为轴心受压稳定系数，按换算长细比 $\lambda_h=L_h/i_2$ 查 a 类柱子曲线；$i_2=\sqrt{I_2/A_2}$ 为小头端的截面回转半径；A_2、I_2 分别为小头端的截面面积和惯性矩；f 为钢材设计强度。

对于图 3.19 所示的两端铰接梭形变截面柱（圆锥体或者四棱柱体），上述设计方法依然适用，仅需将换算长度公式（3.202）中的 L，用两端铰接柱几何长度的一半，即 $L/2$ 代替即可。

需要说明的是，《钢结构设计标准》中两端铰接梭形管柱的换算长度公式参照式（3.197）制定。下一章我们将证明：对于楔率较大的情况，用圆锥体或者四棱柱体公式来描述管状柱屈曲这种“变通方法”存在较大误差。

3.5.3 两端铰接梭形柱和楔形悬臂柱：三次函数

(1) 微分方程的解答

众所周知，若矩形板条沿着长度线性变化，则其截面的惯性矩按三次函数变化。本节研究图 3.19 所示的两端铰接梭形矩形板条柱。假设大头端和小头端的惯性矩和边长分别为 I_1、h_1 和 I_2、h_2。它们之间的关系如下

$$\frac{I_1}{I_2}=\left(\frac{b}{a}\right)^3=\left(\frac{h_1}{h_2}\right)^3=(1+\gamma)^3,\quad \frac{b}{a}=\frac{h_1}{h_2}=1+\gamma \tag{3.204}$$

式中，$\gamma=\dfrac{h_1}{h_2}-1$ 为楔率。

注意，本节的参数 b 为坐标原点到跨中截面的距离(图内未表示出)。

此问题的微分方程为

$$z^3\frac{\mathrm{d}^2 v}{\mathrm{d}z^2}+k^2 v=0,\quad \alpha^2=\frac{Pb^3}{EI_1} \tag{3.205}$$

其通解为

$$v(z)=\sqrt{z}\left[AI_1\left(\sqrt{\frac{4\alpha^2}{z}}\right)+BN_1\left(\sqrt{\frac{4\alpha^2}{z}}\right)\right] \tag{3.206}$$

式中，I_1 和 N_1 为一阶的第一类和第二类 Bessel 函数。

此通解也有两个待定系数 A、B，为此需要引入如下两个边界条件

$$v\big|_{z=a}=0,\quad \left.\frac{\mathrm{d}v}{\mathrm{d}z}\right|_{z=b}=0 \tag{3.207}$$

据此可得屈曲方程为

$$I_1\left(\frac{U}{k}\right)N_2(U)=N_1\left(\frac{U}{k}\right)I_2(U) \tag{3.208}$$

其中，$k=\left(\dfrac{I_2}{I_1}\right)^{1/6}=(1+\gamma)^{-1/2}$，参数 U 与临界荷载的关系为

$$P_{cr}=\frac{EI_1}{L^2}U^2\left(\frac{\gamma}{1+\gamma}\right)^2 \tag{3.209}$$

或者简写为

$$P_{cr}=\frac{EI_1}{L^2}K^2 \tag{3.210}$$

其中

$$K=U\frac{\gamma}{1+\gamma} \tag{3.211}$$

由于求解式(3.211)中的系数 U 涉及 Bessel 函数，不便应用，为此这里利用 1stOpt 软件将式(3.211)近似表达为

$$K=\frac{2\pi}{2+0.7812\gamma-0.08\gamma^2+0.0041\gamma^3} \tag{3.212}$$

近似公式(3.212)与精确解式(3.211)的对比如图 3.21 所示。可见在楔率 $\gamma\leqslant 10$ 范围内，近似公式解(虚线)与精确解(实线)几乎一致。

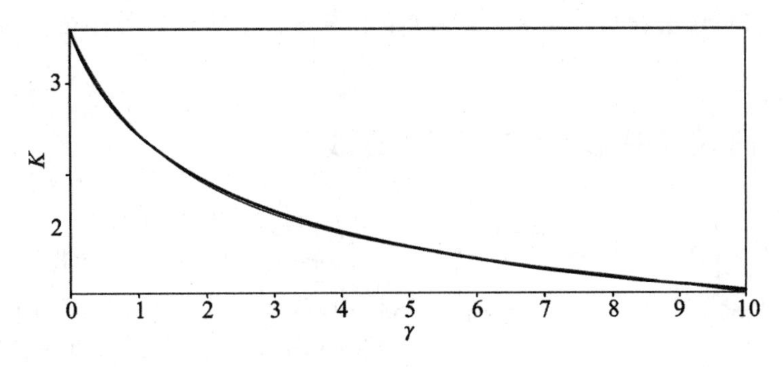

图 3.21 K与楔率γ的关系

(2) 设计建议

若用小头端的惯性矩来表达临界荷载,则由式(3.210)可得

$$P_{cr}=\frac{\pi^2 EI_2}{L^2}\cdot\frac{I_1}{I_2}\left(\frac{K}{\pi}\right)^2=\frac{\pi^2 EI_2}{L^2}(1+\gamma)^3\left(\frac{K}{\pi}\right)^2 \tag{3.213}$$

或者简写为

$$P_{cr}=\frac{\pi^2 EI_2}{L_h^2} \tag{3.214}$$

式中,I_2 为小头端的惯性矩,L_h 为换算长度,即

$$L_h=L\left[\frac{K}{\pi}\sqrt{(1+\gamma)^3}\right]^{-1}=L\,\frac{2+0.7812\gamma-0.08\gamma^2+0.0041\gamma^3}{2\sqrt{(1+\gamma)^3}} \tag{3.215}$$

利用 1stOpt 软件,还可将上述换算长度近似表达为

$$L_h=L\,(1+1.0599\gamma+0.0214\gamma^2-0.0012\gamma^3)^{-1} \tag{3.216}$$

图 3.22 为 L_h/L 与楔率 γ 的关系图。可见近似公式(3.216)与精确解式(3.211)几乎完全相同。

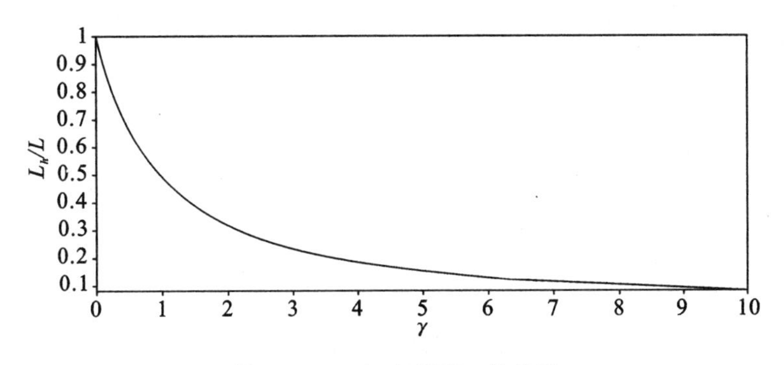

图 3.22 L_h/L 与楔率 γ 的关系

参照格构柱的方法,若用换算长细比 λ_h 代替实际长细比,则两端铰接梭形矩形板条柱的设计公式为

$$N\leqslant\varphi A_2 f \tag{3.217}$$

式中,φ 为轴心受压稳定系数,按换算长细比 $\lambda_h=L_h/i_2$ 查 a 类柱子曲线;$i_2=\sqrt{I_2/A_2}$ 为小头端的截面回转半径;A_2、I_2 分别为小头端的截面面积和惯性矩;f 为钢材设计强度。

对于图 3.16 所示的楔形变截面悬臂柱(矩形板条),上述设计方法依然适用,仅需将换算长度公式(3.215)中的 L 用 $2L$ 代替即可。

3.5.4 两端铰接楔形柱:二次函数

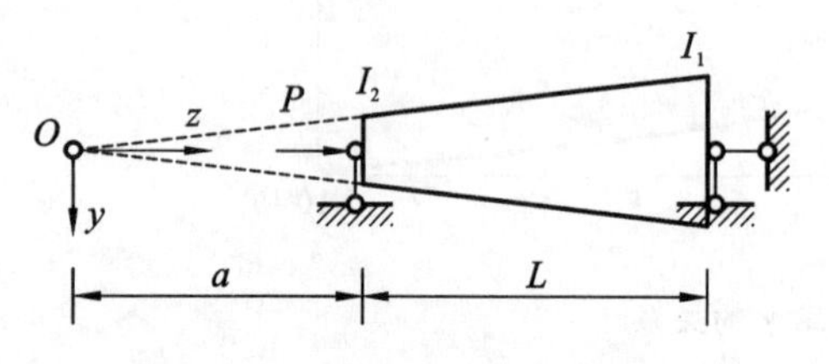

图 3.23 两端铰接的楔形变截面柱

(1) 微分方程的解答

对于图 3.23 所示的双肢格构柱或四肢格构柱,其截面的惯性矩按二次函数变化。设大头端和小头端的惯性矩和边长分别为 I_1、h_1 和 I_2、h_2,在图 3.23 所示的坐标系下,可证其微分方程的通解仍为式(3.164)。将其代入下列边界条件

$$v\big|_{z=a}=0,\quad v\big|_{z=b}=0 \tag{3.218}$$

可得

$$\left.\begin{aligned}&A\sqrt{a}\cos\left(\alpha\log\frac{a}{b}\right)+B\sqrt{a}\sin\left(\alpha\log\frac{a}{b}\right)=0\\&A\sqrt{b}=0\end{aligned}\right\} \tag{3.219}$$

显然,上式的解答为 $A=0$ 和

$$\sqrt{a}B\sin\left(\alpha\log\frac{a}{b}\right)=0 \tag{3.220}$$

因为 $A=0$,屈曲时 B 必不为零,从而得

$$\sin\left(\alpha\log\frac{a}{b}\right)=0 \tag{3.221}$$

其解为

$$\alpha\log\frac{a}{b}=\pi \tag{3.222}$$

这就是微分方程的解。

(2) 临界荷载

将上式两端取平方,有

$$\alpha^2\left(\log\frac{a}{b}\right)^2=\pi^2 \tag{3.223}$$

将式(3.162)和式(3.165)代入上式,有

$$\left(\frac{P_{cr}b^2}{EI_1}-\frac{1}{4}\right)\left(\log\frac{a}{b}\right)^2=\pi^2 \tag{3.224}$$

据此可得

$$P_{cr}=\frac{EI_1}{b^2}\left\{\left[\frac{\pi}{\log(a/b)}\right]^2+\frac{1}{4}\right\}=\frac{EI_2}{L^2}\frac{I_1}{I_2}\left(\frac{L}{b}\right)^2\left\{\left[\frac{\pi}{\log(a/b)}\right]^2+\frac{1}{4}\right\} \tag{3.225}$$

根据几何关系式(3.160),有

$$\frac{I_1}{I_2}=(1+\gamma)^2,\quad \frac{L}{b}=\frac{\gamma}{1+\gamma},\quad \frac{a}{b}=\frac{1}{1+\gamma} \tag{3.226}$$

式中，$\gamma=h_1/h_2-1$ 为楔率。

将上述关系代入式(3.225)，可得

$$P_{cr}=m(\gamma)\frac{\pi^2 EI_2}{L^2} \tag{3.227}$$

其中，I_2 为小头端的截面惯性矩，系数 $m(\gamma)$ 的表达式为

$$m(\gamma)=\left[\frac{\gamma}{\log(1+\gamma)}\right]^2+\frac{\gamma^2}{4\pi^2} \tag{3.228}$$

式(3.227)即为两端铰接的楔形变截面柱临界荷载的精确解。

Bleich 给出的公式为

$$P_{cr}=m_2\frac{\pi^2 EI_1}{L^2} \tag{3.229}$$

其中，I_1 为大头端的截面惯性矩，系数 m_2 的表达式为

$$m_2=\frac{1}{4}\left(1-\frac{h_2}{h_1}\right)^2\left\{\frac{1}{\pi^2}+\frac{4}{[\log(h_2/h_1)]^2}\right\} \tag{3.230}$$

可证，本书公式的计算结果与 Bleich 的相同(留作读者练习)。

(3) 设计建议

系数 $m(\gamma)$ 的表达式(3.228)虽然精确，形式也不复杂，但在 $\gamma\to0$ 时会出现奇异解，需要利用取极限的方法来获得相应的解。为此，本书利用 1stOpt 软件将系数 $m(\gamma)$ 近似表达为

$$m(\gamma)=1+1.0628\gamma+0.0837\gamma^2 \tag{3.231}$$

图 3.24 为 $m(\gamma)$ 精确解与近似公式的对比。从图中可见两者几乎重合。显然，近似公式(3.231)不但精度高，且更简单实用。

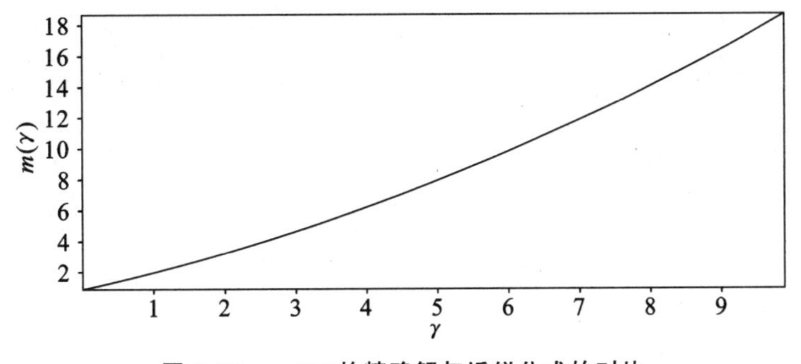

图 3.24　$m(\gamma)$ 的精确解与近似公式的对比

这样我们可得如下简洁的临界荷载公式

$$P_{cr}=\frac{\pi^2 EI_2}{L_h^2} \tag{3.232}$$

式中，I_2 为小头端的惯性矩，L_h 为换算长度，即

$$L_h=L/m(\gamma)=L\ (1+1.0628\gamma+0.0837\gamma^2)^{-1} \tag{3.233}$$

参照格构柱的方法，若用换算长细比 λ_h 代替实际长细比，则两端铰接格构柱的设计公式为

$$N\leqslant\varphi A_2 f \tag{3.234}$$

式中，φ 为轴心受压稳定系数，按换算长细比 $\lambda_h=L_h/i_2$，查 b 类柱子曲线；$i_2=\sqrt{I_2/A_2}$ 为小

头端的截面回转半径；A_2、I_2 分别为小头端的截面面积和惯性矩；f 为钢材设计强度。

需要指出的是，格构柱的剪切变形影响比较大，因此上述设计公式仅适合求弯曲屈曲的临界荷载。关于如何考虑剪切变形的影响参见第 9～10 章。

3.5.5 两端铰接楔形柱：四次函数

(1) 微分方程的解答

对于图 3.23 所示圆锥体或者四棱柱体，其截面的惯性矩按四次函数变化。设大头端和小头端的惯性矩和边长分别为 I_1、h_1 和 I_2、h_2，在图 3.23 所示的坐标系下，可证其微分方程的通解仍为式(3.191)。将其代入下列边界条件

$$v\big|_{z=a}=0,\quad v\big|_{z=b}=0 \tag{3.235}$$

可得

$$\left.\begin{aligned}Aa\cos\frac{k}{a}+Ba\sin\frac{k}{a}=0\\ Ab\cos\frac{k}{b}+Bb\sin\frac{k}{b}=0\end{aligned}\right\} \tag{3.236}$$

根据系数行列式必为零的条件，可得

$$-ab\sin\left[\left(\frac{1}{a}-\frac{1}{b}\right)k\right]=0 \tag{3.237}$$

其解为

$$\left(\frac{1}{a}-\frac{1}{b}\right)k=\pi \tag{3.238}$$

这就是微分方程的解。

(2) 临界荷载

将上式两端取平方，有

$$\left(\frac{1}{a}-\frac{1}{b}\right)^2k^2=\pi^2 \tag{3.239}$$

将 $k^2=\dfrac{Pb^4}{EI_1}$ 代入上式，有

$$\left(\frac{1}{a}-\frac{1}{b}\right)^2\frac{P_{cr}b^4}{EI_1}=\frac{P_{cr}L^2}{EI_1}\left(\frac{b}{a}\right)^2=\pi^2 \tag{3.240}$$

据此可得

$$P_{cr}=\frac{\pi^2EI_2}{L^2}\cdot\frac{I_1}{I_2}\left(\frac{a}{b}\right)^2 \tag{3.241}$$

根据几何关系式(3.189)，有

$$\frac{I_1}{I_2}=(1+\gamma)^4,\quad \frac{a}{b}=\frac{1}{1+\gamma} \tag{3.242}$$

式中，$\gamma=h_1/h_2-1$ 为楔率。

将上述关系代入式(3.241)，可得

$$P_{cr}=m(\gamma)\frac{\pi^2 EI_2}{L^2} \tag{3.243}$$

其中,I_2 为小头端的截面惯性矩,系数 $m(\gamma)$ 的表达式为

$$m(\gamma)=(1+\gamma)^2 \tag{3.244}$$

式(3.243)就是两端铰接的楔形变截面柱临界荷载的精确解。

(3) 设计建议

为了与设计规范衔接,可将临界荷载公式(3.243)改写为

$$P_{cr}=\frac{\pi^2 EI_2}{L_h^2} \tag{3.245}$$

式中,I_2 为小头端的惯性矩,L_h 为换算长度,即

$$L_h=L/m(\gamma)=L/(1+\gamma) \tag{3.246}$$

参照格构柱的方法,若用换算长细比 λ_h 代替实际长细比,则两端铰接圆锥体或者四棱柱体柱的设计公式为

$$N\leqslant\varphi A_2 f \tag{3.247}$$

式中,φ 为轴心受压稳定系数,按换算长细比 $\lambda_h=L_h/i_2$ 查 b 类柱子曲线;$i_2=\sqrt{I_2/A_2}$ 为小头端的截面回转半径;A_2、I_2 分别为小头端的截面面积和惯性矩;f 为钢材设计强度。

3.6 Euler 柱弹性弯曲屈曲理论的缺陷与改进

3.6.1 Euler 柱力学模型的缺陷

Euler 柱的力学模型是基于 Euler-Bernoulli 梁理论(Beam Theory)建立的。该理论即为材料力学中介绍的梁理论。为了便于叙述,这里 Euler-Bernoulli 梁理论称为经典梁理论(Classical Beam Theory)。

经典梁理论的第一个缺陷就是不适合分析短粗的梁和柱,因为该理论忽略了剪切变形的影响,而此影响随着跨高比的降低而不断加大。只有在跨高比较大,比如大于 4 时,剪切变形的影响才可忽略。因而最初 Euler 认为其屈曲荷载适合所有长细比柱的结论是不正确的。

经典梁理论的第二个缺陷是不适合分析接触问题。在 Timoshenko 曾讨论过梁与刚体的接触问题。那里出现一个“反常”的现象,就是接触面的中间是没有接触力的,而仅在最外接触点存在集中接触力。最近一类新型防屈曲支撑或 BRB(Buckling Restrained Brace)的屈曲问题引起人们的关注。这是一个带有间隙的双边约束屈曲问题,接触如何处理是不可回避的基本问题。有人试图利用 Euler 柱模型来研究此问题,显然其结论值得商榷。

经典梁理论的第三个缺陷是不适合刚性支座无限接近的情况。以本书讨论的双跨 Euler 柱为例,由位移函数式(3.126)和式(3.127)可得跨间刚性支座的转角分别为

$$v_1'(a)=A_1\left[k\cos(ka)-\frac{\sin(ka)}{a}\right] \tag{3.248}$$

$$v'_2(a)=B_1\left\{k\cos[k(L-a)]-\frac{\sin[k(L-a)]}{L-a}\right\} \tag{3.249}$$

若刚性支座无限靠近左端支座，即 a 趋于零，则有

$$\lim_{a\to 0}v'_1(a)=A_1\left\{k\lim_{a\to 0}\cos(ka)-\lim_{a\to 0}\left[\frac{\sin(ka)}{a}\right]\right\}=A_1(k-k)=0 \tag{3.250}$$

其几何意义是，当刚性支座无限靠近左端支座，左端支座的转角为零，即左端支座由原来的铰支座转变为固定支座。

根据转角连续条件，必有

$$\lim_{a\to 0}v'_2(a)=0 \tag{3.251}$$

即

$$B_1\left\{k\lim_{a\to 0}\cos[k(L-a)]-\lim_{a\to 0}\frac{\sin[k(L-a)]}{L-a}\right\}=B_1\left[k\cos(kL)-\frac{\sin(kL)}{L}\right]=0 \tag{3.252}$$

结果为

$$\tan(kL)=kL \tag{3.253}$$

此解答即为左端固定而右端铰接的 Euler 荷载，显然此结论是错误的。

另外，对于桁架、格构柱等构件，剪切变形也是影响较大的。此时若不考虑剪切变形的影响将影响结构的安全性。

为了解决上述特殊问题，必须引入剪切变形的影响。详细参见第 9～10 章。

需要指出的是 Kirchhoff 板理论也是基于 Euler-Bernoulli 梁理论建立的，因此上述问题在 Kirchhoff 板的屈曲理论也同样存在。

3.6.2 高阶梁理论模型简介

考虑剪切变形的第一个高阶理论是 Timoshenko 在 1921 年创立的。此理论仍采用了平截面假设，即原来垂直梁轴线的平截面变形后仍为平面，但变形后的平截面不再垂直于梁轴线，而是偏移了一个角度 ϕ_x，此理论即为 Timoshenko 梁理论。1951 年 Mindlin 基于 Timoshenko 梁理论建立了 Mindlin 板理论。

Timoshenko 梁理论虽然比较简单易用，但其中剪切刚度修正系数的确定是一个难点，因为该修正系数不仅与材料和截面几何性质有关，还与荷载类型和边界条件有关，因此至今还有人在研究其合理取值问题。

为了克服 Timoshenko 梁理论的问题，1984 年 Reddy 提出了一种高阶的梁理论。为了区别起见，目前的文献一般习惯称 Timoshenko 梁理论为“一阶梁理论”，而称 Reddy 梁理论为“三阶梁理论”。Reddy 提出的“三阶梁理论”放弃了平截面假设，认为原来垂直梁轴线的平截面变形后不再是平面，而是一个曲面。

图 3.25 为梁的经典与非经典理论的对比。

为了便于比较，现将各理论的位移场假设汇总如下(图 3.25)

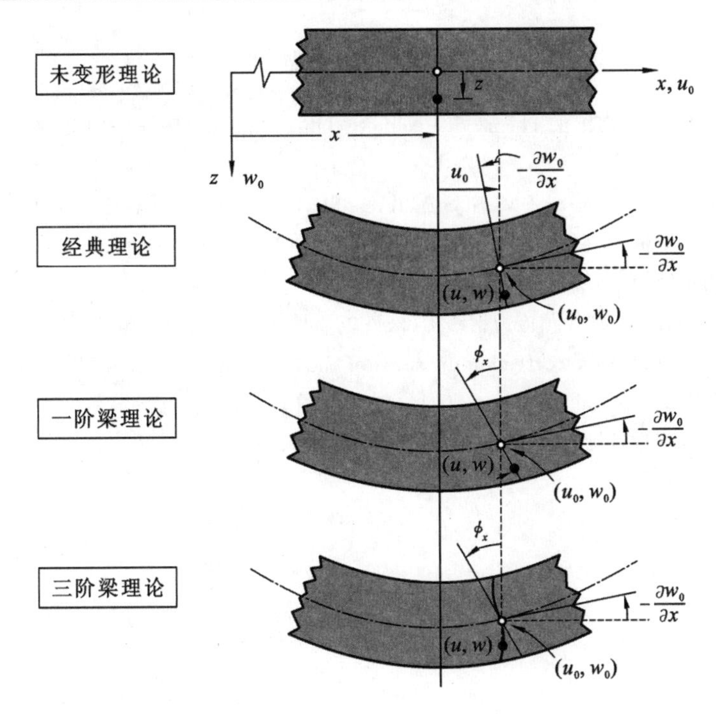

图 3.25 梁变形的经典与非经典理论对比

Euler-Bernoulli 梁理论

$$\left.\begin{aligned} u(x,z) &= -z\frac{\mathrm{d}w_0}{\mathrm{d}x} \\ w(x,z) &= w_0(x) \end{aligned}\right\} \tag{3.254}$$

Timoshenko 梁理论

$$\left.\begin{aligned} u(x,z) &= z\phi_x(x) \\ w(x,z) &= w_0(x) \end{aligned}\right\} \tag{3.255}$$

式中，ϕ_x 为横截面(或者认为是形心轴法线)绕 y 轴的转角，为新的未知量。

Reddy 梁理论

$$\left.\begin{aligned} u(x,z) &= z\phi_x(x) - \alpha z^3\left(\phi_x + \frac{\mathrm{d}w_0}{\mathrm{d}x}\right) \\ w(x,z) &= w_0(x) \end{aligned}\right\} \tag{3.256}$$

式中，$\alpha=\dfrac{4}{3}h^2$(h 为梁高)；ϕ_x 可以看成是形心轴法线因剪切变形引起的转角。

因为 Reddy 的位移场满足横向剪切应变(应力)的二次变化规律，且满足梁顶面和底面剪切应变(应力)为零的条件，因此 Reddy 梁理论中未引入剪切修正系数，从而简化了分析。

综上所述，Euler-Bernoulli 梁理论为单变量梁理论，即只有横向位移是未知的，而 Timoshenko 梁理论和 Reddy 梁理论均为双变量梁理论，即需要求两个未知函数(横向位移和法线转角)。Timoshenko 梁理论与 Reddy 梁理论的区别在于，前者需要引入剪切修正系数，而后者不需要，因而更简便实用。

参考文献

[1] TIMOSHENKO S P,GERE J. Theory of Elastic Stability. 2nd ed. McGraw-Hill,New York,NY,USA,1961.

[2] BLEICH F. Buckling Strength of Metal Structures. McGraw-Hill,New York,NY,USA,1952.

[3] 钟善桐.预应力钢结构.北京:建筑工程出版社,1959.

[4] 钟善桐.预应力钢结构.哈尔滨:哈尔滨工业大学出版社,1985.

[5] 陆赐麟,尹思明,刘锡良.现代预应力钢结构(修订版).北京:人民交通出版社,2007.

[6] TIMOSHENKO S P. On the correction for shear of the differential equation for transverse vibrations of prismatic bars. Philosophical Magazine,1921(41):744-746.

[7] 查尔斯 A.结构稳定性理论原理.唐家祥,译.兰州:甘肃人民出版社,1982.

4　Euler 柱弹性弯曲屈曲：能量变分解答

4.1　自重下的 Euler 柱屈曲问题

本节研究的是 Euler 柱由于自身重量而屈曲的问题[图 4.1(a)]。若假设杆的下端固定而顶端自由，即为著名的“旗杆问题(Flagpole Problem)”。实际上，高耸结构和超高层建筑结构与旗杆类似，因此其整体屈曲问题也可用本节的方法近似模拟。

对于旗杆问题，由于自重产生的轴向压力沿着杆长方向是连续分布的，则对应的屈曲平衡方程为变系数的微分方程。1881 年 Greenhill 首先研究了旗杆问题，提出悬臂柱的最大长度为 $L_{\max}=\sqrt[3]{7.83735\rho/EI}$（$\rho$ 为单位长度的重量）。此后 Timoshenko 曾应用无穷级数和 Timoshenko 能量法求解过此题。

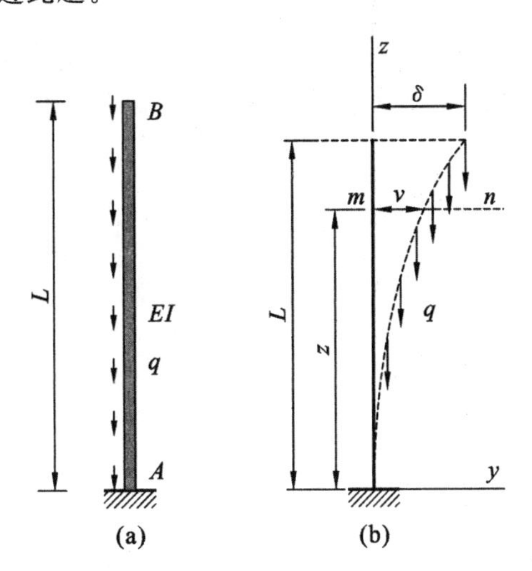

图 4.1　旗杆问题简图

这里我们将利用能量变分法来重新求解此题。

(1) 总势能

根据 2.3 节介绍的方法，可得 Euler 柱屈曲的应变能为

$$U=\frac{1}{2}\int_0^L\left[EI\left(\frac{\mathrm{d}^2v}{\mathrm{d}z^2}\right)^2\right]\mathrm{d}z \tag{4.1}$$

初应力由自重产生，即任意截面 m—n[图 4.1(b)]的初应力为

$$\sigma_0=-\frac{q(L-z)}{A} \tag{4.2}$$

这里规定：拉应力为正，压应力为负。

非线性轴向应变为

$$\varepsilon^{\mathrm{NL}}=\frac{1}{2}\left(\frac{\partial v}{\partial z}\right)^2 \tag{4.3}$$

初应力势能为

$$W=\int_V \sigma_0\varepsilon^{\mathrm{NL}}\mathrm{d}V=\int_0^L\left\{\iint_A\left[-\frac{q(L-z)}{A}\right]\frac{1}{2}\left(\frac{\partial v}{\partial z}\right)^2\mathrm{d}A\right\}\mathrm{d}z \tag{4.4}$$

或者

$$W=-\frac{1}{2}\int_0^L q(L-z)\left(\frac{\partial v}{\partial z}\right)^2\mathrm{d}z \tag{4.5}$$

此问题的总势能为

$$\Pi=U+W=\frac{1}{2}\int_0^L\left[EI\left(\frac{\mathrm{d}^2 v}{\mathrm{d}z^2}\right)^2-q(L-z)\left(\frac{\partial v}{\partial z}\right)^2\right]\mathrm{d}z \tag{4.6}$$

(2) 二阶近似解析解

若位移函数取为

$$v(z)=A_1\left[1-\cos\left(\frac{\pi z}{2L}\right)\right]+A_3\left[1-\cos\left(\frac{3\pi z}{2L}\right)\right] \tag{4.7}$$

将此式代入应变能的表达式(4.1),并积分可得

$$U=\frac{1}{2}\int_0^L\left[EI\left(\frac{\mathrm{d}^2 v}{\mathrm{d}z^2}\right)^2\right]\mathrm{d}z=\frac{EI\pi^4(A_1^2+81A_3^2)}{64L^3} \tag{4.8}$$

同理,将式(4.7)代入荷载势能的表达式(4.5),并积分可得

$$W=-\frac{1}{2}\int_0^L\left[P\left(\frac{\mathrm{d}v}{\mathrm{d}z}\right)^2\right]\mathrm{d}z=-\frac{1}{32}q[(-4+\pi^2)A_1^2+24A_1A_3+(-4+9\pi^2)A_3^2] \tag{4.9}$$

将上面两式相加,可得总势能为

$$\Pi=\frac{1}{64}\left\{\frac{EI\pi^4(A_1^2+81A_3^2)}{L^3}-2q[(-4+\pi^2)A_1^2+24A_1A_3+(-4+9\pi^2)A_3^2]\right\} \tag{4.10}$$

引入无量纲的自重

$$\tilde{q}=q/\left(\frac{P_E}{L}\right),\quad P_E=\frac{EI\pi^2}{L^2} \tag{4.11}$$

可将总势能改写为无量纲形式

$$\Pi=\frac{EI\pi^4}{L^3}\left\{\frac{1}{64}[(\pi^2-2(-4+\pi^2)\tilde{q})A_1^2-48\tilde{q}A_1A_3+(81\pi^2+(8-18\pi^2)\tilde{q})A_3^2]\right\} \tag{4.12}$$

根据能量变分原理,可知屈曲的平衡条件为

$$\frac{\partial\Pi}{\partial A_1}=0,\quad \frac{\partial\Pi}{\partial A_3}=0 \tag{4.13}$$

从而有

$$\left.\begin{aligned}&\frac{1}{32}[\pi^2-2(-4+\pi^2)\tilde{q}]A_1-\frac{3\tilde{q}}{4}A_3=0\\&-\frac{3\tilde{q}}{4}A_1+\frac{1}{32}[81\pi^2+(8-18\pi^2)\tilde{q}]A_3=0\end{aligned}\right\} \tag{4.14}$$

将其改写为矩阵的形式如下

$$\begin{pmatrix} \frac{1}{32}[\pi^2-2(-4+\pi^2)\tilde{q}] & -\frac{3\tilde{q}}{4} \\ -\frac{3\tilde{q}}{4} & \frac{1}{32}[81\pi^2+(8-18\pi^2)\tilde{q}] \end{pmatrix}\begin{pmatrix} A_1 \\ A_3 \end{pmatrix}=\begin{pmatrix} 0 \\ 0 \end{pmatrix} \tag{4.15}$$

上述系数矩阵的非对角线元素相等。对于保守力系统，可以证明上述推导的正确性。

【说明】

对于非保守力系统，非对角线元素是不相等的，详细参见第 6 章的论述。

为了保证式(4.15)中的待定系数 A_1 和 A_3 不同时为零，其系数行列式必为零，即

$$\mathrm{Det}\begin{pmatrix} \frac{1}{32}[\pi^2-2(-4+\pi^2)\tilde{q}] & -\frac{3\tilde{q}}{4} \\ -\frac{3\tilde{q}}{4} & \frac{1}{32}[81\pi^2+(8-18\pi^2)\tilde{q}] \end{pmatrix}=0 \tag{4.16}$$

从而得到

$$a\tilde{q}^2+b\tilde{q}+c=0 \tag{4.17}$$

式中

$$a=-128-40\pi^2+9\pi^4,\quad b=164\pi^2-45\pi^4,\quad c=\frac{81\pi^4}{4} \tag{4.18}$$

式(4.17)即为我们依据能量变分原理得到的自重下 Euler 柱的屈曲方程。

其解为

$$\begin{aligned}\tilde{q}_{cr}&=\frac{-b-\sqrt{b^2-4ac}}{2a}\\&=\frac{-656\pi^2+180\pi^4-\sqrt{596224\pi^4-184320\pi^6+20736\pi^8}}{-1024-320\pi^2+72\pi^4}=0.79418\end{aligned} \tag{4.19}$$

利用式(4.11)可得

$$q_{cr}=\tilde{q}_{cr}\left(\frac{P_E}{L}\right)=0.79418\,\frac{EI\pi^2}{L^3}=\frac{7.83825EI}{L^3} \tag{4.20}$$

Timoshenko 的无穷级数解为 $q_{cr}=\frac{7.837EI}{L^3}$，Timoshenko 提出的能量法的解为 $q_{cr}=\frac{7.84EI}{L^3}$，可见我们的解与 Timoshenko 的无穷级数解非常接近。

因为上述解答结果式(4.19)是依据两项三角级数得到的，故称其为“二阶近似解答”。若继续增加位移函数式(4.7)中三角函数的项数，则计算精度可进一步提高。

(3) 精确解

可以证明，当位移函数取为

$$v(z)=\sum_{m=1}^{\infty}A_m\left[1-\cos\frac{(2m-1)\pi z}{2L}\right] \tag{4.21}$$

即三角函数的项数为无穷多时，则可得到上述问题的精确解。

将式(4.21)代入总势能式(4.6)，并积分可得

$$\Pi=\frac{EI\pi^4}{64L^3}\left[\begin{array}{l}(1-2m)^4\pi^2A_m-2[-4+(1-2m)^2\pi^2]\tilde{q}A_m^2+(-1+2m)(-1+2s)\times \\ \dfrac{\{-1+m(2-4s)+2s+[1+2(-1+m)m+2(-1+s)s](-1)^{m+s}\}\tilde{q}}{8(m-s)^2(-1+m+s)^2}A_mA_s\end{array}\right]$$

$$(m=1,2,3,\cdots,\infty;s=1,2,3,\cdots,\infty \text{且} s\neq m) \tag{4.22}$$

其中引入了无量纲的自重

$$\tilde{q}=q\Big/\left(\frac{P_E}{L}\right),\quad P_E=\frac{EI\pi^2}{L^2} \tag{4.23}$$

根据能量变分原理,可知屈曲的平衡条件为

$$\frac{\partial \Pi}{\partial A_m}=0 \tag{4.24}$$

从而有

$$\begin{aligned}&\left\{\frac{1}{32}(1-2m)^4\pi^2+\frac{1}{16}[4-(1-2m)^2\pi^2]\tilde{q}\right\}A_m+8(-1+2m)(-1+2s)\times \\ &\frac{\{-1+m(2-4s)+2s+[1+2(-1+m)m+2(-1+s)s](-1)^{m+s}\}\tilde{q}}{(m-s)^2(-1+m+s)^2}A_s=0\end{aligned} \tag{4.25}$$

此式为自重下悬臂柱屈曲方程的精确解。

实际的数值计算中必定是有限维度的分析,此时级数项数取为 N。

若采用有限元中的常用表达方式,则上式可简写为

$$\boldsymbol{K}_0\cdot\boldsymbol{U}=\lambda\boldsymbol{K}_G\cdot\boldsymbol{U} \tag{4.26}$$

其中,$\boldsymbol{U}=[A_1\quad A_2\quad A_3\quad \cdots\cdots\quad A_N]^{\mathrm{T}}$ 为待定系数(广义坐标)组成的屈曲模态;$\lambda=\tilde{q}$ 为所求的无量纲临界荷载;$\boldsymbol{K}_0$ 为悬臂柱的线性刚度矩阵,其对角线和非对角线的元素分别为

$$\left.\begin{aligned}&{}^0k_{m,m}=\frac{1}{32}(1-2m)^4\pi^2\quad (m=1,2,\cdots,N)\\ &{}^0k_{m,s}=0\qquad\qquad\qquad\quad \begin{pmatrix}s\neq m\\ m=1,2,\cdots,N\\ s=1,2,\cdots,N\end{pmatrix}\end{aligned}\right\} \tag{4.27}$$

$\boldsymbol{K}_G$ 为悬臂柱的几何刚度矩阵,其对角线和非对角线的元素分别为

$$\left.\begin{aligned}&{}^Gk_{m,m}=\frac{1}{16}((1-2m)^2\pi^2-4)\qquad (m=1,2,\cdots,N)\\ &{}^Gk_{m,s}=(1-2m)(-1+2s)\times\\ &\frac{-1+m(2-4s)+2s+[1+2(-1+m)m+2(-1+s)s](-1)^{m+s}}{8(m-s)^2(-1+m+s)^2}\quad \begin{pmatrix}s\neq m\\ m=1,2,\cdots,N\\ s=1,2,\cdots,N\end{pmatrix}\end{aligned}\right\} \tag{4.28}$$

若 $N=2$,由式(4.26)可得

$$\begin{pmatrix}\dfrac{\pi^2}{32} & 0\\ 0 & \dfrac{81\pi^2}{32}\end{pmatrix}\begin{pmatrix}A_1\\ A_3\end{pmatrix}=\tilde{q}\begin{pmatrix}\dfrac{\pi^2-4}{16} & \dfrac{3\tilde{q}}{4}\\ \dfrac{3\tilde{q}}{4} & \dfrac{9\pi^2-4}{16}\end{pmatrix}\begin{pmatrix}A_1\\ A_3\end{pmatrix} \tag{4.29}$$

显然,上式与式(4.15)相同,因此可初步证明式(4.27)和式(4.28)的理论推导正确。

从数学角度看,此问题最终可归结为求解式(4.26)所表达的广义特征值问题,其中最小

特征值 $\lambda=\tilde{q}$ 和特征向量分别为所求的无量纲临界荷载（即屈曲系数）和屈曲模态。

理论上任何求解广义特征值问题的方法都适用于此类问题，因为与大型有限元分析程序不同，这里涉及的自由度数并不多。利用 Matlab 的 eig(A,B)可以完成上述任务。Matlab 程序代码如下：

```
format long
N=50;                %-----三角函数的项数
%---矩阵赋予初值
A=zeros(N);          % ----线性刚度矩阵
B=zeros(N);          % ----几何刚度矩阵
%---形成 A 矩阵
for m=1:N
        A(m,m)=(1/32)*(1-2*2m)^4*pi^2;
end
%---形成 B 矩阵
for m=1:N
    for s=1:N
        if m==s
            B(m,m)=-(1/16)*(4-(1-2*m)^2*pi^2);
        else
            B(m,s)=-(-1+2*m)*(-1+2*s)*(-1+m*(2-4*s)+2*s+
(1+2*(-1+m)*m+2*(-1+s)*s)*((-1)^(m+s)))/(8*(m-s)^2*(-1+m+s)^2);
        end
    end
end
%---利用 eig 求解特征值
E=eig(A,B);
L=E>0
Pcr=min(E(L))
```

Matlab 程序的计算结果如表 4.1 的第二行所示。从表中可见，随着项数的增加，计算精度不断提高。2008 年 W H Duan and C M Wang 利用广义超几何函数求得该问题的精确解为 $\beta=q_{cr}\left(\dfrac{L^3}{EI}\right)=7.8373$，此精确解的有效数字与我们 $N=5$ 的结果相同。若 $N=50$，则可获得有效数字更多的精确解为 $\beta=7.83734744$。

表 4.1 不同项数对计算结果的影响

项数	1	2	5	10	50	100
$\tilde{q}_{cr}$	0.840738	0.794180	0.794094	0.794089	0.794089319170	0.794089319131
β	8.297751	7.838242	7.837394	7.837344	7.837347439338	7.837347438953

注：1. 表中下划线为已达到精确解的数字；

2. $\beta=q_{cr}\left(\dfrac{L^3}{EI}\right)$。

4.2 恒载和可变荷载共同作用下的 Euler 柱屈曲荷载

虽然在一般屈曲分析中可忽略杆件自重的影响，但某些情况下则需要考虑自重的影响，比如高架桥桥墩和高层悬吊结构，这便是恒载和可变荷载共同作用下的屈曲问题(图 4.2)。1930 年 Grishcoff 利用无穷级数，获得了悬臂柱在自重和轴向荷载共同作用下的屈曲荷载；2006 年 Chai 和 C M Wang 曾用微分变换方法(Differential Transformation Method)求解此类问题；2008 年 W H Duan 和 C M Wang 利用广义超几何函数得到了该问题的精确解。实际上，对于图 4.2 所示的问题，其精确解也可采用能量变分法获得。限于篇幅，这里仅给出其二阶近似解析解。

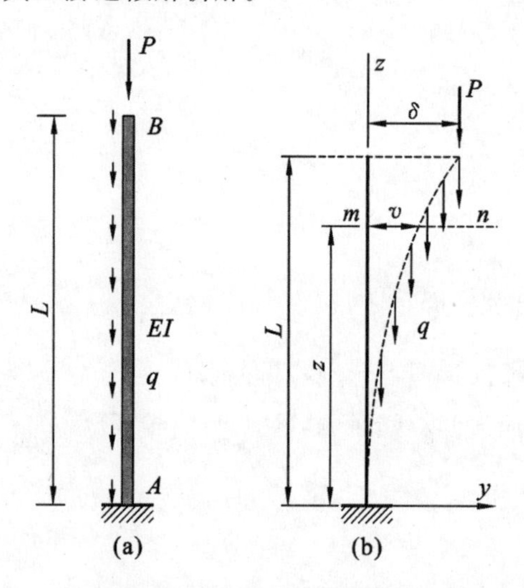

图 4.2　自重和轴向荷载共同作用下的屈曲问题

(1) 总势能

对于图 4.2(a)所示的问题，根据 2.3 节介绍的方法，可得 Euler 柱屈曲的应变能为

$$U=\frac{1}{2}\int_0^L\left[EI\left(\frac{\mathrm{d}^2v}{\mathrm{d}z^2}\right)^2\right]\mathrm{d}z \tag{4.30}$$

初应力由自重和轴向荷载产生，即任意截面 m—n[图 4.2(b)]的初应力为

$$\sigma_0=-\frac{P}{A}-\frac{q(L-z)}{A} \tag{4.31}$$

这里规定：拉应力为正，压应力为负。

非线性轴向应变为

$$\varepsilon^{\mathrm{NL}}=\frac{1}{2}\left(\frac{\partial v}{\partial z}\right)^2 \tag{4.32}$$

初应力势能为

$$W=\int_V\sigma_0\varepsilon^{\mathrm{NL}}\mathrm{d}V=-\int_0^L\left\{\int_A\left[\frac{P}{A}+\frac{q(L-z)}{A}\right]\frac{1}{2}\left(\frac{\partial v}{\partial z}\right)^2\mathrm{d}A\right\}\mathrm{d}z \tag{4.33}$$

或者

$$W=-\frac{1}{2}\int_0^LP\left(\frac{\partial v}{\partial z}\right)^2\mathrm{d}z-\frac{1}{2}\int_0^Lq(L-z)\left(\frac{\partial v}{\partial z}\right)^2\mathrm{d}z \tag{4.34}$$

此问题的总势能为

$$\Pi=U+W=\frac{1}{2}\int_0^L\left[EI\left(\frac{\mathrm{d}^2v}{\mathrm{d}z^2}\right)^2\right]\mathrm{d}z-\frac{1}{2}\int_0^LP\left(\frac{\partial v}{\partial z}\right)^2\mathrm{d}z-\frac{1}{2}\int_0^Lq(L-z)\left(\frac{\partial v}{\partial z}\right)^2\mathrm{d}z \tag{4.35}$$

(2) 二阶近似解析解

若位移函数取为

$$v(z)=A_1\left[1-\cos\left(\frac{\pi z}{2L}\right)\right]+A_3\left[1-\cos\left(\frac{3\pi z}{2L}\right)\right] \tag{4.36}$$

将上式代入总势能的表达式(4.35)，并积分可得

$$\Pi=\frac{EI\pi^4}{64L^3}\begin{Bmatrix}[\pi^2-4\pi^2\widetilde{P}-2(-4+\pi^2)\widetilde{q}]A_1^2- \\ 48\widetilde{q}A_1A_3+[81\pi^2-36\pi^2\widetilde{P}+(8-18\pi^2)\widetilde{q}]A_3^2\end{Bmatrix} \tag{4.37}$$

其中引入了无量纲的自重

$$\widetilde{q}=q\Big/\left(\frac{P_E}{L}\right),\quad \widetilde{P}=P/P_E,\quad P_E=\frac{EI\pi^2}{L^2} \tag{4.38}$$

根据能量变分原理，可知屈曲的平衡条件为

$$\frac{\partial\Pi}{\partial A_1}=0,\quad \frac{\partial\Pi}{\partial A_3}=0 \tag{4.39}$$

从而有

$$\left.\begin{aligned}&\frac{1}{32}[\pi^2-4\pi^2\widetilde{P}-2(-4+\pi^2)\widetilde{q}]A_1-\frac{3\widetilde{q}}{4}A_3=0\\&-\frac{3\widetilde{q}}{4}A_1+\frac{1}{32}[81\pi^2-36\pi^2\widetilde{P}+(8-18\pi^2)\widetilde{q}]A_3=0\end{aligned}\right\} \tag{4.40}$$

将其改写为矩阵的形式如下

$$\begin{pmatrix}\frac{1}{32}[\pi^2-4\pi^2\widetilde{P}-2(-4+\pi^2)\widetilde{q}] & -\frac{3\widetilde{q}}{4}\\ -\frac{3\widetilde{q}}{4} & \frac{1}{32}[81\pi^2-36\pi^2\widetilde{P}+(8-18\pi^2)\widetilde{q}]\end{pmatrix}\begin{pmatrix}A_1\\A_3\end{pmatrix}=\begin{pmatrix}0\\0\end{pmatrix} \tag{4.41}$$

为了保证式(4.41)中的待定系数 A_1 和 A_3 不同时为零，其系数行列式必为零，从而得到

$$a\widetilde{P}^2+b\widetilde{P}+c=0 \tag{4.42}$$

式中

$$a=36\pi^4,\quad b=-90\pi^4+4\pi^2(-20+9\pi^2)\widetilde{q} \tag{4.43}$$

$$c=\frac{81\pi^4}{4}+(164\pi^2-45\pi^4)\widetilde{q}+(-128-40\pi^2+9\pi^4)\widetilde{q}^2 \tag{4.44}$$

式(4.42)即为我们依据能量变分原理得到的自重和轴向荷载共同作用下 Euler 柱的屈曲方程。

其解答为

$$\widetilde{P}_{cr}=\frac{-b-\sqrt{b^2-4ac}}{2a} \tag{4.45}$$

或者

$$\widetilde{P}_{cr}=\frac{5\pi^2}{4}-\widetilde{q}\pi^2\left(\frac{1}{2}-\frac{10}{9\pi^2}\right)-\sqrt{\pi^4-\frac{16}{9}\pi^2\widetilde{q}+\frac{388\widetilde{q}^2\pi^4}{81\pi^4}} \tag{4.46}$$

上述解答是依据两项三角级数得到的，故称其为“二阶近似解答”。若继续增加位移函数式(4.7)中三角函数的项数，则计算精度可进一步提高。当三角函数的项数为无穷多时，则可得到上述问题的精确解(略)。这是我们采用三角函数的好处。

(3) 简化公式与设计建议

下面我们来讨论自重和轴向荷载共同作用下 Euler 柱的屈曲性能(图 4.3)。若在式(4.46)中令 $\tilde{q}=0$,则可得 $\widetilde{P}_{cr}=\frac{\pi^2}{4}$,即为轴向荷载单独作用下悬臂柱的屈曲荷载;若在式(4.46)中令 $\widetilde{P}=0$,则可得 $\tilde{q}_{cr}=0.79418$,即为自重单独作用下悬臂柱的屈曲荷载。

图 4.3 为自重和轴向荷载共同作用下 Euler 柱的屈曲性能。可见自重 q 和轴向荷载 P 的关系可近似用如下的直线方程表示

$$\frac{P}{P_{cr}}+\frac{q}{q_{cr}}=1 \tag{4.47}$$

式中,$P_{cr}=\frac{1}{4}P_E$,$q_{cr}=0.794\frac{P_E}{L}$。

此式简便实用,可供设计者参考。

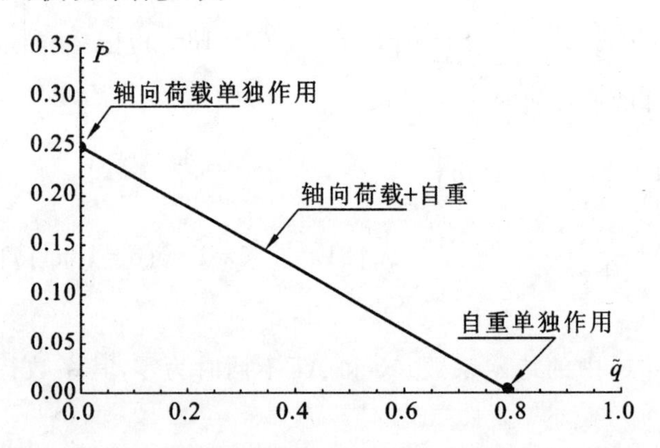

图 4.3 自重和轴向荷载共同作用下 Euler 柱的屈曲性能(一)

实际上,式(4.46)中的自重也可取负值,相应的屈曲性能如图 4.4 的左侧曲线所示。此时轴向屈曲荷载随着自重的增加而增大。当然,这种情况在建筑中很少出现,但在石油工业的钻井作业中常见,比如陆上和海上钻井中的钻柱(为厚壁钢管),在钻进过程中的屈曲问题。

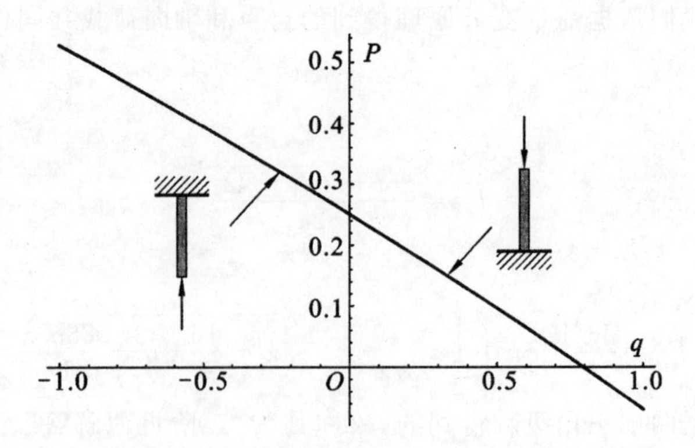

图 4.4 自重和轴向荷载共同作用下 Euler 柱的屈曲性能(二)

【说明】

实际上，式(4.47)的正确性也可由 Dunkerley 公式证明。

Dunkerley 公式为动力学中常用的一个经验公式，是 S Dunkerley 于 1894 年在研究旋转轴的临界转速时从实验结果中导出的，因而得名。与 Rayleigh 法不同，Dunkerley 公式可用于计算振动系统最小固有频率(即基频)下限，即

$$\frac{1}{\omega_1^2} \leqslant \sum \frac{1}{\omega_{ii}^2} \tag{4.48}$$

Dunkerley 公式也可用于计算不同外荷载下的结构屈曲荷载。T Tarnai 在著作《稳定问题中的求和定理》中，将其表述为：一个承受复杂荷载系统(Complex Load System)的弹性结构的最小临界荷载参数的倒数不大于承受各子荷载系统(Subsystems of the Load)的同一结构的临界荷载参数平方的倒数之和，即

$$\frac{1}{\lambda_1^2} \leqslant \sum \frac{1}{\lambda_i^2} \tag{4.49}$$

注意，上式中的 λ 为临界荷载参数，可以理解为无量纲的屈曲荷载参数。

以前面的恒载和可变荷载共同作用下屈曲问题为例，集中荷载 P 和分布荷载 q 属于不同的两类荷载，其量纲也不同，此时必须按照无量纲的形式来表述 Dunkerley 公式，即

$$\frac{P}{P_{cr}} + \frac{q}{q_{cr}} \geqslant 1 \tag{4.50}$$

此式与(4.47)相同。可见 Dunkerley 公式对于上述问题的描述是相当准确的。

需要指出的是，Dunkerley 公式不但可以描述不同荷载下的屈曲问题，也可用来描述同一种荷载作用的屈曲问题。Southwell 定理和 Foppl-Papkovich 定理都是在 Dunkerley 公式基础上发展而来的，可以把它们看作是广义的 Dunkerley 公式。后续我们将结合工程问题的需要陆续介绍 Southwell 定理和 Foppl-Papkovich 定理的应用。

4.3　预应力压杆的受力性能与屈曲荷载

4.3.1　预应力压杆的受力性能

实际上，若外部压力不大时，前述的预应力拉杆也可用作压杆。若在跨中设置了横隔板，则此时预应力压杆也可看作一种“内撑式”预应力撑杆柱(图 4.5)。2003 年动工的南京图书馆新馆的主立面共有 7 根细长钢柱，高 40m，中间无侧向支承，柱长细比超出规范的要求，这些细长柱全部运用了内撑式预应力钢管混凝土(CFST)撑杆柱，建筑造型简约、美观。

若不考虑屈曲的影响，中心布索的预应力压杆工作性能如图 4.6 中 $OABC$ 曲线所示。图中分析模型和数据与图 3.12 相同。由图中可以看出，由于预应力的影响，钢管屈服后，预应力压杆的刚度仅由预应力拉索提供。到达 B 点拉索的预应力变为零，预应力压杆才进入塑性状态。

由于管内空间的限制，布索相对集中，因此“内撑式”预应力撑杆柱的屈曲性能与中心布索的预应力压杆类似。目前尚无相关的屈曲分析成果。

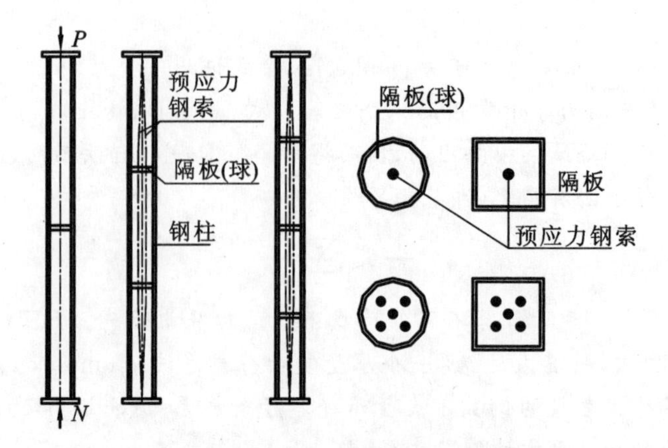

图 4.5 “内撑式”预应力撑杆柱

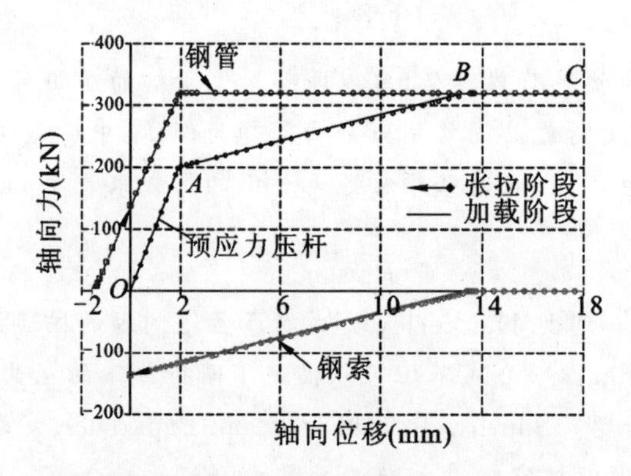

图 4.6 预应力钢压杆的工作特性(A Wadee,2014)

4.3.2 预应力压杆的屈曲荷载

图 4.7(a)为预应力钢压杆的计算简图。

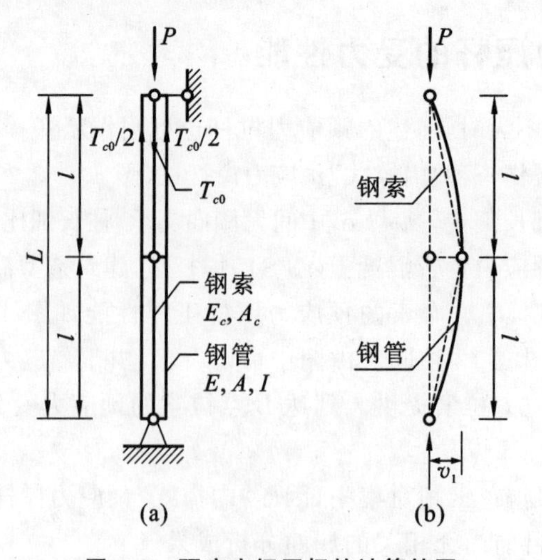

图 4.7 预应力钢压杆的计算简图

在张拉阶段，假设钢索的初始预应力（拉力）为 T_{c0}。根据轴向平衡条件，中心立柱的初始预应力（压力）$T_{t0}=T_{c0}$。

(1) 压力增量的分析

假设施加的轴向荷载为 P（轴向压力），根据轴向平衡条件和变形协调条件，可得中心立柱和拉索的压力增量分别为

$$\Delta T_t=\frac{EA}{EA+E_cA_c}P=\frac{P}{1+\dfrac{E_cA_c}{EA}}=\chi_tP \tag{4.51}$$

$$\Delta T_c=\frac{E_cA_c}{EA+E_cA_c}P=\frac{\dfrac{E_cA_c}{EA}P}{1+\dfrac{E_cA_c}{EA}}=\chi_cP \tag{4.52}$$

其中，

$$\chi_t=\frac{1}{1+\eta},\quad \chi_c=\frac{\eta}{1+\eta} \tag{4.53}$$

分别为中心立柱和拉索的轴力分配系数，

$$\eta=\frac{E_cA_c}{EA} \tag{4.54}$$

为拉索与中心立柱的轴向刚度之比。

(2) 屈曲的总势能方程

下面我们将考虑预应力的影响，并基于能量变分原理来求解预应力压杆的屈曲荷载。

首先讨论拉索的应变能计算方法。

假设应力从零开始逐渐增大，则无预应力杆件，即常规杆件的应变能为

$$U=\int_V\left(\frac{1}{2}\sigma\varepsilon\right)\mathrm{d}V \tag{4.55}$$

此结果相当于图 4.8(a)中三角形 OAB 的面积。

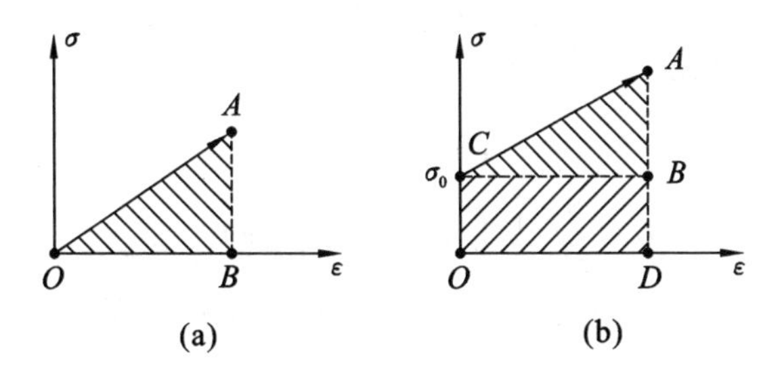

图 4.8　预应力杆件应变能的计算方法

与无预应力杆件不同，预应力杆件的应力从 σ_0 开始逐渐增大，因此其应变能表达式为

$$U=\int_V\left(\frac{1}{2}\sigma\varepsilon+\sigma_0\varepsilon\right)\mathrm{d}V \tag{4.56}$$

此结果相当于图 4.8(b)中三角形 CAB 面积与矩形 $OCBD$ 面积之和。

对于弹性的预应力杆件，我们可以将上式改写为

$$U=\int_0^l\left[\iint_A\left(\frac{1}{2}E\varepsilon^2+\sigma_0\varepsilon\right)\mathrm{d}A\right]\mathrm{d}x=\int_0^l\left(\frac{1}{2}EA\varepsilon^2+T_0\varepsilon\right)\mathrm{d}x=\frac{1}{2}\cdot\frac{EA}{L}\Delta s^2+T_0\Delta s \tag{4.57}$$

式中，$\frac{EA}{L}$为预应力杆件的轴拉刚度，Δs 为预应力杆件的伸长量。

根据式(4.57)，钢索的应变能可写为

$$U_c=2\left(\frac{1}{2}\cdot\frac{E_{ci}A_{ci}}{l}\Delta s_c^2+T_{c0}\Delta s_c\right) \tag{4.58}$$

其中，T_i 为立柱屈曲前的钢索内力，由初始预应力和后续荷载引起的内力增量两部分叠加得到，即

$$T_i=T_{c0}-\chi_c P \tag{4.59}$$

Δs_c 为半根钢索的伸长量，可以参照图 4.7(b)的几何关系按下式计算

$$\Delta s_c=\sqrt{l^2+v_1^2}-l \tag{4.60}$$

上式第一项的 Taylor 级数展开为

$$\sqrt{l^2+x^2}\approx l+\frac{x^2}{2l} \tag{4.61}$$

从而得到半根钢索的伸长量为

$$\Delta s_c=\frac{v_1^2}{2l}=\frac{v_1^2}{L} \tag{4.62}$$

将式(4.62)代入式(4.58)，可得钢索的应变能为(略去高阶微量)

$$U_c=2\left[(T_{c0}-\chi_c P)\frac{v_1^2}{L}\right] \tag{4.63}$$

中心立柱的弯曲应变能

$$U_t=\frac{1}{2}\int_0^L EI\,(v'')^2\mathrm{d}z \tag{4.64}$$

中心立柱的初应力势能

$$V_t=\int_0^L\sigma_0\varepsilon^{\mathrm{NL}}\mathrm{d}z \tag{4.65}$$

$$V_t=-\frac{1}{2}\int_0^L(T_{c0}+\chi_t P)(v')^2\mathrm{d}z \tag{4.66}$$

总势能

$$\begin{aligned}\Pi&=U_t+U_c+V_t\\&=\frac{1}{2}\int_0^L EI\,(v'')^2\mathrm{d}z+2\left[(T_{c0}-\chi_c P)\frac{v_1^2}{L}\right]-\frac{1}{2}\int_0^L(T_{c0}+\chi_t P)(v')^2\mathrm{d}z\end{aligned} \tag{4.67}$$

(3) 屈曲荷载的能量变分解

选取屈曲模态为

$$v(z)=A_1\sin\frac{\pi z}{L}+A_3\sin\frac{3\pi z}{L} \tag{4.68}$$

将此式代入式(4.67)，并积分可得总势能为

$$\Pi=\frac{\pi^4(A_1^2+81A_3^2)EI}{4L^3}+\frac{2(A_1-A_3)^2(T_{c0}-P\chi_c)}{L}-\frac{\pi^2(A_1^2+9A_3^2)(T_{c0}+P\chi_t)}{4L} \tag{4.69}$$

或者改写为无量纲的形式

$$\Pi=\frac{\pi^2(A_1^2+81A_3^2)}{4}+2(A_1-A_3)^2(\widetilde{T}_{c0}-\widetilde{P}\chi_c)-\frac{\pi^2(A_1^2+9A_3^2)(\widetilde{T}_{c0}+\widetilde{P}\chi_t)}{4} \tag{4.70}$$

其中，$\widetilde{T}_{c0}=T_{c0}/P_E$，$\widetilde{P}=P/P_E$。$P_E=\pi^2EI/L^2$ 为 Euler 柱屈曲荷载。

根据变分原理，有

$$\frac{\partial\Pi}{\partial A_1}=0,\quad \frac{\partial\Pi}{\partial A_3}=0 \tag{4.71}$$

进而可得

$$\left.\begin{aligned}&-4A_3(\widetilde{T}_{c0}-\widetilde{P}\chi_c)+A_1\left[\frac{\pi^2}{2}+4(\widetilde{T}_{c0}-\widetilde{P}\chi_c)-\frac{1}{2}\pi^2(\widetilde{T}_{c0}+\widetilde{P}\chi_t)\right]=0\\&-4A_1(\widetilde{T}_{c0}-\widetilde{P}\chi_c)+A_3\left[\frac{81\pi^2}{2}+4(\widetilde{T}_{c0}-\widetilde{P}\chi_c)-\frac{9}{2}\pi^2(\widetilde{T}_{c0}+\widetilde{P}\chi_t)\right]=0\end{aligned}\right\} \tag{4.72}$$

或者

$$\begin{pmatrix}\frac{\pi^2}{2}+4(\widetilde{T}_{c0}-\widetilde{P}\chi_c)-\frac{1}{2}\pi^2(\widetilde{T}_{c0}+\widetilde{P}\chi_t) & -4(\widetilde{T}_{c0}-\widetilde{P}\chi_c)\\ -4(\widetilde{T}_{c0}-\widetilde{P}\chi_c) & \frac{81\pi^2}{2}+4(\widetilde{T}_{c0}-\widetilde{P}\chi_c)-\frac{9}{2}\pi^2(\widetilde{T}_{c0}+\widetilde{P}\chi_t)\end{pmatrix}\begin{pmatrix}A_1\\A_3\end{pmatrix}=\begin{pmatrix}0\\0\end{pmatrix} \tag{4.73}$$

为了保证系数 A_1 和 A_3 不同时为零，则上式的系数行列式必为零，从而得到如下的屈曲方程

$$a\widetilde{P}^2+b\widetilde{P}+c=0 \tag{4.74}$$

其中，

$$a=20\pi^2\chi_c\chi_t+\frac{9}{4}\pi^4\chi_t^2 \tag{4.75}$$

$$b=-164\pi^2\chi_c+20\pi^2\widetilde{T}_{c0}\chi_c-\frac{45\pi^4\chi_t}{2}-20\pi^2\widetilde{T}_{c0}\chi_t+\frac{9}{2}\pi^4\widetilde{T}_{c0}\chi_t \tag{4.76}$$

$$c=\frac{81\pi^4}{4}+164\pi^2\widetilde{T}_{c0}-\frac{45\pi^4\widetilde{T}_{c0}}{2}-20\pi^2\widetilde{T}_{c0}^2+\frac{9}{4}\pi^4\widetilde{T}_{c0}^2 \tag{4.77}$$

根据式(4.74)易得预应力压杆的屈曲荷载为

$$\widetilde{P}=\frac{-b-\sqrt{b^2-4ac}}{2a} \tag{4.78}$$

(4) 初始预应力对屈曲荷载的影响分析

假设预应力压杆的 $\chi_c=0.2$，$\chi_t=0.8$，图 4.9 为初始预应力对预应力压杆屈曲荷载的影响。从图中可见，随着初始预应力的增大，压杆的屈曲荷载逐渐减小，当初始预

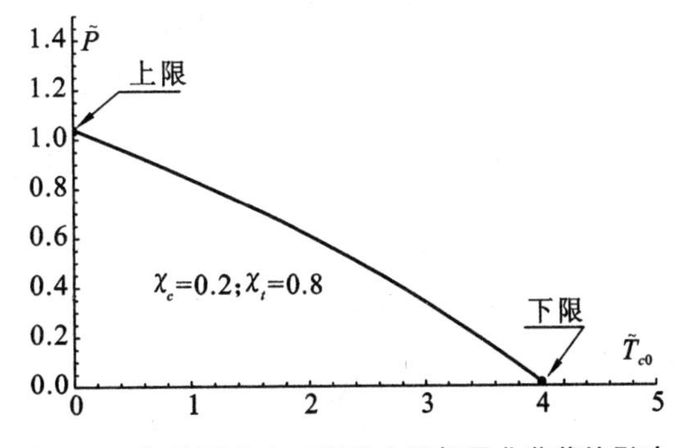

图 4.9　初始预应力对预应力压杆屈曲荷载的影响

应力 $\widetilde{T}_{c0}=4$ 时，屈曲荷载趋于零。因此，屈曲荷载存在上限和下限。其中上限大致为 $\widetilde{P}=1$，与初始预应力 $\widetilde{T}_{c0}=0$ 对应；下限为 $\widetilde{P}=0$，大致与 $\widetilde{T}_{c0}=4$ 对应。

上限屈曲荷载的存在容易理解，因其与无预应力状态对应。下限屈曲荷载的存在是因为 $\widetilde{T}_{c0}=4$ 为前述的张拉屈曲荷载。也就是，在 $\widetilde{T}_{c0}=4$ 时，预应力压杆将无法承受任何附加外荷载，因此下限屈曲荷载为零。

显然，预应力 T_{c0} 和轴向荷载 P 的关系可以用如下的直线方程表示

$$\frac{P}{P_{cr}}+\frac{T_{c0}}{T_{cr}}\geqslant 1 \tag{4.79}$$

式中，$P_{cr}=P_E$，$T_{cr}=4P_E$。

此式也可依据前述的 Dunkerley 公式直接导出。其形式简单、力学概念清晰，可供设计参考。

由式(4.79)可见：对于屈曲荷载而言，预应力钢索的存在始终是一个不利的因素，因为这种中心布索方案无法为构件提供有效的侧向支撑作用。为了改善预应力压杆的屈曲性能，可将钢索在跨中通过横撑分开，使其成为“体外预应力压杆”，这就是工程中常用的预应力撑杆。

上述分析方法也适合分析体外预应力撑杆，只是需要考虑的参数更多，导致公式更复杂。限于篇幅，不再赘述。

4.4 实体变截面 Euler 柱屈曲问题

前面研究的都是等截面的情况，下面将研究实体变截面 Euler 柱的屈曲问题。

4.4.1 圆锥体/棱柱体悬臂柱和梭形柱的屈曲问题

(1) 能量变分解——二阶近似解析解

圆锥体或者棱柱体的惯性矩形式相同，仅截面常数有所区别，因此不失一般性，下面的叙述以图 4.10 所示的方形棱柱体悬臂柱为研究对象。假设其底端(大头)固定，顶端(小头)自由，顶部作用有轴向荷载；底端的边长和惯性矩分别为 h_1、I_1，顶端的边长和惯性矩分别为 h_2、I_2。

在图示的坐标系下，任意截面的边长可以表示为

$$h(z)=h_1+\frac{z}{L}(h_2-h_1) \tag{4.80}$$

因为四面均为变截面，故任意截面的惯性矩为

$$I(z)=\frac{1}{12}h(z)^4=\frac{1}{12}\left[h_1+\frac{z}{L}(h_2-h_1)\right]^4 \tag{4.81}$$

此时，截面的惯性矩为坐标 z 的 4 次多项式。据此可知

$$I_1=I(0)=\frac{1}{12}h(0)^4=\frac{h_1^4}{12},\quad I_2=I(L)=\frac{1}{12}h(L)^4=\frac{h_2^4}{12} \tag{4.82}$$

分别为大头端(固定端)和小头端(自由端)的惯性矩。

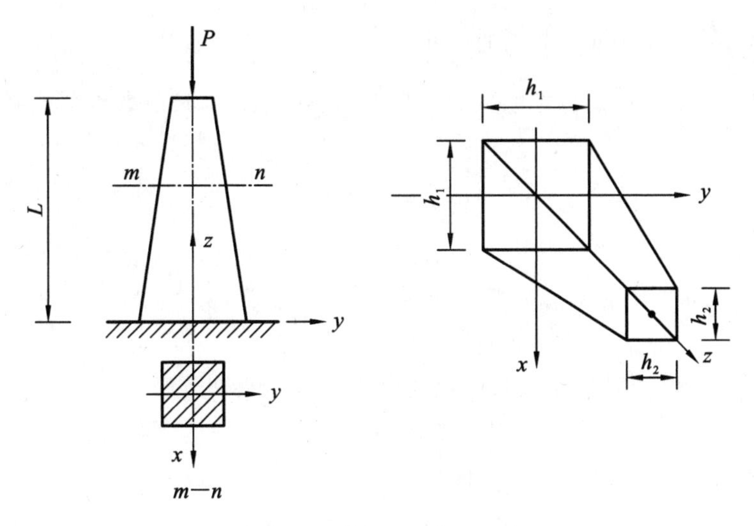

图 4.10 方形棱柱体悬臂柱

若令 $h_2=\chi h_1$,则两端边长与惯性矩的关系为

$$h_2=\chi h_1=\left(\frac{I_2}{I_1}\right)^{1/4}h_1 \tag{4.83}$$

即

$$\chi=\frac{h_2}{h_1}=\left(\frac{I_2}{I_1}\right)^{1/4} \tag{4.84}$$

可以证明,变截面 Euler 柱的总势能与等截面的相同,即

$$\Pi=\frac{1}{2}\int_0^L\left[EI\left(\frac{\mathrm{d}^2v}{\mathrm{d}z^2}\right)^2-P\left(\frac{\mathrm{d}v}{\mathrm{d}z}\right)^2\right]\mathrm{d}z \tag{4.85}$$

若位移函数取为

$$v(z)=A_1\left[1-\cos\left(\frac{\pi z}{2L}\right)\right]+A_3\left[1-\cos\left(\frac{3\pi z}{2L}\right)\right] \tag{4.86}$$

将上式代入总势能的表达式(4.85),并积分可得总势能(略)。

根据能量变分原理,可知屈曲的平衡条件为

$$\frac{\partial\Pi}{\partial A_1}=0,\quad \frac{\partial\Pi}{\partial A_3}=0 \tag{4.87}$$

从而有

$$\left.\begin{aligned}
&\frac{1}{160}\begin{pmatrix}120\,(-1+\chi)^3\,(1+\chi)-\\ 20\pi^2\,(-1+\chi-\chi^3+\chi^4\,)+\\ \pi^4\,(1+\chi+\chi^2+\chi^3+\chi^4\,)-20\pi^2\widetilde{P}\end{pmatrix}A_1-\left(\frac{9}{64}(-1+\chi)\begin{pmatrix}-3\,(-1+\chi)^2\,\cdot\\ (17+15\chi)+\\ 2\pi^2\,(5+3\chi^3\,)\end{pmatrix}\right)A_3=0\\
&-\left(\frac{9}{64}(-1+\chi)\begin{pmatrix}-3\,(-1+\chi)^2\,\cdot\\ (17+15\chi)+\\ 2\pi^2\,(5+3\chi^3\,)\end{pmatrix}\right)A_1+\left(\frac{3}{160}\begin{pmatrix}40\,(-1+\chi)^3\,(1+\chi)-\\ 60\pi^2\,(-1+\chi-\chi^3+\chi^4\,)+\\ 27\pi^4\,(1+\chi+\chi^2+\chi^3+\chi^4\,)-60\pi^2\widetilde{P}\end{pmatrix}\right)A_3=0
\end{aligned}\right\} \tag{4.88}$$

式中，$\widetilde{P}=P\Big/\left(\dfrac{EI_1}{L^2}\right)$，$I_1$ 为底端截面的惯性矩。

为了保证式(4.88)中的待定系数 A_1 和 A_3 不同时为零，其系数行列式必为零，从而得到屈曲方程为

$$a\widetilde{P}^2+b\widetilde{P}+c=0 \tag{4.89}$$

式中

$$a=36\pi^4,b=-6\pi^2\begin{pmatrix}40\left(-1+\chi\right)^3\left(1+\chi\right)-12\pi^2\left(-1+\chi-\chi^3+\chi^4\right)+\\3\pi^4\left(1+\chi+\chi^2+\chi^3+\chi^4\right)\end{pmatrix} \tag{4.90}$$

$$c=\frac{3}{400}\begin{pmatrix}-75\left(-1+\chi\right)^6\left(23153+40798\chi+17969\chi^2\right)+\\108\pi^8\left(1+\chi+\chi^2+\chi^3+\chi^4\right)^2+\\100\pi^2\left(-1+\chi\right)^4\left(6565+5755\chi+3811\chi^3+3325\chi^4\right)-\\20\pi^4\left(-1+\chi\right)^2\left(3791+656\chi+3570\chi^3-656\chi^5+319\chi^6\right)-\\2400\pi^6\left(-1-\chi^3+\chi^5+\chi^8\right)\end{pmatrix} \tag{4.91}$$

其解为

$$\widetilde{P}_{cr}=\frac{-b-\sqrt{b^2-4ac}}{2a} \tag{4.92}$$

临界荷载可以表达为

$$P_{cr}=\widetilde{P}_{cr}\frac{EI_1}{L^2} \tag{4.93}$$

式中，I_1 为固定(大头)端的惯性矩。

因为上述解答结果是依据两项三角级数得到的，故称其为“二阶近似解答”。

(2) 理论验证

表 4.2 还给出了本书的解式(4.92)与 Timoshenko(1961 年) Bessel 函数解的对比。从表中可以发现：在 $\frac{I_2}{I_1}\geqslant 0.7$ 时，两者的解相同；在 $0.7\geqslant\frac{I_2}{I_1}\geqslant 0.3$ 时，两者几乎一致；在 $\frac{I_2}{I_1}=0.2$ 和 0.1 时，误差分别为 0.3% 和 1.6%。因此，本书的二阶近似解析解的精度很高。

表 4.2　本书解与 Timoshenko 解的对比

$\frac{I_2}{I_1}$	0.1	0.2	0.3	0.4	0.5	0.6	0.7	0.8	0.9	1.0
$\widetilde{P}_{cr1}$	1.202	1.505	1.710	1.870	2.002	2.116	2.217	2.308	2.391	$\frac{\pi^2}{4}$
$\widetilde{P}_{cr2}$	1.221	1.510	1.712	1.871	2.003	2.117	2.218	2.308	2.391	$\frac{\pi^2}{4}$

注：$\widetilde{P}_{cr1}$——Timoshenko 的解；$\widetilde{P}_{cr2}$——本书的解。

对于图 4.11 所示的两端铰接的梭形变截面柱(圆锥体或者棱柱体)，上述分析方法依然适用，仅需将公式(4.93)中的 L 用 $L/2$ 代替即可。

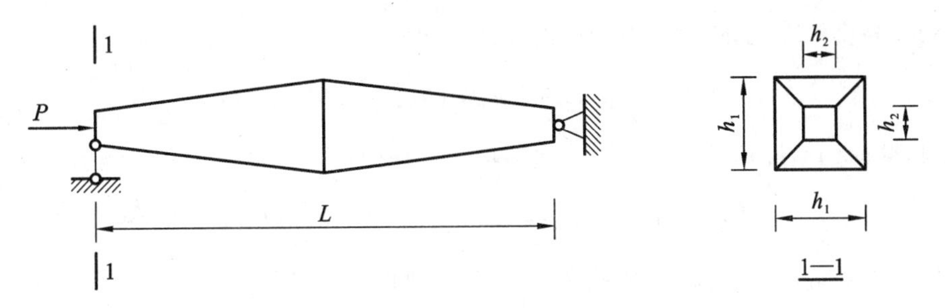

图 4.11 两端铰接的梭形棱柱体柱

【说明】

对于变截面柱的设计公式如何表述?通常有两个主要观点:一是以大头参数为基准,二是以小头参数为基准。Timoshenko、Bleich 和 Dinnik 等学者采用前者,而以 Galambos 为代表的美国学者、我国门刚规程和新版钢结构规范都采用了后者。本书也将采用后者表述的设计公式。实际上,在弹性屈曲范围内,两者可以相互转换。

值得关注的是,最近 R C Kaehler(2011 年)基于回归方法,提出了以距离小头 $0.5\,(I_{\text{small}}/I_{\text{large}})^{0.0732}$ 位置的惯性矩为基准的门刚柱设计方法。显然,这种方法不具通用性,且与前述两种方法不能直接互换。

4.4.2 高度线性变化矩形截面悬臂柱和梭形柱的屈曲问题

4.4.2.1 二阶近似解析解

(1) 能量变分解

以图 4.12 所示的线性变化矩形截面悬臂柱为研究对象。假设底端(大头)的边长(高度)和惯性矩分别为 h_1、I_1,顶端(小头)的边长(高度)和惯性矩分别为 h_2、I_2。

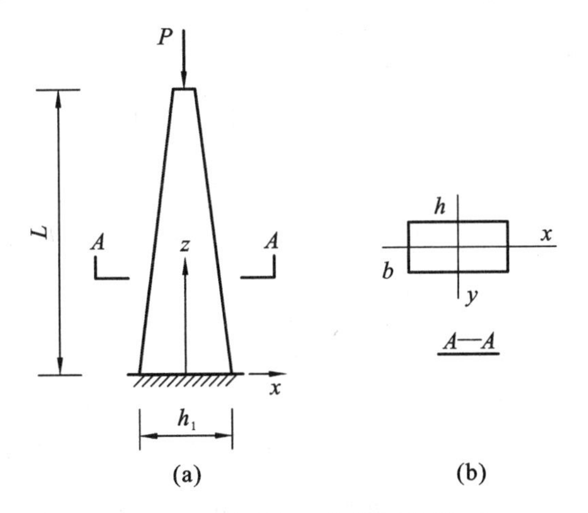

图 4.12 高度线性变化的矩形截面柱

在图示的坐标系下,任意截面的边长可以表示为

$$h(z)=h_1+\frac{z}{L}(h_2-h_1) \tag{4.94}$$

因为仅高度线性变化，故任意截面的惯性矩为

$$I(z)=\frac{1}{12}bh\,(z)^{3}=\frac{1}{12}b\left[h_{1}+\frac{z}{L}(h_{2}-h_{1})\right]^{3} \tag{4.95}$$

此时，截面的惯性矩为坐标 z 的 3 次多项式。据此可知

$$I_{1}=I(0)=\frac{1}{12}bh(0)^{3}=\frac{bh_{1}^{3}}{12},\quad I_{2}=I(L)=\frac{1}{12}bh\,(L)^{3}=\frac{bh_{2}^{3}}{12} \tag{4.96}$$

分别为大头端（固定端）和小头端（自由端）的惯性矩。

若令 $h_{2}=\chi h_{1}$，则两端边长与惯性矩的关系为

$$h_{2}=\chi h_{1}=\left(\frac{I_{2}}{I_{1}}\right)^{1/3}h_{1} \tag{4.97}$$

即

$$\chi=\frac{h_{2}}{h_{1}}=\left(\frac{I_{2}}{I_{1}}\right)^{1/3} \tag{4.98}$$

限于篇幅，这里仅给出悬臂柱[图 4.12(a)]的二阶近似解答。

仍选取位移函数为

$$v(z)=A_{1}\left[1-\cos\left(\frac{\pi z}{2L}\right)\right]+A_{3}\left[1-\cos\left(\frac{3\pi z}{2L}\right)\right] \tag{4.99}$$

仿照前面的方法，可得屈曲方程为

$$a\widetilde{P}^{2}+b\widetilde{P}+c=0 \tag{4.100}$$

式中

$$a=9\pi^{4},\quad b=-\frac{3}{8}\pi^{2}\left[80\,(-1+\chi)^{3}-36\pi^{2}(-1+\chi-\chi^{2}+\chi^{3})+15\pi^{4}(1+\chi+\chi^{2}+\chi^{3})\right] \tag{4.101}$$

$$c=\frac{3}{256}\begin{pmatrix}-61440\,(-1+\chi)^{6}-360\pi^{6}(-1+\chi^{2})(1+\chi^{2})^{2}+\\ 96\pi^{2}\,(-1+\chi)^{4}(385+223\chi^{2})+27\pi^{8}\,(1+\chi+\chi^{2}+\chi^{3})^{2}-\\ \pi^{4}\,(-1+\chi)^{2}(6955+6426\chi^{2}+443\chi^{4})\end{pmatrix} \tag{4.102}$$

其解为

$$\widetilde{P}_{cr}=\frac{-b-\sqrt{b^{2}-4ac}}{2a} \tag{4.103}$$

临界荷载可以表达为

$$P_{cr}=\widetilde{P}_{cr}\frac{EI_{1}}{L^{2}} \tag{4.104}$$

式中，I_{1} 为固定（大头）端的惯性矩。

(2) 理论验证

表 4.3 给出了本书的二阶近似解析解式(4.103)与 Dinnik (1929 年)的 Bessel 函数解的对比。从表中可以发现：在 $I_{2}/I_{1}\geqslant 0.4$ 范围内，两者的解较为接近。但在 $I_{2}/I_{1}<0.4$ 时，二阶近似解析解的精度稍差。为了进一步提高计算精度，可以采用如下的无穷级数解。

表 4.3 本书的无穷级数解与 Dinnik 的 Bessel 函数解的对比

$\frac{I_2}{I_1}$	0.003	0.01	0.1	0.2	0.4	0.6	0.8	0.9
$\tilde{P}_{cr1}$	0.4462	0.6374	1.2519	1.5340	1.8811	2.1205	2.3092	2.3913
$\tilde{P}_{cr2}$	0.6474	0.7688	1.2712	1.5395	1.8820	2.1208	2.3093	2.3914
$\tilde{P}_{cr\infty}$	0.4462 (28 项)	0.6374 (18 项)	1.2519 (8 项)	1.5340 (8 项)	1.8800 (6 项)	2.1205 (4 项)	2.3092 (3 项)	2.3913 (4 项)

注:1. $\tilde{P}_{cr1}$——Dinnik 的解;$\tilde{P}_{cr2}$——本书的二阶近似解析解;$\tilde{P}_{cr\infty}$——本书的无穷级数解。

2. 第 4 行括号内数字为到达 4 位小数精度所需要的三角函数项数。

4.4.2.2 无穷级数解——数值解

(1) 能量变分解

首先将惯性矩改写为

$$I(z)=I_1\left[1+\frac{z}{L}(\chi-1)\right]^3 \tag{4.105}$$

式中,$I_1=\frac{1}{12}bh_1^3$ 为大头端的惯性矩;$\chi=\frac{h_2}{h_1}$。

选取位移函数为无穷级数,即

$$v(z)=\sum_{m=1}^{\infty}A_m\left[1-\cos\frac{(2m-1)\pi z}{2L}\right] \tag{4.106}$$

将其代入如下的总势能方程

$$\Pi=\frac{1}{2}\int_0^L\left[EI\left(\frac{\mathrm{d}^2v}{\mathrm{d}z^2}\right)^2-P\left(\frac{\mathrm{d}v}{\mathrm{d}z}\right)^2\right]\mathrm{d}z \tag{4.107}$$

引入了无量纲屈曲荷载

$$\tilde{P}=P\Big/\left(\frac{EI_1}{L^2}\right) \tag{4.108}$$

根据屈曲的平衡条件

$$\frac{\partial\Pi}{\partial A_m}=0 \tag{4.109}$$

可得到如下的屈曲控制方程

$$\boldsymbol{K}_0\boldsymbol{U}=\lambda\boldsymbol{K}_G\boldsymbol{U} \tag{4.110}$$

式中,$\boldsymbol{U}=[A_1\quad A_2\quad A_3\quad\cdots\cdots\quad A_N]^{\mathrm{T}}$ 为待定系数(广义坐标)组成的屈曲模态;$\lambda=\tilde{P}$ 为所求的无量纲屈曲荷载;$\boldsymbol{K}_0$ 为悬臂柱的线性刚度矩阵,其对角线和非对角线的元素分别为

$${}^0k_{m,m}=\frac{1}{128}\begin{bmatrix}48(-1+\chi)^3-12(1-2m)^2\pi^2(-1+\chi-\chi^2+\chi^3)+\\(1-2m)^4\pi^4(1+\chi+\chi^2+\chi^3)\end{bmatrix}\quad(m=1,2,\cdots,N) \tag{4.111}$$

$$
{}^{0}k_{m,n}=\frac{3}{32}(1-2m)^{2}(1-2n)^{2}\times
\left\{\begin{aligned}
&-\frac{2}{(m-n)^{4}}-\frac{2}{(-1+m+n)^{4}}+\frac{\pi^{2}}{(m-n)^{2}}+\frac{\pi^{2}}{(-1+m+n)^{2}}+\frac{6\chi}{(m-n)^{4}}+\\
&\frac{6\chi}{(-1+m+n)^{4}}-\frac{\pi^{2}\chi}{(m-n)^{2}}-\frac{\pi^{2}\chi}{(-1+m+n)^{2}}-\frac{6\chi^{2}}{(m-n)^{4}}-\frac{6\chi^{2}}{(-1+m+n)^{4}}+\\
&\frac{2\chi^{3}}{(m-n)^{4}}+\frac{2\chi^{3}}{(-1+m+n)^{4}}+\frac{\pi^{2}\cos[(m-n)\pi]}{(m-n)^{2}}+\\
&\frac{[2-(m-n)^{2}\pi^{2}]\cos[(m-n)\pi]}{(m-n)^{4}}-\frac{3\pi^{2}\chi\cos[(m-n)\pi]}{(m-n)^{2}}-\\
&\frac{3[2-(m-n)^{2}\pi^{2}]\chi\cos[(m-n)\pi]}{(m-n)^{4}}+\frac{2\pi^{2}\chi^{2}\cos[(m-n)\pi]}{(m-n)^{2}}+\\
&\frac{3[2-(m-n)^{2}\pi^{2}]\chi^{2}\cos[(m-n)\pi]}{(m-n)^{4}}-\frac{[2-(m-n)^{2}\pi^{2}]\chi^{3}\cos[(m-n)\pi]}{(m-n)^{4}}+\\
&\frac{\pi^{2}\cos[(-1+m+n)\pi]}{(-1+m+n)^{2}}-\frac{[-2+(-1+m+n)^{2}\pi^{2}]\cos[(-1+m+n)\pi]}{(-1+m+n)^{4}}-\\
&\frac{3\pi^{2}\chi\cos[(-1+m+n)\pi]}{(-1+m+n)^{2}}+\frac{3[-2+(-1+m+n)^{2}\pi^{2}]\chi\cos[(-1+m+n)\pi]}{(-1+m+n)^{4}}+\\
&\frac{2\pi^{2}\chi^{2}\cos[(-1+m+n)\pi]}{(-1+m+n)^{2}}-\frac{3[-2+(-1+m+n)^{2}\pi^{2}]\chi^{2}\cos[(-1+m+n)\pi]}{(-1+m+n)^{4}}+\\
&\frac{[-2+(-1+m+n)^{2}\pi^{2}]\chi^{3}\cos[(-1+m+n)\pi]}{(-1+m+n)^{4}}
\end{aligned}\right\}
\begin{pmatrix} n\neq m \\ m=1,2,\cdots,N \\ n=1,2,\cdots,N \end{pmatrix}
\tag{4.112}
$$

$\boldsymbol{K}_G$ 为悬臂柱的几何刚度矩阵，其对角线和非对角线的元素分别为

$$
\left.\begin{aligned}
{}^{G}k_{m,m}&=\frac{1}{8}(1-2m)^{2}\pi^{2} \quad (m=1,2,\cdots,N)\\
{}^{G}k_{m,n}&=0 \quad \begin{pmatrix} n\neq m \\ m=1,2,\cdots,N \\ n=1,2,\cdots,N \end{pmatrix}
\end{aligned}\right\}
\tag{4.113}
$$

从数学角度看，此问题最终可归结为求解式(4.110)所表达的广义特征值问题，其中最小特征值 $\lambda=\tilde{q}$ 和特征向量 $\boldsymbol{U}$ 分别为所求的无量纲临界荷载和屈曲模态。

理论上任何求解广义特征值问题的方法都适用于此类问题，因为与大型有限元分析程序不同，这里涉及的自由度数并不多，利用 Matlab 的 eig(A,B)可以完成上述任务。

Matlab 程序的计算结果如表 4.3 的第 4 行所示。从表中可见，随着楔率 γ 的增加，即随着$\frac{I_2}{I_1}$的减小，使临界荷载到达 4 位小数精度所需要的三角函数项数呈现不断增加的趋势；在楔率 $\gamma=6$，即$\frac{I_2}{I_1}=0.003$ 时，至少需要 28 项三角级数的组合才可获得 4 位小数精度。实践证明：通过增加三角函数的项数，本书提出的无穷级数解可以达到任意所需的精度，因而是一种精确解。

对于图 4.13 所示的两端铰接的梭形变截面柱(矩形截面),上述分析方法依然适用,仅需将相应公式中的 L 用 $L/2$ 代替即可。

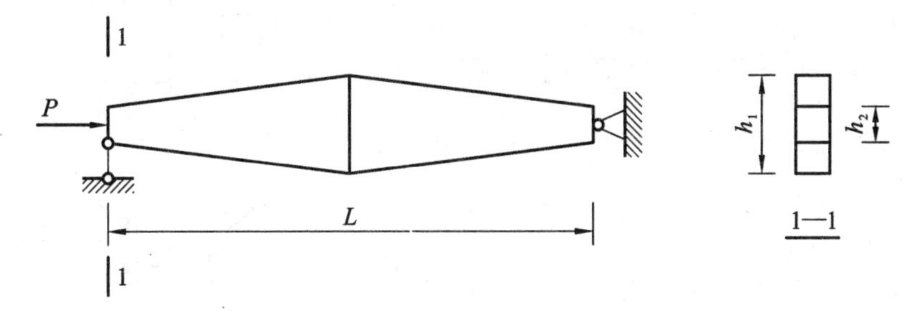

图 4.13 两端铰接的梭形矩形截面柱

4.5 线性变截面薄壁悬臂柱的无穷级数解:精确解

从数学角度看,若用第 3 章的方法来变换坐标系,则前述的两种变截面柱的截面惯性矩都可用单独一项幂级数来表述,因而利用 Bessel 方程可获得问题的精确解析解。从本节开始,将讨论一些惯性矩无法用一项幂级数来表述的情况,比如钢管变截面柱和工字形变截面柱。这些问题至今尚未见精确的解析解发表。此时只能借助近似数值(解析)方法,比如有限元或者能量变分法来分别获取其数值解或近似解析解。

4.5.1 线性变截面惯性矩的近似与精确表达式

实际工程中遇到的线性变截面柱是多种多样的,F W Williams(1986 年)曾建议按图 4.14 的方式将其分为两类,并近似按下式计算截面特性

$$\text{面积}\ A(z)=A_g\left(1+c\,\frac{z}{L}\right)^l \tag{4.114}$$

$$\text{惯性矩}\ I(z)=I_g\left(1+c\,\frac{z}{L}\right)^{n+2} \tag{4.115}$$

当然,工程中还有很多的近似处理方法。赵毅强(1990 年)提出线性变截面薄壁构件截面特性,可以表示为图 4.15 所示的非整数多项式形式,其中

$$m=\frac{\ln(A_A/A_B)}{\ln(h_A/h_B)},\quad n=\frac{\ln(I_A/I_B)}{\ln(h_A/h_B)} \tag{4.116}$$

谢用九教授(1998 年)在研究薄壁桥墩屈曲问题时,将薄壁箱形截面的惯性矩假设为三次函数形式

$$I(z)=I_2\left[1+\alpha_1\left(\frac{z}{L}\right)\right]^3 \tag{4.117}$$

式中,$\alpha_1=(I_1/I_2)^{1/3}-1$。$I_1$、$I_2$ 分别为大头和小头端的惯性矩。

童根树教授(2000 年)将工字形截面的惯性矩假设为二次函数

$$I(z)=I_0\left[1+D_1\left(\frac{z}{L}\right)+D_2\left(\frac{z}{L}\right)^2\right] \tag{4.118}$$

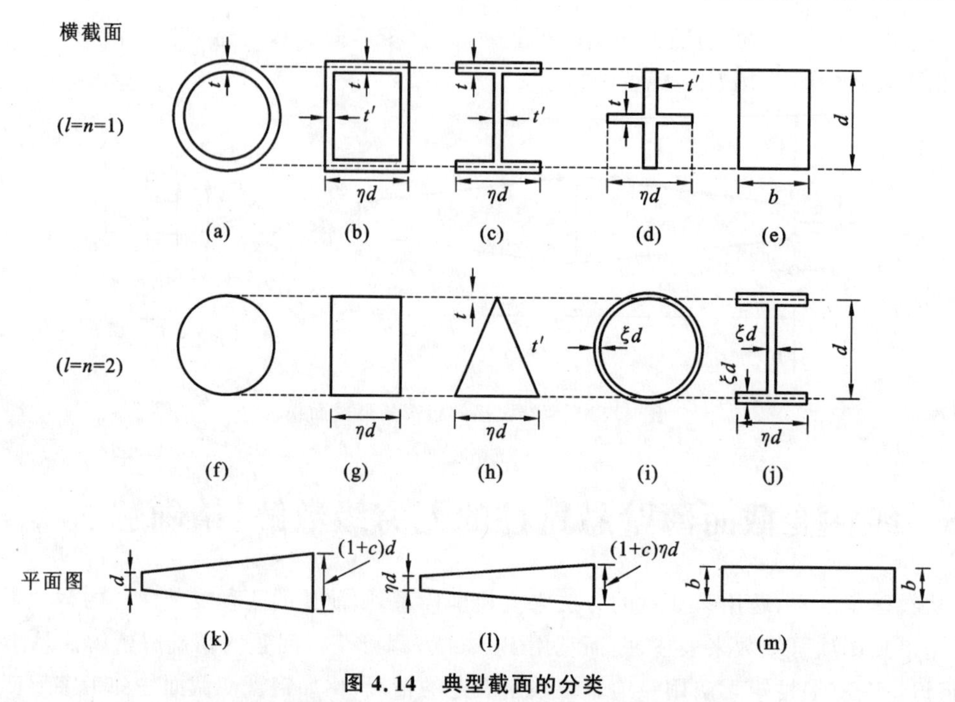

图 4.14 典型截面的分类

注:图中(k)为图中(a)、(f)、(i)的平面图;图中(l)为图中(b)、(c)、(d)、(g)、(h)、(j)的平面图;图中(m)为图中(e)的平面图

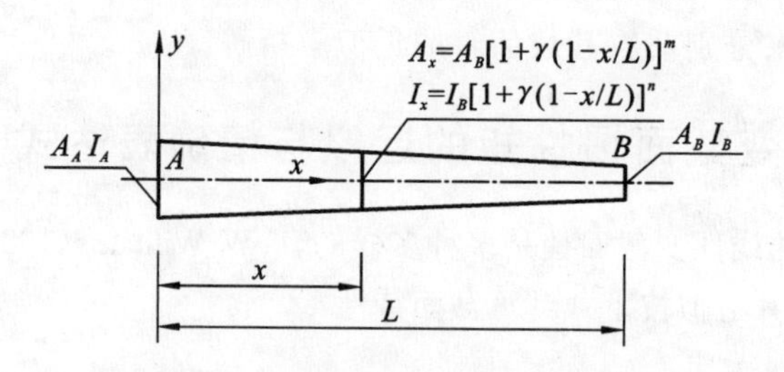

图 4.15 线性变截面柱的截面特性

式中

$$\left.\begin{aligned}D_1&=(4I_m-I_1-3I_0)/I_0\\D_2&=2(I_0+I_1-2I_m)/I_0\end{aligned}\right\}\tag{4.119}$$

从学术角度看,上述的各种简化处理方法并无太大实用价值,因为这些办法并不会极大地简化相应的数学或力学分析。作者认为,对于工程中常用的线性变截面薄壁构件,比如图 4.14中的(a)~(d)、(i)、(j),其截面惯性矩可统一用 3 次多项式精确地表达,即

$$EI(z)=EI_*(C_1\eta^3+C_2\eta^2+C_3\eta+C_4)\tag{4.120}$$

其中,I_* 为大头端或小头端的截面惯性矩;$\eta(z)$ 为构件的特征尺寸沿着轴线的线性函数;C_1、C_2、C_3、C_4 为截面常数,随截面形状而变化。

以方管截面为例,其惯性矩可表示为

$$EI(z)=EI_2\frac{8\eta^3-24\eta^2\left(\dfrac{1}{\chi_0}\right)+32\eta\left(\dfrac{1}{\chi_0}\right)^2-16\left(\dfrac{1}{\chi_0}\right)^3}{8\chi^3-24\chi^2\left(\dfrac{1}{\chi_0}\right)+32\chi\left(\dfrac{1}{\chi_0}\right)^2-16\left(\dfrac{1}{\chi_0}\right)^3}\tag{4.121}$$

式中,I_2 为小头端的方管截面惯性矩,其余符号意义详见式(4.139)的推导。

引入符号

$$\Theta=8\chi^3-24\chi^2\left(\frac{1}{\chi_0}\right)+32\chi\left(\frac{1}{\chi_0}\right)^2-16\left(\frac{1}{\chi_0}\right)^3 \tag{4.122}$$

据此可以确定

$$C_1=8/\Theta,\quad C_2=\left(\frac{-24}{\chi_0}\right)/\Theta,\quad C_3=32\left(\frac{1}{\chi_0}\right)^2/\Theta,\quad C_4=-16\left(\frac{1}{\chi_0}\right)^3/\Theta \tag{4.123}$$

4.5.2 无穷级数解:精确解

(1) 能量变分解

选取位移函数为无穷级数,即

$$v(z)=\sum_{m=1}^{\infty}A_m\left[1-\cos\frac{(2m-1)\pi z}{2L}\right] \tag{4.124}$$

将其代入如下的总势能方程

$$\Pi=\frac{1}{2}\int_0^L\left[EI\cdot\left(\frac{\mathrm{d}^2v}{\mathrm{d}z^2}\right)^2-P\left(\frac{\mathrm{d}v}{\mathrm{d}z}\right)^2\right]\mathrm{d}z \tag{4.125}$$

引入了无量纲屈曲荷载

$$\widetilde{P}=P/\left(\frac{EI_2}{L^2}\right) \tag{4.126}$$

根据屈曲的平衡条件

$$\frac{\partial\Pi}{\partial A_m}=0 \tag{4.127}$$

可得到如下的无量纲屈曲控制方程

$$\boldsymbol{K}_0\boldsymbol{U}=\lambda\boldsymbol{K}_G\boldsymbol{U} \tag{4.128}$$

式中,$\boldsymbol{U}=[A_1\quad A_2\quad A_3\quad \cdots\cdots\quad A_N]^{\mathrm{T}}$ 为待定系数(广义坐标)组成的屈曲模态;$\lambda=\widetilde{P}$ 为所求的无量纲屈曲荷载;$\boldsymbol{K}_0$ 为悬臂柱的无量纲线性刚度矩阵,其对角线和非对角线的元素分别为

$$ {}^0k_{m,m}=\frac{1}{384}\left(\begin{array}{l}3\left[\begin{array}{l}48\,(-1+\chi)^3-12\,(1-2m)^2\pi^2(-1+\chi-\chi^2+\chi^3)+\\(1-2m)^4\pi^4(1+\chi+\chi^2+\chi^3)\end{array}\right]C_1-\\2\,(\pi-2m\pi)^2\left(\begin{array}{l}2\left[\begin{array}{l}-6+6\chi+6(-1+\chi)\chi-\\(1-2m)^2\pi^2(1+\chi+\chi^2)\end{array}\right]C_2-\\3\left(\begin{array}{l}[4-4\chi+(1-2m)^2\pi^2(1+\chi)]C_3+\\2\,(1-2m)^2\pi^2C_4\end{array}\right)\end{array}\right)\end{array}\right)\quad(m=1,2,\cdots,N) \tag{4.129}$$

$$
{}^{0}k_{m,n}=\frac{1}{32}(1-2m)^2(1-2n)^2\times
$$

$$
\left\{\begin{array}{l}
-\frac{6C_1}{(m-n)^4}-\frac{6C_1}{(-1+m+n)^4}+\frac{3\pi^2C_1}{(m-n)^2}+\frac{3\pi^2C_1}{(-1+m+n)^2}+\frac{18\chi C_1}{(m-n)^4}+\\
\frac{18\chi C_1}{(-1+m+n)^4}-\frac{3\pi^2\chi C_1}{(m-n)^2}-\frac{3\pi^2\chi C_1}{(-1+m+n)^2}-\frac{18\chi^2C_1}{(m-n)^4}-\\
\frac{18\chi^2C_1}{(-1+m+n)^4}+\frac{6\chi^3C_1}{(m-n)^4}+\frac{6\chi^3C_1}{(-1+m+n)^4}+\\
\frac{3\pi^2\cos[(m-n)\pi]C_1}{(m-n)^2}+\frac{3[2-(m-n)^2\pi^2]\cos[(m-n)\pi]C_1}{(m-n)^4}-\\
\frac{9\pi^2\chi\cos[(m-n)\pi]C_1}{(m-n)^2}-\frac{9[2-(m-n)^2\pi^2]\chi\cos[(m-n)\pi]C_1}{(m-n)^4}+\\
\frac{6\pi^2\chi^2\cos[(m-n)\pi]C_1}{(m-n)^2}+\frac{9[2-(m-n)^2\pi^2]\chi^2\cos[(m-n)\pi]C_1}{(m-n)^4}-\\
\frac{3[2-(m-n)^2\pi^2]\chi^3\cos[(m-n)\pi]C_1}{(m-n)^4}+\frac{3\pi^2\cos[(-1+m+n)\pi]C_1}{(-1+m+n)^2}-\\
\frac{3[-2+(-1+m+n)^2\pi^2]\cos[(-1+m+n)\pi]C_1}{(-1+m+n)^4}-\\
\frac{9\pi^2\chi\cos[(-1+m+n)\pi]C_1}{(-1+m+n)^2}+\\
\frac{9[-2+(-1+m+n)^2\pi^2]\chi\cos[(-1+m+n)\pi]C_1}{(-1+m+n)^4}+\\
\frac{6\pi^2\chi^2\cos[(-1+m+n)\pi]C_1}{(-1+m+n)^2}-\\
\frac{9[-2+(-1+m+n)^2\pi^2]\chi^2\cos[(-1+m+n)\pi]C_1}{(-1+m+n)^4}+\\
\frac{3[-2+(-1+m+n)^2\pi^2]\chi^3\cos[(-1+m+n)\pi]C_1}{(-1+m+n)^4}+\frac{2\pi^2C_2}{(m-n)^2}+\\
\frac{2\pi^2C_2}{(-1+m+n)^2}-\frac{2\pi^2\chi C_2}{(m-n)^2}-\frac{2\pi^2\chi C_2}{(-1+m+n)^2}-\frac{2\pi^2\chi\cos[(m-n)\pi]C_2}{(m-n)^2}+\\
\frac{2\pi^2\chi^2\cos[(m-n)\pi]C_2}{(m-n)^2}-\frac{2\pi^2\chi\cos[(-1+m+n)\pi]C_2}{(-1+m+n)^2}+\\
\frac{2\pi^2\chi^2\cos[(-1+m+n)\pi]C_2}{(-1+m+n)^2}+\frac{\pi^2C_3}{(m-n)^2}+\frac{\pi^2C_3}{(-1+m+n)^2}-\\
\frac{\pi^2\chi C_3}{(m-n)^2}-\frac{\pi^2\chi C_3}{(-1+m+n)^2}-\frac{\pi^2\cos[(m-n)\pi]C_3}{(m-n)^2}+\\
\frac{\pi^2\chi\cos[(m-n)\pi]C_3}{(m-n)^2}-\frac{\pi^2\cos[(-1+m+n)\pi]C_3}{(-1+m+n)^2}+\\
\frac{\pi^2\chi\cos[(-1+m+n)\pi]C_3}{(-1+m+n)^2}
\end{array}\right\}
\left(\begin{array}{l}
n\neq m\\
m=1,2,\cdots,N\\
n=1,2,\cdots,N
\end{array}\right)
\tag{4.130}
$$

$\boldsymbol{K}_G$ 为悬臂柱的无量纲几何刚度矩阵，其对角线和非对角线的元素分别为

$$\left.\begin{aligned} {}^G k_{m,m} &= \frac{1}{8}(1-2m)^2\pi^2 \quad (m=1,2,\cdots,N) \\ {}^G k_{m,n} &= 0 \quad \begin{pmatrix} n\neq m \\ m=1,2,\cdots,N \\ n=1,2,\cdots,N \end{pmatrix} \end{aligned}\right\} \tag{4.131}$$

从数学角度看，此问题最终可归结为求解式(4.128)所表达的广义特征值问题。其中最小特征值 $\lambda=\tilde{q}$ 和特征向量 $\boldsymbol{U}$ 分别为所求的无量纲临界荷载和屈曲模态。

(2) 理论验证

上节的矩形变截面构件仅是本节公式的一个特例。可以证明：若令式(4.128)中的系数 $C_1=1, C_2=C_3=C_4=0$，则上述解与式(4.110)完全相同。另外，利用 Matlab 的 eig(A,B) 还可以方便地证明，两者的无量纲临界荷载也完全相同。因此，可证明本书的上述推导和公式是正确的。

4.6　薄壁管状变截面悬臂柱和梭形柱屈曲问题

方管和圆管为工程中常用的变截面薄壁管(图 4.16)。根据材料力学，方管截面惯性矩的精确表达式为

$$I=\frac{1}{12}h^4-\frac{1}{12}(h-2t)^4=\frac{1}{12}(8h^3t-24h^2t^2+32ht^3-16t^4) \tag{4.132}$$

式中，t 为方管壁厚，$h(z)$ 为方管的外边长，为纵向坐标的函数。

圆管截面惯性矩的精确表达式为

$$I=\frac{\pi}{64}D^4-\frac{\pi}{64}(D-2t)^4=\frac{\pi}{64}(8D^3t-24D^2t^2+32Dt^3-16t^4) \tag{4.133}$$

式中，t 为圆管壁厚，$D(z)$ 为圆管的外直径，为纵向坐标的函数。

可见，圆管和方管的惯性矩形式相同，仅截面常数有区别而已。因此不失一般性，下面的叙述以图 4.16(b)所示的变截面薄壁方管截面悬臂柱为研究对象。

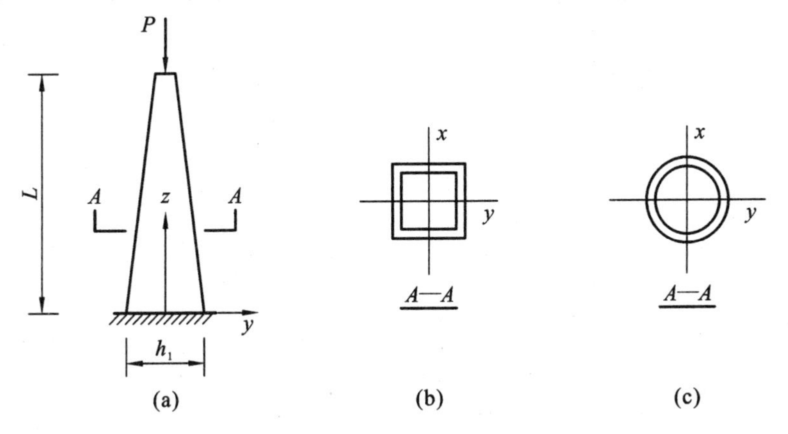

图 4.16　变截面薄壁管悬臂柱

4.6.1 二阶近似解析解

假设其底端(大头)固定,顶端(小头)自由,顶部作用有轴向荷载;底端的外边长和惯性矩分别为 h_1、I_1,顶端的外边长和惯性矩分别为 h_2、I_2;方管壁厚不变,均为 t。

在图 4.16 所示的坐标系下,方管的外边长 $h(z)$ 可表示为

$$h(z)=h_1\eta(z) \tag{4.134}$$

其中

$$\eta(z)=\frac{L-z}{L}\cdot(1-\chi)+\chi \tag{4.135}$$

式中,$\chi=h_2/h_1$ 为小头和大头端截面的方管外边长之比。

将式(4.134)代入式(4.132),可得

$$\begin{aligned}I(z)&=\frac{1}{12}[8(h_1\eta)^3t-24(h_1\eta)^2t^2+32(h_1\eta)t^3-16t^4]\\&=\frac{1}{12}h_1^3t\left[8\eta^3-24\eta^2\left(\frac{1}{\chi_0}\right)+32\eta\left(\frac{1}{\chi_0}\right)^2-16\left(\frac{1}{\chi_0}\right)^3\right]\end{aligned} \tag{4.136}$$

其中,$\chi_0=\dfrac{h_1}{t}$。

据此可得,大头端和小头端的惯性矩分别为

$$I_1=I(0)=\frac{1}{12}h_1^3t\left[8-24\left(\frac{1}{\chi_0}\right)+32\left(\frac{1}{\chi_0}\right)^2-16\left(\frac{1}{\chi_0}\right)^3\right] \tag{4.137}$$

$$I_2=I(L)=\frac{1}{12}h_1^3t\left[8\chi^3-24\chi^2\left(\frac{1}{\chi_0}\right)+32\chi\left(\frac{1}{\chi_0}\right)^2-16\left(\frac{1}{\chi_0}\right)^3\right] \tag{4.138}$$

根据式(4.138),抗弯刚度的表达式可写为

$$EI(z)\approx EI_2\,\frac{8\eta^3-24\eta^2\left(\frac{1}{\chi_0}\right)+32\eta\left(\frac{1}{\chi_0}\right)^2-16\left(\frac{1}{\chi_0}\right)^3}{8\chi^3-24\chi^2\left(\frac{1}{\chi_0}\right)+32\chi\left(\frac{1}{\chi_0}\right)^2-16\left(\frac{1}{\chi_0}\right)^3} \tag{4.139}$$

其中,I_2 为小头端的惯性矩,按式(4.138)计算。

变截面 Euler 柱的总势能为

$$\Pi=\frac{1}{2}\int_0^L\left[EI\left(\frac{\mathrm{d}^2v}{\mathrm{d}z^2}\right)^2-P\left(\frac{\mathrm{d}v}{\mathrm{d}z}\right)^2\right]\mathrm{d}z \tag{4.140}$$

若位移函数取为

$$v(z)=A_1\left[1-\cos\left(\frac{\pi z}{2L}\right)\right]+A_3\left[1-\cos\left(\frac{3\pi z}{2L}\right)\right] \tag{4.141}$$

将上式代入总势能的表达式(4.140),并积分可得总势能(略)。

根据能量变分原理,可知屈曲的平衡条件为

$$\begin{pmatrix}\dfrac{\partial\Pi}{\partial A_1}\\[2mm]\dfrac{\partial\Pi}{\partial A_3}\end{pmatrix}=\begin{pmatrix}a_{11}&a_{12}\\a_{21}&a_{22}\end{pmatrix}\begin{pmatrix}A_1\\A_3\end{pmatrix}=\begin{pmatrix}0\\0\end{pmatrix} \tag{4.142}$$

式中，

$$a_{11}=\frac{1}{16}\begin{pmatrix}-8\pi^4+8\pi^2[4-4\chi+\pi^2(1+\chi)]\chi_0-4\pi^2[6-6\chi^2+\pi^2(1+\chi+\chi^2)]\chi_0^2+\\ [48(-1+\chi)^3-12\pi^2(-1+\chi-\chi^2+\chi^3)+\pi^4(1+\chi+\chi^2+\chi^3)]\chi_0^3-\\ 16\pi^2\widetilde{P}(-2+4\chi\chi_0-3\chi^2\chi_0^2+\chi^3\chi_0^3)\end{pmatrix}\tag{4.143}$$

$$a_{12}=a_{21}=-\frac{9}{16}(-1+\chi)\chi_0\{32\pi^2-6\pi^2(5+3\chi)\chi_0+3[-16(-1+\chi)^2+\pi^2(5+3\chi^2)]\chi_0^2\}\tag{4.144}$$

$$a_{22}=\frac{3}{16}\begin{pmatrix}-216\pi^4+24\pi^2[4-4\chi+9\pi^2(1+\chi)]\chi_0-36\pi^2[2-2\chi^2+3\pi^2(1+\chi+\chi^2)]\chi_0^2+\\ [16(-1+\chi)^3-36\pi^2(-1+\chi-\chi^2+\chi^3)+27\pi^4(1+\chi+\chi^2+\chi^3)]\chi_0^3-\\ 48\pi^2\widetilde{P}(-2+4\chi\chi_0-3\chi^2\chi_0^2+\chi^3\chi_0^3)\end{pmatrix}\tag{4.145}$$

其中，$\widetilde{P}=P\Big/\left(\dfrac{EI_2}{L^2}\right)$。

为了保证式(4.142)中的待定系数 A_1 和 A_3 不同时为零，其系数行列式必为零，从而得到屈曲方程为

$$a\widetilde{P}^2+b\widetilde{P}+c=0\tag{4.146}$$

式中，系数 a、b、c 的表达式为

$$a=2304\pi^4\chi_0^4(-2+4\chi\chi_0-3\chi^2\chi_0^2+\chi^3\chi_0^3)^2\tag{4.147}$$

$$b=-96\pi^2\chi_0^4(-2+4\chi\chi_0-3\chi^2\chi_0^2+\chi^3\chi_0^3)\times\begin{pmatrix}-120\pi^4+24\pi^2[4-4\chi+5\pi^2(1+\chi)]\chi_0-12\pi^2[6-6\chi^2+5\pi^2(1+\chi+\chi^2)]\chi_0^2+\\ [80(-1+\chi)^3-36\pi^2(-1+\chi-\chi^2+\chi^3)+15\pi^4(1+\chi+\chi^2+\chi^3)]\chi_0^3\end{pmatrix}\tag{4.148}$$

$$c=3\chi_0^4\begin{pmatrix}1728\pi^8-384\pi^6[-20(-1+\chi)+9\pi^2(1+\chi)]\chi_0+\\ 192\pi^4[-128(-1+\chi)^2-70\pi^2(-1+\chi^2)+9\pi^4(2+3\chi+2\chi^2)]\chi_0^2-\\ 16\pi^4\begin{pmatrix}-8(-1+\chi)^2(451+125\chi)+27\pi^4(5+9\chi+9\chi^2+5\chi^3)-\\ 60\pi^2(-13-3\chi+3\chi^2+13\chi^3)\end{pmatrix}\chi_0^3+\\ 4\pi^2[19456(-1+\chi)^4-\pi^2(-1+\chi)^2(14171+6426\chi+2443\chi^2)+\\ 108\pi^6(2+4\chi+5\chi^2+4\chi^3+2\chi^4)-240\pi^4(-7-3\chi+3\chi^3+7\chi^4)]\chi_0^4-\\ 4\pi^2[48(-1+\chi)^4(385+223\chi)-\pi^2(-1+\chi)^2(6955+3213\chi+3213\chi^2+443\chi^3)+\\ 54\pi^6(1+2\chi+3\chi^2+3\chi^3+2\chi^4+\chi^5)-180\pi^4(-3-\chi-2\chi^2+2\chi^3+\chi^4+3\chi^5)]\chi_0^5+\\ [-61440(-1+\chi)^6-360\pi^6(-1+\chi^2)(1+\chi^2)^2+96\pi^2(-1+\chi)^4(385+223\chi^2)\\ +27\pi^8(1+\chi+\chi^2+\chi^3)^2-\pi^4(-1+\chi)^2(6955+6426\chi^2+443\chi^4)]\chi_0^6\end{pmatrix}\tag{4.149}$$

其解为

$$\widetilde{P}_{cr}^{二阶}=\frac{-b-\sqrt{b^2-4ac}}{2a} \tag{4.150}$$

临界荷载可以表达为

$$P_{cr}=\widetilde{P}_{cr}^{二阶}\frac{EI_2}{L^2} \tag{4.151}$$

从上述公式可以看到，$\widetilde{P}_{cr}^{二阶}$ 仅与两个无量纲参数 χ、χ_0 有关。它们之间的关系如图 4.17 所示。可以看到，$\chi_0=h_1/t$ 的影响是局部的，即仅在 χ 比较小时影响会大些。

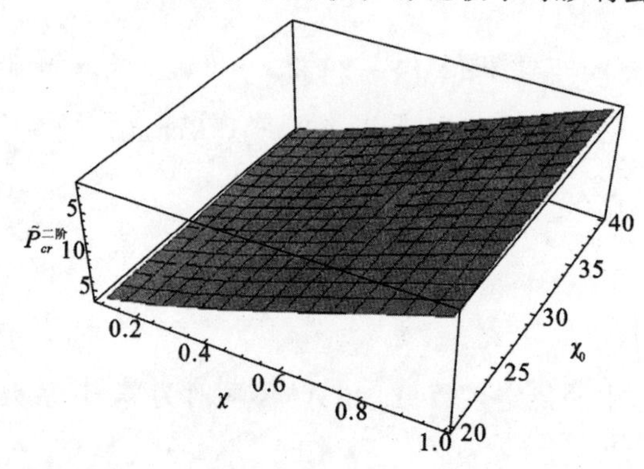

图 4.17　$\widetilde{P}_{cr}^{二阶}$ 与无量纲参数 χ、χ_0 的关系

4.6.2　规范公式

对于图 4.18 所示两端铰接的梭形管状截面柱，新修订的《钢结构设计标准》给出了其换算长细比计算公式为

$$\lambda_h=\frac{l_o/i_2}{(1+\gamma)^{3/4}} \tag{4.152}$$

式中，l_o 为构件计算长度，$l_o=\frac{l}{2}[1+(1+0.8530\gamma)^{-1}]$；$l$ 为两端铰接柱的几何长度；i_2 为小头端的回转半径。

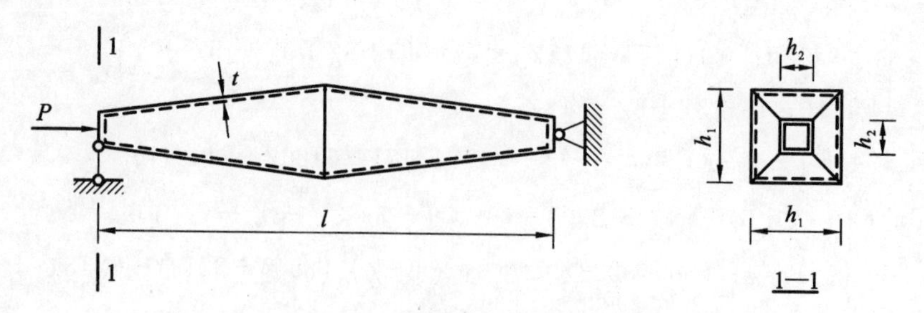

图 4.18　两端铰接的梭形方管柱

根据格构柱的计算方法，可得梭形管状截面柱的临界荷载表达式为

$$P_{cr}=\frac{\pi^2EA_2}{\lambda_h^2} \tag{4.153}$$

式中,A_2 为小头端的截面面积。

将式(4.152)代入上式,可得

$$P_{cr}=\pi^2 EA_2\left[\frac{l_o/i_2}{(1+\gamma)^{3/4}}\right]^{-2}=\frac{\pi^2 EA_2 i_2^2}{\left\{\frac{l}{2}[1+(1+0.8530\gamma)^{-1}]\right\}^2}(1+\gamma)^{3/2} \tag{4.154}$$

或者简写为

$$P_{cr}=\widetilde{P}_{cr}^{规范1}\frac{EI_2}{l^2} \tag{4.155}$$

$$\widetilde{P}_{cr}^{规范1}=\frac{\pi^2}{\left\{\frac{1}{2}[1+(1+0.8530\gamma)^{-1}]\right\}^2}(1+\gamma)^{3/2} \tag{4.156}$$

式中,l 为两端铰接柱的几何长度;I_2 为小头端截面的惯性矩。

对于图 4.16 所示的管状变截面悬臂柱,依据式(4.155),可将其屈曲荷载表示为

$$P_{cr}=\widetilde{P}_{cr}^{规范2}\frac{EI_2}{L^2} \tag{4.157}$$

$$\widetilde{P}_{cr}^{规范2}=\frac{\pi^2}{[1+(1+0.8530\gamma)^{-1}]^2}(1+\gamma)^{3/2} \tag{4.158}$$

式中,L 为悬臂柱的几何长度;I_2 为小头端截面的惯性矩。

4.6.3 存在的问题与设计建议

(1) 有限元验证

为了验证前述的二阶近似解析解和规范公式的适用范围,这里选用 ANSYS 软件中的 Beam44 来模拟线性变截面方钢管悬臂柱。图 4.19 为 ANSYS 有限元模型和屈曲模态图。

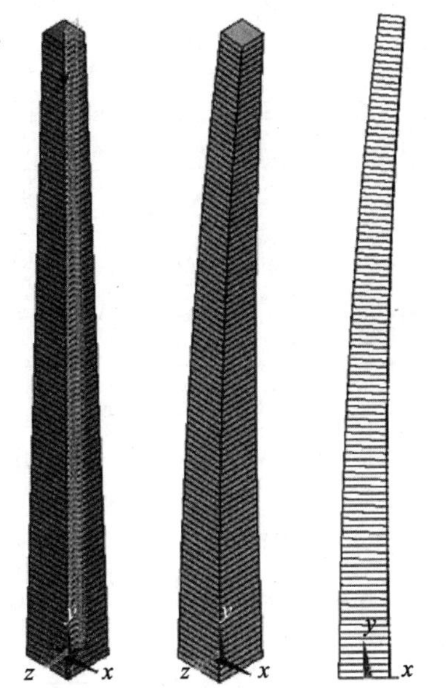

图 4.19 ANSYS 有限元模型与屈曲模态图

图 4.20 为二阶近似解析解、规范公式解和 FEM 解的对比。从图中可以看出,在 $h_2/h_1\geqslant 0.4$ 范围内,三者的解基本一致。但在 $h_2/h_1<0.4$ 范围内,二阶近似解析解高于 FEM 解,而规范公式解低于 FEM 解。

(2) 无穷级数解与规范公式解和有限元解的对比

利用上节薄壁变截面悬臂柱的无穷级数解式(4.128)和 Matlab 程序,可以获得方管变截面悬臂柱无量纲屈曲荷载的精确数值解(简称精确解)。

表 4.4 为本书的无穷级数解与规范公式解和有限元解的对比。从表 4.4 中可见:①本书的无穷级数解与有限元解几乎完全相同;②在 $h_2/h_1\geqslant 0.4$ 范围内,规范公式解均略高于有限元解,且误差不大,但在 $h_2/h_1<0.4$ 范围内,规范公式解均低于 FEM 解,且随着 h_2/h_1 的减小误差逐渐加大,在 $h_2/h_1=0.10$ 时误差达到-50.58%。如此巨大的误差,显然是工程上不能接受的。因此,建议规范明确限定其适用范围为:$h_2/h_1\geqslant 0.4$ 或者楔率 $\gamma\leqslant 1.5$。

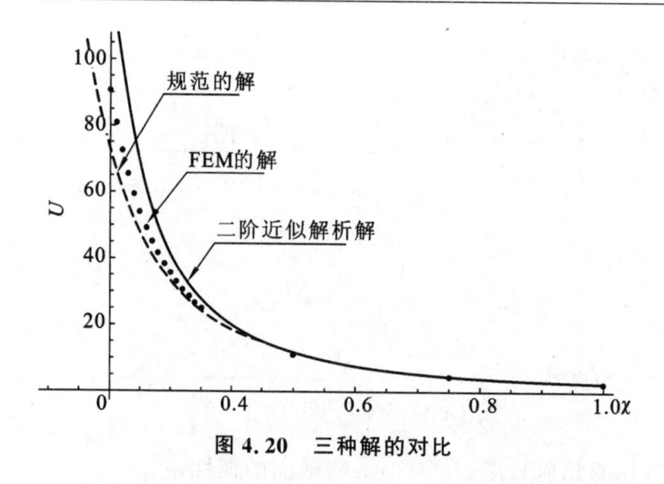

图 4.20 三种解的对比

表 4.4 本书的无穷级数解与规范公式解和有限元解的对比(E=210GPa)

序号	L	h_1	h_2	t	h_2/h_1	γ	$P_{cr\ FEM}$	$P_{cr规范}$	Diff1 (%)	$P_{cr无穷级数解}$	Diff2 (%)
1	5	400	40	10	0.1	9	507.768	250.933	−50.58	508.103	0.07
2	5	400	60	10	0.15	5.67	184.478	123.805	−32.89	184.53	0.03
3	5	400	80	10	0.2	4	92.2653	73.3348	−20.52	92.2786	0.01
4	5	400	100	10	0.25	3	54.5877	48.1179	−11.85	54.5936	0.01
5	5	400	120	10	0.3	2.33	35.8008	33.7317	−5.78	35.8026	0.01
6	5	400	160	10	0.4	1.5	18.5988	18.8484	1.34	18.5994	0.00
7	5	400	200	10	0.5	1	11.2785	11.7758	4.41	11.2788	0.00
8	5	400	280	10	0.7	0.43	5.3623	5.6158	4.73	5.3624	0.00
9	5	400	360	10	0.9	0.11	3.0997	3.1573	1.86	3.0997	0.00
10	5	400	400	10	1	0	2.4674	2.4674	0.00	2.4674	0.00

注:$\mathrm{Diff1}=\dfrac{(P_{cr规范}-P_{cr\ FEM})}{P_{cr\ FEM}}\times 100\%$;$\mathrm{Diff2}=\dfrac{(P_{cr无穷级数解}-P_{cr\ FEM})}{P_{cr\ FEM}}\times 100\%$。

还需要说明的是,本书的无穷级数解是无量纲分析,仅需要输入 2 个无量纲参数 h_1/t 和 h_2/h_1,分析效率极高。比如 $h_1/t=10\sim40$,步长取为 0.5,$h_2/h_1=0.1\sim1.0$,步长取为 0.01,需要分析的数据约 5400 个,无穷级数解仅需几分钟。若采用有限元分析,设计试件所花的时间不算,就是数据准备(前处理)和单元收敛性调试及相应的结果分析处理(后处理)的工作量也令人生畏。这就是本书提倡采用无量纲解析分析的原因所在。

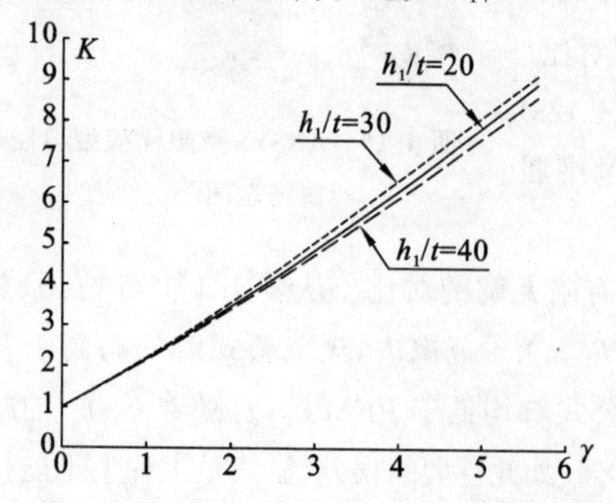

图 4.21 无量纲参数 h_1/t 对屈曲荷载系数的影响

(3) 设计建议

图 4.21 为无量纲参数 h_1/t 对屈曲荷载系数的影响。如前所述,无量纲参数 h_1/t 的

影响是局部的。若考虑其影响不存在任何困难，但这样得到的双参数公式将非常复杂。为了简化起见，本书偏于安全地取 $h_1/t=40$ 来建立设计公式。

依据本书的无穷级数解编程，利用 1stOpt 软件，可得线性变截面管状（方管或圆管）悬臂柱的屈曲荷载为

$$P_{cr}=K\frac{\pi^2 EI_2}{(2L)^2} \tag{4.159}$$

式中，L 为悬臂柱的几何长度；$2L$ 为等截面悬臂柱的计算长度；I_2 为小头端截面的惯性矩，K 为屈曲荷载系数

$$K=(1+1.1233\gamma+0.0364\gamma^2)^2 \tag{4.160}$$

图 4.22 为屈曲荷载系数公式（虚线）与无穷级数解（实线）的对比，可见两者几乎重合。因此，式(4.160)不但形式简单，且精度较高，建议规范采用。

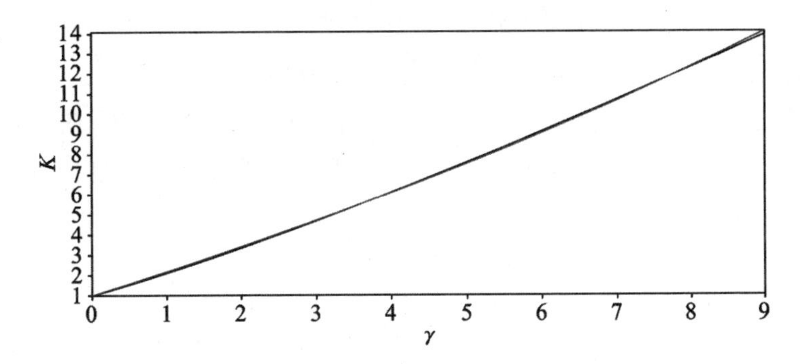

图 4.22 屈曲荷载系数与楔率的关系的两种解对比

据此可得图 4.18 所示两端铰接梭形管状（方管或圆管）截面柱的屈曲荷载为

$$P_{cr}=K\frac{\pi^2 EI_2}{l^2} \tag{4.161}$$

式中，l 为两端铰接梭形柱的几何长度。

综上，参照格构柱的方法，若用换算长细比 λ_h 代替实际长细比，则线性变截面管状（方管或圆管）悬臂柱和两端铰接梭形管状（方管或圆管）柱的设计公式可统一表述为

$$N\leqslant\varphi A_2 f \tag{4.162}$$

式中，φ 为轴心受压稳定系数，按换算长细比 $\lambda_h=L_h/i_2$ 查 a 类柱子曲线；$i_2=\sqrt{I_2/A_2}$ 为小头端的截面回转半径；A_2、I_2 分别为小头端的截面面积和惯性矩；f 为钢材设计强度。

相应的换算长细比计算公式为

$$\lambda_h=l_o/i_2 \tag{4.163}$$

式中，l_o 为构件计算长度，$l_o=\mu l\ (1+1.1233\gamma+0.0364\gamma^2)^{-1}$；$\mu$ 为等截面构件的计算长度系数；l 为构件几何长度；i_2 为小头端的回转半径。

上述公式的适用范围为：楔率不大于 9。相比之下，规范建议的设计公式(4.152)适用范围仅为：楔率不大于 1.5。

4.7 翼缘宽度线性变化的工字形悬臂柱和梭形柱屈曲问题

本节将讨论图4.23所示工字形截面悬臂柱的屈曲问题，此时翼缘宽度线性变化而腹板高度不变。

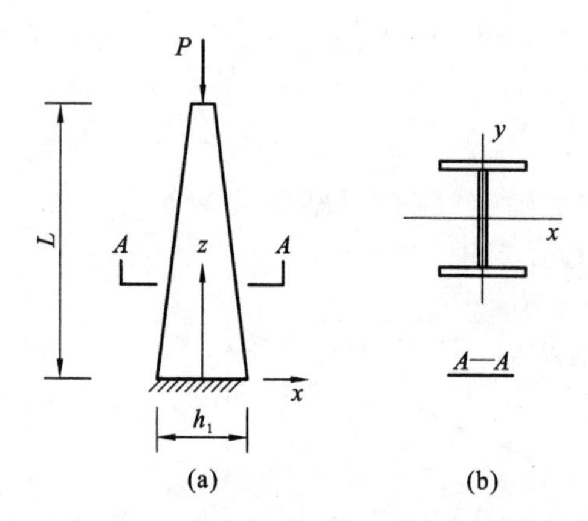

图4.23 翼缘宽度线性变化工字形悬臂柱

4.7.1 绕弱轴的屈曲问题

对于双轴对称工字形截面，其绕弱轴的惯性矩为

$$I_y=2\times\frac{1}{12}t_fb_f^3+\frac{1}{12}t_wh_w^3 \tag{4.164}$$

式中，t_f、b_f 分别为翼缘的厚度与宽度；t_w、h_w 分别为腹板的厚度与高度。

对于常用的工字形截面，腹板对 I_y 的影响通常很小，因此工程设计中，包括钢结构规范的制定过程中，经常采用按下式近似计算绕弱轴的惯性矩

$$I_y\approx2\times\frac{1}{12}t_fb_f^3=\frac{1}{6}t_fb_f^3 \tag{4.165}$$

显然，工字形悬臂柱绕弱轴的屈曲与前述高度线性变化矩形截面的悬臂柱类似。

因此，参照上一章的研究成果，对于翼缘宽度线性变化的工字形悬臂柱，其绕弱轴的临界荷载为

$$P_{cr}=\frac{\pi^2EI_2}{L_h^2} \tag{4.166}$$

式中，$I_2\approx\frac{1}{6}t_fb_{f2}^3$ 为小头端的惯性矩，L_h 为换算长度，即

$$L_h=2L\ (1+1.0599\gamma+0.0214\gamma^2-0.0012\gamma^3)^{-1} \tag{4.167}$$

参照格构柱的方法，若用换算长细比 λ_h 代替实际长细比，则两端铰接梭形工字形柱绕弱轴的设计公式为

$$N\leqslant\varphi A_2f \tag{4.168}$$

式中，φ 为轴心受压稳定系数，按换算长细比 $\lambda_h=L_h/i_2$ 查 b/c 类柱子曲线；$i_2=\sqrt{I_2/A_2}$ 为小头端的截面回转半径；A_2、$I_2\approx\frac{1}{6}t_fb_{f2}^3$ 分别为小头端的截面面积和惯性矩；f 为钢材设计强度。

对于翼缘宽度线性变化的两端铰接梭形工字形柱，上述设计方法依然适用，仅需将换算长度公式(4.167)中的 $2L$ 用 L（两端铰接的几何长度）代替即可。

4.7.2 绕强轴的屈曲问题

(1) 能量变分解——二阶近似解析解

对于双轴对称工字形截面，其绕强轴惯性矩的精确表达式为

$$I(z)=\frac{1}{12}b_fH^3-\frac{1}{12}(b_f-t_w)(H-2t_f)^3 \tag{4.169}$$

式中，H 为工字形截面的总高度。

在钢结构中，工字形构件属于薄壁构件，因此，为了简化计算，工程中习惯将其绕强轴惯性矩简写为

$$I(z)\approx\frac{1}{12}t_wh_w^3+\frac{1}{2}b_ft_fh^2 \tag{4.170}$$

其中，h、h_w 分别为翼缘形心距和腹板高度。

对于翼缘宽度线性变化的情况，在图 4.23 所示的坐标系下，翼缘宽度可表示为

$$b_f(z)=b_{f1}+\frac{z}{L}(b_{f2}-b_{f1})=b_{f1}\eta(z) \tag{4.171}$$

式中

$$\eta(z)=1+\frac{z}{L}(\chi-1) \tag{4.172}$$

其中，b_{f1}、b_{f2} 分别为大头端和小头端的翼缘宽度；$\chi=b_{f2}/b_{f1}$。

此时，截面的惯性矩式(4.170)为坐标 z 的 1 次函数。据此可知

$$I_1=I(0)\approx\frac{1}{12}t_wh_w^3+\frac{1}{2}b_ft_{f1}h^2,\quad I_2=I(L)\approx\frac{1}{12}t_wh_w^3+\frac{1}{2}\chi b_ft_{f1}h^2 \tag{4.173}$$

分别为大头端(固定端)和小头端(自由端)的惯性矩。

为了运算简便，这里将抗弯刚度表达为

$$EI(z)\approx EI_{f1}\left[\eta(z)+\frac{I_w}{I_{f1}}\right]=EI_{f1}\left[\eta(z)+\chi_3\right] \tag{4.174}$$

其中

$$I_{f1}=\frac{1}{2}b_{f1}t_fh^2,\quad I_w=\frac{1}{12}t_wh_w^3,\quad \chi_3=\frac{I_w}{I_{f1}} \tag{4.175}$$

变截面 Euler 柱的总势能为

$$\Pi=\frac{1}{2}\int_0^L\left[EI\left(\frac{\mathrm{d}^2v}{\mathrm{d}z^2}\right)^2-P\left(\frac{\mathrm{d}v}{\mathrm{d}z}\right)^2\right]\mathrm{d}z \tag{4.176}$$

仍选取位移函数为

$$v(z)=A_1\left[1-\cos\left(\frac{\pi z}{2L}\right)\right]+A_3\left[1-\cos\left(\frac{3\pi z}{2L}\right)\right] \tag{4.177}$$

将其代入式(4.176)积分，可得此问题的总势能。

根据能量变分原理，可知屈曲的平衡条件为

$$\begin{pmatrix}\dfrac{\partial\Pi}{\partial A_1}\\[2ex]\dfrac{\partial\Pi}{\partial A_3}\end{pmatrix}=\begin{pmatrix}a_{11} & a_{12}\\ a_{21} & a_{22}\end{pmatrix}\begin{pmatrix}A_1\\ A_3\end{pmatrix}=\begin{pmatrix}0\\ 0\end{pmatrix} \tag{4.178}$$

式中

$$a_{11}=\frac{1}{64}\pi^2(4+\pi^2-4\chi+\pi^2\chi-8\widetilde{P}+2\pi^2\chi_3) \tag{4.179}$$

$$a_{12}=a_{21}=-\frac{9}{16}\pi^2(-1+\chi) \tag{4.180}$$

$$a_{22}=\frac{9}{64}\pi^2(4+9\pi^2-4\chi+9\pi^2\chi-8\widetilde{P}+18\pi^2\chi_3) \tag{4.181}$$

其中，$\widetilde{P}=P\Big/\left(\dfrac{EI_{f1}}{L^2}\right)$。

为了保证式(4.178)中的待定系数 A_1 和 A_3 不同时为零，其系数行列式必为零，从而得到屈曲方程为

$$a\widetilde{P}^2+b\widetilde{P}+c=0 \tag{4.182}$$

式中，系数 a、b、c 的表达式为

$$a=1,b=-\frac{1}{4}[4-4\chi+5\pi^2(1+\chi)+10\pi^2\chi_3] \tag{4.183}$$

$$c=\frac{1}{64}\begin{pmatrix}-128+40\pi^2+9\pi^4+256\chi+18\pi^4\chi-128\chi^2-40\pi^2\chi^2+9\pi^4\chi^2+\\4\pi^2[-20(-1+\chi)+9\pi^2(1+\chi)]\chi_3+36\pi^4\chi_3^2\end{pmatrix} \tag{4.184}$$

其解为

$$\widetilde{P}_{cr}=\frac{-b-\sqrt{b^2-4ac}}{2a} \tag{4.185}$$

临界荷载可表达为

$$P_{cr}=\widetilde{P}_{cr}\left(\frac{EI_{f1}}{L^2}\right) \tag{4.186}$$

(2) 无穷级数解

若将式(4.174)改写为如下的形式

$$EI(z)\approx EI_{f1}[C_3\eta(z)+C_4] \tag{4.187}$$

与通式(4.120)对比可知

$$C_1=0,\quad C_2=0,\quad C_3=1,\quad C_4=\chi_3 \tag{4.188}$$

将其代入前述的无穷级数解式(4.128)，可以得到此问题的精确解答。图 4.24 为无穷级数解与二阶近似解析解的对比，从图中可以看出，在 $\chi=b_{f2}/b_{f1}\geqslant 0.1$(即楔率不大于 9)的范围内，二阶近似解析解几乎与精确解完全相同。因此，我们可直接利用此近似解析解来建立相应的设计公式。

(3) 参数影响分析

式(4.186)中的无量纲屈曲荷载 $\widetilde{P}_{cr}$ 仅与两个参数 χ、χ_3 有关。其中，χ_3 为本节新定义的无量纲参数。为了研究 χ_3 的可能变化范围，首先将其简化为

$$\chi_3=\frac{I_w}{I_{f1}}=\left(\frac{1}{12}t_wh_w^3\right)\Big/\left(\frac{1}{2}b_{f1}t_fh^2\right)\approx\frac{1}{6}\frac{A_w}{A_{f1}} \tag{4.189}$$

式中，A_w 和 A_{f1} 分别为腹板面积和大头端的翼缘面积。

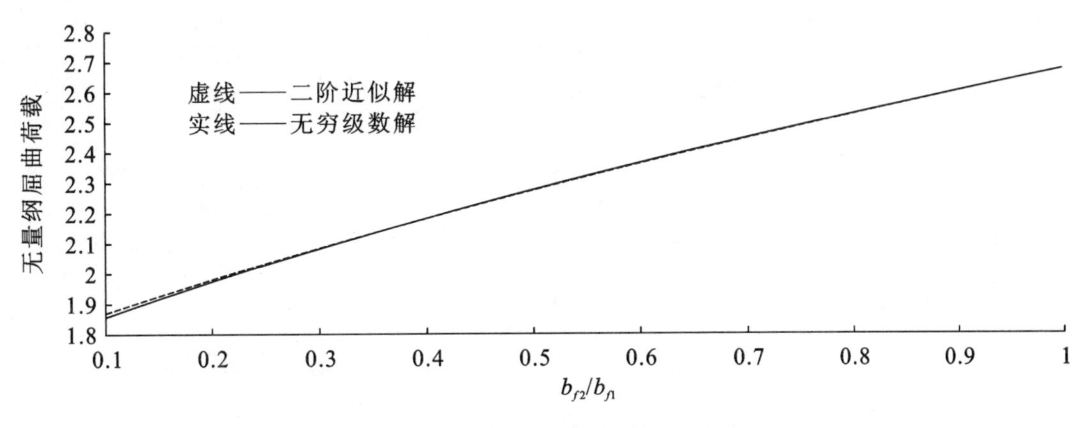

图 4.24　无穷级数解与二阶近似解析解的对比

研究发现，对于腹板较厚，翼缘较窄的情况，A_{f1}/A_w 一般在 0.4 左右；对于腹板较薄，而翼缘较宽的情况，A_{f1}/A_w 一般在 1.0 左右。因此，考虑工程可能性，这里选取 χ_3 的变化范围为：0.1～0.7，大致相当于 A_{f1}/A_w 的变化范围为：0.25～1.50。

根据上述分析，我们可以绘制出 $\widetilde{P}_{cr}$ 与两个参数 χ、χ_3 的关系，如图 4.25 所示。从图中看出，$\widetilde{P}_{cr}$ 与两个参数 χ、χ_3 基本成正比关系。

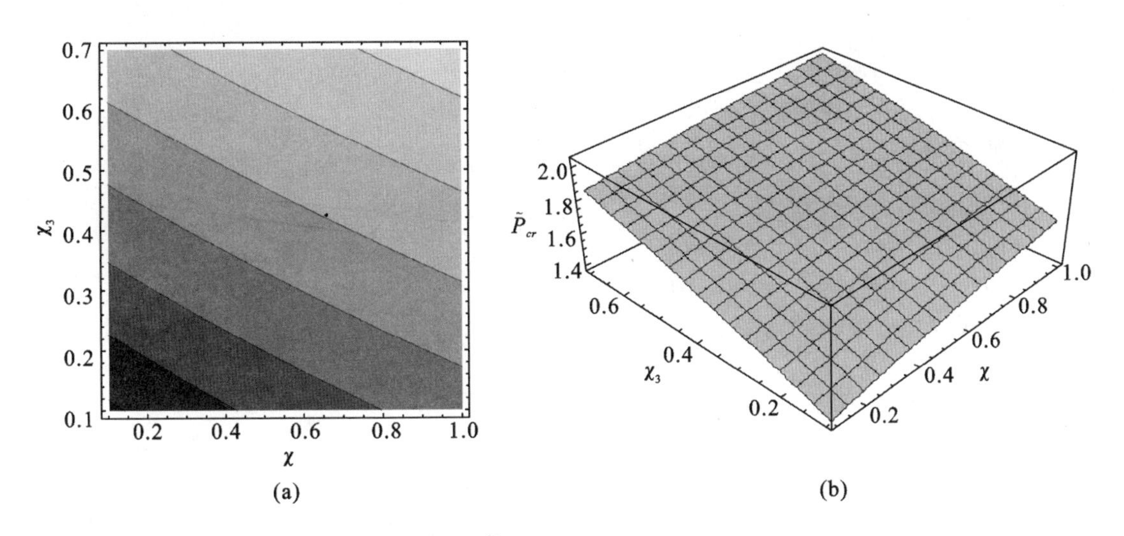

图 4.25　$\widetilde{P}_{cr}$ 与两个参数 χ、χ_3 的关系

为了简化计算，可利用 1stOpt 软件，将 $\widetilde{P}_{cr}$ 与两个参数 χ、χ_3 的关系近似表示为

$$\widetilde{P}_{cr}=0.8198\chi+2.4881\chi_3+1.6469 \tag{4.190}$$

此简化公式与解析公式的对比情况如图 4.26 所示。其中实线为二阶近似解析公式(4.185)，而虚线为简化公式(4.190)。从图中可见，简化公式具有较高的精度。

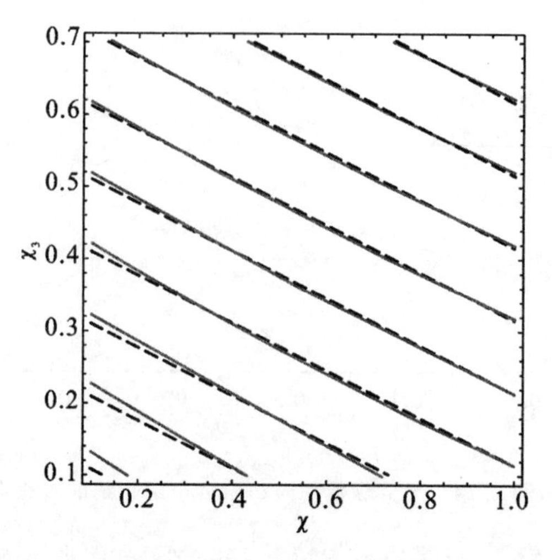

图 4.26　近似公式与解析公式的对比(等值线图)

(4) 简化公式与设计建议

为了设计方便,首先需要将屈曲荷载公式(4.186)中的惯性矩改用小头惯性矩来表达,即

$$P_{cr}=\widetilde{P}_{cr}\left(\frac{EI_2}{L^2}\right)\frac{I_{f1}}{I_2}=\widetilde{P}_{cr}\left(\frac{EI_2}{L^2}\right)\frac{I_{f1}}{I_{f2}+I_w}$$

$$=\widetilde{P}_{cr}\left(\frac{EI_2}{L^2}\right)\frac{\frac{1}{2}b_f t_{f1} h^2}{\frac{1}{12}t_w h_w^3+\chi\,\frac{1}{2}b_f t_{f1} h^2}=\widetilde{P}_{cr}\left(\frac{EI_2}{L^2}\right)\frac{1}{\chi_3+\chi} \tag{4.191}$$

式中,I_2 为小头端的惯性矩,而

$$\chi_3=\frac{I_w}{I_{f1}}=\left(\frac{1}{12}t_w h_w^3\right)\Big/\left(\frac{1}{2}b_{f1} t_f h^2\right)\approx\frac{1}{6}\frac{A_w}{A_{f1}} \tag{4.192}$$

综上,翼缘宽度线性变化工字形截面的悬臂柱和两端铰接楔形柱的临界荷载公式可统一表述为

$$P_{cr}=\frac{\pi^2 EI_{\rm eq}}{(\mu l_0)^2} \tag{4.193}$$

式中,$I_{\rm eq}=gI_2$,为等效惯性矩;$I_2=\frac{1}{2}b_{f2}t_f h^2$,为小头端的翼缘绕强轴惯性矩;$g$ 为惯性矩的等效系数,其表达式为

$$g=\frac{4}{\pi^2}\left(\frac{0.8198}{1+\gamma}+2.4881\chi_3+1.6469\right)(1+\gamma) \tag{4.194}$$

式中,$\gamma=(b_{f1}/b_{f2})-1=(1/\chi)-1$,为构件的楔率;$\chi_3=\left(\frac{1}{12}t_w h_w^3\right)/\left(\frac{1}{2}b_{f1}t_f h^2\right)$。

公式(4.193)中 μ 为计算长度系数,l_0 为构件的几何长度。对于图 4.23 所示的翼缘宽度线性变化工字形截面悬臂柱,$\mu=2.0$,$l_0=L$;对于图 4.27 所示的两端铰接楔形工字形截面柱,$\mu=1.0$,$l_0=L$。

公式(4.193)简单实用,可供工程设计或制定规范参考。

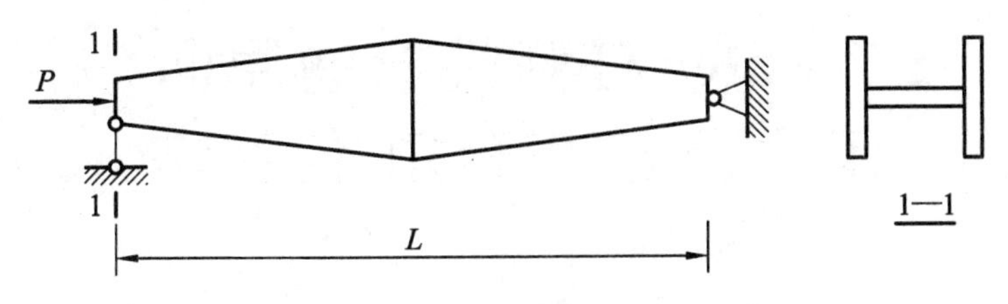

图 4.27 两端铰接的梭形工字形截面柱

参考文献

[1] TIMOSHENKO S P,GERE J. Theory of Elastic Stability. 2nd ed. McGraw-Hill,New York,NY,USA,1961.

[2] 童根树.钢结构的平面内稳定.北京:中国建筑工业出版社,2015.

[3] 胡海昌,胡闰梅.变分学.北京:中国建筑工业出版社,1987.

[4] 胡海昌.弹性力学的变分原理及其应用.北京:科学出版社,1981.

[5] 钟善桐.预应力钢结构.北京:建筑工程出版社,1959.

[6] 钟善桐.预应力钢结构.哈尔滨:哈尔滨工业大学出版社,1985.

[7] 陆赐麟,尹思明,刘锡良.现代预应力钢结构.修订版.北京:人民交通出版社,2007.

5 Euler 柱弹性弯曲屈曲：有限元法与转角-位移法

5.1 有限元软件存在的问题

作为一种分析工具，有限元法（Finite Element Method，FEM）的发展是随着计算机的普及而得到广泛应用。过去国内出版的有限元论著大都认为有限元的发明者是克拉夫（Clough）教授。但是，关于有限元的起源和被“发明”的确切日期，国际著名学者 Zienkiewicz 认为很难说清楚。其实在有限元的初始发展阶段，数学家、物理学家和工程师都做出了不可磨灭的贡献，比如早在 1941 年，A Hrennikoff 首次提出用框架方法求解弹性力学问题，当时称为离散元素法，仅限于杆系结构来构造离散模型；1943 年，纽约大学教授 Courant 第一次尝试应用定义在三角形区域上的分片连续函数和最小位能原理相结合，来求解 Venant 扭转问题；1955 年，德国出版了第一本关于结构分析中的能量原理和矩阵方法的书，为后续的有限元研究奠定了重要的基础；1956 年，波音公司的 Turner、Clough、Martin 和 Topp 在分析飞机结构时，系统研究了离散杆、梁、三角形的单元刚度表达式；1960 年，克拉夫（Clough）在其发表的采用三角形单元分析平面应力问题的论文中，首次使用了“有限单元法”这一名称。

目前 ANSYS、ABAQUS 等通用有限元软件在我国已得到普及，有限元分析（Finite Element Analysis，FEA）已成为研究者甚至工程师必须掌握的一门技术。虽然在结构分析方面，这些商用有限元的常规线性分析结果是可信的，也是可靠的。然而，这些软件毕竟是依据现有的力学理论和已发表的有限元研究成果编制而成，因而与工程力学学科一样，它不是尽善尽美的，仍处于发展中。因此在对特殊问题进行 FEM 分析时经常会出现一些意想不到的结果，这是很自然的事情。例如对于一些特殊的工程问题，比如预应力钢梁的屈曲、钢-混凝土组合结构的屈曲等，通用有限元软件给出的计算结果是否正确？这需要研究者或设计者基于相关的试验结果加以校核，或者利用工程经验进行甄别。

概括起来，目前有限元软件需要改进和完善的主要内容包括（但不限于）：

① 若采用 ANSYS 的 BEAM189 进行单轴对称截面钢梁屈曲分析时，误差达 30%之多；

② 因为 Vlasov 屈曲理论仅适用单一材料，导致目前基于 BEAM 单元的有限元屈曲分析（特征值分析）尚无法得到钢-混凝土组合结构或构件（如钢管混凝土翼缘工字形梁）的屈曲荷载；

③ 尚不能很好地考虑预应力效应对屈曲和振动的影响；

④ 尚不能考虑非保守力对屈曲和振动的影响；

⑤ 尚不能直接完成弹塑性屈曲分析，即按特征值分析无法得到弹塑性屈曲荷载；

⑥ 目前的非线性分析效率低下，甚至会出现不收敛现象等。

综上所述,虽然目前有限元法的概念已不限于结构力学和固体力学,在流体力学、电磁学等方面都有了较广泛的应用,但尚存在很多亟待解决的理论和实践问题。研究和开发可靠、高效的新型有限元方法,仍是很多学者努力的方向之一。

目前基于位移法(即以位移为未知量)的有限元方法已得到了充分的发展,近年来基于力法或者混合法的新型有限元法研究也开始得到了关注。众所周知,有限元方法有两个关键问题,一是采用什么样的单元,二是如何描述和跟踪单元的位移、应力变化。

单元刚度矩阵描述了单元节点力和节点自由度(即独立位移)之间的关系,这是用有限元法进行结构分析时最重要的关系。如果已知结构所有单元的刚度矩阵,就可以利用协调条件和平衡条件来装配得到结构刚度矩阵。

鉴于目前结构工程专业的研究生培养一般都开设了有限元理论的课程,作为相关内容的补充,本书将侧重介绍在屈曲分析中如何建立单元刚度矩阵的内容,为读者学习和研发适合屈曲分析的新单元提供一种思路。

5.2　单元刚度矩阵的两种推导方法

从前面章节的介绍可以发现,适合直接用微分方程模型或者能量变分模型求解的基本都是边界条件比较简单的 Euler 柱问题。能否利用前述理论和方法的成果来求解更为复杂的结构,比如平面框架的屈曲问题?回答是肯定的。本章将基于有限元法的思路来展示这种想法的可行性。

事实上,可以通过前述两种基本方法之一来推导单元刚度矩阵。这就是:

(1) 求解用位移表示的平衡微分方程。这是一种非常有效和通用的方法,并且只要有可能就应优先采用。

对于像杆件单元那样的等截面“线单元”,这是一种精确方法,因为此时的平衡微分方程都是常微分方程型,一般能精确求解得到单元刚度矩阵。然而,在推导像板和壳结构这类“板壳单元”的单元刚度矩阵时,平衡微分方程常常是各种类型的偏微分方程,而且往往无法精确求解。在这种情况下就要借助近似解来求解这些方程。相关的近似解法很多,比如 Kantorovich 法、Trefftz 直接法等,但在实际中最普遍的方法是伽辽金(Galerkin)的加权残数法。需要指出的是,对于流体、热传导等复杂问题,伽辽金(Galerkin)加权残数法是非常有优势的一种方法,因为此方法并不需要建立一个与所考虑问题对应的泛函。

(2) 能量变分法。这是一种近似方法,在结构力学和固体力学的有限元法中得到广泛的应用。因为这些问题的能量泛函存在,且此法推导单元刚度矩阵的过程简单,易学易用。

当然,在结构力学中还有很多的能量原理,而最常用的是应变能原理(卡氏定理)和余能原理(恩格塞定理),这两个原理在推导单元刚度矩阵时也很方便。

下面将以 Euler 柱为例,分别介绍推导单元刚度矩阵的微分方程法和能量变分法。

5.3　精确单元刚度矩阵的推导:微分方程法

以双跨 Euler 柱为例,有限元法的基本思想是“先离散再整合”。所谓“离散”就是将双跨 Euler 柱分解为 2 根端弯矩作用下的简支 Euler 柱，即划分为 2 个标准单元，并以端转角为未知量（自由度），利用微分方程模型或者能量变分模型求解每个简支 Euler 柱单元，进而得到每个单元的端转角与端弯矩的内在关系式，即单元刚度矩阵。所谓“整合”就是利用端弯矩相等和转角连续条件组装单元刚度矩阵，进而得到双跨 Euler 柱的端转角与端弯矩的内在关系式，即总体刚度矩阵。

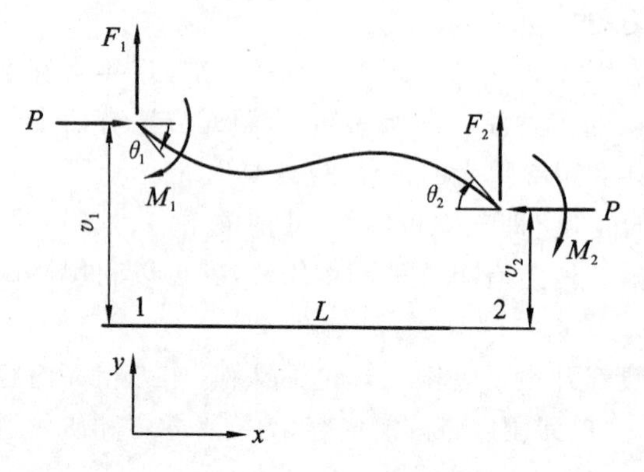

图 5.1　Euler 柱单元

不失一般性，这里将研究具有 2 个节点的 Euler 柱单元（图 5.1）。因为 Euler 柱的屈曲分析不需要考虑轴向位移的影响，此时 Euler 柱单元的每个节点有 2 个自由度（即未知量），一个是横向平动位移 v_i，一个是转角 θ_i。

【说明】

1. 图 5.1 中杆件的坐标系与前面几章不同。主要是为了保持与常规的杆系有限元和结构力学中的矩阵位移法的习惯一致性。因此这里将杆件纵轴选为 x 轴，y 轴按右手法则来确定。

2. 图 5.1 中的横向位移 v_i 和转角 θ_i 的方向均为正，反之为负。

已知等截面 Euler 柱单元的平衡方程为

$$EI\frac{\mathrm{d}^4v}{\mathrm{d}x^4}-P\frac{\mathrm{d}^2v}{\mathrm{d}x^2}=0 \tag{5.1}$$

或者

$$v^{(4)}+k^2\cdot v''=0 \tag{5.2}$$

式(5.2)的通解为

$$v(x)=C_1\cos(kx)+C_2\sin(kx)+C_3x+C_4 \tag{5.3}$$

其中，P 为轴向压力，$k^2=\dfrac{P}{EI}$。

边界条件是

$$在\ x=0\ 处，\quad 位移\ v=v_1，转角\frac{\mathrm{d}v}{\mathrm{d}x}=-\theta_1 \tag{5.4}$$

$$在\ x=L\ 处，\quad 位移\ v=v_2，转角\frac{\mathrm{d}v}{\mathrm{d}x}=-\theta_2 \tag{5.5}$$

注意，对于图 5.1 所选的坐标系，$\dfrac{\mathrm{d}v}{\mathrm{d}x}$以逆时针为正，而 θ 以顺时针为正。

根据式(5.3)和上述边界条件可得

$$\left.\begin{aligned}&C_1+C_4=v_1\\&\cos(kL)C_1+\sin(kL)C_2+LC_3+C_4=v_2\\&kC_2+C_3=-\theta_1\\&-k\sin(kL)C_1+k\cos(kL)C_2+C_3=-\theta_2\end{aligned}\right\} \tag{5.6}$$

解之得

$$\Omega C_1=\sin(kL)\tan\frac{kL}{2}(v_1-v_2)+L\theta_1\left[\cos(kL)-\frac{\sin(kL)}{kL}\right]+L\theta_2\left[\frac{\sin(kL)}{kL}-1\right]$$

$$\Omega C_2=\sin(kL)(v_2-v_1)+L\theta_1\left[\sin(kL)-\frac{1-\cos(kL)}{kL}\right]+L\theta_2\frac{1-\cos(kL)}{kL}$$

$$\Omega C_3=k\sin(kL)(v_1-v_2)-[1-\cos(kL)](\theta_1+\theta_2)$$

$$\Omega C_4=[1-\cos(kL)-kL\sin(kL)]v_1+[1-\cos(kL)]v_2+$$

$$\left[\frac{\sin(kL)}{kL}-\cos(kL)\right]\theta_1 L+\theta_2 L\left[1-\frac{\sin(kL)}{kL}\right]$$

其中,$\Omega=2-2\cos(kL)-kL\sin(kL)$

将上述系数回代入式(5.3)可得

$$v(x)=N_1v_1+N_2v_2+N_3\theta_1+N_4\theta_2 \tag{5.7}$$

其中,$N_1\sim N_4$ 就是有限元的形函数,是用来描述杆端各自由度产生单位位移时横向位移 $v(x)$ 形状的。

单元的杆端力为

$$\text{在 } x=0 \text{ 处,} \quad \text{弯矩 } M_1=EI\frac{\mathrm{d}^2v}{\mathrm{d}x^2}, \quad \text{剪力 } F_1=EI\left(\frac{\mathrm{d}^3v}{\mathrm{d}x^3}+k^2\frac{\mathrm{d}v}{\mathrm{d}x}\right) \tag{5.8}$$

$$\text{在 } x=L \text{ 处,} \quad \text{弯矩 } M_2=-EI\frac{\mathrm{d}^2v}{\mathrm{d}x^2}, \quad \text{剪力 } F_2=-EI\left(\frac{\mathrm{d}^3v}{\mathrm{d}x^3}+k^2\frac{\mathrm{d}v}{\mathrm{d}x}\right) \tag{5.9}$$

将横向位移 $v(x)$ 表达式(5.7)代入上式,通过求导、化简,最后整理可得

$$\begin{pmatrix}F_1\\M_1\\F_2\\M_2\end{pmatrix}=\frac{EI}{L}\begin{pmatrix}\frac{\gamma}{L^2} & -\frac{\alpha+\beta}{L} & -\frac{\gamma}{L^2} & -\frac{\alpha+\beta}{L}\\ -\frac{\alpha+\beta}{L} & \alpha & \frac{\alpha+\beta}{L} & \beta\\ -\frac{\gamma}{L^2} & \frac{\alpha+\beta}{L} & \frac{\gamma}{L^2} & \frac{\alpha+\beta}{L}\\ -\frac{\alpha+\beta}{L} & \beta & \frac{\alpha+\beta}{L} & \alpha\end{pmatrix}\begin{pmatrix}v_1\\\theta_1\\v_2\\\theta_2\end{pmatrix} \tag{5.10}$$

上式中的 α、β 和 γ 称为"稳定函数",其表达式与相互关系如下

$$\left.\begin{aligned}&\alpha=\frac{kL\sin(kL)-(kL)^2\cos(kL)}{2-2\cos(kL)-kL\sin(kL)}\\&\beta=\frac{(kL)^2-kL\sin(kL)}{2-2\cos(kL)-kL\sin(kL)}\\&\alpha+\beta=\frac{(kL)^2-(kL)^2\cos(kL)}{2-2\cos(kL)-kL\sin(kL)}\\&\gamma=2(\alpha+\beta)-(kL)^2=\frac{(kL)^3\sin(kL)}{2-2\cos(kL)-kL\sin(kL)}\end{aligned}\right\} \tag{5.11}$$

$\alpha(\beta)$的物理意义是,杆件边界条件为远端固定(铰接),近端铰接(固定),两端无相对侧移时,使近端(远端)产生单位转角所需要施加的弯矩。

根据式(5.10)可知,Euler 柱的单元刚度矩阵为

$$\bar{\boldsymbol{k}}^{\mathrm{e}}=\frac{EI}{L}\begin{pmatrix}\dfrac{\gamma}{L^2} & -\dfrac{\alpha+\beta}{L} & -\dfrac{\gamma}{L^2} & -\dfrac{\alpha+\beta}{L}\\ -\dfrac{\alpha+\beta}{L} & \alpha & \dfrac{\alpha+\beta}{L} & \beta\\ -\dfrac{\gamma}{L^2} & \dfrac{\alpha+\beta}{L} & \dfrac{\gamma}{L^2} & \dfrac{\alpha+\beta}{L}\\ -\dfrac{\alpha+\beta}{L} & \beta & \dfrac{\alpha+\beta}{L} & \alpha\end{pmatrix} \tag{5.12}$$

图 5.2 为α、β与轴向力因子kL的关系。从图中可以看出：①当$kL\to 0$时，$\alpha\to 4$，$\beta\to 2$，此结果与后面介绍的线性刚度矩阵结果相同；②当$kL\to 4.49369$时（图 5.2 中A点），$\alpha\to 0$，即构件屈曲。屈曲荷载与近端铰接、远端固定 Euler 柱（两端无相对侧移）相同；当$kL\to\pi$时（图 5.2 中B点），$\alpha=\beta$，此屈曲荷载与两端固定但可以相对侧移的 Euler 柱相同。

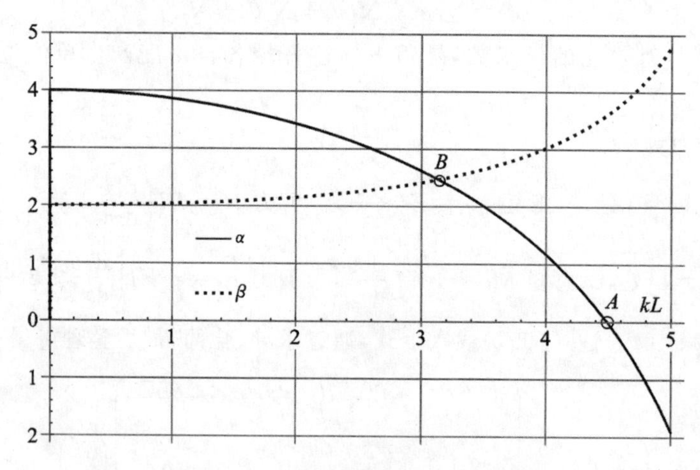

图 5.2　α、β与轴向力因子kL的关系

众所周知，微分平衡方程的解答必然是精确解，即属于“强形式解答”，因此前面推导得到的单元刚度矩阵式(5.12)也是精确的。这样在框架屈曲分析中，每根梁和柱无须再细分单元，均可用一个单元来模拟。因此上述的精确刚度矩阵不但精度高，计算效率也高。

【说明】

1. 轴向力为拉力的情况

前面的推导中假定P为轴向压力且$P\geqslant 0$。若P为轴向拉力且$P<0$，此时应取$k^2=\dfrac{|P|}{EI}$，相应的横向位移为

$$v(x)=C_1\cosh(kx)+C_2\sinh(kx)+C_3z+C_4 \tag{5.13}$$

将此式与式(5.3)对比，可以发现两者类似，区别是前者用的是双曲函数，后者用的是三角函数。换句话说，对于P为轴向拉力的情况，上述解答依然适用，仅需要将式(5.11)中的$\sin(kL)$、$\cos(kL)$分别替换为$\sinh(kL)$、$\cosh(kL)$即可。

2. 摇摆柱的精确刚度矩阵

在框架屈曲文献中，经常提到一种“摇摆柱(Leaning Column)”，如图 5.3 中AB、EF柱所示。力学上，摇摆柱与桁架中的杆单元类似，以承受轴向力为主，无法单独抵抗侧向力。即

这种柱子必须“依靠”其他构件(如图5.3中的 CD 柱)才能“生存”。

对于图5.3所示的摇摆柱,其两端的弯矩为零,但两端可产生侧移 v_1、v_2。目前尚未见摇摆柱刚度矩阵的推导。显然,若令 $M_1=M_2=0$,无法直接通过单元刚度方程式(5.10)来求解得到两端转角和位移的关系,这是因为此时的单元刚度矩阵是奇异矩阵,即有刚体位移存在。但可利用图5.4所示的平衡关系,直接推得摇摆柱的单元刚度矩阵为

$$\bar{\boldsymbol{k}}^{\mathrm{e}}=\frac{EI}{L}\begin{pmatrix} -\frac{(kL)^2}{L^2} & 0 & \frac{(kL)^2}{L^2} & 0 \\ 0 & 0 & 0 & 0 \\ \frac{(kL)^2}{L^2} & 0 & -\frac{(kL)^2}{L^2} & 0 \\ 0 & 0 & 0 & 0 \end{pmatrix} \tag{5.14}$$

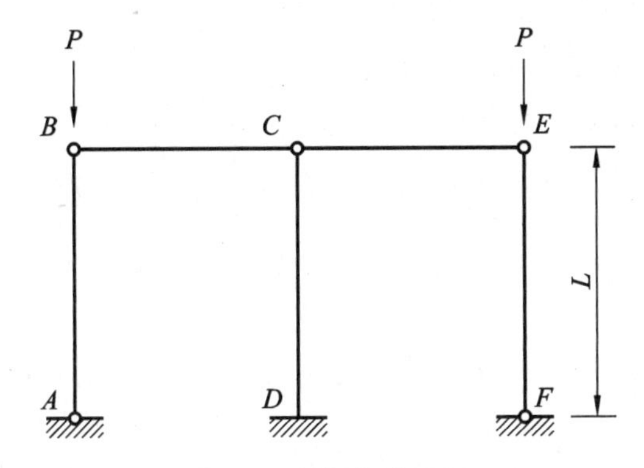

图5.3　摇摆柱的示例

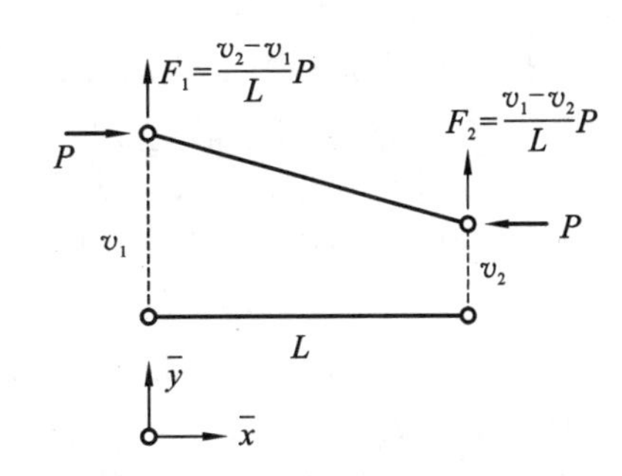

图5.4　摇摆柱的力学模型

可见,在轴压力作用下,这种摇摆柱本身没有正的侧移刚度,只有轴力引起的负侧移刚度。因此,在框架中加入摇摆柱只能给体系增加“额外的负担”,其结果是导致体系刚度“降低”。

如将 $k^2=P/EI$ 代入式(5.14),可得

$$\bar{\boldsymbol{k}}^{\mathrm{e}}=\begin{pmatrix} -\frac{P}{L} & 0 & \frac{P}{L} & 0 \\ 0 & 0 & 0 & 0 \\ \frac{P}{L} & 0 & -\frac{P}{L} & 0 \\ 0 & 0 & 0 & 0 \end{pmatrix} \tag{5.15}$$

此矩阵与后面介绍的非一致几何刚度矩阵(5.38)相同。

5.4　近似单元刚度矩阵的推导:能量变分法

本节将介绍另外一种单元刚度矩阵的推导方法:能量变分法。与前述的微分方程法相比,这是一种近似的推导方法。即能量变分解属于“弱形式解答”。利用能量变分法一般只能推导出近似的而不是精确的单元刚度矩阵。但能量变分法的适应性较强,不仅适用于杆件单元,也适用于板壳单元和实体单元,因而在有限元著作中被广泛地应用于各类单元刚度矩阵的推导中。

对于图 5.1 所示的 Euler 柱单元，其总势能为

$$\Pi=\frac{1}{2}\int_0^L\left[EI\ \frac{\mathrm{d}^2v^2}{\mathrm{d}x^2}-P\left(\frac{\mathrm{d}v}{\mathrm{d}x}\right)^2\right]\mathrm{d}x \tag{5.16}$$

杆端力的势能

$$W_c=-\left(\sum \text{节点力}\times\text{位移}\right) \tag{5.17}$$

对于本问题，其表达式为

$$W_c=-(F_1v_1+F_2v_2+M_1\theta_1+M_2\theta_2) \tag{5.18}$$

或者

$$W_c=-(\bar{\boldsymbol{\delta}}^{\mathrm{e}})^{\mathrm{T}}\overline{\boldsymbol{F}}^{\mathrm{e}} \tag{5.19}$$

式中

$$\text{单元坐标系下杆端力列向量 }\overline{\boldsymbol{F}}^{\mathrm{e}}=[F_1\quad M_1\quad F_2\quad M_2] \tag{5.20}$$

$$\text{单元坐标系下杆端位移列向量 }\bar{\boldsymbol{\delta}}^{\mathrm{e}}=[v_1\quad \theta_1\quad v_2\quad \theta_2]^{\mathrm{T}} \tag{5.21}$$

根据广义变分原理，总泛函为上述总势能与杆端力势能之和，即

$$\widetilde{\Pi}=\Pi+W_c=\frac{1}{2}\int_0^L\left[EI\left(\frac{\mathrm{d}^2v}{\mathrm{d}x^2}\right)^2-P\left(\frac{\mathrm{d}v}{\mathrm{d}x}\right)^2\right]\mathrm{d}x-(\bar{\boldsymbol{\delta}}^e)^{\mathrm{T}}\overline{\boldsymbol{F}}^{\mathrm{e}} \tag{5.22}$$

根据有限元原理，横向位移 $v(z)$可以用节点自由度与对应的形函数乘积来表达，即

$$v(x)=N_1(x)v_1+N_2(x)\theta_1+N_3(x)v_2+N_4(x)\theta_2 \tag{5.23}$$

其中 $N_1(x)\sim N_4(x)$就是有限元的形函数，用来描述杆端各自由度产生单位位移时横向位移 $v(x)$的形状。

对于 Euler 柱，精确的形函数可由上节的方法得到。但由于其表达式过于复杂不便于应用和编程，因此在经典的有限元法中很少采用。通常的做法是采用插值函数方法，来“构造”简单的形函数。这种以“简单函数”逼近“复杂函数”的思想类似于差分法的“以直代曲”的思想，也是有限元法的“精髓”所在，因为并不是所有情况下都能获得“精确的形函数”，比如钢梁屈曲经常会遇到的变系数微分方程就无法求解。有限元的大量工程实践已经证明，只要形函数的简化是“合理的”，通过适当增加单元划分的数目，也能获得“良好的”数值解。当然，形函数的简化越粗糙，则为了获得满意的数值解，就需要增加单元数量，导致分析效率下降。

为了简化分析，我们可以忽略轴向力对挠度的影响，即按照普通 Euler 梁理论来简化 Euler 柱的形函数(推导略)，从而得到如下三次函数表达的形函数

$$\left.\begin{aligned}
N_1\left(\frac{x}{L}\right)&=1-3\left(\frac{x}{L}\right)^2+2\left(\frac{x}{L}\right)^3\\
N_2\left(\frac{x}{L}\right)&=-L\left[\frac{x}{L}-2\left(\frac{x}{L}\right)^2+\left(\frac{x}{L}\right)^3\right]\\
N_3\left(\frac{x}{L}\right)&=3\left(\frac{x}{L}\right)^2-2\left(\frac{x}{L}\right)^3\\
N_4\left(\frac{x}{L}\right)&=-L\left[\left(\frac{x}{L}\right)^3-\left(\frac{x}{L}\right)^2\right]
\end{aligned}\right\} \tag{5.24}$$

注意 $N_1\left(\frac{x}{L}\right)=N_3\left(1-\frac{x}{L}\right)$，$N_2\left(\frac{x}{L}\right)=-N_4\left(1-\frac{x}{L}\right)$。

根据数值分析的知识可知,这里采用的形函数就是 Hermite 插值函数。此类三次的形函数具有如下的特点:形函数及其导数在某一节点的值等于 1,而在其他所有节点处均为零,参见图 5.5。

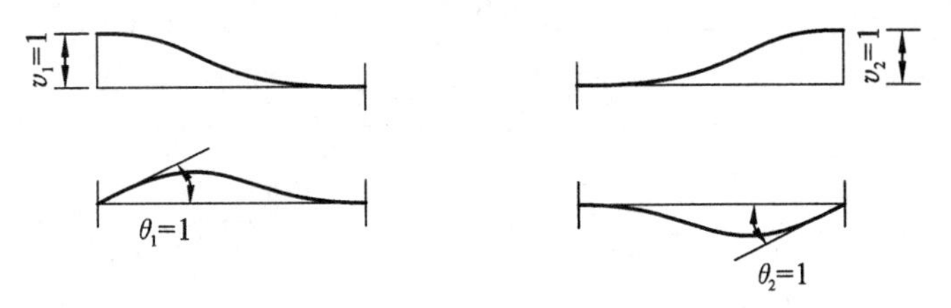

图 5.5 形函数的性质

若将上述形函数表达的横向位移 $v(x)$[式(5.23)],代入平衡方程式(5.1)中,显然,通常其右端项不为零,而有余数或者残数 $R(x)$,因此式(5.23)仅是横向位移的一个粗糙的估计。这也是有限元发展初期遭到纯理论学派质疑的原因之一。实际上,根据 Galerkin 加权残数法可知,"最好的"解应该使整个域内的残数的平均值最小,即

$$\int_0^L R(x)N_i(x) = 0, \qquad i = 1,2,3,4 \tag{5.25}$$

其中,$R(x)N_i(x)$项称为"残数的加权项"。

根据变分原理可知,能量变分法对 $N_i(x)$的要求比 Galerkin 加权残数法宽松,且可获得与 Galerkin 加权残数法相同的效果。因此,能量变分法更灵活,更具工程实用性。

为了简化推导,我们将式(5.23)改写为矩阵形式,即

$$v(x) \approx \boldsymbol{N}\bar{\boldsymbol{\delta}}^e \tag{5.26}$$

式中

$$\text{形函数矩阵 } \boldsymbol{N} = [N_1 \quad N_2 \quad N_3 \quad N_4] \tag{5.27}$$

$$\text{单元坐标系下杆端位移列向量 } \bar{\boldsymbol{\delta}}^e = [v_1 \quad \theta_1 \quad v_2 \quad \theta_2]^T \tag{5.28}$$

将式(5.26)代入总泛函式(5.22),可得

$$\widetilde{\Pi} = \frac{1}{2}\int_0^L (\bar{\boldsymbol{\delta}}^e)^T\{[EI(\boldsymbol{N}'')^T\boldsymbol{N}'' - P(\boldsymbol{N}')^T\boldsymbol{N}']\}\bar{\boldsymbol{\delta}}^e dx - (\bar{\boldsymbol{\delta}}^e)^T\bar{\boldsymbol{F}}^e \tag{5.29}$$

因为$(\bar{\boldsymbol{\delta}}^e)^T$ 由节点位移构成,为未知量行向量,与坐标无关,故可以将其提到积分符号之外,从而有

$$\widetilde{\Pi} = (\bar{\boldsymbol{\delta}}^e)^T \frac{1}{2}\int_0^L \{[EI(\boldsymbol{N}'')^T\boldsymbol{N}'' - P(\boldsymbol{N}')^T\boldsymbol{N}']\}\bar{\boldsymbol{\delta}}^e dx - (\bar{\boldsymbol{\delta}}^e)^T\bar{\boldsymbol{F}}^e \tag{5.30}$$

根据变分原理,系统达到稳定平衡状态的条件是

$$\frac{\partial\widetilde{\Pi}}{\partial(\bar{\boldsymbol{\delta}}^e)^T} = 0 \tag{5.31}$$

从而得到

$$\bar{\boldsymbol{F}}^e = \left\{\int_0^L [EI(\boldsymbol{N}'')^T\boldsymbol{N}'' - P(\boldsymbol{N}')^T\boldsymbol{N}']dx\right\}\bar{\boldsymbol{\delta}}^e \tag{5.32}$$

或者

$$\bar{\boldsymbol{F}}^e = (\bar{\boldsymbol{k}}_E^e + \bar{\boldsymbol{k}}_G^e)\bar{\boldsymbol{\delta}}^e \tag{5.33}$$

式中，$\overline{\boldsymbol{k}}_E^e$ 为单元的“线性刚度矩阵”，也称为“弹性刚度矩阵”。$\overline{\boldsymbol{k}}_E^e$ 的表达式为

$$\overline{\boldsymbol{k}}_E^e = \int_0^L EI\,(\boldsymbol{N}'')^{\mathrm{T}}\boldsymbol{N}''\mathrm{d}x$$

$$= \int_0^L EI \begin{pmatrix} \frac{36\,(L-2z)^2}{L^6} & -\frac{12(2L-3z)(L-2z)}{L^5} & -\frac{36\,(L-2z)^2}{L^6} & -\frac{12(L-3z)(L-2z)}{L^5} \\ & \frac{4\,(2L-3z)^2}{L^4} & \frac{12(2L-3z)(L-2z)}{L^5} & \frac{4(L-3z)(2L-3z)}{L^4} \\ \text{对} & & \frac{36\,(L-2z)^2}{L^6} & \frac{12(L-3z)(L-2z)}{L^5} \\ & \text{称} & & \frac{4\,(L-3z)^2}{L^4} \end{pmatrix} \mathrm{d}z$$

积分结果为

$$\overline{\boldsymbol{k}}_E^e = \begin{pmatrix} \frac{12EI}{L^3} & -\frac{6EI}{L^2} & -\frac{12EI}{L^3} & -\frac{6EI}{L^2} \\ -\frac{6EI}{L^2} & \frac{4EI}{L} & \frac{6EI}{L^2} & \frac{2EI}{L} \\ -\frac{12EI}{L^3} & \frac{6EI}{L^2} & \frac{12EI}{L^3} & \frac{6EI}{L^2} \\ -\frac{6EI}{L^2} & \frac{2EI}{L} & \frac{6EI}{L^2} & \frac{4EI}{L} \end{pmatrix} \tag{5.34}$$

式(5.33)中，$\overline{\boldsymbol{k}}_G^e$ 为单元的“几何刚度矩阵”，文献中也有人称之为“初应力刚度矩阵”。这种称呼体现了如何认识和理解 $\overline{\boldsymbol{k}}_G^e$ 作用的问题。关于 $\overline{\boldsymbol{k}}_G^e$ 物理意义的三种观点参见 R D Cook 的著作《有限元分析的概念和应用》，本节末也有简要的介绍。

$\overline{\boldsymbol{k}}_G^e$ 的表达式为

$$\overline{\boldsymbol{k}}_G^e = -\int_0^L P\,(\boldsymbol{N}')^{\mathrm{T}}\boldsymbol{N}'\mathrm{d}z$$

$$= -\int_0^L P \begin{pmatrix} \frac{36\,(L-z)^2z^2}{L^6} & \frac{6(L-3z)(L-z)^2z}{L^5} & -\frac{36\,(L-z)^2z^2}{L^6} & -\frac{6(2L-3z)(L-z)z^2}{L^5} \\ & \frac{(L^2-4Lz+3z^2)^2}{L^4} & -\frac{6(L-3z)(L-z)^2z}{L^5} & -\frac{(2L-3z)z(L^2-4Lz+3z^2)}{L^4} \\ \text{对} & & \frac{36\,(L-z)^2z^2}{L^6} & \frac{6(2L-3z)(L-z)z^2}{L^5} \\ & \text{称} & & \frac{(2L-3z)^2z^2}{L^4} \end{pmatrix} \mathrm{d}x$$

积分结果为

$$\overline{\boldsymbol{k}}_G^e = \begin{pmatrix} -\frac{6P}{5L} & \frac{P}{10} & \frac{6P}{5L} & \frac{P}{10} \\ \frac{P}{10} & -\frac{2LP}{15} & -\frac{P}{10} & \frac{LP}{30} \\ \frac{6P}{5L} & -\frac{P}{10} & -\frac{6P}{5L} & -\frac{P}{10} \\ \frac{P}{10} & \frac{LP}{30} & -\frac{P}{10} & -\frac{2LP}{15} \end{pmatrix} \tag{5.35}$$

Euler 柱单元的刚度矩阵 $\overline{\boldsymbol{k}}^{\mathrm{e}}$ 的表达式为

$$\overline{\boldsymbol{k}}^{\mathrm{e}}=\overline{\boldsymbol{k}}_E^{\mathrm{e}}+\overline{\boldsymbol{k}}_G^{\mathrm{e}} \tag{5.36}$$

【说明】

1. 上述推导单元刚度矩阵的方法是通用的,不仅适合等截面和常轴力的情况(此时 EI 和 P 均为常数),也适用于推导变截面和变轴力的情况(此时 EI 和 P 均为轴线坐标的函数),还适合具有连续弹性约束,比如弹性地基上的 Euler 杆情况。

2. 这里推导几何刚度矩阵时,采用的形函数与推导线性刚度矩阵时是一样的,因此英文文献将式(5.35)的几何刚度矩阵称为"Consistent-Geometric Stiffness Matrix"。"Consistent"一词的中文意思为"一致的,不矛盾的",因此可参照王光远院士在 R W Clough《结构动力学》中译本的"一致质量矩阵"翻译,将其称为"一致几何刚度矩阵"。

3. 非一致几何刚度矩阵

若假设横向位移为

$$v(z)=\left(1-\frac{x}{L}\right)v_1+\left(\frac{x}{L}\right)v_2 \tag{5.37}$$

此时形函数为线性函数,与推导线性刚度矩阵的形函数(Hermite 插值函数)(5.23)不同。

据此可推导得到新的几何刚度矩阵为

$$\overline{\boldsymbol{k}}_G^{\mathrm{e}}=\begin{pmatrix} -\dfrac{P}{L} & 0 & \dfrac{P}{L} & 0 \\ 0 & 0 & 0 & 0 \\ \dfrac{P}{L} & 0 & -\dfrac{P}{L} & 0 \\ 0 & 0 & 0 & 0 \end{pmatrix} \tag{5.38}$$

式中,P 为轴压力。若 P 为轴拉力,则上式需用 $-P$ 代入。

但这个几何刚度矩阵,对于梁单元而言,却属于"非一致几何刚度矩阵"。因为它忽略了杆两端转动自由度的影响,与集中质量矩阵类似。在梁单元中采用此矩阵的好处是:在数值积分中可以采用较低价的积分法则,从而提高积分效率。这对于非线性问题是有吸引力的。

可以证明,依据一致几何刚度矩阵求解得到的屈曲荷载一定是真实屈曲荷载的上限。

4. 我们知道"一致质量矩阵"是正定,但"一致几何刚度矩阵"[式(5.35)]却是不定的,因为若$\overline{\boldsymbol{\delta}}^{\mathrm{e}}$ 表示转动,则 $\overline{\boldsymbol{k}}_G^{\mathrm{e}}\cdot\overline{\boldsymbol{\delta}}^{\mathrm{e}}\neq\boldsymbol{O}$。这是屈曲分析中需要注意的。相反,"非一致几何刚度矩阵"[式(5.38)]却是正定的[详见"摇摆柱"单元刚度矩阵式(5.15)的推导]。这点非常有趣。

可以证明:对于桁架单元,即两端铰接杆而言,式(5.38)为桁架单元的"一致几何刚度矩阵"。

5. 我们知道依据单元刚度矩阵可得总体刚度矩阵表述的特征值形式

$$(\boldsymbol{K}-\lambda\boldsymbol{K}_\sigma)\boldsymbol{U}=\boldsymbol{O} \tag{5.39}$$

对此方程可以有不同的解释,每一种都有助于我们深入理解 $\boldsymbol{K}_\sigma$ 的物理意义。

说法一:若将式(5.39)变换为

$$\boldsymbol{K}_{\text{总}}\boldsymbol{U}=\boldsymbol{R}=\boldsymbol{O} \tag{5.40}$$

式中,$\boldsymbol{K}_{\text{总}}=\boldsymbol{K}-\lambda\boldsymbol{K}_\sigma$。

则我们的目标是寻找一个 λ 值,使得相应于屈曲模态 $\boldsymbol{U}$ 的总刚度缩减为零,即 $-\lambda\boldsymbol{K}$,相当于"负结构刚度"。

说法二:若将式(5.39)变换为

$$\boldsymbol{KU}=\lambda \boldsymbol{K}_{\sigma}\boldsymbol{U} \tag{5.41}$$

则右端项可以看作是“虚拟荷载”向量。此时我们的目标是寻找一个λ值和$\boldsymbol{U}$，使得结构的弹性抗力正好可平衡“虚拟荷载”。对于一根悬臂柱而言，“虚拟荷载”就是方向垂直柱轴线的水平节点力。

当然，还有“总能量改变为零”的观点，详见 R D Cook 著作。

5.5 两种刚度矩阵的关系与优缺点

前面我们得到的精确与近似单元刚度矩阵形式完全不同，实际上，它们之间是紧密联系的。本节将介绍它们之间的联系与优缺点。

利用 Taylor 级数展开，我们可得

$$\left.\begin{aligned}
\alpha&=4-\frac{2\,(kL)^2}{15}-\frac{11\,(kL)^4}{6300}-\frac{(kL)^6}{27000}+O\,[(kL)^8]\\
\beta&=2+\frac{(kL)^2}{30}+\frac{13\,(kL)^4}{12600}+\frac{11\,(kL)^6}{378000}+O\,[(kL)^8]\\
\alpha+\beta&=6-\frac{(kL)^2}{10}-\frac{(kL)^4}{1400}-\frac{(kL)^6}{126000}+O\,[(kL)^8]\\
\gamma&=12-\frac{6\,(kL)^2}{5}-\frac{(kL)^4}{700}-\frac{(kL)^6}{63000}+O\,[(kL)^8]
\end{aligned}\right\} \tag{5.42}$$

将上述级数展开式代入式(5.12)，可得精确单元刚度矩阵的级数展开形式(略)。

对比可以发现，近似单元刚度矩阵式(5.36)忽略了高阶项$O\,[(kL)^4]$的影响，因而其结果仅相当于上述级数取前两项的结果，即

$$\alpha=4-\frac{2\,(kL)^2}{15},\quad \beta=2+\frac{(kL)^2}{30},\quad \alpha+\beta=6-\frac{(kL)^2}{10},\quad \gamma=12-\frac{6\,(kL)^2}{5} \tag{5.43}$$

图 5.6 为α和β的精确解和上式近似解的对比。近似解的计算精度与每个构件的P/P_E有关。从图中可以看出，在$P/P_E\leqslant 1$，即$kL\leqslant\pi$范围内，式(5.43)的精度可以满足工程需要，但当$P/P_E>1$时，近似解的精度变差。因此，为了得到与精确单元刚度矩阵相同的计算精度，采用近似单元刚度矩阵时，则需要用若干近似单元来“逼近”精确解答，这是近似单元刚度矩阵的缺点。

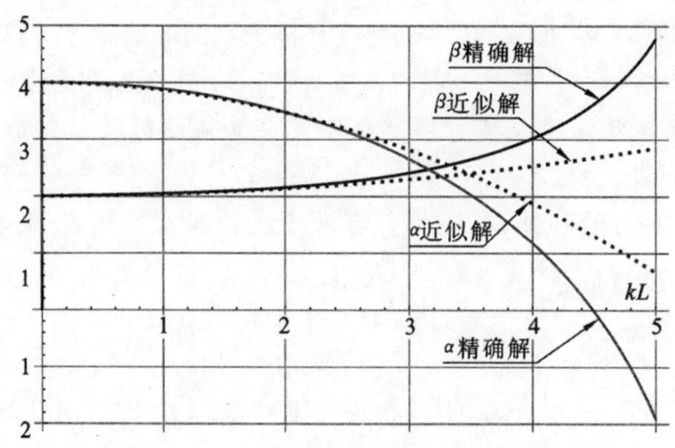

图 5.6 α和β的精确解与近似解的对比

当然，采用精确单元刚度矩阵也有缺点：

(1) 在 $P=0$ 或者 P 很小的情况下，存在数值计算的困难

以 α 和 β 为例，$kL\to 0$ 时，$\alpha\to\frac{0}{0}$，$\beta\to\frac{0}{0}$，利用 L'Hospital 法则可得

$$
\begin{aligned}
\lim_{kL\to 0}\alpha&=\lim_{kL\to 0}\frac{kL\sin(kL)-(kL)^2\cos(kL)}{2-2\cos(kL)-kL\sin(kL)}=4\\
\lim_{kL\to 0}\beta&=\lim_{kL\to 0}\frac{(kL)^2-kL\sin(kL)}{2-2\cos(kL)-kL\sin(kL)}=2
\end{aligned}
\tag{5.44}
$$

此极限的结果与经典结构力学的结果相同，这是理论分析的精妙之处。

然而若采用数值计算方法，则计算机会发生"溢出"的现象。解决的方法：一是在程序中自动判断 kL 的大小，并设定一个限值 tol，当 $kL\leqslant tol$ 时，按式(5.44)结果取值；二是采用类似式(5.42)的级数展开。显然，无论哪种方法，都可能会降低计算结果的精确度。

(2) 屈曲荷载的求解需要迭代，且计算方法复杂

由精确单元刚度矩阵构成的总体刚度矩阵，是关于各单元轴力因子 $\lambda=kL$ 的高度非线性齐次方程组。此时判断结构屈曲的准则仍是结构刚度矩阵的行列式为零。目前尚无一种简单而直接的求解临界荷载因子 λ_{cr} 的代数方法。一般需要采用迭代法，且需要采取特殊的技术措施(详细参见第7章框架的有限元分析)，以保证结果正确性。

相比之下，近似单元刚度矩阵组成的总体刚度矩阵是线性的齐次方程组，即属于广义特征值问题，因此通过标准的特征值分析即可获得屈曲荷载。这是近似单元刚度矩阵的优点，即求解方法标准化，因此被 ANSYS、ABAQUS 等商业有限元软件所广泛采用。

【说明】

我们这里给出的精确与近似单元刚度矩阵均未考虑轴向变形的影响，即没有引入轴向自由度。王志锴在《高等结构分析的计算机方法》一书中明确指出：在稳定分析的分枝理论中不需要考虑轴向变形。对此我们可以这样来理解：根据 Trefftz(1933年)的初应力屈曲理论，应该选取初始状态，即直线的轴压平衡状态为能量计算起点。也就是说，初始状态下轴向力引起的轴向变形已经在初应力屈曲理论中隐含地考虑了，因此在线性屈曲中无须另外单独考虑轴向变形。然而，在结构非线性屈曲中，比如跳跃屈曲分析中则必须考虑轴向变形的影响。这是线性屈曲，即特征值屈曲与非线性屈曲的重要区别之一。

5.6　整体坐标系下的单元刚度矩阵

整体坐标系和单元坐标系均为右手旋转坐标系(图5.7)，同时规定：杆端力和杆端位移沿着坐标轴的正向为正，反之为负；杆端弯矩和杆端转角以顺时针为正，反之为负。

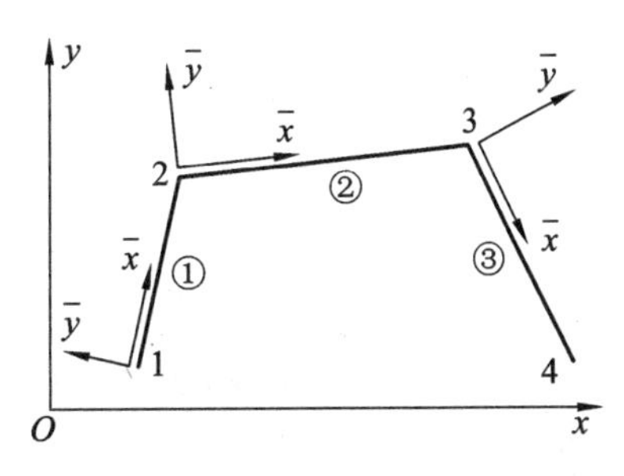

图5.7　整体坐标系和单元坐标系的关系

为了保证总体刚度矩阵组装的正确性，必须通过"坐标变换"方法，将单元刚度矩阵从单元坐标系转换到整体坐标系，即

$$\boldsymbol{k}_e = \boldsymbol{T}^{\mathrm{T}} \overline{\boldsymbol{k}}_e \boldsymbol{T} \tag{5.45}$$

式中，$\boldsymbol{k}_e$ 和 $\overline{\boldsymbol{k}}_e$ 分别为整体坐标系和单元坐标系的单元刚度矩阵。$\boldsymbol{T}$ 为坐标变换矩阵。$\boldsymbol{T}$ 矩阵在结构力学和有限元教材中可以找到，此处略。

5.7 算例

【算例 1】 固接-铰接柱

作为第一个例子，我们将利用前述的两种单元刚度方程来研究图 5.8(a)所示 Euler 柱的稳定性。此柱为固接-铰接柱，柱长是 L，弯曲刚度是 EI。

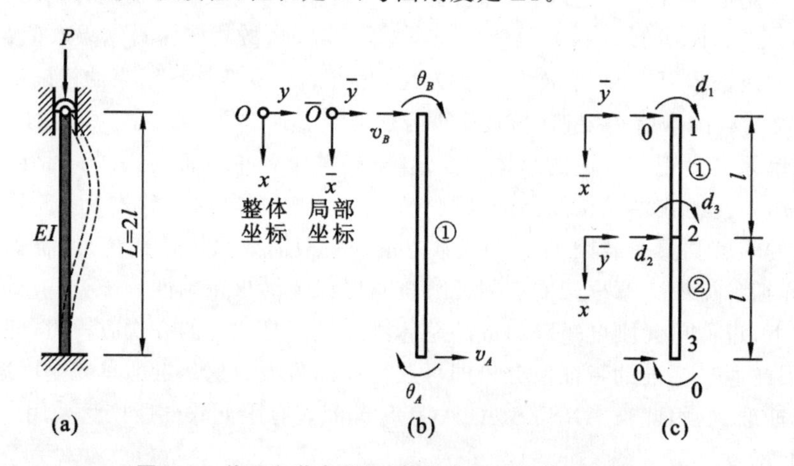

图 5.8 单元和节点编号、整体坐标系和单元坐标系

(1) 精确刚度矩阵法

这里将证明采用一个精确的梁柱单元即可获得该问题的精确解。

选取的整体坐标系和单元坐标系均为右手旋转坐标系，如图 5.8(b)所示。

若采用一个单元来模拟 Euler 柱，且单元的始端选为 B 点，末端为 A 点，则单元的 $\overline{x}$ 轴为由 B 点指向 A 点，按照右手法则可确定 $\overline{y}$ 的方向。可见：在图示的整体坐标系下，单元坐标系($\overline{x}\,\overline{O}\,\overline{y}$)与整体坐标系($xOy$)重合，因此单元刚度矩阵无须坐标变换，从而有

$$\begin{pmatrix} F_B \\ M_B \\ F_A \\ M_A \end{pmatrix} = \frac{EI}{L} \begin{pmatrix} \dfrac{\gamma}{L^2} & -\dfrac{\alpha+\beta}{L} & -\dfrac{\gamma}{L^2} & -\dfrac{\alpha+\beta}{L} \\ -\dfrac{\alpha+\beta}{L} & \alpha & \dfrac{\alpha+\beta}{L} & \beta \\ -\dfrac{\gamma}{L^2} & \dfrac{\alpha+\beta}{L} & \dfrac{\gamma}{L^2} & \dfrac{\alpha+\beta}{L} \\ -\dfrac{\alpha+\beta}{L} & \beta & \dfrac{\alpha+\beta}{L} & \alpha \end{pmatrix} \begin{pmatrix} v_B \\ \theta_B \\ v_A \\ \theta_A \end{pmatrix} \tag{5.46}$$

这便是本题 Euler 柱的“精确”整体刚度矩阵，其中 v_A、θ_A、v_B、θ_B 为该单元的自由度(未知量)。

因为 Euler 柱的顶端为铰接，底端为固定，则有 $v_B = v_A = \theta_A = 0$。因此仅 θ_B 为未知的，即 $DOF=1$。也就是说，除 θ_B 外，其他自由度 v_A、v_B、θ_A，因受边界条件的限定，数值都是确定的，因而都是无效的自由度。

在有限元中,对无效自由度,即边界条件的处理有两种方法:“先处理法”和“后处理法”。前者是在“事先”考虑边界条件的影响,即形成整体刚度矩阵之前考虑边界条件的影响,事先剔除无效的自由度;后者则是“事后”考虑边界条件的影响,即形成整体刚度矩阵之后,再剔除无效的自由度。

“后处理法”有“充 0 置 1 法”“乘大数法”等多种编程方法。手算中最简单的处理方式就是,在式(5.46)中将与无效自由度有关的“行”和“列”划掉,如图 5.9 所示。

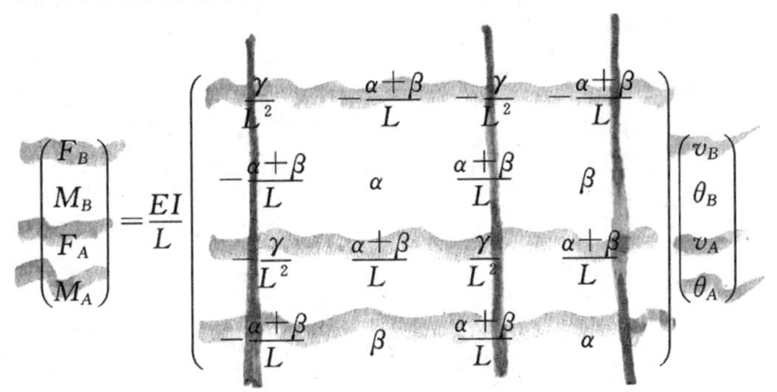

$$\begin{Bmatrix} F_B \\ M_B \\ F_A \\ M_A \end{Bmatrix} = \frac{EI}{L} \begin{pmatrix} \frac{\gamma}{L^2} & -\frac{\alpha+\beta}{L} & -\frac{\gamma}{L^2} & -\frac{\alpha+\beta}{L} \\ -\frac{\alpha+\beta}{L} & \alpha & \frac{\alpha+\beta}{L} & \beta \\ -\frac{\gamma}{L^2} & \frac{\alpha+\beta}{L} & \frac{\gamma}{L^2} & \frac{\alpha+\beta}{L} \\ -\frac{\alpha+\beta}{L} & \beta & \frac{\alpha+\beta}{L} & \alpha \end{pmatrix} \begin{Bmatrix} v_B \\ \theta_B \\ v_A \\ \theta_A \end{Bmatrix}$$

图 5.9 刚度矩阵的化简图解

从而有

$$M_B = \frac{EI}{L}\alpha\theta_B = 0 \tag{5.47}$$

将式(5.11)中 α 的表达式代入上式可得

$$\frac{kL\sin(kL)-(kL)^2\cos(kL)}{2-2\cos(kL)-kL\sin(kL)} = 0 \tag{5.48}$$

整理可得

$$\tan(kL) = kL \tag{5.49}$$

其解答为

$$kL = 4.4931 \tag{5.50}$$

$$kL \approx \sqrt{2.0457\pi^2} \tag{5.51}$$

利用微分方程模型可以证明,此解答为固定-铰接 Euler 柱的精确解。因此,精确的单元刚度矩阵具有极高的计算效率和计算精度。

(2) 近似刚度矩阵法

作为示例,这里将这一柱子离散为两个单元,采用“先处理法”来处理边界条件问题。

① 节点和单元编号如图 5.8(c)所示。

② 选择单元的始端和末端、单元坐标系

理论上,单元的始端和末端可以任意选择,但一经确定,后续的分析过程中就不能变更。这里规定:单元①的始端和末端分别为节点 1 和节点 2;单元②的始端和末端分别为节点 2 和节点 3。据此可确定单元坐标系如图 5.8(c)所示。

③ 节点未知量编号

为了避免混乱,这里将线位移和转角统一用带下标的 d 来表示。本题共有三个有效的自由度,即节点未知量 d_1、d_2 和 d_3[图 5.8(c)]。

④ 单元刚度矩阵

因为单元①和单元②的单元坐标系与整体坐标系一致，故无须坐标变换，此时单元刚度矩阵可以直接用来组装整体刚度矩阵。

单元①的刚度矩阵为

$$\begin{pmatrix}\overline{F}_1\\\overline{M}_1\\\overline{F}_2\\\overline{M}_2\end{pmatrix}=\left(\begin{pmatrix}\frac{12EI}{l^3}&-\frac{6EI}{l^2}&-\frac{12EI}{l^3}&-\frac{6EI}{l^2}\\-\frac{6EI}{l^2}&\frac{4EI}{l}&\frac{6EI}{l^2}&\frac{2EI}{l}\\-\frac{12EI}{l^3}&\frac{6EI}{l^2}&\frac{12EI}{l^3}&\frac{6EI}{l^2}\\-\frac{6EI}{l^2}&\frac{2EI}{l}&\frac{6EI}{l^2}&\frac{4EI}{l}\end{pmatrix}+\begin{pmatrix}-\frac{6P}{5l}&\frac{P}{10}&\frac{6P}{5l}&\frac{P}{10}\\\frac{P}{10}&-\frac{2lP}{15}&-\frac{P}{10}&\frac{lP}{30}\\\frac{6P}{5l}&-\frac{P}{10}&-\frac{6P}{5l}&-\frac{P}{10}\\\frac{P}{10}&\frac{lP}{30}&-\frac{P}{10}&-\frac{2lP}{15}\end{pmatrix}\right)\begin{pmatrix}0\\d_1\\d_2\\d_3\end{pmatrix}\tag{5.52}$$

或者简写为

$$\begin{pmatrix}\overline{M}_1\\\overline{F}_2\\\overline{M}_2\end{pmatrix}=\left(\begin{pmatrix}\frac{4EI}{l}&\frac{6EI}{l^2}&\frac{2EI}{l}\\\frac{6EI}{l^2}&\frac{12EI}{l^3}&\frac{6EI}{l^2}\\\frac{2EI}{l}&\frac{6EI}{l^2}&\frac{4EI}{l}\end{pmatrix}+\begin{pmatrix}-\frac{2lP}{15}&-\frac{P}{10}&\frac{lP}{30}\\-\frac{P}{10}&-\frac{6P}{5l}&-\frac{P}{10}\\\frac{lP}{30}&-\frac{P}{10}&-\frac{2lP}{15}\end{pmatrix}\right)\begin{pmatrix}d_1\\d_2\\d_3\end{pmatrix}\tag{5.53}$$

单元②的刚度矩阵为

$$\begin{pmatrix}\widetilde{F}_2\\\widetilde{M}_2\\\widetilde{F}_3\\\widetilde{M}_3\end{pmatrix}=\left(\begin{pmatrix}\frac{12EI}{l^3}&-\frac{6EI}{l^2}&-\frac{12EI}{l^3}&-\frac{6EI}{l^2}\\-\frac{6EI}{l^2}&\frac{4EI}{l}&\frac{6EI}{l^2}&\frac{2EI}{l}\\-\frac{12EI}{l^3}&\frac{6EI}{l^2}&\frac{12EI}{l^3}&\frac{6EI}{l^2}\\-\frac{6EI}{l^2}&\frac{2EI}{l}&\frac{6EI}{l^2}&\frac{4EI}{l}\end{pmatrix}+\begin{pmatrix}-\frac{6P}{5l}&\frac{P}{10}&\frac{6P}{5l}&\frac{P}{10}\\\frac{P}{10}&-\frac{2lP}{15}&-\frac{P}{10}&\frac{lP}{30}\\\frac{6P}{5l}&-\frac{P}{10}&-\frac{6P}{5l}&-\frac{P}{10}\\\frac{P}{10}&\frac{lP}{30}&-\frac{P}{10}&-\frac{2lP}{15}\end{pmatrix}\right)\begin{pmatrix}d_2\\d_3\\0\\0\end{pmatrix}\tag{5.54}$$

或者简写为

$$\begin{pmatrix}\widetilde{F}_2\\\widetilde{M}_2\end{pmatrix}=\left(\begin{pmatrix}\frac{12EI}{l^3}&-\frac{6EI}{l^2}\\-\frac{6EI}{l^2}&\frac{4EI}{l}\end{pmatrix}+\begin{pmatrix}-\frac{6P}{5l}&\frac{P}{10}\\\frac{P}{10}&-\frac{2lP}{15}\end{pmatrix}\right)\begin{pmatrix}d_2\\d_3\end{pmatrix}\tag{5.55}$$

⑤ 总体刚度矩阵

$$\begin{pmatrix}\overline{M}_1\\\overline{F}_2+\widetilde{F}_2\\\overline{M}_2+\widetilde{M}_2\end{pmatrix}=\left(\begin{pmatrix}\frac{4EI}{l}&\frac{6EI}{l^2}&\frac{2EI}{l}\\\frac{6EI}{l^2}&2\times\frac{12EI}{l^3}&\frac{6EI}{l^2}-\frac{6EI}{l^2}\\\frac{2EI}{l}&\frac{6EI}{l^2}-\frac{6EI}{l^2}&2\times\frac{4EI}{l}\end{pmatrix}+\begin{pmatrix}-\frac{2lP}{15}&-\frac{P}{10}&\frac{lP}{30}\\-\frac{P}{10}&-2\times\frac{6P}{5l}&-\frac{P}{10}+\frac{P}{10}\\\frac{lP}{30}&-\frac{P}{10}+\frac{P}{10}&-2\times\frac{2lP}{15}\end{pmatrix}\right)\begin{pmatrix}d_1\\d_2\\d_3\end{pmatrix}\tag{5.56}$$

或者

$$\begin{pmatrix}0\\0\\0\end{pmatrix}=\left(\begin{pmatrix}\frac{4EI}{l} & \frac{6EI}{l^2} & \frac{2EI}{l}\\ \frac{6EI}{l^2} & \frac{24EI}{l^3} & 0\\ \frac{2EI}{l} & 0 & \frac{8EI}{l}\end{pmatrix}+\begin{pmatrix}-\frac{2lP}{15} & -\frac{P}{10} & \frac{lP}{30}\\ -\frac{P}{10} & -\frac{12P}{5l} & 0\\ \frac{lP}{30} & 0 & -\frac{4lP}{15}\end{pmatrix}\right)\begin{pmatrix}d_1\\d_2\\d_3\end{pmatrix} \tag{5.57}$$

我们注意到，由于三个未知量中，d_2 代表节点侧向位移，而 d_1、d_3 为转角，因此它们的量纲不同，导致矩阵元素的单位不同。为消去量纲的影响，我们用 d_2/l 代替 d_2，从而有

$$\begin{pmatrix}0\\0\\0\end{pmatrix}=\left(\begin{pmatrix}\frac{4EI}{l} & \frac{6EI}{l} & \frac{2EI}{l}\\ \frac{6EI}{l} & \frac{24EI}{l} & 0\\ \frac{2EI}{l} & 0 & \frac{8EI}{l}\end{pmatrix}+\begin{pmatrix}-\frac{2lP}{15} & -\frac{lP}{10} & \frac{lP}{30}\\ -\frac{lP}{10} & -\frac{12lP}{5} & 0\\ \frac{lP}{30} & 0 & -\frac{4lP}{15}\end{pmatrix}\right)\begin{pmatrix}d_1\\d_2/l\\d_3\end{pmatrix} \tag{5.58}$$

进而可将上述方程改写为如下的无量纲方程

$$\begin{pmatrix}0\\0\\0\end{pmatrix}=\frac{EI}{L}\begin{pmatrix}4-\frac{2}{15}(kl)^2 & 6-\frac{1}{10}(kl)^2 & 2+\frac{1}{30}(kl)^2\\ 6-\frac{1}{10}(kl)^2 & 24-\frac{12}{5}(kl)^2 & 0\\ 2+\frac{1}{30}(kl)^2 & 0 & 8-\frac{4}{15}(kl)^2\end{pmatrix}\begin{pmatrix}d_1\\d_2/l\\d_3\end{pmatrix} \tag{5.59}$$

其中，$(kl)^2=\frac{P}{EI}l^2$

⑥ 屈曲方程

为了获得非零的解答，则系数行列式必为零，即

$$\mathrm{Det}\begin{pmatrix}4-\frac{2}{15}(kl)^2 & 6-\frac{1}{10}(kl)^2 & 2+\frac{1}{30}(kl)^2\\ 6-\frac{1}{10}(kl)^2 & 24-\frac{12}{5}(kl)^2 & 0\\ 2+\frac{1}{30}(kl)^2 & 0 & 8-\frac{4}{15}(kl)^2\end{pmatrix}=0 \tag{5.60}$$

整理可得

$$384-\frac{512\ (kl)^2}{5}+\frac{88\ (kl)^4}{15}-\frac{2\ (kl)^6}{25}=0 \tag{5.61}$$

其解答为

$$kl=2.27535 \tag{5.62}$$

注意到 $l=L/2$，则有

$$kL=2.27535\times 2=4.5507 \tag{5.63}$$

此数值仅比前面获得的精确解式(5.51)仅仅高 1.3%。这样，我们就证明了，若采用近似刚度矩阵，采用两个单元也可获得精度很高的屈曲荷载。

【算例 2】 自重作用下的等截面悬臂柱

作为第二个例子,我们来研究图 5.10(a)所示自重作用下的等截面悬臂柱的稳定性。此柱的柱长是 L,弯曲刚度为 EI,单位长度的质量为 w。这些量均为常数。

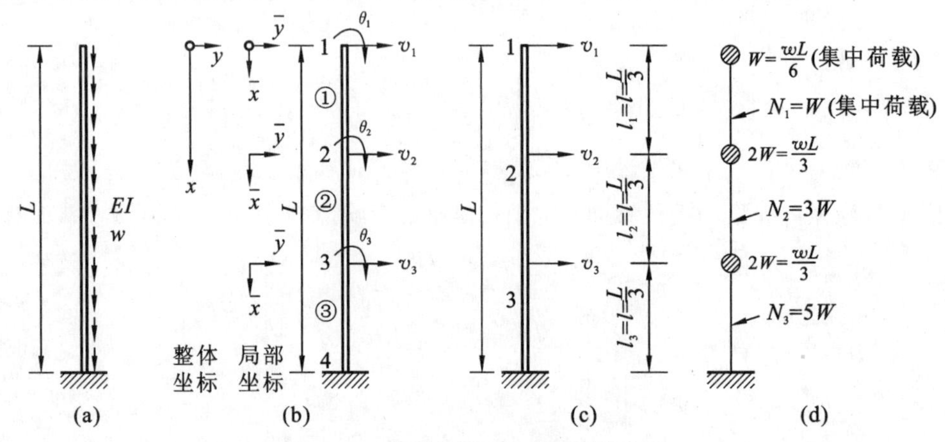

图 5.10 自重作用下的等截面悬臂柱

作为示例,这里将这一柱子离散为三个单元。采用"先处理法"来处理边界条件问题。

① 节点和单元编号如图 5.10(b)所示。

② 选择单元的始端和末端、单元坐标系

单元①的始端和末端分别为节点 1 和节点 2;单元②的始端和末端分别为节点 2 和节点 3;单元③的始端和末端分别为节点 3 和节点 4,据此可确定单元坐标系如图 5.10(b)所示。

③ 单元的弹性刚度矩阵

因为所有单元坐标系与整体坐标系一致,故无须进行坐标变换。这里先建立单元的弹性刚度矩阵,几何刚度矩阵在后面建立。

单元①的弹性刚度矩阵为

$$\begin{pmatrix}\bar{F}_1\\\bar{M}_1\\\bar{F}_2\\\bar{M}_2\end{pmatrix}=\begin{pmatrix}\frac{12EI}{l^3} & -\frac{6EI}{l^2} & -\frac{12EI}{l^3} & -\frac{6EI}{l^2}\\ -\frac{6EI}{l^2} & \frac{4EI}{l} & \frac{6EI}{l^2} & \frac{2EI}{l}\\ -\frac{12EI}{l^3} & \frac{6EI}{l^2} & \frac{12EI}{l^3} & \frac{6EI}{l^2}\\ -\frac{6EI}{l^2} & \frac{2EI}{l} & \frac{6EI}{l^2} & \frac{4EI}{l}\end{pmatrix}\begin{pmatrix}v_1\\\theta_1\\v_2\\\theta_2\end{pmatrix} \tag{5.64}$$

单元②的弹性刚度矩阵为

$$\begin{pmatrix}\bar{F}_1\\\bar{M}_1\\\bar{F}_2\\\bar{M}_2\end{pmatrix}=\begin{pmatrix}\frac{12EI}{l^3} & -\frac{6EI}{l^2} & -\frac{12EI}{l^3} & -\frac{6EI}{l^2}\\ -\frac{6EI}{l^2} & \frac{4EI}{l} & \frac{6EI}{l^2} & \frac{2EI}{l}\\ -\frac{12EI}{l^3} & \frac{6EI}{l^2} & \frac{12EI}{l^3} & \frac{6EI}{l^2}\\ -\frac{6EI}{l^2} & \frac{2EI}{l} & \frac{6EI}{l^2} & \frac{4EI}{l}\end{pmatrix}\begin{pmatrix}v_2\\\theta_2\\v_3\\\theta_3\end{pmatrix} \tag{5.65}$$

单元③的弹性刚度矩阵为

$$\begin{Bmatrix} \overline{F}_1 \\ \overline{M}_1 \\ \overline{F}_2 \\ \overline{M}_2 \end{Bmatrix} = \begin{pmatrix} \frac{12EI}{l^3} & -\frac{6EI}{l^2} & -\frac{12EI}{l^3} & -\frac{6EI}{l^2} \\ -\frac{6EI}{l^2} & \frac{4EI}{l} & \frac{6EI}{l^2} & \frac{2EI}{l} \\ -\frac{12EI}{l^3} & \frac{6EI}{l^2} & \frac{12EI}{l^3} & \frac{6EI}{l^2} \\ -\frac{6EI}{l^2} & \frac{2EI}{l} & \frac{6EI}{l^2} & \frac{4EI}{l} \end{pmatrix} \begin{Bmatrix} v_3 \\ \theta_3 \\ 0 \\ 0 \end{Bmatrix} \tag{5.66}$$

④ 总体弹性刚度矩阵

将上述单元的弹性刚度矩阵叠加，可得

$$\boldsymbol{K}_0 = \begin{pmatrix} \frac{12EI}{l^3} & -\frac{6EI}{l^2} & -\frac{12EI}{l^3} & -\frac{6EI}{l^2} & 0 & 0 \\ -\frac{6EI}{l^2} & \frac{4EI}{l} & \frac{6EI}{l^2} & \frac{2EI}{l} & 0 & 0 \\ -\frac{12EI}{l^3} & \frac{6EI}{l^2} & 2\times\frac{12EI}{l^3} & \frac{6EI}{l^2}-\frac{6EI}{l^2} & -\frac{12EI}{l^3} & -\frac{6EI}{l^2} \\ -\frac{6EI}{l^2} & \frac{2EI}{l} & \frac{6EI}{l^2}-\frac{6EI}{l^2} & 2\times\frac{4EI}{l} & \frac{6EI}{l^2} & \frac{2EI}{l} \\ 0 & 0 & -\frac{12EI}{l^3} & \frac{6EI}{l^2} & 2\times\frac{12EI}{l^3} & \frac{6EI}{l^2}-\frac{6EI}{l^2} \\ 0 & 0 & -\frac{6EI}{l^2} & \frac{2EI}{l} & \frac{6EI}{l^2}-\frac{6EI}{l^2} & 2\times\frac{4EI}{l} \end{pmatrix} \begin{matrix} v_1 \\ \theta_1 \\ v_2 \\ \theta_2 \\ v_3 \\ \theta_3 \end{matrix} \tag{5.67}$$

（列依次对应 v_1，θ_1，v_2，θ_2，v_3，θ_3）

或者

$$\boldsymbol{K}_0 = \begin{pmatrix} \frac{12EI}{l^3} & -\frac{6EI}{l^2} & -\frac{12EI}{l^3} & -\frac{6EI}{l^2} & 0 & 0 \\ -\frac{6EI}{l^2} & \frac{4EI}{l} & \frac{6EI}{l^2} & \frac{2EI}{l} & 0 & 0 \\ -\frac{12EI}{l^3} & \frac{6EI}{l^2} & \frac{24EI}{l^3} & 0 & -\frac{12EI}{l^3} & -\frac{6EI}{l^2} \\ -\frac{6EI}{l^2} & \frac{2EI}{l} & 0 & \frac{8EI}{l} & \frac{6EI}{l^2} & \frac{2EI}{l} \\ 0 & 0 & -\frac{12EI}{l^3} & \frac{6EI}{l^2} & \frac{24EI}{l^3} & 0 \\ 0 & 0 & -\frac{6EI}{l^2} & \frac{2EI}{l} & 0 & \frac{8EI}{l} \end{pmatrix} \begin{matrix} v_1 \\ \theta_1 \\ v_2 \\ \theta_2 \\ v_3 \\ \theta_3 \end{matrix} \tag{5.68}$$

（列依次对应 v_1，θ_1，v_2，θ_2，v_3，θ_3）

这是一个关于 6 个自由度的刚度矩阵。自由度的排序如上式的顶部和侧部所示。

对于平面框架结构，无论是采用近似或者精确刚度矩阵，常规的自由度排序就是如此。此排序虽然易于编程，但缺点是自由度太多。为了缩减自由度数目，可以将每层的侧移作为一个自由度。此时的自由度总数目等于楼层数。显然，这样就可把上百，甚至上千自由度的分析简化为十几个或者几十个自由度的分析。下面将介绍这个“静力自由度缩聚技术”。

⑤ 弹性刚度矩阵的缩聚

假设我们希望以图 5.10(c)所示三个侧移为基本未知量，首先需要将式(5.68)按照侧移和转角的次序重新排列，结果如下

$$\boldsymbol{K}_0=\begin{pmatrix} \frac{12EI}{l^3} & -\frac{12EI}{l^3} & 0 & -\frac{6EI}{l^2} & -\frac{6EI}{l^2} & 0 \\ -\frac{12EI}{l^3} & \frac{24EI}{l^3} & -\frac{12EI}{l^3} & \frac{6EI}{l^2} & 0 & -\frac{6EI}{l^2} \\ 0 & -\frac{12EI}{l^3} & \frac{24EI}{l^3} & 0 & \frac{6EI}{l^2} & 0 \\ -\frac{6EI}{l^2} & \frac{6EI}{l^2} & 0 & \frac{4EI}{l} & \frac{2EI}{l} & 0 \\ -\frac{6EI}{l^2} & 0 & \frac{6EI}{l^2} & \frac{2EI}{l} & \frac{8EI}{l} & \frac{2EI}{l} \\ 0 & -\frac{6EI}{l^2} & 0 & 0 & \frac{2EI}{l} & \frac{8EI}{l} \end{pmatrix}\begin{matrix} v_1 \\ v_2 \\ v_3 \\ \theta_1 \\ \theta_2 \\ \theta_3 \end{matrix} \tag{5.69}$$

（列依次对应 $v_1\quad v_2\quad v_3\quad \theta_1\quad \theta_2\quad \theta_3$）

据此我们可以将刚度方程改写为分块矩阵的形式

$$\begin{pmatrix} \boldsymbol{k}_{vv} & \boldsymbol{k}_{v\theta} \\ \boldsymbol{k}_{\theta v} & \boldsymbol{k}_{\theta\theta} \end{pmatrix}\begin{pmatrix} \boldsymbol{v} \\ \boldsymbol{\theta} \end{pmatrix}=\begin{pmatrix} 0 \\ 0 \end{pmatrix} \tag{5.70}$$

其中，$\boldsymbol{v}=[v_1\quad v_2\quad v_3]^{\mathrm{T}}$ 为侧移列向量，$\boldsymbol{\theta}=[\theta_1\quad \theta_2\quad \theta_3]^{\mathrm{T}}$ 为转角列向量，各子块矩阵如下

$$\left.\begin{aligned} &\boldsymbol{k}_{vv}=\begin{pmatrix} \frac{12EI}{l^3} & -\frac{12EI}{l^3} & 0 \\ -\frac{12EI}{l^3} & \frac{24EI}{l^3} & -\frac{12EI}{l^3} \\ 0 & -\frac{12EI}{l^3} & \frac{24EI}{l^3} \end{pmatrix},\quad \boldsymbol{k}_{v\theta}=\begin{pmatrix} -\frac{6EI}{l^2} & -\frac{6EI}{l^2} & 0 \\ \frac{6EI}{l^2} & 0 & -\frac{6EI}{l^2} \\ 0 & \frac{6EI}{l^2} & 0 \end{pmatrix} \\ &\boldsymbol{k}_{\theta v}=\begin{pmatrix} -\frac{6EI}{l^2} & \frac{6EI}{l^2} & 0 \\ -\frac{6EI}{l^2} & 0 & \frac{6EI}{l^2} \\ 0 & -\frac{6EI}{l^2} & 0 \end{pmatrix},\quad \boldsymbol{k}_{\theta\theta}=\begin{pmatrix} \frac{4EI}{l} & \frac{2EI}{l} & 0 \\ \frac{2EI}{l} & \frac{8EI}{l} & \frac{2EI}{l} \\ 0 & \frac{2EI}{l} & \frac{8EI}{l} \end{pmatrix} \end{aligned}\right\} \tag{5.71}$$

根据式(5.70)的第二个方程，可解得

$$\boldsymbol{\theta}=-\boldsymbol{k}_{\theta\theta}{}^{-1}\boldsymbol{k}_{\theta v}\boldsymbol{v} \tag{5.72}$$

把它回代入式(5.70)的第一个方程，可解得

$$(\boldsymbol{k}_{vv}-\boldsymbol{k}_{v\theta}\boldsymbol{k}_{\theta\theta}{}^{-1}\boldsymbol{k}_{\theta v})\boldsymbol{v}=\boldsymbol{O} \tag{5.73}$$

或者简写为

$$\boldsymbol{K}_0^v\boldsymbol{v}=\boldsymbol{O} \tag{5.74}$$

这里

$$\boldsymbol{K}_0^v=\boldsymbol{k}_{vv}-\boldsymbol{k}_{v\theta}\boldsymbol{k}_{\theta\theta}^{-1}\boldsymbol{k}_{\theta v} \tag{5.75}$$

将式(5.71)各矩阵代入式(5.75)，整理可得

$$\boldsymbol{K}_0^v=\frac{EI}{13l^3}\begin{pmatrix}21 & -48 & 36\\ -48 & 132 & -138\\ 36 & -138 & 240\end{pmatrix} \tag{5.76}$$

这就是我们利用缩聚技术得到的悬臂柱的侧移弹性刚度矩阵。

⑥ 几何刚度矩阵的缩聚

采用同样的方法，可以缩聚几何刚度方程。假设采用非一致的几何刚度矩阵，则有

$$\boldsymbol{K}_G^v=\begin{pmatrix}\dfrac{N_1}{l_1} & -\dfrac{N_1}{l_1} & 0\\ -\dfrac{N_1}{l_1} & \dfrac{N_1}{l_1}+\dfrac{N_2}{l_2} & -\dfrac{N_2}{l_2}\\ 0 & -\dfrac{N_2}{l_2} & \dfrac{N_2}{l_2}+\dfrac{N_3}{l_3}\end{pmatrix}=\frac{W}{l}\begin{pmatrix}1 & -1 & 0\\ -1 & 4 & -3\\ 0 & -3 & 8\end{pmatrix} \tag{5.77}$$

式中，$W=\dfrac{wL}{6}$为作用于自由端的集中荷载。

⑦ 屈曲方程及其解析解答

假设为比例加载，即屈曲荷载 $N_{i,cr}=\lambda N_i$，其中 λ 为荷载因子，N_i 为“参考”轴向力，则可得如下的屈曲方程

$$(\boldsymbol{K}_0^v-\lambda\boldsymbol{K}_G^v)\boldsymbol{v}=\boldsymbol{O} \tag{5.78}$$

式中，$\boldsymbol{K}_0^v$、$\boldsymbol{K}_G^v$ 分别为弹性刚度矩阵、几何刚度矩阵，λ 为荷载因子，$\boldsymbol{v}$ 为侧移列向量。

将式(5.76)和式(5.77)代入上式，可得

$$\left(\frac{EI}{13l^3}\begin{pmatrix}21 & -48 & 36\\ -48 & 132 & -138\\ 36 & -138 & 240\end{pmatrix}-\lambda\frac{W}{l}\begin{pmatrix}1 & -1 & 0\\ -1 & 4 & -3\\ 0 & -3 & 8\end{pmatrix}\right)\begin{pmatrix}v_1\\ v_2\\ v_3\end{pmatrix}=\begin{pmatrix}0\\ 0\\ 0\end{pmatrix} \tag{5.79}$$

令其系数行列式为零，可得

$$a\varpi^3+b\varpi^2+c\varpi+d=0 \tag{5.80}$$

式中，$a=15$；$b=-879$；$c=11232$；$d=-18252$；$\varpi=\dfrac{W}{l}\cdot\dfrac{13l^3}{EI}$为临界荷载参数。

⑧ 解析解

屈曲方程式(5.80)为一元三次方程，其解析解如下：

令 $p=-\dfrac{a^2}{3}+b$，$q=\dfrac{2a^3}{27}-\dfrac{ab}{3}+c$。若 $\overline{D}=\left(\dfrac{q}{2}\right)^2+\left(\dfrac{p}{3}\right)^3<0$，则此方程必有三个互不相等的实根，此时可按下面的公式求根。

令

$$m=\frac{3ac-b^2}{3a^2},\quad n=\frac{2b^3-9abc+27a^2d}{27a^3},\quad \Delta=\frac{n^2}{4}+\frac{m^3}{27}\text{（总为负）},$$

$$\gamma=\sqrt{\frac{n^2}{4}-\Delta},\quad \theta=\arccos\left(\frac{-n}{\sqrt{n^2-4\Delta}}\right)$$

则三个实根为

$$\varpi_i=2\sqrt[3]{\gamma}\cos\left[\frac{\theta+2(i-2)\pi}{3}\right]-\frac{b}{3a}\quad(i=1,2,3) \tag{5.81}$$

从而求得

$$\varpi_1=15.6,\quad \varpi_2=41.1023,\quad \varpi_3=1.8977$$

最小的根为所求的临界荷载参数,即

$$\frac{W_{cr}}{l}\cdot\frac{13l^3}{EI}=1.8977 \tag{5.82}$$

解之得

$$W_{cr}=\frac{6\times3^2}{13}\cdot\frac{EI}{l^3}=7.88277\frac{EI}{l^3} \tag{5.83}$$

由于这结果与精确解 $7.83\dfrac{EI}{l^3}$较为接近,因此采用侧移弹性刚度矩阵和非一致几何刚度矩阵是完全可行的。

本例题证明,式(5.77)的非一致几何刚度矩阵具有较好的精度。实际上,利用此矩阵来分析框架非常方便。为此我们在第8章建立框架结构的多层屈曲理论模型时,也采用了与式(5.77)相同的矩阵。

5.8 转角-位移法

在结构力学中,转角-位移方程是用来反映杆端弯矩和杆端转角之间关系的基本方程,应用广泛。实践证明:对于一些简单的问题,若采用转角-位移方程,即利用位移法中的转角-位移法求解,不仅易于理解,也较有限元法更便捷。

结构力学中介绍的是一阶转角-位移方程,这里将引入轴向力的影响,属于二阶转角-位移方程。

5.8.1 基本方程

以前面介绍的两节点 Euler 柱单元为例,其精确的单元刚度方程为

$$\begin{pmatrix}F_1\\M_1\\F_2\\M_2\end{pmatrix}=\frac{EI}{L}\begin{pmatrix}\frac{\gamma}{L^2} & -\frac{\alpha+\beta}{L} & -\frac{\gamma}{L^2} & -\frac{\alpha+\beta}{L}\\ -\frac{\alpha+\beta}{L} & \alpha & \frac{\alpha+\beta}{L} & \beta\\ -\frac{\gamma}{L^2} & \frac{\alpha+\beta}{L} & \frac{\gamma}{L^2} & \frac{\alpha+\beta}{L}\\ -\frac{\alpha+\beta}{L} & \beta & \frac{\alpha+\beta}{L} & \alpha\end{pmatrix}\begin{pmatrix}v_1\\\theta_1\\v_2\\\theta_2\end{pmatrix} \tag{5.84}$$

若上式左端仅保留端弯矩项,则有

$$\begin{pmatrix}M_1\\M_2\end{pmatrix}=\frac{EI}{L}\begin{pmatrix}-\frac{\alpha+\beta}{L} & \alpha & \frac{\alpha+\beta}{L} & \beta\\ -\frac{\alpha+\beta}{L} & \beta & \frac{\alpha+\beta}{L} & \alpha\end{pmatrix}\begin{pmatrix}v_1\\\theta_1\\v_2\\\theta_2\end{pmatrix} \tag{5.85}$$

或者

$$\left.\begin{aligned}M_1&=\frac{EI}{L}\left[\alpha\theta_1+\beta\theta_2-\frac{\alpha+\beta}{L}(v_1-v_2)\right]\\M_2&=\frac{EI}{L}\left[\beta\theta_1+\alpha\theta_2-\frac{\alpha+\beta}{L}(v_1-v_2)\right]\end{aligned}\right\}\tag{5.86}$$

由此可得,图 5.11 所示 Euler 柱单元转角-位移方程的精确形式为

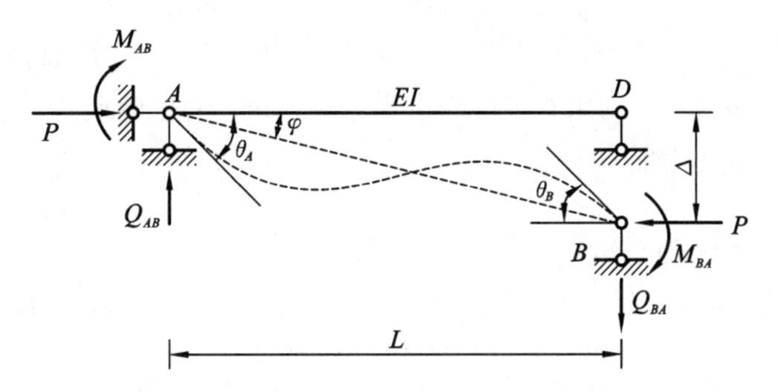

图 5.11　有轴向力的梁单元(Euler 柱单元)

$$\left.\begin{aligned}M_{AB}&=\frac{EI}{L}\left[\alpha\theta_A+\beta\theta_B-(\alpha+\beta)\frac{\Delta}{L}\right]\\M_{BA}&=\frac{EI}{L}\left[\beta\theta_A+\alpha\theta_B-(\alpha+\beta)\frac{\Delta}{L}\right]\end{aligned}\right\}\tag{5.87}$$

其中,$\Delta=v_A-v_B$ 为近端 A 与远端 B 的侧移差;$\varphi=\dfrac{\Delta}{L}=\dfrac{v_A-v_B}{L}$是杆件之弦同杆件的原方向所成的夹角,习惯称之为“弦转角”。

这里采用的正负号约定为:节点转角 θ_A、θ_B、杆端弯矩 M_{AB}、M_{BA},一律以顺时针为正。当然,弦转角 φ 也应以顺时针为正。为了防止出现“正负号”的错误,有时宁可根据 v_A、v_B,由 $\Delta=v_A-v_B$ 的正负直接来确定 $\varphi=\dfrac{\Delta}{L}$的正负号。

若轴力为零,利用极限条件可得,一阶转角-位移方程为

$$\left.\begin{aligned}M_{AB}&=\frac{EI}{L}\left(4\theta_A+2\theta_B-6\frac{\Delta}{L}\right)\\M_{BA}&=\frac{EI}{L}\left(2\theta_A+4\theta_B-6\frac{\Delta}{L}\right)\end{aligned}\right\}\tag{5.88}$$

式(5.88)与经典结构力学的转角-位移方程一致,这证明前面推导的有限元单元刚度矩阵是正确的,也说明前述的正负号规定与结构力学的习惯吻合。

若对图 5.11 的 A 点取矩还可求得剪力的表达式,即依据

$$Q_{BA}L+M_{BA}+M_{AB}+P\Delta=0\tag{5.89}$$

可得

$$Q_{BA}=-\frac{M_{BA}+M_{AB}+P\Delta}{L}\tag{5.90}$$

将式(5.87)代入,可得

$$Q_{BA}=-\frac{1}{L}\left\{\frac{EI}{L}\left[(\alpha+\beta)\theta_A+(\alpha+\beta)\theta_B-2(\alpha+\beta)\frac{\Delta}{L}\right]+P\Delta\right\}$$

$$=-\frac{1}{L}\cdot\frac{EI}{L}\left[(\alpha+\beta)\theta_A+(\alpha+\beta)\theta_B-2(\alpha+\beta)\frac{\Delta}{L}+\frac{P}{EI}L^2\frac{\Delta}{L}\right] \tag{5.91}$$

利用$\frac{P}{EI}=k^2$的关系，可将上式简化为

$$Q_{BA}=-(\alpha+\beta)\left(\frac{EI}{L}\right)\frac{\theta_A+\theta_B}{L}+[2(\alpha+\beta)-(kL)^2]\left(\frac{EI}{L}\right)\left(\frac{\Delta}{L^2}\right) \tag{5.92}$$

这就是剪力的表达式。利用它可以简化我们的分析。若感觉此式过于复杂，也可利用平衡条件式(5.89)直接求解。

【说明】

1. 由图5.11可知，$Q_{BA}=Q_{AB}$；

2. 因为图5.11中Q_{AB}的正值与图5.1中F_1的正值相等，因此，利用式(5.11)中γ表达式，可证由式(5.84)的第一个方程同样可推导得到式(5.92)。

综上，式(5.87)和式(5.92)为轴压力下杆件AB的二阶转角-位移基本方程。下面将对一些常见的情况，讨论上述方程如何简化的问题。

5.8.2 几种修正

(1) 远端铰接的压杆

若图5.11中的B端(远端)为铰接，即$M_{BA}=0$，由式(5.87)的第二式可解得

$$\theta_B=\frac{(\alpha+\beta)\Delta-L\beta\theta_A}{L\alpha} \tag{5.93}$$

将其代入式(5.87)的第一式，从而得到

$$M_{AB}=\frac{EI}{L}\cdot\frac{\alpha^2-\beta^2}{\alpha}\left(\theta_A-\frac{\Delta}{L}\right) \tag{5.94}$$

或者

$$M_{AB}=\frac{(kL)^2\tan(kL)}{\tan(kL)-(kL)}\cdot\frac{EI}{L}\left(\theta_A-\frac{\Delta}{L}\right) \tag{5.95}$$

此公式适合描述远端为铰接的压杆。

(2) 无剪力的压杆

对于图5.12(a)所示的对称框架而言，可利用对称性，用半刚架计算简图[图5.12(b)]来研究其侧移屈曲问题。此时的框架柱AB，因为横梁的右端均为可滑动连杆支承，因此所有柱中均无剪力产生。若引入$Q_{AB}=Q_{BA}=0$的边界条件，则由式(5.92)可解出

$$\frac{\Delta}{L}=\frac{(\alpha+\beta)(\theta_A+\theta_B)}{-(kL)^2+2\alpha+2\beta} \tag{5.96}$$

将其代入式(5.87)，可推导得到无剪力柱的转角-位移方程为

$$\left.\begin{aligned}M_{AB}&=\frac{EI}{L}\left[\frac{kL}{\tan(kL)}\theta_A-\frac{kL}{\sin(kL)}\theta_B\right]\\M_{BA}&=\frac{EI}{L}\left[-\frac{kL}{\sin(kL)}\theta_A+\frac{kL}{\tan(kL)}\theta_B\right]\end{aligned}\right\} \tag{5.97}$$

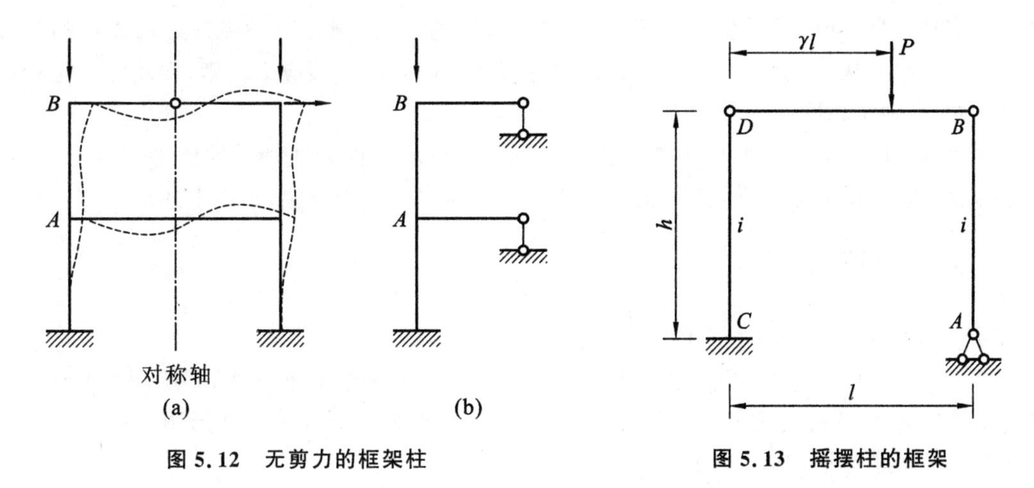

图 5.12 无剪力的框架柱

图 5.13 摇摆柱的框架

由此可见,在无剪力的情况下,公式(5.97)不包含 AB 柱两端的相对侧移,未知量仅剩下两端的转角,因而利用此公式可减少多层框架的理论推导工作量。

(3) 承受压力和拉力的摇摆柱

对于图 5.13 所示的摇摆柱 AB,其两端为铰接并承受轴压力,发生侧移后的力学模型如图 5.14 所示。因此,摇摆柱 AB 实质为桁架单元,即只能承受轴向力。

利用两端弯矩为零的边界条件可解得

$$\theta_A=\theta_B=\frac{\Delta}{L} \tag{5.98}$$

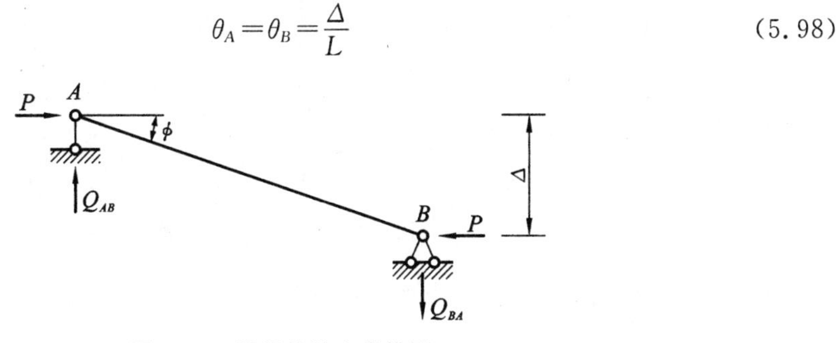

图 5.14 摇摆柱的力学模型

将上式代入式(5.87)和式(5.92),可推导得到摇摆柱的转角-位移方程为

$$\left.\begin{aligned}&M_{AB}=M_{BA}=0\\&Q_{AB}=Q_{BA}=-\frac{EI}{L}\cdot\frac{(kL)^2\Delta}{L^2}=-\frac{P}{L}\Delta\end{aligned}\right\} \tag{5.99}$$

根据上式的剪力表达式可知,P-Δ 效应在摇摆柱中仅产生剪力,且此剪力与摇摆柱的截面特性无关。

因为上述剪力为负值,即剪力方向与侧移方向相反,因此在轴压力下,摇摆柱是体系的负担,且提供的是“负刚度”。

若摇摆柱承受的是拉力,则需以 $-P$ 代入式(5.99),从而有

$$\left\{\begin{aligned}&M_{AB}=M_{BA}=0\\&Q_{AB}=Q_{BA}=\frac{P}{L}\Delta\end{aligned}\right. \tag{5.100}$$

此时剪力为正值，说明在轴拉力下，摇摆柱提供的是“正刚度”，对提升结构体系的整体刚度是有利的。从这点上说，受拉的摇摆柱与前面我们介绍的预应力拉索，在功能上是相同的，其力学机理也相同。

这就是受压与受拉摇摆柱的工作机理。利用摇摆柱“正、负刚度”的概念，一些过去很难理解的问题变得简单易懂，比如交叉支撑的屈曲问题。限于篇幅，不再赘述。

5.8.3 算例

【算例 1】 带摇摆柱的悬臂柱

图 5.15(a)为一个带摇摆柱的悬臂柱计算简图。假设悬臂柱长为 L，其抗弯刚度为 EI；摇摆柱柱长为 a，其抗弯刚度为 EI_1。图 5.15(b)为结构发生屈曲时的变形图。假设在悬臂柱顶发生了微小变形，其值为 Δ。

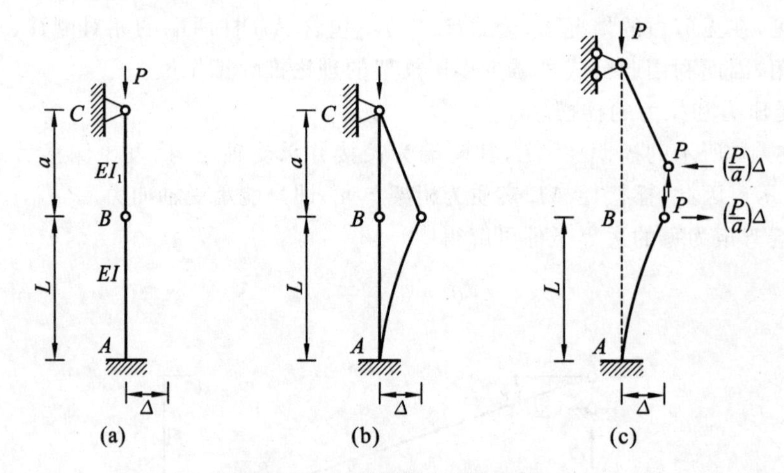

图 5.15 带摇摆柱的悬臂柱

根据前一节的介绍，因为 B 点的侧向变形为 Δ，则依据式(5.99)可知，摇摆柱在 B 点产生的剪力为

$$Q_{BC}=-\frac{P}{a}\Delta \tag{5.101}$$

因为这里摇摆柱承受的是压力，为体系提供的是“负刚度”，因而产生的是“负剪力”，即摇摆柱的剪力可转化为作用在悬臂柱 AB 柱顶的推力[图 5.15(c)]，加速 AB 的屈曲。

根据图 5.15(c)的平衡条件，悬臂柱 AB 柱根的弯矩为

$$M_{AB}=-P\Delta-\frac{P}{a}\Delta\cdot L=-P\Delta\left(1+\frac{L}{a}\right) \tag{5.102}$$

其中弯矩取负号，可根据转角-位移法的正负号约定确定。

利用远端铰接压杆的转角-位移方程式(5.95)，固定端的弯矩为

$$M_{AB}=\frac{(kL)^2\tan(kL)}{\tan(kL)-(kL)}\cdot\frac{EI}{L}\left(\theta_A-\frac{\Delta}{L}\right)=\frac{(kL)^2\tan(kL)}{\tan(kL)-(kL)}\cdot\frac{EI}{L}\left(-\frac{\Delta}{L}\right) \tag{5.103}$$

其中，$k^2=P/EI$ 为悬臂柱的轴力因子。

上式推导中利用了 $\theta_A=0$ 的条件。若令上面的两个弯矩相等，即

$$\frac{(kL)^2\tan(kL)}{\tan(kL)-(kL)}\cdot\frac{EI}{L}\left(-\frac{\Delta}{L}\right)=-P\Delta\left(1+\frac{L}{a}\right) \tag{5.104}$$

可以推出悬臂柱的屈曲方程为

$$\chi_1\tan(kL)-kL(1+\chi_1)=0 \tag{5.105}$$

其中，$\chi_1=\dfrac{L}{a}$。还可将上式改写为

$$\chi_1=\frac{kL}{\tan(kL)-kL} \tag{5.106}$$

根据此屈曲方程，可以绘制 L/a 与轴力因子 kL 之间的关系，如图 5.16 所示。从此图可见：①随着 L/a 的增大，kL 逐渐减小，即悬臂柱的屈曲荷载逐步下降；②当 $L/a\rightarrow 0$ 时，即摇摆柱的长度无限大时，kL 将会趋近 1.6 左右。

上述结论只说对了一半，即第一个结论是正确的，但第二个结论显然是不正确的。因为摇摆柱的长度无限大时，kL 应该趋近于零。

利用摇摆柱的屈曲条件，可以得到如下的屈曲方程

$$(kL)^2=\frac{\pi^2\chi_1^2}{\chi_2} \tag{5.107}$$

其中，$\chi_2=\dfrac{EI}{EI_1}$为悬臂柱与摇摆柱的抗弯刚度之比。若令 $\chi_2=1$，则可得到正确的 L/a 与轴力因子 kL 之间的关系，如图 5.17(b)所示。图中 C 点为转折点，此点的 $L/a=0.430338$，$kL=1.35182$。此时悬臂柱与摇摆柱在铰链处的转角是相等的，即变形曲线是连续的，类似一根柱，如图 5.17(c)所示。因为此时的 $a/(a+L)=0.6993$，根据计算长度等于反弯点（即两个铰链）之间的距离的概念，可知本书的分析是正确的。

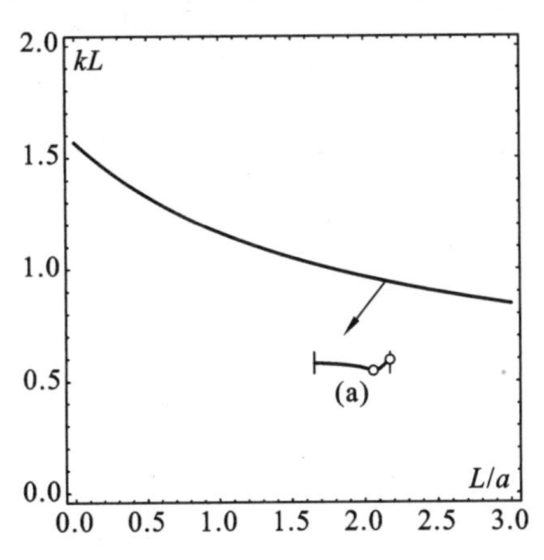

图 5.16　L/a 与轴力因子 kL 之间的关系（不完全正确）

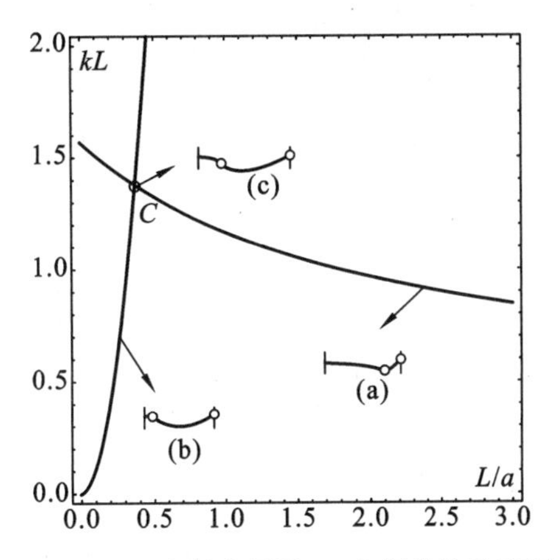

图 5.17　L/a 与轴力因子 kL 之间的关系（正确）

【算例 2】　单跨双层框架

图 5.18(a)为一个单跨双层框架的计算简图。

若利用有限元法求解此题，未知量为四个[图 5.18(b)]：两个转角 $\theta_2=\theta_5$，$\theta_3=\theta_4$；两个侧移 v_1、v_2。虽然利用前述的刚度方程缩聚方法，可以减少一半的未知量，但过程略显复杂。为此，这里将直接利用转角-位移法求此对称框架的临界荷载。

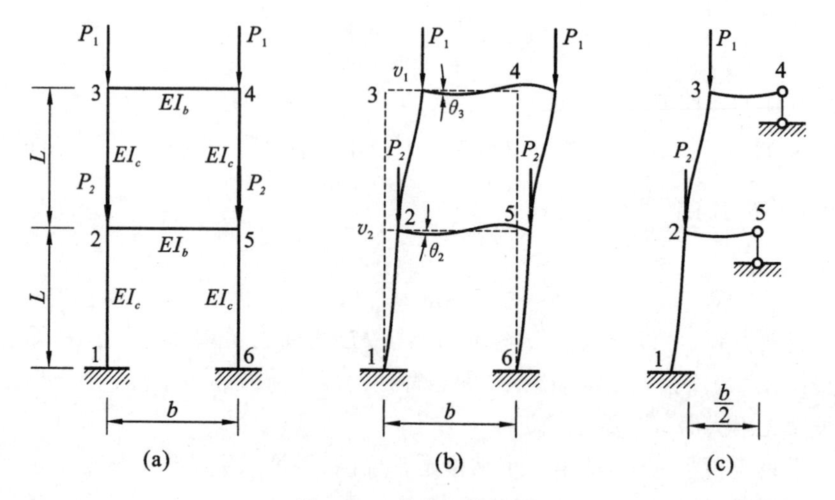

图 5.18 单跨双层框架

因为荷载和结构特性均为对称,反对称变形后,对称面上横梁的中点弯矩和竖向位移均为零,因此可取图 5.18(c)所示的半刚架作为新的计算简图。其中横梁的右端均为可滑动连杆支承,因此所有柱中均无剪力产生。描述这样的无剪力半刚架,只需两个未知量:θ_2、θ_3,即结点 2 和结点 3 的转角。

根据结点 2 和结点 3 的力矩平衡条件,有

$$\left.\begin{aligned}M_2=M_{21}+M_{23}+M_{25}=0\\M_3=M_{32}+M_{34}=0\end{aligned}\right\}\tag{5.108}$$

式中,$M_{21}=i_c\left[\dfrac{k_2L}{\tan(k_2L)}\right]\theta_2$;$M_{25}=3\left(\dfrac{i_b}{1/2}\right)\theta_2$;$M_{34}=3\left(\dfrac{i_b}{1/2}\right)\theta_3$(系数 1/2:因梁长度缩减为原来的一半,因此需对梁的线刚度进行修正);而 M_{23} 和 M_{32} 的表达式为

$$\left.\begin{aligned}M_{23}=i_c\left[\frac{k_1L}{\tan(k_1L)}\theta_2-\frac{k_1L}{\sin(k_1L)}\theta_3\right]\\M_{32}=i_c\left[-\frac{k_1L}{\sin(k_1L)}\theta_2+\frac{k_1L}{\tan(k_1L)}\theta_3\right]\end{aligned}\right\}\tag{5.109}$$

其中,$i_c=EI_c/L$,$i_b=EI_b/b$,$k_1=\sqrt{P_1/EI_c}$,$k_2=\sqrt{(P_1+P_2)/EI_c}$。

从而有如下的平衡方程

$$\left.\begin{aligned}\frac{k_2L}{\tan(k_2L)}\theta_2+\left[\frac{k_1L}{\tan(k_1L)}\theta_2-\frac{k_1L}{\sin(k_1L)}\theta_3\right]+6K\theta_2=0\\\left[-\frac{k_1L}{\sin(k_1L)}\theta_2+\frac{k_1L}{\tan(k_1L)}\theta_3\right]+6K\theta_3=0\end{aligned}\right\}\tag{5.110}$$

式中,$K=i_b/i_c$ 为梁柱线刚度比。

整理式(5.110)可得

$$\begin{pmatrix}\dfrac{k_1L}{\tan(k_1L)}+\dfrac{k_2L}{\tan(k_2L)}+6K & -\dfrac{k_1L}{\sin(k_1L)}\\-\dfrac{k_1L}{\sin(k_1L)} & 6K+\dfrac{k_1L}{\tan(k_1L)}\end{pmatrix}\begin{pmatrix}\theta_2\\\theta_3\end{pmatrix}=\begin{pmatrix}0\\0\end{pmatrix}\tag{5.111}$$

根据式(5.111)的系数行列式为零的条件，可得

$$[12+(k_1L)\cot(k_1L)]^2+(k_1L)(k_2L)\cot(k_1L)\cot(k_2L)+12(k_2L)\cot(k_2L)-[(k_1L)\csc(k_1L)]^2=0 \tag{5.112}$$

此式即为图5.18(a)所示双层框架的屈曲方程。

若 $K=i_b/i_c=1, P_1=P, P_2=2P_1=2P$，则可由上式解得

$$k_1L=1.672, k_2L=1.732\times1.672=2.896$$

临界力为

$$P_{cr}=\frac{1.672^2EI}{L^2}=2.796\frac{EI}{L^2}$$

计算长度系数

上柱 $\mu_1=\pi/1.672=1.879$，下柱 $\mu_2=\pi/2.896=1.085$

参考文献

[1] TIMOSHENKO S P, GERE J. Theory of Elastic Stability. 2nd ed. McGraw-Hill, New York, NY, USA, 1961.

[2] 胡海昌. 弹性力学的变分原理及其应用. 北京：科学出版社，1981.

[3] 库克 R D. 有限元分析的概念和应用. 2版. 程耿东. 译. 北京：科学出版社，1989.

[4] 王志锴. 高等结构分析的计算机方法. 北京：科学出版社，1983.

[5] 克拉夫 R W，彭津 J. 结构动力学. 王光远，等译. 北京：科学出版社，1981.

6 Euler 柱弹性弯曲屈曲：非保守力情况

前面讨论的问题均假设外荷载为保向力，即发生屈曲时外荷载的方向仍然保持不变。本章将研究荷载为非保守力的屈曲问题。目前国内外出版的钢结构稳定著作对此很少涉及，仅有陈惠发教授的著作介绍了 Beck 柱的屈曲问题。本书将基于作者建立的能量变分模型来研究颤振屈曲和发散屈曲问题，这里提出的非保守力屈曲理论对于深入研究预应力结构的张拉屈曲问题有重要的参考价值。

6.1 Beck 柱屈曲问题的能量变分原理

1928 年 E L Nikolai 在研究轴承的压扭性能时，最先发现了 Euler 方法不能用来求非保守力系统的屈曲问题。此领域的先驱者包括 E Abody 和 A Petur(1943 年)、A Pflüger(1950 年)、H Zigeler(1951 年)及 M Beck(1952 年)，其中 Beck 因正确地解决了自由端作用切向力(Follower Force)时悬臂柱的屈曲问题而享誉世界。目前 Beck 柱的屈曲问题(图 6.1)，已成为研究非保守力屈曲的学者们所广泛引用的经典问题。

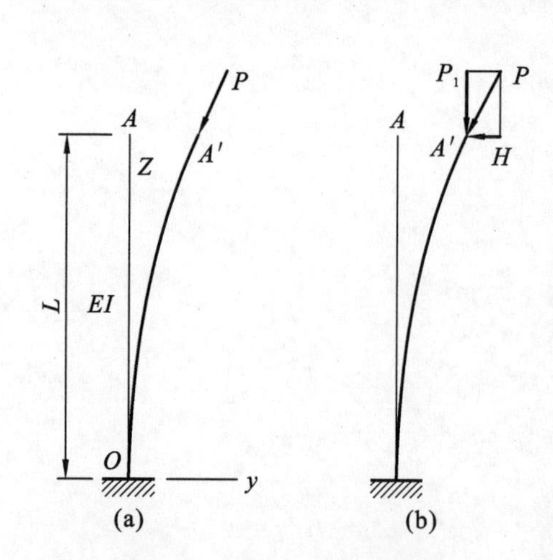

图 6.1 Beck 柱的屈曲问题

对于图 6.1(a)所示的 Beck 柱，屈曲过程中，切向力 P 始终保持与自由端的挠度曲线相切。因此，每个时刻的切向力 P 总是可分解为铅直分量 P_1 和水平分量 H。若挠度很小，铅直分量 P_1 可取作与 P 相等。显然，在屈曲过程中，水平分量 H 的作用始终是抑制屈曲发展的。因此可以推断，切向力 P 作用下的屈曲荷载应该高于保向力情况。

因为点 A 的切线是连续转动，此时不仅铅直分量 P_1 做功，水平分量 H 也将做功。此时无法按传统的方法来计算势能和外力功，因此 Timoshenko 提出，此时不能用其建立的 Timoshenko 能量法来计算其屈曲荷载。

与 Beck 的动力平衡研究方法不同，本节我们将直接从能量的角度来研究 Beck 柱的屈曲问题，并推导得到一个具有普遍意义的能量变分原理。

假设 Euler 柱为均质杆，单位长度质量为 $\overline{m}$，振动位移为 $\overline{v}(z,t)$，即振动位移为时空函数。参照结构动力学的方法，若不计阻尼的影响，则有

动能

$$\overline{T} = \frac{1}{2}\int_0^L \overline{m}\left(\frac{\mathrm{d}\overline{v}}{\mathrm{d}t}\right)^2 \mathrm{d}z \tag{6.1}$$

应变能

$$\overline{U} = \frac{1}{2}\int_0^L EI\left(\frac{\mathrm{d}^2\overline{v}}{\mathrm{d}z^2}\right)^2 \mathrm{d}z \tag{6.2}$$

荷载势能

$$\overline{W}_c = -\frac{1}{2}\int_0^L P\left(\frac{\mathrm{d}\overline{v}}{\mathrm{d}z}\right)^2 \mathrm{d}z \tag{6.3}$$

端部切向力的虚功

$$\delta\overline{W}_{nc} = -P\overline{v}'(L)\delta\overline{v}(L) \tag{6.4}$$

根据 Hamilton 原理,必有

$$\int_{t_1}^{t_2} \delta[\overline{T} - (\overline{U} + \overline{W}_c)]\mathrm{d}t + \int_{t_1}^{t_2} \delta\overline{W}_{nc}\,\mathrm{d}t = 0 \tag{6.5}$$

即

$$\int_{t_1}^{t_2} \delta\left\{\frac{1}{2}\int_0^L \left[\overline{m}\left(\frac{\mathrm{d}\overline{v}}{\mathrm{d}t}\right)^2 - EI\cdot\left(\frac{\mathrm{d}^2\overline{v}}{\mathrm{d}z^2}\right)^2 + P\left(\frac{\mathrm{d}\overline{v}}{\mathrm{d}z}\right)^2\right]\mathrm{d}z\right\}\mathrm{d}t + \int_{t_1}^{t_2} [-P\overline{v}'(L)\delta\overline{v}(L)]\mathrm{d}t = 0 \tag{6.6}$$

上式即为 Beck 柱屈曲的 Hamilton 原理。

由于积分含有时间变量,求解不方便。注意到屈曲问题中切向力为定常(即不随时间变化)的特点,可以将动能中的时间变量消去,以降低分析难度。

首先将动能的变分改写为

$$\begin{aligned}\delta\overline{T} &= \int_{t_1}^{t_2}\left[\int_0^L \overline{m}\left(\frac{\mathrm{d}\overline{v}}{\mathrm{d}t}\right)\delta\left(\frac{\mathrm{d}\overline{v}}{\mathrm{d}t}\right)\mathrm{d}z\right]\mathrm{d}t = \int_{t_1}^{t_2}\left[\int_0^L \overline{m}\left(\frac{\mathrm{d}\overline{v}}{\mathrm{d}t}\right)\left(\frac{\mathrm{d}}{\mathrm{d}t}\delta\overline{v}\right)\mathrm{d}z\right]\mathrm{d}t \\ &= \left[\int_0^L \overline{m}\left(\frac{\mathrm{d}\overline{v}}{\mathrm{d}t}\right)\delta\overline{v}\mathrm{d}z\right]_{t_1}^{t_2} - \int_{t_1}^{t_2}\left[\int_0^L \overline{m}\frac{\mathrm{d}}{\mathrm{d}t}\left(\frac{\mathrm{d}\overline{v}}{\mathrm{d}t}\right)\delta\overline{v}\mathrm{d}z\right]\mathrm{d}t\end{aligned} \tag{6.7}$$

根据 Hamilton 原理的端点条件

$$\left[\int_0^L \overline{m}\left(\frac{\mathrm{d}\overline{v}}{\mathrm{d}t}\right)\delta\overline{v}\,\mathrm{d}z\right]_{t_1}^{t_2} = 0 \tag{6.8}$$

从而有

$$\delta\overline{T} = -\int_{t_1}^{t_2}\left[\int_0^L \overline{m}\left(\frac{\mathrm{d}^2\overline{v}}{\mathrm{d}t^2}\right)\delta\overline{v}\,\mathrm{d}z\right]\mathrm{d}t \tag{6.9}$$

将上式回代到式(6.6),再将方程的两边同时乘以负号,可得

$$\begin{aligned}&\int_{t_1}^{t_2}\left[\int_0^L \overline{m}\left(\frac{\mathrm{d}^2\overline{v}}{\mathrm{d}t^2}\right)\delta\overline{v}\,\mathrm{d}z\right]\mathrm{d}t + \int_{t_1}^{t_2}\delta\left\{\frac{1}{2}\int_0^L\left[EI\left(\frac{\mathrm{d}^2\overline{v}}{\mathrm{d}z^2}\right)^2 - P\left(\frac{\mathrm{d}\overline{v}}{\mathrm{d}z}\right)^2\right]\mathrm{d}z\right\}\mathrm{d}t + \\ &\int_{t_1}^{t_2}[P\overline{v}'(L)\delta\overline{v}(L)]\mathrm{d}t = 0\end{aligned} \tag{6.10}$$

然后利用分离变量法将振动位移表示为

$$\overline{v}(z,t) = v(z)e^{i\omega t} \tag{6.11}$$

式中,$v(z)$为 Euler 柱的振幅位移,与时间无关。

将振动位移式(6.11)代入式(6.10),可得

$$\int_{t_1}^{t_2}(e^{i\omega t})^2\mathrm{d}t\left[\begin{aligned}&-\int_0^L\overline{m}\omega^2 v\delta v\mathrm{d}z+\delta\left\{\frac{1}{2}\int_0^L\left[EI\left(\frac{\mathrm{d}^2v}{\mathrm{d}z^2}\right)^2-P\left(\frac{\mathrm{d}v}{\mathrm{d}z}\right)^2\right]\mathrm{d}z\right\}+\\&Pv'(L)\delta v(L)\end{aligned}\right]=0 \quad (6.12)$$

因为$\int_{t_1}^{t_2}(e^{i\omega t})^2\mathrm{d}t$并不总是零,故为了保证上式成立,必有

$$-\int_0^L\overline{m}\omega^2 v\delta v\mathrm{d}z+\delta\left\{\frac{1}{2}\int_0^L\left[EI\left(\frac{\mathrm{d}^2v}{\mathrm{d}z^2}\right)^2-P\left(\frac{\mathrm{d}v}{\mathrm{d}z}\right)^2\right]\mathrm{d}z\right\}+Pv'(L)\delta v(L)=0 \quad (6.13)$$

根据变分运算法则,可将上式的第一项改写为

$$-\int_0^L\overline{m}\omega^2 v\delta v\mathrm{d}z=\delta\left(-\frac{1}{2}\int_0^L\overline{m}\omega^2v^2\right) \quad (6.14)$$

上式变分号内结果的物理意义为惯性力$\overline{m}\omega^2 v$作用下 Beck 柱的动能。

将式(6.14)代入式(6.13),有

$$\delta\left\{\frac{1}{2}\int_0^L\left[-\overline{m}\omega^2v^2+EI\left(\frac{\mathrm{d}^2v}{\mathrm{d}z^2}\right)^2-P\left(\frac{\mathrm{d}v}{\mathrm{d}z}\right)^2\right]\mathrm{d}z\right\}+Pv'(L)\delta v(L)=0 \quad (6.15)$$

或者简写为

$$\delta(T+U+W_c)-\delta W_{nc}=0 \quad (6.16)$$

其中

$$\text{动能}\quad T=\frac{1}{2}\int_0^L-\overline{m}\omega^2v^2\mathrm{d}z \quad (6.17)$$

$$\text{应变能}\quad U=\frac{1}{2}\int_0^L\left[EI\left(\frac{\mathrm{d}^2v}{\mathrm{d}z^2}\right)^2\right]\mathrm{d}z \quad (6.18)$$

$$\text{荷载势能}\quad W_c=-\frac{1}{2}\int_0^L\left[P\left(\frac{\mathrm{d}v}{\mathrm{d}z}\right)^2\right]\mathrm{d}z \quad (6.19)$$

$$\text{端部切向力的虚功}\quad \delta W_{nc}=-P\left(\frac{\mathrm{d}v}{\mathrm{d}z}\right)_{z=L}\delta v(L) \quad (6.20)$$

此式即为我们依据 Hamilton 原理推导得到的切向力下 Euler 柱的能量变分原理。

需要指出的是,张其浩和单文秀曾在 1980 年直接给出了式(6.15),但没有交代是如何推导的。显然,我们依据 Hamilton 原理来直接推导非保守力屈曲能量变分原理,不但简单实用,其思想和方法也更具有普遍意义。不仅适用于 Beck 柱的屈曲问题,还可以用来解决一系列更为复杂的非保守力屈曲问题。

限于篇幅,这里仅讨论 Beck 柱的屈曲问题。

6.2 Beck 柱屈曲问题的微分方程模型与解答简介

上述提出的能量变分原理是否正确?最直接的检验方法就是与 Beck(1952 年)的平衡方程和边界条件做比对。

根据变分法,经过分部积分,可将式(6.15)改写为如下的形式

$$EI\frac{\mathrm{d}^2v}{\mathrm{d}z^2}\delta\left(\frac{\mathrm{d}v}{\mathrm{d}z}\right)\Big|_0^L-\left[\frac{\mathrm{d}}{\mathrm{d}z}\left(EI\frac{\mathrm{d}^2v}{\mathrm{d}z^2}\right)+P\frac{\mathrm{d}v}{\mathrm{d}z}\right]\delta v\Big|_0^L+Pv'(L)\delta v(L)+$$

$$\int_0^L\left[-\overline{m}\,\omega^2v+\frac{\mathrm{d}^2}{\mathrm{d}z^2}\left(EI\frac{\mathrm{d}^2v}{\mathrm{d}z^2}\right)+\frac{\mathrm{d}}{\mathrm{d}z}\left(P\frac{\mathrm{d}v}{\mathrm{d}z}\right)\right]\delta v\mathrm{d}z=0 \quad (6.21)$$

根据变分预备定理，可得

平衡方程

$$EI\frac{d^4v}{dz^4}+P\frac{d^2v}{dz^2}-\overline{m}\omega^2v=0 \tag{6.22}$$

在 $z=0$（固定端）的边界条件是

$$v=0,\quad \frac{dv}{dz}=0 \tag{6.23}$$

在 $z=L$（自由端）的边界条件是

$$\text{弯矩 } EI\frac{d^2v}{dz^2}=0,\quad \text{剪力} -EI\frac{d^3v}{dz^3}=0 \tag{6.24}$$

对比可以发现，上述平衡方程和边界条件与 Beck 柱的结果完全一致。从而可证明本书上节推导得到的切向力下，Beck 柱的能量变分原理是正确的。

与前面的静力屈曲能量变分原理对比，可以发现：若不计惯性力，则平衡方程完全一致；四个边界条件中的前三个完全一致，仅剪力的边界条件，即式(6.24)的后一个表达式与式(2.53)第一个表达式不同。恰恰是这个差别，导致原来的静力能量变分原理失效。下面简要说明如下：

若不计惯性力的影响，位移函数仍为

$$v(z)=C_1\sin(kz)+C_2\cos(kz)+C_3z+C_4 \tag{6.25}$$

根据固定端的边界条件式(6.23)，有

$$C_2+C_4=0,\quad kC_1+C_3=0 \tag{6.26}$$

根据自由端的边界条件式(6.24)，有

$$C_1\sin(kL)+C_2\cos(kL)=0 \tag{6.27}$$

$$-C_1\cos(kL)+C_2\sin(kL)=0 \tag{6.28}$$

因为式(6.26)～式(6.28)的系数行列式为

$$\sin^2(kL)+\cos^2(kL)\equiv 1 \tag{6.29}$$

故式(6.26)～式(6.28)成立的条件式是 $C_1=C_2=C_3=C_4=0$，即位移为零。因此可得出这样的结论：无论切向力多大，Beck 柱都不会屈曲，这显然是不可能的。

直到 1952 年，M. Beck 基于动力学微分方程，正确地解决了这个复杂的非保守力屈曲问题。下面介绍其主要研究成果。

首先将动力学微分方程（即平衡方程）式(6.22)改写为

$$\frac{d^4v}{dz^4}+k^2\frac{d^2v}{dz^2}-\alpha v=0 \tag{6.30}$$

其中，$k^2=\dfrac{P}{EI}$；$\alpha=\dfrac{\overline{m}\omega^2}{EI}$。

这个方程的通解为

$$v(z)=C_1\sinh(\lambda_1z)+C_2\cosh(\lambda_1z)+C_3\sin(\lambda_2z)+C_4\cos(\lambda_2z) \tag{6.31}$$

式中

$$\lambda_1=\left(\sqrt{\alpha+\frac{k^4}{4}}-\frac{k^2}{2}\right)^{1/2},\quad \lambda_2=\left(\sqrt{\alpha+\frac{k^4}{4}}+\frac{k^2}{2}\right)^{1/2} \tag{6.32}$$

根据边界条件式(6.23)和式(6.24)可得到如下的频率方程

$$2\alpha+k^4+2\alpha\cosh(\lambda_1 L)\cos(\lambda_2 L)+k^2\sqrt{\alpha}\sinh(\lambda_1 L)\sin(\lambda_2 L)=0 \tag{6.33}$$

表 6.1 为 Beck 柱的前两阶频率随着 P 增大的变化规律。

表 6.1 Beck 柱的前两阶频率与 P 的关系

$\frac{PL^2}{\pi^2 EI}$	0	0.5	1.0	1.5	2.0	2.001
$\omega_1^2\frac{\overline{m}L^4}{\pi^4 EI}$	0.125	0.26	0.30	0.46	0.96	0.98
$\omega_2^2\frac{\overline{m}L^4}{\pi^4 EI}$	4.86	4.2	3.3	2.6	1.02	0.99

由表 6.1 可以看出，当 P 增大时，ω_1^2 与 ω_2^2 的数值相互接近。据此推算出 $\omega_1^2=\omega_2^2$ 的精确条件是

$$\frac{PL^2}{\pi^2 EI}=2.008 \tag{6.34}$$

若再增大 P，则根变为复数，相应的动力位移将逐渐增大而最终变得无穷大，即发生"颤振(Flutter)"失稳的现象。因此，由式(6.34)可得 P 的临界力为

$$P_{cr}=\frac{2.008\pi^2 EI}{L^2}=\frac{20.05EI}{L^2} \tag{6.35}$$

对比可以发现，上述"颤振"失稳荷载，约为保守力下 Euler 悬臂柱屈曲荷载的 8 倍。因此若把非保守力视为保向的，计算结果过于保守。这是一个很有趣的结果，至今尚未见到相关的试验验证。

需要指出的是，Beck 的解法虽然精确，但过于复杂，不利于人们清晰地把握问题的实质。下面我们将利用作者提出的能量变分原理来求解此题。

6.3 Beck 柱屈曲问题的能量变分解

对于图 6.1 所示的 Beck 悬臂柱，位移函数的取法与 Timoshenko 相同，即

$$v(z)=A_1\left[1-\cos\left(\frac{\pi z}{2L}\right)\right]+A_3\left[1-\cos\left(\frac{3\pi z}{2L}\right)\right] \tag{6.36}$$

据此可得

$$\begin{aligned}T&=\frac{1}{2}\int_0^L(-\overline{m}\omega^2 v^2)\mathrm{d}z\\&=-\frac{L\Omega[3(-8+3\pi)A_1^2+4(-4+3\pi)A_1A_3+(8+9\pi)A_3^2]}{12\pi}\end{aligned} \tag{6.37}$$

$$U=\frac{1}{2}\int_0^L\left[EI\left(\frac{\mathrm{d}^2 v}{\mathrm{d}z^2}\right)^2\right]\mathrm{d}z=\frac{EI\pi^4(A_1^2+81A_3^2)}{64L^3} \tag{6.38}$$

$$W_c=-\frac{1}{2}\int_0^L\left[P\left(\frac{\mathrm{d}v}{\mathrm{d}z}\right)^2\right]\mathrm{d}z=-\frac{P\pi^2(A_1^2+9A_3^2)}{16L} \tag{6.39}$$

$$\delta W_{nc}=-P\left(\frac{\mathrm{d}v}{\mathrm{d}z}\right)_{z=L}\delta v(L)=-P\left(\frac{\pi A_1}{2L}-\frac{3\pi A_3}{2L}\right)\delta(A_1+A_3) \tag{6.40}$$

将上述表达式代入作者提出的能量变分方程式(6.16)，经过变分可得

$$\left.\begin{aligned}&\left[\frac{P\pi}{2L}-\frac{P\pi^2}{8L}+\frac{EI\pi^4}{32L^3}-\frac{L(-8+3\pi)\Omega}{2\pi}\right]A_1+\left[-\frac{3P\pi}{2L}-\frac{L(-4+3\pi)\Omega}{3\pi}\right]A_3=0\\&\left[\frac{P\pi}{2L}-\frac{L(-4+3\pi)\Omega}{3\pi}\right]A_1+\left[-\frac{3P\pi}{2L}-\frac{9P\pi^2}{8L}+\frac{81EI\pi^4}{32L^3}-\frac{L(8+9\pi)\Omega}{6\pi}\right]A_3=0\end{aligned}\right\} \tag{6.41}$$

式中，$\Omega=\overline{m}\omega^2$。

上式还可写为

$$\begin{pmatrix}\dfrac{-4L^2P(-4+\pi)\pi^2+EI\pi^5-16L^4(-8+3\pi)\Omega}{32L^3\pi} & -\dfrac{3P\pi}{2L}+L(-1+\dfrac{4}{3\pi})\Omega\\ \dfrac{P\pi}{2L}+L(-1+\dfrac{4}{3\pi})\Omega & \dfrac{243EI\pi^5-36L^2P\pi^2(4+3\pi)-16L^4(8+9\pi)\Omega}{96L^3\pi}\end{pmatrix}\begin{pmatrix}A_1\\A_3\end{pmatrix}=\begin{pmatrix}0\\0\end{pmatrix} \tag{6.42}$$

这是我们推导得到的 Beck 柱自由振动的振幅方程。

【说明】

观察上述系数矩阵可以发现，非对角线的系数并不相等。此结果与保守力系统的结论不一致，但这并不是我们的推导出现了问题。

仔细分析我们推导得到的能量变分原理，可以发现：动能、应变能和荷载势能均为常见的二次型，但非保守力的虚功并不是二次型，而是 $v'(L)$ 与 $\delta v(L)$ 的乘积形式，此结果必然会导致非对称矩阵的出现。因此，与常规的保守力系统基本概念不同，非保守力系统中的非对角线系数并不具有对称性，这是非保守力系统动力分析和屈曲分析的一个重要特点。

为了保证式(6.42)中的待定系数 A_1 和 A_3 不同时为零，其系数行列式必为零，从而得到

$$a\Omega^2+b\Omega+c=0 \tag{6.43}$$

式中

$$a=\frac{L^2(-256-48\pi+45\pi^2)}{36\pi^2} \tag{6.44}$$

$$b=\frac{EI(968-369\pi)\pi^3}{96L^2}+\frac{1}{24}P(-128-92\pi+45\pi^2) \tag{6.45}$$

$$c=\frac{81EI^2\pi^8}{1024L^6}+\frac{3P^2\pi^3(-8+3\pi)}{64L^2}-\frac{3EIP\pi^5(-52+15\pi)}{128L^4} \tag{6.46}$$

式(6.43)即为我们依据本书提出的能量变分原理得到的 Beck 柱自由振动的频率方程。

此频率方程为一元二次方程，共计有两个根，即存在两个频率。这两个频率与屈曲荷载之间的关系常见的有两种，如图 6.2 所示。

第一种是随着外荷载增大，两个频率逐渐靠近，如图 6.2(a)和表 6.1 所示。当两个频率相等时，结构将会发生“颤振(Flutter)类型”的屈曲，因为一旦外荷载继续增大，频率将变为复数，则由式(6.11)可知，此时动力位移的振幅将不断增大；第二种是某阶次的频率为零，此时发生的就是“发散(Divergence)类型”的屈曲，如图 6.2(b)所示。

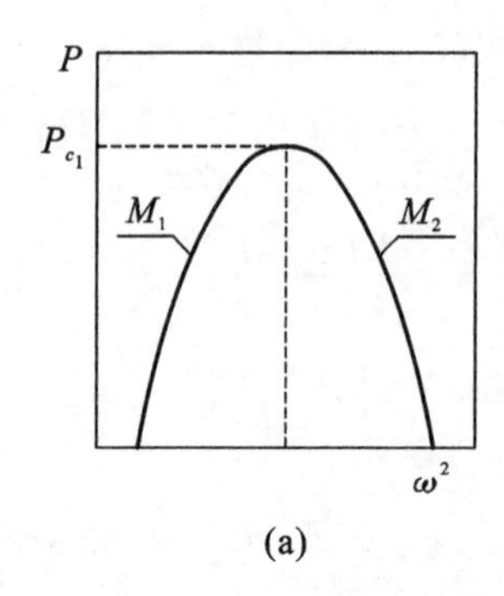

(a)

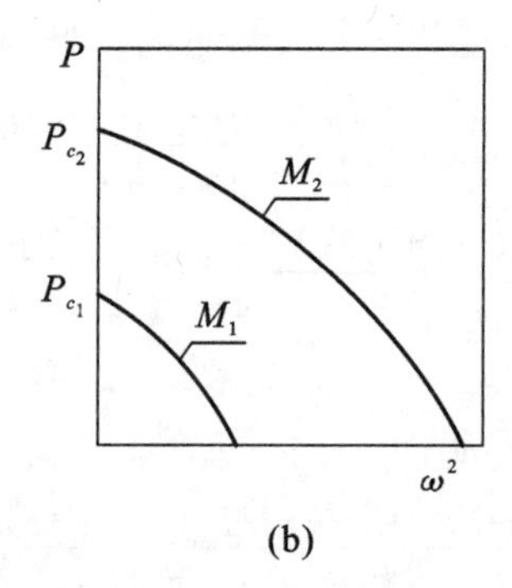

(b)

图 6.2 频率与屈曲荷载的关系

(a)颤振屈曲;(b)发散屈曲

可以证明,Beck 柱屈曲属于颤振屈曲[图 6.2(a)]。根据一元二次方程的性质可知,两个频率相等的条件是

$$b^2-4ac=0 \tag{6.47}$$

将式(6.44)~式(6.46)代入上式,可解得

$$P_{cr}=\frac{24.237EI}{L^2} \tag{6.48}$$

这就是我们依据位移函数(6.36)推导得到的 Beck 柱临界切向力。

Beck 柱临界切向力的精确解为

$$(P_{cr})_{\text{精确}}=\frac{2.08\pi^2 EI}{L^2}=\frac{20.05EI}{L^2} \tag{6.49}$$

可见上述解答比 Beck 的精确解高约 21%,但本书的解法显然比微分方程解法简单,且易于掌握。

还可以证明,若不断增加式(6.36)的项数,则可得到精度更高的数值解。这是我们采用三角函数的好处。

若既要提高计算精度,又希望得到解析形式的解答,则位移函数的待定系数不应超过两项,此时只能另辟蹊径来构造新的位移函数。

但如何构造合适的位移函数对读者来说是一个学习重点,也是一个难点。一种较为通用的方法就是利用正交函数来构造位移函数,比如式(6.36)就是根据三角函数的特点提出的位移函数。

其实也可利用我们对问题的理解来构造自己喜欢的函数形式,这就是作者推荐能量变分原理的原因之一,因为它可以充分发挥人的主观能动性。此时对力学问题的深刻理解和数学想象力显得尤为重要。

下面是作者构造的一个位移函数

$$v(z)=A\frac{z}{L}+B\frac{L^2}{6EI}\left[\left(\frac{z}{L}\right)^3-3\left(\frac{z}{L}\right)^2+2\left(\frac{z}{L}\right)\right]+C\sin\left(\frac{\pi z}{L}\right) \tag{6.50}$$

其中,第一项为直线方程,这是悬臂柱的主要变形特点,适合描述剪切变形为主的柱子。为了考虑弯曲变形影响和便于参数调整,这里附加了两项简支梁的变形曲线,第二项为自重下简支梁的变形曲线,第三项为正弦半波,适合描述 Euler 柱的屈曲模态和振型。

位移函数式(6.50)含有 3 个待定系数，它满足固定端位移为零的几何边界条件，但不满足固定端转角为零的几何边界条件。根据后一个限定条件，得到如下的约束方程

$$\frac{1}{L}A+\frac{L}{3EI}B+\frac{\pi}{L}C=0 \tag{6.51}$$

据此就可以消去一个待定系数，从而可将式(6.50)简化为

$$v(z)=\left[-\frac{\pi z}{L}+\sin\left(\frac{\pi z}{L}\right)\right]A_1+\frac{L^2}{6EI}\left[-3\left(\frac{z}{L}\right)^2+\left(\frac{z}{L}\right)^3\right]A_3 \tag{6.52}$$

基于本书提出的能量变分原理，可推导得到

$$\begin{pmatrix} \frac{3L^2P\pi^2+3EI\pi^4+L^4(9-2\pi^2)\Omega}{6L^3} & \frac{120EI\pi^4+20L^2P\pi^2(-6+\pi^2)+L^4(-120+40\pi^2-11\pi^4)\Omega}{120EIL\pi^3} \\ \frac{120EI\pi^4+40L^2P\pi^2(-3+\pi^2)+L^4(-120+40\pi^2-11\pi^4)\Omega}{120EIL\pi^3} & \frac{140EIL+14L^3P-11L^5\Omega}{420EI^2} \end{pmatrix}$$

$$\begin{pmatrix} A_1 \\ A_3 \end{pmatrix}=\begin{pmatrix} 0 \\ 0 \end{pmatrix} \tag{6.53}$$

这是基于新的位移函数推导的 Beck 柱自由振动的振幅方程。

与前面的分析类似，此系数矩阵中非对角线系数也不相等。如前所述，此结果也是正确的。

根据系数行列式必为零的条件，可得

$$a\Omega^2+b\Omega+c=0 \tag{6.54}$$

式中

$$a=\frac{L^6(-100800+67200\pi^2-29680\pi^4+2200\pi^6+33\pi^8)}{100800EI^2\pi^6} \tag{6.55}$$

$$b=\frac{-40EIL^4\pi^4(-5040+420\pi^2-182\pi^4+33\pi^6)+20L^6P\pi^2(-10080+5880\pi^2-1512\pi^4+109\pi^6)}{100800EI^2L^2\pi^6} \tag{6.56}$$

$$c=\frac{16800EI^2\pi^8(-6+\pi^2)+1680EIL^2P\pi^6(120-20\pi^2+\pi^4)-560L^4P^2\pi^4(180-90\pi^2+7\pi^4)}{100800EI^2L^2\pi^6} \tag{6.57}$$

此式即为我们依据新位移函数式(6.52)推导得到的 Beck 柱自由振动的频率方程。

同理依据条件式(6.47)，即 $b^2-4ac\geqslant 0$，可得

$$P_{cr}=\frac{21.394EI}{L^2} \tag{6.58}$$

这就是我们依据位移函数式(6.52)推导得到的 Beck 柱临界切向力。

此解答比 Beck 柱临界切向力的精确解 $(P_{cr})_{精确}=\frac{20.05EI}{L^2}$ 仅高 6.7%，因此我们构造的位移函数式(6.50)不但灵活实用，且具有较高的精度。

6.4　Timoshenko 柱定点张拉屈曲问题的能量变分解

Timoshenko 柱屈曲问题属于定点张拉柱的屈曲问题，如图 6.3 所示，是在 Timoshenko 和 Gere 的经典著作(pg. 55-57)中讨论过的一个有趣问题，其中荷载 P 始终通过一个定点 C。此问题可以理解为，一根钢索连接定点 C 和悬臂柱的自由端，若钢索通过某种装置(如花篮螺丝)

可以实现“自张拉”，则此张拉荷载 P 如图 6.3(b)所示，始终指向定点 C。

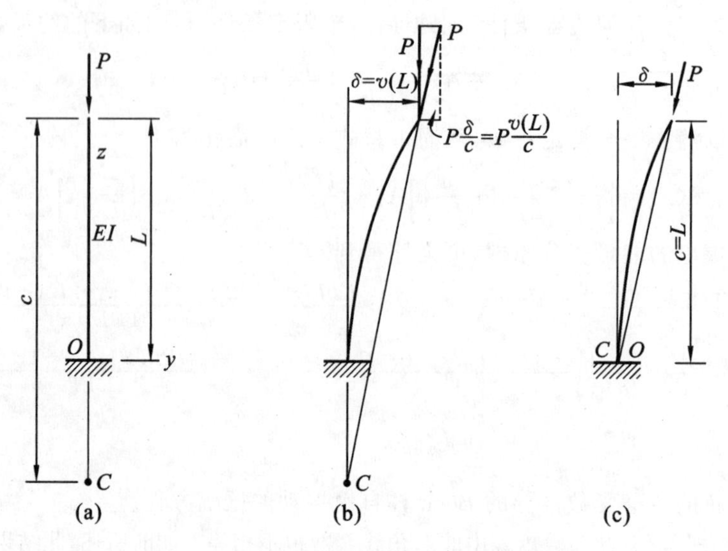

图 6.3 Timoshenko 的定点张拉屈曲问题

Timoshenko 利用四阶微分方程求解了此问题，但其著作中没有给出能量解法。下面我们将利用能量变分原理来求解此问题。

根据图 6.3(b)可知，此时的水平力分量为

$$H \approx -P\frac{\delta}{c} = -P\frac{v(L)}{c} \tag{6.59}$$

此力的虚功为

$$\text{定向力的虚功}\quad \delta W_{nc} = -P\left[\frac{v(L)}{c}\right]\delta v(L) \tag{6.60}$$

6.4.1 按 Timoshenko 的静力学观点求解

下面参照 Timoshenko 的思想，按静力学观点求解此问题。此时相应的能量方程为

$$\delta(U+W_c) - \delta W_{nc} = 0 \tag{6.61}$$

其中

$$\text{应变能}\quad U = \frac{1}{2}\int_0^L \left[EI\left(\frac{\mathrm{d}^2 v}{\mathrm{d}z^2}\right)^2\right]\mathrm{d}z \tag{6.62}$$

$$\text{荷载势能}\quad W_c = -\frac{1}{2}\int_0^L \left[P\left(\frac{\mathrm{d}v}{\mathrm{d}z}\right)^2\right]\mathrm{d}z \tag{6.63}$$

此式即为定点张拉力作用下 Euler 柱的能量变分原理。

根据变分法，经过分部积分，可将式(6.61)改写为如下的形式

$$EI\frac{\mathrm{d}^2 v}{\mathrm{d}z^2}\delta\left(\frac{\mathrm{d}v}{\mathrm{d}z}\right)\Bigg|_0^L - \left[\frac{\mathrm{d}}{\mathrm{d}z}\left(EI\frac{\mathrm{d}^2 v}{\mathrm{d}z^2}\right) + P\frac{\mathrm{d}v}{\mathrm{d}z}\right]\delta v\Bigg|_0^L + \frac{Pv(L)}{c}\delta v(L) +$$
$$\int_0^L \left[\frac{\mathrm{d}^2}{\mathrm{d}z^2}\left(EI\frac{\mathrm{d}^2 v}{\mathrm{d}z^2}\right) + \frac{\mathrm{d}}{\mathrm{d}z}\left(P\frac{\mathrm{d}v}{\mathrm{d}z}\right)\right]\delta v\,\mathrm{d}z = 0 \tag{6.64}$$

根据变分预备定理，可得

平衡方程

$$EI\frac{d^4v}{dz^4}+P\frac{d^2v}{dz^2}=0 \tag{6.65}$$

在 $z=0$(固定端)的边界条件是

$$v=0,\quad \frac{dv}{dz}=0 \tag{6.66}$$

在 $z=L$(自由端)的边界条件是

$$\text{弯矩 } EI\frac{d^2v}{dz^2}=0,\quad \text{剪力}-\left(EI\frac{d^3v}{dz^3}+P\frac{dv}{dz}\right)+\frac{Pv}{c}=0 \tag{6.67}$$

上述平衡方程和边界条件与 Timoshenko 的相同。

下面求解其能量变分近似解析解。

位移函数的取法与 Timoshenko 相同，即

$$v(z)=A_1\left[1-\cos\left(\frac{\pi z}{2L}\right)\right]+A_3\left[1-\cos\left(\frac{3\pi z}{2L}\right)\right] \tag{6.68}$$

将上式代入能量方程式(6.60)～式(6.63)，经过变分可得

$$\begin{pmatrix} \frac{P}{c}+\frac{-4L^2P\pi^2+EI\pi^4}{32L^3} & \frac{P}{c} \\ \frac{P}{c} & \frac{P}{c}+\frac{9(-4L^2P\pi^2+9EI\pi^4)}{32L^3} \end{pmatrix}\begin{pmatrix} A_1 \\ A_3 \end{pmatrix}=\begin{pmatrix} 0 \\ 0 \end{pmatrix} \tag{6.69}$$

为了保证系数 A_1、A_3 不同时为零，必有

$$\text{Det}\begin{pmatrix} \frac{P}{c}+\frac{-4L^2P\pi^2+EI\pi^4}{32L^3} & \frac{P}{c} \\ \frac{P}{c} & \frac{P}{c}+\frac{9(-4L^2P\pi^2+9EI\pi^4)}{32L^3} \end{pmatrix}=0 \tag{6.70}$$

上式还可写为

$$aP^2+bP+\bar{c}=0 \tag{6.71}$$

式中

$$a=-1280L^5\pi^2+144cL^4\pi^4 \tag{6.72}$$

$$b=2624EIL^3\pi^4-360cEIL^2\pi^6,\quad \bar{c}=81cEI^2\pi^8 \tag{6.73}$$

式(6.71)为我们依据能量方程式(6.61)推导得到的定点张拉柱的屈曲方程。

其解答为

$$P_{cr}=\frac{-b-\sqrt{b^2-4a\bar{c}}}{2a} \tag{6.74}$$

对于图 6.3(c)所示的情况，$c=L$，则

$$P_{cr}=\frac{10.04741EI}{L^2}=1.0180\frac{\pi^2EI}{L^2} \tag{6.75}$$

此解答与 Timoshenko 的解答 $P_{cr}=\frac{\pi^2EI}{L^2}=P_E$ 非常相近。此结果也说明，定点张拉悬臂柱的屈曲荷载，是常规悬臂柱的屈曲荷载的 4 倍。因此定点张拉利于提高屈曲荷载。

另外发现，图 6.3(c)所示情形的屈曲荷载与等长的两端铰接 Euler 柱屈曲荷载相近。

Timoshenko 对此结果的解释为，当 P 的作用线恰好通过柱的底部时，底部端点的弯矩为零，故该悬臂柱的屈曲荷载与两端铰接杆的情形相同。

实质上，定点张拉荷载可提高屈曲荷载的力学机理是，定点张拉荷载的竖向分量引起构件屈曲，但其在柱顶的水平分量相当于侧向弹性支座，这个结论可以从顶部的剪力边界条件式(6.67)最后一项得到证实，我们还将在后面通过总势能来解释。显然，这个概念和思想有助于我们理解非保守力的“双重作用”。

若 $c=2L$，则

$$P_{cr}=\frac{4.120364EI}{L^2}=0.417480\frac{\pi^2EI}{L^2} \tag{6.76}$$

此解答与 Timoshenko 的解答 $P_{cr}=0.417\dfrac{\pi^2EI}{L^2}$ 几乎一致。说明本书的二阶近似解析解的精度，可以满足实用的要求。

6.4.2 按本书的动力学观点求解

若按动力学观点求解此问题，相应的能量方程为

$$\delta(T+U+W_c)-\delta W_{nc}=0 \tag{6.77}$$

其中

$$\text{动能}\quad T=\frac{1}{2}\int_0^L(-\overline{m}\omega^2v^2)\mathrm{d}z \tag{6.78}$$

位移函数的取法与 Timoshenko 相同，即

$$v(z)=A_1\left[1-\cos\left(\frac{\pi z}{2L}\right)\right]+A_3\left[1-\cos\left(\frac{3\pi z}{2L}\right)\right] \tag{6.79}$$

为了简化分析，这里假设 $c=L$。

将上式代入能量方程式(6.60)、式(6.62)～式(6.63)、式(6.77)～式(6.78)，经过变分可得

$$\begin{pmatrix}\dfrac{EI\pi^5-4L^2P\pi(-8+\pi^2)-16L^4(-8+3\pi)\Omega}{32L^3\pi} & \dfrac{P}{L}+L\left(-1+\dfrac{4}{3\pi}\right)\Omega \\ \dfrac{P}{L}+L\left(-1+\dfrac{4}{3\pi}\right)\Omega & \dfrac{81EI\pi^4}{32L^3}+\dfrac{P-\dfrac{9P\pi^2}{8}}{L}-\dfrac{L(8+9\pi)\Omega}{6\pi}\end{pmatrix}\begin{pmatrix}A_1\\A_3\end{pmatrix}=\begin{pmatrix}0\\0\end{pmatrix} \tag{6.80}$$

式中，$\Omega=\overline{m}\omega^2$。

为了保证系数 A_1、A_3 不同时为零，必有系数行列式为零。整理可得

$$a\Omega^2+b\Omega+c=0 \tag{6.81}$$

式中

$$a=\frac{L^2(-256-48\pi+45\pi^2)}{36\pi^2} \tag{6.82}$$

$$b=\frac{96EIL^4(968-369\pi)\pi^5+384L^6P\pi^2(-24-104\pi+45\pi^2)}{9216L^6\pi^2} \tag{6.83}$$

$$c=\frac{729EI^2\pi^{10}+144L^4P^2\pi^4(-80+9\pi^2)-72EIL^2P\pi^6(-328+45\pi^2)}{9216L^6\pi^2} \tag{6.84}$$

式(6.81)即为我们依据能量方程式(6.61)推导得到的定点张拉柱频率方程。

其解答为

$$\Omega_{1,2}=\frac{-b\mp\sqrt{b^2-4ac}}{2a} \tag{6.85}$$

可以证明，Timoshenko 柱屈曲属于发散屈曲[图 6.2(b)]。此时屈曲荷载应根据 $\Omega_1=0$ 的条件求得。结果为

$$P_{cr}=\frac{10.04741EI}{L^2}=1.0180\frac{\pi^2 EI}{L^2} \tag{6.86}$$

此结果与按静力学观点求得的一样，因为静力学的屈曲实际就是刚度为零的条件，而频率等于零的条件，本质上也是刚度为零(质量为恒定不变的)。

此结果还可作为中间无横隔的预应力悬臂柱的张拉屈曲荷载。

6.4.3 验证 Timoshenko 按保守力分析的正确性

前面的分析表明，我们采用能量变分法与 Timoshenko 的微分方程法所得结果是一致的。但 Timoshenko 的分析采用了保守力分析方法，为何两者的结果一致呢？下面我们从能量变分原理的角度深入分析。

根据前面的分析，我们知道，通常非保守力的能量方程是变分形式的，即

$$\delta(U+W_c)-\delta W_{nc}=0 \tag{6.87}$$

原因是非保守力的虚功 δW_{nc} 无法写入总势能，因为它不是完整的二次型，比如 Beck 柱的虚功。换句话说，非保守力的功 W_{nc} 不具有显式的表达形式，只有变分形式。

但 Timoshenko 柱[图 6.3(c)]的虚功形式比较特殊，即

$$\delta W_{nc}=-P\frac{v(L)}{L}\delta v(L) \tag{6.88}$$

利用变分知识可将此虚功转换为

$$\delta W_{nc}=-\delta\left[\frac{1}{2}\frac{P}{L}v^2(L)\right] \tag{6.89}$$

即变分符号 δ 可以提到非保守力功 W_{nc} 之前，据此可以将 W_{nc} 显式地表达为

$$W_{nc}=-\left[\frac{1}{2}\frac{P}{L}v^2(L)\right] \tag{6.90}$$

因此，Timoshenko 柱的总势能可以显式地表述为

$$\Pi=\frac{1}{2}\int_0^L\left[EI\left(\frac{d^2v}{dz^2}\right)^2-P\left(\frac{dv}{dz}\right)^2\right]dz+\left[\frac{1}{2}\frac{P}{L}v^2(L)\right] \tag{6.91}$$

可见，与保守力力系一样，Timoshenko 柱也是有势的体系，因此 Timoshenko 利用静力学的思想求解是正确的。

另外，从总势能方程式(6.91)中还可以看到，非保守力具有“双重作用”，一是引发杆件屈曲，由第 2 项体现；二是抑制杆件屈曲，由第 3 项体现，此项与弹性支座的作用相同。研究表明，通常情况下，第 3 项的有利效果都会超过第 2 项的不利效果，因此非保守力下结构的

屈曲荷载会得到不同程度的提高。

至此,我们讨论 Beck 柱[图 6.4(a)]和 Timoshenko 柱的屈曲问题[图 6.4(b)],它们的屈曲特征分别为颤振屈曲[图 6.5(a)]和发散屈曲[图 6.5(b)]。实质上,还存在一种发散与颤振组合的屈曲类型,如图 6.5(c)所示,与此对应的结构与非保守力特性如图 6.4(c)所示,此模型可用于描述定向滑动张拉屈曲或滑动支撑屈曲。限于篇幅,此处不再赘述。

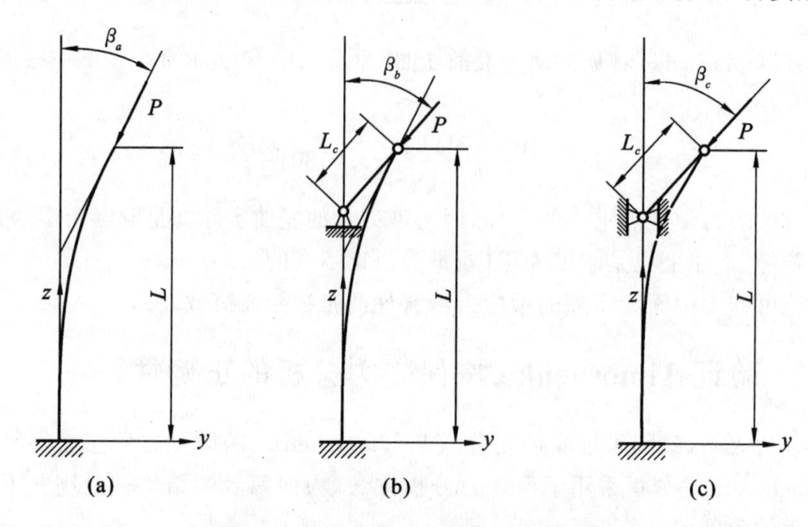

图 6.4　三种非保守力作用下的悬臂柱

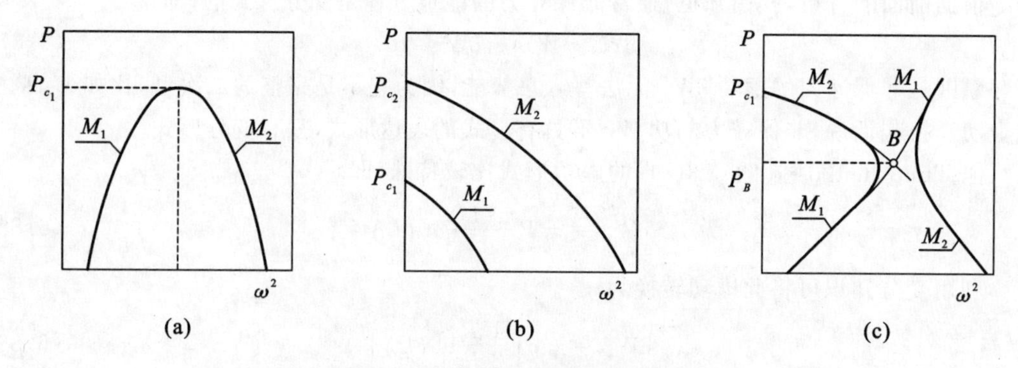

图 6.5　三种非保守力的屈曲类型

参 考 文 献

[1] TIMOSHENKO S P,GERE J. Theory of Elastic Stability. 2nd ed. McGraw-Hill,New York,NY,USA,1961.

[2] 胡海昌.弹性力学的变分原理及其应用.北京:科学出版社,1981.

[3] 陈惠发.梁柱分析与设计　第一卷:平面问题特性与设计.周绥平,等译.北京:人民交通出版社,1997.

[4] 克拉夫 R W,彭津 J.结构动力学.王光远,等译.北京:科学出版社,1981.

7 框架弹性弯曲屈曲：有限元法与计算长度系数法

前面章节主要讨论了 Euler 柱的弯曲弹性屈曲及其一般特性，本章及下一章主要讨论实用的框架稳定性及其设计方法。

由于大多数柱子都不是以独立杆件的形式存在，而是成为框架整体的一个部分，因此，框架的设计必须考虑相邻杆件（梁和柱）相互之间的影响。精确的方法应该是有限元法，将梁、柱组成的框架作为整体共同分析，以确定框架的临界荷载。在现行的规范中，这种相互影响是用一个计算长度系数来衡量的。当然，规范的计算长度系数法是近似的，尚不够完善。

7.1 框架屈曲分析的有限元法

在采用有限元法分析框架时，首先需要“离散化”，即将框架划分为若干单元。划分单元的原则：若采用精确刚度矩阵，每根梁和柱可以用一个单元来模拟；若采用近似刚度矩阵，每根梁和柱则应该用 2 个以上的单元来模拟，以提高计算精度。

7.1.1 单层框架屈曲分析的精确刚度矩阵法

考虑图 7.1 所示的柱底端固定的单层单跨框架（门式刚架）。假定作用于柱顶的两个竖向荷载相同，则此框架可能发生两种类型的屈曲：对称屈曲和反对称屈曲。一般而言，有支撑框架以对称屈曲为主，而无支撑框架则以反对称屈曲为主。

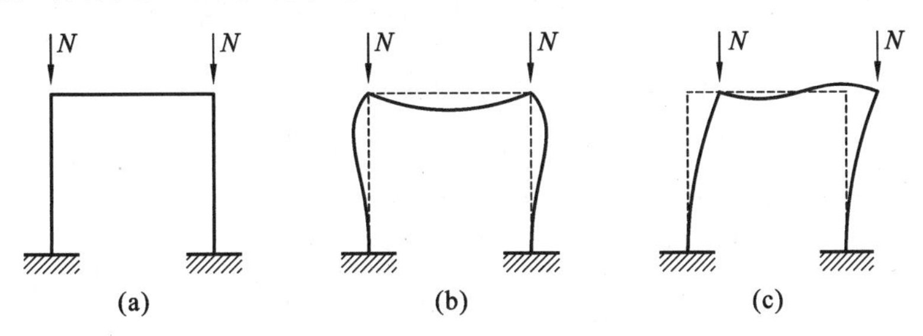

图 7.1 单层框架的两种屈曲模态

(a)门式刚架；(b)对称屈曲；(c)反对称屈曲

(1) 整体刚度方程的建立

采用有限元法解题时，首先需要对结构进行“离散”，即需要进行单元划分。对于图 7.1(a) 所示的单层刚架，可将其划分为 3 个单元（图 7.2），即 2 个柱单元和 1 个梁单元。

因为柱底端固定，相应的转角和位移均为零，因此仅需要考虑柱顶节点的自由度。

对于平面框架，每个节点有 3 个自由度。依据分枝屈曲理论，无须考虑柱的轴向变形影

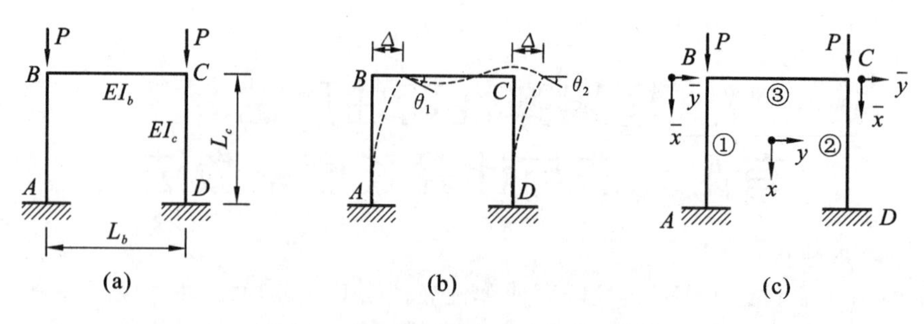

图 7.2　单层框架的自由度与单元划分

响，则每个节点剩余 2 个自由度。若再略去横梁的轴向变形影响，即每个节点的水平侧移相同，则单层单跨框架的自由度数 $DOF=3$，即未知量分别为柱顶的水平侧移 Δ、左右节点的转角 θ_1 和 θ_2。

为了便于组装总体刚度矩阵，这里选取 2 个柱的单元坐标系与整体坐标系一致。因为柱承受轴压力，左端柱的精确刚度矩阵方程为

$$\begin{pmatrix} Q_{BA} \\ M_{BA} \end{pmatrix} = i_c \begin{pmatrix} \dfrac{\gamma}{L_c^2} & \dfrac{\alpha+\beta}{L_c} \\ \dfrac{\alpha+\beta}{L_c} & \alpha \end{pmatrix} \begin{pmatrix} \Delta \\ \theta_1 \end{pmatrix} \tag{7.1}$$

$$\begin{pmatrix} Q_{CD} \\ M_{CD} \end{pmatrix} = i_c \begin{bmatrix} \dfrac{\gamma}{L_c^2} & \dfrac{\alpha+\beta}{L_c} \\ \dfrac{\alpha+\beta}{L_c} & \alpha \end{bmatrix} \begin{pmatrix} \Delta \\ \theta_2 \end{pmatrix} \tag{7.2}$$

式中，$i_c=EI_c/L_c$ 为柱的线刚度。

因为横梁不承受轴压力，此时 $\alpha=4,\beta=2$，其刚度矩阵方程为

$$\begin{pmatrix} M_{BC} \\ M_{CB} \end{pmatrix} = i_b \begin{pmatrix} 4 & 2 \\ 2 & 4 \end{pmatrix} \begin{pmatrix} \theta_1 \\ \theta_2 \end{pmatrix} \tag{7.3}$$

式中，$i_b=EI_b/L_b$ 为梁的线刚度。

总体刚度矩阵如何形成取决于边界条件的引入。通常有两种做法，一是先组装总体刚度矩阵，后引入边界条件，此为"后处理法"；二是先根据边界条件"剔除"无效自由度，再按有效自由度来组装总体刚度矩阵，此为"先处理法"。

按照"后处理法"，应该首先规定位移列向量排列顺序，然后按此来组装总体刚度矩阵，即

$$\begin{pmatrix} Q_{BA}+Q_{CD} \\ M_{BA}+M_{BC} \\ M_{CD}+M_{CB} \end{pmatrix} = i_c \begin{pmatrix} 2\dfrac{\gamma}{L_c^2} & \dfrac{\alpha+\beta}{L_c} & \dfrac{\alpha+\beta}{L_c} \\ \dfrac{\alpha+\beta}{L_c} & \alpha+4K & 2K \\ \dfrac{\alpha+\beta}{L_c} & 2K & \alpha+4K \end{pmatrix} \begin{pmatrix} \Delta \\ \theta_1 \\ \theta_2 \end{pmatrix} \tag{7.4}$$

式中，$K=i_b/i_c$ 为梁柱的线刚度比。

因框架的节点仅有竖向力，而没有节点弯矩和水平荷载，因此必有

$$i_c\begin{pmatrix}2\dfrac{\gamma}{L_c^2} & \dfrac{\alpha+\beta}{L_c} & \dfrac{\alpha+\beta}{L_c}\\ \dfrac{\alpha+\beta}{L_c} & \alpha+4K & 2K\\ \dfrac{\alpha+\beta}{L_c} & 2K & \alpha+4K\end{pmatrix}\begin{pmatrix}\Delta\\ \theta_1\\ \theta_2\end{pmatrix}=\begin{pmatrix}0\\0\\0\end{pmatrix} \tag{7.5}$$

此式即为图 7.2 所示单层框架的整体刚度方程。

注意，这里 α、β 均为 kL 的函数，因此式(7.5)是一个关于 kL 的高度非线性齐次方程组。若采用精确刚度矩阵来进行框架的屈曲分析，刚度矩阵是特征值 λ 的隐函数，此问题可以简单表述为

$$\boldsymbol{K}(\lambda)\cdot\boldsymbol{U}=\boldsymbol{O} \tag{7.6}$$

这是一个非线性特征值问题，对于多层多跨框架，只能借助迭代求解方法获得相应的数值解。

(2) 屈曲荷载的迭代求解方法

非线性特征值问题是一个复杂的数学问题，目前数学家主要研究了 $\boldsymbol{K}(\lambda)$ 可展开为 λ 多项式的情况。显然，对于如式(7.5)所示的精确刚度方程而言，这种处理方法是近似的。

本质上，非线性特征值问题求解的依据也是系数行列式为零，即

$$\mathrm{Det}\boldsymbol{K}(\lambda)=0 \tag{7.7}$$

一般来说，满足此条件的 λ 值不止一个，如图 7.3 所示，其中最小的一个便是 $\lambda_{cr}=\lambda_1$。

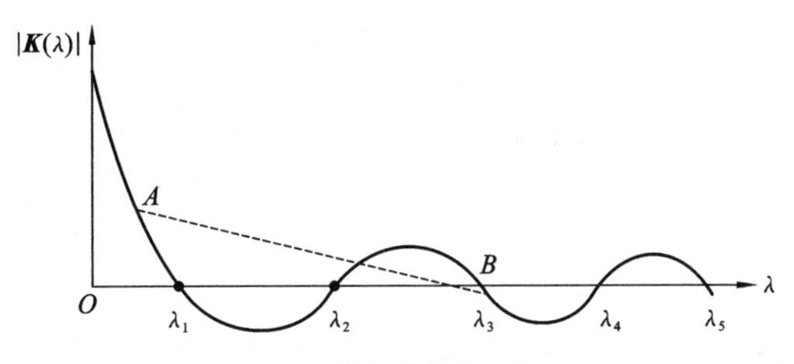

图 7.3　特征值的分布特点

原则上，可以利用“二分法”等迭代方法寻找到两个相邻的试探特征值，比如图 7.3 中的 A 点和 B 点的试探特征值 $\bar{\lambda}_A$ 和 $\bar{\lambda}_B$。假设这两个特征值对应的系数行列式 $|\boldsymbol{K}_A|$、$|\boldsymbol{K}_B|$ 恰好满足“异号”的条件，则临界特征值 λ_{cr} 可用如下的线性插值估算

$$\lambda_{cr}=\lambda_A+\frac{\lambda_B-\lambda_A}{|\boldsymbol{K}_A|-|\boldsymbol{K}_B|}|\boldsymbol{K}_A| \tag{7.8}$$

上述的迭代方法存在两个“隐患”：一是式(7.8)的插值结果可能是错误的，因为特征值的分布是无规律的，既可能稀疏排列，也可能密集排列；二是很难判断式(7.8)的插值结果更靠近哪个特征值。

因此，如何在数值迭代中自动判断所求的特征值 λ_{cr} 就是最小的特征值 λ_1，是编程中需要解决的关键问题。

利用线性代数定理可以引出如下的判断准则：假设某个尝试的 $\bar{\lambda}$ 值对应的刚度矩阵为

$$\boldsymbol{K}(\bar{\lambda})=\begin{pmatrix} k_{11} & k_{12} & \cdots & k_{1n} \\ k_{21} & k_{22} & \cdots & k_{2n} \\ \cdots & \cdots & \cdots & \cdots \\ k_{n1} & k_{n2} & \cdots & k_{nn} \end{pmatrix} \tag{7.9}$$

若其主对角线的子矩阵行列式为

$$|\boldsymbol{K}_1|=|k_{11}|=k_{11} \tag{7.10}$$

$$|\boldsymbol{K}_2|=\begin{vmatrix} k_{11} & k_{12} \\ k_{21} & k_{22} \end{vmatrix} \tag{7.11}$$

$$|\boldsymbol{K}_3|=\begin{vmatrix} k_{11} & k_{12} & k_{13} \\ k_{21} & k_{22} & k_{23} \\ k_{31} & k_{32} & k_{33} \end{vmatrix} \tag{7.12}$$

$$|\boldsymbol{K}_r|=\begin{vmatrix} k_{11} & k_{12} & \cdots & k_{1r} \\ k_{21} & k_{22} & \cdots & k_{2r} \\ \cdots & \cdots & \cdots & \cdots \\ k_{r1} & k_{r2} & \cdots & k_{rr} \end{vmatrix} \tag{7.13}$$

然后计算下列数列 $s_r(r=0,1,2,\cdots,n)$

$$s_0=+1 \tag{7.14}$$

$$s_1=(-1)^1|\boldsymbol{K}_1| \tag{7.15}$$

$$s_2=(-1)^2|\boldsymbol{K}_2| \tag{7.16}$$

$$s_r=(-1)^r|\boldsymbol{K}_r| \quad (r=1,2,\cdots,n) \tag{7.17}$$

则小于 $\bar{\lambda}$ 的特征值数目等于数列 $s_r(r=0,1,2,\cdots,n)$ 的正负号连续重复次数。

显然,与最小的特征值 λ_1 对应的 s_r 正负号连续重复次数应该为 1。

【算例 1】 以图 7.2 所示的单层框架为例,假设柱高 $L_c=3\text{m}$,梁柱线刚度比为 $K=i_b/i_c=1$,试用前述的判断方法来确定侧移屈曲荷载。

与任何迭代方法一样,初值的假设很重要。为了加速迭代,对于多层多跨框架,可以利用后面介绍的计算长度系数法来确定迭代的初值。

对于简单的问题,可根据图解法来选择初始值。本题的特征值分布如图 7.4 所示,也是比较复杂的。

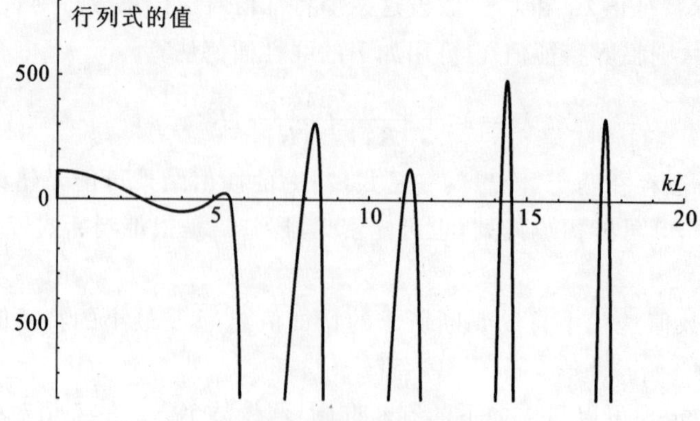

图 7.4 特征值的分布特点

若以 $kL=2.6$ 开始迭代，则

$$\alpha=\frac{-(kL)^2\cos(kL)+(kL)\sin(kL)}{2-2\cos(kL)-(kL)\sin(kL)}=3.00525 \tag{7.18}$$

$$\beta=\frac{(kL)^2-(kL)\sin(kL)}{2-2\cos(kL)-(kL)\sin(kL)}=2.28344 \tag{7.19}$$

$$\gamma=\frac{(kL)^3\sin(kL)}{2-2\cos(kL)-(kL)\sin(kL)}=3.81738 \tag{7.20}$$

从而由式(7.5)，可得

$$\begin{pmatrix} 0.8483 & 1.7629 & 1.7629 \\ 1.7629 & 7.005 & 2 \\ 1.7629 & 2 & 7.005 \end{pmatrix}\begin{pmatrix} \Delta \\ \theta_1 \\ \theta_2 \end{pmatrix}=\begin{pmatrix} 0 \\ 0 \\ 0 \end{pmatrix} \tag{7.21}$$

此刚度方程的系数行列式为

$$|\boldsymbol{K}(kL)|=|\boldsymbol{K}(2.6)|=\begin{vmatrix} 0.8483 & 1.7629 & 1.7629 \\ 1.7629 & 7.005 & 2 \\ 1.7629 & 2 & 7.005 \end{vmatrix} \tag{7.22}$$

上式的主对角线子矩阵行列式为

$$|\boldsymbol{K}_3|=\begin{vmatrix} 0.8483 & 1.7629 & 1.7629 \\ 1.7629 & 7.005 & 2 \\ 1.7629 & 2 & 7.005 \end{vmatrix}=7.1256 \tag{7.23}$$

$$|\boldsymbol{K}_2|=\begin{vmatrix} 0.8483 & 1.7629 \\ 1.7629 & 7.005 \end{vmatrix}=2.83471 \tag{7.24}$$

$$|\boldsymbol{K}_1|=|0.8483|=0.8483 \tag{7.25}$$

数列 $s_r\,(r=0,1,2,3)$ 为

$$s_0=+1 \tag{7.26}$$

$$s_1=(-1)^1|\boldsymbol{K}_1|=-0.8483 \tag{7.27}$$

$$s_2=(-1)^2|\boldsymbol{K}_2|=+2.83471 \tag{7.28}$$

$$s_3=(-1)^3|\boldsymbol{K}_3|=-7.1256 \tag{7.29}$$

于是数列 s_0、s_1、s_2、s_3 的正负号排列顺序为＋、－、＋、－，即正负号交替出现，因而正负号连续重复的次数为零。根据前述的线性代数定理可知，$|\boldsymbol{K}(kL)|=0$ 在 $kL<2.6$ 范围内无根。因此下一轮的迭代初值应该在 $kL>2.6$ 范围内选择，比如选择 $kL=2.8$ 开始下一轮的迭代，则有

$$\begin{pmatrix} 0.5546 & 1.7226 & 1.7226 \\ 1.7226 & 6.8254 & 2 \\ 1.7226 & 2 & 6.8254 \end{pmatrix}\begin{pmatrix} \Delta \\ \theta_1 \\ \theta_2 \end{pmatrix}=\begin{pmatrix} 0 \\ 0 \\ 0 \end{pmatrix} \tag{7.30}$$

此刚度方程的系数行列式为

$$|\boldsymbol{K}(kL)|=|\boldsymbol{K}(2.8)|=\begin{vmatrix} 0.5546 & 1.7226 & 1.7226 \\ 1.7226 & 6.8254 & 2 \\ 1.7226 & 2 & 6.8254 \end{vmatrix} \tag{7.31}$$

上式的主对角线子矩阵行列式为

$$|\boldsymbol{K}_3|=\begin{vmatrix}0.5546 & 1.7226 & 1.7226\\1.7226 & 6.8254 & 2\\1.7226 & 2 & 6.8254\end{vmatrix}=-5.01943 \tag{7.32}$$

$$|\boldsymbol{K}_2|=\begin{vmatrix}0.5546 & 1.7226\\1.7226 & 6.8254\end{vmatrix}=+0.818004 \tag{7.33}$$

$$|\boldsymbol{K}_1|=|0.5546|=+0.5546 \tag{7.34}$$

数列 $s_r(r=0,1,2,3)$ 为

$$s_0=+1 \tag{7.35}$$

$$s_1=(-1)^1|\boldsymbol{K}_1|=-0.5546 \tag{7.36}$$

$$s_2=(-1)^2|\boldsymbol{K}_2|=+0.818004 \tag{7.37}$$

$$s_3=(-1)^3|\boldsymbol{K}_3|=+5.01943 \tag{7.38}$$

于是数列 s_0、s_1、s_2、s_3 的正负号排列顺序为+、−、+、+，即 s_2、s_3 均为+号且连续重复的次数为1。根据前述的线性代数定理可知，$|\boldsymbol{K}(kL)|=0$ 在 $kL<2.8$ 范围内存在一个根。因前面已证明：在 $kL<2.6$ 范围内无根，故在 $2.6<kL<2.8$ 范围内必有一个根。此根可以依据插值法得到，也可用式(7.8)计算如下

$$\lambda_{cr}=\lambda_A+\frac{\lambda_B-\lambda_A}{|\boldsymbol{K}_A|-|\boldsymbol{K}_B|}|\boldsymbol{K}_A|=2.6+\frac{2.8-2.6}{7.1256-(-5.01943)}\times 7.1256=2.7173 \tag{7.39}$$

此解答结果与精确解 $kL=2.71646$ 非常接近。

从上述分析可见，即使是非常简单的3自由度问题，这种寻找最小特征值的过程也是比较麻烦的。高层框架的自由度数以百计甚至更多，主对角线矩阵行列式的计算工作量甚大，所以目前的商业FEM软件，如ANSYS等都没有采用精确刚度矩阵，也没有前述的迭代分析功能。

7.1.2 单层框架屈曲分析的近似刚度矩阵法

若采用近似的单元刚度矩阵，且采用"一致几何刚度矩阵"的形式，则结构刚度方程为

$$\left(\begin{pmatrix}\frac{12EI}{L^3} & \frac{6EI}{L^2} & 0\\ \frac{6EI}{L^2} & \frac{4EI}{L} & 0\\ 0 & 0 & 0\end{pmatrix}_{AB}+\begin{pmatrix}-\frac{6P}{5L} & -\frac{P}{10} & 0\\ -\frac{P}{10} & -\frac{2LP}{15} & 0\\ 0 & 0 & 0\end{pmatrix}_{AB}+\begin{pmatrix}\frac{12EI}{L^3} & 0 & \frac{6EI}{L^2}\\ 0 & 0 & 0\\ \frac{6EI}{L^2} & 0 & \frac{4EI}{L}\end{pmatrix}_{CD}+\begin{pmatrix}-\frac{6P}{5L} & 0 & -\frac{P}{10}\\ 0 & 0 & 0\\ -\frac{P}{10} & 0 & -\frac{2LP}{15}\end{pmatrix}_{CD}+\begin{pmatrix}0 & 0 & 0\\ 0 & \frac{4EI}{L} & \frac{2EI}{L}\\ 0 & \frac{2EI}{L} & \frac{4EI}{L}\end{pmatrix}_{BC}\right)\begin{pmatrix}\Delta\\ \theta_1\\ \theta_2\end{pmatrix}=\begin{pmatrix}0\\0\\0\end{pmatrix} \tag{7.40}$$

上式还可改写为

$$\left(\begin{pmatrix} \left(\frac{24EI}{L^3}\right)_c & \left(\frac{6EI}{L^2}\right)_c & \left(\frac{6EI}{L^2}\right)_c \\ \left(\frac{6EI}{L^2}\right)_c & \left(\frac{4EI}{L}\right)_c+\left(\frac{4EI}{L}\right)_b & \left(\frac{2EI}{L}\right)_b \\ \left(\frac{6EI}{L^2}\right)_c & \left(\frac{2EI}{L}\right)_b & \left(\frac{4EI}{L}\right)_c+\left(\frac{4EI}{L}\right)_b \end{pmatrix} + \begin{pmatrix} -\frac{12P}{5L} & -\frac{P}{10} & -\frac{P}{10} \\ -\frac{P}{10} & -\frac{2LP}{15} & 0 \\ -\frac{P}{10} & 0 & -\frac{2LP}{15} \end{pmatrix}\right)\begin{pmatrix}\Delta \\ \theta_1 \\ \theta_2\end{pmatrix}=\begin{pmatrix}0\\0\\0\end{pmatrix} \tag{7.41}$$

式中，矩阵的下标 b、c 分别代表梁和柱。

上述刚度方程可以简写为

$$(\boldsymbol{K}_0+\boldsymbol{K}_G)\boldsymbol{U}=\boldsymbol{O} \tag{7.42}$$

其中，$\boldsymbol{K}_0$、$\boldsymbol{K}_G$ 分别为线性刚度矩阵和几何刚度矩阵

$$\boldsymbol{K}_0=\begin{pmatrix} \left(\frac{24EI}{L^3}\right)_c & \left(\frac{6EI}{L^2}\right)_c & \left(\frac{6EI}{L^2}\right)_c \\ \left(\frac{6EI}{L^2}\right)_c & \left(\frac{4EI}{L}\right)_c+\left(\frac{4EI}{L}\right)_b & \left(\frac{2EI}{L}\right)_b \\ \left(\frac{6EI}{L^2}\right)_c & \left(\frac{2EI}{L}\right)_b & \left(\frac{4EI}{L}\right)_c+\left(\frac{4EI}{L}\right)_b \end{pmatrix} \tag{7.43}$$

$$\boldsymbol{K}_G=\begin{pmatrix} -\frac{12P}{5L} & -\frac{P}{10} & -\frac{P}{10} \\ -\frac{P}{10} & -\frac{2LP}{15} & 0 \\ -\frac{P}{10} & 0 & -\frac{2LP}{15} \end{pmatrix} \tag{7.44}$$

若采用“非一致形式”的几何刚度矩阵，则结构几何刚度矩阵式(7.44)变为

$$\boldsymbol{K}_G=\begin{pmatrix} -\frac{2P}{L} & 0 & 0 \\ 0 & 0 & 0 \\ 0 & 0 & 0 \end{pmatrix} \tag{7.45}$$

与前述的精确刚度矩阵相比，近似刚度矩阵式(7.42)是显式的，且仅几何刚度矩阵中含有轴向力。因此近似刚度矩阵法则可以将 $\boldsymbol{K}(\lambda)$ 展开为 λ 的线性形式，即

$$\boldsymbol{K}(\lambda)=\boldsymbol{K}_0+\lambda\boldsymbol{K}_1 \tag{7.46}$$

从而得到如下的刚度方程

$$(\boldsymbol{K}_0+\lambda\boldsymbol{K}_1)\boldsymbol{U}=\boldsymbol{O} \tag{7.47}$$

显然，此问题为一个常规的线性特征值问题。数学家为我们提供了多种求解方法，如 Lanzos 方法；力学家也为我们提供了实用的计算方法，如子空间迭代法。这些方法将极大简化我们的分析，并为商业 FEM 软件，如 ANSYS 等广泛采用。

7.1.3　单层框架的屈曲荷载

7.1.3.1　精确解

仍以图 7.2 所示单层框架为研究对象，根据精确整体刚度方程式(7.5)，可得屈曲方程为

$$\mathrm{Det}\begin{pmatrix} 2\dfrac{\gamma}{L_c^2} & \dfrac{\alpha+\beta}{L_c} & \dfrac{\alpha+\beta}{L_c} \\ \dfrac{\alpha+\beta}{L_c} & \alpha+4K & 2K \\ \dfrac{\alpha+\beta}{L_c} & 2K & \alpha+4K \end{pmatrix}=0 \tag{7.48}$$

或者

$$(2K+\alpha)(-\alpha^2-2\alpha\beta-\beta^2+6K\gamma+\alpha\gamma)=0 \tag{7.49}$$

此屈曲方程包括两种屈曲模式，即

$$\text{对称屈曲}\quad 2K+\alpha=0 \tag{7.50}$$

$$\text{反对称屈曲}\quad -\alpha^2-2\alpha\beta-\beta^2+6K\gamma+\alpha\gamma=0 \tag{7.51}$$

将α、β和γ的表达式(5.11)代入上式，整理可得

$$\text{对称屈曲条件}\quad (kL)^2\cos(kL)-kL\sin(kL)+K[-4+4\cos(kL)+2kL\sin(kL)]=0 \tag{7.52}$$

$$\text{反对称屈曲条件}\quad kL\cos(kL)+6K\sin(kL)=0 \tag{7.53}$$

上述方程即为单层框架屈曲需要满足的精确条件。

给定K值后，通过求解超越方程，即可获得相应的屈曲荷载参数。

(1) 对称屈曲解答

当$K\to\infty$时，式(7.52)可简化为

$$-4+4\cos(kL)+2kL\sin(kL)=0 \tag{7.54}$$

解答为$kL=2\pi$，相当于两端固定的Euler柱[图7.5(a)]。

当$K\to 0$时，式(7.52)可简化为

$$(kL)^2\cos(kL)-kL\sin(kL)=0 \tag{7.55}$$

解答为$kL=4.49341$，相当于固定-铰接Euler柱[图7.5(b)]。

可见，不同的K值下，框架柱对称屈曲的计算长度系数μ应该在0.5～0.7之间变化。比如当$K\to 1$时[图7.5(c)]，式(7.52)可简化为

$$-4+[4+(kL)^2]\cos(kL)+kL\sin(kL)=0 \tag{7.56}$$

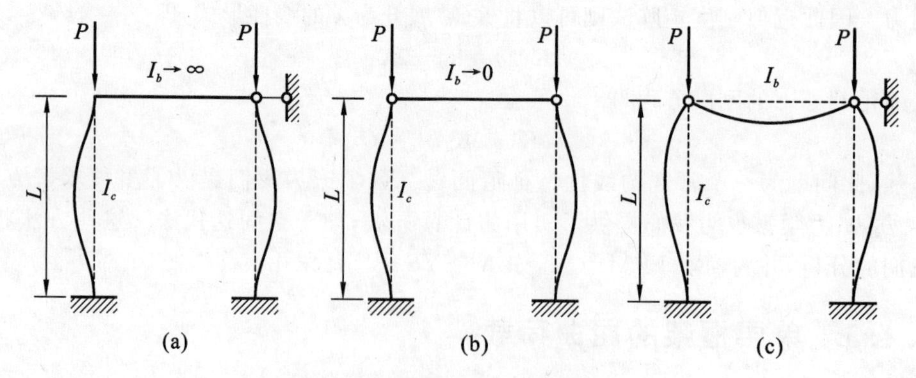

图7.5 对称屈曲荷载限值

(a)$P_{cr}=\dfrac{4\pi^2 EI_c}{L^2}$；(b)$P_{cr}=\dfrac{20.2EI_c}{L^2}$

解答为 $kL=5.01819$。

(2) 反对称屈曲解答

当 $K\to\infty$ 时，式(7.53)可简化为

$$\sin(kL)=0 \tag{7.57}$$

解答为 $kL=\pi$，相当于两端铰接 Euler 柱[图 7.6(a)]。

当 $K\to 0$ 时，式(7.53)可简化为

$$kL\cos(kL)=0 \tag{7.58}$$

解答为 $kL=\pi/2$，相当于悬臂 Euler 柱[图 7.6(b)]。

可见，不同的 K 值下，框架柱反对称屈曲的计算长度系数 μ 应该在 0.5～1 之间变化。比如当 $K\to 1$ 时[图 7.6(c)]，式(7.53)可简化为

$$kL\cos(kL)+6\sin(kL)=0 \tag{7.59}$$

解答为 $kL=2.71646$。

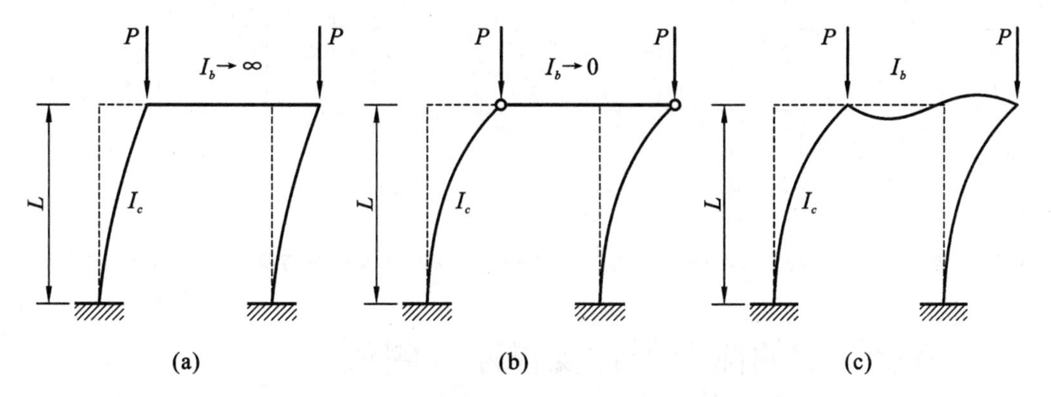

图 7.6　反对称屈曲荷载限值

(a) $P_{cr}=\dfrac{\pi^2EI_c}{L^2}$；(b) $P_{cr}=\dfrac{\pi^2EI_c}{4L^2}$

7.1.3.2　近似解

根据近似整体刚度方程式(7.42)，可得屈曲方程近似解为

$$\mathrm{Det}\begin{pmatrix} -\dfrac{12\,(kL)^2}{5L^2}+\dfrac{24}{L^2} & -\dfrac{(kL)^2}{10L}+\dfrac{6}{L} & -\dfrac{(kL)^2}{10L}+\dfrac{6}{L} \\ -\dfrac{(kL)^2}{10L}+\dfrac{6}{L} & -\dfrac{2\,(kL)^2}{15}+4(1+K) & 2K \\ -\dfrac{(kL)^2}{10L}+\dfrac{6}{L} & 2K & -\dfrac{2\,(kL)^2}{15}+4(1+K) \end{pmatrix}=0 \tag{7.60}$$

或者

$$[(kL)^2-15(kL)-30]\left[\frac{3\,(kL)^4}{5}+(kL)^2\left(-\frac{104}{5}-\frac{144K}{5}\right)+48+288K\right]=0 \tag{7.61}$$

其解答为

$$\text{对称屈曲}\quad kL=\sqrt{15}\,\sqrt{2+K} \tag{7.62}$$

$$\text{反对称屈曲}\quad kL=\sqrt{\frac{4}{3}\left(13+18K-\sqrt{2}\sqrt{62+99K+162K^{2}}\right)} \tag{7.63}$$

规范给出的近似解为

$$\text{对称屈曲}\quad kL=\pi\frac{2K+3.125}{K+2.188} \tag{7.64}$$

$$\text{反对称屈曲}\quad kL=\pi\frac{\sqrt{1+7.5K}}{\sqrt{4+7.5K}} \tag{7.65}$$

规范解与精确解的比较如图 7.7 和图 7.8 所示。可见:①规范解足够精确;②近似解式(7.63)的精度略高于规范解,但近似解式(7.62)的精度很差,故图 7.7 中未予列出。

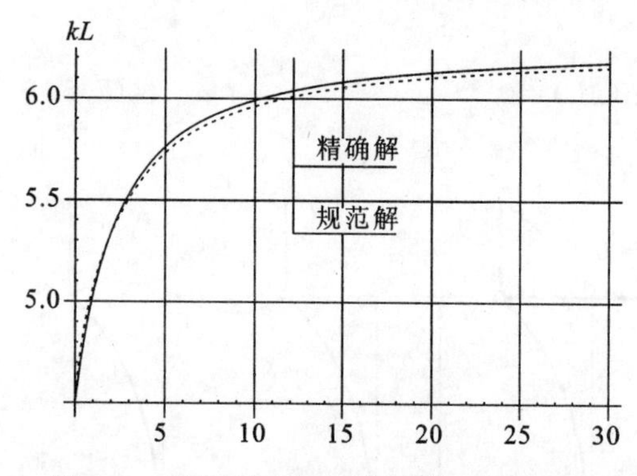

图 7.7 规范解与精确解的比较(对称屈曲)

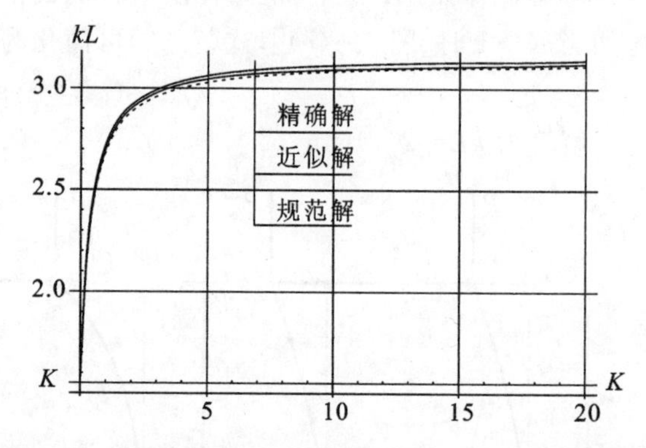

图 7.8 规范解、近似解与精确解的比较(反对称屈曲)

7.2 单层框架的侧向弹性支撑刚度阈值

虽然单层框架的对称屈曲荷载是反对称屈曲荷载的 4～8 倍,但"纯框架"(Moment Frame)只能按反对称屈曲进行设计。显然,"纯框架"是不经济的。若条件许可,提高"纯框架"稳定性的最有效措施,就是增设顶部侧向支撑,使其成为"支撑框架"(Braced Frame)[图 7.9(a)]。也可在纯框架结构中增设剪力墙或支撑体系,从而形成双重抗侧力体系——框架-剪力墙(支撑)结构[图 7.9(b)、(c)]。

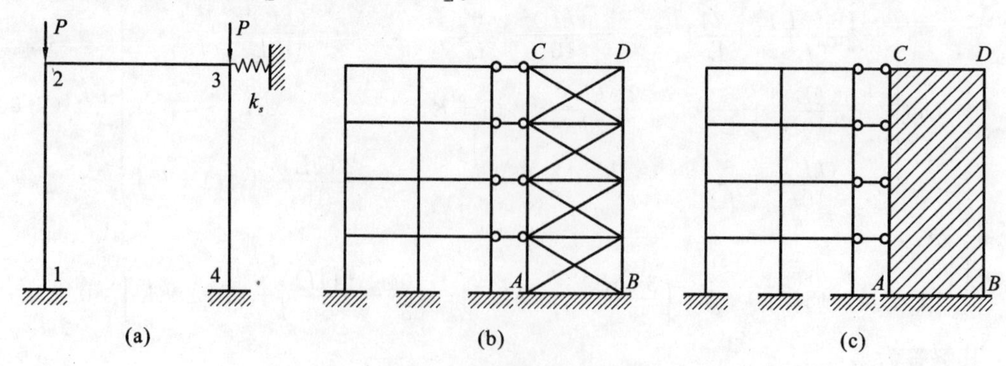

图 7.9 弹性支撑的框架

(a)弹性支撑框架;(b)框架-支撑结构;(c)框架-剪力墙结构

从经济和实用的角度考虑，增设的侧向弹性支撑越少越好。但根据力学的观点，侧向弹性支撑必须具备足够的刚度和强度，才能满足“强”支撑框架的基本要求。

【说明】

术语“纯框架”(Moment Frame)、“支撑框架”(Braced Frame)曾在美国钢结构规范AISC360—05中使用。

“强”支撑框架和“弱”支撑框架是我国《钢结构设计标准》(GB 50017—2017)独创的新概念。在美国的钢结构规范AISC360—05以及欧洲钢结构规范EN1993—1—1:2005和澳洲规范AS4100中均未见此说法。

7.2.1 基本方法

下面以图7.9(a)所示的单层框架为研究对象，考察弹性支撑对框架屈曲的影响。此时需在前述精确刚度方程式(7.5)中，引入如下的弹性支撑刚度方程

$$Q_s = k_s \Delta \tag{7.66}$$

式中，k_s 为弹性支撑的刚度。

据此得到

$$\begin{pmatrix} Q_{BA}+Q_{CD}+Q_s \\ M_{BA}+M_{BC} \\ M_{CD}+M_{CB} \end{pmatrix} = i_c \begin{pmatrix} 2\dfrac{\gamma}{L_c^2}+\dfrac{k_s}{i_c} & \dfrac{\alpha+\beta}{L_c} & \dfrac{\alpha+\beta}{L_c} \\ \dfrac{\alpha+\beta}{L_c} & \alpha+4K & 2K \\ \dfrac{\alpha+\beta}{L_c} & 2K & \alpha+4K \end{pmatrix} \begin{pmatrix} \Delta \\ \theta_1 \\ \theta_2 \end{pmatrix} \tag{7.67}$$

或者简写为

$$i_c \begin{pmatrix} 2\dfrac{\gamma}{L_c^2}+\dfrac{24\bar{k}_s}{L_c^2} & \dfrac{\alpha+\beta}{L_c} & \dfrac{\alpha+\beta}{L_c} \\ \dfrac{\alpha+\beta}{L_c} & \alpha+4K & 2K \\ \dfrac{\alpha+\beta}{L_c} & 2K & \alpha+4K \end{pmatrix} \begin{pmatrix} \Delta \\ \theta_1 \\ \theta_2 \end{pmatrix} = \begin{pmatrix} 0 \\ 0 \\ 0 \end{pmatrix} \tag{7.68}$$

式中，$\bar{k}_s = k_s/(24EI_c/L_c^3)$ 为无量纲的弹性支撑刚度。其中，$24EI_c/L_c^3$ 为横梁无限刚情况下，两个框架柱的抗侧移刚度。

由式(7.68)可得两种屈曲模式的屈曲方程为

$$\text{对称屈曲}\quad 2K+\alpha=0 \tag{7.69}$$

$$\text{反对称屈曲}\quad \alpha^2+2\alpha\beta+\beta^2-\alpha\gamma-6\gamma K-12\bar{k}_s(\alpha+6K)=0 \tag{7.70}$$

将 α、β 和 γ 的表达式代入上式，整理可得

$$\text{对称屈曲条件}\quad 2K+\frac{-(kL)^2\cos(kL)+kL\sin(kL)}{2-2\cos(kL)-kL\sin(kL)}=0 \tag{7.71}$$

反对称屈曲条件

$$\begin{aligned} &(kL)^3[kL\cos(kL)+6K\sin(kL)] \\ &=12\{-12K+[(kL)^2+12K]\cos(kL)+kL(-1+6K)\sin(kL)\}\bar{k}_s \end{aligned} \tag{7.72}$$

上述方程即为侧向支撑门式刚架屈曲需要满足的精确条件，给定 K 和 $\bar{k}_s$ 值后，通过求解相应的超越方程即可获得相应的屈曲荷载。

参照前述的方法，也可将弹性支撑方程式(7.66)引入"近似"总体刚度方程式(7.41)，从而有

$$\left(\begin{pmatrix} \left(\frac{24EI}{L^3}\right)_c+k_s & \left(\frac{6EI}{L^2}\right)_c & \left(\frac{6EI}{L^2}\right)_c \\ \left(\frac{6EI}{L^2}\right)_c & \left(\frac{4EI}{L}\right)_c+\left(\frac{4EI}{L}\right)_b & \left(\frac{2EI}{L}\right)_b \\ \left(\frac{6EI}{L^2}\right)_c & \left(\frac{2EI}{L}\right)_b & \left(\frac{4EI}{L}\right)_c+\left(\frac{4EI}{L}\right)_b \end{pmatrix}+\begin{pmatrix} -\frac{12P}{5L} & -\frac{P}{10} & -\frac{P}{10} \\ -\frac{P}{10} & -\frac{2LP}{15} & 0 \\ -\frac{P}{10} & 0 & -\frac{2LP}{15} \end{pmatrix}_c\right)\begin{pmatrix}\Delta\\ \theta_1\\ \theta_2\end{pmatrix}=\begin{pmatrix}0\\0\\0\end{pmatrix} \tag{7.73}$$

根据下面的条件

$$\mathrm{Det}\begin{pmatrix} -\frac{12(kL)^2}{5L^2}+\frac{24}{L^2}(1+\bar{k}_s) & -\frac{(kL)^2}{10L}+\frac{6}{L} & -\frac{(kL)^2}{10L}+\frac{6}{L} \\ -\frac{(kL)^2}{10L}+\frac{6}{L} & -\frac{2(kL)^2}{15}+4(1+K) & 2K \\ -\frac{(kL)^2}{10L}+\frac{6}{L} & 2K & -\frac{2(kL)^2}{15}+4(1+K) \end{pmatrix}=0 \tag{7.74}$$

可得屈曲方程为

$$[(kL)^2-15(kL)-30]\times\{3(kL)^4-(kL)^2(104+144K+32\bar{k}_s)+240[1+6K+(4+6K)\bar{k}_s]\}=0 \tag{7.75}$$

其解答为

$$\text{对称屈曲}\quad kL=\sqrt{15}\sqrt{2+K} \tag{7.76}$$

$$\text{反对称屈曲}\quad kL=\sqrt{\frac{1}{3}\left(52+72K+16\bar{k}_s-4\sqrt{2}\sqrt{62+99K+162K^2-(38+63K)\bar{k}_s+8\bar{k}_s^2}\right)} \tag{7.77}$$

式中，$\bar{k}_s=k_s/(24EI_c/L_c^3)$为无量纲的弹性支撑刚度。

7.2.2 刚度阈值

当梁柱线刚度比 $K=1$ 时，弹性支撑对单层框架屈曲荷载的影响如图 7.10 所示。从图中可以看出：

① 对称屈曲条件与弹性支撑无关；

② 反对称屈曲荷载随着弹性支撑刚度的增大而增大；

③ 当弹性支撑刚度不大的时候，近似刚度矩阵与精确刚度矩阵的结果接近；

④ 当弹性支撑刚度增大到一定数值后，反对称屈曲荷载趋于一个定值，但此定值会明显高于对称屈曲荷载。这显然是不合理的，因为此时单层框架应该发生的是对称屈曲。

如图 7.10 所示,弹性支撑存在一个刚度"阈值"(图中 A 点),此时"支撑框架"的反对称屈曲荷载恰好等于对称屈曲荷载。

当梁柱线刚度比 $K=1$,可求得刚度"阈值"$\overline{k}_s=1.7929$,也就是

$$k_s=\overline{k}_s(24EI_c/L_c^3)=43.03(EI_c/L_c^3) \tag{7.78}$$

框架的抗侧移刚度可以依据结构力学的单位力法求得,即在单层框架的柱顶作用单位力,可以求得柱顶侧移(侧移柔度),由柱顶侧移的倒数即得抗侧移刚度为

$$D=2\times\frac{6K+1}{6K+4}\cdot\frac{12EI_c}{L_c^3}=\frac{6K+1}{6K+4}\cdot\frac{24EI_c}{L_c^3} \tag{7.79}$$

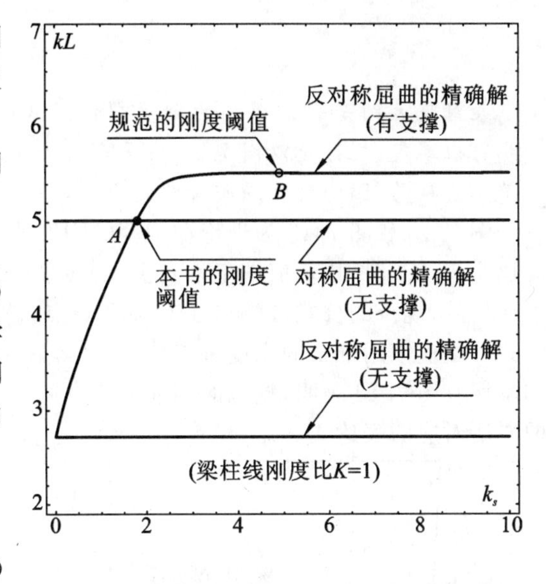

图 7.10 弹性支撑对单层框架屈曲荷载的影响

将梁柱线刚度比 $K=1$ 代入上式可得

$$D=16.8\frac{EI_c}{L_c^3} \tag{7.80}$$

对比式(7.78)和式(7.80)可知,弹性支撑刚度"阈值"约为框架抗侧移刚度的 2.56 倍。

7.2.3 规范的刚度"阈值"

我国规范(GB 50017—2017)规定,"强支撑框架"的弹性支撑刚度"阈值"为

$$S_b=3\left(1.2\sum N_{bi}-\sum N_{0i}\right) \tag{7.81}$$

式中,$\sum N_{bi}$、$\sum N_{0i}$ 分别为第 i 层层间所有框架柱用无侧移框架和有侧移框架柱计算长度系数算得的轴压杆稳定承载力之和;S_b 为支撑的抗侧移刚度(产生单位倾斜角的水平力)。

需要指出的是,表达式(7.81)在形式上就存在问题,因为其等式两端的量纲不同,即左边是抗侧移刚度,量纲为[力/长度],而右边的量纲为[力],因此两者无比较的意义。

【说明】

在科学研究中,公式推导是否正确?首先检查量纲,这是"形式检查",与理论无关。量纲正确,则证明公式在形式上是正确的。反之亦然。

若将式(7.81)改写为

$$S_b=\frac{3\left(1.2\sum N_{bi}-\sum N_{0i}\right)}{h_i} \tag{7.82}$$

式中,h_i 为第 i 层的层高。

此公式至少在量纲上,即"形式上"是说得通的。对于单层框架,上式可写为

$$S_b=2\times3[1.2\,(k_{bi}L_c)^2-(k_{0i}L_c)^2]\left(\frac{EI_c}{L_c^2}\right)/L_c=6[1.2\,(k_{bi}L_c)^2-(k_{0i}L_c)^2]\frac{EI_c}{L_c^3} \tag{7.83}$$

在梁柱线刚度比 $K=1$ 的情况下,$k_{bi}L_c=5.01819$,$k_{0i}L_c=2.71646$,从而得

$$S_b = 137.038\frac{EI_c}{L_c^3} \tag{7.84}$$

此结果大约是我们得到的刚度“阈值”式(7.78)的3倍，大致相当于图7.10中B点。初步可以断定，规范是以图7.10中平台段为基准来确定弹性支撑刚度“阈值”，因此在概念上是不正确的，因为对称屈曲荷载是上限，即B点所在平台段的屈曲荷载是不可能达到的。

图7.11和图7.12为理论和规范的刚度阈值对比图。从图中可以看出：①在梁柱线刚度比小于0.1时，规范值偏于不安全；②在梁柱线刚度比不小于0.1时，规范值过于保守。

另外，规范的公式(7.81)还有一个缺点，就是等式的右端与屈曲荷载相关，令人费解。等式右端应该用框架的刚度来表达，这样等式两端的物理意义是相同的，易于设计人员理解和掌握。图7.12表明，规范的刚度阈值也可以用梁柱线刚度来表达，比如图中虚线所示的两段所对应的表达式。

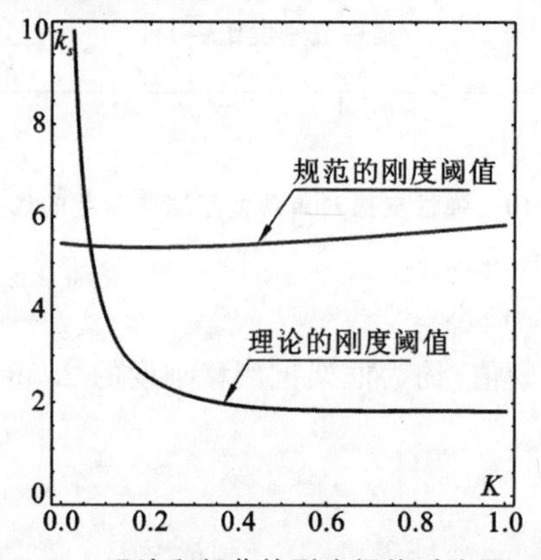

图7.11　理论和规范的刚度阈值对比图(一)

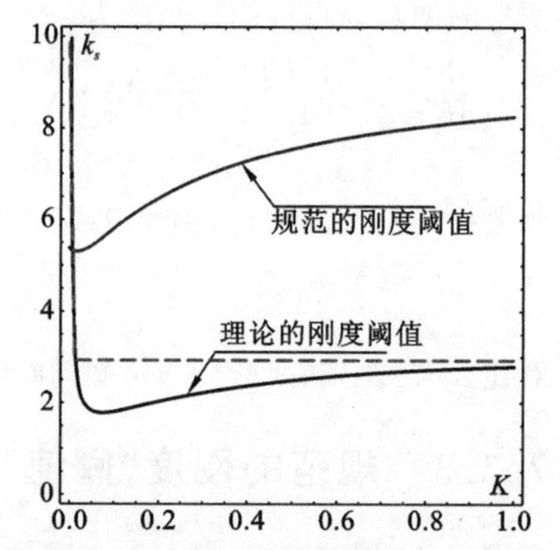

图7.12　理论和规范的刚度阈值对比图(二)

7.3　多层多跨框架屈曲：计算长度系数法(水平一)

前述的有限元法虽然可以较精确地求解多层多跨框架的屈曲荷载和屈曲模态，但是由于计算过程复杂，一般仅对很重要的结构，或者需要较精确确定临界荷载时，才采用有限元方法。常规设计中，特别是初步设计阶段，工程师还是比较喜欢用简单实用的方法，来代替上述的精确计算。本节要介绍的计算长度系数法，就是这样一种简便方法。

设h为框架柱的实际长度，则框架柱的计算长度为μh，其中μ即计算长度系数。μh就是一假想相同截面的两端铰接Euler柱的长度，条件是该假想柱的Euler荷载等于框架整体屈曲时的原柱轴压力。

以单层框架为例，给定K值后，通过求解精确屈曲方程，可获得相应的屈曲荷载参数kL，再利用$\mu=\frac{\pi}{kL}$可得计算长度系数，进而可得框架柱的临界荷载为

$$P_{cr} = \frac{\pi^2 EI}{(\mu h)^2} \tag{7.85}$$

据此，我国《钢结构设计标准》(GB 50017—2017)制定了单层单跨框架的计算长度系数表(表7.1)和近似公式。这样可将框架整体屈曲问题转化为单根框架柱屈曲荷载的校核问题，其中最小的屈曲荷载与框架整体屈曲荷载相同。

表 7.1 单层单跨框架的计算长度系数表与近似公式

	柱脚	K							近似公式
		0	0.2	1	2	5	10	∞	
无侧移失稳	铰支	1.0	0.964	0.875	0.820	0.760	0.732	0.7	$\mu=\frac{1.4K+3}{2K+3}$
	固支	0.7	0.679	0.626	0.590	0.546	0.524	0.5	$\mu=\frac{K+2.188}{2K+3.125}$
有侧移失稳	铰支	∞ ∞	3.420 (3.742)	2.330 (2.449)	2.170 (2.236)	2.070 (2.098)	2.030 (2.049)	2.0 2.0	$\mu=2\sqrt{1+\frac{0.38}{K}}$
	固支	2.0 2.0	1.5 (1.537)	1.160 (1.195)	1.080 (1.109)	1.030 (1.047)	1.020 (1.024)	1.0 1.0	$\mu=\sqrt{\frac{7.5K+4}{7.5K+1}}$

上述定义展示出这样一种可能性,即用计算长度系数的方法取代复杂的框架整体屈曲分析。

与单层框架相比,多层多跨框架的屈曲性能要复杂得多,影响因素众多。研究表明,影响框架柱的计算长度系数的主要因素为:

① 柱端的约束程度;

② 同层中各柱之间的相互影响;

③ 各层间的相互影响。

梁启智教授(1992 年)认为可以在下面三个水平上,确定框架柱的计算长度系数,即

水平一:仅考虑因素①;

水平二:考虑因素①+②;

水平三:多层屈曲模型,考虑因素①+②+③。

本书将其简称为单柱屈曲模型(水平一)、层间屈曲模型(水平二)和多层屈曲模型(水平三),它们之间的关系如图 7.13 所示。显然,水平三的精度最高,接近用杆系有限元分析整体框架屈曲的精度。水平一的精度最差,水平二的精度则介于水平一和水平三之间。

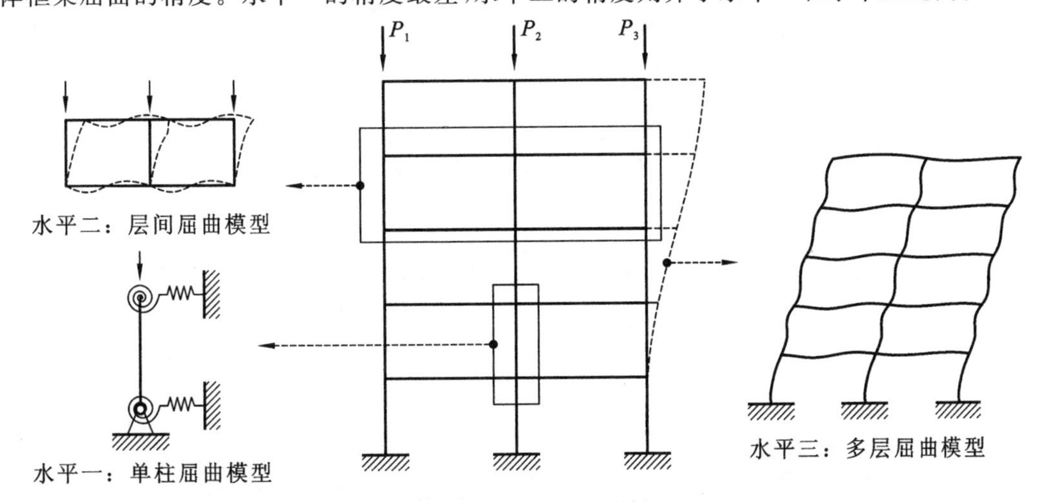

图 7.13 框架单柱屈曲模型、层间屈曲模型和多层屈曲模型

本章将介绍与水平一相关的分析理论和实用计算方法，下一章将讨论水平二和水平三相关的分析与计算问题。

7.3.1 框架柱屈曲分析的弹簧模型

若用转动弹簧和侧移弹簧分别用来描述相邻构件对此框架柱的约束作用，则可得到如图 7.14 所示的框架柱屈曲分析的理想化模型——弹簧模型，此模型可以基于转角-位移方程来求解。

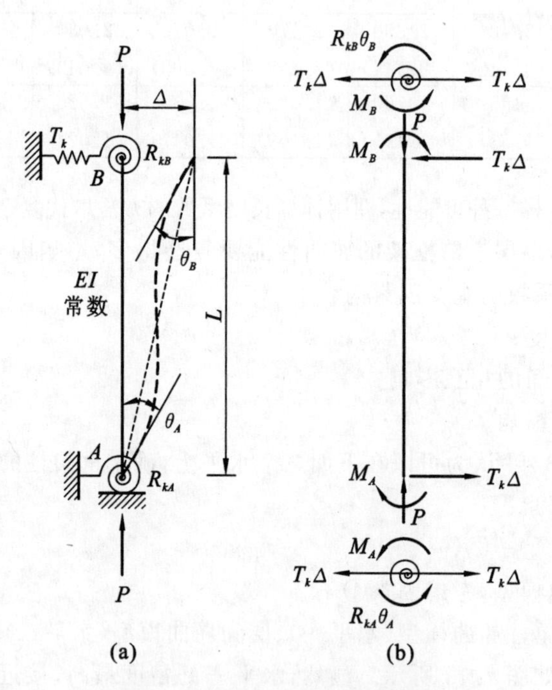

图 7.14 理想化的框架柱模型

首先列出图 7.14 所示三个隔离体的平衡方程

$$\left.\begin{aligned}&M_A+R_{kA}\theta_A=0\\&M_B+R_{kB}\theta_B=0\\&-(M_A+M_B+P\Delta)+T_k\Delta\cdot L=0\end{aligned}\right\}\tag{7.86}$$

根据

$$\left.\begin{aligned}M_A&=\frac{EI}{L}\left[\alpha\theta_A+\beta\theta_B-(\alpha+\beta)\frac{\Delta}{L}\right]\\M_B&=\frac{EI}{L}\left[\beta\theta_A+\alpha\theta_B-(\alpha+\beta)\frac{\Delta}{L}\right]\end{aligned}\right\}\tag{7.87}$$

可得

$$\begin{pmatrix}\alpha+\overline{R}_{kA} & \beta & -(\alpha+\beta)\\ \beta & \alpha+\overline{R}_{kB} & -(\alpha+\beta)\\ -(\alpha+\beta) & -(\alpha+\beta) & 2(\alpha+\beta)-(kL)^2+\overline{T}_k\end{pmatrix}\begin{pmatrix}\theta_A\\ \theta_B\\ \dfrac{\Delta}{L}\end{pmatrix}=\begin{pmatrix}0\\0\\0\end{pmatrix}\tag{7.88}$$

式中，$\overline{R}_{kA}=R_{kA}/(EI/L)$；$\overline{R}_{kB}=R_{kB}/(EI/L)$；$\overline{T}_k=T_k/(EI/L^3)$。

若能定量描述这些弹簧约束，则根据系数行列式为零的条件，即可求得临界荷载。

梁启智教授(1992 年)在其《高层建筑结构分析与设计》著作中，曾基于此方法推导得到弹簧约束，并求解了框架柱的计算长度系数；童根树教授在其《钢结构平面内的稳定性》著作中，曾试图考虑层与层的相互影响建立柱端约束的解析式，但推导复杂，不便应用，因此后面我们将依据陈惠发教授的方法介绍框架柱屈曲分析的子框架模型。

7.3.2　无侧移框架柱的近似屈曲方程：子框架模型

本节将介绍 1959 年 Julian 和 Lawrence 在一份未公开发表的报告中提出的框架柱简化计算模型，基于水平一的计算长度系数，讨论多层多跨框架屈曲分析的实用计算方法。

无侧移框架柱(在图中用 c_2 标注)的屈曲特性，可用图 7.15 所示的子框架模型来模拟。该模型的基本假定如下：

① 杆件均为弹性等截面杆；

② 梁柱结点为刚性；

③ 竖向荷载仅作用在框架的结点上；

④ 梁的轴力对梁线刚度的影响可以忽略；

⑤ AB 柱与上下层 AC、BD 柱同时屈曲，且各柱的轴力参数 kL 相等。

⑥ 对称屈曲时，同层各根梁的近端及远端的转角大小相等，方向相反(即每根梁按单向曲率弯曲)。

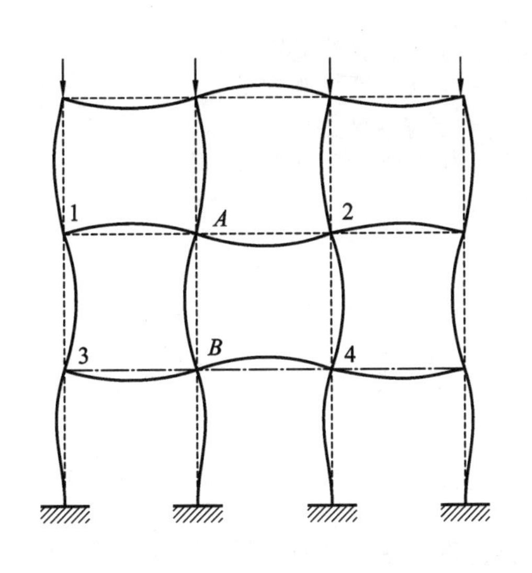

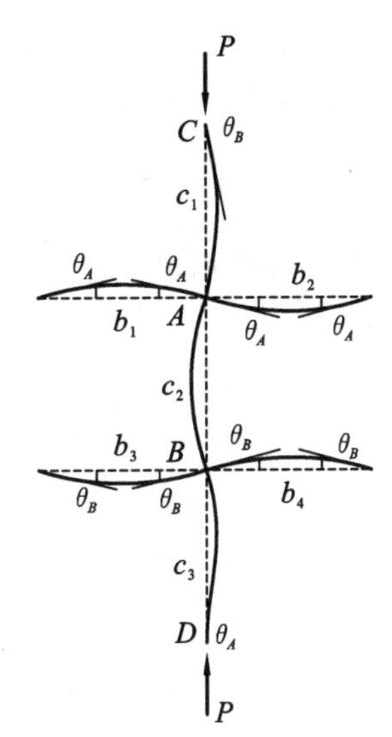

图 7.15　无侧移框架柱屈曲的计算模型

当子框架屈曲时，A、B 节点的转角为未知数，即自由度 $DOF=2$。

因为柱承受轴压力，其转角-位移方程为

$$\text{柱 1：}\quad (M_A)_{c1}=\left(\frac{EI}{L}\right)_{c1}(\alpha\quad\beta)\begin{pmatrix}\theta_A\\ \theta_B\end{pmatrix}\tag{7.89}$$

$$柱 2:\quad \begin{pmatrix}(M_A)_{c2}\\(M_B)_{c2}\end{pmatrix}=\left(\frac{EI}{L}\right)_{c2}\begin{pmatrix}\alpha & \beta\\ \beta & \alpha\end{pmatrix}\begin{pmatrix}\theta_A\\ \theta_B\end{pmatrix} \tag{7.90}$$

$$柱 3:\quad (M_B)_{c3}=\left(\frac{EI}{L}\right)_{c3}(\beta\quad \alpha)\begin{pmatrix}\theta_A\\ \theta_B\end{pmatrix} \tag{7.91}$$

因为忽略横梁的轴力，故$\alpha=4$，$\beta=2$，其转角-位移方程为

$$梁 1:\quad (M_A)_{b1}=\left(\frac{EI}{L}\right)_{b1}(4\quad 2)\begin{pmatrix}\theta_A\\ -\theta_A\end{pmatrix}=\left(\frac{EI}{L}\right)_{b1}(2\theta_A) \tag{7.92}$$

其中，负号是考虑到远端转角与近端转角方向相反(下同)。

$$梁 2:\quad (M_A)_{b2}=\left(\frac{EI}{L}\right)_{b2}(2\theta_A) \tag{7.93}$$

$$梁 3:\quad (M_B)_{b3}=\left(\frac{EI}{L}\right)_{b3}(4\quad 2)\begin{pmatrix}\theta_B\\ -\theta_B\end{pmatrix}=\left(\frac{EI}{L}\right)_{b3}(2\theta_B) \tag{7.94}$$

$$梁 4:\quad (M_B)_{b4}=\left(\frac{EI}{L}\right)_{b4}(2\theta_B) \tag{7.95}$$

根据结点A和B弯矩的力矩平衡条件

$$\left.\begin{array}{l}(M_A)_{c1}+(M_A)_{c2}+(M_A)_{b1}+(M_A)_{b2}=0\\(M_B)_{c1}+(M_B)_{c2}+(M_B)_{b3}+(M_B)_{b4}=0\end{array}\right\} \tag{7.96}$$

整理可得

$$\begin{pmatrix}\alpha+2K_1 & \beta\\ \beta & \alpha+2K_2\end{pmatrix}\begin{pmatrix}\theta_A\\ \theta_B\end{pmatrix}=\begin{pmatrix}0\\0\end{pmatrix} \tag{7.97}$$

式中，$K_1=\dfrac{(EI/L)_{b1}+(EI/L)_{b2}}{(EI/L)_{c1}+(EI/L)_{c2}}=\dfrac{\text{交汇于结点}A\text{的各梁线刚度之和}}{\text{交汇于结点}A\text{的各柱线刚度之和}}$

$K_2=\dfrac{(EI/L)_{b3}+(EI/L)_{b4}}{(EI/L)_{c2}+(EI/L)_{c3}}=\dfrac{\text{交汇于结点}B\text{的各梁线刚度之和}}{\text{交汇于结点}B\text{的各柱线刚度之和}}$

根据系数行列式为零的条件

$$\mathrm{Det}\begin{pmatrix}\alpha+2K_1 & \beta\\ \beta & \alpha+2K_2\end{pmatrix}=0 \tag{7.98}$$

将α和β的表达式代入，整理可得此时的屈曲方程为

$$\frac{1}{4K_1K_2}\left(\frac{\pi}{\mu}\right)^2+\frac{K_1+K_2}{2K_1K_2}\left[1-\frac{\dfrac{\pi}{\mu}}{\tan\left(\dfrac{\pi}{\mu}\right)}\right]+\frac{2\tan\left(\dfrac{\pi}{2\mu}\right)}{\dfrac{\pi}{\mu}}-1=0 \tag{7.99}$$

7.3.3 有侧移框架柱的近似屈曲方程:子框架模型

有侧移框架柱(在图中用c_2标注)的屈曲特性，可用图 7.16 所示的子框架模型来模拟。该模型与前述的无侧移框架柱类似，仅需要将最后 1 条假定改为：反对称屈曲时，各梁近端及远端的转角大小及方向均相同(即各梁按双向曲率弯曲)。

当子框架屈曲时，A、B节点的转角θ_A、θ_B和相对侧移Δ为未知数，即自由度$DOF=3$。

因为柱承受轴压力，其转角-位移方程为

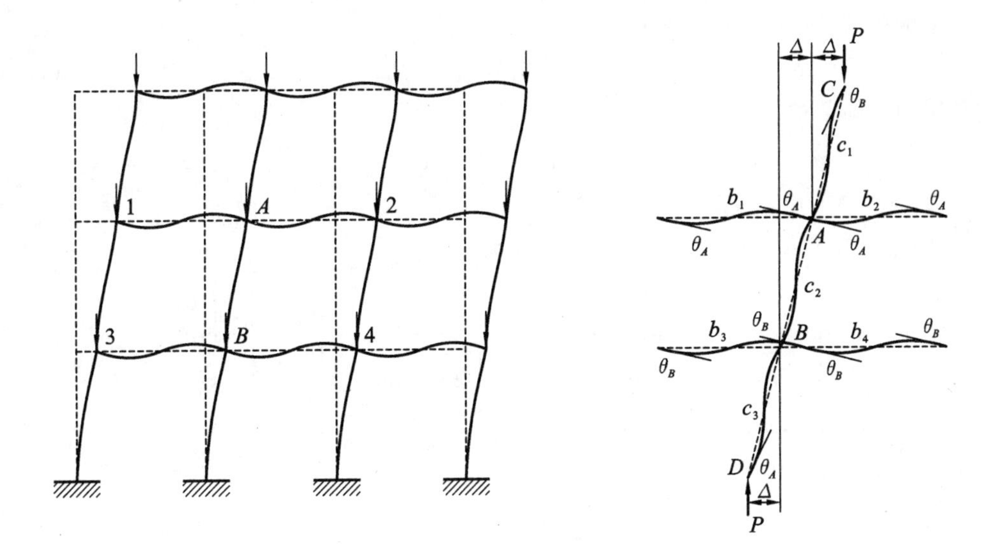

图 7.16 有侧移框架柱屈曲的计算模型

$$\text{柱 1：}\quad (M_A)_{c1}=\left(\frac{EI}{L}\right)_{c1}\begin{bmatrix}\alpha & \beta & -(\alpha+\beta)\end{bmatrix}\begin{pmatrix}\theta_A\\ \theta_B\\ \dfrac{\Delta}{L_{c1}}\end{pmatrix} \tag{7.100}$$

$$\text{柱 2：}\quad \begin{pmatrix}(M_A)_{c2}\\ (M_B)_{c2}\end{pmatrix}=\left(\frac{EI}{L}\right)_{c2}\begin{bmatrix}\alpha & \beta & -(\alpha+\beta)\\ \beta & \alpha & -(\alpha+\beta)\end{bmatrix}\begin{pmatrix}\theta_A\\ \theta_B\\ \dfrac{\Delta}{L_{c2}}\end{pmatrix} \tag{7.101}$$

$$\text{柱 3：}\quad (M_B)_{c3}=\left(\frac{EI}{L}\right)_{c3}\begin{bmatrix}\beta & \alpha & -(\alpha+\beta)\end{bmatrix}\begin{pmatrix}\theta_A\\ \theta_B\\ \dfrac{\Delta}{L_{c3}}\end{pmatrix} \tag{7.102}$$

因为忽略横梁的轴力，故 $\alpha=4,\beta=2$，其转角-位移方程为

$$\text{梁 1：}\quad (M_A)_{b1}=\left(\frac{EI}{L}\right)_{b1}(4\quad 2)\begin{pmatrix}\theta_A\\ \theta_A\end{pmatrix}=\left(\frac{EI}{L}\right)_{b1}(6\theta_A) \tag{7.103}$$

$$\text{梁 2：}\quad (M_A)_{b2}=\left(\frac{EI}{L}\right)_{b2}(6\theta_A) \tag{7.104}$$

$$\text{梁 3：}\quad (M_B)_{b3}=\left(\frac{EI}{L}\right)_{b3}(4\quad 2)\begin{pmatrix}\theta_B\\ \theta_B\end{pmatrix}=\left(\frac{EI}{L}\right)_{b3}(6\theta_B) \tag{7.105}$$

$$\text{梁 4：}\quad (M_B)_{b4}=\left(\frac{EI}{L}\right)_{b4}(6\theta_B) \tag{7.106}$$

根据结点 A 和 B 的力矩平衡条件

$$\left.\begin{aligned}(M_A)_{c1}+(M_A)_{c2}+(M_A)_{b1}+(M_A)_{b2}=0\\ (M_B)_{c3}+(M_B)_{c2}+(M_B)_{b3}+(M_B)_{b4}=0\end{aligned}\right\} \tag{7.107}$$

以及侧移后 AB 柱的剪力平衡条件

$$-(M_A)_{c2}-(M_B)_{c2}-P\Delta=0 \tag{7.108}$$

利用如下的关系

$$kL=\sqrt{\frac{P}{EI}}L=\pi\sqrt{\frac{P}{P_E}}=\frac{\pi}{\mu} \tag{7.109}$$

整理可得

$$\begin{pmatrix} \alpha+6K_1 & \beta & -(\alpha+\beta) \\ \beta & \alpha+6K_2 & -(\alpha+\beta) \\ -(\alpha+\beta) & -(\alpha+\beta) & 2(\alpha+\beta)-(kL)_{c2}^2 \end{pmatrix}\begin{pmatrix} \theta_A \\ \theta_B \\ \dfrac{\Delta}{L_{c2}} \end{pmatrix}=\begin{pmatrix} 0 \\ 0 \\ 0 \end{pmatrix} \tag{7.110}$$

式中,K_1 为结点 A 的梁柱线刚度比;K_2 为结点 B 的梁柱线刚度比。

根据系数行列式为零的条件

$$\mathrm{Det}\begin{pmatrix} \alpha+6K_1 & \beta & -(\alpha+\beta) \\ \beta & \alpha+6K_2 & -(\alpha+\beta) \\ -(\alpha+\beta) & -(\alpha+\beta) & 2(\alpha+\beta)-(kL)_{c2}^2 \end{pmatrix}=0 \tag{7.111}$$

这是一个对称行列式,将 α 和 β 的表达式代入,整理可得此时的屈曲方程为

$$-6(kL)\frac{1}{K_1}-6(kL)\frac{1}{K_2}+\left[-36+(kL)^2\frac{1}{K_1K_2}\right]\tan(kL)=0 \tag{7.112}$$

式中,略去了下标 $c2$。

或者

$$\frac{\left(\dfrac{\pi}{\mu}\right)^2-36K_1K_2}{6(K_1+K_2)}-\frac{\dfrac{\pi}{\mu}}{\tan\left(\dfrac{\pi}{\mu}\right)}=0 \tag{7.113}$$

7.3.4 框架柱的计算长度系数:规范的方法(水平一)

(1) 我国规范的方法

上述框架柱对称屈曲和反对称屈曲的解答,即式(7.99)和式(7.113)与两个参数 K_1 及 K_2 有关,为了避免直接求解复杂的超越方程,我国《钢结构设计标准》(GB 50017—2017)分别给出了无侧移屈曲(反对称屈曲)和有侧移屈曲(对称屈曲)的计算长度系数表。也可利用下面的近似公式计算(童根树的《钢结构平面内稳定》pg. 99)

无侧移屈曲 $$\mu_b=\frac{1}{2}\sqrt{\frac{K_1K_2+2.439(K_1+K_2)+5.949}{K_1K_2+1.2195(K_1+K_2)+1.4872}},\mu_b\in[0.5,1.0] \tag{7.114}$$

有侧移屈曲 $$\mu_0=\sqrt{\frac{7.5K_1K_2+4(K_1+K_2)+1.52}{7.5K_1K_2+(K_1+K_2)}},\mu_0\in[1.0,\infty] \tag{7.115}$$

对于底层框架柱,$K_2\to\infty$,则由上述公式可得

无侧移屈曲 $$\mu_b=\frac{1}{2}\sqrt{\frac{K_1+2.439}{K_1+1.2195}},\mu_b\in[0.5,1.0] \tag{7.116}$$

$$\text{有侧移屈曲}\quad \mu_0=\sqrt{\frac{7.5K_1+4}{7.5K_1+1}},\mu_0\in[1.0,\infty] \tag{7.117}$$

【说明】

1. 无侧移和有侧移屈曲的框架柱计算长度系数分别在0.5～1、1～∞之间变化。

2. 若框架梁的远端转角与图7.15和图7.16的假定不同，需要将框架梁线刚度乘以如下的修正系数：

(1) 无侧移屈曲：框架梁的远端为铰接或固支时，修正系数分别为1.5或2.0；框架梁的远端为柔性连接，修正系数为 $1/[1+2EI/(LR_k)]$（R_k 为转动弹簧刚度）。

(2) 有侧移屈曲：框架梁的远端为铰接或固支时，修正系数分别为0.5或2/3；框架梁的远端为柔性连接，修正系数为 $1/[1+6EI/(LR_k)]$（R_k 为转动弹簧刚度）。

3. 若框架梁与柱铰接，取框架梁线刚度为零。

4. 对底层框架柱：当柱与基础铰接时，取 $K_2=0$（对于平板支座可取 $K_2=0.1$）；当柱与基础固接时，取 $K_2=10$。

5. 若框架梁的轴力较大，尚需按规范对其线刚度进行折减。

(2) 美国规范的方法

为了避免直接求解式(7.99)和式(7.113)中的复杂超越方程，1959年Julian和Lawrence编制了实用的三列线图。因这种图解法简便易用，从1986年开始被美国AISC(1986,1989,2008)规范所采用。

由三列线图(图7.17)确定 K 系数时，要先算出设计柱 A 端及 B 端的 $G_A=1/K_1$ 及 $G_B=1/K_2$ 值；然后，将 G_A 和 G_B 相应标尺上的点连成直线，由该直线与有效长度系数 K 标尺的交点，即可求得有效长度系数(Effective Length Factor) K 的值。

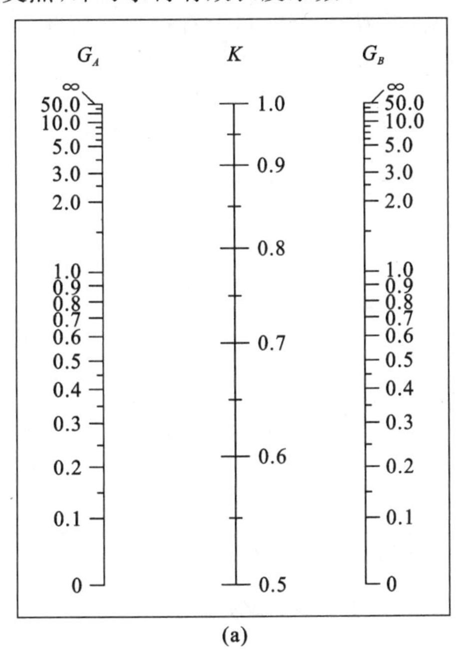

(a)

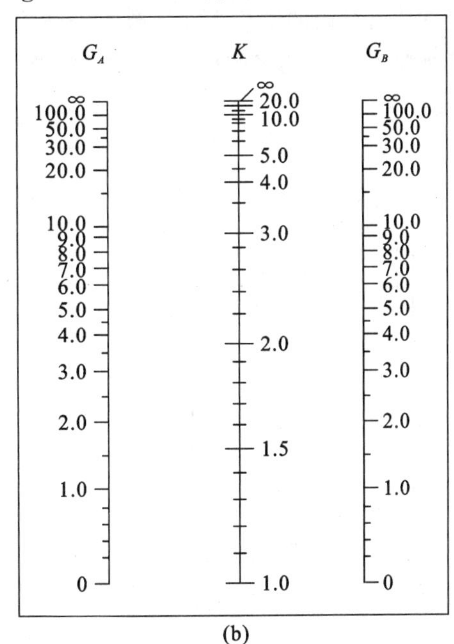

(b)

图7.17 美国的三列线图

(a)无侧移屈曲；(b)有侧移屈曲

图 7.17 采用了美国规范习惯使用的符号。实际上,美国规范中的有效长度系数 K,即为我们国内习惯使用的计算长度系数 μ。

若采用如下法国公式 French Rule (Pierre Dumonteil,1992 年),也可获得较高的精度计算长度系数:

$$\text{无侧移屈曲}\quad \mu=\frac{3G_AG_B+1.4(G_A+G_B)+0.64}{3G_AG_B+2.0(G_A+G_B)+1.28} \tag{7.118}$$

$$\text{有侧移屈曲}\quad \mu=\sqrt{\frac{1.6G_AG_B+4.0(G_A+G_B)+7.5}{(G_A+G_B)+7.5}} \tag{7.119}$$

其中,$G_A=1/K_1$,$G_B=1/K_2$。

(3) 例题

为了说明框架柱计算长度系数的确定方法,这里采用 1982 年吴惠弼教授给出的算例。

【算例 2】 有侧移的单跨非对称框架(图 7.18)。

横梁的线刚度为 $i_b=EI_b/L_b=8I/4=2I$,柱 Z_1 的线刚度为 $i_{z1}=EI_{z1}/L_{z1}=6I/6=I$,柱 Z_2 的线刚度为 $i_{z2}=EI_{z2}/L_{z2}=3I/6=0.5I$。

柱 Z_1:$K_1=\frac{i_b}{i_{z1}}=\frac{2I}{I}=2$,由近似公式(7.117)得(括号内的数字为精确解)

$$\mu_0=\sqrt{\frac{7.5K_1+4}{7.5K_1+1}}=\sqrt{\frac{7.5\times2+4}{7.5\times2+1}}=1.08972(1.080)$$

柱 Z_2:$K_1=\frac{i_b}{i_{z2}}=\frac{2I}{0.5I}=4$,由近似公式(7.117)得

$$\mu_0=\sqrt{\frac{7.5K_1+4}{7.5K_1+1}}=\sqrt{\frac{7.5\times4+4}{7.5\times4+1}}=1.04727(1.042)$$

其中,括号内的结果为查规范表的结果。可见,近似公式(7.117)有较好的精度。

【算例 3】 有侧移的单跨双层框架(图 7.19)。

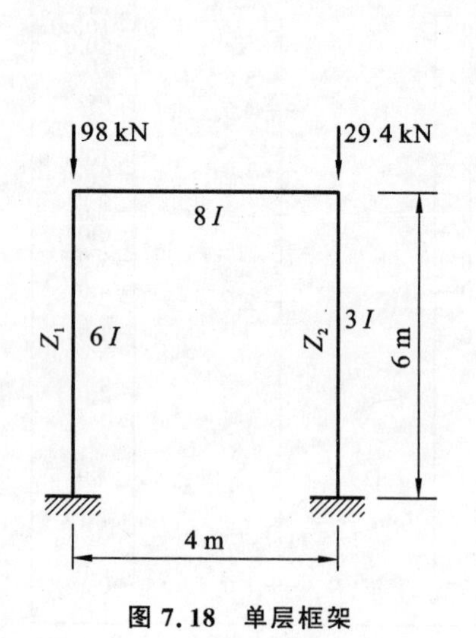

图 7.18 单层框架

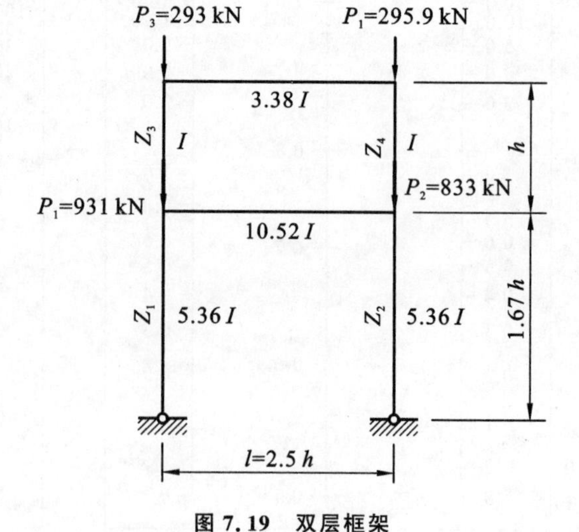

图 7.19 双层框架

柱 Z_1、Z_2:$K_1=\dfrac{\dfrac{10.52}{2.5}}{1+\dfrac{5.36}{1.67}}=0.999$,$K_2=0$,由近似公式(7.115)得

$$\mu_0=\sqrt{\frac{7.5K_1K_2+4(K_1+K_2)+1.52}{7.5K_1K_2+(K_1+K_2)}}=2.34979(2.329)$$

柱 Z_3、Z_4:$K_1=\dfrac{\dfrac{3.38}{2.5}}{1+0}=1.352$,$K_2=\dfrac{\dfrac{10.52}{2.5}}{1+\dfrac{5.36}{1.67}}=0.999$,由近似公式(7.115)得

$$\mu_0=\sqrt{\frac{7.5K_1K_2+4(K_1+K_2)+1.52}{7.5K_1K_2+(K_1+K_2)}}=1.2988(1.282)$$

其中,括号内的结果为查规范表的结果。可见,近似公式(7.115)有较好的精度。

【算例 4】 有侧移的三层框架(图 7.20),图中圆圈内的数字为杆件的线刚度值。

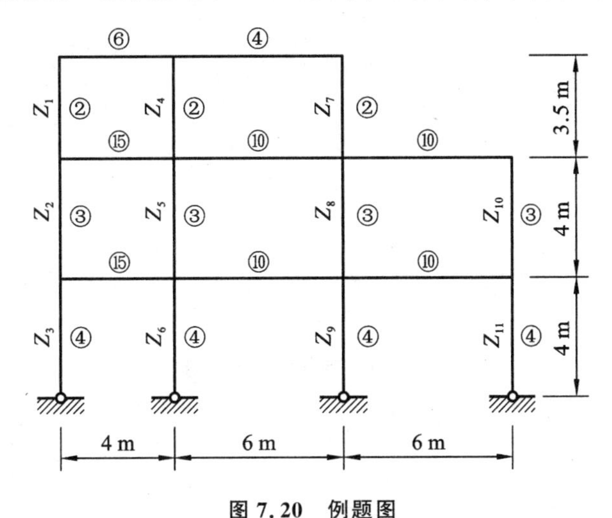

图 7.20 例题图

柱 Z_1:$K_1=\dfrac{6}{2}=3$,$K_2=\dfrac{15}{2+3}=3$,由近似公式(7.115),$\mu_0=1.12498(1.11)$

柱 Z_2:$K_1=\dfrac{15}{2+3}=3$,$K_2=\dfrac{15}{3+4}=2.143$,由近似公式(7.115),$\mu_0=1.14788(1.14)$

柱 Z_3:$K_1=\dfrac{15}{3+4}=2.143$,$K_2=0$,由近似公式(7.115),$\mu_0=2.17009(2.16)$

柱 Z_5:$K_1=\dfrac{15+10}{2+3}=5$,$K_2=\dfrac{15+10}{3+4}=3.571$,由近似公式(7.115),$\mu_0=1.09139(1.08)$

柱 Z_7:$K_1=\dfrac{4}{2}=2$,$K_2=\dfrac{10+10}{2+3}=4$,由近似公式(7.115),$\mu_0=1.13831(1.13)$

柱 Z_9:$K_1=\dfrac{10+10}{3+4}=2.857$,$K_2=\infty$,由近似公式(7.117),$\mu_0=1.06478(1.06)$

柱 Z_{11}:$K_1=\dfrac{10}{3+4}=1.429$,$K_2=\infty$,由近似公式(7.117),$\mu_0=1.12073(1.12)$

其中，括号内的结果为查规范表的结果。可见，近似公式(7.115)、式(7.117)均有较好的精度。

7.3.5 存在的问题

下面通过一个算例来研究规范中计算长度系数法存在的问题，此算例为一带摇摆柱的单层框架，如图7.21所示。其精确解可由下面的屈曲方程求得：

$$\frac{\tan u_1}{\tan u_1 - u_1} = \frac{1}{a} \tag{7.120}$$

式中，$u_1 = \pi\sqrt{aP/P_E} = u\sqrt{a}$为左端柱的轴力因子，其中$u = \pi\sqrt{P/P_E}$。

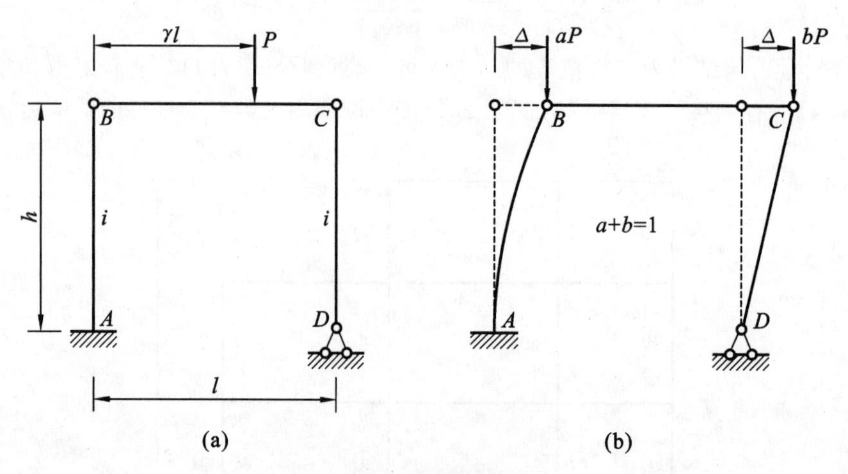

图7.21 带摇摆柱的框架

解此方程可得u_1，进而可得右端摇摆柱的轴力因子为$u_2 = \pi\sqrt{bP/P_E} = u_1\sqrt{b/a}$。

此例题看似简单，其实细究问题并不少。因此，有的文献称之为“陷阱”框架，无经验的设计者会直接套用规范的方法，即按水平一来确定此框架的计算长度。

假定$I_1 = I_2 = I$，$\gamma = 0.8$，规范的计算结果如下

AB柱：　$K_1 = 0$；$K_2 = \infty$，$\mu_1 = 2(4.14)$；

CD柱：　$K_1 = 0$；$K_2 = 0$，$\mu_2 = \infty(2.07)$。

可见：①CD柱的临界力为零，这是不可思议的结果；

②AB柱计算长度系数的规范结果还达不到精确解的一半，按此进行的设计是很危险的。

此例题说明，目前规范的方法是按“单根柱模型”来进行稳定计算的，这是不合理的。以图7.21为例，AB柱的稳定性远比CD柱强，CD柱（摇摆柱）如果没有AB柱的“支援”，它本身是不稳定的。因此，同层各柱可能存在一个“支援”与“被支援”的问题。对于平面框架也存在类似的情况，即由于横梁（或楼板）的存在，不可能发生单根柱或部分柱屈曲的现象，必然是同一层柱同时丧失稳定。这就是我们下一章要介绍的“层间屈曲模型”。

此外，目前规范的方法也不适合求图7.22所示半刚接框架的框架柱计算长度系数。

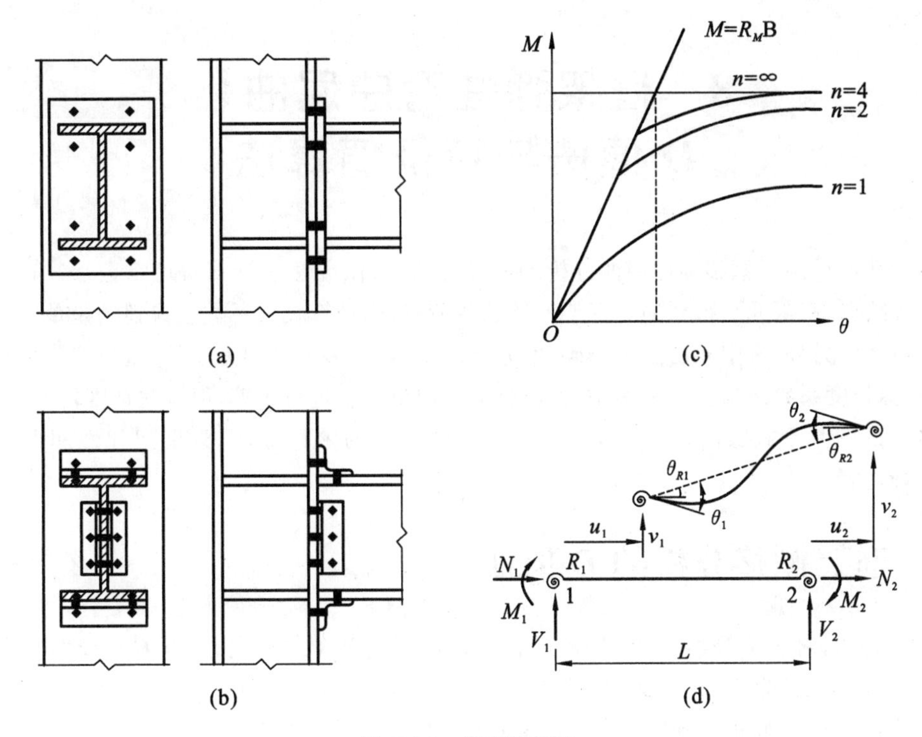

图 7.22　半刚接框架

(a)端板螺栓连接;(b)角钢螺栓连接;(c)半刚接的二参数模型;(d)单元的杆端力及位移示意图

参 考 文 献

[1] TIMOSHENKO S P,GERE J. Theory of Elastic Stability. 2nd ed. McGraw-Hill,New York,NY,USA,1961.

[2] 童根树.钢结构的平面内稳定.北京:中国建筑工业出版社,2015.

[3] 吴惠弼.框架柱的计算长度.钢结构研究论文报告选集:第一册.全国钢结构标准技术委员会,1982:94-120.

[4] 梁启智.高层建筑结构分析与设计.广州:华南理工大学出版,1992.

[5] 陈惠发.钢框架稳定设计.周绥平,译.上海:世界图书出版公司,1999.

[6] 黄本才.高层建筑结构力学分析.北京:中国建筑工业出版社,1990.

8　框架弹性弯曲屈曲：D 值法与特征值算法

前面我们介绍了框架弹性屈曲分析的两种方法：有限元法和计算长度系数法。这两种方法各有优缺点，有限元法得到的是框架整体屈曲荷载，而计算长度系数法得到的是单根框架柱的屈曲荷载。另外，有限元法虽然精确，但分析复杂，对于多层框架无法手算，只能借助计算机程序；计算长度系数法虽然简单实用，也可以借助规范图表进行手算，但有时精度较差。

本章试图基于武藤清 D 值法，建立一套简便实用的手算方法，为框架弹性屈曲分析提供一种新途径。

8.1　框架侧移分析的 D 值法

众所周知，对于中等细高，25 层以内且高宽比不超过 4 的框架，其在水平荷载作用下的变形以“剪切变形”为主，此时其侧移可以采用简化的方法计算。

计算框架柱的抗侧移刚度时，较为精确的方法有武藤清的 D 值法与 Smith & Coull 法，国内工程界一般采用前者，而国外大都采用后者。

本节首先介绍两种计算模型（图 8.1、图 8.2）相似的 D 值法，然后介绍 Smith & Coull 法。

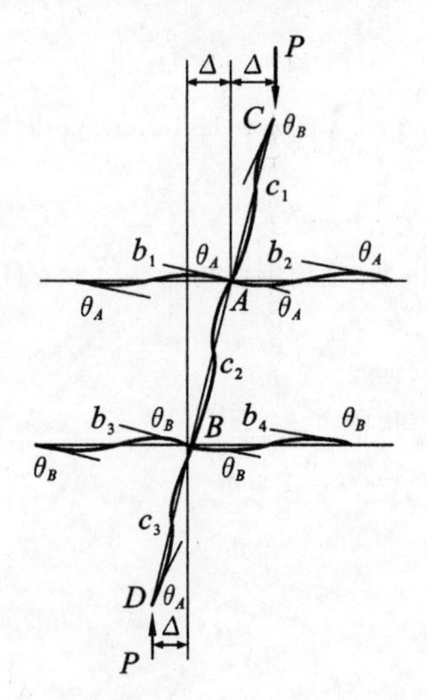

图 8.1　Julian & Lawrence（1959 年）模型

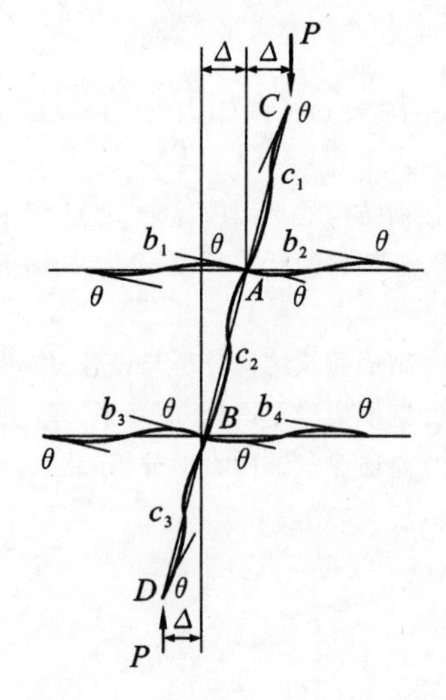

图 8.2　武藤清（1933 年）模型

8.1.1　Julian & Lawrence D 值法

Julian & Lawrence 于 1959 年在一份未公开发表的研究报告中提出了如图 8.1 所示的子框架模型。此模型有两个未知转角和一个侧移，即 A、B 节点的转角 θ_A、θ_B 和相对侧移 Δ。

显然，武藤清模型(图 8.2)仅为 Julian & Lawrence 模型的特例。本节将探讨由 Julian & Lawrence 模型推导出的 D 值法是否一定比武藤清 D 值法精确的问题。

众所周知，武藤清模型的理论基础是无剪力分配法，而 Julian & Lawrence 模型没有说明为何提出如此特殊的转角关系。因此，虽然 Julian & Lawrence 模型被广泛应用于框架柱的屈曲分析中，但是关于其正确性的问题至今尚无人研究过。

因为 Julian & Lawrence 模型给定的是框架柱的侧移屈曲模态，因此，若 Julian & Lawrence 模型是正确的，则其一定可以较好地模拟水平荷载下框架的侧移问题。为此作者将从一个新视角，即静力分析的角度来考察 Julian & Lawrence 模型的计算精度问题。

若忽略轴力，则 $\alpha=4$，$\beta=2$。此时柱单元的转角-位移方程为

$$\text{柱 1：}\quad (M_A)_{c1}=\left(\frac{EI}{L}\right)_{c1}(4\quad 2\quad -6)\begin{pmatrix}\theta_A\\ \theta_B\\ \dfrac{\Delta}{L_{c1}}\end{pmatrix} \tag{8.1}$$

$$\text{柱 2：}\quad \begin{pmatrix}(M_A)_{c2}\\ (M_B)_{c2}\end{pmatrix}=\left(\frac{EI}{L}\right)_{c2}\begin{pmatrix}4 & 2 & -6\\ 2 & 4 & -6\end{pmatrix}\begin{pmatrix}\theta_A\\ \theta_B\\ \dfrac{\Delta}{L_{c2}}\end{pmatrix} \tag{8.2}$$

$$\text{柱 3：}\quad (M_B)_{c3}=\left(\frac{EI}{L}\right)_{c3}(2\quad 4\quad -6)\begin{pmatrix}\theta_A\\ \theta_B\\ \dfrac{\Delta}{L_{c3}}\end{pmatrix} \tag{8.3}$$

横梁单元转角-位移方程为

$$\text{梁 1：}\quad (M_A)_{b1}=\left(\frac{EI}{L}\right)_{b1}(6\theta_A),\qquad \text{梁 2：}\quad (M_A)_{b2}=\left(\frac{EI}{L}\right)_{b2}(6\theta_A) \tag{8.4}$$

$$\text{梁 3：}\quad (M_B)_{b3}=\left(\frac{EI}{L}\right)_{b3}(6\theta_B),\qquad \text{梁 4：}\quad (M_B)_{b4}=\left(\frac{EI}{L}\right)_{b4}(6\theta_B) \tag{8.5}$$

根据结点 A 和 B 的力矩平衡条件

$$\left.\begin{aligned}(M_A)_{c1}+(M_A)_{c2}+(M_A)_{b1}+(M_A)_{b2}=0\\ (M_B)_{c3}+(M_B)_{c2}+(M_B)_{b3}+(M_B)_{b4}=0\end{aligned}\right\} \tag{8.6}$$

以及侧移后 AB 柱的剪力平衡条件

$$-(M_A)_{c2}-(M_B)_{c2}=V_{c2}L_{c2} \tag{8.7}$$

式中，V_{c2} 为柱 2 承受的剪力。

将梁、柱的转角-位移方程代入上述平衡方程，整理可得(略去下标 $c2$)

$$\begin{pmatrix}4+6K_1 & 2 & -6\\ 2 & 4+6K_2 & -6\\ -6\left(\dfrac{EI}{L}\right) & -6\left(\dfrac{EI}{L}\right) & 12\left(\dfrac{EI}{L}\right)\end{pmatrix}\begin{pmatrix}\theta_A\\ \theta_B\\ \dfrac{\Delta}{L}\end{pmatrix}=\begin{pmatrix}0\\ 0\\ VL\end{pmatrix} \tag{8.8}$$

式中，K_1、K_2 分别为汇交于结点 A、B 的横梁线刚度之和与柱线刚度之和的比值。

此式即为我们推导得到的图 8.1 所示子框架刚度方程。

求解此方程,可得

$$\begin{pmatrix}\theta_A\\ \theta_B\\ \dfrac{\Delta}{L}\end{pmatrix}=\left(\frac{EI}{L}\right)^{-1}\begin{pmatrix}\dfrac{1+3K_2}{6[K_2+K_1(1+6K_2)]}\\ \dfrac{1+3K_1}{6[K_2+K_1(1+6K_2)]}\\ \dfrac{1+2K_2+K_1(2+3K_2)}{6[K_2+K_1(1+6K_2)]}\end{pmatrix}VL \tag{8.9}$$

由此可得侧移解为

$$\frac{\Delta}{L}=\left(\frac{EI}{L}\right)^{-1}\frac{1+2K_2+K_1(2+3K_2)}{6[K_2+K_1(1+6K_2)]}VL \tag{8.10}$$

此解还可简写为

$$V=D\times\Delta \tag{8.11}$$

式中

$$D=\frac{(K_1+K_2)+6K_1K_2}{2[1+2(K_1+K_2)+3K_1K_2]}\cdot\frac{12EI}{L^3} \tag{8.12}$$

为我们推导得到的 Julian & Lawrence D 值。

【说明】

公式(8.12)中,K_1 和 K_2 是可以互换的,即符合对称性的要求,因而形式上是正确的。

若底端固定,则 $K_2\to\infty$,则

$$D=\frac{1+6K_1}{4+6K_1}\cdot\frac{12EI}{L^3} \tag{8.13}$$

若底端铰接,则 $K_2\to 0$,则

$$D=\frac{K_1}{2+4K_1}\cdot\frac{12EI}{L^3} \tag{8.14}$$

综上,Julian & Lawrence 模型 D 值的计算仅需要两个公式

$$D=\begin{cases}\dfrac{1+6K_1}{4+6K_1}\cdot\dfrac{12EI}{L^3} & K_2\to\infty\\[2ex] \dfrac{(K_1+K_2)+6K_1K_2}{2[1+2(K_1+K_2)+3K_1K_2]}\cdot\dfrac{12EI}{L^3} & \text{其他情况}\end{cases} \tag{8.15}$$

式中,K_1、K_2 分别为汇交于结点 A、B 的横梁线刚度之和与柱线刚度之和的比值,此定义与钢结构规范一致。

8.1.2 武藤清 D 值法

D 值法是一种“修正的反弯点法”,由日本学者武藤清于 1933 年提出。该方法可考虑横梁弯曲变形对框架柱抗侧移刚度的影响,图 8.2 为武藤清提出的子框架模型。此模型只有一个未知转角,即假设 A、B 节点近端和远端转角均相等。据此,武藤清根据无剪力分配法推导得到框架柱的抗侧移刚度。

这里我们将参照上节的方法给出武藤清 D 值的一个新推导方法。

对于图 8.1 所示子框架模型,若假设 $\theta_A=\theta_B=\theta$,则简化为图 8.2 的武藤清模型。

此时刚度方程式(8.8)可简化为

$$\begin{pmatrix} 12+\dfrac{6}{G_A}+\dfrac{6}{G_B} & -12 \\ -12 & 12 \end{pmatrix}\begin{pmatrix} \theta \\ \dfrac{\Delta}{L} \end{pmatrix}=\begin{pmatrix} 0 \\ VL \end{pmatrix} \tag{8.16}$$

其解为

$$\begin{pmatrix} \theta \\ \dfrac{\Delta}{L} \end{pmatrix}=\left(\frac{EI}{L}\right)^{-1}\begin{pmatrix} \dfrac{1}{6(K_1+K_2)} \\ \dfrac{2+K_1+K_2}{12(K_1+K_2)} \end{pmatrix}VL \tag{8.17}$$

其中

$$\frac{\Delta}{L}=\left(\frac{EI}{L}\right)^{-1}\frac{2+K_1+K_2}{12(K_1+K_2)}VL \tag{8.18}$$

若令 $\overline{K}=K_1+K_2$，由上式可得

$$V=\frac{\overline{K}}{2+\overline{K}}\cdot\frac{12EI}{L^3}\Delta \tag{8.19}$$

此式即为武藤清 D 值法刚度方程的表达式。

据此，可知该 D 值实质为框架柱的抗侧移刚度。通常，可将其计算公式表述为

$$D=\alpha\frac{12EI_c}{h^3} \tag{8.20}$$

式中，α 为框架柱抗侧移刚度的修正系数(表 8.1)。当横梁为无限刚时，则 $\alpha=1$，此时武藤清的 D 值法与传统的反弯点法一致。

表 8.1　框架柱抗侧移刚度的修正系数

	简图	$\overline{K}$ 值	α 值
一般层	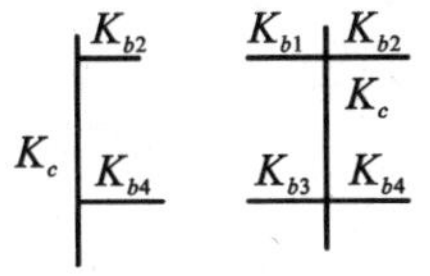 K_{b2}, K_c, K_{b4}；K_{b1}, K_{b2}, K_c, K_{b3}, K_{b4}	$\overline{K}=\dfrac{K_{b1}+K_{b2}+K_{b3}+K_{b4}}{2K_c}$ $\overline{K}=\dfrac{K_{b2}+K_{b4}}{2K_c}$	$\alpha=\dfrac{\overline{K}}{2+\overline{K}}$
底层	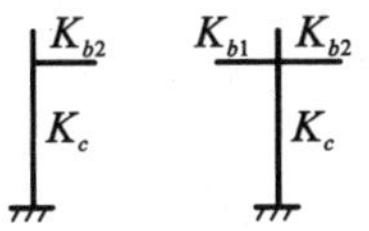 K_{b2}, K_c；K_{b1}, K_{b2}, K_c	$\overline{K}=\dfrac{K_{b1}+K_{b2}}{K_c}$ $\overline{K}=\dfrac{K_{b2}}{K_c}$	$\alpha=\dfrac{0.5+\overline{K}}{2+\overline{K}}$
	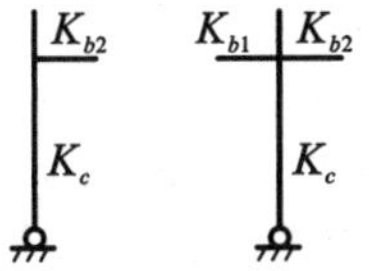 K_{b2}, K_c；K_{b1}, K_{b2}, K_c	$\overline{K}=\dfrac{K_{b1}+K_{b2}}{K_c}$ $\overline{K}=\dfrac{K_{b2}}{K_c}$	$\alpha=\dfrac{0.5\overline{K}}{1+2\overline{K}}$

注：(1)表中 $K_b=EI_b/L_b$ 和 $K_c=EI_c/h$ 分别为梁、柱的线刚度比；

(2)顶层柱的修正系数为 $\alpha=\dfrac{\overline{K}}{1.5+\overline{K}}$。

8.1.3 Smith & Coull 法简介

Smith 和 Coull 认为，当框架高宽比小于 4 时，水平荷载作用下的框架层间侧移主要由两部分组成：一部分是由梁的双曲弯曲变形引起的层间侧移[图 8.3(a)、(b)]，另一部分是由柱的双曲弯曲变形引起的层间侧移[图 8.3(c)]。即总的层间位移 δ_j 为

$$\delta_j=\delta_{jg}+\delta_{jc} \tag{8.21}$$

式中，δ_{jg} 为梁弯曲变形引起的层间位移；δ_{jc} 为柱弯曲变形引起的层间位移。

根据图 8.3(a)、(b)，Smith 和 Coull 推导得到梁弯曲变形引起的层间位移为

$$\delta_{jg}=\frac{V_j h_j^2}{12}\left(\frac{1}{\sum i_b}\right)_j \tag{8.22}$$

根据图 8.3(c)，Smith 和 Coull 推导得到柱弯曲变形引起的层间位移为

$$\delta_{jc}=\frac{V_j h_j^2}{12}\left(\frac{1}{\sum i_c}\right)_j \tag{8.23}$$

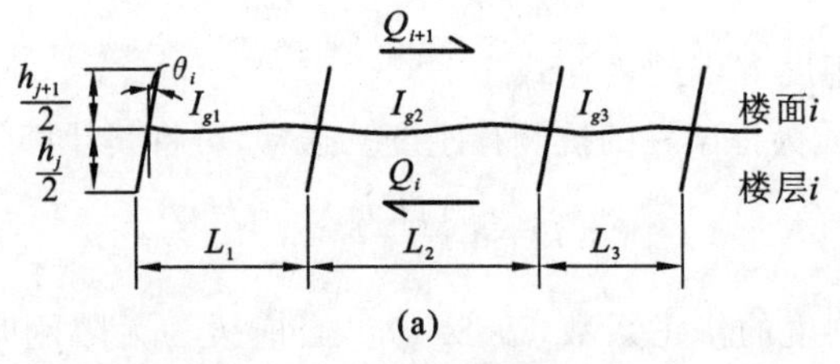

(a)

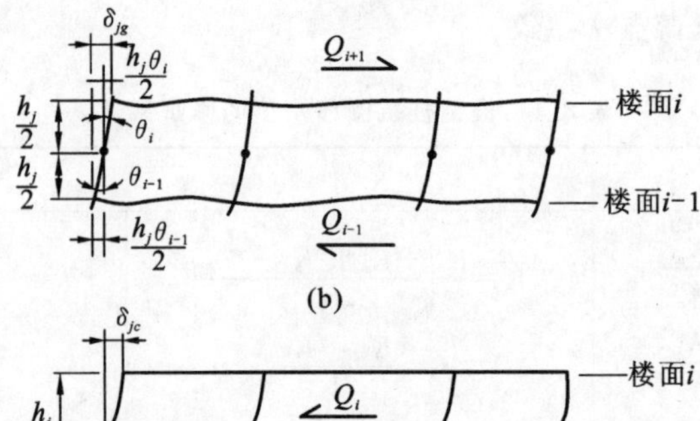

(b)

(c)

图 8.3　框架水平位移分量

这样楼层的总层间侧移为

$$\delta_j=\frac{V_j h_j^2}{12}\left(\frac{1}{\sum i_b}+\frac{1}{\sum i_c}\right)_j \tag{8.24}$$

据此可求得其等效抗侧移刚度为

$$D_j=\frac{12}{h_j^2\left(\frac{1}{\sum i_b}+\frac{1}{\sum i_c}\right)_j} \tag{8.25}$$

此抗侧移刚度是依据“反弯点在柱高的一半及梁的跨中”的假定推出的，因此该公式适用于除底层以外的一般层的计算。

对于底层框架柱脚为固定的情况，显然“反弯点在柱高的一半”的假定不符合实际，此时总层间侧移的计算公式为

$$\delta_j = \frac{V_j h_j^2}{12} \frac{\left(\dfrac{2}{3\sum i_b} + \dfrac{1}{\sum i_c}\right)_j}{\left(1 + \dfrac{\sum i_c}{6\sum i_b}\right)_j} \tag{8.26}$$

据此可求得底层的等效抗侧移刚度为

$$D_j = \frac{12\left(1 + \dfrac{\sum i_c}{6\sum i_b}\right)_j}{h_j^2\left(\dfrac{2}{3\sum i_b} + \dfrac{1}{\sum i_c}\right)_j} \tag{8.27}$$

【说明】

第 10 章我们还将证明，Smith 和 Coull 的公式高估了横梁的贡献。公式(8.25)的正确形式应该是

$$D_j = \frac{12}{h_j^2\left(\dfrac{1}{\sum (i_b/2)} + \dfrac{1}{\sum i_c}\right)_j} \tag{8.28}$$

即需要将上下横梁的线刚度折半。

8.1.4　各种方法的比较

本节将利用 ANSYS 给出的框架侧移计算结果(简称 FEM)，对武藤清 D 值法(简称 D)、Smith & Coull 法(简称 S-C)、Julian & Lawrence D 值法(简称 JL)的精度做一个简单的比较。

【算例 1】　单跨双层框架

考虑如图 8.4 所示的单跨双层框架，材料弹性模量 $E_s=206\text{GPa}$；剪切模量 $G_s=79.2\text{GPa}$；梁、柱截面属性为：IPE400，$A=8.450\times10^{-3}\text{m}^2$，$I=23.13\times10^{-5}\text{m}^4$；IPE360，$A=7.270\times10^{-3}\text{m}^2$，$I=16.27\times10^{-5}\text{m}^4$；HEB220，$A=9.1\times10^{-3}\text{m}^2$，$I=8.091\times10^{-5}\text{m}^4$；外荷载 $P_1=1000\text{kN}$。

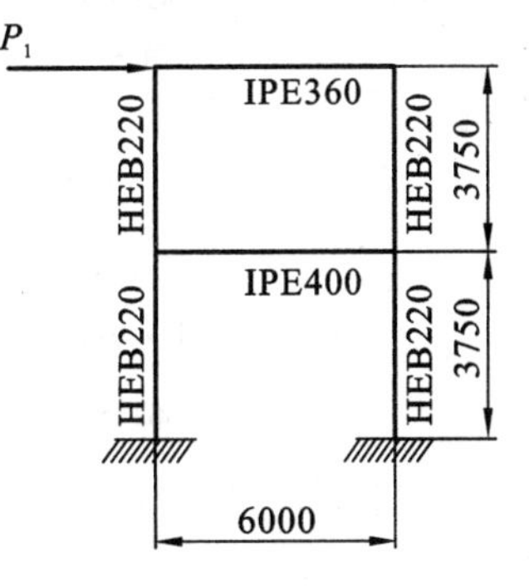

图 8.4　单跨双层框架

(1) 武藤清 D 值法

① 层间抗侧移刚度的计算

一层柱：$K_{11} = \dfrac{i_{b5}}{i_{c3}} = 1.787$

$$\beta_{11} = \frac{0.5 + K_{11}}{2 + K_{11}} = 0.604,\ \sum D_1 = 2\beta_{11}\frac{12 i_{c3}}{h_1^2} = 4.581\times10^6$$

二层柱：$K_{21} = \dfrac{i_{b4} + i_{b5}}{2\times i_{c3}} = 1.522$

$$\beta_{21}=\frac{K_{21}}{2+K_{21}}=0.432,\quad \sum D_2=2\beta_{21}\frac{12i_{c3}}{h_2^2}=3.278\times10^6$$

② 形成刚度矩阵和荷载向量

$$\boldsymbol{K}_0=\begin{pmatrix}\sum D_1+\sum D_2 & -\sum D_2\\ -\sum D_2 & \sum D_2\end{pmatrix}=\begin{pmatrix}7.568 & -3.278\\ -3.278 & 3.278\end{pmatrix},\quad \boldsymbol{F}=\begin{pmatrix}0\\ P_1\end{pmatrix}$$

③ 侧移的求解

根据上述刚度矩阵,可得如下方程

$$\boldsymbol{F}-\boldsymbol{K}_0\boldsymbol{U}=\boldsymbol{O}$$

可解得 $\boldsymbol{U}$ 为

$$\boldsymbol{U}=\begin{pmatrix}0.523\\ 0.218\end{pmatrix}$$

(2) Smith & Coull 法

① 层间抗侧移刚度的计算

一层柱: $\sum D_1=\frac{12}{3.75^2}\times\frac{1+\frac{2i_{c3}}{6\times i_{b5}}}{\frac{2}{3\times i_{b5}}+\frac{1}{2i_{c3}}}=5.15\times10^6$

二层柱: $\sum D_2=\frac{12}{3.75^2}\times\frac{1}{\frac{1}{i_{b5}}+\frac{1}{2i_{c3}}}=2.93\times10^6$

② 形成刚度矩阵和荷载向量

$$\boldsymbol{K}_0=\begin{pmatrix}\sum D_1+\sum D_2 & -\sum D_2\\ -\sum D_2 & \sum D_2\end{pmatrix}=\begin{pmatrix}8.08 & -2.93\\ -2.93 & 2.93\end{pmatrix},\quad \boldsymbol{F}=\begin{pmatrix}0\\ P_1\end{pmatrix}$$

③ 侧移的求解

根据上述刚度矩阵,可得如下方程

$$\boldsymbol{F}-\boldsymbol{K}_0\boldsymbol{U}=\boldsymbol{O}$$

可解得 $\boldsymbol{U}$ 为

$$\boldsymbol{U}=\begin{pmatrix}0.536\\ 0.194\end{pmatrix}$$

(3) Julian & Lawrence D 值法

① 层间抗侧移刚度的计算

一层柱: $K_{11}=\frac{i_{b5}}{i_{c3}}=1.787$

$$\beta_{11}=\frac{1+6K_{11}}{4+6K_{11}}=0.796,\quad \sum D_1=2\beta_{11}\frac{12i_{c3}}{h_1^2}=6.040\times10^6$$

二层柱: $K_{21}=\frac{i_{b4}}{i_{c3}}=1.257, K_{22}=\frac{i_{b5}}{i_{c3}}=1.787$

$$\beta_{21}=\frac{(K_{21}+K_{22})+6K_{21}K_{22}}{2+4(K_{21}+K_{22})+6K_{21}K_{22}}=0.597,\quad \sum D_2=2\beta_{21}\frac{12i_{c3}}{h_2^2}=4.532\times10^6$$

② 形成刚度矩阵和荷载向量

$$\boldsymbol{K}_0 = \begin{pmatrix} \sum D_1 + \sum D_2 & -\sum D_2 \\ -\sum D_2 & \sum D_2 \end{pmatrix} = \begin{pmatrix} 10.571 & -4.532 \\ -4.532 & 4.532 \end{pmatrix}, \quad \boldsymbol{F} = \begin{pmatrix} 0 \\ P_1 \end{pmatrix}$$

③ 侧移的求解

根据上述刚度矩阵，可得如下方程

$$\boldsymbol{F} - \boldsymbol{K}_0 \boldsymbol{U} = \boldsymbol{O}$$

可解得 $\boldsymbol{U}$ 为

$$\boldsymbol{U} = \begin{pmatrix} 0.386 \\ 0.166 \end{pmatrix}$$

表 8.2 为单跨双层框架的侧移计算结果汇总。由表中可见，武藤清的 D 值法和 Smith & Coull 法的结果相近，Julian & Lawrence D 值法的精度最差，且比 FEM 结果低，说明 Julian & Lawrence D 值法高估了框架柱的抗侧移刚度。

表 8.2 单跨双层框架的侧移

层数	U_{FEM} (m)	U_D (m)	$U_{S\text{-}C}$ (m)	U_{JL} (m)
1	0.199	0.218	0.194	0.166
2	0.455	0.523	0.536	0.386

【算例 2】 Vogel 六层框架(图 8.5)

此六层框架为 Vogel 于 1985 年提出，至今还被国内外文献所广泛引用。

Vogel 六层框架的截面属性如表 8.3 所示。表 8.4 为顶部作用 1N 水平力下 Vogel 六层框架的各层总侧移汇总表。从表中可以看出：

(1) 武藤清的 D 值法和 Smith & Coull 法的精度基本相同，且与 FEM 结果较为接近。这是因为武藤清的理论基础是无剪力分配法，与 Smith & Coull 法的半刚架法的原理相近，因此两者的计算精度较高。

(2) Julian & Lawrence D 值法的精度最差，且均低于 FEM 结果，最大误差达－28.38%。这是一个出人意料的发现，此结果说明 Julian & Lawrence 模型对转角关系的特殊规定缺少理论依据。正是这种假设的随意性，相当于给框架柱变形人为施加了外部约束，因而导致侧移偏低。这显然是不合理的。因此，有必要重新审查 Julian

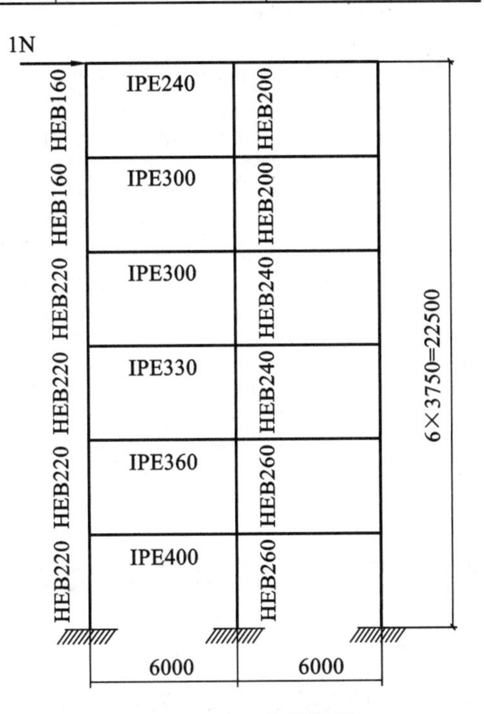

图 8.5 Vogel 六层框架

& Lawrence 的框架柱计算长度系数方法，即规范方法的精度问题。

表 8.3　Vogel 六层框架的截面属性表

截面编号	d(mm)	b_f(mm)	t_w(mm)	t_f(mm)	A(mm^2)	I(10^6mm^4)	E(GPa)
HPE160	160	160	8.0	13.0	5430	24.92	206
HPE200	200	200	9.0	15.0	7810	56.96	206
HPE220	220	220	9.5	16.0	9100	80.91	206
HPE240	240	240	10.0	16.5	10600	112.6	206
HPE260	260	260	10.0	17.5	11800	149.2	206
IPE240	240	240	6.2	9.8	3910	38.92	206
IPE300	300	300	7.1	10.7	5380	83.56	206
IPE330	330	330	7.5	11.5	6260	117.7	206
IPE360	360	360	8.0	12.7	7270	162.7	206
IPE400	400	400	8.6	13.5	8450	231.3	206

表 8.4　Vogel 六层框架的各层总侧移

层数	U_{FEM} (10^{-5}m)	U_D (10^{-5}m)	Diff$_1$ (%)	$U_{S\text{-}C}$ (10^{-5}m)	Diff$_2$ (%)	U_{JL} (10^{-5}m)	Diff$_3$ (%)
6	0.15587	0.160243	2.81	0.158573	1.73	0.124129	−20.36
5	0.11357	0.112205	−1.20	0.110587	−2.63	0.0883467	−22.21
4	0.072937	0.0717614	−1.61	0.070189	−3.77	0.0581303	−20.30
3	0.047416	0.046853	−1.19	0.045456	−4.13	0.0339587	−28.38
2	0.026455	0.0267509	1.12	0.025509	−3.58	0.0198598	−24.93
1	0.010493	0.0112226	6.95	0.009987	−4.82	0.00855366	−18.48

注：$\mathrm{Diff}_1=(U_D-U_{FEM})/U_{FEM}\times100\%$；$\mathrm{Diff}_2=(U_{S\text{-}C}-U_{FEM})/U_{FEM}\times100\%$；$\mathrm{Diff}_3=(U_{JL}-U_{FEM})/U_{FEM}\times100\%$。

8.2　框架柱的计算长度系数：水平二（层间屈曲模型）

前一章在按水平一来确定框架柱的计算长度系数时，是把每根框架柱从框架中分离出来孤立地研究，并且假设框架梁的远端和近端转角数值相等。这等价于不考虑同层内各柱的“互相支援”效应，显然，规范的方法属于“单柱屈曲模型”。

实际上，根据框架分析的“刚性楼板假设”，框架柱发生侧移屈曲时，各柱的柱顶位移必然是相等的。即同层内各柱必然是“同舟共济”的，一般不可能发生单根柱的失稳。一般而言，轴力负担较轻的柱会“支援”负担较重的柱，直到所有柱同时发生屈曲。因此，按“层间屈曲模型”来计算框架整体稳定性要比按“单柱屈曲模型”计算更合理。

8.2.1 现有的“层间屈曲模型”评述

在这方面较具有代表性的研究工作是 LeMessurier 在 1972 年完成的。为了考虑同层的“柱间相互支援”效应，他建议采用下式来计算框架柱 i 的计算长度系数

$$\mu_i=\sqrt{\frac{\pi^2 I_i}{P_i}\cdot\frac{\sum P+\sum(C_L P)}{\sum(\beta I)}} \tag{8.29}$$

式中，I_i 是框架柱 i 的惯性矩，P_i 是框架柱 i 的轴力（由框架的一阶分析算得），$\sum P$ 是该层总的重力荷载，β 是考虑柱端约束影响的系数，按下式计算

$$\beta=\frac{6(G_A+G_B)+36}{2(G_A+G_B)+G_A G_B+3} \tag{8.30}$$

其中，$G_A=1/K_1$；$G_B=1/K_2$。

C_L 是考虑由于轴力引起框架柱刚度折减的影响系数，有

$$C_L=\frac{\beta\mu^2}{\pi^2}-1 \tag{8.31}$$

其中，μ 为按水平一确定的计算长度系数。

如果假设层间发生侧移屈曲时总的重力荷载等于层间所有柱屈曲荷载之和（陈惠发《钢框架稳定设计》pg. 104），则式(8.29)可以简写为

$$\mu_i=\sqrt{\frac{\pi^2 EI_i}{P_i L_i^2}\cdot\frac{\sum P}{\sum P_{ek}}} \tag{8.32}$$

式中，$\sum P_{ek}$ 是计算层中所有柱弹性临界荷载（按水平一的计算长度系数取值）之和。

1982 年吴惠弼教授假设：每层框架柱按水平一确定的临界荷载之和等于按“层间屈曲模型”确定的临界荷载之和，即屈曲荷载总和不变（实质与 LeMessurier 的假设相同），推导得到“层间屈曲模型”的计算长度系数为

$$\mu_i=\sqrt{\frac{I_i}{N_i}\cdot\frac{\sum N_j}{\sum(I_j/\mu_{0j}^2)}} \tag{8.33}$$

式中，μ_i、μ_{0j} 分别为按“层间屈曲模型”和按水平一（规范）确定的计算长度系数；N_i、I_i 分别为第 i 根柱的轴力和惯性矩。

若注意到式(8.32)中，$\sum P_{ek}=\sum\frac{\pi^2 EI_i}{(\mu_i L_i)^2}$，则可得

$$\mu_i=\sqrt{\frac{\pi^2 EI_i}{P_i L_i^2}\cdot\frac{\sum P}{\sum\frac{\pi^2 EI_i}{(\mu_i L_i)^2}}}=\sqrt{\frac{I_i}{P_i L_i^2}\cdot\frac{\sum P}{\sum\frac{I_i}{(\mu_i L_i)^2}}} \tag{8.34}$$

可见,吴惠弼(1982年)的公式(8.33)与LeMessurier(1972年)的简化公式(8.32)完全相同,因为他们的假设相同。

与前面的推导不同,1992年梁启智教授基于层间侧移

$$\delta_i = \frac{\sum V_i}{\sum S_i - \sum \frac{N_i B_i}{h_i}} \tag{8.35}$$

的分母等于零,即结构的总抗侧移刚度为零的条件(此条件后来被陈绍蕃、童根树等学者广为引用),推导得到

$$\mu_i = \frac{\pi}{h_i}\sqrt{\frac{I_i}{N_i}\cdot\frac{\sum B_j N_j/h_j}{\sum(\beta_j I_j/h_j^3)}} \tag{8.36}$$

其中,$B_j = \beta_j\left(\frac{\mu_{0j}}{\pi}\right)^2$,$\mu_{0j}$ 为按水平一(规范)确定的计算长度系数;

$$\beta_j = \frac{12(r_1 r_2 + r_1 + r_2)}{r_1 r_2 + 4(r_1 + r_2) + 12} \tag{8.37}$$

当层高相等时,则上式可简化为

$$\mu_i = \pi\sqrt{\frac{I_i}{N_i}\cdot\frac{\sum B_j N_j}{\sum \beta_j I_j}} \tag{8.38}$$

层间放大系数法为Rosenblueth(1965年)和Stevens(1967年)提出的框架简化二阶分析方法,他们认为第 i 层的层间侧移(图8.6)因 P-Δ 效应而增大的系数为

$$\alpha_{mi} = -\frac{1}{1 - \sum N_i \Delta_i/(H_i h_i)} \tag{8.39}$$

此方法假设,P-Δ 效应引起的柱内附加弯矩,等效于图8.6所示的假想侧向力 $\sum P\Delta/h$(h 为层高)引起的效应。

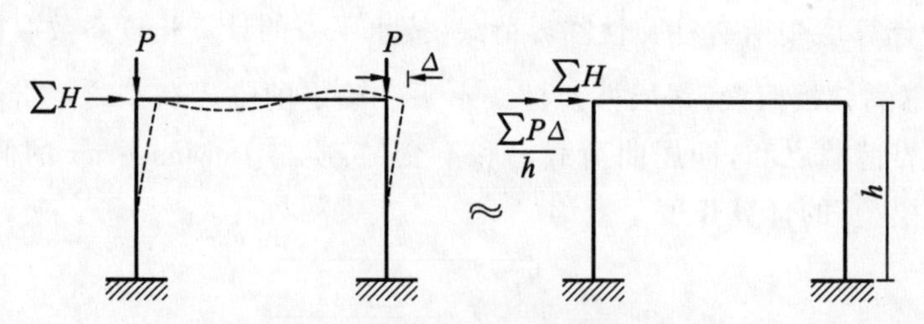

图8.6　层间放大系数法

2013年陈绍蕃教授在其《钢结构稳定设计指南》(第3版)中(pg. 152),参照梁启智教授的思想,认为式(8.39)的分母等于零,侧移将无限大,即框架失稳,从而得到临界荷载为

$$\sum N_i = \frac{H_i h_i}{\Delta_i} = \frac{Hh}{\Delta} \tag{8.40}$$

假设总临界荷载按各柱所承担荷载比例分配,则第 i 根柱子的临界荷载为

$$N_{i,cr} = \frac{N_i}{\sum N_i}\cdot\frac{Hh}{\Delta} \tag{8.41}$$

把 $N_{i,cr}=\dfrac{\pi^2 EI_i}{(\mu_i L_i)^2}=\dfrac{N_{Ei}}{\mu_i^2}$ 代入上式，可得

$$\mu_i=\sqrt{\frac{N_{Ei}}{N_i}\cdot\frac{\sum N_i}{Hh/\Delta}} \tag{8.42}$$

令 $K_0=H/\Delta$ 为抗侧移刚度，则有

$$\mu_i=\sqrt{\frac{N_{Ei}}{N_i}\cdot\frac{1.2}{K_0}\cdot\frac{\sum N_i}{h}} \tag{8.43}$$

其中，系数1.2为考虑 P-Δ 效应引入，但陈绍蕃教授未给出相关的理论推导，因此该系数的引入比较"突兀"。另外，书中并没有说明如何确定 K_0，这给实际应用带来了困难。

公式(8.43)的优点是无须两次求计算长度系数，即无须先按规范查表来确定计算长度系数，然后再求修正的计算长度系数。童根树教授在其著作《钢结构的平面内稳定》(2015年版)也曾提出一个类似的建议，计算公式如下

$$\mu_i=\sqrt{\frac{\pi^2 EI_i}{P_i h_i^3}\cdot\frac{\sum(\alpha_j P_j)}{K_0}} \tag{8.44}$$

式中，α_j 为二阶效应对抗侧移刚度的影响系数，数值在1.0～1.26之间，由该书表2.2给出(pg.42)。但若令 $\alpha_j=1.2$，则可以发现，其形式上与陈绍蕃教授的公式(8.43)相同。

综上，上述层间屈曲分析方法可分为两类：一类是需要两次求计算长度系数的方法，比如吴惠弼(1982年)、LeMessurier(1972年)和梁启智(1992年)的公式；一类是一次求计算长度系数的方法，比如陈绍蕃(2013年)、童根树(2015年)的公式。显然，前者计算过程繁复，设计工作量大；后者的计算比较直接，但缺少系统的理论基础，因为目前关于框架"层间屈曲模型"的理论研究尚不够深入。

8.2.2　本书的"层间屈曲模型"与层间屈曲荷载

我们这里将依据武藤清 D 值法，来介绍一种新的框架屈曲荷载的实用计算方法。

这种方法是从整个一层，即按"层间屈曲模型"来推算屈曲荷载的。它既适用于等高柱框架、也适用于不等高柱框架，还可用于具有摇摆柱(即柱两端铰接，对框架不能提供侧向刚度)的框架。

根据 D 值法，可知第 m 层的层间侧移为

$$\Delta_m=\frac{V_m}{\sum(D_j+D_{Gj})} \tag{8.45}$$

式中，Δ_m、V_m 分别为第 m 层的层间位移和楼层剪力；$\sum(D_j+D_{Gj})$ 为第 m 层的抗侧移刚度，由各柱抗侧移刚度叠加得到。$\sum D_j$、$\sum D_{Gj}$ 分别为框架层间各柱的抗侧移刚度 D 值(正刚度)和几何刚度 D 值(负刚度)。

为简化分析，本书偏于安全地将框架柱的几何刚度 D 值(负刚度)近似地取为

$$D_{Gj}=-\frac{N_j}{h_j} \tag{8.46}$$

【说明】

Rosenblueth(1965 年)和 Stevens(1967 年)提出了层间放大系数法。他们将 $\sum P\Delta/h$ 定义为假想外荷载。本书则借鉴了他们的思想,将 P-Δ 效应,即 $D_G\Delta=-\frac{P}{h}\Delta$ 看成是“负刚度”。

显然,由式(8.45)可知,当分母为零时,则层间侧移为无穷大,即若

$$\sum(D_j+D_{Gj})=0 \tag{8.47}$$

则框架将发生“层间屈曲”。

为了简化公式,这里将 D_j 值表示为

$$D_j=\beta_j\frac{EI_j}{h_j^3} \tag{8.48}$$

其中,β_j 是考虑柱端约束影响的 D_j 修正系数。根据武藤清 D 值可知

$$\beta_j=12\alpha=\begin{cases}\text{中间层} & 12\dfrac{\overline{K}}{2+\overline{K}}\\ \text{底层} & 12\dfrac{0.5+\overline{K}}{2+\overline{K}}(\text{柱根固定});12\dfrac{0.5\overline{K}}{1+2\overline{K}}(\text{柱根铰接})\end{cases} \tag{8.49}$$

式中,α 为表 8.1 所给出的武藤清 D 值修正系数。

假设层间各柱为比例加载,则所有柱的轴力 N_j ($j=1,2,3,\cdots$)均与荷载因子 p 成正比,即

$$N_j=p\overline{N}_j \tag{8.50}$$

式中,$\overline{N}_j$ 为“参考”轴力,是一个常量,用来反映各柱的初始轴力分布规律。

【说明】

以 ANSYS 的屈曲分析为例,这里定义的“参考”轴力就是我们在有限元模型上事先施加的外荷载;荷载因子 p 就是 ANSYS 给出的屈曲荷载系数。两者相乘才是最终的屈曲荷载。

据此可将框架柱的“几何刚度 D 值”表示为

$$D_{Gj}=-p\frac{\overline{N}_j}{h_j} \tag{8.51}$$

将式(8.48)和式(8.51)代入式(8.47),可得

$$p_{cr}\sum\frac{\overline{N}_j}{h_j}=\sum\beta_j\frac{EI_j}{h_j^3} \tag{8.52}$$

式中,$j=1$、2、3、…代表层间柱的编号,而总和符号 $\sum$ 包括同层所有柱;p_{cr} 为层间屈曲模型的临界荷载因子,它与“参考”轴力 $\overline{N}_j$ 的乘积为第 j 根柱子的临界荷载。

根据式(8.52),可求得层间屈曲模型的临界荷载因子为

$$p_{cr}=\frac{\sum\beta_j\dfrac{EI_j}{h_j^3}}{\sum\dfrac{\overline{N}_j}{h_j}} \tag{8.53}$$

根据式(8.50),第 i 根柱的临界荷载为

$$P_{cr,i}=p_{cr}\overline{N}_i=\frac{\sum\beta_j\dfrac{EI_j}{h_j^3}}{\sum\dfrac{\overline{N}_j}{h_j}}\overline{N}_i \tag{8.54}$$

这是我们依据“层间屈曲模型”推出的框架柱屈曲荷载。

【说明】

若假定横梁为无限刚($\beta_j = 12$),且同层所有柱高相等,即 $h_j = h$,则式(8.52)简化为

$$p_{cr}\sum\overline{N}_j = h\sum\frac{12EI_j}{h^3} \tag{8.55}$$

这里,$\sum\frac{12EI_j}{h^3}$为层间各柱的抗侧移刚度之和。因为框架柱抗侧移刚度为框架柱产生单位水平相对侧移所需的水平剪力,因此 $h\sum\frac{12EI_j}{h^3}$的物理意义,就是层间各柱的剪切刚度之和,即“层间剪切刚度”。此时上式可简写为

$$P_{cr} = GA \tag{8.56}$$

其中,$P_{cr} = p_{cr}\sum\overline{N}_j$ 为层间各柱的屈曲荷载之和,$GA = h\sum\frac{12EI_j}{h^3}$ 为层间剪切刚度。

此式就是“纯剪切屈曲”荷载的定义,此概念我们在 Timoshenko 柱和格构柱的屈曲分析中还会用到。

需要说明的是,式(8.55)表明,各层的层间屈曲荷载是不相关的,但此结论仅适合横梁为无限刚的框架。实际上,梁柱线刚度之比是个有限值,这样 β_j 与上下层的刚度相关,因此上下楼层的层间屈曲荷载是彼此相关的,这就是框架整体屈曲问题的复杂性所在。

为了说明我们提出的层间屈曲荷载的计算方法,这里给出一个算例。

【算例 3】 有摇摆柱的单层框架(图 8.7)。假定$I_1 = I_2 = I$,$\gamma = 0.2$。

(1) 框架柱的抗侧移刚度计算

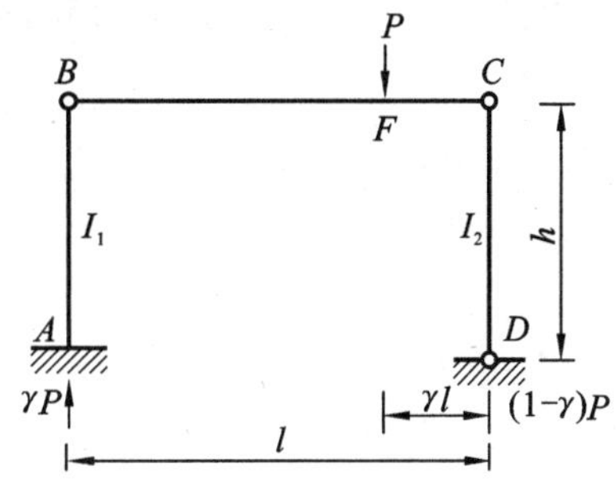

图 8.7 有摇摆柱的单层框架

AB 柱:$\overline{K} = \frac{K_{BC}}{K_{AB}} = 0$,由公式(8.49)得

$$\beta_{AB} = 12\,\frac{0.5+\overline{K}}{2+\overline{K}} = 12\times\frac{0.5}{2} = 3$$

参考轴力 $\overline{N}_{AB} = 0.2P$

CD 柱:$\overline{K} = 0$,由公式(8.49)得

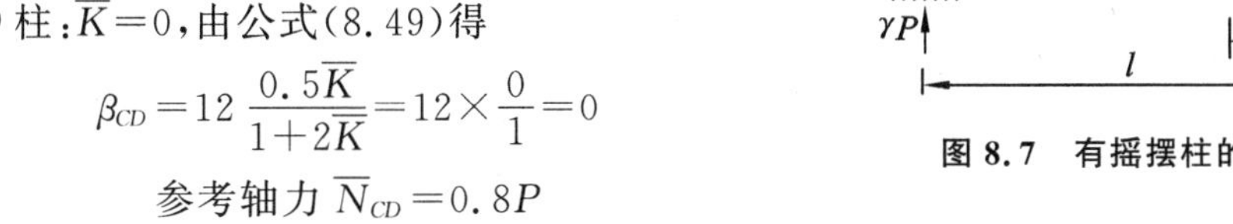

$$\beta_{CD} = 12\,\frac{0.5\overline{K}}{1+2\overline{K}} = 12\times\frac{0}{1} = 0$$

参考轴力 $\overline{N}_{CD} = 0.8P$

(2) 层间屈曲的临界荷载因子

$$\sum\beta_j\,\frac{EI_j}{h_j^3} = 3\times\frac{EI}{h^3} + 0\times\frac{EI}{h^3} = 3\,\frac{EI}{h^3}$$

$$\sum\frac{\overline{N}_j}{h_j} = \frac{0.2P}{h} + \frac{0.8P}{h} = \frac{P}{h}$$

$$p_{cr} = \sum\beta_j\frac{EI_j}{h_j^3}\Big/\sum\frac{\overline{N}_j}{h_j} = 3\,\frac{EI}{h^3}\Big/\left(\frac{P}{h}\right) = 3\,\frac{EI}{Ph^2}$$

(3) 临界荷载

AB 柱: $N_{AB} = p_{cr}\overline{N}_{AB} = 3\,\frac{EI}{Ph^2}\times 0.2P = 0.6\,\frac{EI}{h^2}\left(0.5754\,\frac{EI}{h^2}\right)$

CD柱：　$N_{CD}=p_{cr}\overline{N}_{CD}=3\dfrac{EI}{Ph^2}\times 0.8P=2.4\dfrac{EI}{h^2}\left(2.3016\dfrac{EI}{h^2}\right)$

其中,括号内的结果为本书第7章给出的精确解。可见,本章的公式(8.52)有较好的精度。

【说明】

1. Lim和McNamara(1972年)曾提出一种简便实用的计算公式,用来确定具有摇摆柱的框架柱计算长度系数

$$\mu=\mu_0\sqrt{1+n} \tag{8.57}$$

式中,μ_0为水平一确定的框架柱计算长度系数;$n=\sum P/\sum N$,其中$\sum P$为摇摆柱承担的竖向荷载之和,$\sum N$为其他框架柱(注意:不包含摇摆柱)承担的竖向荷载之和。

对于本例题中的AB柱,$\mu_0=2$,$\sum P=0.8P$,$\sum N=0.2P$,因此修正后AB柱的计算长度系数为

$$\mu=\mu_0\sqrt{1+n}=2\sqrt{1+\frac{0.8P}{0.2P}}=2\sqrt{5}=4.4721$$

此结果与精确解$\mu=4.14$很接近,因此Lim和McNamara的方法不失为一个简便实用的计算方法,可供设计参考。

2. 按本书提出的公式计算,无须区分有无摇摆柱的情况,因为层间屈曲模型是按群柱效应来考虑屈曲问题的。因此,进一步研究摇摆柱的问题只有学术价值,已无实际应用价值。

8.2.3 本书的"层间屈曲模型":计算长度系数法(水平二)

根据前面的层间屈曲荷载计算公式(8.54),即可来确定相应的计算长度系数(水平二)。若假设层间屈曲的计算长度系数为$\overline{\mu}_i$,则临界荷载可写为

$$P_{cr,i}=\frac{\pi^2 EI_i}{(\overline{\mu}_i h_i)^2} \tag{8.58}$$

令式(8.54)和式(8.58)相等,然后解出$\overline{\mu}_i$,便得到按层间屈曲模型确定的计算长度系数(水平二)的计算公式为

$$\overline{\mu}_i=\frac{\pi}{h_i}\sqrt{\frac{EI_i}{\overline{N}_i}}\sqrt{\frac{\sum\dfrac{\overline{N}_j}{h_j}}{\sum\beta_j\dfrac{EI_j}{h_j^3}}} \tag{8.59}$$

当同层所有柱高相等,即$h_j=h$,且材料弹性模量相等时,上式可简化为

$$\overline{\mu}_i=\pi\sqrt{\frac{I_i\sum\overline{P}_j}{\overline{P}_i\sum\beta_j I_j}}=\pi\sqrt{\frac{I_i}{\overline{N}_i}}\sqrt{\frac{\sum\overline{N}_j}{\sum\beta_j I_j}} \tag{8.60}$$

还需要注意的是,同层内各柱的"互相支援"效应,可能使原本"负担很重"(承受轴力较大)的柱子侧移屈曲能力得到"提升",出现侧移屈曲荷载超过无侧移屈曲荷载的情况。这种情况在"层间屈曲模型"中未加考虑,因此对于"负担很重"的柱子,还应该进行如下的校核

$$\overline{\mu}_i\leqslant\mu_{bi} \tag{8.61}$$

其中,μ_{bi}为框架柱无侧移屈曲的计算长度系数(按规范查表)。

由此，若由式(8.60)得到的计算长度系数小于1，则应该与无侧移屈曲的计算长度系数进行比较，取两者中的较小值。也可以偏于安全地取1(相当于无侧移屈曲起控制作用)。

下面通过几个算例，来说明我们提出的有侧移框架柱计算长度系数计算方法。

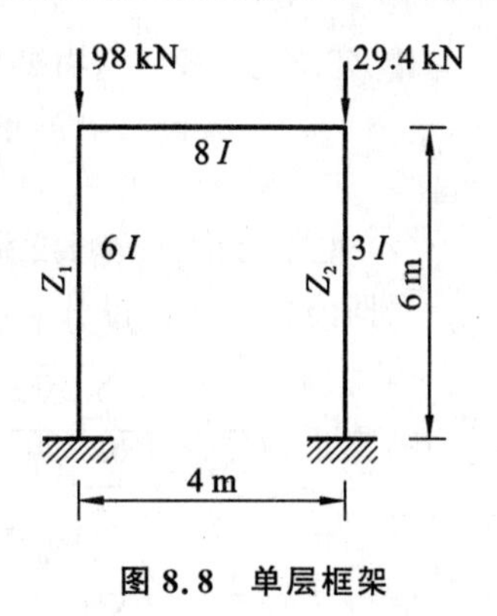

图 8.8　单层框架

【算例 4】　单层单跨非对称框架(图 8.8)。

(1) 框架柱的抗侧移刚度计算

柱 Z_1：　$\overline{K}=\dfrac{K_b}{K_{z1}}=\dfrac{2I}{I}=2$，由公式(8.49)得

$$\beta_{z1}=12\,\frac{0.5+\overline{K}}{2+\overline{K}}=12\times\frac{0.5+2}{2+2}=7.5$$

$$参考轴力\ \overline{N}_{z1}=98\ \text{kN}$$

柱 Z_2：　$\overline{K}=\dfrac{K_b}{K_{z2}}=\dfrac{2I}{0.5I}=4$，由公式(8.49)得

$$\beta_{z2}=12\,\frac{0.5+\overline{K}}{2+\overline{K}}=12\times\frac{0.5+4}{2+4}=9$$

$$参考轴力\ \overline{N}_{z2}=29.4\ \text{kN}$$

(2) 框架柱的计算长度系数

根据公式(8.60)得

$$\overline{\mu}_{z1}=\pi\sqrt{\frac{I_{z1}}{\overline{N}_{z1}}}\sqrt{\frac{\sum\overline{N}_j}{\sum\beta_j I_j}}=\pi\sqrt{\frac{6I}{98}}\sqrt{\frac{98+29.4}{7.5\times 6I+9\times 3I}}=1.03402(1.00)$$

$$\overline{\mu}_{z2}=\pi\sqrt{\frac{I_{z2}}{\overline{N}_{z2}}}\sqrt{\frac{\sum\overline{N}_j}{\sum\beta_j I_j}}=\pi\sqrt{\frac{3I}{29.4}}\sqrt{\frac{98+29.4}{7.5\times 6I+9\times 3I}}=1.33492(1.290)$$

其中，括号内的结果为吴惠弼教授的电算结果。可见，本书的公式(8.60)有较好的精度。

规范的计算结果参见图 7.18 的算例。

【算例 5】　单层 3 跨框架(图 8.9)。

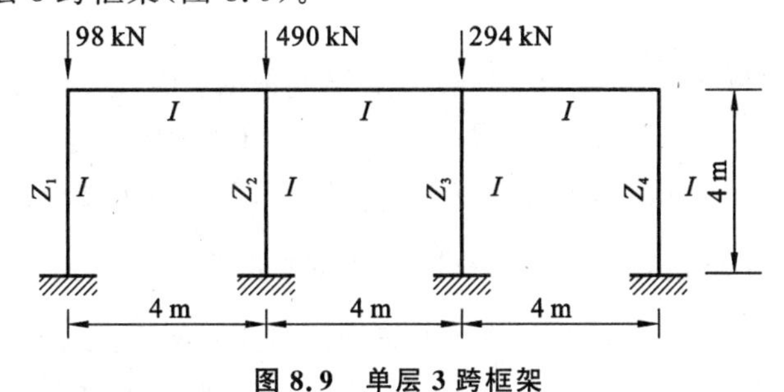

图 8.9　单层 3 跨框架

(1) 框架柱的抗侧移刚度计算

柱 Z_1、Z_4：　$\overline{K}=1$，由公式(8.49)得

$$\beta_{z1}=12\,\frac{0.5+\overline{K}}{2+\overline{K}}=12\times\frac{0.5+1}{2+1}=6$$

柱 Z_2、Z_3： $\overline{K}=2$，由公式(8.49)得

$$\beta_{z1}=12\frac{0.5+\overline{K}}{2+\overline{K}}=12\frac{0.5+2}{2+2}=7.5$$

(2) 框架柱的计算长度系数

根据公式(8.60)得

$$\overline{\mu}_{z1}=\pi\sqrt{\frac{I_{z1}}{\overline{N}_{z1}}}\sqrt{\frac{\sum\overline{N}_j}{\sum\beta_j I_j}}=\pi\sqrt{\frac{1}{98}}\sqrt{\frac{98+490+294}{6\times1\times2+7.5\times1\times2}}=1.8138(1.698)$$

$$\overline{\mu}_{z2}=\pi\sqrt{\frac{I_{z2}}{\overline{N}_{z2}}}\sqrt{\frac{\sum\overline{N}_j}{\sum\beta_j I_j}}=\pi\sqrt{\frac{1}{490}}\sqrt{\frac{98+490+294}{6\times1\times2+7.5\times1\times2}}=0.81115(0.759)$$

$$\overline{\mu}_{z3}=\pi\sqrt{\frac{I_{z3}}{\overline{N}_{z3}}}\sqrt{\frac{\sum\overline{N}_j}{\sum\beta_j I_j}}=\pi\sqrt{\frac{1}{294}}\sqrt{\frac{98+490+294}{6\times1\times2+7.5\times1\times2}}=1.0472(0.980)$$

其中，括号内的结果为吴惠弼教授的电算结果。可见，本书的公式(8.60)有较好的精度。

8.2.4 关于 P-Δ 效应系数的讨论

若同层所有柱高相等，即 $h_i=h_j=h$，并令

$$K_0=\sum\beta_j\frac{EI_j}{h_j^3}\tag{8.62}$$

为按武藤清 D 值法计算的层间抗侧移刚度，则本书的公式(8.59)也可改写为

$$\overline{\mu}_i=\sqrt{\frac{N_E}{\overline{N}_i}\cdot\frac{1}{K_0}\cdot\frac{\sum\overline{N}_j}{h}}\tag{8.63}$$

此式与陈绍蕃教授的公式

$$\mu_i=\sqrt{\frac{N_{Ei}}{N_i}\cdot\frac{1.2}{K_0}\cdot\frac{\sum N_i}{h}}\tag{8.64}$$

形式相同。

两者主要区别有：

① 前者是依据转角-位移法推导得到的，而后者是依据层间放大系数法的公式得到的；

② 本书给出了 K_0 的计算公式，即式(8.62)，而陈绍蕃教授没有给出 K_0 的计算公式；

③ P-Δ 效应系数：本书取1，陈绍蕃取1.2。童根树教授认为此系数应该在1.0～1.216之间变化；对于悬臂柱，梁启智教授(1992年)推出的系数为 $3\left(\frac{2}{\pi}\right)^2=1.216$。

究竟 P-Δ 效应系数如何取值比较合理？下面以门式刚架为例对此做一简要分析。

图8.10(a)为框架柱的两端铰接模型，图8.10(b)所示为框架柱的两端固定模型，图8.10(c)所示为框架柱的弹性约束模型。这三种计算模型相比，形式上弹性约束模型最为合理。梁启智教授(1992年)依据图8.10(c)所示的弹性约束模型，推导了相应的 P-Δ 效应系数，详细参见本书前面的弹性约束下Euler柱弯曲屈曲分析。然而，理论上如何确定框架柱端部的弹性约束刚度是个难点。

为此这里仅研究图 8.10(a)、(b)所示两种极限情况框架柱的 P-Δ 效应。

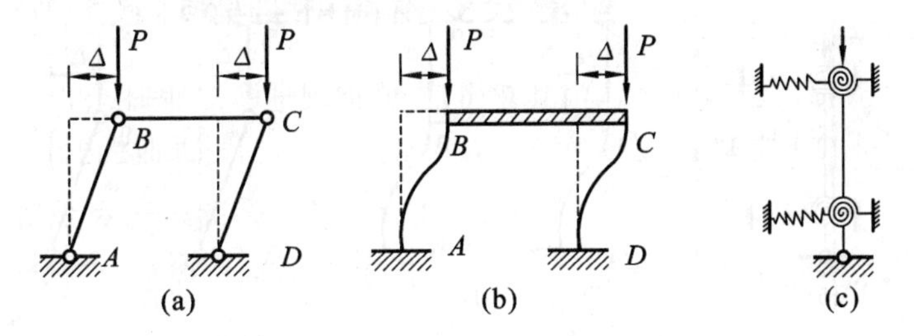

图 8.10　框架柱的力学模型

对于图 8.10(a)情况，框架柱的两端弯矩为零，即

$$\left.\begin{aligned} M_{AB}&=\frac{EI}{L}\left[\alpha\theta_A+\beta\theta_B-(\alpha+\beta)\frac{\Delta}{L}\right]=0\\ M_{BA}&=\frac{EI}{L}\left[\beta\theta_A+\alpha\theta_B-(\alpha+\beta)\frac{\Delta}{L}\right]=0\end{aligned}\right\} \tag{8.65}$$

据此可解得

$$\theta_A=\theta_B=\frac{\Delta}{L} \tag{8.66}$$

将其代入第 5 章的剪力公式(5.92)，可得

$$Q_{BA}=-\frac{EI}{L}(kL)^2\frac{\Delta}{L^2}=-\frac{P}{L}\Delta \tag{8.67}$$

此结果与本书所采用的相同，即本书的 P-Δ 效应系数与两端铰接柱的相同，因此偏于安全。

对于图 8.10(b)情况，框架柱的两端转角为零，则由第 5 章的剪力公式，即

$$Q_{BA}=-(\alpha+\beta)\frac{EI}{L}\cdot\frac{\theta_A+\theta_B}{L}+[2(\alpha+\beta)-(kL)^2]\frac{EI}{L}\cdot\frac{\Delta}{L^2} \tag{8.68}$$

可得

$$Q_{BA}=[2(\alpha+\beta)-(kL)^2]\frac{EI}{L}\cdot\frac{\Delta}{L^2} \tag{8.69}$$

将上式按 Taylor 级数展开后，可得

$$Q_{BA}=\left\{12-\frac{6\,(kL)^2}{5}+O\,[(kL)]^3\right\}\frac{EI}{L}\cdot\frac{\Delta}{L^2} \tag{8.70}$$

或者写成

$$Q_{BA}\approx\left[\frac{12EI}{L^3}-\frac{6}{5}\left(\frac{P}{L}\right)\right]\Delta \tag{8.71}$$

其中，$\frac{12EI}{L^3}$为两端固定框架柱的抗侧移刚度，而$-\frac{6}{5}\left(\frac{P}{L}\right)$为 P-Δ 效应引起的“负刚度”，$\frac{6}{5}$为 P-Δ 效应系数。

可见，陈绍蕃教授的系数 1.2 对应的是两端固定框架柱的情况，因此仅适合横梁为无限刚性的情况。

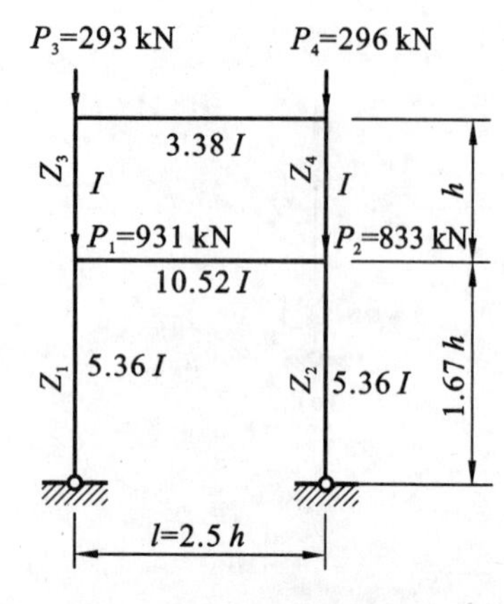

图 8.11 单跨双层框架

8.2.5 存在的问题

【算例 6】 单跨双层框架(图 8.11)。

一层框架柱 Z_1、Z_2：$\overline{K}=\dfrac{\dfrac{10.52}{2.5}}{\dfrac{5.36}{1.67}}=1.31107$，由公式(8.49)得

$$\beta_{z1}=\beta_{z2}=12\,\frac{0.5\overline{K}}{1+\overline{K}}=12\times\frac{0.5\times1.31107}{1+1.31107}=3.4038$$

$$\overline{N}_{z1}=293+931=1224\ \text{kN},\overline{N}_{z2}=296+833=1129\ \text{kN}$$

根据公式(8.60)得

$$\overline{\mu}_{z1}=\pi\sqrt{\frac{I_{z1}}{\overline{N}_{z1}}}\sqrt{\frac{\sum\overline{N}_j}{\sum\beta_j I_j}}=\pi\sqrt{\frac{5.36I}{1224}}\sqrt{\frac{1224+1129}{3.4038\times5.36I\times2}}=1.6694(2.189)$$

$$\overline{\mu}_{z2}=\pi\sqrt{\frac{I_{z2}}{\overline{N}_{z2}}}\sqrt{\frac{\sum\overline{N}_j}{\sum\beta_j I_j}}=\pi\sqrt{\frac{5.36I}{1129}}\sqrt{\frac{1224+1129}{3.4038\times5.36I\times2}}=1.7383(2.314)$$

$$p_{cr1}=\frac{E}{h_1^2}\cdot\frac{\sum\beta_j I_j}{\sum\overline{N}_j}=\frac{E}{(1.67h)^2}\times\frac{3.4038\times5.36I\times2}{1224+1129}=0.00556\,\frac{EI}{h^2}$$

二层框架柱 Z_3、Z_4：$\overline{K}=\dfrac{\dfrac{3.38}{2.5}+\dfrac{10.52}{2.5}}{2\times1}=2.7800$，由公式(8.49)得

$$\beta_{z3}=\beta_{z4}=12\,\frac{\overline{K}}{1.5+\overline{K}}=12\times\frac{2.7800}{1.5+2.7800}=7.79439$$

$$N_{z3}=293\ \text{kN},N_{z4}=296\ \text{kN}$$

根据公式(8.60)得

$$\overline{\mu}_{z3}=\pi\sqrt{\frac{I_{z3}}{\overline{N}_{z3}}}\sqrt{\frac{\sum\alpha_j\overline{N}_j}{\sum\beta_j I_j}}=\pi\sqrt{\frac{I}{293}}\sqrt{\frac{293+296}{7.79439\times I\times2}}=1.12809(2.189)$$

$$\overline{\mu}_{z4}=\pi\sqrt{\frac{I_{z4}}{\overline{N}_{z4}}}\sqrt{\frac{\sum\alpha_j\overline{N}_j}{\sum\beta_j I_j}}=\pi\sqrt{\frac{I}{296}}\sqrt{\frac{293+296}{7.79439\times I\times2}}=1.12248(2.794)$$

$$p_{cr2}=\frac{E}{h_2^2}\cdot\frac{\sum\beta_j I_j}{\sum\overline{N}_j}=\frac{E}{h^2}\times\frac{7.79439\times I\times2}{293+296}=0.02647\,\frac{EI}{h^2}$$

其中，括号内的结果为吴惠弼教授的电算结果。可见，对于首层，本书的公式(8.60)精度尚可，但对于第二层，本书的计算结果与电算结果相差近一倍。造成“层屈曲模型”失效的原因是，二层的临界荷载因子 p_{cr} 是一层的近 4.8 倍。显然，这个结果是不合理的。

这就是“层屈曲模型”的缺陷，即“孤立”地按每层计算屈曲荷载，将导致各层的屈曲是“不同步的”，因此，仅适合单层框架的屈曲分析。

对于多层框架的屈曲分析而言,如何考虑层与层之间的相互作用?这就是下节要介绍的“多层屈曲模型”。

8.3 框架柱的计算长度系数:水平三(多层屈曲模型)

如何考虑这种层与层相互作用问题,至今(2017 年)还没有简单实用的方法。梁启智(1992 年)提出了首先判断薄弱层,从顶层和底层开始,分别往下和往上逐层计算到薄弱层,把各层可兹利用的潜力收集到薄弱层的两个柱端,再确定薄弱层的计算长度系数的方法。童根树(2015 年)提出了一个类似的方法,主要区别在于利用三层柱四层梁模型来确定薄弱层柱子的计算长度系数,使计算变得更加复杂,这些方法都可归为“薄弱层算法”。

从框架整体屈曲的角度看,各楼层不可能独自屈曲,即一个框架只能有一个临界荷载因子。实际上,此现象与框架的自由振动类似。

众所周知,自由振动理论得到一个重要结论就是,每个楼层一定是做同频同相位的自由振动。屈曲与基本振型振动类似,因此,对于框架结构(也包括桁架)而言,临界荷载因子可以按动力学中的特征值方法求得。基于这样的认识,本书将结构自由振动理论引入框架屈曲分析,这是本书与传统的屈曲分析概念和方法的重要区别。另外,此分析方法可将振动与屈曲分析统一起来,因而具有重要的理论价值。

8.3.1 多层屈曲模型的刚度方程

首先讨论“强梁弱柱型”框架多层屈曲模型的刚度方程。以图 8.12(a)所示的两层框架为例,假设横梁为无限刚,一层、二层框架柱的抗弯刚度分别为 EI_1、EI_2,参考轴压力分别为 $\overline{N}_1$、$\overline{N}_2$。若一层、二层的层间侧移分别为 Δ_1、Δ_2,则

一层的刚度方程
$$k_1\Delta=0 \tag{8.72}$$

二层的刚度方程
$$k_2\Delta=0 \tag{8.73}$$

其中,k_1、k_2 分别为一层、二层的抗侧移刚度。根据上节介绍的两端固定框架柱的刚度方程式(8.71),可得

一层的抗侧移刚度
$$k_1=2\times\frac{12EI_1}{L_1^3}-2\times\frac{6}{5}\frac{\overline{N}_1}{L_1} \tag{8.74}$$

二层的抗侧移刚度
$$k_2=2\times\frac{12EI_2}{L_2^3}-2\times\frac{6}{5}\frac{\overline{N}_2}{L_2} \tag{8.75}$$

若选取一层、二层的总侧移(绝对位移)$u_1=\Delta_1$、$u_2=\Delta_1+\Delta_2$ 为未知量,则根据刚度系数的定义[图 8.12(b)、(c)],可得整体框架的抗侧移刚度方程为

$$\begin{pmatrix} k_1+k_2 & -k_2 \\ -k_2 & k_2 \end{pmatrix}\begin{pmatrix} u_1 \\ u_2 \end{pmatrix}=\begin{pmatrix} 0 \\ 0 \end{pmatrix} \tag{8.76}$$

将一层和二层的抗侧移刚度代入上式,整理得

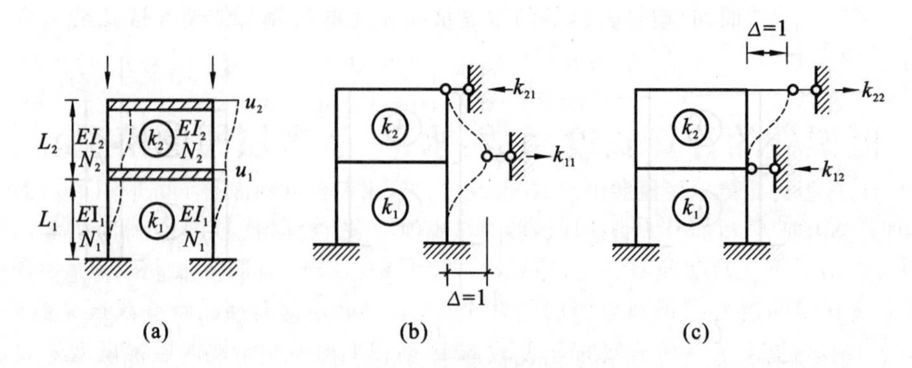

图 8.12　两层框架模型

$$\left(2\times\begin{pmatrix}\dfrac{12EI_1}{L_1^3}+\dfrac{12EI_2}{L_2^3} & -\dfrac{12EI_2}{L_2^3}\\ -\dfrac{12EI_2}{L_2^3} & \dfrac{12EI_2}{L_2^3}\end{pmatrix}+2\times\begin{pmatrix}-\dfrac{6}{5}\dfrac{\overline{N}_1}{L_1}-\dfrac{6}{5}\dfrac{\overline{N}_2}{L_2} & \dfrac{6}{5}\dfrac{\overline{N}_2}{L_2}\\ \dfrac{6}{5}\dfrac{\overline{N}_2}{L_2} & -\dfrac{6}{5}\dfrac{\overline{N}_2}{L_2}\end{pmatrix}\right)\begin{pmatrix}u_1\\ u_2\end{pmatrix}=\begin{pmatrix}0\\ 0\end{pmatrix} \tag{8.77}$$

若假设比例加载，则轴向力是按预定的分布（$\overline{N}_1$、$\overline{N}_2$）同时增大的，即 $N_1=\lambda\overline{N}_1$，$N_2=\lambda\overline{N}_2$，其中 λ 为荷载因子（Load Factor），$\overline{N}_i$ 为“参考”轴向力。这样可将上式简写为

$$(\boldsymbol{K}_0-\lambda\boldsymbol{K}_G)\boldsymbol{U}=\boldsymbol{O} \tag{8.78}$$

式中，$\boldsymbol{K}_0$、$\boldsymbol{K}_G$ 分别为线性刚度矩阵、几何刚度矩阵，λ 为荷载因子，$\boldsymbol{U}$ 为位移列向量。

将上述两式对比，可知

$$\boldsymbol{K}_0=2\times\begin{pmatrix}\dfrac{12EI_1}{L_1^3}+\dfrac{12EI_2}{L_2^3} & -\dfrac{12EI_2}{L_2^3}\\ -\dfrac{12EI_2}{L_2^3} & \dfrac{12EI_2}{L_2^3}\end{pmatrix}=\begin{pmatrix}\sum D_1+\sum D_2 & -\sum D_2\\ -\sum D_2 & \sum D_2\end{pmatrix} \tag{8.79}$$

式中，$\sum D_1$、$\sum D_2$ 分别为一层、二层的线性抗侧移刚度。

$$\boldsymbol{K}_G=2\times\begin{pmatrix}\dfrac{6}{5}\dfrac{\overline{N}_1}{L_1}+\dfrac{6}{5}\dfrac{\overline{N}_2}{L_2} & -\dfrac{6}{5}\dfrac{\overline{N}_2}{L_2}\\ -\dfrac{6}{5}\dfrac{\overline{N}_2}{L_2} & \dfrac{6}{5}\dfrac{\overline{N}_2}{L_2}\end{pmatrix}=\begin{pmatrix}\sum G_1+\sum G_2 & -\sum G_2\\ -\sum G_2 & \sum G_2\end{pmatrix} \tag{8.80}$$

式中，$\sum G_1$、$\sum G_2$ 分别为一层、二层的几何抗侧移刚度。

需要注意的是，上式中 $\boldsymbol{K}_G$ 为“参考”轴力 $\overline{N}_i$ 产生的“参考”几何刚度矩阵。所谓“参考”轴力 $\overline{N}_i$ 即为“非真实”轴力，其大小可以任意假设，但是其在各节点上分布和分配比例是确定的。根据比例加载的概念，“真实的”屈曲荷载应为临界荷载因子 λ_{cr} 与“参考” 轴力 $\overline{N}_i$ 的乘积，即

$$P_{i,cr}=\lambda_{cr}\overline{N}_i \tag{8.81}$$

上述刚度方程的推导方法对于“弱柱强梁型”框架依然适用。

综上，对于 n 层框架，按本书的修正 D 值法，可建立其刚度方程为

$$\begin{pmatrix} \sum D_1+\sum D_2 & -\sum D_2 & & & & \\ -\sum D_2 & \sum D_2+\sum D_3 & -\sum D_3 & & & \\ & -\sum D_3 & \sum D_3+\sum D_4 & & & \\ & & & \ddots & -\sum D_{n-1} & \\ & & & -\sum D_{n-1} & \sum D_{n-1}+\sum D_n & -\sum D_n \\ & & & & -\sum D_n & \sum D_n \end{pmatrix}\begin{pmatrix} u_1 \\ u_2 \\ u_3 \\ \vdots \\ u_{n-1} \\ u_n \end{pmatrix}$$

$$=\lambda\begin{pmatrix} \sum G_1+\sum G_2 & -\sum G_2 & & & & \\ -\sum G_2 & \sum G_2+\sum G_3 & -\sum G_3 & & & \\ & -\sum G_3 & \sum G_3+\sum G_4 & & & \\ & & & \ddots & -\sum G_{n-1} & \\ & & & -\sum G_{n-1} & \sum G_{n-1}+\sum G_n & -\sum G_n \\ & & & & -\sum G_n & \sum G_n \end{pmatrix}\begin{pmatrix} u_1 \\ u_2 \\ u_3 \\ \vdots \\ u_{n-1} \\ u_n \end{pmatrix} \tag{8.82}$$

式中,$\sum D_i$ 为第 i 层的线性抗侧移刚度,可按本书提出的改进 D 值法计算;$\sum G_i=\sum \dfrac{\overline{N}_i}{L_i}$ 为第 i 层的几何抗侧移刚度,$\sum \overline{N}_i$ 为第 i 层框架柱的“参考”轴向力之和,L_i 为第 i 层的层高,u_i 为第 i 层的水平侧移(绝对位移),λ 为荷载因子。

上式可以用简洁的矩阵形式表示为

$$(\boldsymbol{K}_0-\lambda\boldsymbol{K}_G)\boldsymbol{U}=\boldsymbol{O} \tag{8.83}$$

式中

$$\boldsymbol{K}_0=\begin{pmatrix} \sum D_1+\sum D_2 & -\sum D_2 & & & & \\ -\sum D_2 & \sum D_2+\sum D_3 & -\sum D_3 & & & \\ & -\sum D_3 & \sum D_3+\sum D_4 & & & \\ & & & \ddots & -\sum D_{n-1} & \\ & & & -\sum D_{n-1} & \sum D_{n-1}+\sum D_n & -\sum D_n \\ & & & & -\sum D_n & \sum D_n \end{pmatrix}$$

$$\boldsymbol{K}_G=\begin{pmatrix} \sum G_1+\sum G_2 & -\sum G_2 & & & & \\ -\sum G_2 & \sum G_2+\sum G_3 & -\sum G_3 & & & \\ & -\sum G_3 & \sum G_3+\sum G_4 & & & \\ & & & \ddots & -\sum G_{n-1} & \\ & & & -\sum G_{n-1} & \sum G_{n-1}+\sum G_n & -\sum G_n \\ & & & & -\sum G_n & \sum G_n \end{pmatrix}$$

我们注意到，对于多层框架而言，线性刚度矩阵和几何刚度矩阵均为三对角矩阵，即除对角线和2个相邻对角线的元素外，其余的元素均为零。

8.3.2 多层框架屈曲的精确解法——特征值算法

“多层屈曲模型”的本质是基于此刚度方程式(8.83)求解临界荷载因子 λ_{cr}。此问题实质是一个广义特征值问题，相关的数值求解的方法很多，比如逆迭代法、Rayleigh-Ritz 法、Lanzoz 法、子空间迭代法等。

精确的求解方法就是特征值算法。由于我们提出的“多层屈曲模型”是以楼层侧移作为基本未知量，涉及的自由度数目不多，因此可直接利用 Matlab、Mathematica 等软件的标准算法。

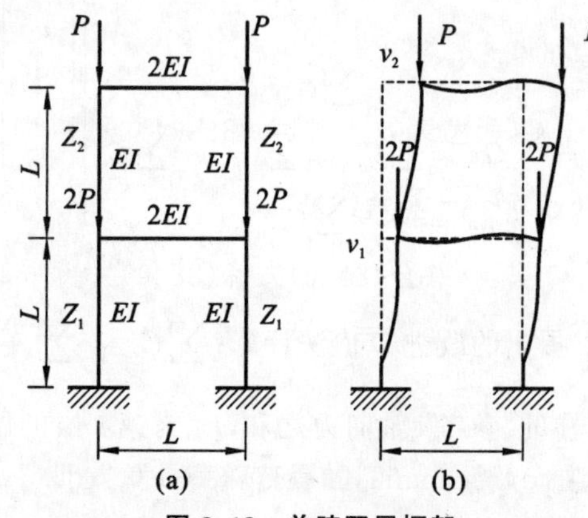

图 8.13 单跨双层框架

下面通过几个算例来简要介绍这个方法的应用，并利用精确解或有限元解答来校核我们的理论。

【算例 7】 单跨双层框架(图 8.13)。

我们在第5章曾给出此问题的精确解为 $P_{cr}=\dfrac{1.672^2 EI}{L^2}=2.796\,\dfrac{EI}{L^2}$。下面我们用特征值方法，求解图 8.13 所示单跨双层框架的屈曲荷载。注意，这里的自由度编号与第5章的不同。

(1) 层间抗侧移刚度的计算

一层柱 Z_1： $\overline{K}=\dfrac{2EI/L}{EI/L}=2$，由公式(8.49)得

$$\beta_{z1}=12\,\frac{0.5+\overline{K}}{2+\overline{K}}=12\times\frac{0.5+2}{2+2}=7.5$$

$$\text{轴力 } N_{z1}=3P$$

$$\sum D_1=2\beta_{z1}\frac{EI}{L^3}=2\times 7.5\frac{EI}{L^3}=15\frac{EI}{L^3}$$

$$\sum G_1=2\times\frac{N_{z1}}{L}=6\frac{P}{L}$$

二层柱 Z_2： $\overline{K}=\dfrac{2\times 2EI/L}{2\times EI/L}=2$，由公式(8.49)得

$$\beta_{z2}=12\,\frac{\overline{K}}{1.5+\overline{K}}=12\times\frac{2}{1.5+2}=\frac{48}{7}$$

$$\text{轴力 } N_{z2}=P$$

$$\sum D_2=2\beta_{z2}\frac{EI}{L^3}=2\times\frac{48}{7}\frac{EI}{L^3}=13.7143\frac{EI}{L^3}$$

$$\sum G_2=2\times\frac{N_{z2}}{L}=2\frac{P}{L}$$

(2) 形成刚度矩阵

$$\boldsymbol{K}_0=\begin{pmatrix}\sum D_1+\sum D_2 & -\sum D_2\\ -\sum D_2 & \sum D_2\end{pmatrix}=\begin{bmatrix}28.7143 & -13.7143\\ -13.7143 & 13.7143\end{bmatrix}\frac{EI}{L^3} \tag{8.84}$$

$$\boldsymbol{K}_G=\begin{pmatrix}\sum G_1+\sum G_2 & -\sum G_2\\ -\sum G_2 & \sum G_2\end{pmatrix}=\begin{bmatrix}8 & -2\\ -2 & 2\end{bmatrix}\frac{P}{L} \tag{8.85}$$

(3) 特征值的求解

根据上述刚度矩阵,可得如下方程

$$\left(\begin{bmatrix}28.7143 & -13.7143\\ -13.7143 & 13.7143\end{bmatrix}-\begin{bmatrix}8 & -2\\ -2 & 2\end{bmatrix}\frac{PL^2}{EI}\right)\begin{pmatrix}v_1\\ v_2\end{pmatrix}=\begin{pmatrix}0\\ 0\end{pmatrix}$$

也可写为简洁的形式

$$(\boldsymbol{K}_0-\lambda\boldsymbol{K}_G)\boldsymbol{U}=\boldsymbol{O} \tag{8.86}$$

其中,$\lambda=\dfrac{PL^2}{EI}$称为荷载因子。

或者

$$\begin{pmatrix}28.7143-8\lambda & -13.7143+2\lambda\\ -13.7143+2\lambda & 13.7143-2\lambda\end{pmatrix}\begin{pmatrix}v_1\\ v_2\end{pmatrix}=\begin{pmatrix}0\\ 0\end{pmatrix}$$

利用特征值方法可解得如下的特征值和特征向量

$$\lambda_1=2.5,\quad \boldsymbol{\phi}_1=\begin{pmatrix}0.707\\ 0.707\end{pmatrix},\quad \lambda_2=6.85715,\quad \boldsymbol{\phi}_2=\begin{pmatrix}0\\ 1\end{pmatrix}$$

这里,$\boldsymbol{\phi}_1$、$\boldsymbol{\phi}_2$分别为第一阶和第二阶屈曲模态,如图 8.14 所示。其中,第一阶屈曲模态为整体屈曲,即一层和二层同时失稳,而第二阶屈曲模态为局部屈曲,即第二层失稳。

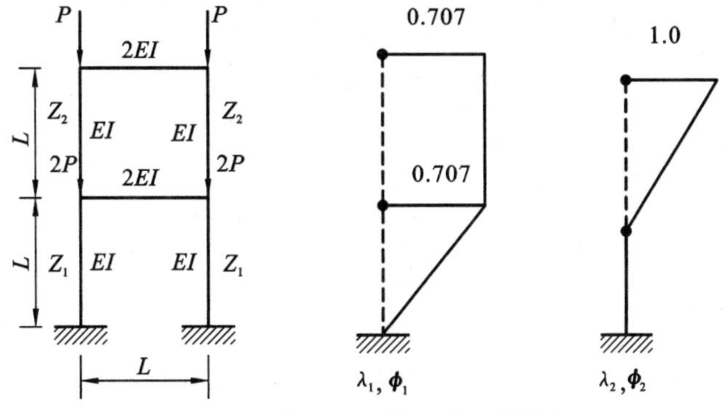

图 8.14 第一阶和第二阶屈曲模态

(4) 临界荷载因子与临界荷载

显然,临界荷载因子应该取第一阶屈曲模态对应的特征值,即

$$\lambda_{cr}=\frac{P_{cr}L^2}{EI}=2.5 \text{ 或者 } P_{cr}=2.5\frac{EI}{L^2}$$

此解答比精确解 $P_{cr}=2.796\dfrac{EI}{L^2}$低约为 10%,且偏于安全。

一层柱 Z_1 临界荷载： $N_{z1,cr}=3P_{cr}=3\times2.5\dfrac{EI}{L^2}=7.5\dfrac{EI}{L^2},\mu_1=1.1472$

二层柱 Z_2 临界荷载： $N_{z2,cr}=P_{cr}=2.5\dfrac{EI}{L^2},\mu_2=1.9869$

【算例 8】 单跨三层框架(图 8.15)。

考虑图 8.15(a)所示的单跨三层框架，此例题为很多国外文献引用作为考题。

本节将利用 ANSYS 给出的框架屈曲荷载计算结果(简称 FEM)，对武藤清 D 值法(简称 D)、Smith & Coull 法(简称 S-C)、Julian & Lawrence D 值法(简称 JL)的精度做一个简单的比较。

已知：材料弹性模量 $E_s=200\text{GPa}$；梁、柱截面属性为：$W8\times35$，$A=6.645\times10^{-3}\,\text{m}^2$，$I=5.286\times10^{-5}\,\text{m}^4$；$W8\times48$，$A=9.097\times10^{-3}\,\text{m}^2$，$I=7.659\times10^{-5}\,\text{m}^4$；$W14\times30$，$A=5.71\times10^{-3}\,\text{m}^2$，$I=12.112\times10^{-5}\,\text{m}^4$；$W21\times44$，$A=8.387\times10^{-3}\,\text{m}^2$，$I=35.088\times10^{-5}\,\text{m}^4$；外荷载 $P_1=124.55\text{kN}$，$P_2=97.86\text{kN}$。

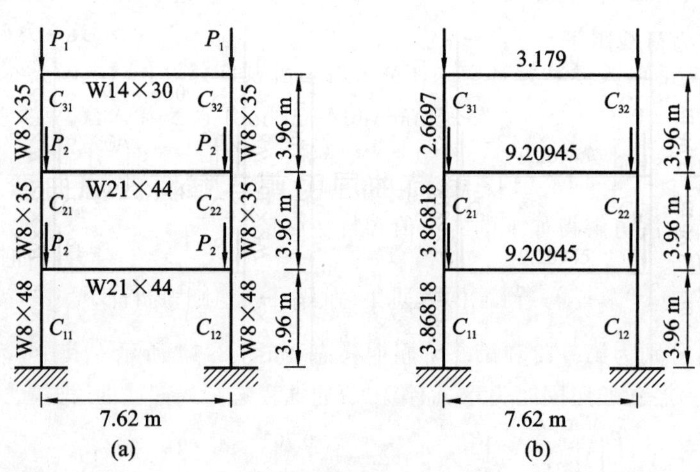

图 8.15 单跨三层框架

梁柱线刚度的计算如下

梁 W14×30： $i_{b1}=\dfrac{EI}{L}=\dfrac{2.0\times10^{11}\times12.112\times10^{-5}}{7.62}=3.179\times10^6$

梁 W21×44： $i_{b2}=\dfrac{EI}{L}=\dfrac{2.0\times10^{11}\times35.088\times10^{-5}}{7.62}=9.20945\times10^6$

柱 W8×35： $i_{c1}=\dfrac{EI}{L}=\dfrac{2.0\times10^{11}\times5.286\times10^{-5}}{7.62}=2.6697\times10^6$

柱 W8×48： $i_{c2}=\dfrac{EI}{L}=\dfrac{2.0\times10^{11}\times7.659\times10^{-5}}{7.62}=3.86818\times10^6$

为使用简便，将上述梁柱数据计算的线刚度比列于图 8.15(b)(实际数值需要乘 10^6)。

(1) 武藤清 D 值法

① 层间抗侧移刚度的计算

一层柱： $K_1=\dfrac{i_{b2}}{i_{c2}}=\dfrac{9.20945}{3.86818}=2.381$，由公式(8.49)得

$$\beta_1 = \frac{0.5 + K_1}{2 + K_1} = 0.658$$

轴力 $N_1 = P_1 + 2P_2 = 320270$

$$\sum D_1 = 2\beta_1 \frac{12EI_1}{h_1^3} = 2 \times 0.658 \times \frac{12 \times 2.0 \times 10^{11} \times 7.659 \times 10^{-5}}{3.96^3} = 3.893 \times 10^6$$

$$\sum G_1 = 2 \times \frac{N_1}{L_1} = 2 \times \frac{320270}{3.96} = 161752$$

荷载系数 $\lambda_1 = \dfrac{\sum D_1}{\sum G_1} = \dfrac{3.893 \times 10^6}{161752} = 24.0677$

二层柱： $K_2 = 3.450$，由公式(8.49)得

$$\beta_2 = \frac{K_2}{2 + K_2} = 0.633$$

轴力 $N_2 = P_1 + P_2 = 222410$

$$\sum D_2 = 2\beta_2 \frac{12EI_2}{h_2^3} = 2 \times 0.633 \times \frac{12 \times 2.0 \times 10^{11} \times 5.286 \times 10^{-5}}{3.96^3} = 2.586 \times 10^6$$

$$\sum G_2 = 2 \times \frac{N_2}{L_2} = 2 \times \frac{222410}{3.96} = 112328$$

荷载系数 $\lambda_2 = \dfrac{\sum D_2}{\sum G_2} = \dfrac{2.586 \times 10^6}{112328} = 23.0219$

三层柱： $K_3 = 2.320$，由公式(8.49)得

$$\beta_3 = \frac{K_3}{2 + K_3} = 0.537$$

轴力 $N_3 = P_1 = 124550$

$$\sum D_3 = 2\beta_3 \frac{12EI_3}{h_3^3} = 2 \times 0.537 \times \frac{12 \times 2.0 \times 10^{11} \times 5.286 \times 10^{-5}}{3.96^3} = 2.194 \times 10^6$$

$$\sum G_3 = 2 \times \frac{N_3}{L_3} = 2 \times \frac{124550}{3.96} = 62904$$

荷载系数 $\lambda_3 = \dfrac{\sum D_3}{\sum G_3} = \dfrac{2.194 \times 10^6}{62904} = 34.8785$

可见各层的荷载系数并不相同，因此“层屈曲模型”不能很好地预测此框架的屈曲荷载。

② 形成刚度矩阵

$$\boldsymbol{K}_0 = \begin{pmatrix} \sum D_1 + \sum D_2 & -\sum D_2 & 0 \\ -\sum D_2 & \sum D_2 + \sum D_3 & -\sum D_3 \\ 0 & -\sum D_3 & \sum D_3 \end{pmatrix} = \begin{pmatrix} 6.479 & -2.586 & 0 \\ -2.586 & 4.780 & -2.194 \\ 0 & -2.194 & 2.194 \end{pmatrix} \times 10^6$$

$$\boldsymbol{K}_G = \begin{pmatrix} \sum G_1 + \sum G_2 & -\sum G_2 & 0 \\ -\sum G_2 & \sum G_2 + \sum G_3 & -\sum G_3 \\ 0 & -\sum G_3 & \sum G_3 \end{pmatrix} = \begin{pmatrix} 274080 & -112328 & 0 \\ -112328 & 175232 & -62904 \\ 0 & -62904 & 62904 \end{pmatrix}$$

③ 特征值的求解

根据上述刚度矩阵，可得如下方程

$$(\boldsymbol{K}_0-\lambda\boldsymbol{K}_G)\boldsymbol{U}=\boldsymbol{O}$$

利用广义特征值算法可求此问题的最小特征值为

$$\lambda_{\min}=23.025$$

④ 屈曲荷载的计算

根据比例加载的假设，框架柱的屈曲荷载为

$$N_{i,cr}=\lambda_{\min}N_i$$

式中，N_i 为形成刚度矩阵时使用的轴向力参数。

一层柱的临界荷载：

$$N_{1,cr}=\lambda_{\min}N_1=23.025\times320270=7374.22\text{kN}$$

二层柱的临界荷载：

$$N_{2,cr}=\lambda_{\min}N_2=23.025\times222410=5120.99\text{kN}$$

三层柱的临界荷载：

$$N_{3,cr}=\lambda_{\min}N_3=23.025\times124550=2867.76\text{kN}$$

(2) Smith & Coull 法

① 层间抗侧移刚度的计算

一层柱：$\sum D_1=\dfrac{12}{h_1^2}\cdot\dfrac{1+\dfrac{2i_{c2}}{6\times i_{b2}}}{\dfrac{2}{3\times i_{b2}}+\dfrac{1}{2i_{c2}}}=4.326\times10^6$

轴力 $N_1=P_1+2P_2=320270$

$$\sum G_1=2\times\frac{N_1}{L_1}=2\times\frac{320270}{3.96}=161752$$

二层柱：$\sum D_2=\dfrac{12}{h_2^2}\cdot\dfrac{1}{\dfrac{1}{i_{b2}}+\dfrac{1}{2i_{c1}}}=2.586\times10^6$

轴力 $N_2=P_1+P_2=222410$

$$\sum G_2=2\times\frac{N_2}{L_2}=2\times\frac{222410}{3.96}=112328$$

三层柱：$\sum D_3=\dfrac{12}{h_3^2}\cdot\dfrac{1}{\dfrac{1}{i_{b1}}+\dfrac{1}{2i_{c1}}}=1.525\times10^6$

轴力 $N_3=P_1=124550$

$$\sum G_3=2\times\frac{N_3}{L_3}=2\times\frac{124550}{3.96}=62904$$

② 形成刚度矩阵

$$\boldsymbol{K}_0=\begin{pmatrix}\sum D_1+\sum D_2 & -\sum D_2 & 0\\ -\sum D_2 & \sum D_2+\sum D_3 & -\sum D_3\\ 0 & -\sum D_3 & \sum D_3\end{pmatrix}=\begin{pmatrix}6.913 & -2.586 & 0\\ -2.586 & 4.111 & -1.525\\ 0 & -1.525 & 1.525\end{pmatrix}\times 10^6$$

$$\boldsymbol{K}_G=\begin{pmatrix}\sum G_1+\sum G_2 & -\sum G_2 & 0\\ -\sum G_2 & \sum G_2+\sum G_3 & -\sum G_3\\ 0 & -\sum G_3 & \sum G_3\end{pmatrix}=\begin{pmatrix}274080 & -112328 & 0\\ -112328 & 175232 & -62904\\ 0 & -62904 & 62904\end{pmatrix}$$

③ 特征值的求解

根据上述刚度矩阵，可得如下方程

$$(\boldsymbol{K}_0-\lambda\boldsymbol{K}_G)\boldsymbol{U}=\boldsymbol{O}$$

利用广义特征值算法可求此问题的最小特征值为

$$\lambda_{\min}=23.025$$

④ 屈曲荷载的计算

根据比例加载的假设，框架柱的屈曲荷载为

$$N_{i,cr}=\lambda_{\min}N_i$$

式中，N_i 为形成刚度矩阵时使用的轴向力参数。

一层柱的临界荷载：

$$N_{1,cr}=\lambda_{\min}N_1=23.025\times 320270=7374.22\text{kN}$$

二层柱的临界荷载：

$$N_{2,cr}=\lambda_{\min}N_2=23.025\times 222410=5120.99\text{kN}$$

三层柱的临界荷载：

$$N_{3,cr}=\lambda_{\min}N_3=23.025\times 124550=2867.76\text{kN}$$

(3) Julian & Lawrence D 值法

① 层间抗侧移刚度的计算

一层柱：$K_{11}=\dfrac{i_{b2}}{i_{c2}}=\dfrac{9.20945}{3.86818}=2.381, K_{12}=\infty$，由公式(8.49)得

$$\beta_1=\frac{1+6K_{11}}{4+6K_{11}}=0.836$$

轴力 $N_1=P_1+2P_2=320270$

$$\sum D_1=2\beta_1\frac{12EI_1}{L_1^3}=2\times 0.836\times\frac{12\times 2.0\times 10^{11}\times 7.659\times 10^{-5}}{3.96^3}=4.949\times 10^6$$

$$\sum G_1=2\times\frac{N_1}{L_1}=2\times\frac{320270}{3.96}=161752$$

二层柱：$K_{21}=3.450, K_{22}=3.450$，由公式(8.49)得

$$\beta_2=\frac{(K_{21}+K_{22})+6K_{21}K_{22}}{2+4(K_{21}+K_{22})+6K_{21}K_{22}}=0.775$$

轴力 $N_2=P_1+P_2=222410$

$$\sum D_2 = 2\beta_2 \frac{12EI_2}{L_2^3} = 2 \times 0.775 \times \frac{12 \times 2.0 \times 10^{11} \times 5.286 \times 10^{-5}}{3.96^3} = 3.168 \times 10^6$$

$$\sum G_2 = 2 \times \frac{N_2}{L_2} = 2 \times \frac{222410}{3.96} = 112328$$

三层柱： $K_{31} = 1.191, K_{32} = 3.450$，由公式(8.49)得

$$\beta_3 = \frac{(K_{31} + K_{32}) + 6K_{31}K_{32}}{2 + 4(K_{31} + K_{32}) + 6K_{31}K_{32}} = 0.648$$

轴力 $N_3 = P_1 = 124550$

$$\sum D_3 = 2\beta_3 \frac{12EI_3}{L_3^3} = 2 \times 0.648 \times \frac{12 \times 2.0 \times 10^{11} \times 5.286 \times 10^{-5}}{3.96^3} = 2.647 \times 10^6$$

$$\sum G_3 = 2 \times \frac{N_3}{L_3} = 2 \times \frac{124550}{3.96} = 62904$$

② 形成刚度矩阵

$$\boldsymbol{K}_0 = \begin{pmatrix} \sum D_1 + \sum D_2 & -\sum D_2 & 0 \\ -\sum D_2 & \sum D_2 + \sum D_3 & -\sum D_3 \\ 0 & -\sum D_3 & \sum D_3 \end{pmatrix} = \begin{pmatrix} 8.117 & -3.168 & 0 \\ -3.168 & 5.815 & -2.647 \\ 0 & -2.647 & 2.647 \end{pmatrix} \times 10^6$$

$$\boldsymbol{K}_G = \begin{pmatrix} \sum G_1 + \sum G_2 & -\sum G_2 & 0 \\ -\sum G_2 & \sum G_2 + \sum G_3 & -\sum G_3 \\ 0 & -\sum G_3 & \sum G_3 \end{pmatrix} = \begin{pmatrix} 274080 & -112328 & 0 \\ -112328 & 175232 & -62904 \\ 0 & -62904 & 62904 \end{pmatrix}$$

③ 特征值的求解

根据上述刚度矩阵，可得如下方程

$$(\boldsymbol{K}_0 - \lambda \boldsymbol{K}_G)\boldsymbol{U} = \boldsymbol{O}$$

利用广义特征值算法可求此问题的最小特征值为

$$\lambda_{\min} = 28.19955$$

④ 屈曲荷载的计算

根据比例加载的假设，框架柱的屈曲荷载为

$$N_{i,cr} = \lambda_{\min} N_i$$

式中，N_i 为形成刚度矩阵时使用的轴向力参数。

一层柱的临界荷载：

$$N_{1,cr} = \lambda_{\min} N_1 = 28.200 \times 320270 = 9031.47\text{kN}$$

二层柱的临界荷载：

$$N_{2,cr} = \lambda_{\min} N_2 = 28.200 \times 222410 = 6271.96\text{kN}$$

三层柱的临界荷载：

$$N_{3,cr} = \lambda_{\min} N_3 = 28.200 \times 124550 = 3512.31\text{kN}$$

(4) 计算结果汇总

表 8.5 为计算结果汇总表。从表中可见：

① 武藤清的 D 值法和 Smith & Coull 法与 FEM 结果较为接近，且两者的屈曲荷载完

全相同。

② Julian & Lawrence D 值法的精度最差，且均高于 FEM 结果。这是一个出人意料的发现。

表 8.5　单跨三层框架屈曲荷载

层数	P_{FEM} (kN)	P_{D} (kN)	$P_{S\text{-}C}$ (kN)	P_{JL} (kN)
1	7743.49	7374.22	7374.22	9031.47
2	5377.43	5120.99	5120.99	6271.96
3	3011.37	2867.76	2867.76	3512.31

【算例 9】 Vogel 六层框架

本节选用图 8.16 所示的 Vogel(1985 年)六层框架为例，分别采用武藤清 D 值法、Smith & Coull 法、Julian & Lawrence D 值法计算框架屈曲荷载，并将各方法所得结果与 ANSYS 进行比较。

Vogel 六层框架的截面属性如表 8.3 所示。表 8.6 为每层均施加竖向荷载时 Vogel 六层框架的屈曲荷载汇总表。

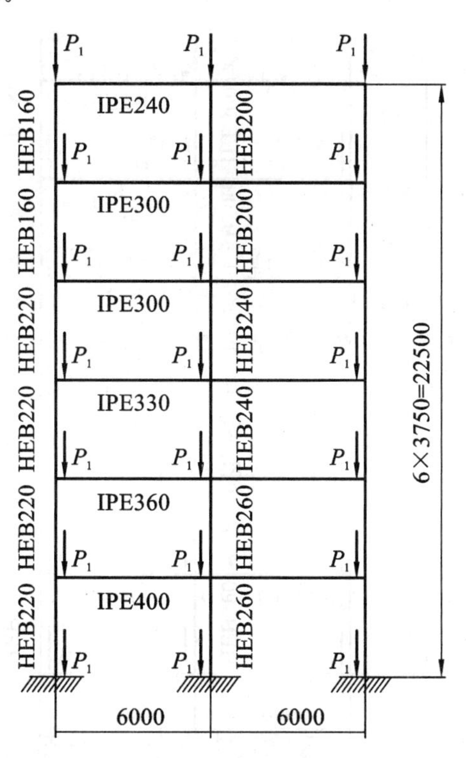

图 8.16　Vogel 六层框架

表 8.6 Vogel 六层框架(每层施加竖向荷载时)的屈曲荷载

层数	P_{FEM} (10^6N)	P_D (10^6N)	$Diff_1$ (%)	$P_{S\text{-}C}$ (10^6N)	$Diff_2$ (%)	P_{JL} (10^6N)	$Diff_3$ (%)
6	1.1759	1.16351	−1.05	1.16032	−1.32	1.29284	9.94
5	2.3518	2.32702	−1.05	2.32064	−1.32	2.58568	9.94
4	3.5277	3.49053	−1.05	3.48096	−1.32	3.87852	9.94
3	4.7036	4.65404	−1.05	4.64128	−1.32	5.17136	9.94
2	5.8795	5.81755	−1.05	5.8016	−1.32	6.4642	9.94
1	7.0554	6.98106	−1.05	6.96192	−1.32	7.75704	9.94

注:$Diff_1=(P_D-P_{FEM})/P_{FEM}\times100\%$;$Diff_2=(P_{S\text{-}C}-P_{FEM})/P_{FEM}\times100\%$;$Diff_3=(P_{JL}-P_{FEM})/P_{FEM}\times100\%$。

从表中可见:

① 武藤清的 D 值法和 Smith & Coull 法的屈曲荷载结果相近,且与 FEM 结果接近。这是因为武藤清的理论基础是无剪力分配法,与 Smith & Coull 法的半刚架法的原理相近,因此两者的计算精度较高。

② Julian & Lawrence D 值法的精度最差,且均高于 FEM 结果。说明 Julian & Lawrence 模型对转角关系的假设带有随意性,相当于给框架柱变形人为施加了外部约束,因而导致屈曲荷载增大。这显然是不合理的。因此,有必要重新审查 Julian & Lawrence 的框架柱计算长度系数方法(即规范方法)的精度问题。

8.3.3 逆迭代法(Vianello 方法)

手算一个很小系统(N≤10)的最低阶特征值与对应特征向量,最有效的方法也许就是逆迭代法。Vianello(1898 年)曾应用它求解构件的屈曲问题,Stodola(1904 年)将其用于求解传动轴的振动问题。该方法后来在动力学中得到广泛的应用,并被称为"Stodola 方法"。

本节将简要介绍 Vianello 方法(Stodola 方法)在屈曲分析中的应用。

已知框架结构"多层屈曲模型"的刚度方程为

$$\boldsymbol{KU}-\lambda\boldsymbol{K}_G\boldsymbol{U}=\boldsymbol{O} \tag{8.87}$$

若用$\frac{1}{\lambda}\boldsymbol{K}^{-1}$前乘上式,即

$$\frac{1}{\lambda}\boldsymbol{K}^{-1}(\boldsymbol{KU}-\lambda\boldsymbol{K}_G\boldsymbol{U})=\boldsymbol{O} \tag{8.88}$$

则有

$$\frac{1}{\lambda}\boldsymbol{U}=\boldsymbol{SU} \tag{8.89}$$

式中,$\boldsymbol{S}$ 代表着结构所有的屈曲特性,可称之为"屈曲矩阵",其形式为

$$\boldsymbol{S}=\boldsymbol{K}^{-1}\boldsymbol{K}_G=\boldsymbol{fK}_G \tag{8.90}$$

【说明】

1. 虽然$\boldsymbol{K}$和$\boldsymbol{K}_G$都是对称矩阵，但屈曲矩阵$\boldsymbol{S}$却是非对称矩阵。

2. 实质上，式(8.89)中只有$\boldsymbol{S}$是与所分析问题类型有关的矩阵。因此，上式具有普适性，既适合分析屈曲问题，也适合分析振动问题。

显然，只有当$\boldsymbol{U}$为真实的屈曲模态时，方程式(8.89)才能得到满足。若用一个任意的初始"试探向量"$\boldsymbol{U}^{(0)}$来代替$\boldsymbol{U}$，显然$\boldsymbol{U}^{(0)}$恰好与$\boldsymbol{U}$完全一致的概率极低，因此需要通过"逆迭代"来不断"修正"$\boldsymbol{U}^{(0)}$。

第一次的修正是把初始"试探向量"$\boldsymbol{U}^{(0)}$一致代入式(8.89)的右侧，从而可求得一个新的屈曲形状$\boldsymbol{U}^{(1)}$，即

$$\boldsymbol{S}\boldsymbol{U}^{(0)}=\frac{1}{\lambda^{(1)}}\boldsymbol{U}^{(1)} \tag{8.91}$$

式中，上标(*)代表第 * 次迭代的"试探向量"，比如$\boldsymbol{U}^{(1)}$就是第1次迭代的"试探向量"，而$\lambda^{(1)}$为是第1次迭代的"试探特征值"。

多次重复这个迭代过程，就能把屈曲模态的近似解，即"试探向量"改善到所要求的精度标准。换言之，s次循环后

$$\boldsymbol{U}^{(s)}=\frac{1}{\lambda_G^{(s-1)}}\boldsymbol{U}^{(s-1)} \tag{8.92}$$

其中，$\boldsymbol{U}^{(s)}$和$\boldsymbol{U}^{(s-1)}$之间的比例系数可以精确到任意指定的小数位数。此时$\lambda^{(s-1)}$可以由任意自由度的位移比值得到，即

$$\lambda^{(s-1)}=\frac{U_k^{(s-1)}}{U_k^{(s)}} \tag{8.93}$$

作为一个优秀的手算方法，Vianello的"逆迭代"方法有一个最大优点，就是能够"自动纠错"。也就是说，若手算的某一步出现的"差错"，仅意味着重新选择了"试探向量"，只会增加迭代次数，并不会影响最终结果收敛于正确的特征值。

参考文献

[1] TIMOSHENKO S P，GERE J. Theory of Elastic Stability. 2nd ed. McGraw-Hill，New York，NY，USA，1961.

[2] 童根树. 钢结构的平面内稳定. 北京：中国建筑工业出版社，2015.

[3] 吴惠弼. 框架柱的计算长度. 钢结构研究论文报告选集：第一册. 全国钢结构标准技术委员会，1982：94-120.

[4] 梁启智. 高层建筑结构分析与设计. 广州：华南理工大学出版社，1992.

[5] 陈惠发. 钢框架稳定设计. 周绥平，译. 上海：世界图书出版公司，1999.

[6] 黄本才. 高层建筑结构力学分析. 北京：中国建筑工业出版社，1990.

[7] SMITH B S，COULL A. 高层建筑结构分析与设计. 陈瑜，龚炳年，等译. 北京：地震出版社，1993.

[8] 克拉夫 R W，彭津 J. 结构动力学. 王光远，等译. 北京：科学出版社，1981.

9　Timoshenko 柱弹性弯曲屈曲：基础理论与方法

9.1　Timoshenko 柱的力学与数学模型

9.1.1　Timoshenko 柱的力学模型

Timoshenko 梁理论是 Timoshenko 在 1921 年创立的，据此可建立等截面 Timoshenko 柱的力学模型。基本假设如下：

① 构件是理想的直杆，即不考虑制造偏差导致的初始几何缺陷影响；

② 压力作用在端部截面的形心，即不考虑荷载偏心的影响；

③ 材料符合胡克定律，即应力和应变的关系为线性；

④ 变形前垂直梁轴线的截面，在变形后仍保持为平面（平截面假设成立），但变形后的截面不再与梁轴线垂直，而是偏移一个角度 ψ；

⑤ 屈曲时构件的变形是微小的。

将 Timoshenko 柱与 Euler 柱的力学模型进行对比，可以发现：两者的唯一区别是假设④不同。即是否考虑剪切变形的影响是两者的唯一区别，因此前者适合分析短柱和剪切变形影响大的中长柱，而后者仅适合分析长柱。

我们知道，Euler 柱的未知量只有一个[图 9.1(a)]，即梁轴线的横向位移 $v(z)$，而 Timoshenko 柱的未知量有两个[图 9.1(b)]，一个是横向挠度 $v(z)$，一个是截面转角 $\psi(z)$，故 Timoshenko 柱也被称为“双变量梁理论”，即在解题时有两个未知函数需要确定，因此 Timoshenko 柱的屈曲分析要比 Euler 柱复杂些。

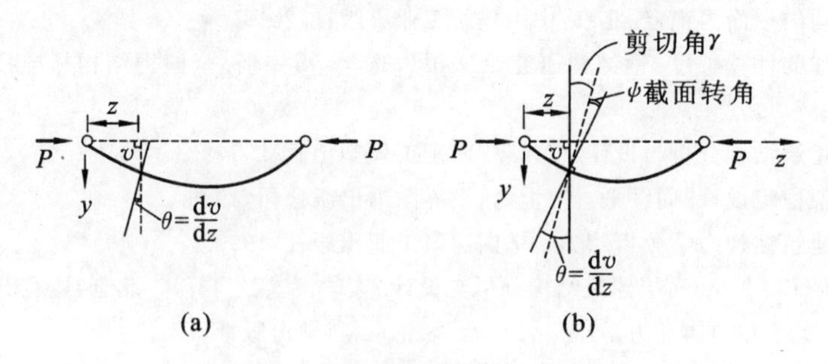

图 9.1　两种梁理论模型的对比

(a)Euler 柱；(b)Timoshenko 柱

下面我们将依据 Timoshenko 力学模型来建立轴心受压柱弹性弯曲屈曲的数学模型。

9.1.2　微分方程模型和能量变分模型

对于 Timoshenko 柱弹性弯曲屈曲问题,仍取其微弯平衡状态为研究对象,如图 9.2(a)所示。选取屈曲时柱的轴线横向挠度 $v(z)$和截面转角 $\psi(z)$为基本未知量[图 9.1(b)]。

9.1.2.1　微分方程模型

与弹性力学和杆系超静定问题类似,几何方程、物理方程、平衡方程是求解 Timoshenko 柱弯曲屈曲问题的三大基本方程。

(1) 几何方程

根据 9.1.1 中的假设④,Timoshenko 柱截面的曲率为

$$\kappa=-\frac{\mathrm{d}\psi}{\mathrm{d}z} \tag{9.1}$$

式中,$\psi(z)$为截面转角。

截面的剪切角为

$$\gamma=\frac{\mathrm{d}v}{\mathrm{d}z}-\psi \tag{9.2}$$

式中,$v(z)$为截面横向位移,$\frac{\mathrm{d}v}{\mathrm{d}z}$为弯曲变形的转角。

显然,若截面的剪切角为零,则必有

$$\psi=\frac{\mathrm{d}v}{\mathrm{d}z} \tag{9.3}$$

此时,Timoshenko 理论可简化为 Euler 梁理论。

(2) 物理方程

截面的内力矩与曲率之间的关系为

$$M_i=EI\cdot\kappa=-EI\frac{\mathrm{d}\psi}{\mathrm{d}z} \tag{9.4}$$

式中,EI 为截面抗弯刚度。

截面的剪力与剪切角之间的关系为

$$Q_i=C\cdot\gamma=C\left(\frac{\mathrm{d}v}{\mathrm{d}z}-\psi\right) \tag{9.5}$$

式中,C 为截面抗剪刚度。

若抗剪刚度 $C\to\infty$,则因为剪力 Q_i 总是有限的,剪切角必趋近于零,于是有

$$\left(\frac{\mathrm{d}v}{\mathrm{d}z}-\psi\right)\to 0,\quad \text{即 } \psi\to\frac{\mathrm{d}v}{\mathrm{d}z} \tag{9.6}$$

此时,Timoshenko 柱的力学模型则简化为 Euler 柱的力学模型。

由此可见,相对于 Euler 柱而言,Timoshenko 柱的基本特点就是允许有剪切角。对于各种不同的具体问题,两种理论的结果差别可能是多种多样的,但归根到底是由于有或没有剪切角引起的。

(3) 平衡方程

图 9.2(a)所示任意截面的内力方向有两种模型:Engesser 模型和 Haringx 模型。

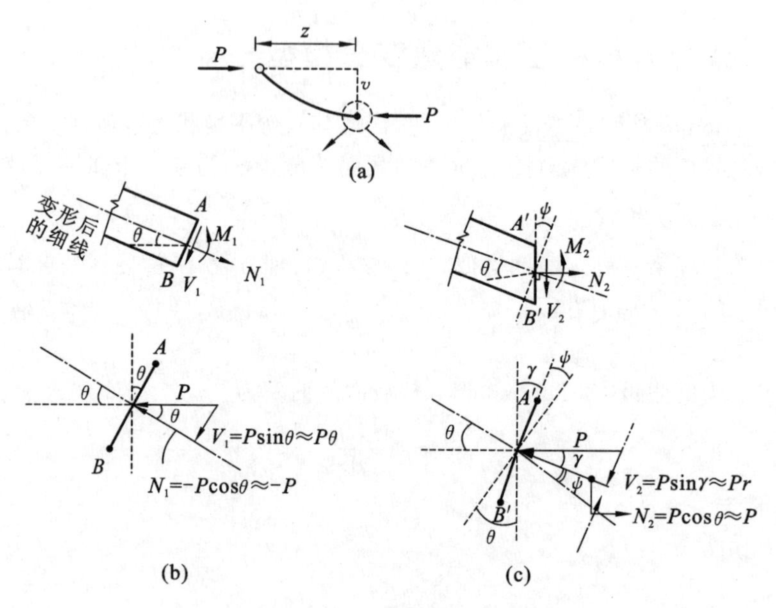

图 9.2　Timoshenko 柱截面的两种内力方向

(a)任意截面的内力方向;(b)Engesser 模型;(c)Haringx 模型

① Engesser 模型[图 9.2(b)]

$$N_1=-P,\quad Q_1=P\theta=Pv',\quad M_1=Pv \tag{9.7}$$

令式(9.4)、式(9.5)分别与式(9.7)的第三式和第二式相等,可得

$$C\left(\frac{\mathrm{d}v}{\mathrm{d}z}-\psi\right)=Pv' \tag{9.8}$$

$$-EI\,\frac{\mathrm{d}\psi}{\mathrm{d}z}=Pv \tag{9.9}$$

这是 Engesser 模型的微分方程。

若将式(9.8)微分一次,可得

$$-\frac{\mathrm{d}}{\mathrm{d}z}\left[C\left(\frac{\mathrm{d}v}{\mathrm{d}z}-\psi\right)\right]+P\,\frac{\mathrm{d}^2v}{\mathrm{d}z^2}=0 \tag{9.10}$$

若将式(9.9)微分一次,并将式(9.8)代入,则可将式(9.9)改写为

$$-\frac{\mathrm{d}}{\mathrm{d}z}\left(EI\,\frac{\mathrm{d}\psi}{\mathrm{d}z}\right)-C\left(\frac{\mathrm{d}v}{\mathrm{d}z}-\psi\right)=0 \tag{9.11}$$

为了方便,可将式(9.10)和式(9.11)合并为

$$\left.\begin{aligned}&-\frac{\mathrm{d}}{\mathrm{d}z}[C(v'-\psi)]+\frac{\mathrm{d}}{\mathrm{d}z}(P\cdot v')=0\\&-\frac{\mathrm{d}}{\mathrm{d}z}(EI\cdot\psi')-C(v'-\psi)=0\end{aligned}\right\} \tag{9.12}$$

即为依据 Engesser 模型推导得到的关于横向挠度 $v(z)$ 和截面转角 $\psi(z)$ 的二阶常系数微分方程组。

② Haringx 模型[图 9.2(c)]

与 Engesser 模型不同,Haringx 认为剪切变形后的截面应该发生变形,此时轴力与新

的断面垂直,即不再与杆轴线相切,如图 9.2(c)所示。此时的内力为

$$N_2=-P,\quad Q_2=P\gamma,\quad M_2=Pv \tag{9.13}$$

同时,Haringx 认为剪力与变形的关系,即剪切本构关系为

$$Q_i=C\psi \tag{9.14}$$

曲率为

$$\kappa=\frac{\mathrm{d}^2v}{\mathrm{d}z^2}-\frac{\mathrm{d}\psi}{\mathrm{d}z} \tag{9.15}$$

从而得到

$$\left.\begin{aligned}C\psi&=P\left(\frac{\mathrm{d}v}{\mathrm{d}z}-\psi\right)\\-EI\left(\frac{\mathrm{d}^2v}{\mathrm{d}z^2}-\frac{\mathrm{d}\psi}{\mathrm{d}z}\right)&=Pv\end{aligned}\right\} \tag{9.16}$$

这就是 Haringx 模型的微分方程。

对比式(9.16)和式(9.12)可以发现,Engesser 和 Haringx 模型的微分方程完全不同。显然,据此得到的屈曲荷载也必然不相同。

(4) 边界条件

$$\left.\begin{aligned}&v=\text{已知},\quad \text{或者 } Q-P\left(\frac{\mathrm{d}v}{\mathrm{d}z}\right)=0\\&\psi=\text{已知},\quad \text{或者 } M=0\end{aligned}\right\} \tag{9.17}$$

此边界条件也可依据能量变分模型得到。

(5) 微分方程模型

下面先讨论 Engesser 模型的相关问题。

至此,我们已将 Euler 柱屈曲问题转化为这样一个数学问题:在 $0\leqslant z\leqslant L$ 的区间内寻找两个函数 $v(z)$ 和 $\psi(z)$,使它们满足微分方程式(9.12),同时满足位移边界条件和力边界条件。

此即为 Timoshenko 柱屈曲的微分方程模型。

9.1.2.2 能量变分模型

为了对照,仍以挠度 $v(z)$ 和 $\psi(z)$ 为基本未知量,写出该弹性体系的总势能 Π 表达式,它包括两部分:

(1) 应变能 U

$$U=\frac{1}{2}\int_0^L(M_i\kappa+Q_i\gamma)\mathrm{d}z=\frac{1}{2}\int_0^L\left[EI\left(\frac{\mathrm{d}\psi}{\mathrm{d}z}\right)^2+C\left(\frac{\mathrm{d}v}{\mathrm{d}z}-\psi\right)^2\right]\mathrm{d}z \tag{9.18}$$

上式中,第一项是弯曲应变能,第二项是剪切应变能。

(2) 荷载势能 V

$$V=-W=-P\Delta_P=-\frac{1}{2}\int_0^L P\left(\frac{\mathrm{d}v}{\mathrm{d}z}\right)^2\mathrm{d}z \tag{9.19}$$

(3) 总势能

$$\Pi(v,\psi)=U+V=\frac{1}{2}\int_0^L\left[EI\left(\frac{\mathrm{d}\psi}{\mathrm{d}z}\right)^2+C\left(\frac{\mathrm{d}v}{\mathrm{d}z}-\psi\right)^2-P\left(\frac{\mathrm{d}v}{\mathrm{d}z}\right)^2\right]\mathrm{d}z \tag{9.20}$$

其中，挠度 $v(z)$ 或转角 $\psi(z)$ 应预先满足规定的位移边界条件，即

$$\left.\begin{aligned} v(0)&=0 \\ v(L)&=0 \end{aligned}\right\} \text{或} \left.\begin{aligned} \psi(0)&=0 \\ \psi(L)&=0 \end{aligned}\right\} \tag{9.21}$$

(4) 能量变分模型

至此，我们将 Euler 柱屈曲问题转化为数学问题，并可用**能量变分模型**表述为：在 $0\leqslant z\leqslant L$ 的区间内寻找两个函数 $v(z)$ 和 $\psi(z)$，使它们满足位移边界条件式(9.21)，并使由公式(9.20)定义的**能量泛函** $\Pi(v,\psi)$取最小值。

(5) 能量变分模型的验证

根据第 2 章的讨论可知，尽管微分方程模型与能量变分模型的表达形式不同，但只要它们是正确的，则它们就是等价的，并且可以相互推演，据此我们还可以检验现有的微分方程模型或能量变分模型的正确性。

限于篇幅，这里仅验证 Engesser 模型给出的能量变分模型是否正确。

先考察 Euler 方程，即平衡方程的正确性。由式(9.20)可知被积函数为

$$F(v,\psi)=\frac{1}{2}\left[EI\left(\frac{\mathrm{d}\psi}{\mathrm{d}z}\right)^2+C\left(\frac{\mathrm{d}v}{\mathrm{d}z}-\psi\right)^2-P\left(\frac{\mathrm{d}v}{\mathrm{d}z}\right)^2\right]=\frac{1}{2}\left[EI\psi'^2+C\,(v'-\psi)^2-Pv'^2\right] \tag{9.22}$$

对于函数 $v(z)$的 Euler 方程，其推导过程如下

因为 $$F_v=\frac{\partial F}{\partial v}=0,\quad F_{v'}=\frac{\partial F}{\partial v'}=C(v'-\psi)-Pv' \tag{9.23}$$

所以 $$F_v-\frac{\mathrm{d}}{\mathrm{d}z}F_{v'}=0-\frac{\mathrm{d}}{\mathrm{d}z}[C(v'-\psi)-Pv']=0 \tag{9.24}$$

即

$$-\frac{\mathrm{d}}{\mathrm{d}z}[C(v'-\psi)]+\frac{\mathrm{d}}{\mathrm{d}z}(Pv')=0 \tag{9.25}$$

此平衡方程与式(9.10)相同。

对于函数 $\psi(z)$的 Euler 方程，其推导过程如下

因为 $$F_\psi=\frac{\partial F}{\partial \psi}=-C(v'-\psi),\quad F_{\psi'}=\frac{\partial F}{\partial \psi'}=EI\psi' \tag{9.26}$$

所以 $$F_\psi-\frac{\mathrm{d}}{\mathrm{d}z}F_{\psi'}=-C(v'-\psi)-\frac{\mathrm{d}}{\mathrm{d}z}(EI\psi')=0 \tag{9.27}$$

即

$$-\frac{\mathrm{d}}{\mathrm{d}z}(EI\psi')-C(v'-\psi)=0 \tag{9.28}$$

此平衡方程与式(9.11)相同。

自然边界条件：

$$\left.\begin{aligned} &\text{对应 }\delta v:\quad \text{给定 } v\text{，或者 } F_{v'}=C(v'-\psi)-Pv'=0 \\ &\text{对应 }\delta\psi:\quad \text{给定 } \psi\text{，或者 } F_{\psi'}=EI\psi'=0 \end{aligned}\right\} \tag{9.29}$$

此边界条件与前面式(9.17)相同。

至此，可证明我们建立的总势能方程式(9.20)是正确的。

9.2 Timoshenko 柱弹性弯曲屈曲的微分方程解答

9.2.1 四阶微分方程及其通解

根据前述的推导可知,Timoshenko 柱弯曲屈曲的平衡方程为

$$\left.\begin{aligned}&-\frac{\mathrm{d}}{\mathrm{d}z}[C(v'-\psi)]+\frac{\mathrm{d}}{\mathrm{d}z}(Pv')=0\\&-\frac{\mathrm{d}}{\mathrm{d}z}(EI\psi')-C(v'-\psi)=0\end{aligned}\right\}\tag{9.30}$$

对于等截面和恒定轴力的情况,平衡方程可简写为

$$\left.\begin{aligned}&-C(v''-\psi')+Pv''=0\\&-EI\psi''-C(v'-\psi)=0\end{aligned}\right\}\tag{9.31}$$

由式(9.31)的第一式,可得

$$\psi'=\left(1-\frac{P}{C}\right)v''\tag{9.32}$$

若将式(9.31)的第二式微分一次,可得

$$-EI\psi'''-C(v''-\psi')=0\tag{9.33}$$

将式(9.32)代入式(9.33),可得

$$EI\left(1-\frac{P}{C}\right)v^{(4)}+Pv''=0\tag{9.34}$$

为便于应用,将式(9.32)和式(9.34)合并,可得

$$\left.\begin{aligned}&EI\left(1-\frac{P}{C}\right)v^{(4)}+Pv''=0\\&\psi'=\left(1-\frac{P}{C}\right)v''\end{aligned}\right\}\tag{9.35}$$

此式即为我们得到的 Timoshenko 柱弯曲屈曲的控制微分方程。与 Euler 柱类似,这也是一个四阶常系数微分方程,适合求解任意边界条件的问题。

若引入如下的参数

$$\eta=1-\frac{P}{C},\quad \bar{k}^2=\frac{P}{EI\left(1-\frac{P}{C}\right)}=\frac{P}{\eta EI}\tag{9.36}$$

则可将式(9.35)改写为

$$\left.\begin{aligned}&v^{(4)}+\bar{k}^2v''=0\\&\psi'=\eta v''\end{aligned}\right\}\tag{9.37}$$

式(9.37)第一式的通解为

$$v(z)=C_1\cos(\bar{k}z)+C_2\sin(\bar{k}z)+C_3z+C_4\tag{9.38}$$

式中,C_1、C_2、C_3、C_4 为待定系数,可依据相应的自然边界条件来确定。

将式(9.37)第二式积分一次,可得

$$\psi=\eta v'+C_5 \tag{9.39}$$

其中,C_5 为新增的待定系数。

因为任意截面的剪力为

$$Q(z)=Q_A+P\frac{\mathrm{d}v}{\mathrm{d}z} \tag{9.40}$$

其中,Q_A 为轴力以外的其他外荷载引起的剪力,而轴力引起的附加剪力由上式的最后一项体现。

利用此关系,可求得

$$C_5=-\frac{Q_A}{C} \tag{9.41}$$

据此可得

$$\psi=\eta v'-\frac{Q_A}{C} \tag{9.42}$$

根据式(9.38),可将上式表达为

$$\psi(z)=\eta[-\bar{k}\sin(\bar{k}z)C_1+\bar{k}\cos(\bar{k}z)C_2+C_3]-\frac{Q_A}{C} \tag{9.43}$$

将式(9.38)和式(9.43)合并,可得

$$\left.\begin{aligned}&v(z)=C_1\cos(\bar{k}z)+C_2\sin(\bar{k}z)+C_3z+C_4\\&\psi(z)=\eta[-\bar{k}\sin(\bar{k}z)C_1+\bar{k}\cos(\bar{k}z)C_2+C_3]-\frac{Q_A}{C}\end{aligned}\right\} \tag{9.44}$$

此式就是我们获得的 Timoshenko 柱弯曲屈曲微分方程的通解。

9.2.2 两端铰接 Timoshenko 柱的屈曲荷载

对于简支柱,$Q_A=0$,其边界条件为

$$\left.\begin{aligned}&v(0)=v(L)=0\\&EI\psi'(0)=EI\psi'(L)=0\end{aligned}\right\} \tag{9.45}$$

据此可得到四个关于待定系数 C_1、C_2、C_3、C_4 的方程为

$$\left.\begin{aligned}&C_1+C_4=0\\&\cos(L\bar{k})C_1+\sin(L\bar{k})C_2+LC_3+C_4=0\\&-\bar{k}^2C_1=0\\&-\bar{k}^2\cos(L\bar{k})C_1-\bar{k}^2\sin(L\bar{k})C_2=0\end{aligned}\right\} \tag{9.46}$$

显然,$C_1=C_4=0$。上式变为

$$\begin{pmatrix}\sin(L\bar{k}) & L\\ -\bar{k}^2\sin(L\bar{k}) & 0\end{pmatrix}\begin{pmatrix}C_2\\C_3\end{pmatrix}=\begin{pmatrix}0\\0\end{pmatrix} \tag{9.47}$$

为了保证 C_2、C_3 不同时为零,必有

$$\mathrm{Det}\begin{pmatrix}\sin(L\bar{k}) & L\\ -\bar{k}^2\sin(L\bar{k}) & 0\end{pmatrix}=0 \tag{9.48}$$

从而得到屈曲方程为

$$\overline{Lk}^2\sin(\bar{k}L)=0 \tag{9.49}$$

显然，$\bar{k}L=\pi$ 为临界荷载因子，即

$$\bar{k}^2L^2=\frac{PL^2}{EI\left(1-\dfrac{P}{C}\right)}=\pi^2 \tag{9.50}$$

从而解得

$$P_{cr,T}=\frac{\pi^2 EI}{L^2}\cdot\frac{1}{1+\left(\dfrac{\pi}{L}\right)^2\dfrac{EI}{C}} \tag{9.51}$$

上式中，$P_{cr,T}$为考虑剪切变形影响后的临界荷载，这里下标T代表Timoshenko柱的屈曲荷载。

9.2.3　分解刚度法

在1951—1952年间，Bijlaard对夹层板的临界荷载提出了一个简单的近似计算方法，称为分解刚度法(Rigidity Split Method)，并用这个方法计算了许多具体问题的临界荷载近似值。作者曾利用此方法求解平板网架、空间桁架梁、桁架劲性索的振动或屈曲问题，这里仅介绍分解刚度法在Timoshenko柱屈曲分析中的应用。

仍以两端铰接Timoshenko柱为例，根据通解式(9.44)可知，屈曲的横向位移和截面转角均为抗弯刚度EI和抗剪刚度C的函数。令v_b为$C\to\infty$而EI保持原有值的横向位移，v_s为$EI\to\infty$而C保持原有值的横向位移。则分解刚度法把横向位移和截面转角近似地表达为

$$v=v_b+v_s,\quad \psi=\frac{\mathrm{d}v_b}{\mathrm{d}z} \tag{9.52}$$

若令$P_{s,cr}$、$P_{b,cr}$分别为依据上述方法确定的Timoshenko柱的剪切屈曲荷载和弯曲屈曲荷载，则Timoshenko柱的屈曲荷载为

$$\frac{1}{P_{cr}}=\frac{1}{P_{b,cr}}+\frac{1}{P_{s,cr}} \tag{9.53}$$

若令$P_{s,cr}=C$为Timoshenko梁的剪切屈曲荷载，$P_{b,cr}=\dfrac{\pi^2EI}{L^2}=P_E$为Timoshenko梁的弯曲屈曲荷载，则可将式(9.51)改写为

$$P_{cr,T}=\frac{P_{b,cr}}{1+P_{b,cr}/P_{s,cr}}=\frac{P_{b,cr}P_{s,cr}}{P_{b,cr}+P_{s,cr}} \tag{9.54}$$

或者将上式改写为

$$\frac{1}{P_{cr,T}}=\frac{1}{P_{b,cr}}+\frac{1}{P_{s,cr}} \tag{9.55}$$

可见，对于两端铰接的Timoshenko柱而言，Bijlaard屈曲准则，即式(9.53)为精确解。对其他情况，比如剪力为非静定的情况，则Bijlaard屈曲准则将给出近似解。

公式(9.53)的形式简洁，力学概念清晰，可综合反映两种屈曲模式，即剪切屈曲和弯曲屈曲对Timoshenko柱屈曲荷载的影响。

对于很多复杂屈曲问题，比如整体和局部相关屈曲等问题，该公式亦有借鉴价值。

【说明】

与 Bijlaard 屈曲准则形式相似的准则

1. Fopple-Rapkovich 屈曲准则：

设结构体系有 n 个刚度参数，逐个考虑每个刚度参数，此时令其他刚度参数为无穷大，得到相应的屈曲荷载 $P_{cr,i}$，则结构体系的屈曲荷载 P_{cr} 可近似表达为：

$$\frac{1}{P_{cr}} = \sum_{i=1}^{n} \frac{1}{P_{cr,i}} \tag{9.56}$$

与式(9.53)对比可见，Fopple-Rapkovich 屈曲准则是 Bijlaard 屈曲准则的推广。

2. 在弹塑性屈曲方面，Merchant 在 1954 年研究刚接框架的弹塑性稳定性时，提出了如下的简洁公式

$$\frac{1}{\lambda_R}=\frac{1}{\lambda_P}+\frac{1}{\lambda_E} \tag{9.57}$$

式中，λ_R 为框架的实际破坏荷载系数(Load Factor)，λ_P 为框架的刚塑性荷载系数，λ_E 为框架的弹性临界荷载系数。

研究表明，公式(9.57)可以较好地描述弹性屈曲和塑性破坏模式的相互影响，已被广泛应用于钢结构稳定中，后人称之为 Rankine-Merchant 公式。

9.2.4 弯曲屈曲荷载与剪切屈曲荷载

(1) 弯曲屈曲荷载

若抗剪刚度 $C\to\infty$，而抗弯刚度为有限值，根据式(9.6)有

$$\psi\to\frac{\mathrm{d}v}{\mathrm{d}z} \tag{9.58}$$

此时式(9.35)简化为

$$\left.\begin{aligned} &EIv^{(4)}+Pv''=0\\ &\psi'=v'' \end{aligned}\right\} \tag{9.59}$$

根据式(9.58)可知，与前述的式(9.35)不同，此时上式的第二式与外荷载无关，因此 Timoshenko 柱的屈曲完全由上式的第一个方程，即弯曲屈曲方程控制，其屈曲荷载为

$$P_{b,cr}=\frac{\pi^2 EI}{L^2}=P_E \tag{9.60}$$

此解答为 Timoshenko 柱的弯曲屈曲荷载，与 Euler 荷载相同。

(2) 剪切屈曲荷载

若压杆的抗弯刚度 $EI\to\infty$，而弯矩 M_i 总是有限的，所以必有

$$\psi=0 \tag{9.61}$$

从而有

$$Q_i=C\left(\frac{\mathrm{d}v}{\mathrm{d}z}-\psi\right)=C\,\frac{\mathrm{d}v}{\mathrm{d}z} \tag{9.62}$$

此表达式说明，若压杆的抗弯刚度 $EI\to\infty$，则内剪力 Q_i 与抗剪刚度 C 和侧移角 $\frac{\mathrm{d}v}{\mathrm{d}z}$ 成正比。

众所周知,框架是以剪切变形为主的结构形式。为了便于理解上式的物理意义,我们可以将其与熟知的框架结构侧移分析做个类比。此时框架的抗剪刚度 $C=C_f=Dh$(D 为框架的 D 值),v 为框架的侧移,$\frac{\mathrm{d}v}{\mathrm{d}z}$为框架的层侧移角(或层剪切角),则内剪力 Q_i 相当于框架能够承受的楼层剪力。

利用式(9.61)和式(9.62),可将总势能表达式(9.20)简化为

$$\Pi(v,\psi)=\Pi(v)=\frac{1}{2}\int_0^L\left[C\left(\frac{\mathrm{d}v}{\mathrm{d}z}\right)^2-P\left(\frac{\mathrm{d}v}{\mathrm{d}z}\right)^2\right]\mathrm{d}z \tag{9.63}$$

根据变分原理,可得

$$P\frac{\mathrm{d}v}{\mathrm{d}z}=C\frac{\mathrm{d}v}{\mathrm{d}z} \tag{9.64}$$

此式也可利用平衡条件得到。注意到,此时轴力产生的外剪力为 $Q_e=P\frac{\mathrm{d}v}{\mathrm{d}z}$,令其与式(9.62)的内剪力相等,则也可推得式(9.64)。

式(9.64)即为纯剪屈曲的控制方程。据此可解得

$$P_{s,cr}=C \tag{9.65}$$

此即为纯剪屈曲荷载。

【算例 1】 利用纯剪切屈曲荷载预测有侧移单层单跨框架的屈曲荷载。

实质上,式(9.65)与我们前面提出的"层间屈曲模型"相同。对于有侧移框架屈曲问题,此时框架的抗剪刚度

$$C=C_f=Dh \tag{9.66}$$

式中,$D=\alpha\frac{12EI}{h^3}$为框架侧移刚度,可用武藤清 D 值或本书提出的改进 D 值计算。

在横梁刚度无限刚的情况下,框架柱为两端固定的侧移柱,此时 $D=\frac{12EI}{h^3}$,从而有 $P_{s,cr}=\frac{12EI}{h^3}h=\frac{12EI}{h^2}$。

【说明】

依据 Euler 柱弯曲屈曲理论,此两端固定的侧移柱的 Euler 屈曲荷载(表 3.3)为 $P_E=\frac{\pi^2EI}{h^2}$。可见,纯剪屈曲荷载比框架柱的 Euler 屈曲荷载要高 21.6%。

为了更好地预测有侧移框架屈曲荷载,需要考虑轴压力对框架抗剪刚度的影响。作为一个简单的变通方法,可以参照两端固定的侧移柱的分析结果,将框架抗剪刚度折减为

$$C_f=\frac{\pi^2}{12}Dh \tag{9.67}$$

此时"单根柱屈曲模型"和"层间屈曲模型"的预测结果一致。

【算例 2】 利用纯剪切屈曲荷载预测 Timoshenko 双杆桁架的屈曲荷载。

图 9.3 所示的是由双杆组成的简单桁架。在铅直荷载 P 的作用下,这个系统的铅直杆受压,斜杆不受力。Timoshenko 最早研究了此问题。

设此双杆桁架发生屈曲时的平衡位置如图 9.3 的虚线所示,利用平衡法可方便地求得

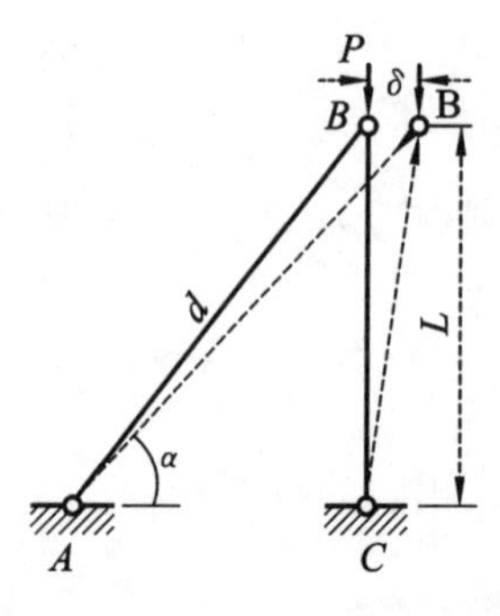

图 9.3　Timoshenko 双杆桁架

与此位置对应的屈曲荷载。

若 δ 为节点 B 的微小侧向位移，则可求得倾斜杆的内力为

$$N_{AB}=\frac{EA_d\delta\cos\alpha}{d} \tag{9.68}$$

式中，d、α 分别为斜杆 AB 的长度和倾角。

节点 B 在水平方向的平衡方程为

$$N_{AB}\cos\alpha=N_{BC}\frac{\delta}{L} \tag{9.69}$$

从而有

$$\left(\frac{EA_d\cos^2\alpha}{d}-\frac{P}{L}\right)\delta=0 \tag{9.70}$$

此式也可基于杆系有限元得到（参见 KJ. Bathe 的《工程分析中的有限元法》），其经典的有限元屈曲分析方程为

$$(\boldsymbol{K}_0-\lambda\boldsymbol{K}_G)\boldsymbol{\delta}=\boldsymbol{O} \tag{9.71}$$

式中，$\boldsymbol{K}_0$ 为线性刚度矩阵，$\boldsymbol{K}_G$ 为几何刚度矩阵（初应力矩阵），$\boldsymbol{\delta}$ 为位移列向量。

因此，从物理意义上看，式(9.70)中 $K_0=\frac{EA_d\cos^2\alpha}{d}$ 为双杆桁架的侧移刚度，与框架结构的 D 值类似，而 $-\lambda K_G=-\frac{P}{L}$ 是由轴向力产生的“等效侧移刚度”（为负值），则式(9.70)可表述为：Timoshenko 双杆桁架屈曲的条件为总的侧移刚度等于零，即

$$K_0-\lambda K_G=\frac{EA_d\cos^2\alpha}{d}-\frac{P}{L}=0 \tag{9.72}$$

上式还可改写为

$$P_{s,cr}=EA_d\cos^2\alpha\frac{L}{d}=EA_d\sin\alpha\cos^2\alpha=C \tag{9.73}$$

其中，$C=EA_d\sin\alpha\cos^2\alpha$ 为斜杆的抗剪刚度（也可参见后面缀条柱的相关推导）。

可见，式(9.73)与式(9.65)相同，也是纯剪切屈曲荷载。

还应该指出，式(9.73)中未考虑铅直杆的压缩变形影响。若考虑此影响，则可推得（留作读者练习）

$$P_{s,cr}=\frac{EA_d\sin\alpha\cos^2\alpha}{1+\frac{A_d}{A_v}\sin^3\alpha} \tag{9.74}$$

显然，因为铅直杆压缩变形的影响，式(9.74)的结果小于式(9.73)。

可见，只有斜杆的面积远小于铅直杆的面积，或者倾斜角很小的情况，式(9.74)中分母的第二项才很小，可以略去不计，此时采用式(9.73)才是安全的。

9.2.5　Engesser 和 Haringx 屈曲公式

(1) Engesser 屈曲公式

Engesser 的屈曲微分方程为

$$C\left(\frac{dv}{dz}-\psi\right)=P\frac{dv}{dz} \tag{9.75}$$

$$-EI\frac{d\psi}{dz}=Pv \tag{9.76}$$

由式(9.75)可解出 ψ,即

$$\psi=\left(1-\frac{P}{C}\right)\frac{dv}{dz} \tag{9.77}$$

将其代入到式(9.76),可得

$$EI\left(1-\frac{P}{C}\right)\frac{d^2v}{dz^2}+P\frac{dv}{dz}=0 \tag{9.78}$$

据此可解得

$$P_{cr}^{\text{Engesser}}=\frac{P_{b,cr}}{1+P_{b,cr}/P_{s,cr}}=\frac{P_{b,cr}P_{s,cr}}{P_{b,cr}+P_{s,cr}} \tag{9.79}$$

此解与我们前面的解一致,即我们常规的屈曲分析与 Engesser 的结果一致。

(2) Haringx 屈曲公式

Haringx 的屈曲微分方程为

$$\left.\begin{aligned}C\psi=P\left(\frac{dv}{dz}-\psi\right)\\-EI\left(\frac{d^2v}{dz^2}-\frac{d\psi}{dz}\right)=Pv\end{aligned}\right\} \tag{9.80}$$

同理,也可由式(9.80)的第一个方程解出 ψ,即

$$\psi=\frac{P}{P+C}\cdot\frac{dv}{dz} \tag{9.81}$$

将此式代入式(9.80)的第二个方程,可得

$$EI\frac{C}{P+C}\cdot\frac{d^2v}{dz^2}+P\frac{dv}{dz}=0 \tag{9.82}$$

据此可解得

$$P_{cr}^{\text{Haringx}}=\frac{1}{2}\left(P_s+\sqrt{P_s^2+4P_sP_b}\right) \tag{9.83}$$

此解与我们前面的解不一致。

图 9.4 给出了这两种解的对比。

Timoshenko 曾认为一般可忽略两种模型的差别。显然,此结论仅适合强剪型的结构或构件(图 9.4 强剪区)。但随着复合材料结构的发展,人们发现对于抗剪性能较差的泡沫夹心结构,两者的屈曲荷载差别巨大(图 9.4 弱剪区),为此引发了一系列的讨论。时至今日,在弱剪区仍未取得共识。

作者认为大多数的钢结构构件属于强剪型,因此 Engesser 模型是适用的。限于篇幅,这里不对 Haringx 模型展开深入讨论。有兴趣的读者,可以通过查阅文献,关注相关的理论研究进展。

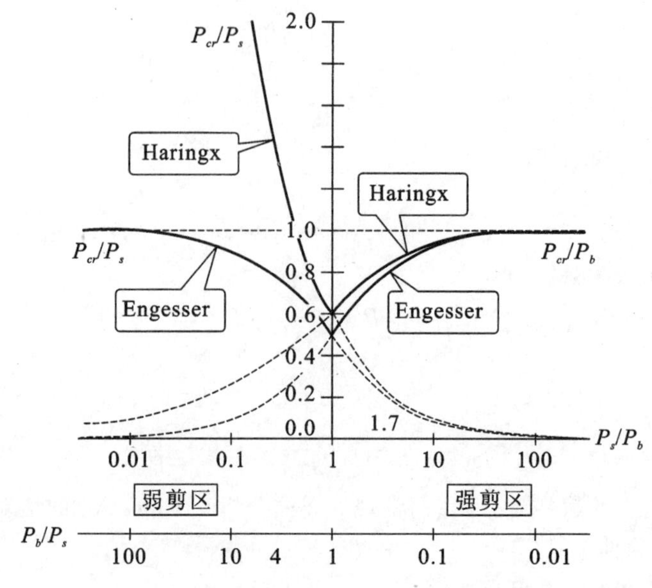

图 9.4　Engesser 与 Haringx 屈曲荷载的对比

9.3　Timoshenko 柱弹性弯曲屈曲的能量变分解答

Timoshenko 柱弹性弯曲屈曲的总势能方程为

$$\Pi(v,\psi)=\frac{1}{2}\int_0^L\left[EI\left(\frac{\mathrm{d}\psi}{\mathrm{d}z}\right)^2+C\left(\frac{\mathrm{d}v}{\mathrm{d}z}-\psi\right)^2-P\left(\frac{\mathrm{d}v}{\mathrm{d}z}\right)^2\right]\mathrm{d}z \tag{9.84}$$

据此，本节将介绍两种能量变分解答。

9.3.1　双变量解法——常规解法

众所周知，能量变分法的关键在于如何选择模态函数。然而，Timoshenko 梁理论中引入的截面转角是经典 Euler 梁理论中没有的，一般著作很少涉及如何选择截面转角函数的问题。为了帮助读者正确选择模态函数，这里做一简要介绍。

根据前面的介绍可知，两端铰接 Timoshenko 柱的屈曲模态为

$$\left.\begin{aligned}v(z)&=C_2\sin(\bar{k}z)+C_3z\\ \psi(z)&=\eta[\bar{k}\cos(\bar{k}z)C_2+C_3]\end{aligned}\right\} \tag{9.85}$$

此式有两个待定系数 C_2、C_3，若注意到两端铰接 Timoshenko 柱屈曲模态的对称性，还可消去一个系数。

因为对称性，Timoshenko 柱的跨中转角必为零，即

$$\psi\left(\frac{L}{2}\right)=\eta\left[\bar{k}\cos\left(\frac{\bar{k}L}{2}\right)C_2+C_3\right]=0 \tag{9.86}$$

据此可知，$C_3=0$。所以对于两端铰接 Timoshenko 柱，可将屈曲模态假设为

$$\left.\begin{aligned} v(z) &= \sum A_m \sin\left(\frac{m\pi z}{L}\right) \\ \psi(z) &= \sum B_n \cos\left(\frac{n\pi z}{L}\right) \end{aligned}\right\} \tag{9.87}$$

理论上,将其代入总势能方程式(9.84),即可获得此问题的精确解。实际上,对于两端铰接 Timoshenko 柱,上式仅取 1 项,即

$$\left.\begin{aligned} v(z) &= A_1 \sin\left(\frac{\pi z}{L}\right) \\ \psi(z) &= B_1 \cos\left(\frac{\pi z}{L}\right) \end{aligned}\right\} \tag{9.88}$$

可获得该问题的精确解。证明如下:

将式(9.88)代入总势能方程式(9.84),积分可得

$$\begin{aligned} \Pi &= \frac{1}{2}\int_0^L \left[EI\left(\frac{\mathrm{d}\psi}{\mathrm{d}z}\right)^2 + C\left(\frac{\mathrm{d}v}{\mathrm{d}z} - \psi\right)^2 - P\left(\frac{\mathrm{d}v}{\mathrm{d}z}\right)^2\right]\mathrm{d}z \\ &= -\frac{P\pi^2 A_1^2}{4L} + \frac{EI\pi^2 B_1^2}{4L} + \frac{C\,(\pi A_1 - LB_1)^2}{4L} \end{aligned} \tag{9.89}$$

根据变分原理,屈曲平衡方程可由下面条件确定

$$\frac{\partial \Pi}{\partial A_1} = \frac{\partial \Pi}{\partial B_1} = 0 \tag{9.90}$$

从而有

$$\left.\begin{aligned} &\frac{(C-P)\pi^2 A_1}{2L} - \frac{1}{2}C\pi B_1 = 0 \\ &-\frac{1}{2}C\pi A_1 + \frac{(CL^2 + EI\pi^2)B_1}{2L} = 0 \end{aligned}\right\} \tag{9.91}$$

或者

$$\begin{pmatrix} \dfrac{(C-P)\pi^2}{2L} & -\dfrac{1}{2}C\pi \\ -\dfrac{1}{2}C\pi & \dfrac{CL^2 + EI\pi^2}{2L} \end{pmatrix}\begin{pmatrix} A_1 \\ B_1 \end{pmatrix} = \begin{pmatrix} 0 \\ 0 \end{pmatrix} \tag{9.92}$$

根据系数行列式为零的条件,可得如下的屈曲方程

$$\frac{CEI\pi^4}{4L^2} - \frac{P(CL^2\pi^2 + EI\pi^4)}{4L^2} = 0 \tag{9.93}$$

解之得

$$P_{cr} = \frac{CEI\pi^2}{CL^2 + EI\pi^2} \tag{9.94}$$

此解与式(9.51)相同。因此,对于两端铰接 Timoshenko 柱,模态函数仅取 1 项即可获得此问题的精确解。

9.3.2 单变量解法——分解刚度法

分解刚度法为 Bijlaard 对夹层板的临界荷载提出的一个简单的近似计算方法。这里将介绍分解刚度法在能量变分法中的应用。

(1) 弯曲屈曲分析

若抗剪刚度 $C\to\infty$，而抗弯刚度为有限值，根据式(9.6)必有

$$\psi\to\frac{\mathrm{d}v_b}{\mathrm{d}z} \tag{9.95}$$

式中，v_b 为弯曲位移。

此时总势能式(9.20)简化为

$$\Pi(v,\psi)=\Pi(v_b)=\frac{1}{2}\int_0^L\left[EI\left(\frac{\mathrm{d}^2v_b}{\mathrm{d}z^2}\right)^2-P\left(\frac{\mathrm{d}v_b}{\mathrm{d}z}\right)^2\right]\mathrm{d}z \tag{9.96}$$

可见此时的总势能方程与 Euler 柱相同。

仍以两端铰接 Timoshenko 柱为例，此时可将弯曲位移的屈曲模态假设为

$$v_b(z)=A_1\sin\left(\frac{\pi z}{L}\right) \tag{9.97}$$

将此式代入总势能方程式(9.96)，即可获得该问题的精确解为(推导略)

$$P_{b,cr}=\frac{\pi^2EI}{L^2}=P_E \tag{9.98}$$

(2) 剪切屈曲分析

若压杆的抗弯刚度 $EI\to\infty$，而弯矩 M_i 总是有限的，所以必有

$$\psi=0 \tag{9.99}$$

从而有

$$Q_i=C\left(\frac{\mathrm{d}v}{\mathrm{d}z}-\psi\right)=C\,\frac{\mathrm{d}v_s}{\mathrm{d}z} \tag{9.100}$$

式中，v_s 为剪切变形。

根据上述两式，可将总势能式(9.20)简化为

$$\Pi(v,\psi)=\Pi(v_s)=\frac{1}{2}\int_0^L\left[C\left(\frac{\mathrm{d}v_s}{\mathrm{d}z}\right)^2-P\left(\frac{\mathrm{d}v_s}{\mathrm{d}z}\right)^2\right]\mathrm{d}z \tag{9.101}$$

此时可将剪切位移的屈曲模态假设为

$$v_s(z)=A_1\sin\left(\frac{\pi z}{L}\right) \tag{9.102}$$

将此式代入总势能方程式(9.101)，可得

$$\Pi=\frac{C\pi^2A_1^2}{4L}-\frac{P\pi^2A_1^2}{4L} \tag{9.103}$$

根据$\dfrac{\partial\Pi}{\partial A_1}=0$，可得

$$\frac{(C-P)\pi^2A_1^2}{4L}=0 \tag{9.104}$$

为了保证 A_1 不为零，必有

$$P_{s,cr}=C \tag{9.105}$$

显然，将式(9.98)和式(9.105)代入 Bijlaard 屈曲准则式(9.53)，即可获得该问题的精确解。

应该指出，本书提出的上述方法具有通用性，据此可求解变截面、弹性约束等不同边界条件下 Timoshenko 柱的屈曲问题。限于篇幅，此不赘述。

9.4 Timoshenko柱的转角-位移方程和单元刚度矩阵

9.4.1 转角-位移方程

以图9.5所示的Timoshenko柱为研究对象,考虑轴力和剪切变形影响,即可利用前述的微分方程方法推导得到Timoshenko柱的二阶转角-位移方程。限于篇幅,这里直接给出其结果如下

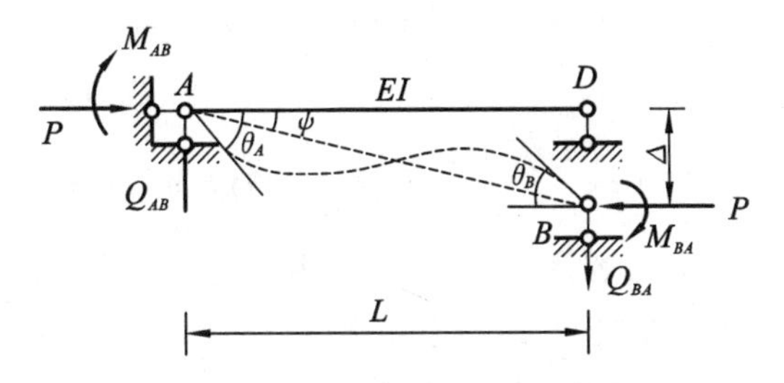

图9.5 有轴向力的梁单元(Timoshenko柱单元)

$$\left.\begin{aligned} M_{AB} &= \frac{EI}{L}\left[\alpha\theta_A + \beta\theta_B - (\alpha+\beta)\frac{\Delta}{L}\right] \\ M_{BA} &= \frac{EI}{L}\left[\beta\theta_A + \alpha\theta_B - (\alpha+\beta)\frac{\Delta}{L}\right] \end{aligned}\right\} \tag{9.106}$$

其中,$\alpha(\beta)$的物理意义是,杆件边界条件为远端固定(铰接),近端铰接(固定),两端无相对侧移时,使近端(远端)产生单位转角所需要施加的弯矩。其表达式如下

$$\left.\begin{aligned} \alpha &= \frac{\bar{k}L\sin(\bar{k}L) - \eta(\bar{k}L)^2\cos(\bar{k}L)}{2-2\cos(\bar{k}L) - \eta\bar{k}L\sin(\bar{k}L)} \\ \beta &= \frac{\eta(\bar{k}L)^2 - \bar{k}L\sin(\bar{k}L)}{2-2\cos(\bar{k}L) - \eta\bar{k}L\sin(\bar{k}L)} \end{aligned}\right\} \tag{9.107}$$

其中

$$\eta = 1-\frac{P}{C},\quad \bar{k}^2 = \frac{P}{EI\left(1-\dfrac{P}{C}\right)} \tag{9.108}$$

若引入$k^2=\dfrac{P}{EI}$,$\Phi=\dfrac{EI}{C}$,则可将上述参数改写为

$$\eta = 1-\Phi k^2,\quad \bar{k}^2 = \frac{k^2}{1-\Phi k^2} \tag{9.109}$$

与前面一样,这里采用的正负号约定仍为:节点转角θ_A、θ_B,杆端弯矩M_{AB}、M_{BA},一律以顺时针为正。当然,弦转角$\dfrac{\Delta}{L}$也应以顺时针为正。为了防止出现"正负号"的错误,有时尚可根据v_A、v_B,由$\Delta=v_A-v_B$直接来确定$\psi=\dfrac{\Delta}{L}$的正负号。

若轴力为零,利用极限条件可得,一阶的转角-位移方程为

$$\left.\begin{aligned}M_{AB}&=\frac{EI}{L}\left(\frac{4+12\Phi}{1+12\Phi}\theta_A+\frac{2-12\Phi}{1+\Phi}\theta_B-\frac{6}{1+12\Phi}\frac{\Delta}{L}\right)\\M_{BA}&=\frac{EI}{L}\left(\frac{2-12\Phi}{1+12\Phi}\theta_A+\frac{4+12\Phi}{1+12\Phi}\theta_B-\frac{6}{1+12\Phi}\frac{\Delta}{L}\right)\end{aligned}\right\}\tag{9.110}$$

式中，$\Phi=\frac{EI}{CL^2}$。

式(9.110)与Premieniecki(1968年)的结果一致，这证明我们前面推导的有限元单元刚度矩阵是正确的。

若对图9.5的A点取矩还可求得剪力的表达式，即依据

$$Q_{BA}L+M_{BA}+M_{AB}+P\Delta=0\tag{9.111}$$

可得

$$Q_{BA}=-(\alpha+\beta)\frac{EI}{L}\cdot\frac{\theta_A+\theta_B}{L}+[2(\alpha+\beta)-\eta(\bar{k}L)^2]\frac{EI}{L}\cdot\frac{\Delta}{L^2}\tag{9.112}$$

这是Timoshenko柱的剪力表达式，有时直接利用它可以简化我们的分析。若感觉此式过于复杂，也可利用平衡条件式(9.111)直接求解。

综上，式(9.106)和式(9.112)为轴压力下Timoshenko柱(AB柱)的二阶转角-位移方程。

【说明】

对于无剪力柱，$Q_{AB}=Q_{BA}=0$，据此可解出

$$\frac{\Delta}{L}=\frac{(\alpha+\beta)(\theta_A+\theta_B)}{-\eta(\bar{k}L)^2+2\alpha+2\beta}\theta_B\tag{9.113}$$

将其代入式(9.106)的第一式，可推导得到无剪力柱的转角-位移方程为

$$\left.\begin{aligned}M_{AB}&=\frac{EI}{L}\left[\frac{\bar{k}L}{\tan(\bar{k}L)}\theta_A-\frac{\bar{k}L}{\sin(\bar{k}L)}\theta_B\right]\\M_{BA}&=\frac{EI}{L}\left[-\frac{\bar{k}L}{\sin(\bar{k}L)}\theta_A+\frac{\bar{k}L}{\tan(\bar{k}L)}\theta_B\right]\end{aligned}\right\}\tag{9.114}$$

此公式较适合多层框架的侧移屈曲分析。

9.4.2 单元刚度矩阵

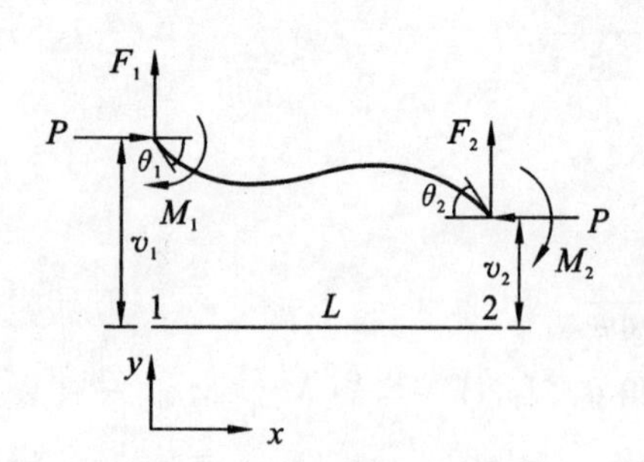

图9.6 Timoshenko柱单元

对于图9.6所示具有2个节点的Timoshenko柱单元，其每个节点有2个自由度(即未知量)，一个是横向平动位移v_i，一个是截面转角θ_i。

(1) 精确的单元刚度矩阵

利用前述的Timoshenko柱二阶转角-位移方程，即式(9.106)和式(9.112)，易得其精确的单元刚度矩阵为

$$\begin{Bmatrix} F_1 \\ M_1 \\ F_2 \\ M_2 \end{Bmatrix}=\frac{EI}{L}\begin{bmatrix} \frac{\gamma}{L^2} & -\frac{\alpha+\beta}{L} & -\frac{\gamma}{L^2} & -\frac{\alpha+\beta}{L} \\ -\frac{\alpha+\beta}{L} & \alpha & \frac{\alpha+\beta}{L} & \beta \\ -\frac{\gamma}{L^2} & \frac{\alpha+\beta}{L} & \frac{\gamma}{L^2} & \frac{\alpha+\beta}{L} \\ -\frac{\alpha+\beta}{L} & \beta & \frac{\alpha+\beta}{L} & \alpha \end{bmatrix}\begin{Bmatrix} v_1 \\ \theta_1 \\ v_2 \\ \theta_2 \end{Bmatrix} \tag{9.115}$$

式中，α、β 和 γ 称为“稳定函数”，其表达式与相互关系如下

$$\left.\begin{aligned} \alpha&=\frac{\bar{k}L\sin(\bar{k}L)-\eta(\bar{k}L)^2\cos(\bar{k}L)}{2-2\cos(\bar{k}L)-\eta\bar{k}L\sin(\bar{k}L)} \\ \beta&=\frac{\eta(\bar{k}L)^2-\bar{k}L\sin(\bar{k}L)}{2-2\cos(\bar{k}L)-\eta\bar{k}L\sin(\bar{k}L)} \\ \alpha+\beta&=\frac{\eta(\bar{k}L)^2-\eta(\bar{k}L)^2\cos(\bar{k}L)}{2-2\cos(\bar{k}L)-\eta\bar{k}L\sin(\bar{k}L)} \\ \gamma&=2(\alpha+\beta)-\eta(\bar{k}L)^2 \end{aligned}\right\} \tag{9.116}$$

（2）近似的单元刚度矩阵

若将系数式(9.116)按 Taylor 级数展开，可得

$$\left.\begin{aligned} \alpha&=\frac{4+12\Phi}{1+12\Phi}-\frac{2(1+15\Phi+90\Phi^2)}{15(1+12\Phi)^2}(kL)^2+O[(kL)^3] \\ \beta&=\frac{2(1-6\Phi)}{1+12\Phi}+\frac{(1+60\Phi+360\Phi^2)}{30(1+12\Phi)^2}(kL)^2+O[(kL)^3] \\ \alpha+\beta&=\frac{6}{1+12\Phi}-\frac{1}{10(1+12\Phi)^2}(kL)^2+O[(kL)^3] \\ \gamma&=\frac{12}{1+12\Phi}-\left[1+\frac{1}{5(1+12\Phi)^2}\right](kL)^2+O[(kL)^3] \end{aligned}\right\} \tag{9.117}$$

若忽略剪切变形，则 $C\to\infty$，$\Phi\to0$，此时上述系数变为

$$\left.\begin{aligned} \alpha&=4-\frac{2(kL)^2}{15}+O[(kL)^3] \\ \beta&=2+\frac{(kL)^2}{30}+O[(kL)^3] \\ \alpha+\beta&=6-\frac{(kL)^2}{10}+O[(kL)^3] \\ \gamma&=12-\frac{6(kL)^2}{5}+O[(kL)^3] \end{aligned}\right\} \tag{9.118}$$

此结果与第 5 章的结果相同。可证，前述的推导是正确的。

将系数式(9.117)代入式(9.115)，可得二阶近似的弹性刚度矩阵和几何刚度矩阵分别为

$$\bar{\boldsymbol{k}}_E^e=\begin{pmatrix} \frac{EI}{L^3}\left(\frac{12}{1+12\Phi}\right) & -\frac{EI}{L^2}\left(\frac{6}{1+12\Phi}\right) & -\frac{EI}{L^3}\left(\frac{12}{1+12\Phi}\right) & -\frac{EI}{L^2}\left(\frac{6}{1+12\Phi}\right) \\ & \frac{EI}{L}\left(\frac{4+12\Phi}{1+12\Phi}\right) & \frac{EI}{L^2}\left(\frac{6}{1+12\Phi}\right) & \frac{EI}{L}\left(\frac{2-12\Phi}{1+12\Phi}\right) \\ \text{对} & & \frac{EI}{L^3}\left(\frac{12}{1+12\Phi}\right) & \frac{EI}{L^2}\left(\frac{6}{1+12\Phi}\right) \\ & \text{称} & & \frac{EI}{L}\left(\frac{4+12\Phi}{1+12\Phi}\right) \end{pmatrix} \tag{9.119}$$

或者

$$\bar{\boldsymbol{k}}_E^e=\frac{EI}{L(1+12\Phi)}\begin{pmatrix} \frac{12}{L^2} & -\frac{6}{L} & -\frac{12}{L^2} & -\frac{6}{L} \\ & 4+12\Phi & \frac{6}{L} & 2-12\Phi \\ \text{对} & & \frac{12}{L^2} & \frac{6}{L} \\ & \text{称} & & 4+12\Phi \end{pmatrix} \tag{9.120}$$

式中，$\Phi=\frac{EI}{CL^2}$。

$$\bar{\boldsymbol{k}}_G^e=\frac{P}{L}\times$$

$$\begin{pmatrix} -\left[1+\frac{1}{5(1+12\Phi)^2}\right] & \frac{1}{10(1+12\Phi)^2} & 1+\frac{1}{5(1+12\Phi)^2} & \frac{1}{10(1+12\Phi)^2} \\ & -\frac{2(1+15\Phi+90\Phi^2)}{15(1+12\Phi)^2} & -\frac{1}{10(1+12\Phi)^2} & \frac{1+60\Phi+360\Phi^2}{30(1+12\Phi)^2} \\ \text{对} & & -\left[1+\frac{1}{5(1+12\Phi]^2}\right] & -\frac{1}{10(1+12\Phi)^2} \\ & \text{称} & & -\frac{2(1+15\Phi+90\Phi^2)}{15(1+12\Phi)^2} \end{pmatrix} \tag{9.121}$$

式中，$\Phi=\frac{EI}{CL^2}$。

9.4.3 实腹截面的剪切刚度系数

对于常见的实腹截面，习惯将 Timoshenko 梁理论的抗剪刚度表示为

$$C=\mu GA \tag{9.122}$$

式中，A 为截面面积，μ 是一个无量纲的参数，称为剪切刚度系数。

Timoshenko 梁理论虽然比较简单易用，但其中剪切刚度系数的确定是一个难点，因为剪切变形不均匀程度，不仅与材料和截面几何性质有关，还与荷载类型和边界条件有关，因此关于剪切刚度系数的合理取值问题，有多种观点和公式。其结果是，同一个截面，不同的

作者也会选择不同的数值或公式。比如工字形截面,童根树教授选择 $1/\mu=\frac{A}{A_w}+\frac{b^2}{3h^2}$;而李国强教授选择 $1/\mu=\frac{2A_f+A_w}{A_w}$(强轴),$1.2\frac{2A_f+A_w}{2A_f}$(弱轴)。这里对此不进行深入讨论。

Cowper(1971 年)曾计算过 11 种截面的剪切刚度系数,这里抄录并列于表 9.1。胡海昌先生曾建议,使用 Cowper 表时,取泊松比 $\nu=0$ 即可。据此可知:实体矩形截面 $\mu=5/6$;薄壁方环 $\mu=5/12$;实心圆形截面 $\mu=6/7$;薄壁圆环 $\mu=1/2$。

表 9.1 Cowper 剪切刚度系数 μ 的取值

形状	剪切系数公式	剖面形状
圆	$\mu=\frac{6(1+\nu)}{7+6\nu}$	
圆环	$\mu=\frac{6(1+\nu)(1+m^2)^2}{(7+6\nu)(1+m^2)^2+(20+12\nu)m^2}$, $m=\frac{b}{a}$	2b 2a
矩形	$\mu=\frac{10(1+\nu)}{12+11\nu}$	
椭圆	$\mu=\frac{12(1+\nu)a^3(3a^2+b^3)}{(40+37\nu)a^4+(16+10\nu)a^2b^2+\nu b^4}$, a 可以大于或小于 b	2a 2b
半圆	$\mu=\frac{1+\nu}{1.305+1.27\nu}$	

续表 9.1

形状	剪切系数公式	剖面形状
薄壁圆管	$\mu=\frac{2(1+\nu)}{4+3\nu}$	
薄壁方管	$\mu=\frac{20(1+\nu)}{48+39\nu}$	
薄壁盒形	$m=\frac{bt_1}{ht},n=\frac{b}{h}$, $\mu=\frac{10}{d}(1+\nu)(1+3m)^2$, $d=12+72m+150m^2+90m^3+\nu(11+66m+135m^2+90m^3)+10n^2[(3+\nu)m+3m^2]$	t_1 t t b h t_1
薄壁工字形	$m=\frac{2bt_F}{ht_w},n=\frac{b}{h}$, $\mu=\frac{10}{d}(1+\nu)(1+3m)^2$, $d=12+72m+150m^2+90m^3+\nu(11+66m+135m^2+90m^3)+30n^2(m+m^2)+5\nu n^2(8m+9m^2)$	b t_w h t_F
带圆头的腹板	A:一个圆头的面积, $m=\frac{2A}{ht}$, $\mu=[10(1+\nu)(1+3m)^2]/[12+72m+150m^2+90m^3+\nu(11+66m+135m^2+90m^3)]$	t h
薄壁丁字形	$m=\frac{bt_1}{ht},n=\frac{b}{h}$, $\mu=\frac{10}{d}(1+\nu)(1+4m)^2$, $d=12+96m+276m^2+192m^3+\nu(11+88m+248m^2+216m^3)+30n^2(m+m^2)+10\nu n^2(4m+5m^2+m^3)$	t h t_1 b

参考文献

[1] TIMOSHENKO S P,GERE J. Theory of Elastic Stability. 2nd ed. McGraw-Hill,New York,NY,USA,1961.

[2] BLEICH F. Buckling Strength of Metal Structures. McGraw-Hill,New York,NY,USA,1952.

[3] 胡海昌. 弹性力学的变分原理及其应用. 北京: 科学出版社,1981.

[4] 李国强,沈祖炎. 钢结构框架体系弹性及弹塑性分析与计算理论. 上海:上海科学技术出版社,1998.

[5] 笹川和郎. 结构的弹塑性稳定内力. 王松涛,魏钢. 译. 北京:中国建筑工业出版社,1992.

[6] 童根树. 钢结构的平面内稳定. 北京:中国建筑工业出版社,2015.

10　Timoshenko 柱弹性弯曲屈曲：工程应用与设计建议

10.1　等截面格构柱的等效刚度、屈曲荷载与设计建议

众所周知，钢结构柱有两类：实腹式柱和格构柱。

在钢结构厂房中，若吊车吨位较大且起吊高度较高时，通常实腹式柱无法满足要求。此时采用缀板柱或者缀条柱（图 10.1）可以获得良好的经济效益，这些构件均属于格构式构件。理论上，这些构件的屈曲问题应该按桁架或者框架结构体系进行研究，以确定合理的构件设计方法。实用上，可以借鉴前述的 Timoshenko 柱模型来近似分析其屈曲性能，并建立相应的设计方法。

为了利用前述的 Timoshenko 柱模型，首先需要基于连续化的思想，来确定格构柱的等效连续化模型参数，即等效的抗弯刚度和抗剪刚度。

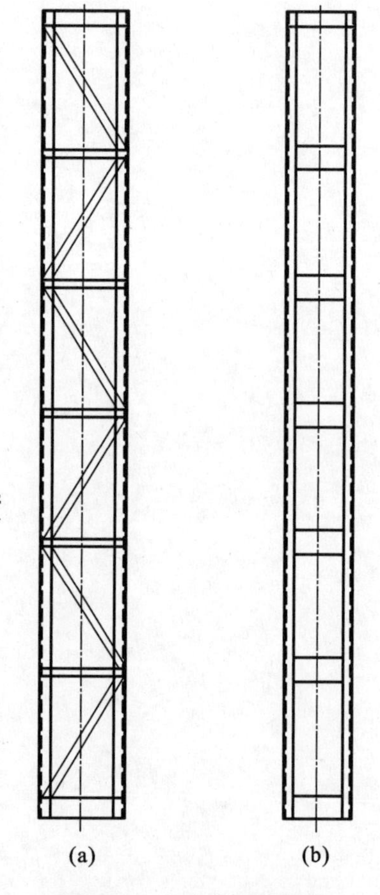

图 10.1　缀条柱和缀板柱

10.1.1　缀条柱的力学模型与等效刚度

10.1.1.1　基本假设与力学模型

（1）基本假设

① 沿着长度方向的节间数目足够多，一般应不少于 6 个节间；

② 横截面的高度不变（此等价于假设：弯矩作用下，弦杆间距不变；剪力和轴力作用下，横腹杆的轴向刚度无限大）；

③ 材料符合胡克定律；

④ 小变形假设。

假设①和假设②是我们明确提出的。提出假设①的目的是保证连续化模型的计算精度，其理论依据请参见 Timoshenko 的理论分析结果（见《弹性稳定理论》pg. 160）；提出假设②则是为了保证各种等效方法的一致性（详见后面的讨论）。

（2）力学模型

若认为缀条柱[图 10.2(a)]的结点为铰接，则其力学模型为平面桁架。在缀条柱中取一个典型节间为研究对象，称之为桁架单元，如图 10.2(b)所示。需要注意的是，图中横腹

杆 AB、CD 的截面积应该取原来的一半,因为横腹杆为上下相邻桁架梁单元所共用。同理,缀板柱横梁的抗弯刚度也应该取一半,此问题很容易被遗漏而导致错误结果。

为了获得连续化模型,需要首先将图 10.2(b)所示的桁架单元,等效为图 10.2(c)所示的实体单元。刚度推导的基本方法有两种:力法(单位荷载法)和位移法(单位位移法)。相应的,刚度等效的原则也是两种:应变余能等效和应变能等效。理论上,利用上述任何一种方法推导,得到的等效刚度,尤其是等效抗弯刚度均应相等,但事实却并非如此。

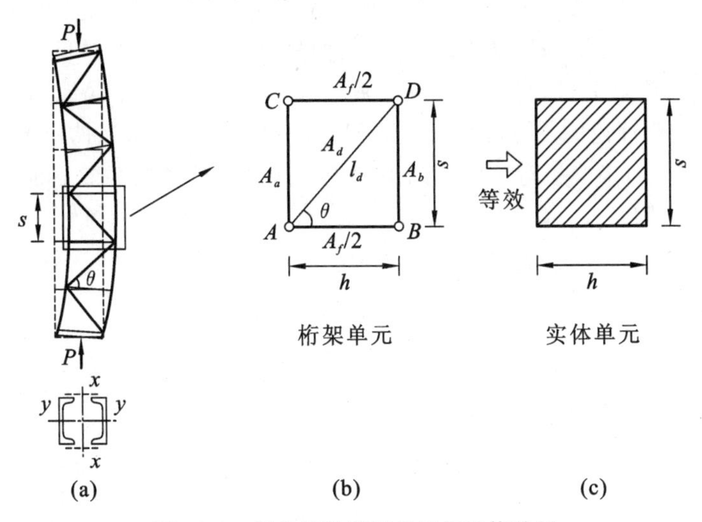

图 10.2 缀条柱的桁架单元与实体单元

10.1.1.2 等效刚度

(1) 等效抗弯刚度——应变余能等效

假设等代实体单元的等效抗弯刚度为 EI,如图 10.3(a)所示。根据结构力学知识可知,在一对弯矩 M 作用下,等代实体单元应变余能为

$$V_{\text{beam}}^{b}=\frac{M^{2}s}{2EI} \tag{10.1}$$

为了求得桁架单元的内力,首先假设顶端的弯矩可以用一对结点力来等效,其大小等于 M/h,作用方式如图 10.3(b)所示,可证此方式与如图 10.3(c)的作用效果相同。利用计算简图 10.3(b),可求得等效结点力作用下桁架单元的杆件内力。据此可求得桁架单元应变余能为

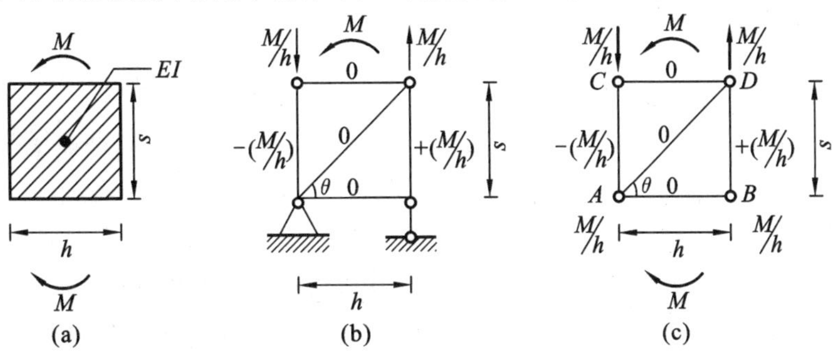

图 10.3 桁架单元与实体单元的抗弯刚度

$$V_{\text{truss}}^{b}=\sum\frac{N_i^2 l_i}{2EA_i}=\frac{(-M/h)^2 s}{2EA_a}+\frac{(M/h)^2 s}{2EA_b}=\frac{M^2 s}{2Eh^2}\left(\frac{1}{A_a}+\frac{1}{A_b}\right)\tag{10.2}$$

式中:E 为材料的弹性模量;A_a、A_b 分别为左右弦杆的截面面积;h、s 分别为弦杆形心距(缀条柱的截面高度)及节间距离。

根据应变余能等效原则,令式(10.1)和式(10.2)相等,可得实体单元的等效抗弯刚度为

$$EI=\frac{A_a A_b}{A_a+A_b}Eh^2\tag{10.3}$$

可见,应变余能等效原则的基础是力法,简便易行,但无法考虑柱肢自身惯性矩的影响。问题出在弯矩如何等效上,即用一对结点力来等效顶端弯矩,仅能保证满足平衡条件,无法满足 Timoshenko 梁理论的平截面假设。此问题在后面钢梁弯扭屈曲的有限元分析中也会遇到,即用一对集中力来模拟弯矩的效果不理想。这是此种弯矩等效原则的缺陷。

(2) 等效抗弯刚度——应变能等效

根据材料力学,若等代实体单元[图 10.4(a)]的上下截面转角为 φ,则其曲率为

$$\Phi=\frac{2\varphi}{s}\tag{10.4}$$

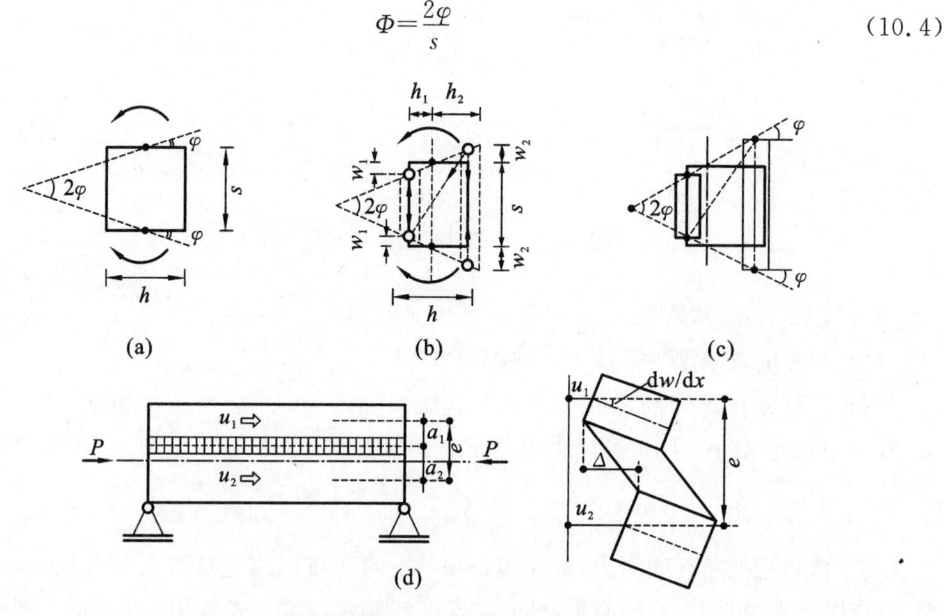

图 10.4 桁架单元与实体单元的抗弯刚度

等代实体单元的应变能为

$$U_{\text{beam}}^{b}=\int\frac{EI\Phi^2}{2}\mathrm{d}s=\frac{EI\Phi^2}{2}s=\frac{EI}{2}\left(\frac{2\varphi}{s}\right)^2 s=\frac{2EI\varphi^2}{s}\tag{10.5}$$

根据平截面假设,左右弦杆的上下截面也应该产生与式(10.4)相同的曲率,如图 10.4(b)所示,否则如图 10.4(c)所示,此时不能使用 Timoshenko 梁理论,而应该采用后面将详细介绍的夹心梁理论[图 10.4(d)]。夹心梁理论比较适合描述表皮抗弯而夹心抗剪的结构或构件,比如分肢很强大的格构柱,或者连梁很柔细的联肢墙(剪力墙)。此问题说明,工程结构的连续化假设和相应的力学模型,必须与力与所选择的理论"匹配",否则将导致错误的结论。

目前考虑弦杆弯曲变形的问题在稳定著作和钢结构教材中均未见论述,而实际的工程

设计中，工程师在计算回转半径时都会考虑此项的贡献。

左右弦杆产生的弯曲应变能为

$$U_1^b=\frac{2(EI_a+EI_b)\varphi^2}{s} \tag{10.6}$$

下面讨论桁架单元的应变能。

假设左右弦杆距离形心的距离分别为 h_1 和 h_2。根据 Timoshenko 梁的平截面假设，若上下截面转角为 φ，则结点的位移为

$$w_1=\varphi h_1,\quad w_2=\varphi h_2 \tag{10.7}$$

相应的左右弦杆应变[图 10.4(b)]为

$$\varepsilon_1=-\frac{2w_1}{s}=-\frac{2\varphi h_1}{s},\quad \varepsilon_2=\frac{2w_2}{s}=\frac{2\varphi h_2}{s} \tag{10.8}$$

这里规定压应变为负，拉应变为正。

左右弦杆的轴力分别为

$$N_a=EA_a\varepsilon_a=-EA_a\frac{2\varphi h_1}{s},\quad N_b=EA_b\frac{2\varphi h_2}{s} \tag{10.9}$$

横腹杆的伸长量[图 10.4(b)]为

$$\Delta_2=\sqrt{h^2+(w_2+w_1)^2}-h\approx\frac{1}{2h}(w_2+w_1)^2 \tag{10.10}$$

根据假设④的小变形假设，w_1 和 w_2 均属于微量，即二阶以上的微量可略去。因此，在小变形假设下，横腹杆伸长量为零，此结果证明假设②是合理的。

斜腹杆的伸长量[图 10.4(b)]为

$$\Delta_2=\sqrt{h^2+[s+(w_2-w_1)]^2}-\sqrt{h^2+s^2}\approx\frac{s}{\sqrt{h^2+s^2}}(w_2-w_1) \tag{10.11}$$

若两个分肢面积相等或者接近，此项影响可以忽略。也只有忽略斜腹杆的作用，才能满足图 10.3(c)的结点平衡要求，因此，斜腹杆的内力必为零。

据此根据纵向平衡条件 $N_a+N_b=0$，可得

$$\frac{h_1}{h_2}=\frac{EA_b}{EA_a} \tag{10.12}$$

此时桁架单元的拉压应变能为

$$\begin{aligned}U_2^b&=\sum\int\frac{EA_i\varepsilon_i^2}{2}\mathrm{d}s=\frac{EA_a}{2}\left(-\frac{2\varphi h_1}{s}\right)^2s+\frac{EA_b}{2}\left(\frac{2\varphi h_2}{s}\right)^2s\\&=\frac{2\varphi^2}{s}(EA_ah_1^2+EA_bh_2^2)\end{aligned} \tag{10.13}$$

桁架单元的总应变能为

$$U_{\text{truss}}^b=U_1^b+U_2^b=\frac{2\varphi^2}{s}(EA_ah_1^2+EA_bh_2^2)+\frac{2\varphi^2(EI_a+EI_b)}{s} \tag{10.14}$$

令桁架单元和实体单元的应变能相等，即式(10.14)与式(10.5)相等，则可得

$$EI=EA_ah_1^2+EA_bh_2^2+(EI_a+EI_b) \tag{10.15}$$

将关系式(10.12)代入上式，可得

$$EI=\frac{A_aA_b}{A_a+A_b}Eh^2+(EI_a+EI_b) \tag{10.16}$$

这就是我们依据应变能等效原则推导得到的缀条柱等效抗弯刚度。

对于双肢柱，一般左右分肢的截面特性相同，此时其等效抗弯刚度为

$$EI=2\times EA_a\left(\frac{h}{2}\right)^2+2EI_a \tag{10.17}$$

需要指出的是，与应变余能等效的结果式(10.3)相比，式(10.16)包含了分肢绕自身形心轴的抗弯刚度。根据材料力学关于组合截面惯性矩的知识可知，上述结果是精确的。

同理，也可用上述分析方法推导图10.5所示交叉腹杆桁架单元的等效抗弯刚度，可证其结果与式(10.16)相同。

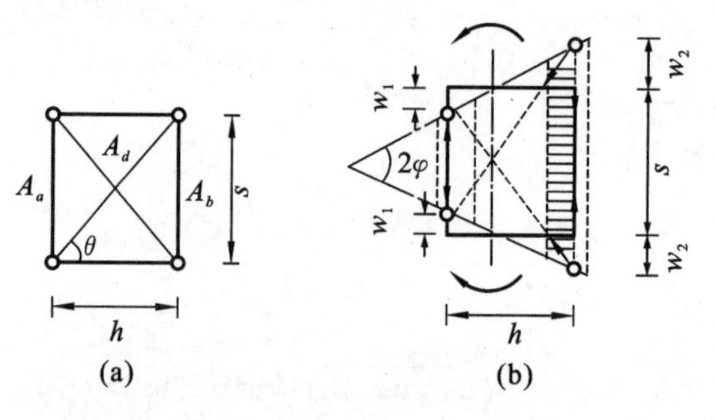

图10.5　交叉腹杆桁架单元与实体单元的抗弯刚度

【说明】

1. 若不忽略斜腹杆和横腹杆的影响，而按照式(10.10)和式(10.11)继续推导所谓“更精确”的等效抗弯刚度，其公式必然是复杂的，且精度提高有限，因而类似的推导缺少实用价值。

2. 关于等效抗压(拉)刚度的推导问题

以图10.6(a)所示的交叉支撑桁架单元为例，若轴压变形下，等代实体单元[图10.6(b)]的上下截面发生的压缩变形为Δ，则其轴向应变为

$$\varepsilon=\frac{2\Delta}{s} \tag{10.18}$$

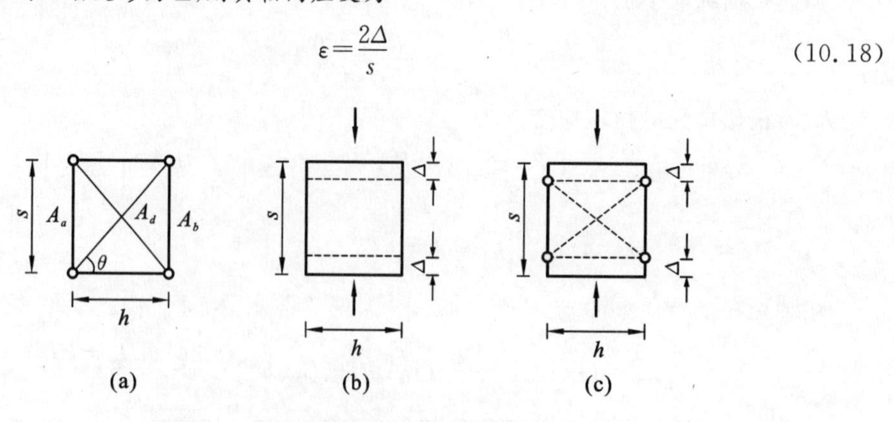

图10.6　交叉支撑桁架单元的轴压刚度

相应的应变能为

$$U_{\text{beam}}^{b}=\int\frac{EA\varepsilon^{2}}{2}\mathrm{d}s=\frac{EA}{2}\left(\frac{2\Delta}{s}\right)^{2}s=2EA\frac{\Delta^{2}}{s}\tag{10.19}$$

下面讨论桁架单元的应变能。

轴压变形下,左右弦杆应变[图 10.6(c)]为

$$\varepsilon_{1}=\varepsilon_{2}=\frac{2\Delta}{s}\tag{10.20}$$

斜腹杆的压缩变形[图 10.6(c)]为

$$\Delta_{d}=\sqrt{h^{2}+[s+(2\Delta)]^{2}}-\sqrt{h^{2}+s^{2}}\approx\frac{s}{\sqrt{h^{2}+s^{2}}}\cdot 2\Delta\tag{10.21}$$

相应的斜腹杆轴力为

$$N_{d}=EA_{d}\frac{\Delta_{d}}{\sqrt{h^{2}+s^{2}}}=\frac{s}{h^{2}+s^{2}}\cdot 2EA_{d}\Delta\tag{10.22}$$

理论上,利用结点平衡,还可求出横腹杆的轴力,进而求得其变形。研究表明,对于等截面的缀条柱,横腹杆的贡献很小。为此我们可以根据假设②,忽略横腹杆变形的影响,以简化公式。

此时桁架单元的应变能为

$$\begin{aligned}U_{\text{truss}}^{b}&=\sum\int\frac{EA_{i}\varepsilon_{i}^{2}}{2}\mathrm{d}s=\frac{EA_{a}}{2}\cdot\frac{(2\Delta)^{2}}{s}+\frac{EA_{b}}{2}\cdot\frac{(2\Delta)^{2}}{s}+2\frac{EA_{d}}{2}\cdot\frac{\left(\frac{s}{\sqrt{h^{2}+s^{2}}}\cdot 2\Delta\right)^{2}}{l_{d}}\\&=2\left[EA_{a}+EA_{b}+2EA_{d}\left(\frac{s}{\sqrt{h^{2}+s^{2}}}\right)^{3}\right]\frac{\Delta^{2}}{s}\end{aligned}\tag{10.23}$$

令桁架单元和实体单元的应变能相等,则可得

$$EA=EA_{a}+EA_{b}+2EA_{d}\sin^{3}\theta\tag{10.24}$$

此式即为交叉腹杆桁架单元的轴压刚度。

若为单斜腹杆,上式最后一项应改为 $EA_{d}\sin^{3}\theta$。

对于斜腹杆面积比较小的情况,可忽略其影响,式(10.24)变为传统的公式

$$EA=EA_{a}+EA_{b}\tag{10.25}$$

(3) 等效抗剪刚度——应变余能等效

假设等代实体单元的等效抗剪刚度为 C,如图 10.7(a)所示。根据结构力学知识可知,在一对剪力 V 作用下,等代实体单元应变余能为

$$V_{\text{beam}}^{s}=\frac{V^{2}s}{2C}\tag{10.26}$$

按图 10.7(b)所示计算简图,可求得在顶部剪力 V 作用下桁架单元的杆件内力。此结果与一对剪力 V 的作用效果相同,如图 10.7(c)所示。据此可求得桁架单元应变余能为

$$V_{\text{truss}}^{s}=\sum\frac{N_{i}^{2}l_{i}}{2EA_{i}}=2\times\frac{(-V)^{2}h}{2(EA_{f}/2)}+\frac{(V/\cos\theta)^{2}l_{d}}{2EA_{d}}\tag{10.27}$$

根据假设 ②,即横腹杆的轴向刚度无限大,上式中的第一项应该为零,从而得到

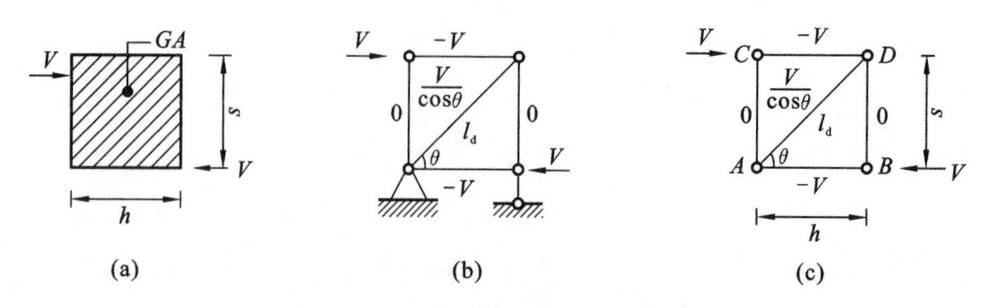

图 10.7　桁架单元与实体单元的抗剪刚度

$$V^s_{\text{truss}}=\sum\frac{N_i^2l_i}{2EA_i}=\frac{(V/\cos\theta)^2l_d}{2EA_d}=\frac{V^2s}{2EA_d}\left(\frac{1}{\cos^2\theta}\cdot\frac{l_d}{s}\right)=\frac{V^2s}{2EA_d}\cdot\frac{1}{\cos^2\theta\sin\theta}\tag{10.28}$$

根据应变余能等效原则，令式(10.26)和式(10.28)相等，可得实体单元的等效抗剪刚度为

$$C=EA_d\cos^2\theta\sin\theta\tag{10.29}$$

此结果与钢结构教材中单位力法的推导结果相同(注意两者的角度定义不同)，已被各国钢结构规范所采用。

(4) 等效抗剪刚度——应变能等效

式(10.29)与 Timoshenko(1961 年，《弹性稳定理论》，pg. 145-146)的结果不同，差别在于，Timoshenko 考虑了横腹杆的影响。为此，有的研究者认为式(10.29)仅适用于图 10.8 中的前四种，因为它们的横腹杆不存在或者不受力。那么，缀条柱的连续化模型中是否应该考虑横腹杆的影响呢?

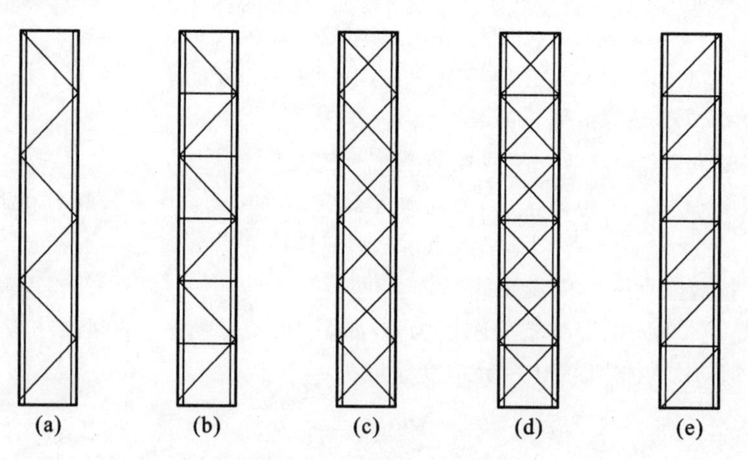

图 10.8　常用的缀条体系

首先分析 Timoshenko 的推导问题，然后用应变能等效原则证明其结果是错误的。

首先考察图 10.9 所示的 Timoshenko 推导，从图中可以看出，其剪切变形包括两部分：斜腹杆和横腹杆的轴向变形。此推导存在如下的问题：①计算简图错误。图 10.9(c)中只有底部的横腹杆受力，上部的横腹杆不受力，因此，其轴向变形公式(c)中的横腹杆面积应该取原来的一半。图 10.7 的计算简图可修正这一错误。②其结果与应变能等效的结果不符。

根据结构力学的知识，力法和位移法的结果必相同。同理，应变余能等效和应变能等效的结果必一致。

考察图 10.9(d)的情况，根据假设②，假设顶端左右结点产生的水平位移相同，均为 δ。若考虑横腹杆的影响，左右结点的位移必不同，显然，这样无法获得等效刚度，这也是我们明确提出假设②的原因。

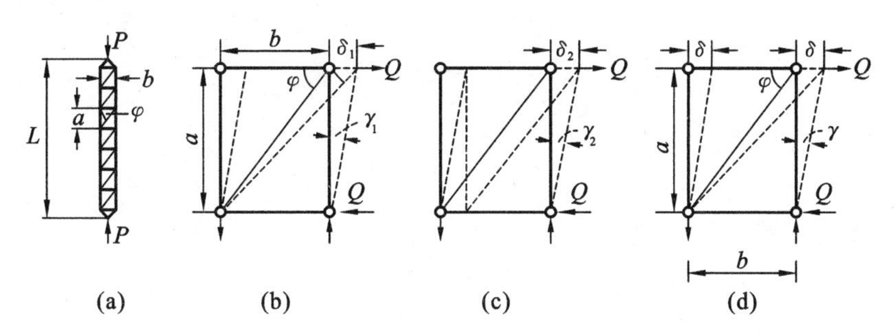

图 10.9 Timoshenko 的推导

根据图 10.9(d)，此时横腹杆无变形。斜腹杆的伸长量为

$$\Delta_d=\sqrt{a^2+(b+\delta)^2}-\sqrt{a^2+b^2}\approx\frac{b}{\sqrt{a^2+b^2}}\delta=\delta\cos\varphi \tag{10.30}$$

此结果与材料力学中的几何法相同。

同理可求，弦杆的伸长量为

$$\Delta_a=\sqrt{a^2+\delta^2}-\sqrt{a^2+b^2}\approx\frac{\delta^2}{2a} \tag{10.31}$$

根据小变形假设④，δ^2 属于二阶微量，可以忽略。此为钢结构教材忽略弦杆伸长的原因。

此时桁架单元的应变能仅由斜腹杆贡献，即

$$U^s_{\text{truss}}=\sum\int\frac{EA_i\varepsilon_i^2}{2}\mathrm{d}s=\frac{EA_d}{2}(\Delta_d/l_d)^2\cdot l_d=\frac{EA_d}{2}\frac{(\delta\cos\varphi)^2}{a/\sin\varphi}=\frac{EA_d\delta^2}{2a}\cos^2\varphi\sin\varphi \tag{10.32}$$

而等效实体单元的应变能为

$$U^s_{\text{beam}}=\int\frac{C\gamma^2}{2}\mathrm{d}s=\frac{C}{2}(\delta/a)^2\cdot a=\frac{C\delta^2}{2a} \tag{10.33}$$

令两者的应变能相等，即式(10.32)与式(10.33)相等，可得

$$C=EA_d\cos^2\varphi\sin\varphi \tag{10.34}$$

显然，此结果与本书应变余能等效的结果相同，据此可断定，Timoshenko 考虑横腹杆的剪切角公式是错误的。

下面我们还将证明，本书的推导方法对于图 10.8 所示所有的情况均适用。

(5) 交叉腹杆与人字形腹杆

利用应变能等效原则，还可确定图 10.10 所示的两种腹杆体系的抗剪刚度。

图 10.10(a)为交叉腹杆体系，在产生侧向位移 δ 时，其应变能为

$$U^s_{\text{truss}}=\frac{E(A_{d1}+A_{d2})\delta^2}{2s}\cos^2\theta\sin\theta \tag{10.35}$$

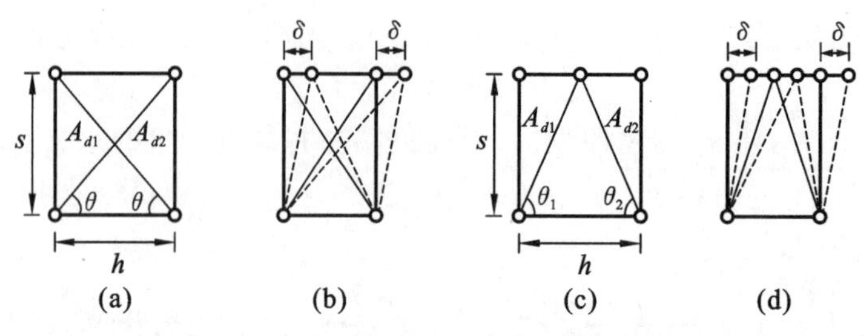

图 10.10 交叉腹杆与人字形腹杆体系

据此可得抗剪刚度为

$$C=E(A_{d1}+A_{d2})\cos^2\theta\sin\theta \tag{10.36}$$

若左右斜腹杆面积相等，则

$$C=2EA_d\cos^2\theta\sin\theta \tag{10.37}$$

图 10.10(c)为人字形腹杆体系，同理可求得抗剪刚度为

$$C=EA_{d1}\cos^2\theta_1\sin\theta_1+EA_{d2}\cos^2\theta_2\sin\theta_2 \tag{10.38}$$

若左右斜腹杆面积和倾角相等，则

$$C=2EA_d\cos^2\theta\sin\theta=EA_d\sin2\theta\cos\theta \tag{10.39}$$

可见，交叉腹杆和人字形腹杆的抗剪刚度形式上相同，只是角度 θ 不同。那么哪种支撑更好呢？

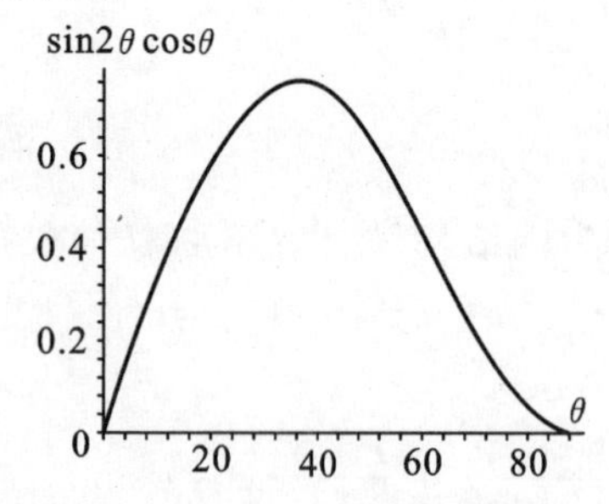

图 10.11 $\sin2\theta\cos\theta$ 与角度 θ 的关系

图 10.11 为 $\sin2\theta\cos\theta$ 与角度 θ 的关系。从图中可见，斜腹杆的角度在大约 35°时，抗剪刚度可以达到最大值。此结论对于框架-支撑体系抗侧移刚度的优化亦有参考价值。

此外，尚可证明图 10.10 所示两种腹杆体系的等效抗弯刚度与式(10.16)相同。

最后还需要指出，本节的推导方法和结果对于类似的格构式构件，比如桁架梁(拱、劲性索)等也适用。

10.1.2 缀板柱的力学模型与等效刚度

10.1.2.1 基本假设和力学模型

(1) 基本假设

① 沿着长度方向的节间数目足够多，一般应不少于 6 个节间；

② 横截面的高度不变[此等价于假设：弯矩作用下，柱肢间距不变；剪力作用下，横梁(缀板)的轴向刚度无限大]；

③ 材料符合胡克定律；

④ 小变形假设。

假设①和假设②是我们明确提出的，目的是保证等效刚度的计算精度和结果的一致性。

(2) 力学模型

若认为缀板柱[图 10.12(a)]的结点为刚接，则其力学模型为平面框架。在缀板柱中取一个节间为研究对象,称之为框架单元,如图 10.12(b)所示。图 10.12(c)为等效的实体单元,注意,图中的横梁(缀板)惯性矩应该取原来的一半,即横梁(缀板)应"一分为二",为上下相邻框架单元所共用。否则将导致高估横梁刚度的影响,比如 Smith & Coull(1991 年)法。

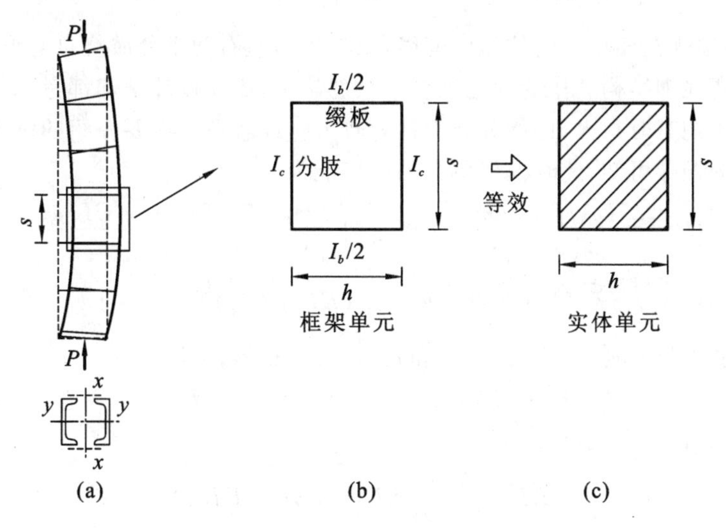

图 10.12 缀板柱的桁架单元与实体单元

10.1.2.2 等效刚度

(1) 等效抗弯刚度——应变能等效

假设等代实体单元[图 10.13(a)]的上下截面转角为 φ[图 10.13(b)],则其曲率为

$$\Phi=\frac{2\varphi}{s} \tag{10.40}$$

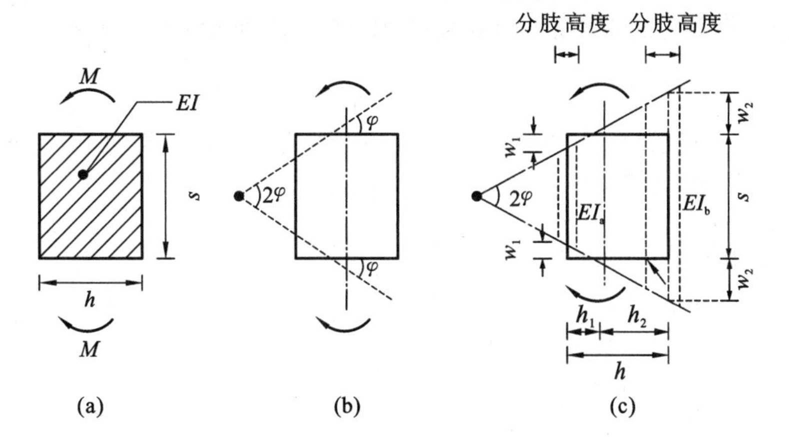

图 10.13 框架单元与实体单元的抗弯刚度

等代实体单元的应变能为

$$U_{\text{beam}}^{b}=\int\frac{EI\Phi^{2}}{2}\mathrm{d}s=\frac{EI\Phi^{2}}{2}s=\frac{EI}{2}\left(\frac{2\varphi}{s}\right)^{2}s=\frac{2EI\varphi^{2}}{s} \tag{10.41}$$

下面讨论框架单元的应变能。

根据 Timoshenko 柱的平截面假设，框架单元的变形图如图 10.13(c)所示。可见，与前述的桁架单元类似，框架单元的应变能也应包括两部分，即

$$U_{\text{frame}}^{b}=\sum\int\frac{EA_{i}\varepsilon_{i}^{2}}{2}\mathrm{d}s+\frac{2(EI_{a}+EI_{b})\varphi^{2}}{s} \tag{10.42}$$

其中，第一项为框架单元的拉压应变能，第二项为左右两个分肢绕自身形心轴弯曲的应变能之和。后者在钢结构著作的理论推导中被忽略了，而在设计中却都考虑了此项的影响。实际上此项的影响有时很大，比如分肢惯性矩较大时或者在后面要介绍的巨型框架柱肢。

根据上节的推导可知，此时框架单元的应变能为

$$\begin{aligned}U_{\text{frame}}^{b}&=\frac{EA_{a}}{2}\left(-\frac{2\varphi h_{1}}{s}\right)^{2}s+\frac{EA_{b}}{2}\left(\frac{2\varphi h_{2}}{s}\right)^{2}s+\frac{2(EI_{a}+EI_{b})\varphi^{2}}{s}\\&=\frac{2\varphi^{2}}{s}[EA_{a}h_{1}^{2}+EA_{b}h_{2}^{2}+(EI_{a}+EI_{b})]\end{aligned} \tag{10.43}$$

根据应变能等效原则，令式(10.43)和式(10.41)相等，可得

$$EI=EA_{a}h_{1}^{2}+EA_{b}h_{2}^{2}+(EI_{a}+EI_{b}) \tag{10.44}$$

将式(10.12)代入上式，得

$$EI=\frac{A_{a}A_{b}}{A_{a}+A_{b}}Eh^{2}+(EI_{a}+EI_{b}) \tag{10.45}$$

此式就是我们推导得到的缀板柱等效抗弯刚度，与缀条柱的等效抗弯刚度(10.16)相同。

对于双肢柱，一般左右分肢的截面特性相同，此时其等效抗弯刚度为

$$EI=2\times EA_{a}\left(\frac{h}{2}\right)^{2}+2EI_{a} \tag{10.46}$$

需要指出的是，与其他稳定理论和钢结构教材不同，本书推导的等效抗弯刚度公式包括了分肢绕自身形心轴的抗弯刚度。

(2) 等效抗剪刚度——应变余能等效

假设等代实体单元的等效抗剪刚度为 C，则等代实体单元应变余能为

$$V_{\text{beam}}^{s}=\frac{V^{2}s}{2C} \tag{10.47}$$

按图 10.14(b)所示的计算简图，可求得在顶部剪力 V 作用下框架单元的杆件弯矩，如图 10.14(c)所示。据此可求得框架单元应变余能为

$$\begin{aligned}V_{\text{frame}}^{s}&=\sum_{i}\int\frac{M_{i}^{2}}{2EI_{i}}\mathrm{d}s\\&=4\times\frac{1}{2EI_{c}}\left(\frac{1}{2}\times\frac{s}{2}\times\frac{Vs}{4}\times\frac{2}{3}\times\frac{Vs}{4}\right)+4\times\frac{1}{2(EI_{b}/2)}\left(\frac{1}{2}\times\frac{h}{2}\times\frac{Vs}{4}\times\frac{2}{3}\times\frac{Vs}{4}\right)\\&=\frac{V^{2}s}{2}\times\frac{s}{24E}\left(\frac{s}{I_{c}}+2\frac{h}{I_{b}}\right)\end{aligned} \tag{10.48}$$

根据应变余能等效原则，令式(10.47)和式(10.48)相等，可得实体单元的等效抗剪刚度为

$$C=\frac{24E}{s\left(\dfrac{s}{I_{c}}+2\dfrac{h}{I_{b}}\right)} \tag{10.49}$$

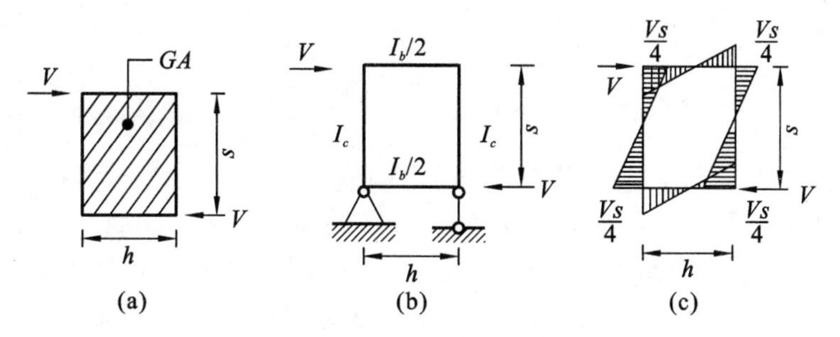

图 10.14　框架单元与实体单元的抗剪刚度

上式还可改写为

$$C=\frac{24EI_c}{s^2\left(1+\frac{2}{K_1}\right)} \tag{10.50}$$

其中，$K_1=\frac{EI_b/h}{EI_c/s}$为框架单元的梁柱线刚度比。

此结果与 Timoshenko(1961 年)以及钢结构教材中的推导结果相同，但本书根据连续化模型的要求，选取的是标准框架单元，而 Timoshenko 和钢结构教材是依据图 10.15 所示的半刚架单元来推导抗剪刚度的。

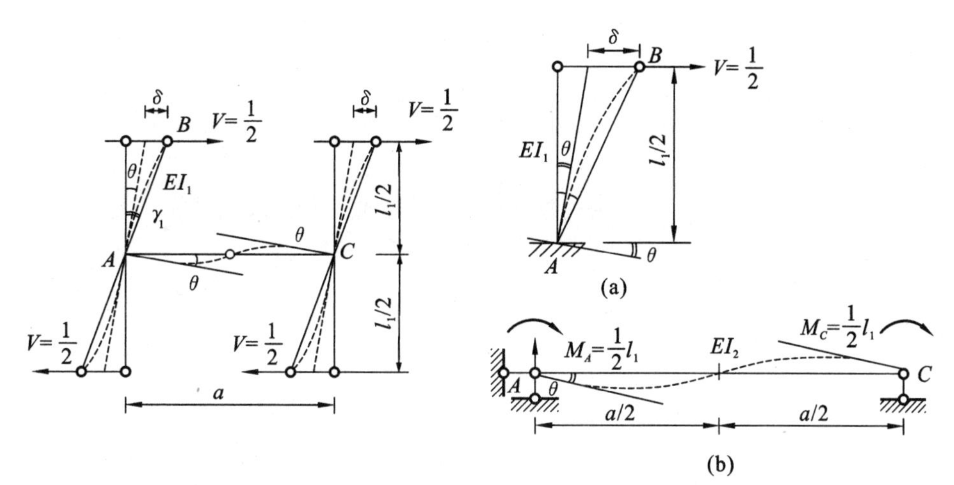

图 10.15　Timoshenko 和钢结构教材的抗剪刚度推导方法

【说明】

Smith & Coull(1991 年)曾依据“反弯点在柱高的一半及梁的跨中”的假定，导出与我们类似的公式，其框架抗剪刚度的表达式为

$$C_j=\frac{12}{h_j\left(\frac{1}{\sum i_b}+\frac{1}{\sum i_c}\right)_j} \tag{10.51}$$

若将其应用于图 10.14(b)所示的标准框架单元，可得

$$C=\frac{12}{s\left[\frac{1}{2\left(\frac{EI_c}{s}\right)}+\frac{1}{2\left(\frac{EI_b}{h}\right)}\right]}=\frac{24E}{s\left(\frac{s}{I_c}+\frac{h}{I_b}\right)} \tag{10.52}$$

将此式与式(10.49)对比可以发现，两者之间的唯一差别是分母的第二项。显然，Smith & Coull(1991年)的错误在于，没有考虑共用横梁的线刚度需要折半的问题。

最后还需要指出，本节给出的推导方法和结果对于其他类似的格构式构件，比如空腹梁(拱、劲性索)、巨型框架柱等也适用。只要考虑梁柱和支撑数量的不同，上述成果对于框架结构、框架-支撑结构、网格状高层筒体等亦有重要参考价值。

10.1.3 缀条柱和缀板柱的屈曲荷载与设计建议

(1) 双肢格构柱屈曲荷载的通用公式

两端铰接 Timoshenko 柱的屈曲荷载为

$$P_{cr,T}=\frac{\pi^2 EI}{L^2}\cdot\frac{1}{1+\frac{\pi^2 EI}{L^2}\cdot\frac{1}{C}} \tag{10.53}$$

若令 $I=Ai^2$，则可将上式改写为

$$P_{cr,T}=\frac{\pi^2 EA}{(L/i)^2}\cdot\frac{1}{1+\frac{\pi^2 EA}{(L/i)^2}\cdot\frac{1}{C}}=\frac{\pi^2 EA}{\lambda^2+\frac{\pi^2 EA}{C}} \tag{10.54}$$

式中，$A=A_a+A_b=2A_1$ 为两个柱肢的截面面积之和；$\lambda=\mu L/i$；$i=\sqrt{I/A}$为组合截面的回转半径。

若两个柱肢相同，即 $A=2A_1$，则根据式(10.16)或式(10.45)，可得等效惯性矩为

$$I=2A_1\left(\frac{h}{2}\right)^2+2I_1 \tag{10.55}$$

此时等效回转半径为

$$i^2=\left[2A_1\left(\frac{h}{2}\right)^2+2I_1\right]/(2A_1)=\left(\frac{h}{2}\right)^2+i_1^2 \tag{10.56}$$

式中，$i_1=\sqrt{I_1/A_1}$为分肢的回转半径；I_1、A_1 分别为分肢的惯性矩和截面面积。

这就是双肢格构柱回转半径的计算通式。

若将式(10.54)简写为

$$P_{cr,T}=\frac{\pi^2 EA}{\lambda_h^2} \tag{10.57}$$

式中

$$\lambda_h=\sqrt{\lambda^2+\frac{\pi^2 EA}{C}} \tag{10.58}$$

称为换算长细比。$\lambda=\mu l_0/i$ 为与格构柱弯曲屈曲对应的长细比，μ 为计算长度系数，i 为式(10.56)定义的格构柱回转半径。

此为双肢格构柱屈曲荷载的通用公式。

(2) 双肢缀条柱换算长细比的简化公式

对于缀条柱，若将式(10.29)代入换算长细比公式，可得

$$\lambda_h=\sqrt{\lambda^2+\frac{\pi^2 EA}{EA_d\cos^2\theta\sin\theta}}=\sqrt{\lambda^2+\frac{A}{A_d}\cdot\frac{\pi^2}{\cos^2\theta\sin\theta}} \tag{10.59}$$

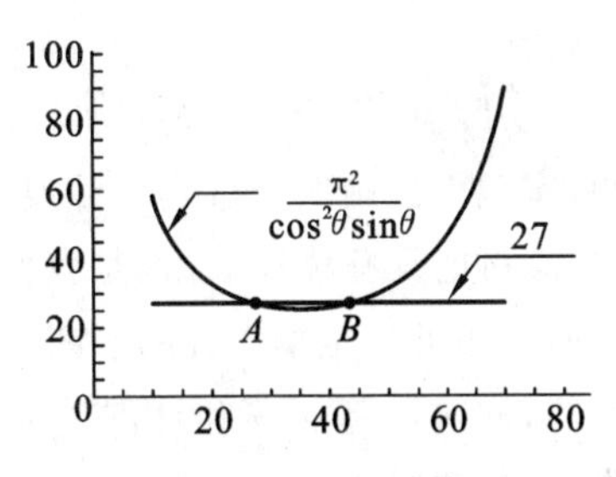

图 10.16　角度的影响

其中，系数$\frac{\pi^2}{\cos^2\theta\sin\theta}$随着角度的变化如图 10.16 所示。

规范将其简化为

$$\lambda_h=\sqrt{\lambda^2+\frac{\pi^2 EA}{EA_d\cos^2\theta\sin\theta}}=\sqrt{\lambda^2+27\frac{A}{A_d}} \tag{10.60}$$

注意，本书中角度 θ 为斜腹杆与横腹杆间的夹角，如图 10.2 所示，而规范中的角度 θ 为斜腹杆与分肢间的夹角，两者之和为 90°。

规范规定公式(10.60)的适用范围为：θ 在 20°～50°之间。实际上，图 10.16 中 A、B 点对应的角度分别为 27.9°和 42.8°。因此超出此范围，规范公式偏于不安全，此时应该按理论公式(10.59)计算换算长细比。

(3) 双肢缀板柱换算长细比的简化公式

对于缀板柱，若将式(10.49)代入换算长细比公式，可得

$$\lambda_h=\sqrt{\lambda^2+\frac{\pi^2 EA}{24E}s\left(\frac{s}{I_c}+2\frac{h}{I_b}\right)}=\sqrt{\lambda^2+\frac{\pi^2 A}{24I_c}s^2\left(1+2\frac{hI_c}{sI_b}\right)} \tag{10.61}$$

令 $I_c=(A/2)i_1^2$，$\lambda_1=s/i_1$，$K=\dfrac{I_b/h}{I_c/s}$，则可将上式改写为

$$\lambda_h=\sqrt{\lambda^2+\frac{\pi^2 EA}{24E}s\left(\frac{s}{I_c}+2\frac{h}{I_b}\right)}=\sqrt{\lambda^2+\frac{\pi^2}{12}\left(1+\frac{2}{K}\right)\lambda_1^2} \tag{10.62}$$

当梁柱线刚度比 $K=6\sim20$ 时，$\frac{\pi^2}{12}\left(1+\frac{2}{K}\right)=1.097\sim0.905$。为此，规范规定：当梁柱线刚度比 K 不小于 6 时，$\frac{\pi^2}{12}\left(1+\frac{2}{K}\right)\approx1$，据此可将式(10.62)简化为

$$\lambda_h=\sqrt{\lambda^2+\lambda_1^2} \tag{10.63}$$

式中，$\lambda_1=s/i_1$ 为分肢长细比，$i_1=\sqrt{I_c/(A/2)}$为分肢绕自身形心轴的回转半径。

(4) 双肢格构柱整体屈曲的设计公式

综上所述，缀条柱和缀板柱的设计公式为

$$N\leqslant\varphi Af \tag{10.64}$$

式中，$A=A_a+A_b=2A_1$ 为两个柱肢的面积之和；若两个柱肢相同，则 $A=2A_1$。φ 为轴线受压构件的稳定系数，按换算长细比 λ_h 和 b 类柱取值；f 为钢材设计强度。其中 λ_h 为换算长细比，按式(10.63)或式(10.60)计算。

(5) 格构柱的整体屈曲、局部屈曲和杆件屈曲问题

在《钢结构设计标准》中规定，除了需要按式(10.64)验算整体稳定性，还需要验算分肢

稳定性。

实际上，格构柱是多杆件组成的系统，这种构成的多元性导致其屈曲性能必然是复杂的，实践中也确实观察到这种复杂的屈曲现象。以缀板柱为例，其屈曲与前述的框架屈曲类似，既可能是整体屈曲（这是我们期望的弯剪屈曲），也可能是层间屈曲（局部屈曲，即纯剪切屈曲），还可能是单根柱的屈曲（杆件屈曲）。与框架不同的是，缀板柱的两个分肢通常是相同的，此时局部屈曲和杆件屈曲应该是同时发生，因此缀板柱只能发生整体屈曲和杆件屈曲，即分肢屈曲。

如何保证分肢屈曲不先于整体屈曲发生？规范采用的是限制分肢长细比方法。以缀条柱为例，此限值为 $\lambda_1 \leqslant 0.7\lambda_{\max}$。童根树教授在《平面内稳定》(pg. 153)中对此进行了解释，摘录如下：当单肢的临界荷载和不考虑任何缺陷的整体失稳临界荷载相比达到一倍以上时，这种相互影响可以限制在 5%左右。因此要求：

$$\frac{\pi^2 E}{\lambda_1^2} \geqslant 2\frac{\pi^2 E}{\lambda_h^2} \tag{10.65}$$

即 $\lambda_1 \leqslant 0.7\lambda_h$，这就是我国《钢结构设计标准》对格构柱子单肢长细比的限值。

如前所述，判断理论正确与否的“第一准则”是量纲准则。显然，式(10.65)的量纲是临界应力，并不是临界荷载的。正确的公式应该是

$$\frac{\pi^2 EA_1}{\lambda_1^2} \geqslant 2\frac{\pi^2 EA}{\lambda_h^2} \tag{10.66}$$

对于双肢缀条柱，$A = 2A_1$，据此可得单肢长细比的限值应该是 $\lambda_1 \leqslant 0.5\lambda_h$（此限值与规范对缀板柱的限值相同），而不是规范规定的 $\lambda_1 \leqslant 0.7\lambda_h$。

若规范的规定 $\lambda_1 \leqslant 0.7\lambda_h$ 是正确的，则可推出

$$\frac{\pi^2 EA_1}{\lambda_1^2} \geqslant \frac{\pi^2 EA}{\lambda_h^2} \tag{10.67}$$

即单肢屈曲荷载不小于整体屈曲荷载，而不是童根树教授给出的关系式(10.65)。当然，此时规范刚好满足“分肢屈曲不先于整体屈曲”的设计目标，因此无须另外验算分肢屈曲。

按此推论，对缀板柱而言，若规范的规定 $\lambda_1 \leqslant 0.5\lambda_h$ 是正确的，则可推出

$$\frac{\pi^2 EA_1}{\lambda_1^2} \geqslant \frac{1}{2}\frac{\pi^2 EA}{\lambda_h^2} \tag{10.68}$$

即单肢屈曲荷载不小于整体屈曲荷载的一半。显然，此时规范已经不能满足“分肢屈曲不先于整体屈曲”的设计目标，因此需要单独验算分肢屈曲，即需按轴心受压构件稳定性来设计分肢，否则难于保证结构的安全，这是规范存在的安全隐患。

另外，在制定上述长细比限值时无须区分是缀条柱还是缀板柱。这是因为当梁柱线刚度比 $K=6\sim20$ 时，缀板柱中的分肢柱可以近似看成是两端固定的侧移柱，其计算长度系数与两端铰接柱相近，即与缀条柱的分肢相近。因此，为简化设计，无须区别对待。

综上，为了保证单肢的临界荷载和整体失稳临界荷载相比达到一倍以上，即若满足式(10.66)的目标，单肢长细比的限值应该是 $\lambda_1 \leqslant 0.5\lambda_h$，且无须区分是缀条柱还是缀板柱，此点供修订规范者参考。

10.2　变截面格构柱的等效刚度、屈曲荷载与设计建议

变截面格构柱在工程中有诸多应用，比如输电塔、电视塔等(图 10.17)。这些铁塔设计验算通常选用空间桁架模型，并在实际工程中得到了广泛的应用。本节将研究图 10.18 所示的两种变截面格构柱：桁架式变截面格构柱和框架式变截面格构柱，它们沿着高度可以是直线或曲线变截面，节间高度可以相等，也可以不相等。其中，直线变截面桁架式格构悬臂柱，即图 10.18(a)，曾由洪文明(2014 年)和万月荣(2016 年)研究过，他们采用的是微分方程解法，且等效刚度推导方法存在不足。我们这里将首先讨论桁架式和框架式变截面格构柱的等效刚度，然后给出屈曲荷载的能量变分解和设计公式。

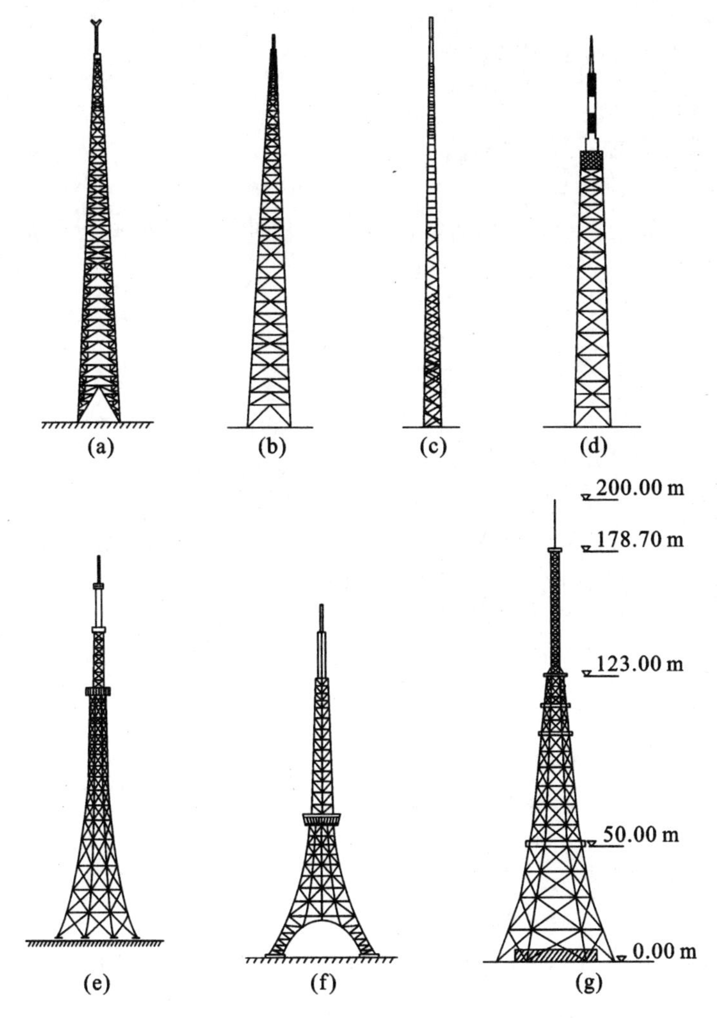

图 10.17　变截面格构柱的工程应用实例

(a)Milwaukee 电视塔；(b)Richmond 电视塔；(c)Austin 电视塔；(d)Joseph 电视塔；
(e)圣彼得堡电视塔；(f)东京电视塔；(g)广州电视塔

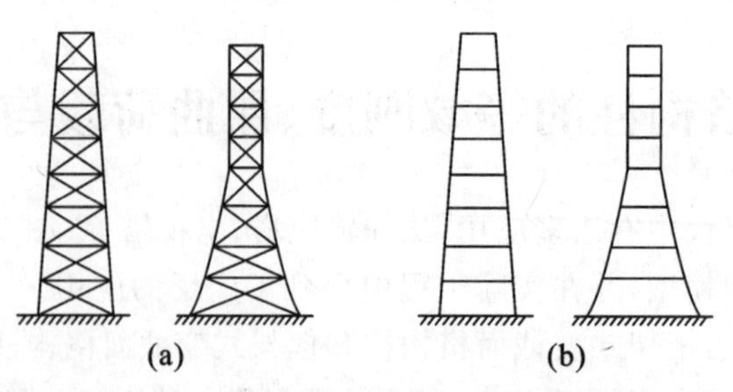

图 10.18 桁架式和框架式变截面格构柱

(a)桁架式格构柱;(b)框架式格构柱

10.2.1 变截面桁架柱的等效刚度

10.2.1.1 基本假设和力学模型

(1) 基本假设

同 10.1.1 节缀条柱的基本假设。

(2) 力学模型

图 10.19(a)所示变截面桁架柱的结点为铰接,因此其力学模型为平面桁架。在柱中取一个标准节间为研究对象,称之为桁架单元,如图 10.19(b)所示。

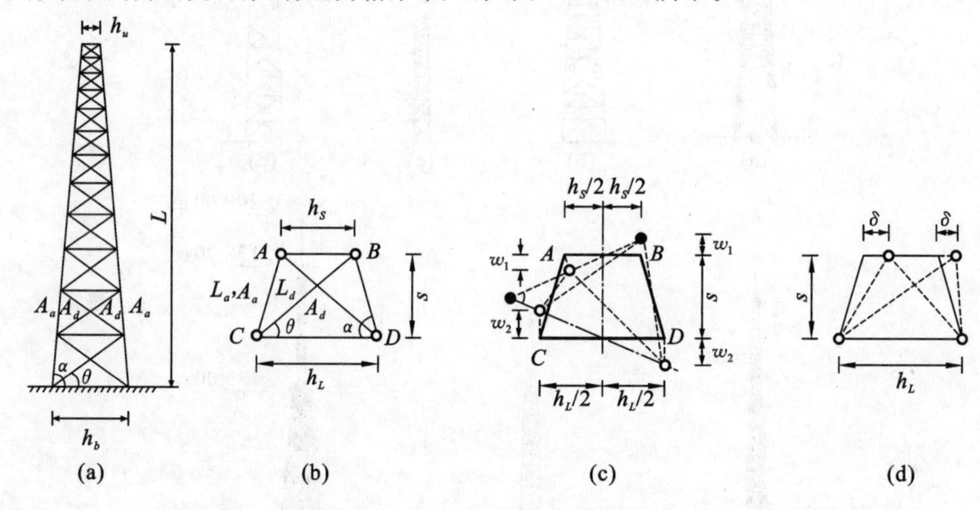

图 10.19 变截面格构柱的桁架单元

10.2.1.2 等效刚度

(1) 等效抗弯刚度——应变能等效

若等代实体单元[图 10.19(c)]的上下截面转角为 φ,则其曲率为

$$\Phi=\frac{2\varphi}{s} \tag{10.69}$$

等代实体单元的应变能为

$$U_{\text{beam}}^{b}=\int\frac{EI\Phi^{2}}{2}\mathrm{d}s=\frac{EI\Phi^{2}}{2}s=\frac{EI}{2}\left(\frac{2\varphi}{s}\right)^{2}s=\frac{2EI\varphi^{2}}{s} \tag{10.70}$$

为简化分析，这里假设左右弦杆的截面面积相同，弯曲时中性轴与两肢等距。根据 Timoshenko 梁的平截面假设，若上下截面转角为 φ，则结点的位移为

$$w_1=\varphi\frac{h_s}{2},\quad w_2=\varphi\frac{h_L}{2} \tag{10.71}$$

根据平截面假设，左右弦杆的上下截面也将产生与式(10.69)相同的曲率[为了避免线条交叉，图 10.19(c)中未绘制弦杆的形状]，因此而产生的弯曲应变能为

$$U_1^b=\frac{2EI_a\varphi^2}{s} \tag{10.72}$$

下面讨论桁架单元的应变能。

弦杆 BD 的伸长量[图 10.19(c)]为

$$\begin{aligned}\Delta_{BD}&=\sqrt{(L_a\cos\alpha)^2+[L_a\sin\alpha+(w_1+w_2)]^2}-\sqrt{a^2+b^2}\\&\approx\frac{L_a\sin\alpha}{L_a}(w_1+w_2)=\sin\alpha(w_1+w_2)\\&=\sin\alpha\left(\frac{h_L}{2}+\frac{h_s}{2}\right)\varphi\end{aligned} \tag{10.73}$$

斜腹杆 AD 的伸长量[图 10.19(c)]为

$$\begin{aligned}\Delta_{AD}&=\sqrt{(L_d\cos\theta)^2+[L_d\sin\theta+(w_2-w_1)]^2}-\sqrt{a^2+b^2}\\&\approx\frac{L_d\sin\theta}{L_d}(w_2-w_1)=\sin\theta(w_2-w_1)\\&=\sin\theta\left(\frac{h_L}{2}-\frac{h_s}{2}\right)\varphi\end{aligned} \tag{10.74}$$

斜腹杆 AD 的轴力为

$$N_{AD}=\frac{EA_d}{L_d}\Delta_{AD}=\frac{EA_d}{L_d}\sin\theta\left(\frac{h_L}{2}-\frac{h_s}{2}\right)\varphi \tag{10.75}$$

横腹杆 AB 的伸长量[图 10.19(c)]为

$$\Delta_{AB}=\sqrt{h_s^2+(2w_1)^2}-h_s\approx\frac{(2w_1)^2}{2h_s} \tag{10.76}$$

根据小变形假设④可知，w_1^2 为二阶微量，因此在线性分析中可以略去。

桁架单元的拉压应变能为

$$\begin{aligned}U_2^b&=\sum\int\frac{EA_i\varepsilon_i^2}{2}\mathrm{d}s\\&=2\times\frac{EA_a}{2}\left[\frac{\sin\alpha\left(\frac{h_L}{2}+\frac{h_s}{2}\right)\varphi}{L_a}\right]^2L_a+2\times\frac{EA_d}{2}\left[\frac{\sin\theta\left(\frac{h_L}{2}-\frac{h_s}{2}\right)\varphi}{L_d}\right]^2L_d\\&=\frac{2\varphi^2}{s}\left[\frac{EA_a}{2}\sin^3\alpha\left(\frac{h_L}{2}+\frac{h_s}{2}\right)^2+\frac{EA_d}{2}\sin^3\theta\left(\frac{h_L}{2}-\frac{h_s}{2}\right)^2\right]\end{aligned} \tag{10.77}$$

综上，此时桁架单元的总应变能为

$$\begin{aligned}U_{\text{truss}}^b&=U_1^b+U_2^b\\&=\frac{2\varphi^2}{s}\left[\frac{EA_a}{2}\sin^3\alpha\left(\frac{h_L}{2}+\frac{h_s}{2}\right)^2+\frac{EA_d}{2}\sin^3\theta\left(\frac{h_L}{2}-\frac{h_s}{2}\right)^2+2EI_a\right]\end{aligned} \tag{10.78}$$

令桁架单元和实体单元的应变能相等，即式(10.78)与式(10.70)相等，则可得

$$EI=\frac{EA_a}{2}\sin^3\alpha\ \frac{(h_L+h_s)^2}{4}+\frac{EA_d}{2}\sin^3\theta\ \frac{(h_L-h_s)^2}{4}+2EI_a \tag{10.79}$$

根据几何关系，可知

$$h_L+h_s=2s\cot\theta,\quad h_L-h_s=2s\cot\alpha \tag{10.80}$$

从而有

$$EI=2\left(EA_a\ \sin^3\alpha\ \cot^2\theta+EA_d\ \sin^3\theta\ \cot^2\alpha\right)\left(\frac{s}{2}\right)^2+2EI_a \tag{10.81}$$

此式即为我们推导得到的变截面桁架柱等效抗弯刚度。此公式既考虑了弦杆和交叉支撑的轴向变形贡献，也考虑了弦杆弯曲变形的贡献。

上式中有三个可变参数：弦杆倾角 α、腹杆倾角 θ 和节间高度 s。若 α 不变，即为直线变截面柱，反之为曲线变截面柱。对于直线变截面柱，还有两种情况：节间高度 s 不变，而腹杆倾角 θ 随着高度变化；腹杆倾角 θ 不变，而节间高度 s 随着高度变化。对于前者，可用式(10.81)来计算等效抗弯刚度，对于后者，可按下述两种方法之一来计算等效抗弯刚度。

方法一：按截面平均高度等效

利用式(10.80)第一式的几何关系，可得

$$s=\frac{h_L+h_s}{2\cot\theta} \tag{10.82}$$

将其代入式(10.81)，可得

$$EI=2\left(EA_a\ \sin^3\alpha+EA_d\ \frac{\sin^5\theta}{\cos^2\theta}\cot^2\alpha\right)\left(\frac{h}{2}\right)^2+2EI_a \tag{10.83}$$

式中，$h=\frac{h_L+h_s}{2}$ 为节间单元的截面平均高度。

此时等效抗弯刚度与截面平均高度的平方成正比，此公式的前两项与万月荣(2016 年)的结果相同。

对于等截面的双肢柱，$\alpha=\pi/2$，则上式可简化

$$EI=2\times EA_a\left(\frac{h}{2}\right)^2+2EI_a \tag{10.84}$$

此式与式(10.46)相同，说明等截面缀条柱仅是变截面桁架柱的一个特例。

方法二：按大头端截面高度等效

将式(10.80)两式相加，可得

$$s=\frac{h_L}{\cot\theta+\cot\alpha} \tag{10.85}$$

将其代入式(10.81)，可得

$$EI=\frac{EA_a\ \sin^3\alpha\ \cot^2\theta+EA_d\ \sin^3\theta\ \cot^2\alpha}{2(\cot\theta+\cot\alpha)^2}h_L^2+2EI_a \tag{10.86}$$

式中，h_L 为大头端截面高度。

此时等效抗弯刚度与大头端截面高度的平方成正比。

显然，第一种方法偏于安全，故建议在工程中采用。

（2）等效抗剪刚度——应变能等效

根据假设②，假设顶端左右结点产生的水平位移相同，均为δ。

根据图 10.19(d)，此时横腹杆无变形。斜腹杆 BC 的伸长量为

$$\Delta_{BC}=\sqrt{(L_d\cos\theta+\delta)^2+(L_d\sin\theta)^2}-\sqrt{a^2+b^2} \tag{10.87}$$

简化可得

$$\Delta_{BC}\approx\frac{L_d\cos\theta}{L_d}\delta=\delta\cos\theta \tag{10.88}$$

式中，L_d 为斜腹杆的长度。

同理可求，弦杆 AC 的伸长量为

$$\Delta_{AC}=\delta\cos\alpha \tag{10.89}$$

此时桁架单元的应变能为

$$\begin{aligned}U_{\text{truss}}^{s}&=\sum\int\frac{EA_i\varepsilon_i^2}{2}\mathrm{d}s=2\times\frac{EA_a}{2}(\Delta_{AC}/L_a)^2L_a+2\times\frac{EA_d}{2}(\Delta_{BC}/L_d)^2L_d\\&=\frac{2EA_a}{2}\frac{(\delta\cos\alpha)^2}{s/\sin\alpha}+\frac{2EA_d}{2}\frac{(\delta\cos\theta)^2}{s/\sin\theta}\\&=\frac{\delta^2}{2s}(2EA_a\cos^2\alpha\sin\alpha+2EA_d\cos^2\theta\sin\theta)\end{aligned} \tag{10.90}$$

而等效实体单元的应变能为

$$U_{\text{beam}}^{s}=\int\frac{C\gamma^2}{2}\mathrm{d}s=\frac{C}{2}(\delta/s)^2\cdot s=\frac{C\delta^2}{2s} \tag{10.91}$$

令两者的应变能相等，即式(10.91)与式(10.90)相等，可得

$$C=2EA_a\cos^2\alpha\sin\alpha+2EA_d\cos^2\theta\sin\theta \tag{10.92}$$

此式即为变截面桁架柱的等效抗剪刚度。

对于等截面的双肢柱，$\alpha=\pi/2$，则上式可简化为

$$C=2EA_d\cos^2\theta\sin\theta \tag{10.93}$$

此式与式(10.37)相同，也说明等截面缀条柱仅是变截面桁架柱的一个特例。

由式(10.83)和式(10.92)可见，对于直线变截面柱，若节间高度 s 不变，而腹杆倾角 θ 随着高度变化，则其等效抗弯刚度和等效抗剪刚度均是随着倾角 θ 变化的；若腹杆倾角 θ 不变，此时其等效抗弯刚度是随着节间平均高度 h 变化的，而等效抗剪刚度则为常数。显然，后者的这种结构特性在实体构件中不会出现，因此若可利用格构式的思想来构造新型复合材料，则可使之具有特殊的力学性能。

10.2.2　变截面框架柱的等效刚度

10.2.2.1　基本假设与力学模型

（1）基本假设

同 10.1.2 节缀板柱的基本假设。

（2）力学模型

若认为框架式变截面格构柱[图 10.20(a)]的结点为刚接，则其力学模型为平面框架。

在柱中取一个标准节间为研究对象，称之为框架单元，如图 10.20(b)所示。注意，图中的横梁(缀板)惯性矩应该取原来的一半，即横梁(缀板)应“一分为二”，为相邻框架单元所共用。否则将导致高估横梁刚度的影响，比如 Smith & Coull(1991 年)法。

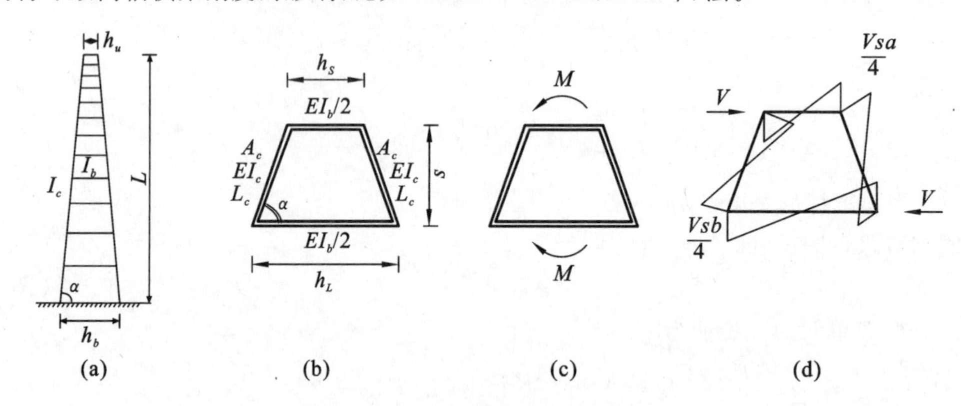

图 10.20 变截面格构柱的框架单元

10.2.2.2 等效刚度

(1) 等效抗弯刚度——应变能等效

与前述的等截面格构柱类似，框架式与桁架式变截面格构柱的等效抗弯刚度也是相似的。参照式(10.83)，在纯框架的情况下，其等效抗弯刚度为

$$EI=2EA_c\sin^3\alpha\left(\frac{h}{2}\right)^2+2EI_c \tag{10.94}$$

式中，$h=\dfrac{h_L+h_s}{2}$为框架单元的截面平均高度。

若框架单元内含有交叉支撑，则此时的格构柱为框架支撑式的，其标准单元如图 10.21(a)和图 10.22(a)所示。为了简化等效抗弯刚度的计算，本书提出一种“刚度叠加法”，此法假设框架支撑柱的等效抗弯刚度，由纯框架单元[图 10.21(b)]和纯支撑单元[图 10.21(c)]两部分叠加得到。利用应变能等效的原则，容易证明，这种刚度叠加法的结果是精确的。根据这种方法，我们可以利用前面的分析成果，直接写出图 10.21(a)所示支撑框架的抗弯刚度为

$$EI=2\left(EA_c\sin^3\alpha+EA_d\frac{\sin^5\theta}{\cos^2\theta}\cot^2\alpha\right)\left(\frac{h}{2}\right)^2+2EI_c \tag{10.95}$$

式中，$h=\dfrac{h_L+h_s}{2}$为框架单元的截面平均高度。

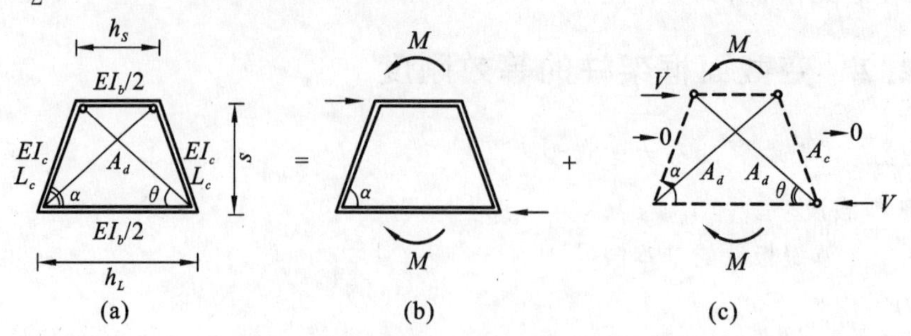

图 10.21 框架支撑(交叉)单元的刚度叠加法

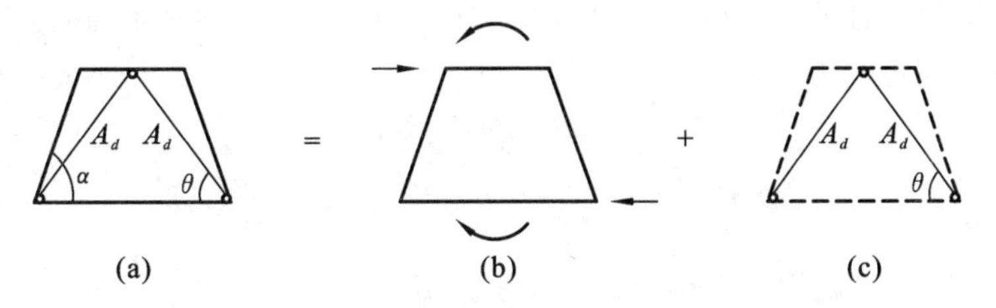

图 10.22　框架支撑(人字形)单元的刚度叠加法

(2) 等效抗剪刚度——应变余能等效

假设等代实体单元的等效抗剪刚度为 C，则等代实体单元应变余能为

$$V_{\text{beam}}^{s}=\frac{V^{2}s}{2C} \tag{10.96}$$

按图 10.20(d)所示计算简图，可求得在顶部剪力 V 作用下框架单元的各杆件弯矩。其中，a、b 为无量纲的弯矩系数

$$a=\frac{2\,(\gamma+1)^{2}+(2\gamma+3)K_{1}}{(\gamma+1)^{3}+(\gamma+1)^{2}K_{1}+(\gamma+2)K_{1}+1} \tag{10.97}$$

$$b=\frac{(\gamma+3)K_{1}+2}{(\gamma+1)^{3}+(\gamma+1)^{2}K_{1}+(\gamma+2)K_{1}+1} \tag{10.98}$$

其中，$K_1=\dfrac{EI_b/h_s}{EI_c/L_c}$为框架单元顶部梁柱线刚度比，$\gamma=\dfrac{h_L}{h_s}-1$ 为通用的变截面构件楔率。

据此可求得框架单元应变余能为

$$\begin{aligned}
V_{\text{frame}}^{s} &= \sum_{i}\int\frac{M_{i}^{2}}{2EI_{i}}\mathrm{d}s \\
&=2\times\frac{1}{2EI_{c}}\times2\times\frac{L_{c}}{6}\left[\left(\frac{Vsa}{4}\right)^{2}+\left(\frac{Vsb}{4}\right)^{2}-\left(\frac{Vs}{4}\right)^{2}ab\right] \\
&\quad+2\times\frac{1}{2(EI_{b}/2)}\left(\frac{1}{2}\times\frac{h_{s}}{2}\times\frac{Vsa}{4}\times\frac{2}{3}\times\frac{Vsa}{4}\right)+2\times\frac{1}{2(EI_{b}/2)}\left(\frac{1}{2}\times\frac{h_{L}}{2}\times\frac{Vsb}{4}\times\frac{2}{3}\times\frac{Vsb}{4}\right) \\
&=\frac{V^{2}s^{2}}{48E}\left[\frac{L_{c}(a^{2}+b^{2}-ab)}{I_{c}}+\frac{h_{s}a^{2}+h_{L}b^{2}}{I_{b}}\right] \\
&=\frac{V^{2}s}{2}\times\frac{s}{24E}\left[\frac{L_{c}(a^{2}+b^{2}-ab)}{I_{c}}+\frac{h_{s}a^{2}+h_{L}b^{2}}{I_{b}}\right]
\end{aligned} \tag{10.99}$$

式中，$s=L_c\sin\alpha$ 为节间高度，如图 10.20(b)所示。

根据应变余能等效原则，令式(10.96)和式(10.99)相等，可得实体单元的等效抗剪刚度为

$$C=\frac{24E}{s\left[\dfrac{L_{c}(a^{2}+b^{2}-ab)}{I_{c}}+\dfrac{h_{s}a^{2}+h_{L}b^{2}}{I_{b}}\right]} \tag{10.100}$$

对于等截面情况，$\gamma=0$，则 $a=b=1$。若令 $h_s=h_L=h$，$L_c=s$，此时上式变为

$$C=\frac{24E}{s\left(\dfrac{s}{I_{c}}+2\dfrac{h}{I_{b}}\right)} \tag{10.101}$$

上式结果与缀板柱的公式(10.49)相同，说明我们上述的推导是正确的。

式(10.100)还可写为

$$C=\frac{24EI_c}{\sin\alpha L_c^2\left[(a^2+b^2-ab)+\frac{h_sI_c}{L_cI_b}\left(a^2+\frac{h_L}{h_s}b^2\right)\right]} \tag{10.102}$$

若令 $K_1=\frac{I_b/h_s}{I_c/L_c}$，$\frac{h_L}{h_s}=1+\gamma$，则可将上式简写为

$$C=\frac{24EI_c}{L_c^2\zeta\sin\alpha} \tag{10.103}$$

式中，ζ 为横梁和楔率对框架单元抗剪刚度的影响系数，其表达式为

$$\zeta=\frac{4(1+\gamma)+4(2+\gamma)K_1+3K_1^2}{K_1[2+3\gamma+3\gamma^2+\gamma^3+(3+3\gamma+\gamma^2)K_1]} \tag{10.104}$$

这就是我们依据应变余能等效，推导得到的变截面框架柱等效抗弯刚度，目前尚未见其他相关的研究成果报道。

对于等截面情况，$\gamma=0$，$\alpha=\pi/2$，$L_c=s$，则式(10.103)还可简写为

$$C=\frac{24EI_c}{s^2\left(1+\frac{2}{K_1}\right)} \tag{10.105}$$

此结果与等截面缀板柱的等效抗剪刚度式(10.50)相同，证明我们上述的推导是正确的。也说明等截面缀板柱是本节公式的一个特例。

10.2.3 直线变截面悬臂格构柱的整体屈曲荷载

(1) 能量变分解

考虑图10.23所示的变截面悬臂格构柱，研究其在柱顶轴力 P 作用下的整体屈曲。建立如图10.23所示的 yOz 坐标系，假设每一个标准节间的角度 α、θ 均相等。设柱高为 L，柱顶宽度为 h_u，柱底宽度为 h_d，则任意截面的宽度可表示为

$$h(z)=h_d(\eta z+L)/L \tag{10.106}$$

式中，$\eta=(h_u-h_d)/h_d$。注意：η 的定义与门刚规程中楔率的定义 $\gamma=(h_d-h_u)/h_u$ 不同。它们之间的关系为

$$\gamma=(-\eta)/(\eta+1) \tag{10.107}$$

根据上一章的讨论，我们知道 Timoshenko 柱屈曲的总势能为

$$\Pi=\frac{1}{2}\int_0^L\left[EI\left(\frac{d\psi}{dz}\right)^2+C\left(\frac{dv}{dz}-\psi\right)^2-P\left(\frac{dv}{dz}\right)^2\right]dz \tag{10.108}$$

式中，ψ 和 v 分别为变截面悬臂格构柱的截面转角和侧向位移；P 为柱顶轴向力。

下面利用分解刚度法来求解此问题的临界荷载。

① 弯曲屈曲荷载

假设抗剪刚度 $C\to\infty$ 时的侧向位移为 v_b，则有 $\psi=\frac{dv_b}{dz}$。v_b 称为弯曲变形引起的侧向位移，简称弯曲侧移。与弯曲侧移相应的总势能为

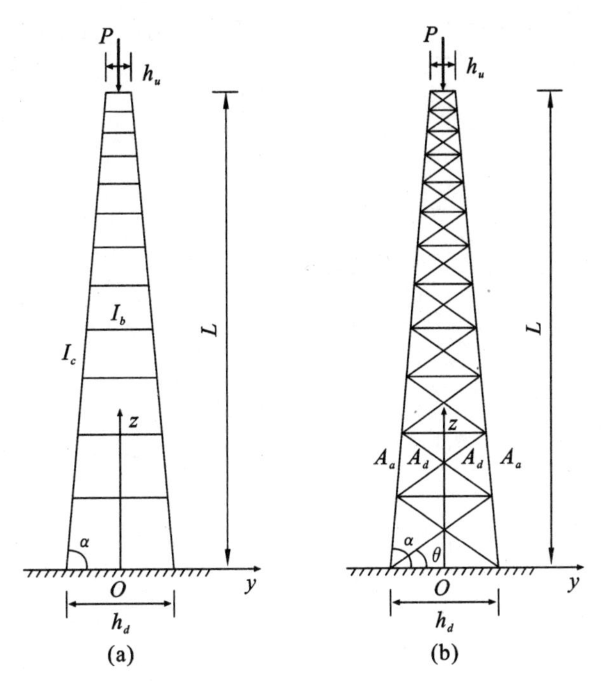

图 10.23 直线变截面悬臂格构柱

$$\Pi(v_b) = \frac{1}{2}\int_0^L \left[EI\left(\frac{d^2 v_b}{dz^2}\right)^2 - P\left(\frac{dv_b}{dz}\right)^2\right]dz \tag{10.109}$$

若位移函数取为

$$v(z)=A_1\left[1-\cos\left(\frac{\pi z}{2L}\right)\right]+A_3\left[1-\cos\left(\frac{3\pi z}{2L}\right)\right] \tag{10.110}$$

将上式代入总势能的表达式，并积分可得

$$\Pi_b=\frac{EI\pi^2}{192L^3}h_d^2\begin{pmatrix}[-6\eta(2+\eta)+\pi^2(3+3\eta+\eta^2)]A_1^2-27\eta(8+3\eta)A_1A_3+\\ 27[-2\eta(2+\eta)+3\pi^2(3+3\eta+\eta^2)]A_3^2\end{pmatrix} \tag{10.111}$$

根据能量变分原理，可知屈曲的平衡条件为

$$\frac{\partial \Pi}{\partial A_1}=0,\quad \frac{\partial \Pi}{\partial A_3}=0 \tag{10.112}$$

从而有

$$\begin{pmatrix}a_{11} & a_{12}\\ a_{21} & a_{22}\end{pmatrix}\begin{pmatrix}A_1\\ A_3\end{pmatrix}=\begin{pmatrix}0\\ 0\end{pmatrix} \tag{10.113}$$

式中

$$a_{11}=\frac{\pi^2\{-24L^2P+2EI[-6\eta(2+\eta)+\pi^2(3+3\eta+\eta^2)]h_d^2\}}{192L^3}$$

$$a_{12}=a_{21}=-\frac{9EI\pi^2\eta(8+3\eta)h_d^2}{64L^3}$$

$$a_{22}=\frac{\pi^2\{-216L^2P+54EI[-2\eta(2+\eta)+3\pi^2(3+3\eta+\eta^2)]h_d^2\}}{192L^3}$$

为了保证式(10.113)中的待定系数 A_1 和 A_3 不同时为零,其系数行列式必为零,即

$$\mathrm{Det}\begin{pmatrix} a_{11} & a_{12} \\ a_{21} & a_{22} \end{pmatrix}=0 \tag{10.114}$$

从而得到

$$a\widetilde{P}^2+b\widetilde{P}+c=0 \tag{10.115}$$

式中,$\widetilde{P}=P/P_E$ 为无量纲的弯曲屈曲荷载,$P_E=\dfrac{\pi^2 EI}{L^2}$

$$a=1,\quad b=\frac{-6\eta(2+\eta)+5\pi^2(3+3\eta+\eta^2)}{6\pi^2} \tag{10.116}$$

$$c=\frac{1}{192\pi^4}\begin{bmatrix} 12\pi^4\ (3+3\eta+\eta^2)^2-3\eta^2(512+368\eta+65\eta^2)- \\ 80\pi^2\eta(6+9\eta+5\eta^2+\eta^3) \end{bmatrix} \tag{10.117}$$

其解答为

$$\widetilde{P}_{b,cr}(\eta)=\frac{-b-\sqrt{b^2-4ac}}{2a} \tag{10.118}$$

或者将其写成显式形式

$$\widetilde{P}_{b,cr}(\eta)=\frac{1}{384\pi^4}\left[\begin{array}{l} 480\pi^4-384\pi^2\eta+480\pi^4\eta-192\pi^2\eta^2+160\pi^4\eta^2- \\ 16\pi^2\begin{bmatrix} 576\pi^4+1152\pi^4\eta+\dfrac{(1327104\pi^4+245760\pi^8)\eta^2}{256\pi^4}+ \\ \dfrac{(995328\pi^4+98304\pi^8)\eta^3}{256\pi^4}+\dfrac{(186624\pi^4+16384\pi^8)\eta^4}{256\pi^4} \end{bmatrix}^{1/2} \end{array}\right] \tag{10.119}$$

即为我们依据能量变分原理得到的变截面悬臂格构柱弯曲屈曲荷载(无量纲)。

② 剪切屈曲荷载

假设抗弯刚度 $EI\to\infty$ 的侧向位移为 v_s,则 v_s 称为剪切变形引起的侧向位移,简称剪切侧移。与剪切侧移相应的总势能为

$$\Pi[v_s]=\frac{1}{2}\int_0^L\left[C\left(\frac{\mathrm{d}v_s}{\mathrm{d}z}\right)^2-P\left(\frac{\mathrm{d}v_s}{\mathrm{d}z}\right)^2\right]\mathrm{d}z \tag{10.120}$$

此时可将剪切屈曲模态假设为

$$v_s(z)=B_1\sin\left(\frac{\pi z}{L}\right) \tag{10.121}$$

将上式代入总势能的表达式,并积分可得

$$\Pi_s=\frac{C\pi^2B_1^2}{16L}-\frac{P\pi^2B_1^2}{16L} \tag{10.122}$$

根据能量变分原理,可知屈曲的平衡条件为

$$\frac{\partial\Pi}{\partial B_1}=0 \tag{10.123}$$

从而有

$$\frac{(C-P)\pi^2B_1^2}{16L}=0 \tag{10.124}$$

为了保证式中的待定系数 B_1 不为零,必有

$$P_{s,cr}=C \tag{10.125}$$

此式即为我们依据能量变分原理得到的变截面悬臂格构柱剪切屈曲荷载。

(2) 变截面悬臂格构柱的屈曲荷载与 ANSYS 有限元验证

根据分解刚度法,变截面悬臂柱的屈曲荷载为

$$\frac{1}{P_{cr}}=\frac{1}{P_{b,cr}}+\frac{1}{P_{s,cr}} \tag{10.126}$$

据此可得无量纲的屈曲荷载为

$$\widetilde{P}_{cr}(k,\eta)=\widetilde{P}_{b,cr}(\eta)\frac{1}{1+k\pi^2\widetilde{P}_{b,cr}(\eta)} \tag{10.127}$$

其中,$k=\dfrac{EI}{CL^2}$,$\dfrac{EI}{L^2}$相当于框架柱的拟抗侧移刚度,$\widetilde{P}_{cr}(k,\eta)=P_{cr}/P_E$ 为无量纲的屈曲荷载,$P_E=\dfrac{\pi^2 EI}{L^2}$,$\widetilde{P}_{b,cr}(\eta)$由公式(10.118)确定。

下面以桁架式格构柱的 ANSYS 分析为例,来验证上述的理论和公式的正确性。表 10.1 为上述公式与 ANSYS 以及其他文献的结果对比,图 10.24 为表 10.1 的算例 4 前 3 阶屈曲模态。

从表 10.1 可见,本书计算方法获得的无量纲临界荷载,最大误差为 10.31%,平均误差为 2.8%;洪文明的最大误差为 21%,平均误差为 8.8%;万月荣的最大误差为 13%,平均误差为 5.6%。这说明本书的方法具有较高的精度。

另外,还可以发现,一般随着节间数目的增多,误差呈现减少的趋势,这与我们采用的连续化假设相符。算例 8~算例 10 的误差较大,原因是节间数目较少,分别为 4、6、4。据此可以判定,我们提出的连续化模型适用范围,即节间数目不少于 6 是合适的。

综上所述,我们依据分解刚度法提出的计算公式(10.127),简明适用,无须求解非线性方程,且总体偏于安全,可作为设计人员校核变截面格构柱整体稳定的设计方法。

表 10.1 计算结果的对比

算例编号	α(°)	θ(°)	h_u/h_d	k	标准节个数	无量纲的屈曲荷载				相对误差(%)		
						ANSYS	万月荣	洪文明	本书结果	万月荣	洪文明	本书结果
1	90	45	1	0.0031	15	0.2490	0.2484	0.2484	0.2481	0.4	0.4	0.36
2		25	1	0.0083	20	0.2469	0.2450	0.2450	0.2450	0.8	0.8	0.77
3	85	45	0.2062	0.0334	9	0.1126	0.1097	0.1074	0.1149	2.6	4.6	−2.04
4		35	0.2290	0.0326	12	0.1181	0.1144	0.1131	0.1187	3.1	4.2	−0.50
5		25	0.2310	0.0363	23	0.1177	0.1144	0.1136	0.1185	2.8	3.5	−0.68
6	80	35	0.1373	0.0980	8	0.0943	0.0890	0.0851	0.0971	5.6	9.7	−2.97
7		25	0.2269	0.0340	9	0.1130	0.1023	0.0998	0.1058	9.5	12	6.37
8	75	35	0.2189	0.2460	4	0.1047	0.909	0.0831	0.0939	13	21	10.31
9		25	0.2215	0.2687	6	0.1027	0.0894	0.0849	0.0922	13	17	10.22
10	70	25	0.2676	0.4784	4	0.0859	0.0794	0.0734	0.0807	7.6	15	6.05

注:表中相对误差=100×(ANSYS−结果)/ANSYS

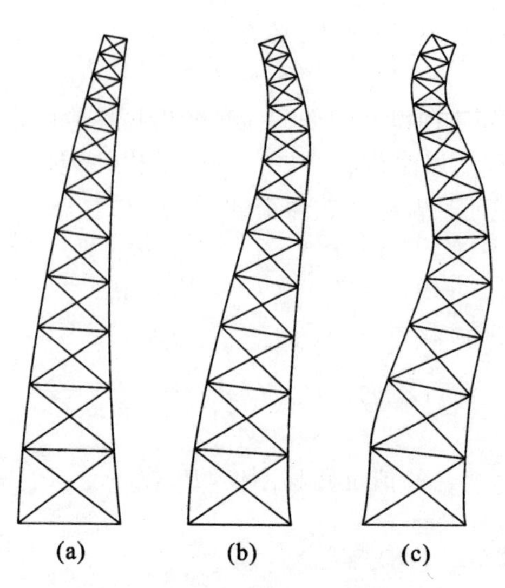

图 10.24 算例 4 中前 3 阶屈曲模态

(a)1 阶；(b)2 阶；(c)3 阶

(3) 变截面悬臂柱的设计建议

根据前述的无量纲屈曲荷载公式(10.127)，可得有量纲的屈曲荷载为

$$P_{cr}(\eta)=\widetilde{P}_{b,cr}(\eta)\frac{\pi^2 EI}{L^2}\cdot\frac{1}{1+\dfrac{1}{C}\widetilde{P}_{b,cr}(\eta)\dfrac{\pi^2 EI}{L^2}} \tag{10.128}$$

式中，EI 和 C 分别为悬臂柱根部截面的抗弯刚度和抗剪刚度。为了应用方便，汇总如下

$$EI=\begin{cases}2\left(EA_c\sin^3\alpha+EA_d\dfrac{\sin^5\theta}{\cos^2\theta}\cot^2\alpha\right)\left(\dfrac{h_b}{2}\right)^2+2EI_c & \text{(桁架式格构柱)}\\ 2EA_c\sin^3\alpha\left(\dfrac{h_b}{2}\right)^2+2EI_c & \text{(框架式格构柱)}\end{cases} \tag{10.129}$$

$$C=\begin{cases}2EA_c\cos^2\alpha\sin\alpha+2EA_d\cos^2\theta\sin\theta & \text{(桁架式格构柱)}\\ \dfrac{24EI_c}{L_c^2\zeta\sin\alpha} & \text{(框架式格构柱)}\end{cases} \tag{10.130}$$

式中，h_b 为柱根节间单元截面平均高度处的分肢形心轴间距，A_c 和 I_c 分别为分肢的截面面积和惯性矩；A_d 为桁架式格构柱中交叉斜撑杆的截面面积，L_c 为柱根节间单元的分肢长度，ζ 为横梁和楔率对框架单元抗剪刚度的影响系数，其表达式为

$$\zeta=\frac{4(1+\gamma)+4(2+\gamma)K_1+3K_1^2}{K_1[2+3\gamma+3\gamma^2+\gamma^3+(3+3\gamma+\gamma^2)K_1]} \tag{10.131}$$

若令 $I=A\cdot i^2$，则可将式(10.128)改写为

$$P_{cr}(\eta)=\frac{\pi^2 EA}{[\mu(\eta)L/i]^2}\cdot\frac{1}{1+\dfrac{\pi^2 EA}{[\mu(\eta)L/i]^2}\cdot\dfrac{1}{C}} \tag{10.132}$$

式中，$A=2A_c$ 为两个柱肢的面积之和；$i=\sqrt{I/A}$ 为组合截面的回转半径；$\mu(\eta)$ 为计算长度系数。

对比公式(10.132)与式(10.128)，可得

$$\mu(\eta)=\frac{1}{\sqrt{\widetilde{P}_{b,cr}(\eta)}} \tag{10.133}$$

若将式(10.132)简写为

$$P_{cr}=\frac{\pi^2 EA}{\lambda_h^2} \tag{10.134}$$

式中

$$\lambda_h=\sqrt{\lambda^2+\frac{\pi^2 EA}{C}} \tag{10.135}$$

称为换算长细比。$\lambda=\mu L/i$ 为与格构柱弯曲屈曲对应的长细比，i 为格构柱回转半径。

这就是变截面格构柱屈曲荷载的通用公式。

(4) 计算长度系数的简化公式

为了获得计算长度系数的简化公式，首先将式(10.119)简化为

$$\widetilde{P}_{b,cr}(\eta)=0.253+0.168\eta \tag{10.136}$$

简化公式(10.136)与理论公式(10.119)的对比情况如图 10.25 所示。可见在常用的参数范围内，简化公式具有较高的精度。

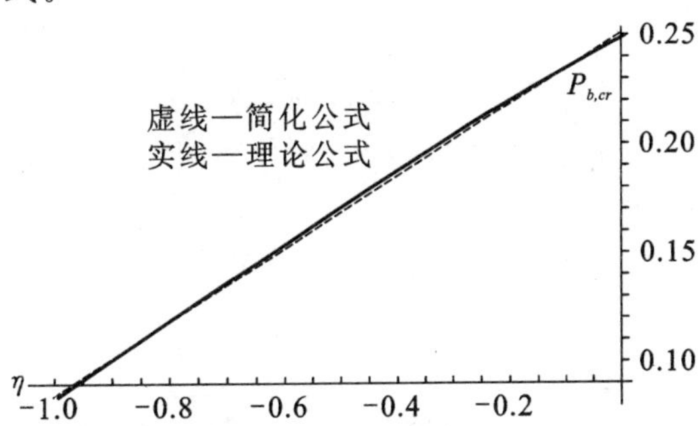

图 10.25　理论公式与简化公式的对比

为了与规范协调，引入楔率 γ 的概念，并注意到如下的关系

$$\eta=-\frac{\gamma}{\gamma+1} \tag{10.137}$$

可将计算长度系数的公式(10.133)简化为

$$\mu(\gamma)=\left(0.253-\frac{0.168\gamma}{1+\gamma}\right)^{-1/2} \tag{10.138}$$

简化公式(10.138)与理论公式(10.119)的对比情况如图 10.26 所示，可见在常用的楔率范围内，本书的计算长度系数简化公式具有较高的精度。

从图 10.26 可见：①随着楔率的增大，计算长度系数逐渐增大；②在楔率 $\gamma\leqslant 4$ 范围内，计算长度系数的增长速率大。此范围是工程最常用的范围，简化公式的计算结果与理论公式几乎相同，故建议规范采用。

(5) 桁架式格构柱换算长细比的简化公式

对于缀条柱，若将式(10.130)的第一式代入换算长细比公式(10.135)，可得

$$\begin{aligned}\lambda_h&=\sqrt{\lambda^2+\frac{\pi^2 EA}{2EA_c\cos^2\alpha\sin\alpha+2EA_d\cos^2\theta\sin\theta}}\\&=\sqrt{\lambda^2+\frac{1}{\dfrac{\cos^2\alpha\sin\alpha}{\pi^2}+\dfrac{A_d}{A_c}\cdot\dfrac{\cos^2\theta\sin\theta}{\pi^2}}}\end{aligned} \tag{10.139}$$

上述推导利用了 $A=2A_c$ 的条件，其中 A_c 为单个柱肢的截面面积。

图 10.27 给出了系数 $\frac{\cos^2 x\sin x}{\pi^2}$ 随着角度的变化规律，从图中可见，偏于安全可取

$$\frac{\cos^2\theta\sin\theta}{\pi^2}\approx\frac{1}{27}\text{（与规范相同）} \tag{10.140}$$

$$\chi=\frac{\cos^2\alpha\sin\alpha}{\pi^2}\approx\begin{cases}0.08-0.001\alpha & \text{当 } 50°\leqslant\alpha<80°\text{时}\\ 0 & \text{当 } 80°\leqslant\alpha\leqslant 90°\text{时}\end{cases} \tag{10.141}$$

式中，角度 α 为分肢与水平面的夹角，如图 10.23 所示。需要注意的是，上述简化公式中的角度 α 的单位是度，而不是弧度。

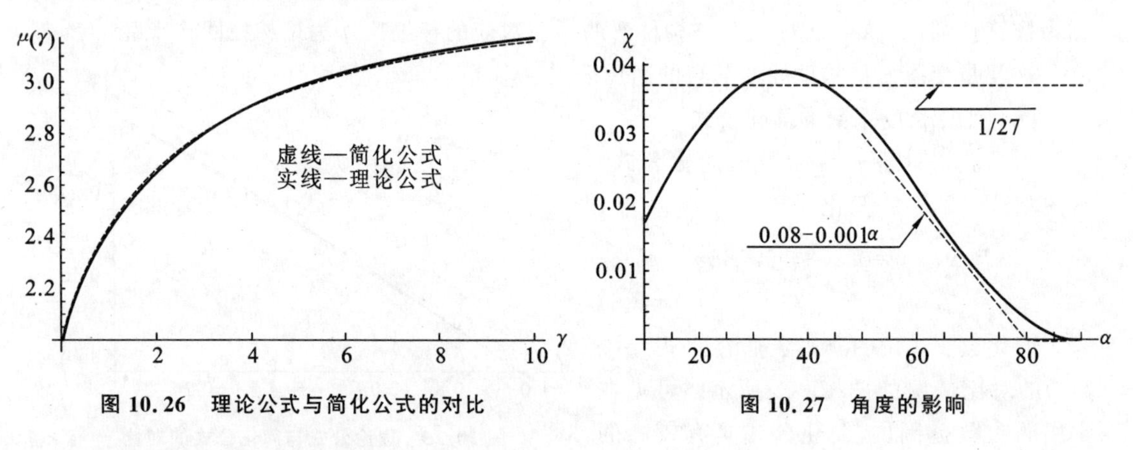

图 10.26　理论公式与简化公式的对比　　图 10.27　角度的影响

根据上述分析我们将式(10.139)简化为

$$\lambda_h=\sqrt{\lambda^2+\frac{1}{\chi+\frac{A_d}{A_c}\times\frac{1}{27}}} \tag{10.142}$$

式中，A_c、A_d 分别为单根分肢和单根斜腹杆的截面面积；χ 为反映分肢倾斜角度对抗剪刚度影响的系数，可近似按式(10.141)取值。

公式(10.142)的适用范围为：θ 在 20°～50°之间。若超出此范围，公式(10.142)偏于不安全，此时应该按理论公式(10.139)计算换算长细比。

【说明】

1. 本节中角度 θ 为斜腹杆与横腹杆间的夹角，如图 10.23 所示，而规范中的角度 θ 为斜腹杆与分肢间的夹角。两者之和为 90°。

2. 与规范不同，公式(10.142)中 A_c、A_d 应该按单个分肢和单个斜腹杆的截面面积取值，避免误用。

(6) 框架式格构柱换算长细比的简化公式

对于框架式变截面格构柱，若将式(10.130)的第二式代入换算长细比公式(10.135)，可得

$$\lambda_h=\sqrt{\lambda^2+\frac{\pi^2 EA}{24EI_c}L_c^2\zeta\sin\alpha} \tag{10.143}$$

若令 $I_c=(A/2)i_1^2$,$\lambda_1=L_c/i_1$,则可将上式改写为

$$\lambda_h=\sqrt{\lambda^2+\frac{\pi^2 A}{24(A/2)i_1^2}L_c^2\zeta\sin\alpha}=\sqrt{\lambda^2+\lambda_1^2(\rho\sin\alpha)} \tag{10.144}$$

式中

$$\rho=\frac{\pi^2}{12}\frac{4(1+\gamma)+4(2+\gamma)K_1+3K_1^2}{K_1[2+3\gamma+3\gamma^2+\gamma^3+(3+3\gamma+\gamma^2)K_1]} \tag{10.145}$$

图 10.28 为梁柱线刚度 K_1 和楔率 γ 对参数 ρ 的影响。从图中可见,在 $K_1=6\sim20$ 范围内,与梁柱线刚度 K_1 相比,楔率 γ 对参数 ρ 的影响最大。

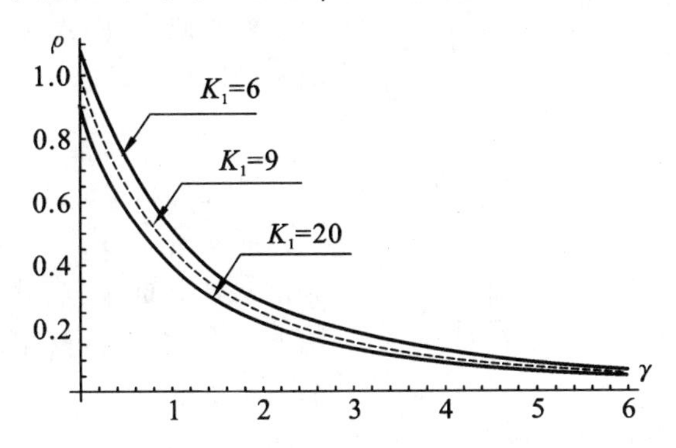

图 10.28 梁柱线刚度 K_1 和楔率 γ 对参数 ρ 的影响

下面参照规范对缀板柱的处理方式,来简化上述公式。根据缀板柱的条件

$$\frac{\pi^2}{12}\left(1+\frac{2}{K}\right)\approx1 \tag{10.146}$$

可知,规范对缀板柱的梁柱线刚度比取值为 $K=9.27$。为了安全起见,对于框架式变截面格构柱,我们取 $K_1=9$,据此可将式(10.145)简化为

$$\rho=\frac{\pi^2(319+40\gamma)}{108(29+30\gamma+12\gamma^2+\gamma^3)} \tag{10.147}$$

式中,$\gamma=\dfrac{h_L}{h_s}-1$ 为规范通用的变截面构件楔率。

综上,我们建议的框架式变截面格构柱换算长细比为

$$\lambda_h=\sqrt{\lambda^2+\lambda_1^2(\rho\sin\alpha)} \tag{10.148}$$

其中,$\lambda_1=L_c/i_1$ 为分肢长细比,L_c 为柱根节间单元的分肢长度,$i_1=\sqrt{I_c/A_c}$ 为分肢绕自身形心轴的回转半径,α 为分肢与水平面的夹角,参数 ρ 按式(10.147)计算。

(7) 悬臂格构柱整体屈曲的设计公式

综上所述,变截面桁架式和框架式格构悬臂柱的通用设计公式为

$$N\leqslant\varphi Af \tag{10.149}$$

式中,$A=2A_c$ 为两个柱肢的面积之和;φ 为规范给出的轴心受压构件稳定系数,按 λ_h 和 b 类柱取值;λ_h 为换算长细比,按式(10.142)或式(10.148)计算;f 为钢材设计强度。

对于图 10.29 所示的两端铰接梭形变截面格构柱,上述的变截面格构柱设计公式同样适用。需要注意的是,此时所有截面特性均按跨中截面计算,几何长度按两端铰接柱的一半

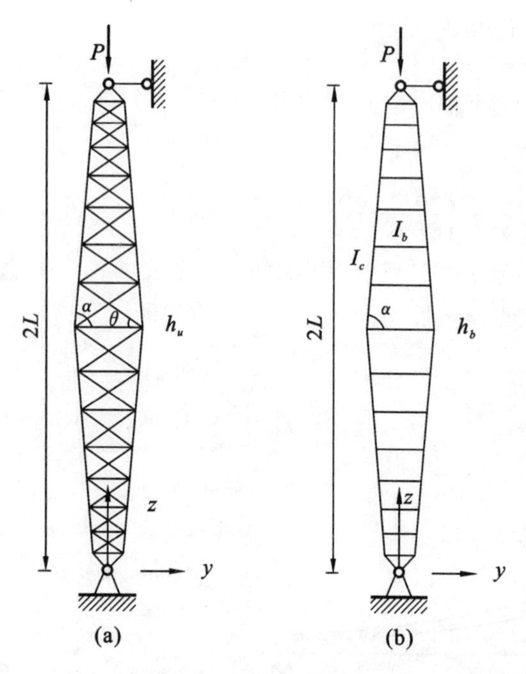

图 10.29　梭形变截面格构柱

取值。

(8) 防止分肢屈曲的设计建议

为了防止分肢屈曲起控制作用，为此要求

$$\frac{\pi^2 EA_1}{\lambda_1^2}\sin\alpha \geqslant \frac{\pi^2 EA}{\lambda_h^2} \qquad (10.150)$$

式中，角度 α 为分肢与水平面的夹角，如图 10.23 所示。

对于双肢柱，$A=2A_1$，据此可得分肢长细比的限值应该是

$$\lambda_1 \leqslant 0.7\sqrt{\sin\alpha}\lambda_h \qquad (10.151)$$

而不是规范规定的 $\lambda_1 \leqslant 0.7\lambda_h$。

如前所述，式(10.151)的规定也无须区分桁架柱和框架柱，这是因为当梁柱线刚度比 $K=6\sim20$ 时，框架柱可以近似看成是两端固定的侧移柱，其计算长度系数与桁架柱相同。

10.3　巨型框架柱的等效刚度、屈曲荷载与设计建议

巨型钢框架[图 10.30(a)]是现代高层建筑中的一种新型结构体系，可以较好地满足大空间、大开间的建筑功能需求，最早在日本和德国得到采用，但尚缺少相关的设计方法。目前的研究以 FEM 数值模拟为主，相关的设计理论研究成果不多。本章旨在建立巨型框架柱的等效刚度公式，给出其屈曲荷载和设计公式，为工程设计提供参考。

10.3.1　巨型框架柱的等效刚度：刚度叠加法

(1) 基本假设

同 10.1.1 节基本假设。

(2) 巨型框架柱的力学模型

为了减少侧移，巨型框架柱一般都采用框架支撑形式。常见的支撑类型如图 10.30(b)～(e)所示。

为了研究其等效刚度，仍可取其中一层作为标准框架支撑单元，如图 10.31(a)所示。其中上下横梁的惯性矩仍取原来数值的一半。

(3) 巨型框架柱的等效抗弯刚度

与前述缀条柱和桁架式格构柱类似，仍可采用应变能等效原则来推导巨型框架柱的等效抗弯刚度。在计算中，可忽略支撑的影响。此时巨型框架柱的等效抗弯刚度与缀板柱相同，即

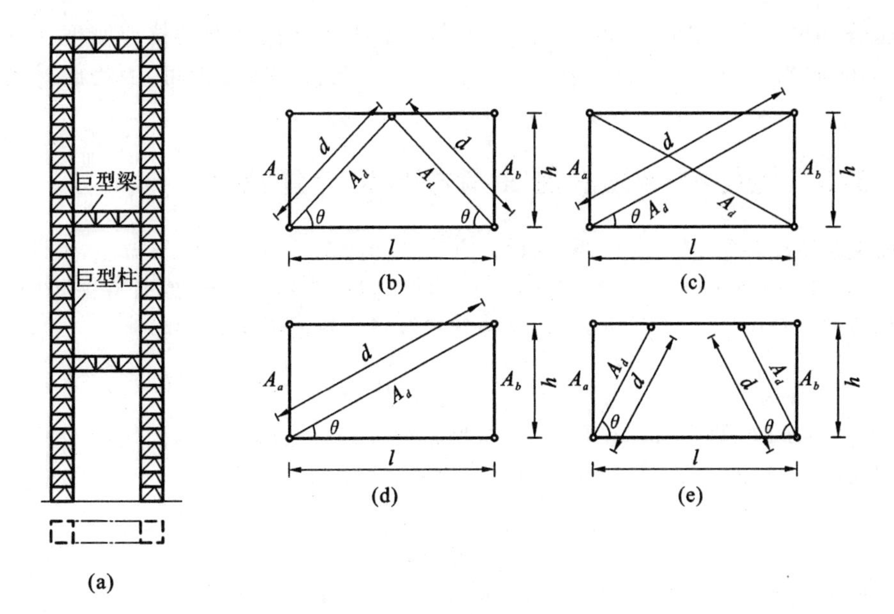

图 10.30 巨型钢框架与支撑类型

$$EI=\frac{A_aA_b}{A_a+A_b}El^2+(EI_a+EI_b) \tag{10.152}$$

式中,l 为左右分肢框架柱的形心距,A_a、A_b 分别为左右分肢框架柱的截面面积,I_a、I_b 分别为左右分肢框架柱绕各自形心轴的惯性矩。

如前所述,上式中的后两项是为满足平截面假设引入的。实际上,从整体上看,巨型框架柱截面是左右分肢框架柱组成的组合截面,根据材料力学的惯性矩计算方法依然可获得与式(10.152)相同的结果。因此上述结果式(10.152)是正确的。

(4) 巨型框架柱的等效抗剪刚度

为了简化等效抗剪刚度的计算,本书假设巨型框架柱的等效抗剪刚度由框架和支撑两部分叠加得到,如图 10.31 所示。利用这种刚度叠加法和前面的分析成果,可直接写出图 10.31 所示支撑框架的抗剪刚度为

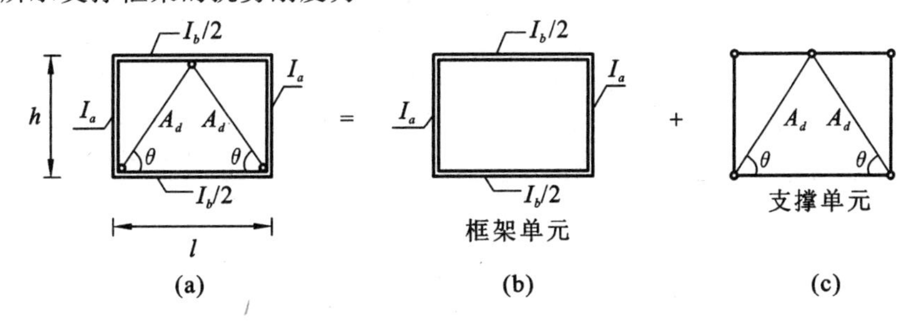

图 10.31 框架支撑单元的刚度叠加法

$$C=\frac{24E}{h\left(\dfrac{h}{I_a}+2\dfrac{l}{I_b}\right)}+2EA_d\cos^2\theta\sin\theta \tag{10.153}$$

式中,I_a、I_b 分别为分肢框架柱和框架梁的惯性矩;h、l 分别为层高和分肢框架柱的形心距。

上述公式也适用于图 10.30(c)和图 10.30(e)所示支撑框架的抗剪刚度计算。对于图 10.30(d)的情况,仅需将上式中最后一项的系数 2 改为系数 1 即可,因为此时只有一个斜支撑。

10.3.2 巨型框架柱的屈曲荷载与设计建议

目前规范还没有列出巨型框架柱的设计方法,这里提出一个简化计算方法,供设计参考。

以图 10.30(a)所示的人字形支撑框架柱为例,假设左右框架柱截面特性相同,则其抗剪刚度仍可按式(10.153)计算。参照式(10.152),其等效惯性矩为

$$I=2A_a\left(\frac{l}{2}\right)^2+2I_a \tag{10.154}$$

式中,l 为左右分肢框架柱的形心距,I_a 为分肢框架柱绕自己形心轴的惯性矩。

依据 Timoshenko 理论,巨型框架柱的屈曲荷载为

$$P_{cr}=\frac{\pi^2 EA}{\lambda_h^2} \tag{10.155}$$

式中,λ_h 称为换算长细比,其表达式为

$$\lambda_h=\sqrt{\lambda^2+\frac{\pi^2 EA}{C}} \tag{10.156}$$

其中,$\lambda=\mu l_0/i$ 为弯曲屈曲的长细比,μ 为计算长度系数,$A=2A_c$ 为两个分肢框架柱的面积之和;$i=\sqrt{I/A}$为巨型框架柱的回转半径。

根据式(10.154),巨型框架柱的回转半径可表示为

$$i^2=\left[2A_a\left(\frac{l}{2}\right)^2+2I_a\right]/(2A_a)=\left(\frac{h}{2}\right)^2+i_a^2 \tag{10.157}$$

式中,$i_a=\sqrt{I_a/A_a}$为分肢的回转半径;I_a、A_a 分别为分肢框架柱的惯性矩和截面面积。

下面讨论巨型框架柱的换算长细比,若将式(10.153)代入式(10.156),可得到

$$\lambda_h=\sqrt{\lambda^2+\frac{\pi^2 EA}{C}}=\sqrt{\lambda^2+\left[\frac{\pi^2}{\dfrac{24}{\dfrac{Ah^2}{I_a}\left(1+2\dfrac{I_a l}{I_b h}\right)}+2\dfrac{A_d}{A}\cos^2\theta\sin\theta}\right]} \tag{10.158}$$

令 $I_a=(A/2)i_0^2$,$\lambda_1=h/i_0$,$K=\dfrac{(I_b/h)}{(I_a/s)}$,则可将上式改写为

$$\lambda_h=\sqrt{\lambda^2+\frac{\pi^2 EA}{C}}=\sqrt{\lambda^2+\left[\frac{\pi^2}{\dfrac{12}{\left(\dfrac{h}{i_0}\right)^2\left(1+\dfrac{2}{K}\right)}+2\dfrac{A_d}{A}\cos^2\theta\sin\theta}\right]}$$

$$=\sqrt{\lambda^2+\left[\frac{1}{\dfrac{12}{\pi^2}\cdot\dfrac{12K}{\lambda_1^2(K+2)}+2\dfrac{A_d}{A}\cdot\dfrac{\cos^2\theta\sin\theta}{\pi^2}}\right]} \tag{10.159}$$

为了简化计算,可取$\dfrac{12}{\pi^2}\approx1.22$,$\dfrac{\cos^2\theta\sin\theta}{\pi^2}=\dfrac{1}{27}$,从而有

$$\lambda_h=\sqrt{\lambda^2+\left(\frac{1}{\dfrac{1}{\lambda_1^2}\cdot\dfrac{14.4K}{K+2}+\dfrac{1}{27}\dfrac{A_d}{A_a}}\right)} \tag{10.160}$$

式中，$K=\dfrac{I_b/h}{I_a/s}$为梁柱线刚度比（若各层的分肢框架柱和横梁线刚度不等，分别按加权平均法取值），A_a 为分肢框架柱的截面面积，$\lambda_1=h/i_0$ 为分肢框架柱的长细比。

综上所述，巨型框架柱临界荷载的设计公式为

$$N\leqslant\varphi Af \tag{10.161}$$

式中，$A=2A_a$ 为两个柱肢的面积之和；φ 为规范给出的轴心受压构件稳定系数，按换算长细比 λ_h 和 b 类柱取值；f 为钢材设计强度；λ_h 为换算长细比，按式(10.160)计算。

为了防止分肢框架柱先于框架柱的整体发生屈曲，分肢框架柱的长细比应满足

$$\lambda_1\leqslant 0.7\lambda_h \tag{10.162}$$

式中，$\lambda_1=h/i_0$ 为分肢框架柱的计算长度。

10.4 高层框架-剪力墙(支撑)结构的屈曲荷载

常用的高层钢结构体系如图 10.32 所示，包括框架结构、框架-支撑结构、框筒结构、框筒束结构等。其中，框架-支撑结构适合建造 30～50 层的中高层建筑（工程实例如图 10.33 所示）。

关于框架-支撑（剪力墙）结构整体屈曲问题，早期的代表性工作是 Rosman 于 1973～1974 年完成的。本节将简要介绍此类结构体系整体屈曲的连续化分析方法。

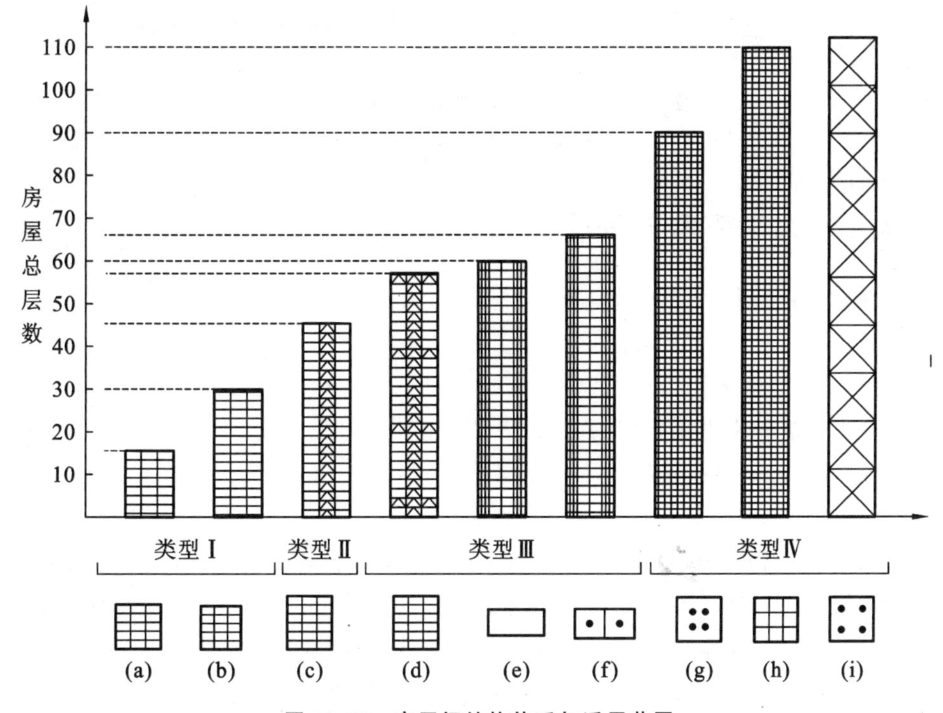

图 10.32 高层钢结构体系与适用范围

(a)半刚接框架；(b)刚接框架；(c)框架-支撑；(d)支撑刚臂-框架；
(e)槽形框筒；(f)双槽形框筒；(g)框筒；(h)框筒束；(i)大型支撑筒

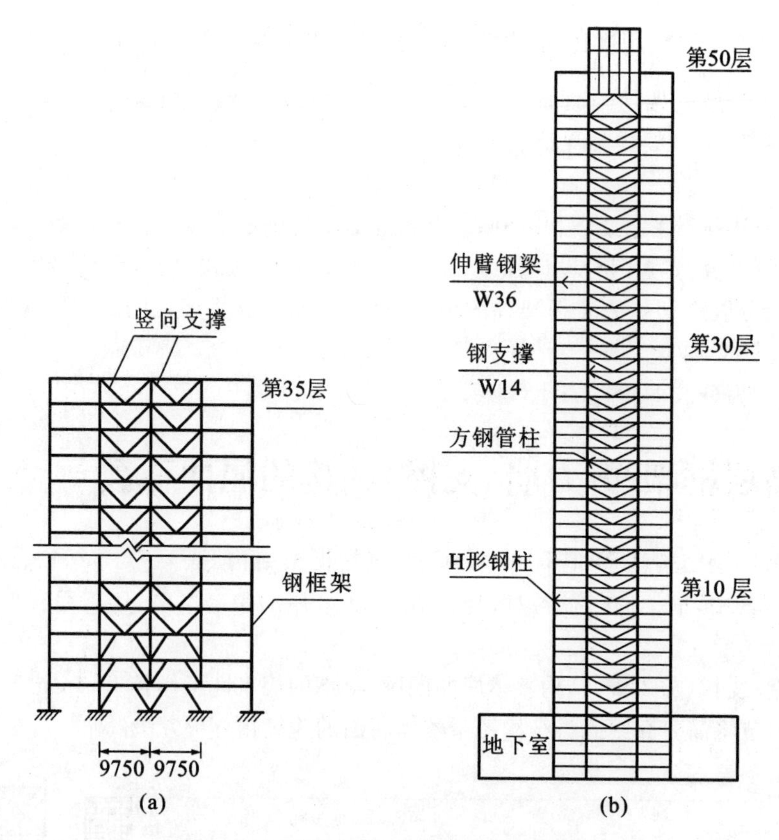

图 10.33　高层框架-支撑结构的工程实例

(a)纽约苏罗门大楼；(b)费格罗大厦

10.4.1　力学模型与简化

实际工程中，高层框架-剪力墙(支撑)结构的结构布置是比较复杂的。作为初步的简化，可以略去非结构构件，比如内隔墙甚至楼梯的影响，仅考虑主要构件，如梁、板、柱、剪力墙(支撑)的作用。研究表明，对于某些扭转效应并不明显的高层结构而言，还可采用“合并同类项”的方法来进一步简化我们的分析，以便快速获得工程满意的解答。

所谓“合并同类项”是指将结构中几个结构形式相同、结构性能类似的“结构单元”合并成一种单元。

以图 10.34(a)所示的高层框架-剪力墙结构为例，其结构布置对称，由 2 榀相同的剪力墙和 3 榀相同的框架组成，若荷载也是对称的，则可将图 10.34(a)中的 2 榀剪力墙单元合并为一个“总剪力墙”，其刚度是单个剪力墙单元的 2 倍；将 3 榀框架单元合并为一个“总框架”，其刚度是单榀框架单元的 3 倍。然后用刚性“连杆”来考虑楼板的刚性联系作用，进而将“总剪力墙”和“总框架”串联到一起，从而得到一个简单的平面力学模型[10.34(b)]，这时的分析就相对简单了。

需要指出的是，从复杂问题来提炼得到合理的简化力学模型，需要熟悉结构的工作性能,并具备一定的工程经验。掌握"模型化"技术不仅可简化我们的分析,还有助于从宏观角度掌控和判断高层结构的性能,也利于优化相关的结构选型问题。

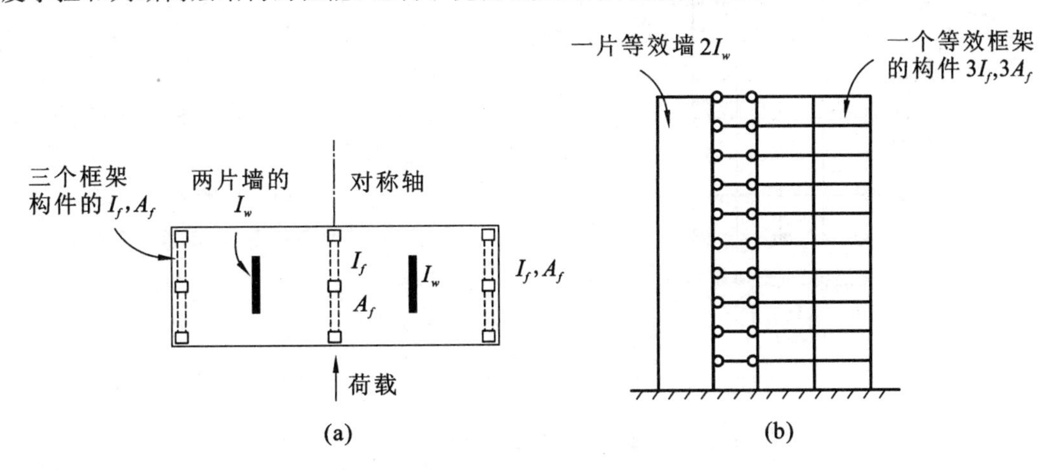

图 10.34 高层框架-剪力墙结构及其等效的力学模型

(a)具有重复单榀结构单元的对称结构;(b)等效的力学模型

在水平荷载作用下,框架和支撑的变形特点不同,如图 10.35 所示。其中框架以剪切变形为主,而支撑(剪力墙)以弯曲变形为主。因此,框架-支撑结构属于双重结构体系,兼有两种结构的变形特点。若支撑较弱框架较强,则框架-支撑结构以剪切变形为主;若框架较弱支撑较强,则框架-支撑结构以弯曲变形为主。常规设计的框架-支撑结构变形介于两者之间,即其基本变形特点属于剪弯型。

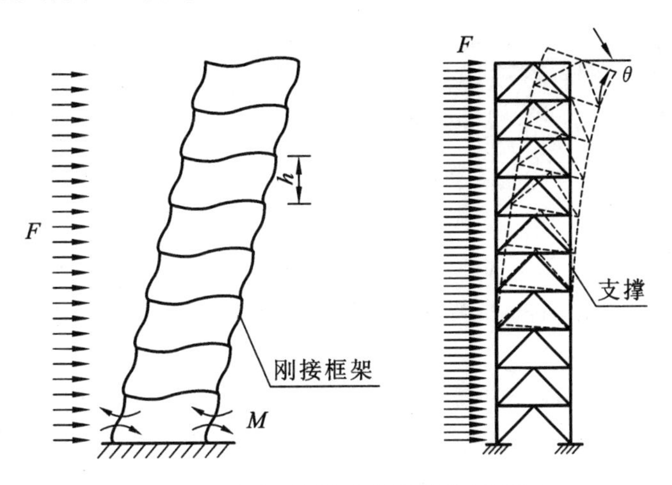

图 10.35 框架单元和支撑单元的变形特点

10.4.2 经典 Timoshenko 模型屈曲荷载:能量变分解答

本节将采用经典 Timoshenko 模型来分析高层框架-剪力墙(支撑)结构整体屈曲特性。

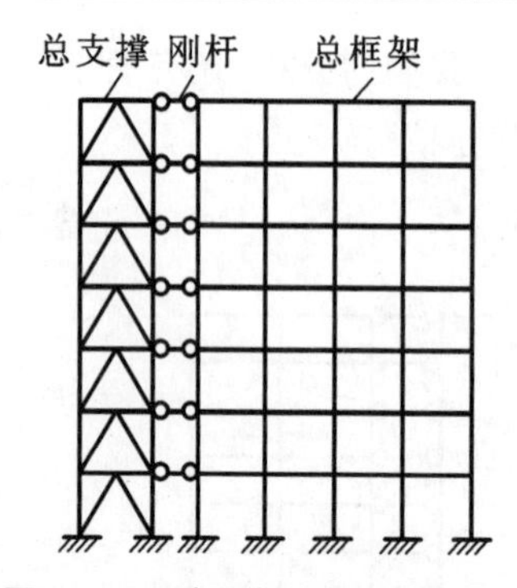

图 10.36 高层框架-支撑结构的简化力学模型

仿照前述的方法，我们也可以将框架-支撑结构抽象为图 10.36 所示的总框架和总支撑组合的力学模型。

(1) 总势能

根据图 10.36 所示的力学模型可知，框架-支撑结构整体屈曲的总势能为

$$\Pi = U_f + U_b + V \tag{10.163}$$

其中，U_f、U_b、V 分别为总框架应变能、总支撑应变能和初应力势能。

总框架应变能为

$$U_f = \frac{1}{2}\int_0^H \left[EI_f\left(\frac{d\psi}{dz}\right)^2 + GA_f\left(\frac{dv}{dz} - \psi\right)^2\right]dz \tag{10.164}$$

式中，v 和 ψ 分别为总框架的侧移和截面转角，EI_f 和 GA_f 分别为总框架的抗弯刚度和抗剪刚度。

总支撑应变能为

$$U_b = \frac{1}{2}\int_0^H \left[EI_b\left(\frac{d\psi}{dz}\right)^2 + GA_b\left(\frac{dv}{dz} - \psi\right)^2\right]dz \tag{10.165}$$

式中，v 和 ψ 分别为总支撑的侧移和截面转角，EI_b 和 GA_b 分别为总支撑的抗弯刚度和抗剪刚度。

初应力势能为

$$V = -\frac{1}{2}\int_0^H (H-z)p\left(\frac{dv}{dz}\right)^2 dz \tag{10.166}$$

式中，p 为单位长度的竖向荷载。

将上述表达式代入式(10.163)，可得

$$\Pi = \frac{1}{2}\int_0^H \left[GA\left(\frac{dv}{dz} - \psi\right)^2 + EI\left(\frac{d\psi}{dz}\right)^2 - (H-z)p\left(\frac{dv}{dz}\right)^2\right]dz \tag{10.167}$$

其中

$$EI = EI_f + EI_b \tag{10.168}$$

为框架-支撑(剪力墙)结构的总抗弯刚度，而

$$GA = GA_f + GA_b \tag{10.169}$$

为框架-支撑(剪力墙)结构的总抗剪刚度。

这就是依据经典 Timoshenko 模型推导得到的框架-支撑结构整体屈曲的总势能。

(2) 分解刚度法

分解刚度法为 Bijlaard 针对夹层板的临界荷载提出的一个简单的近似计算方法，这里将其应用于框架-支撑结构屈曲分析。

① 弯曲屈曲分析

若抗剪刚度 GA_f、$GA_b \to \infty$，而抗弯刚度为有限值，则必有

$$\psi \to \frac{dv_b}{dz} \tag{10.170}$$

式中,v_b 为弯曲位移。

此时总势能式(10.167)简化为

$$\Pi_b = \frac{1}{2}\int_0^H \left[EI\left(\frac{\mathrm{d}^2 v_b}{\mathrm{d}z^2}\right)^2 - (H-z)p\left(\frac{\mathrm{d}v_b}{\mathrm{d}z}\right)^2\right]\mathrm{d}z \tag{10.171}$$

可见此时的总势能方程与 Euler 柱相同。

对于高层框架-支撑结构,可将弯曲屈曲的模态函数假设为

$$v_b(z) = A_1\left[1-\cos\left(\frac{\pi z}{2H}\right)\right] + A_3\left[1-\cos\left(\frac{3\pi z}{2H}\right)\right] \tag{10.172}$$

将此式代入总势能方程式(10.171),可得

$$\Pi_b = \frac{EI\pi^4}{H^3}\left\{\frac{1}{64}[(\pi^2-2(-4+\pi^2)\tilde{p})A_1^2 - 48\tilde{q}A_1A_3 + (81\pi^2+(8-18\pi^2)\tilde{p})A_3^2]\right\} \tag{10.173}$$

其中

$$\tilde{p} = p\Big/\left(\frac{P_E}{H}\right),\quad P_E = \frac{EI\pi^2}{H^2} \tag{10.174}$$

根据能量变分原理,可知屈曲的平衡条件为

$$\frac{\partial \Pi}{\partial A_1} = 0,\quad \frac{\partial \Pi}{\partial A_3} = 0 \tag{10.175}$$

从而有

$$\left.\begin{aligned} &\frac{1}{32}[\pi^2-2(-4+\pi^2)\tilde{p}]A_1 - \frac{3\tilde{p}}{4}A_3 = 0 \\ &-\frac{3\tilde{p}}{4}A_1 + \frac{1}{32}[81\pi^2+(8-18\pi^2)\tilde{p}]A_3 = 0 \end{aligned}\right\} \tag{10.176}$$

将其改写为矩阵的形式如下

$$\begin{pmatrix} \frac{1}{32}[\pi^2-2(-4+\pi^2)\tilde{p}] & -\frac{3\tilde{p}}{4} \\ -\frac{3\tilde{p}}{4} & \frac{1}{32}[81\pi^2+(8-18\pi^2)\tilde{p}] \end{pmatrix}\begin{pmatrix} A_1 \\ A_3 \end{pmatrix} = \begin{pmatrix} 0 \\ 0 \end{pmatrix} \tag{10.177}$$

为了保证待定系数 A_1 和 A_3 不同时为零,其系数行列式必为零,即

$$\mathrm{Det}\begin{pmatrix} \frac{1}{32}[\pi^2-2(-4+\pi^2)\tilde{p}] & -\frac{3\tilde{p}}{4} \\ -\frac{3\tilde{p}}{4} & \frac{1}{32}[81\pi^2+(8-18\pi^2)\tilde{p}] \end{pmatrix} = 0 \tag{10.178}$$

从而得到

$$a\tilde{p}^2 + b\tilde{p} + c = 0 \tag{10.179}$$

式中

$$a = -128-40\pi^2+9\pi^4,\quad b = 164\pi^2-45\pi^4,\quad c = \frac{81\pi^4}{4} \tag{10.180}$$

式(10.179)的解答为

$$\tilde{p}_{b,cr}=\frac{-b-\sqrt{b^2-4ac}}{2a}$$
$$=\frac{-656\pi^2+180\pi^4-\sqrt{596224\pi^4-184320\pi^6+20736\pi^8}}{-1024-320\pi^2+72\pi^4}=0.79418 \tag{10.181}$$

利用式(10.174)可得

$$p_{b,cr}=\tilde{p}_{b,cr}\frac{P_E}{H}=0.79418\,\frac{EI\pi^2}{H^3}=\frac{7.8383EI_b}{H^3} \tag{10.182}$$

因为上述解答是依据两项三角级数得到的,故称其为“二阶近似解答”。若继续增加位移函数式(10.172)中三角函数的项数,则计算精度可进一步提高。

② 剪切屈曲分析

若总支撑的抗弯刚度 $EI_b\to\infty$,而弯矩 M_i 总是有限的,所以必有

$$\psi=0 \tag{10.183}$$

从而有

$$\frac{dv}{dz}-\psi=\frac{dv_s}{dz} \tag{10.184}$$

式中,v_s 为剪切变形。

据此可将总势能简化为

$$\Pi_s=\frac{1}{2}\int_0^H\left[GA\left(\frac{dv_s}{dz}\right)^2-(H-z)p\left(\frac{dv_s}{dz}\right)^2\right]dz \tag{10.185}$$

式中,$GA=GA_f+GA_b$。

对于高层框架-支撑结构,可将剪切屈曲的模态函数假设为

$$v_s(z)=B_1\sin\left(\frac{\pi z}{2H}\right)+B_3\sin\left(\frac{3\pi z}{2H}\right) \tag{10.186}$$

将此式代入总势能方程式(10.185),可得

$$\Pi_s=\frac{\pi^2(B_1^2+9B_3^2)}{16}-\frac{1}{32}\tilde{p}[(4+\pi^2)B_1^2+24B_1B_3+(4+9\pi^2)B_3^2] \tag{10.187}$$

其中

$$\tilde{p}=pH/GA \tag{10.188}$$

根据能量变分原理,可知屈曲的平衡条件为

$$\frac{\partial\Pi}{\partial B_1}=0,\quad \frac{\partial\Pi}{\partial B_3}=0 \tag{10.189}$$

从而有

$$\begin{pmatrix}\frac{1}{32}[4\pi^2-2\tilde{p}(4+\pi^2)] & -\frac{3\tilde{p}}{4}\\ -\frac{3\tilde{p}}{4} & \frac{1}{32}[36\pi^2-2\tilde{p}(4+9\pi^2)]\end{pmatrix}\begin{pmatrix}B_1\\B_3\end{pmatrix}=\begin{pmatrix}0\\0\end{pmatrix} \tag{10.190}$$

为了保证待定系数 B_1 和 B_3 不同时为零,其系数行列式必为零,即

$$\mathrm{Det}\begin{pmatrix}\frac{1}{32}[4\pi^2-2\tilde{p}(4+\pi^2)] & -\frac{3\tilde{p}}{4}\\ -\frac{3\tilde{p}}{4} & \frac{1}{32}[36\pi^2-2\tilde{p}(4+9\pi^2)]\end{pmatrix}=0 \tag{10.191}$$

从而得到

$$a\tilde{p}^2+b\tilde{p}+c=0 \tag{10.192}$$

式中

$$a=\frac{1}{256}(-128+40\pi^2+9\pi^4),\quad b=-\frac{1}{64}\pi^2(20+9\pi^2),\quad c=\frac{9\pi^4}{64} \tag{10.193}$$

式(10.192)的解为

$$\tilde{p}_{s,cr}=\frac{-b-\sqrt{b^2-4ac}}{2a}=\frac{80\pi^2-16\sqrt{97}\pi^2+36\pi^4}{2(-128+40\pi^2+9\pi^4)}=1.19856 \tag{10.194}$$

利用式(10.188)可得

$$p_{s,cr}=\tilde{p}_{s,cr}\frac{GA}{H}=1.19856\frac{GA}{H} \tag{10.195}$$

根据分解刚度法，高层框架-支撑结构的屈曲荷载为

$$\frac{1}{P_{cr}}=\frac{1}{P_{b,cr}}+\frac{1}{P_{s,cr}} \tag{10.196}$$

将式(10.182)和式(10.195)代入上式，可解得

$$P_{cr}=\frac{7.8383(GA_f+GA_b)EI_b}{6.5397EI_bH+(GA_f+GA_b)H^3}=\frac{GA}{H}\zeta_s(\lambda) \tag{10.197}$$

式中，$\zeta_s(\lambda)=\dfrac{7.8383}{6.5397+\lambda^2}$为剪切屈曲系数，$\lambda=H\sqrt{\dfrac{GA}{EI}}$为结构的刚性特征值。

式(10.197)就是我们依据经典 Timoshenko 模型推导得到的高层框架-支撑(剪力墙)结构的屈曲荷载。

剪切屈曲系数 $\zeta_s(\lambda)$与 λ 值的关系如图 10.37 所示。由此图可见，经典 Timoshenko 模型给出的解比后面非经典 Timoshenko 模型低很多。更重要的是，此解答比 1 小，即比纯剪切屈曲荷载还要小很多，这显然是不合理的。为此，作者提出了如下非经典 Timoshenko 模型。

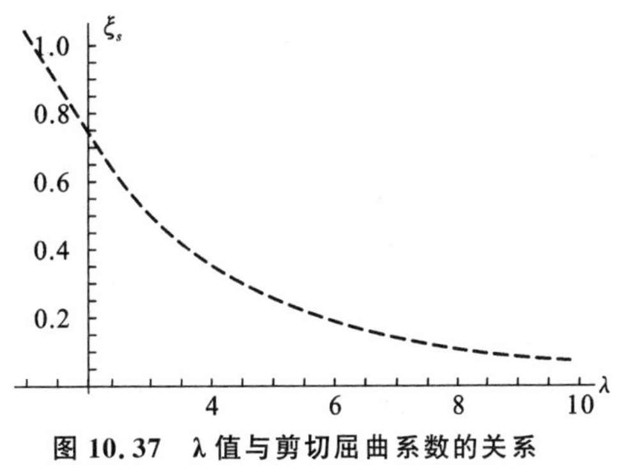

图 10.37　λ 值与剪切屈曲系数的关系

此问题也提醒我们，简单套用经典模型并不可取。应根据问题的具体特点，选用合理的理论模型。

10.4.3　非经典 Timoshenko 模型的能量变分模型与微分方程模型

本节将采用作者提出的非经典 Timoshenko 模型来分析高层框架-剪力墙(支撑)结构整体屈曲特性。

(1) 基本假设

① 楼盖在自身平面内刚度无限大，可保证框架和支撑(剪力墙)之间的协同工作；

② 结构平面布置对称，没有扭转现象产生；

③ 层数足够多，应该在 7 层以上；

④ 总框架和总支撑(总剪力墙)的剪切角可用$\frac{\mathrm{d}v}{\mathrm{d}z}$描述,其中 v 为侧向位移。

前两条假设是协同工作和按平面模型计算的基础;后两条是由作者提出。假设③是明确连续化模型的适用范围;假设④与经典的 Timoshenko 模型不同,而是直接采用$\frac{\mathrm{d}v}{\mathrm{d}z}$来描述总框架和总支撑的剪切角。本书将这种模型称为"非经典 Timoshenko 模型",与 Timoshenko 的双变量模型不同,此模型为单变量模型。

实际上,类似的剪切角定义在非均匀剪切流中曾被牛顿采用过,用来定义切应力与剪应变率的关系(图 10.38),即

$$\tau=\mu\frac{\mathrm{d}u}{\mathrm{d}y} \tag{10.198}$$

这就是牛顿流体中著名牛顿黏性公式。其中,u 为非均匀剪切流的速度,而$\frac{\mathrm{d}u}{\mathrm{d}y}$为相应的剪应变率,此定义可以较好地描述两平行大平板间流体的黏性流动特点。

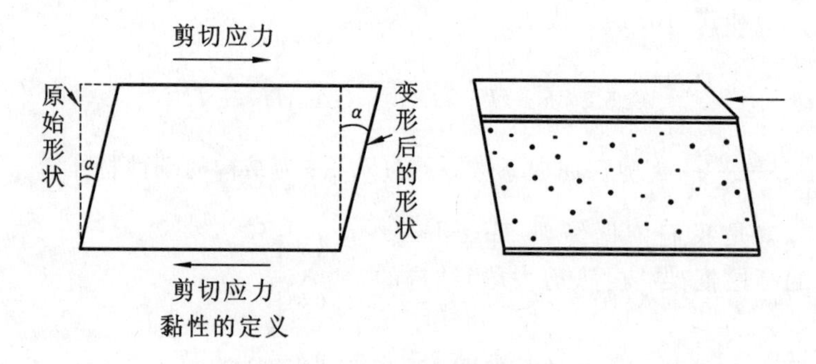

图 10.38 牛顿黏性的定义

(2) 能量变分模型

根据图 10.36 所示的力学模型和前述的基本假设可知,在竖向荷载 p_V 和水平荷载 p_H 作用下,框架-支撑结构的总势能为

$$\Pi=U_f+U_b+V_V+V_H \tag{10.199}$$

其中,U_f、U_b、V_V、V_H 分别为总框架应变能、总支撑应变能、竖向荷载 p_V 的初应力势能、水平荷载 p_H 的荷载势能。

总框架应变能为

$$U_f=\frac{1}{2}\int_0^H\left[EI_f\left(\frac{\mathrm{d}^2v}{\mathrm{d}z^2}\right)^2+GA_f\left(\frac{\mathrm{d}v}{\mathrm{d}z}\right)^2\right]\mathrm{d}z \tag{10.200}$$

式中,v 为总框架的侧移,EI_f 和 GA_f 分别为总框架的抗弯刚度和抗剪刚度。

总支撑应变能为

$$U_b=\frac{1}{2}\int_0^H\left[EI_b\left(\frac{\mathrm{d}^2v}{\mathrm{d}z^2}\right)^2+GA_b\left(\frac{\mathrm{d}v}{\mathrm{d}z}\right)^2\right]\mathrm{d}z \tag{10.201}$$

式中,v 为总支撑的侧移,EI_b 和 GA_b 分别为总支撑(总剪力墙)的抗弯刚度和抗剪刚度。

竖向荷载 p_V 的初应力势能为

$$V_V = -\frac{1}{2}\int_0^H (H-z)p_V\left(\frac{dv}{dz}\right)^2 dz \tag{10.202}$$

式中,p_V 为单位长度的竖向荷载。

水平荷载 p_H 的荷载势能为

$$V_H = -\int_0^H p_H v\,dz \tag{10.203}$$

式中,p_H 为单位长度的水平荷载。

将上述表达式代入式(10.199),可得

$$\Pi = \frac{1}{2}\int_0^H \left[EI\left(\frac{d^2v}{dz^2}\right)^2 + GA\left(\frac{dv}{dz}\right)^2 - (H-z)p_V\left(\frac{dv}{dz}\right)^2 - 2p_H v\right]dz \tag{10.204}$$

其中

$$EI = EI_f + EI_b \tag{10.205}$$

为框架-支撑(剪力墙)结构的总抗弯刚度,而

$$GA = GA_f + GA_b \tag{10.206}$$

为框架-支撑(剪力墙)结构的总抗剪刚度。

这就是作者依据非经典 Timoshenko 模型推导得到的框架-支撑(剪力墙)结构的总势能。

该方程是通用的,既可用于框架-支撑(剪力墙)结构的静力分析,也可用于屈曲分析,还可用于分析变刚度和 P-Δ 效应的影响。若加入惯性力势能,还可以研究振动问题。

至此,我们可将框架-支撑(剪力墙)结构问题转化为这样一个能量变分模型:在 $0\leqslant z\leqslant L$ 的区间内寻找一个函数 $v(z)$,使它满足规定的几何边界条件,并使由下式

$$\Pi = \int_0^L F(v'', v', v)\,dz \tag{10.207}$$

其中

$$F(v'', v', v) = \frac{1}{2}\left[EI\left(\frac{d^2v}{dz^2}\right)^2 + GA\left(\frac{dv}{dz}\right)^2 - (H-z)p_V\left(\frac{dv}{dz}\right)^2 - 2p_H v\right] \tag{10.208}$$

定义的能量泛函取最小值。

(3) 微分方程模型

依据前面推导得到的能量变分模型,还可以方便地推出框架-支撑(剪力墙)结构的微分方程模型。

根据泛函 $F(v'', v', v)$ 的各阶导数

$$\frac{\partial F}{\partial v} = -p_H,\quad \frac{\partial F}{\partial v'} = [GA-(H-z)p_V]\frac{dv}{dz},\quad \frac{\partial F}{\partial v''} = EI\frac{d^2v}{dz^2} \tag{10.209}$$

可得如下的 Euler 方程和边界条件。

① 欧拉方程(平衡方程)

$$\begin{aligned}&\frac{\partial F}{\partial v} - \frac{d}{dz}\left(\frac{\partial F}{\partial v'}\right) + \frac{d^2}{dz^2}\left(\frac{\partial F}{\partial v''}\right)\\ &= -p_H - \frac{d}{dz}\left\{[GA-(H-z)p_V]\frac{dv}{dz}\right\} + \frac{d^2}{dz^2}\left(EI\frac{\partial^2 v}{\partial z^2}\right) = 0\end{aligned} \tag{10.210}$$

或者

$$\frac{\mathrm{d}^2}{\mathrm{d}z^2}\left(EI\frac{\partial^2 v}{\partial z^2}\right)-\frac{\mathrm{d}}{\mathrm{d}z}\left\{[GA-(H-z)p_V]\frac{\mathrm{d}v}{\mathrm{d}z}\right\}=p_H \tag{10.211}$$

此为通用的框架-支撑(剪力墙)结构控制微分方程,既可用于框架-支撑(剪力墙)结构的静力分析,也可用于屈曲分析,还可用于分析变刚度和 P-Δ 效应的影响。

对于等刚度情况,EI=常数,GA=常数,则上式可改写为

$$EI\frac{\partial^4 v}{\partial z^4}-GA\frac{\mathrm{d}^2 v}{\mathrm{d}z^2}+\frac{\mathrm{d}^2}{\mathrm{d}z^2}\left[(H-z)p_V\frac{\mathrm{d}v}{\mathrm{d}z}\right]=p_H \tag{10.212}$$

这是一个非齐次的变系数微分方程,可用于框架-支撑(剪力墙)结构的 P-Δ 效应分析。

若仅考虑水平荷载,则有

$$EI\frac{\partial^4 v}{\partial z^4}-GA\frac{\mathrm{d}^2 v}{\mathrm{d}z^2}=p_H \tag{10.213}$$

这是一个非齐次的常系数微分方程。此式与高层建筑结构教材中基于静力分析推导框架-剪力墙协同工作微分方程相同。说明我们提出的非经典 Timoshenko 模型是正确的。

若仅考虑竖向荷载,则有

$$EI\frac{\partial^4 v}{\partial z^4}-GA\frac{\mathrm{d}^2 v}{\mathrm{d}z^2}+\frac{\mathrm{d}^2}{\mathrm{d}z^2}\left[(H-z)p_V\frac{\mathrm{d}v}{\mathrm{d}z}\right]=0 \tag{10.214}$$

这是一个齐次的常系数微分方程。可以用于框架-支撑(剪力墙)结构的整体屈曲分析。

② 边界条件

v 给定,或者

$$\frac{\partial F}{\partial v'}-\frac{\mathrm{d}}{\mathrm{d}z}\left(\frac{\partial F}{\partial v''}\right)=[GA-(H-z)p_V]\frac{\mathrm{d}v}{\mathrm{d}z}-\frac{\mathrm{d}}{\mathrm{d}z}\left(EI\frac{\partial^2 v}{\partial z^2}\right)=0 \tag{10.215}$$

$\frac{\mathrm{d}v}{\mathrm{d}z}$ 给定,或者

$$\frac{\partial F}{\partial v''}=EI\frac{\partial^2 v}{\partial z^2}=0 \tag{10.216}$$

利用上述边界条件可以组合出各种边界条件,对于高层框架-支撑(剪力墙)结构而言,底端固定,其边界条件为

$$底部\begin{cases}v=0\\ \dfrac{\mathrm{d}v}{\mathrm{d}z}=0\end{cases} \tag{10.217}$$

顶部自由,其边界条件为

$$顶部\begin{cases}[GA-(H-z)p_V]\left(\dfrac{\mathrm{d}v}{\mathrm{d}z}\right)-\dfrac{\mathrm{d}}{\mathrm{d}z}\left[EI\left(\dfrac{\partial^2 v}{\partial z^2}\right)\right]=0\\ EI\left(\dfrac{\partial^2 v}{\partial z^2}\right)=0\end{cases} \tag{10.218}$$

若仅仅考虑水平荷载,则上述边界条件可简化为

$$底部\begin{cases}v=0\\ v'=0\end{cases},\quad 顶部\begin{cases}EIv'''-GAv'=0\\ EIv''=0\end{cases} \tag{10.219}$$

这些边界条件与目前高层建筑结构教材中使用的边界条件相同,这说明我们的推导正确。

10.4.4　非经典 Timoshenko 模型屈曲荷载的能量变分解答

如前所述,即使是等刚度情况,用于框架-支撑(剪力墙)结构整体屈曲分析的微分方程也是无法直接求解,因为它是一个变系数的微分方程。为了避开求解变系数方程,童根树在其著作《钢结构的平面内稳定》(2014 年,pg. 295-323)中探讨了顶部作用集中荷载的屈曲问题,并利用高层建筑结构的方法来建立框架-支撑结构的屈曲微分方程,考虑了框架为剪切型、弯剪型,支撑为弯曲型、弯剪型的多种组合情况。实际上,这些组合情况都仅是本书的特例之一。目前的研究没有给出自重下框架-支撑(剪力墙)结构整体屈曲的解析解,而这正是设计者所关注的重要问题。本书继续对此问题进行研究,并给出相应的设计公式。

与童根树不同,本书将借助前述的能量变分模型来推导自重下框架-支撑(剪力墙)结构整体屈曲的近似解析解。

对于高层框架-支撑结构,在竖向荷载 p_V 作用下整体屈曲的能量方程为

$$\Pi = \frac{1}{2}\int_0^H \left[EI\left(\frac{\mathrm{d}^2 v}{\mathrm{d}z^2}\right)^2 + GA\left(\frac{\mathrm{d}v}{\mathrm{d}z}\right)^2 - (H-z)p_V\left(\frac{\mathrm{d}v}{\mathrm{d}z}\right)^2\right]\mathrm{d}z \tag{10.220}$$

其中

$$EI=EI_f+EI_b \tag{10.221}$$

$$GA=GA_f+GA_b \tag{10.222}$$

整体屈曲的模态函数可假设为

$$v(z)=A_1 H\left[1-\cos\left(\frac{\pi z}{2H}\right)\right]+A_3 H\left[1-\cos\left(\frac{3\pi z}{2H}\right)\right] \tag{10.223}$$

同样采用作者在钢梁屈曲分析中的方法,上式中引入了 H 参数。其目的是消去待定参数 A_1、A_3 的量纲,而直接得到无量纲的总势能。

将式(10.223)代入总势能方程式(10.220),可得

$$\Pi=\frac{1}{64\lambda^2}\left\{\begin{matrix}[\pi^4+4\pi^2\lambda^2-2(-4+\pi^2)\lambda^2\tilde{p}]A_1^2-48\lambda^2\tilde{p}A_1A_3+\\ [9\pi^2(9\pi^2+4\lambda^2)+2(4-9\pi^2)\lambda^2\tilde{p}]A_3^2\end{matrix}\right\} \tag{10.224}$$

其中

$$\tilde{p}=pH/GA,\quad \lambda^2=H^2\frac{GA}{EI} \tag{10.225}$$

均为无量纲参数。

【说明】

在高层结构设计中,λ 称为结构的刚性特征值,它是框架-支撑(剪力墙)结构的重要参数。它反映了结构中抗弯刚度与抗剪刚度的相对关系,λ 越大,表示结构抗剪刚度越大,反之则小。

图 10.39 为刚性特征值 λ 对框架-支撑(剪力墙)结构侧移的影响,从图中可见,当框架数量少,比如 $\lambda=1$ 时,侧移曲线凸向原始位置,变形属于弯曲型,但层间框架柱有局部弯曲变形;当框架数量多,比如 $\lambda=6$ 时,侧移曲线凹向原始位置,变形属于剪切型;当 λ 在 1~6 之间变化时,协同作用导致侧移曲线介于弯曲型与剪切型之间,下部略带弯曲型,而上部略带剪切型,称为弯剪型。

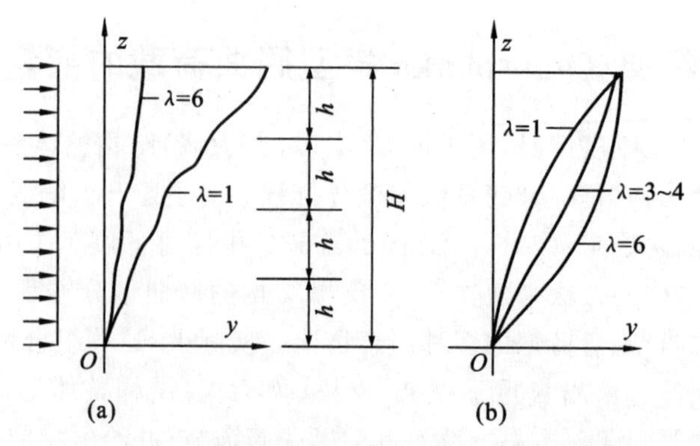

图 10.39 λ 值对框架-支撑(剪力墙)结构侧移的影响

(a)框架的侧移;(b)框架-支撑(剪力墙)的侧移

根据能量变分原理,可知屈曲的平衡条件为

$$\frac{\partial \Pi}{\partial A_1}=0, \quad \frac{\partial \Pi}{\partial A_3}=0 \tag{10.226}$$

从而有

$$\begin{pmatrix} \dfrac{\pi^4+4\pi^2\lambda^2-2(-4+\pi^2)\lambda^2\tilde{p}}{32\lambda^2} & -\dfrac{3\tilde{p}}{4} \\ -\dfrac{3\tilde{p}}{4} & \dfrac{9\pi^2(9\pi^2+4\lambda^2)+2(4-9\pi^2)\lambda^2\tilde{p}}{32\lambda^2} \end{pmatrix}\begin{pmatrix} A_1 \\ A_3 \end{pmatrix}=\begin{pmatrix} 0 \\ 0 \end{pmatrix} \tag{10.227}$$

为了保证待定系数 A_1 和 A_3 不同时为零,其系数行列式必为零,即

$$\mathrm{Det}\begin{pmatrix} \dfrac{\pi^4+4\pi^2\lambda^2-2(-4+\pi^2)\lambda^2\tilde{p}}{32\lambda^2} & -\dfrac{3\tilde{p}}{4} \\ -\dfrac{3\tilde{p}}{4} & \dfrac{9\pi^2(9\pi^2+4\lambda^2)+2(4-9\pi^2)\lambda^2\tilde{p}}{32\lambda^2} \end{pmatrix}=0 \tag{10.228}$$

从而得到屈曲方程

$$a\tilde{p}^2+b\tilde{p}+c=0 \tag{10.229}$$

式中

$$a=\frac{1}{256}(-128-40\pi^2+9\pi^4) \tag{10.230}$$

$$b=-\frac{\pi^2}{256\lambda^2}[45\pi^4-80\lambda^2+4\pi^2(-41+9\lambda^2)] \tag{10.231}$$

$$c=\frac{9(9\pi^8+40\pi^6\lambda^2+16\pi^4\lambda^4)}{1024\lambda^4} \tag{10.232}$$

式(10.229)的解为

$$\tilde{p}_{cr}(\lambda)=\frac{-b-\sqrt{b^2-4ac}}{2a} \tag{10.233}$$

根据式(10.225),可得

$$p_{cr}=\frac{GA}{H}\chi_s(\lambda) \tag{10.234}$$

式中,$\chi_s(\lambda)=\widetilde{p}_{cr}(\lambda)$为剪切屈曲系数,其与 λ 值的关系如图 10.40 所示。

可以证明,当 $\lambda\to\infty$时,剪切屈曲系数 $\chi_s(\lambda)\to 1.6416$,与自重下剪切杆的精确解析解较为接近。

根据 λ 值还可将上式改写为

$$P_{cr}=p_{cr}H=\frac{EI}{H^2}\chi_b(\lambda) \tag{10.235}$$

式中,P_{cr}为总临界荷载,$\chi_b(\lambda)=\lambda^2\widetilde{p}_{cr}(\lambda)$为弯曲屈曲系数,其与 λ 值的关系如图 10.41 所示。

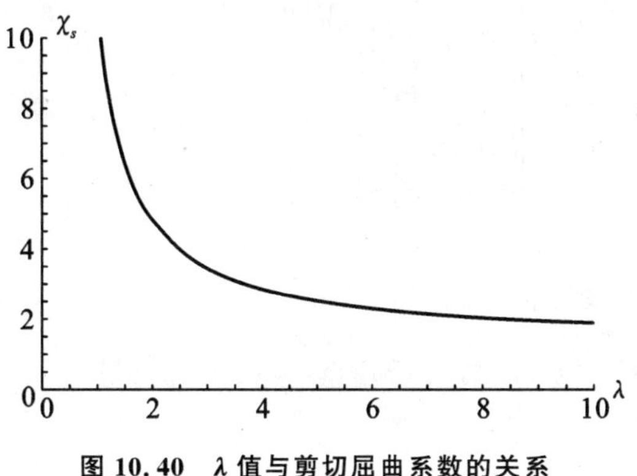

图 10.40 λ 值与剪切屈曲系数的关系

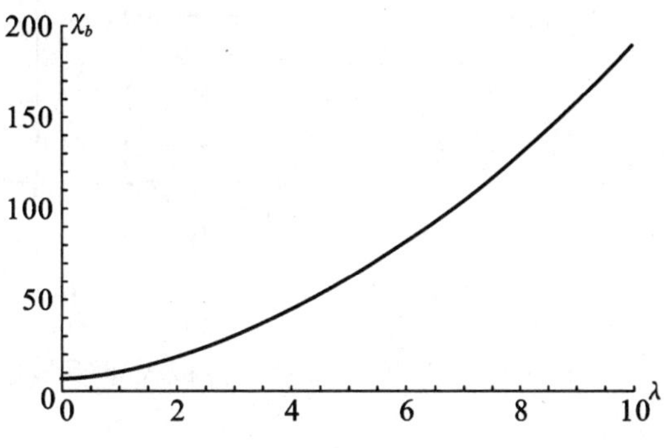

图 10.41 λ 值与弯曲屈曲系数的关系

10.4.5 Rosman 的解答

1973~1974 年,Rosman 研究了图 10.42 所示框架-剪力墙结构的屈曲问题。Rosman 根据图 10.43 的悬臂梁模型,给出了单位水平力作用点以上段和以下段的弯矩微分方程为

$$\frac{\mathrm{d}^2M_t}{\mathrm{d}x^2}-\frac{\lambda^2}{H^2}M_t=0 \quad (上段) \tag{10.236}$$

$$\frac{\mathrm{d}^2M_b}{\mathrm{d}x^2}-\frac{\lambda^2}{H^2}M_b=0 \quad (下段) \tag{10.237}$$

式中,$\lambda^2=H^2\dfrac{GA}{EI}$。

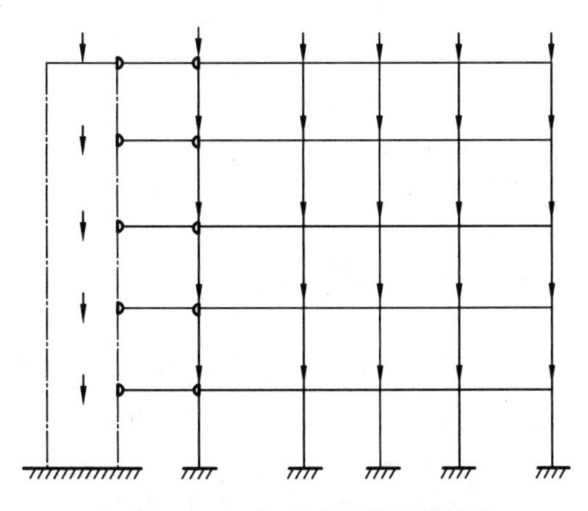

图 10.42 框架-剪力墙的计算模型

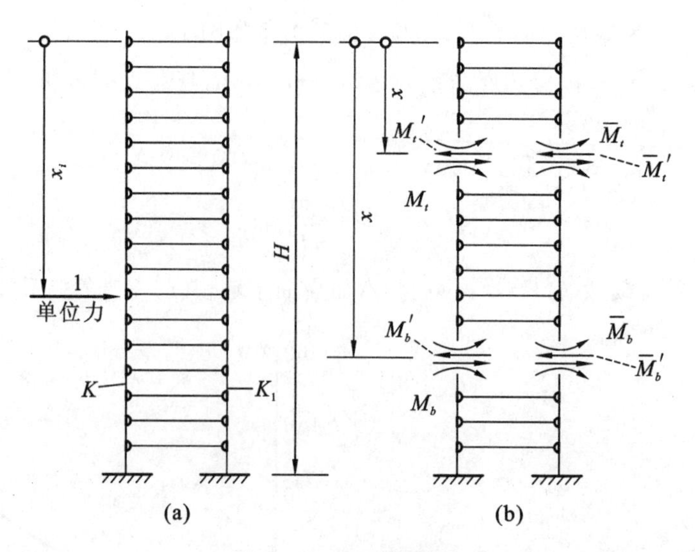

图 10.43　悬臂梁模型

根据底部和顶部边界条件以及上下段的连续性条件，可得任意点柔度系数(无量纲)的表达式为

$$f_{ji}=\frac{1}{\lambda^2}\left[1-\xi_j+\frac{1}{\lambda}\frac{\sinh\lambda\xi_i+(1+\sinh\lambda\sinh\lambda\xi_i)\sinh\lambda\xi_j}{\cosh\lambda}-\tanh\lambda-\sinh\lambda\xi_i\cosh\lambda\xi_j\right] \tag{10.238}$$

其中，f_{ji} 的物理意义为当单位水平力作用在 $\xi_i=x_i/H$ 时，在 $\xi_j=x_j/H$ 引起的侧向位移(影响系数)。上式仅适合 $\xi_j\geqslant\xi_i$ 的情况。根据 Maxwell 定理，$f_{ij}=f_{ji}$。

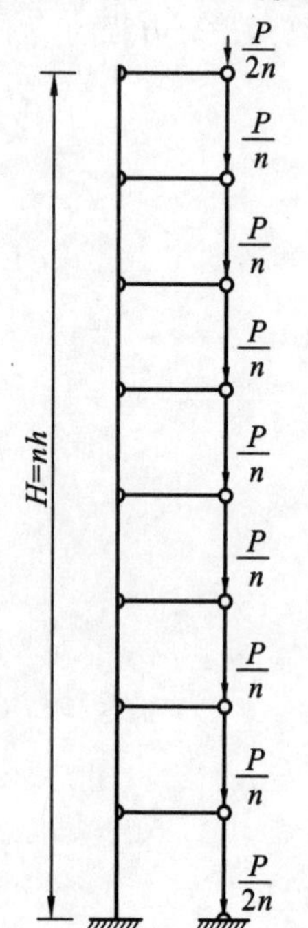

图 10.44　悬臂梁力学模型

Rosman 将总高度分为 n 等份，总荷载 P 按照图 10.44 所示的分布方式集中在各节点。

我们知道，结构屈曲的刚度方程为

$$\boldsymbol{KU}-\lambda\boldsymbol{K}_G\boldsymbol{U}=\boldsymbol{O} \tag{10.239}$$

式中，$\boldsymbol{K}_G$ 为几何刚度矩阵。

若用$\frac{1}{\lambda}\boldsymbol{K}^{-1}$前乘上式，即

$$\frac{1}{\lambda}\boldsymbol{K}^{-1}(\boldsymbol{KU}-\lambda\boldsymbol{K}_G\boldsymbol{U})=\boldsymbol{O} \tag{10.240}$$

则有

$$\frac{1}{\lambda}\boldsymbol{U}=\boldsymbol{SU} \tag{10.241}$$

式中，$\boldsymbol{S}$ 代表着结构所有的屈曲特性，可称之为“屈曲矩阵”，其形式为

$$\boldsymbol{S}=\boldsymbol{K}^{-1}\boldsymbol{K}_G=\boldsymbol{f}\boldsymbol{K}_G \tag{10.242}$$

需要注意，虽然 $\boldsymbol{K}$ 和 $\boldsymbol{K}_G$ 都是对称矩阵，但屈曲矩阵 $\boldsymbol{S}$ 却是非对称矩阵。

Rosman 给出的屈曲方程形式为

$$|\boldsymbol{S}-\lambda\boldsymbol{I}|=0 \tag{10.243}$$

此式与式(10.241)类似，其中，$\lambda=EI/(H^2P)$，而$\boldsymbol{S}=\boldsymbol{f\rho}$，$\boldsymbol{f}$的系数由式(10.238)确定，$\boldsymbol{\rho}$的系数为

$$\left.\begin{aligned}&\rho_{11}=0.5\\&\rho_{jj}=2(j-1)\qquad(j=2,3,\cdots,n)\\&\rho_{j,j+1}=0.5-j\qquad(j=1,2,\cdots,n-1)\end{aligned}\right\} \tag{10.244}$$

利用数值方法或第8章介绍的逆迭代法求解式(10.243)，即可得到临界荷载为

$$P_{cr}=\frac{EI}{H^2}s \tag{10.245}$$

式中，s为Rosman给出的屈曲系数，其数值如表10.2所示。

表10.2　Rosman给出的屈曲系数s

λ	s	λ	s	λ	s
0.00	7.84	3.40	36.4	6.80	97.0
0.10	7.90	3.50	37.8	6.90	99.2
0.20	7.97	3.60	39.3	7.00	101.4
0.30	8.14	3.70	40.8	7.10	103.6
0.40	8.33	3.80	42.3	7.20	105.8
0.50	8.61	3.90	43.8	7.30	108.1
0.60	8.94	4.00	45.3	7.40	110.4
0.70	9.28	4.10	46.9	7.50	112.7
0.80	9.74	4.20	48.5	7.60	115.0
0.90	10.3	4.30	50.1	7.70	117.4
1.00	10.8	4.40	51.7	7.80	119.7
1.10	11.4	4.50	53.3	7.90	122.1
1.20	12.1	4.60	55.0	8.00	124.6
1.30	12.8	4.70	56.7	8.10	127.0
1.40	13.5	4.80	58.4	8.20	129.5
1.50	14.3	4.90	60.1	8.30	132.0
1.60	15.2	5.00	61.8	8.40	134.5
1.70	16.1	5.10	63.6	8.50	137.1
1.80	17.0	5.20	65.4	8.60	139.6
1.90	18.0	5.30	67.2	8.70	142.2

续表 10.2

λ	s	λ	s	λ	s
2.00	19.0	5.40	69.0	8.80	144.8
2.10	20.0	5.50	70.9	8.90	147.5
2.20	21.1	5.60	72.8	9.00	150.2
2.30	22.2	5.70	74.7	9.10	152.8
2.40	23.4	5.80	76.6	9.20	155.6
2.50	24.6	5.90	78.5	9.30	158.3
2.60	25.8	6.00	80.5	9.40	161.1
2.70	27.0	6.10	82.5	9.50	163.8
2.80	28.3	6.20	84.5	9.60	166.7
2.90	29.6	6.30	86.5	9.70	169.5
3.00	30.9	6.40	88.6	9.80	172.3
3.10	32.2	5.50	90.6	9.90	175.2
3.20	33.6	6.60	92.7	10.00	178.1
3.30	35.0	6.70	94.9		

图 10.45 为本书解析解式(10.235)与 Rosman 数值解的对比，从图中可以看出，本书前述的解析解与 Rosman 数值解吻合较好，且在 $\lambda<6$ 时两者几乎重合，这说明本书提出的非经典 Timoshenko 模型是正确的。

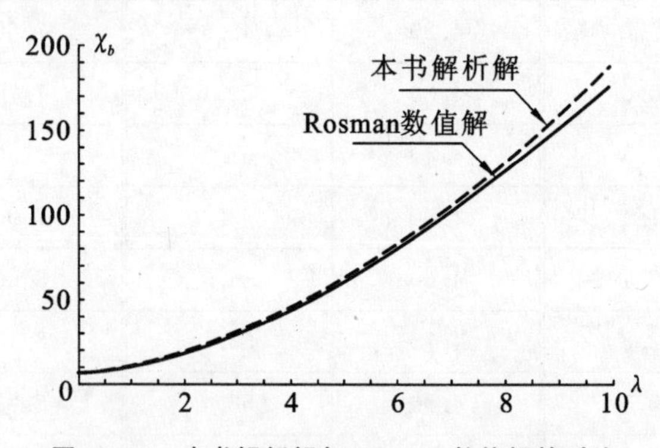

图 10.45 本书解析解与 Rosman 数值解的对比

10.4.6 框架-支撑(剪力墙)结构的稳定设计建议

因为本书的前述解答式(10.233)是依据两项三角级数得到的，故称其为“二阶近似解答”。若继续增加位移函数式(10.223)中三角函数的项数，则计算精度可进一步提高。

可以证明,当位移函数取为

$$v(z)=\sum_{m=1}^{\infty}HA_m\left[1-\cos\frac{(2m-1)\pi z}{2L}\right] \tag{10.246}$$

即三角函数的项数为无穷多时,则可得到上述问题的精确解。限于篇幅,略去相关推导(详细推导参见 4.1 节)。

根据精确解,利用 1stOpt 软件可回归得到 $\chi_b(\lambda)$ 与 λ 值的关系为

$$\chi_b(\lambda)=7.837-5.0499\lambda+8.9562\lambda^{1.5}-1.0535\lambda^2+0.0429\lambda^3 \tag{10.247}$$

上式在 $\lambda=0$ 时,$\chi_b(\lambda)=7.837$,与自重作用下具有抗弯刚度 EI 的 Euler 柱弯曲屈曲荷载系数相同。

综上,均布竖向荷载 p 下框架-支撑(剪力墙)结构整体屈曲荷载为

$$p_{cr}=\frac{EI}{H^3}\chi_b(\lambda) \tag{10.248}$$

或者

$$p_{cr}=\frac{GA}{H}\chi_s(\lambda) \tag{10.249}$$

式中,$\chi_b(\lambda)$为弯曲屈曲系数,其与 λ 值的关系可精确地表示为式(10.247);$\chi_s(\lambda)$为剪切屈曲系数,它与 $\chi_b(\lambda)$的关系为

$$\chi_s(\lambda)=\frac{\chi_b(\lambda)}{\lambda^2} \tag{10.250}$$

如前所述,当 $\lambda\to 0$ 时,弯曲屈曲系数 $\chi_b(\lambda)\to 7.837$,与自重下 Euler 柱的弯曲屈曲荷载系数衔接;当 $\lambda\to\infty$时,剪切屈曲系数 $\chi_s(\lambda)\to 1.6416$,与自重下剪切杆的剪切屈曲荷载系数衔接。换句话说,高层框架-支撑(剪力墙)结构整体屈曲属于弯剪型,其屈曲荷载必定介于纯弯曲型和纯剪切型屈曲荷载之间,即

$$1.6416\frac{GA}{H}\leqslant p_{cr}\leqslant 7.837\frac{EI}{H^3} \tag{10.251}$$

本书提出的上述设计公式反映了这样的物理本质,且形式简洁,精度高,可供设计规范参考。

10.5 夹层柱模型:能量变分模型与串并联模型

虽然 Timoshenko 梁模型是一种非常重要的力学模型,但此模型对于某些问题是不适用的,比如图 10.46 所示的夹心梁。因为夹心梁理论在航空航天、船舶、土木工程等众多领域都有应用,因此世界各国学者对夹心梁的静力、振动和稳定问题进行了广泛的研究,已经初步形成了一套较为系统完整的分析理论和方法。

目前对夹心梁屈曲的研究方法大都是基于平衡法来建立平衡微分方程,再求解微分方程获得需要的解。比如,最近 J Blaauwendraad(2010 年)基于平衡法建立了图 10.46 所示轴压夹层柱的屈曲微分方程,并给出了简支夹层柱的屈曲荷载,据此对前述的 Engesser-Haringx 佯谬进行了精彩的诠释。然而,查阅文献可知,在夹心梁屈曲方面尚未见到相关的能量变分模型。本节将简要介绍作者在此方面的理论与应用研究成果。

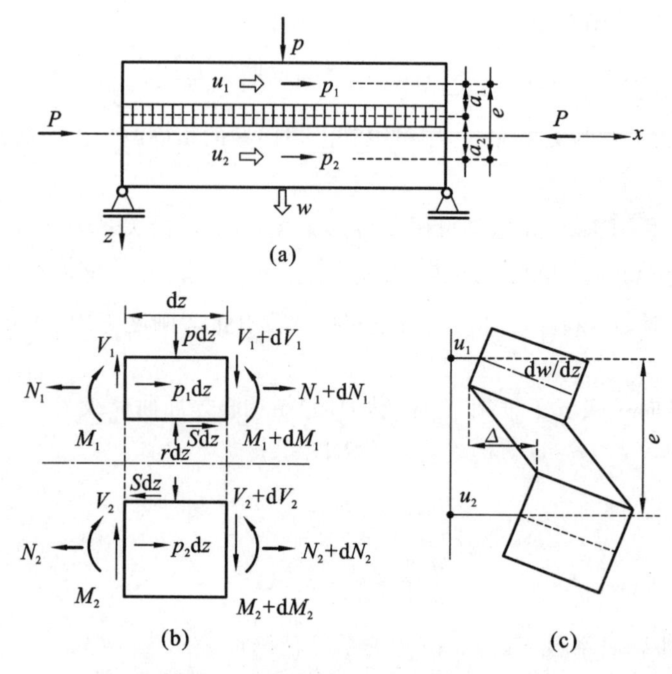

图 10.46　夹心梁模型的受力与变形分析

(a)模型图;(b)受力图;(c)变形图

10.5.1　问题描述

本书仍以图 10.46 所示轴压夹层柱为研究对象。用数字 1、2 分别表示上表层和下表层。假设上下表层的弹性模量相同,均为 E,上下表层的面积分别为 A_1、A_2,惯性矩分别为 I_1、I_2;夹心层为弹性材料且只能抗剪,抗剪刚度为 k_s(量纲为[力]/[长度]);夹层柱长度为 L。假设横向荷载为 p,轴压力为 P,且作用在夹层柱的形心上。

10.5.2　未知量与基本方程

夹层柱的变形可以用三个独立变量,即上下表层的轴向位移 $u_1(z)$、$u_2(z)$和夹层柱的横向位移 $w(z)$来描述。因此与 Timoshenko 的双变量模型不同,为了描述夹心层的剪切变形影响,本书给出的夹层柱模型为三变量模型。

在夹层柱模型中,上下表层具有轴向刚度和弯曲刚度,且上下表层的弯曲变形符合平截面假设,而夹心层仅具有抗剪刚度。

(1) 上下表层的应变能

根据材料力学知识可知,上下表层的轴向应变为

$$\varepsilon_1=\frac{\mathrm{d}u_1}{\mathrm{d}z},\varepsilon_2=\frac{\mathrm{d}u_2}{\mathrm{d}z} \tag{10.252}$$

上下表层的弯曲曲率相同,均为

$$\kappa=-\frac{\mathrm{d}^2 w}{\mathrm{d}z^2} \tag{10.253}$$

物理方程为

$$N_1=EA_1\varepsilon_1, N_2=EA_2\varepsilon_2, M_1=EI_1\kappa, M_2=EI_2\kappa \tag{10.254}$$

据此可得上下表层的应变能为

$$\begin{aligned}U_1&=\frac{1}{2}\int_0^L(N_1\varepsilon_1+N_2\varepsilon_2+M_1\kappa+M_2\kappa)\mathrm{d}z\\&=\frac{1}{2}\int_0^L\left[EA_1\left(\frac{\mathrm{d}u_1}{\mathrm{d}z}\right)^2+EA_2\left(\frac{\mathrm{d}u_2}{\mathrm{d}z}\right)^2+EI_f\left(\frac{\mathrm{d}^2w}{\mathrm{d}z^2}\right)^2\right]\mathrm{d}z\end{aligned} \tag{10.255}$$

式中，$EI_f=EI_1+EI_2$ 为上下表层的抗弯刚度之和。

(2) 夹心层的应变能

根据图 10.46(c)所示的变形关系，可知夹心层的滑移量为

$$\Delta_s=-u_1+u_2+e\frac{\mathrm{d}w}{\mathrm{d}z} \tag{10.256}$$

物理方程为

$$S=k_s\Delta_s \tag{10.257}$$

从而可得夹心层的应变能为

$$U_2=\frac{1}{2}\int_0^L S\Delta_s\mathrm{d}z=\frac{1}{2}\int_0^L k_s\Delta_s^2\mathrm{d}z=\int_0^L\frac{1}{2}\left[k_s\left(-u_1+u_2+e\frac{\mathrm{d}w}{\mathrm{d}z}\right)^2\right]\mathrm{d}z \tag{10.258}$$

(3) 初应力势能

$$V_1=-\frac{1}{2}\int_0^L P\left(\frac{\mathrm{d}w}{\mathrm{d}z}\right)^2\mathrm{d}z \tag{10.259}$$

(4) 横向荷载势能

$$V_2=-\int_0^L pw\,\mathrm{d}z \tag{10.260}$$

10.5.3 能量变分模型

根据前述分析可得夹层柱的总势能为

$$\Pi=U_1+U_2+V_1+V_2 \tag{10.261}$$

或者

$$\Pi=\frac{1}{2}\int_0^L\left[\begin{array}{l}EA_1\left(\dfrac{\mathrm{d}u_1}{\mathrm{d}z}\right)^2+EA_2\left(\dfrac{\mathrm{d}u_2}{\mathrm{d}z}\right)^2+EI_f\left(\dfrac{\mathrm{d}^2w}{\mathrm{d}z^2}\right)^2+\\k_s\left(-u_1+u_2+e\dfrac{\mathrm{d}w}{\mathrm{d}z}\right)^2-P\left(\dfrac{\mathrm{d}w}{\mathrm{d}z}\right)^2-2pw\end{array}\right]\mathrm{d}z \tag{10.262}$$

这就是作者推导得到的横向荷载为 p 和轴压力为 P 共同作用下夹层柱的总势能。

该方程是通用的，既可用于夹层柱的静力分析，也可用于屈曲分析，还可用于分析变刚度和 P-Δ 效应的影响。若加入惯性力势能，还可以研究振动问题。

至此，我们可将夹层柱问题转化为这样一个能量变分模型：在 $0\leqslant z\leqslant L$ 的区间内寻找三个函数 $u_1(z)$、$u_2(z)$ 和 $w(z)$，使它们满足规定的几何边界条件，并使由下式

$$\Pi=\int_0^L F(u_1',u_2',w'',w',w)\mathrm{d}z \tag{10.263}$$

其中

$$F(u_1',u_2',w'',w',w)=\frac{1}{2}\left[\begin{array}{l}EA_1\left(\frac{\mathrm{d}u_1}{\mathrm{d}z}\right)^2+EA_2\left(\frac{\mathrm{d}u_2}{\mathrm{d}z}\right)^2+EI_f\left(\frac{\mathrm{d}^2w}{\mathrm{d}z^2}\right)^2+\\k_s\left(-u_1+u_2+e\frac{\mathrm{d}w}{\mathrm{d}z}\right)^2-P\left(\frac{\mathrm{d}w}{\mathrm{d}z}\right)^2-2pw\end{array}\right]\tag{10.264}$$

定义的能量泛函取最小值。

10.5.4 微分方程模型

依据前面推导得到的能量变分模型，还可以方便地推出夹层柱屈曲（令 $p=0$）的微分方程模型。

(1) 平衡方程与边界条件

对 δw：

$$\frac{\partial F}{\partial w}=0,\frac{\partial F}{\partial w'}=ek_s\left(-u_1+u_2+e\frac{\mathrm{d}w}{\mathrm{d}z}\right)-P\frac{\mathrm{d}w}{\mathrm{d}z}\tag{10.265}$$

$$\frac{\partial F}{\partial w''}=EI_f\frac{\mathrm{d}^2w}{\mathrm{d}z^2}\tag{10.266}$$

根据欧拉方程

$$\frac{\partial F}{\partial w}-\frac{\mathrm{d}}{\mathrm{d}z}\left(\frac{\partial F}{\partial w'}\right)+\frac{\mathrm{d}^2}{\mathrm{d}z^2}\left(\frac{\partial F}{\partial w''}\right)=0\tag{10.267}$$

可得

$$EI_f\frac{\mathrm{d}^4w}{\mathrm{d}z^4}-ek_s\left(-\frac{\mathrm{d}u_1}{\mathrm{d}z}+\frac{\mathrm{d}u_2}{\mathrm{d}z}+e\frac{\mathrm{d}^2w}{\mathrm{d}z^2}\right)+P\frac{\mathrm{d}^2w}{\mathrm{d}z^2}=0\tag{10.268}$$

边界条件

$\delta w=0$ 或

$$\frac{\partial F}{\partial w'}=ek_s\left(-u_1+u_2+e\frac{\mathrm{d}w}{\mathrm{d}z}\right)-P\frac{\mathrm{d}w}{\mathrm{d}z}=0\tag{10.269}$$

$\delta w'=0$ 或

$$\frac{\partial F}{\partial w''}=EI_f\frac{\mathrm{d}^2w}{\mathrm{d}z^2}=0\tag{10.270}$$

对 δu_1：

$$\frac{\partial F}{\partial u_1}=-k_s\left(-u_1+u_2+e\frac{\mathrm{d}w}{\mathrm{d}z}\right),\quad\frac{\partial F}{\partial u_1'}=EA_1\frac{\mathrm{d}u_1}{\mathrm{d}z}\tag{10.271}$$

根据欧拉方程

$$\frac{\partial F}{\partial u_1}-\frac{\mathrm{d}}{\mathrm{d}z}\left(\frac{\partial F}{\partial u_1'}\right)=0\tag{10.272}$$

可得

$$-EA_1\frac{\mathrm{d}^2u_1}{\mathrm{d}z^2}-k_s\left(-u_1+u_2+e\frac{\mathrm{d}w}{\mathrm{d}z}\right)=0\tag{10.273}$$

边界条件

$\delta u_1=0$ 或者

$$\frac{\partial F}{\partial u_1'}=EA_1\frac{\mathrm{d}u_1}{\mathrm{d}z}=0\tag{10.274}$$

对 δu_2：

$$\frac{\partial F}{\partial u_2}=k_s\left(-u_1+u_2+e\frac{\mathrm{d}w}{\mathrm{d}z}\right),\quad \frac{\partial F}{\partial u_2'}=EA_2\frac{\mathrm{d}u_2}{\mathrm{d}z} \tag{10.275}$$

根据欧拉方程

$$\frac{\partial F}{\partial u_2}-\frac{\mathrm{d}}{\mathrm{d}z}\left(\frac{\partial F}{\partial u_2'}\right)=0 \tag{10.276}$$

可得

$$-EA_2\frac{\mathrm{d}^2u_2}{\mathrm{d}z^2}+k_s\left(-u_1+u_2+e\frac{\mathrm{d}w}{\mathrm{d}z}\right)=0 \tag{10.277}$$

边界条件

$\delta u_2=0$ 或者

$$\frac{\partial F}{\partial u_2'}=EA_2\frac{\mathrm{d}u_2}{\mathrm{d}z}=0 \tag{10.278}$$

(2) 平衡方程的汇总

平衡方程汇总如下

$$-EA_1\frac{\mathrm{d}^2u_1}{\mathrm{d}z^2}-k_s\left(-u_1+u_2+e\frac{\mathrm{d}w}{\mathrm{d}z}\right)=0 \tag{10.279}$$

$$-EA_2\frac{\mathrm{d}^2u_2}{\mathrm{d}z^2}+k_s\left(-u_1+u_2+e\frac{\mathrm{d}w}{\mathrm{d}z}\right)=0 \tag{10.280}$$

$$EI_f\frac{\mathrm{d}^4w}{\mathrm{d}z^4}-ek_s\left(-\frac{\mathrm{d}u_1}{\mathrm{d}z}+\frac{\mathrm{d}u_2}{\mathrm{d}z}\right)+(P-e^2k_s)\frac{\mathrm{d}^2w}{\mathrm{d}z^2}=0 \tag{10.281}$$

或者简写为

$$\begin{pmatrix} -EA_1\frac{\mathrm{d}^2}{\mathrm{d}z^2}+k_s & -k_s & -ek_s\frac{\mathrm{d}}{\mathrm{d}z} \\ -k_s & -EA_2\frac{\mathrm{d}^2}{\mathrm{d}z^2}+k_s & ek_s\frac{\mathrm{d}}{\mathrm{d}z} \\ ek_s\frac{\mathrm{d}}{\mathrm{d}z} & -ek_s\frac{\mathrm{d}}{\mathrm{d}z} & EI_f\frac{\mathrm{d}^4}{\mathrm{d}z^4}+(P-e^2k_s)\frac{\mathrm{d}^2}{\mathrm{d}z^2} \end{pmatrix}\begin{pmatrix} u_1 \\ u_2 \\ w \end{pmatrix}=\begin{pmatrix} 0 \\ 0 \\ 0 \end{pmatrix} \tag{10.282}$$

这就是我们依据能量变分模型推导得到的轴向力作用下夹层柱屈曲的微分方程。

此方程与 J Blaauwendraad(2010 年)基于平衡法给出的夹层柱屈曲方程完全相同。说明本书给出的夹层柱能量变分模型是正确的。

(3) 简单情况的边界条件

上述边界条件的不同组合可以用来模拟各种边界条件。对于简支柱和悬臂柱其边界条件为

$$\text{简支柱}\begin{cases} w=w''=0 \\ EA_1\frac{\mathrm{d}u_1}{\mathrm{d}z}=0,\quad EA_2\frac{\mathrm{d}u_2}{\mathrm{d}z}=0 \end{cases} \tag{10.283}$$

$$\text{悬臂柱:固定端}\begin{cases} w=w'=0 \\ u_1=0,\quad u_2=0 \end{cases} \tag{10.284}$$

$$
\text{悬臂柱：自由端}\begin{cases} ek_s\left(-u_1+u_2+e\dfrac{\mathrm{d}w}{\mathrm{d}z}\right)-P\dfrac{\mathrm{d}w}{\mathrm{d}z}=0 \\ EI_f\dfrac{\mathrm{d}^2w}{\mathrm{d}z^2}=0,\quad EA_1\dfrac{\mathrm{d}u_1}{\mathrm{d}z}=0,\quad EA_2\dfrac{\mathrm{d}u_2}{\mathrm{d}z}=0 \end{cases} \tag{10.285}
$$

10.5.5 简支夹层柱的微分方程解答

简支夹层柱的微分方程解答由 J Blaauwendraad(2010 年)给出。对于简支压杆,J Blaauwendraad 假设屈曲微分方程的解答为

$$
u_1=\hat{u}_1\cos\left(\frac{\pi z}{L}\right),\quad u_2=\hat{u}_2\cos\left(\frac{\pi z}{L}\right),\quad w=\hat{w}\sin\left(\frac{\pi z}{L}\right) \tag{10.286}
$$

将上式代入式(10.282),可得

$$
\begin{pmatrix} k_1+k_s & -k_s & -ek_s\dfrac{\pi}{L} \\ -k_s & k_2+k_s & ek_s\dfrac{\pi}{L} \\ -ek_s\dfrac{\pi}{L} & ek_s\dfrac{\pi}{L} & \left(\dfrac{\pi}{L}\right)^2[P_f+(e^2k-P_s)] \end{pmatrix}\begin{pmatrix}\hat{u}_1\\ \hat{u}_2\\ \hat{w}\end{pmatrix}=\begin{pmatrix}0\\0\\0\end{pmatrix} \tag{10.287}
$$

其中

$$
P_f=\frac{\pi^2EI_f}{L^2},\quad k_1=\frac{\pi^2EA_1}{L^2},\quad k_2=\frac{\pi^2EA_2}{L^2} \tag{10.288}
$$

若 $\hat{u}_1$、$\hat{u}_2$ 和 $\hat{w}$ 有非零解,则必有式(10.287)的系数行列式为零,从而得到

$$
(k_1k_2+k_1k_s+k_2k_s)(P_f-P_{cr})+k_1k_2k_se^2=0 \tag{10.289}
$$

解之得

$$
P_{cr}=P_f+\frac{k_1k_2k_s}{k_1k_2+k_1k_s+k_2k_s}e^2 \tag{10.290}
$$

或者

$$
P_{cr}=P_f+\frac{1}{\dfrac{1}{e^2k_1}+\dfrac{1}{e^2k_2}+\dfrac{1}{e^2k_s}} \tag{10.291}
$$

为了解释上式的物理意义,J Blaauwendraad(2010 年)定义了如下两个屈曲荷载

$$
P_b=\frac{\pi^2EI_0}{L^2}=\frac{e^2k_1k_2}{k_1+k_2} \tag{10.292}
$$

$$
P_s=e^2k_s \tag{10.293}
$$

分别为扣除 EI_f 影响的夹心柱 Euler 荷载和依据夹心特性确定的剪切屈曲荷载。

据此,可将式(10.291)改写为

$$
P_{cr}=P_f+\frac{1}{\dfrac{1}{P_b}+\dfrac{1}{P_s}}=P_f+\frac{P_bP_s}{P_b+P_s} \tag{10.294}
$$

或者

$$
P_{cr}=P_f+P_{\text{Engesser}} \tag{10.295}
$$

式中,$P_{\text{Engesser}}=\dfrac{P_bP_s}{P_b+P_s}$。

即当上下表层很薄时,夹心柱屈曲荷载与 Engesser 给出的屈曲荷载相近,否则需要叠加上下表层绕自身形心轴屈曲的 Euler 荷载之和。因此对于夹心柱而言,Engesser 公式是正确的,而 Haringx 公式是不正确的。这就是 J Blaauwendraad(2010 年)对夹心柱屈曲荷载构成的精彩解释。

上述研究提示我们,夹心柱的屈曲荷载可以通过图 10.47 所示的串并联模型来得到。此模型对于我们研究多重结构构成的高层或高耸结构整体屈曲有重要的借鉴价值。

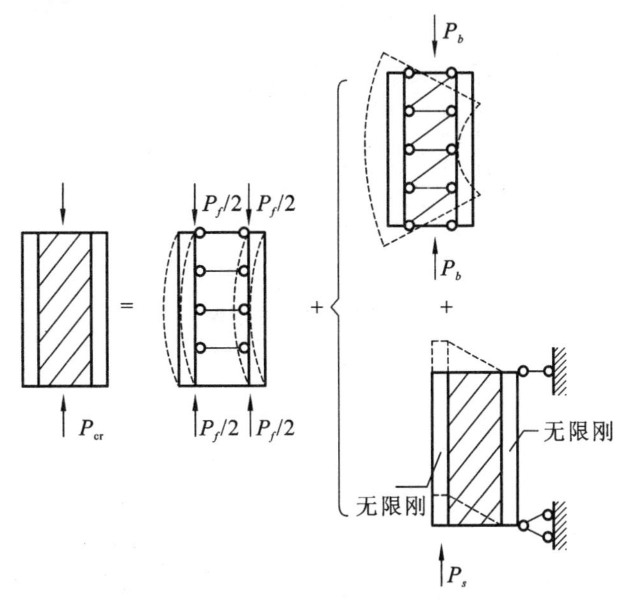

图 10.47 夹心柱屈曲荷载的串并联模型

10.5.6 基于串并联模型的双肢墙整体屈曲荷载与设计公式

(1) 基于串并联模型的双肢墙整体屈曲荷载

以图 10.48 所示的轴压双肢墙整体屈曲问题为例,两个分肢墙是主要受力构件,相当于夹心柱的上下表皮,而连梁是保证两个墙肢协同工作的基础,相当于夹心柱的夹心。因此,双肢墙整体屈曲问题也可用前述的夹层柱能量变分模型来求解,也可用图 10.49 所示的串并联模型来得到。限于篇幅,这里仅介绍后者,前者留作读者练习。

图 10.49(b)所示模型的构成特点是,两个分肢由刚性连杆连接。假设两个分肢相同,则此时每个分肢相当于独立的悬臂柱,即绕自身形心轴发生 Euler 柱弯曲屈曲,其屈曲荷载为

$$\frac{P_f}{2}=\frac{\pi^2 EI_1}{4H^2} \tag{10.296}$$

或者

$$P_f=\frac{\pi^2 EI_f}{4H^2} \tag{10.297}$$

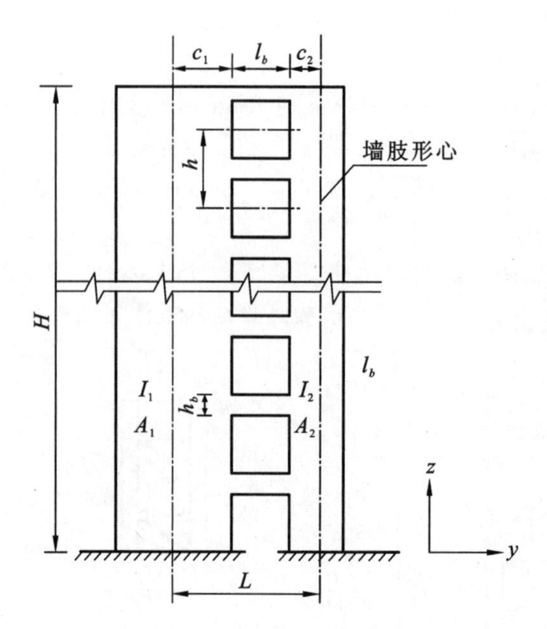

图 10.48　双肢剪力墙模型

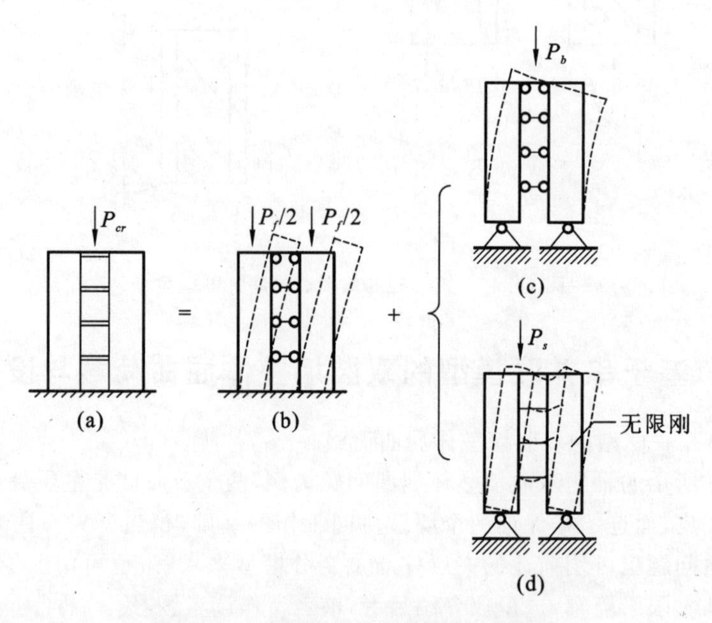

图 10.49　双肢墙屈曲荷载的串并联模型

式中，EI_1 为一个分肢的抗弯刚度，H 为双肢墙的总高度，EI_f 为两个分肢的抗弯刚度之和，即

$$EI_f = EI_1 + EI_2 \tag{10.298}$$

图 10.49(c)所示模型中的分肢相当于桁架弦杆，即抗弯刚度为零，只有轴向刚度。参照缀条柱，可知此时两个分肢整体抗弯，其抗弯刚度和弯曲屈曲荷载分别为

$$EI_0=E\frac{A_1A_2}{A_1+A_2}L^2 \tag{10.299}$$

$$P_b=\frac{\pi^2 EI_0}{4H^2} \tag{10.300}$$

式中，L 为两个分肢的形心距。

图 10.49(d)所示模型中的分肢为无限刚性，而与分肢刚接的连梁为弹性，与夹心层类似，仅能抵抗剪力。假设连梁的抗剪刚度为 k_s，则参照 J Blaauwendraad 的定义，可得

$$P_s=L^2k_s \tag{10.301}$$

上式中连梁的抗剪刚度为 k_s 可以依据应变能等效的原则来确定。方法如下：

根据我们前述的定义，夹心柱中夹心层的应变能为

$$\overline{U}_b=\frac{1}{2}\int_0^H k_s\Delta_s^2\mathrm{d}z \tag{10.302}$$

下面来研究双肢墙中连梁的应变能。

根据图 10.50 所示的几何关系，可知连梁左端的位移和转角为

$$w_L=-c_1\frac{\mathrm{d}v}{\mathrm{d}z},\theta_L=\frac{\mathrm{d}v}{\mathrm{d}z} \tag{10.303}$$

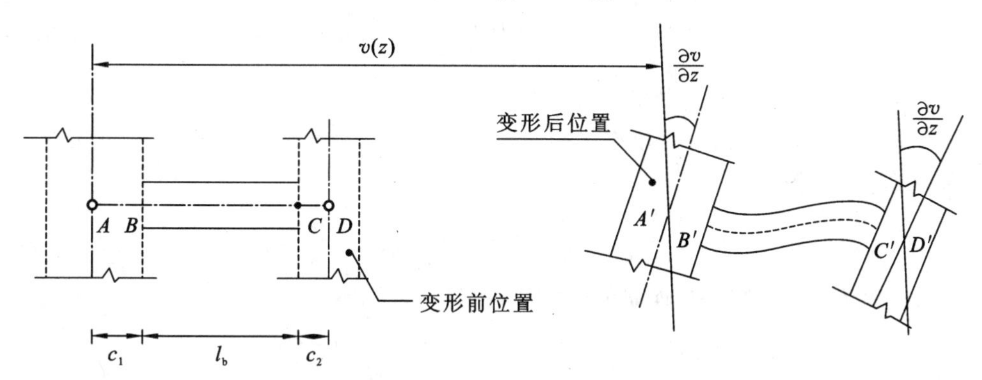

图 10.50　连梁的变形图

连梁右端的位移和转角为

$$w_R=c_2\frac{\mathrm{d}v}{\mathrm{d}z},\quad \theta_R=\frac{\mathrm{d}v}{\mathrm{d}z} \tag{10.304}$$

根据上一章 Timoshenko 梁的单元刚度矩阵可知，连梁的杆端力与位移的关系，即本构方程为

$$\begin{pmatrix}F_L\\M_L\\F_R\\M_R\end{pmatrix}=\frac{E_bI_b}{l_b(1+12\Phi)}\begin{pmatrix}\frac{12}{l_b^2} & -\frac{6}{l_b} & -\frac{12}{l_b^2} & -\frac{6}{l_b}\\ & (4+12\Phi) & \frac{6}{l_b} & (2-12\Phi)\\ \text{对} & & \frac{12}{l_b^2} & \frac{6}{l_b}\\ & \text{称} & & (4+12\Phi)\end{pmatrix}\begin{pmatrix}w_L\\\theta_L\\w_R\\\theta_R\end{pmatrix} \tag{10.305}$$

或者简写为

$$\boldsymbol{F}_b=\boldsymbol{k}_e\boldsymbol{U}_b \tag{10.306}$$

其中，$\boldsymbol{F}_b=(F_L\quad M_L\quad F_R\quad M_R)^{\mathrm{T}}$ 为连梁杆端力列向量，$\boldsymbol{U}_b=(w_L\quad \theta_L\quad w_R\quad \theta_R)^{\mathrm{T}}$ 为连梁杆端位移列向量，$\boldsymbol{k}_e$ 为连梁的刚度矩阵，即

$$\boldsymbol{k}_e=\frac{E_bI_b}{l_b(1+12\Phi)}\begin{pmatrix}\frac{12}{l_b^2} & -\frac{6}{l_b} & -\frac{12}{l_b^2} & -\frac{6}{l_b}\\ & (4+12\Phi) & \frac{6}{l_b} & (2-12\Phi)\\ \text{对} & & \frac{12}{l_b^2} & \frac{6}{l_b}\\ & \text{称} & & (4+12\Phi)\end{pmatrix} \tag{10.307}$$

式中，$\Phi=\dfrac{E_bI_b}{G_bA_bl_b^2}$。其中，$E_bI_b$、$G_bA_b$ 分别为连梁的抗弯刚度和抗剪刚度。

根据有限元中的能量原理，可知此时单根（第 i 根）连梁的应变能可简洁地表述为

$$U_{bi}=\frac{1}{2}\boldsymbol{F}_b^{\mathrm{T}}\boldsymbol{U}_b=\frac{1}{2}\boldsymbol{U}_b^{\mathrm{T}}\boldsymbol{k}_e\boldsymbol{U}_b \tag{10.308}$$

将式(10.303)～式(10.306)代入上式，根据矩阵乘积知识易得

$$U_{bi}=\frac{1}{2}\frac{12E_bI_b}{l_b^3(1+12\Phi)}\left(L\frac{\partial v}{\partial z}\right)^2 \tag{10.309}$$

式中，$L=l_b+c_1+c_2$ 为左右墙肢的形心距(图 10.48)。

需要注意的是，上式仅为单根连梁的应变能。为了得到连续化模型，必须将此刚度在层高范围内做平均，即

$$\overline{U}_{bi}=\frac{U_{bi}}{h_i}=\frac{1}{2h_i}\cdot\frac{12E_bI_b}{l_b^3(1+12\Phi)}\left(L\frac{\partial v}{\partial z}\right)^2 \tag{10.310}$$

若双肢墙为 N 层，则所有连梁的应变能可以通过求和得到，即

$$U_b=\sum_{i=1}^{N}\overline{U}_{bi}h_i=\sum_{i=1}^{N}\frac{1}{2h_i}\frac{12E_bI_b}{l_b^3(1+12\Phi)}\left(L\frac{\partial v}{\partial z}\right)^2\times h_i \tag{10.311}$$

显然，这与将平均之前的所有连梁应变能相加的结果相同。

为了得到连续化模型，还需要假设所有连梁截面相同，且层高相等，即 $h_i=h$。若令层高等于微段长度，即 $h=\mathrm{d}z$，则根据微积分知识，可将式(10.311)的求和形式近似用积分形式表示，即

$$U_b=\sum_{i=1}^{N}\overline{U}_{bi}h_i\approx\int_0^H\frac{1}{2h}\cdot\frac{12E_bI_b}{l_b^3(1+12\Phi)}\left(L\frac{\partial v}{\partial z}\right)^2\times\mathrm{d}z \tag{10.312}$$

显然，若楼层数目足够多，比如 6 层以上时，以上从求和转换为积分的连续化方法就是足够精确的。

这就是如何将连梁加以连续化的基本原理。这个原理也可简称为“连续化基本原理”。这个原理在本章曾多次得到应用。这是个很有用的原理，可以帮助我们将离散化的模型转化为连续化模型，后面我们在分析蜂窝梁组合扭转时还会用到。

若忽略了上述连续化的问题，就会在理论推导中犯错误。K S Skattum(1971 年)在用能量法研究双肢墙的振动问题时，也给出了与本书形式相似的连梁应变能。但 Skattum 没有对连梁进行连续化或者平均化处理，因此其应变能分子缺少一个层高 h。Skattum 的结果为本书结果的 h 倍，因而过高估计了连梁的作用。

可见，若令式(10.312)中的 $L\dfrac{\partial v}{\partial z}=\Delta_s$，且令式(10.312)的应变能与式(10.302)的应变能相等，从而有

$$k_s=\frac{12E_bI_b}{hl_b^3(1+12\Phi)} \tag{10.313}$$

这就是我们依据“连续化基本原理”和变形能等效原则推导得到的连梁抗剪刚度。将其代入式(10.301)，可得

$$P_s=L^2k_s=\frac{12E_bI_bL^2}{hl_b^3(1+12\Phi)} \tag{10.314}$$

这就是连梁剪切屈曲荷载。

根据 J Blaauwendraad 公式(10.294)，可得双肢墙的整体屈曲荷载为

$$P_{cr}=P_f+\frac{P_bP_s}{P_b+P_s} \tag{10.315}$$

将式(10.297)、式(10.300)和式(10.314)代入上式，整理可得

$$P_{cr}=\frac{\pi^2EI_f}{4H^2}\lambda(\alpha H,\gamma) \tag{10.316}$$

其中，$\lambda(\alpha H,\gamma)$为无量纲屈曲系数，其表达式为

$$\lambda(\alpha H,\gamma)=1+\frac{1}{\gamma\left[1+\dfrac{\pi^2}{4(\alpha H)^2}\right]} \tag{10.317}$$

式中，$\alpha^2=\dfrac{12L^2}{hl_b^3(1+12\Phi)}\cdot\dfrac{E_bI_b}{EI_0}$，$\gamma=\dfrac{EI_f}{EI_0}$。

式(10.316)就是我们依据 J Blaauwendraad 公式推出的双肢墙整体屈曲荷载公式。利用前述的能量变分法可以证明，此公式为双肢墙整体屈曲荷载的精确解。

图 10.51 为 $\gamma=0.25$ 时无量纲屈曲系数 $\lambda(\alpha H,\gamma)$与 αH 的关系曲线。从图中可见：①在 αH 比较小时，随着 αH 的增大，即连梁刚度的增大，屈曲系数增大；②当 αH 达到一定数值时，再增大连梁的刚度，屈曲系数将不再增大。即屈曲系数存在一个上限。此数值为 $\lambda_{max}=1+\dfrac{1}{\gamma}$，在 αH 为无穷大时获得。作为一个连梁刚度的上限，可以按屈曲系数达到 $95\%\lambda_{max}$确定，此时可得$(\alpha H)_{0.95}=4.3589$。

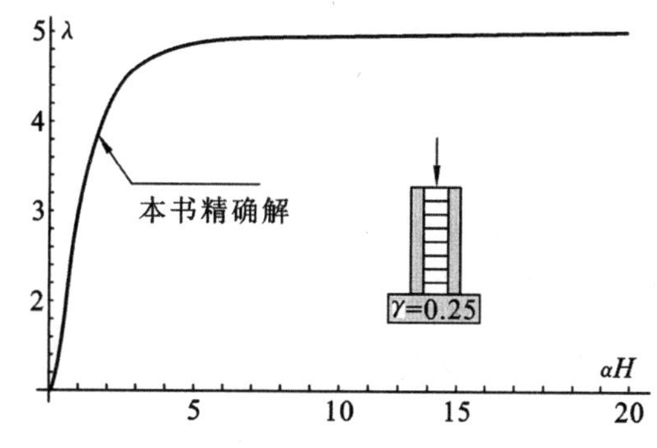

图 10.51　无量纲屈曲系数 $\lambda(\alpha H,\gamma)$与 αH 的关系曲线

同理,还可推出自重作用下双肢墙整体屈曲荷载公式为

$$q_{cr}H=\frac{EI_f}{H^2}\bar{\lambda}(\alpha H,\gamma) \tag{10.318}$$

其中,$\bar{\lambda}(\alpha H,\gamma)$为无量纲屈曲系数,其表达式为

$$\bar{\lambda}(\alpha H,\gamma)=7.837+\frac{7.837}{\gamma\left[1+\frac{7.837}{(\alpha H)^2}\right]} \tag{10.319}$$

式(10.318)就是我们依据 J Blaauwendraad 公式推出的自重下双肢墙整体屈曲荷载公式。利用前述的能量变分法可以证明,此公式为双肢墙整体屈曲荷载的近似解,该近似解与精确解非常接近(图 10.52)。

图 10.52 为 $\gamma=0.25$ 时无量纲屈曲系数 $\bar{\lambda}(\alpha H,\gamma)$与 αH 的关系曲线。从图中可见:a.在αH 比较小时,随着 αH 的增大,即连梁刚度的增大,屈曲系数增大;b.当 αH 达到一定数值时,再增大连梁的刚度,屈曲系数将不再增大。即屈曲系数存在一个上限。此数值为 $\bar{\lambda}_{max}=7.837\left(1+\frac{1}{\gamma}\right)$,在 αH 为无穷大时获得。作为一个连梁刚度的上限,可以按屈曲系数达到 $95\%\lambda_{max}$确定,此时可得$(\alpha H)_{0.95}=12.2026$。

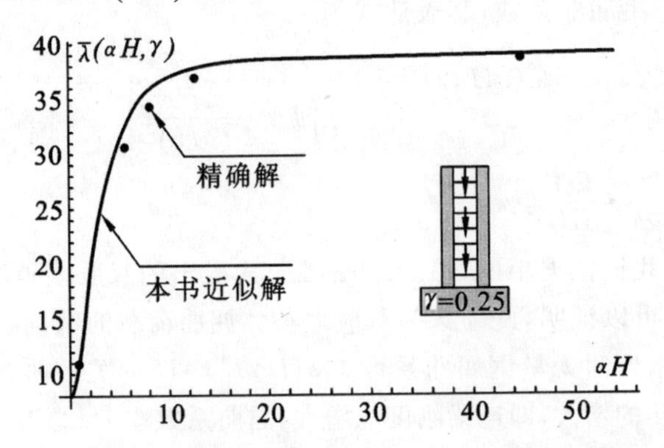

图 10.52　无量纲屈曲系数 $\bar{\lambda}(\alpha H,\gamma)$与 αH 的关系曲线

(2) 设计建议

① 屈曲荷载

顶部集中力作用下双肢墙整体屈曲荷载设计公式为

$$P_{cr}=\frac{\pi^2 EI_f}{4H^2}\lambda(\alpha H,\gamma)\leqslant\left(1+\frac{1}{\gamma}\right) \tag{10.320}$$

自重作用下双肢墙整体屈曲荷载设计公式为

$$q_{cr}H=\frac{EI_f}{H^2}\bar{\lambda}(\alpha H,\gamma)\leqslant 7.837\left(1+\frac{1}{\gamma}\right) \tag{10.321}$$

顶部集中力和自重作用下双肢墙整体屈曲荷载设计公式为

$$\frac{P}{P_{cr}}+\frac{qH}{q_{cr}H}\geqslant 1 \tag{10.322}$$

式中,P、q 分别为顶部集中力和自重(单位长度)。

此时的来源为Dunkerley公式,详细参见本书的第4章。

② 连梁刚度的上限

为了提高结构的效能,建议顶部集中力和自重作用下,刚度特征宜分别满足 $\alpha H \leqslant 4.3589$ 和 $\alpha H \leqslant 12.2026$。

【说明】

与本书提出的串并联结构模型不同,童根树教授及其团队成员还曾提出过图10.53所示串并联电路模型以及图10.54所示的隐式双重抗侧力体系模型。这些模型对于人们理解双重抗侧力体系的工作性能亦有启发作用。

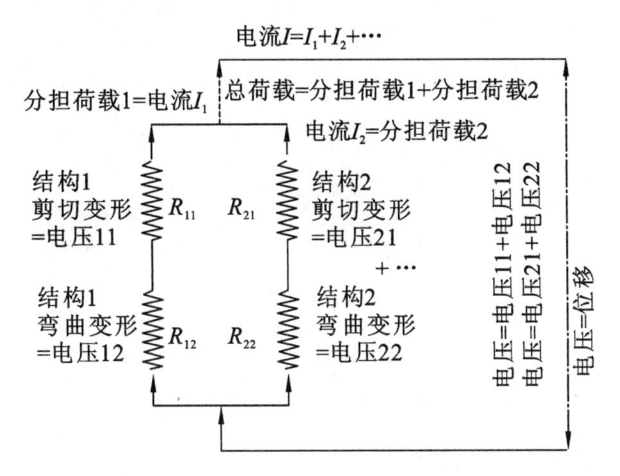

图10.53 串并联电路模型

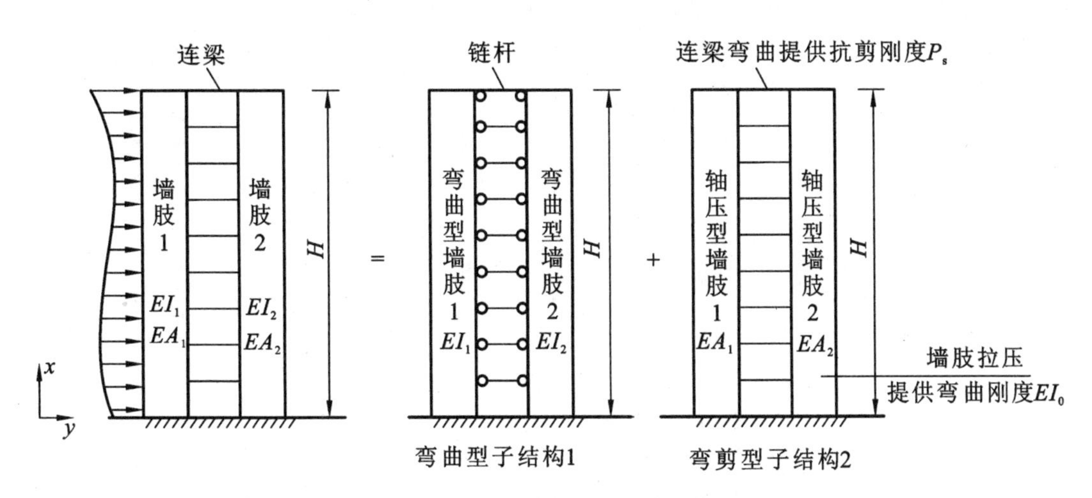

图10.54 隐式双重抗侧力体系模型

参考文献

[1] TIMOSHENKO S P,GERE J. Theory of Elastic Stability. 2nd ed. McGraw-Hill,New York,NY,USA,1961.

[2] BLEICH F. Buckling Strength of Metal Structures. McGraw-Hill,New York,NY,USA,1952.

[3] 胡海昌.弹性力学的变分原理及其应用.北京：科学出版社，1981.
[4] 李国强，沈祖炎.钢结构框架体系弹性及弹塑性分析与计算理论.上海：上海科学技术出版社，1998.
[5] 笹川和郎.结构的弹塑性稳定内力.王松涛，魏钢.译.北京：中国建筑工业出版社，1992.
[6] 童根树.钢结构的平面内稳定.北京：中国建筑工业出版社，2015.
[7] 王肇民，PEIL U.塔桅结构.上海：同济大学出版社，1989.
[8] SMITH B S，COULL A.高层建筑结构分析与设计.陈瑜，龚炳年，等译.北京：地震出版社，1993.
[9] 黄本才.高层建筑结构力学分析.北京：中国建筑工业出版社，1990.

附　　录

附录 1　变分法基础

变分学是研究泛函极值问题的一门科学，作为一种现代理论建模工具，在物理、力学和工程中得到了广泛应用。此外，变分学也是发展现代工程计算方法，比如有限元法的数学基础。

本节将先介绍函数变分与变分的运算法则，然后来讨论如何利用变分法将泛函的极值问题转化为微分方程的边值问题。这类问题也称为变分学的“正问题”，也是最容易理解和掌握的一类变分问题，这些内容是掌握和应用能量变分原理的数学基础。

(1) 泛函与自变函数的概念

以均布荷载作用下的简支梁为例，其总势能为

$$\Pi(v)=\frac{1}{2}\int_0^L(EIv''^2-2qv)\mathrm{d}x \tag{附 1.1}$$

其中，v 为所求的梁竖向位移函数，它至少应该满足简支梁的位移边界条件，即

$$v(0)=v(L)=0 \tag{附 1.2}$$

这就是最简单的能量变分模型，它可被抽象为一类简单的泛函极值问题：即当自变量 x 在区间 $x_1\leqslant x\leqslant x_2$ 上变化时，来选择确定这样一种自变函数 $v(x)$，它不但需要满足规定的边界条件

$$\left.\begin{aligned}v(x_1)=v_1\\v(x_2)=v_2\end{aligned}\right\} \tag{附 1.3}$$

还能使泛函

$$\Pi[v(x)]=\int_{x_1}^{x_2}F[x,v(x),v'(x),v''(x)]\mathrm{d}x \tag{附 1.4}$$

取极大值(或极小值)。

这里涉及两个新概念，即自变函数和泛函。其中，自变函数与普通函数类似，都是自变量的函数，区别是前者描述的是可满足边界条件的一族曲线，其中只有一条是真实曲线(真实位移)，而后者描述的是一条特定的曲线。

简单理解，泛函就是自变函数的函数。以式(附 1.4)所示的能量泛函为例，其被积函数 F 不仅含有自变函数 $v(x)$，还含有自变函数的一阶导数 $v'(x)$ 和二阶导数 $v''(x)$，但自变量只有一个，即 x。

对于连续弹性体而言，其能量泛函都是积分形式的，有时被积函数 F 还可能包含更高阶次的导数项，甚至更多的自变量。

在数学上，泛函取极值的问题称为变分问题，求变分问题的方法称为变分法。

(2) 自变函数的变分与变分运算规则

众所周知,研究普通函数的极值问题需要用到微分的概念。而变分就是与微分类似的概念,是我们在研究泛函极值问题中经常会用到的基本概念。

① 变分的定义

如果将梁的真实位移记为 $v(x)$(或称真实曲线),将某种满足边界条件的位移称为可能位移,并记为 $\overline{v}(x)$(或称相邻曲线),则对应每个固定的自变量 x 值,真实曲线和相邻曲线之间的纵坐标差的常规标记方法为

$$\Delta v(x)=\overline{v}(x)-v(x) \tag{附 1.5}$$

实际上,变分原理中的可能位移,即自变函数 $\overline{v}(x)$不是一个,而是一系列可能位移的集合,或者说,$\overline{v}(x)$不是某条事先设定的特定曲线,即 $\overline{v}(x)$是可变的。所以变分学著作中不采用 $\Delta v(x)$的标记,而习惯将其改记为 $\delta v(x)$或 δv,即

$$\delta v(x)=\delta v=\overline{v}(x)-v(x) \tag{附 1.6}$$

并将 $\delta v(x)$或 δv[①] 称为自变函数 $v(x)$的变分。实质 $\delta v(x)$是一阶变分[②]。

【说明】

1. 常规函数中,微分 $\mathrm{d}v$ 描述的是函数的微增量,即在同一曲线 $v(x)$上相距 $\mathrm{d}x$ 两点的 $v(x)$和 $v(x+\mathrm{d}x)$之差,即自变量变化 $\mathrm{d}x$ 引起的函数变化 $\mathrm{d}v$。

2. 能量泛函中,变分 δv 描述的是自变函数的微增量,即两个相近曲线 $\overline{v}(x)$与 $v(x)$之差,其中自变量 x 是固定的。

② 变分的运算规则

a. 变分的变分

与微积分中自变量 x 仅有微增量 $\mathrm{d}x$ 相似,自变函数 $v(x)$也仅有变分 δv,变分 δv 的变分,即 $\delta(\delta v)$没有意义,可取其等于零,即

$$\delta(\delta v)=0 \tag{附 1.7}$$

b. 导数的变分

导数 $v'(x)$也可取变分,即

$$\delta v'(x)=\delta\frac{\mathrm{d}v}{\mathrm{d}x}=\frac{\mathrm{d}\overline{v}}{\mathrm{d}x}-\frac{\mathrm{d}v}{\mathrm{d}x}=\frac{\mathrm{d}}{\mathrm{d}x}[\overline{v}(x)-v(x)]=\frac{\mathrm{d}}{\mathrm{d}x}(\delta v) \tag{附 1.8}$$

即微分与变分的运算次序可以互换。

此外,还可将运算规则(附 1.7)推广,从而得到

$$\delta(\delta v^k)=0(k=0,1,2,\cdots) \tag{附 1.9}$$

c. 积分的变分

$$\delta\int_{x_1}^{x_2}v\mathrm{d}x=\int_{x_1}^{x_2}\overline{v}(x)\mathrm{d}x-\int_{x_1}^{x_2}v(x)\mathrm{d}x=\int_{x_1}^{x_2}[\overline{v}(x)-v(x)]\mathrm{d}x=\int_{x_1}^{x_2}(\delta v)\mathrm{d}x \tag{附 1.10}$$

即积分与变分的运算次序可以互换。

---

① δ 符号是年轻的 Lagrange 在写给 Euler 的信中首次采用的变分符号。实际上,Lagrange 还提出了一套清晰的变分运算法则,并被 Euler 所采用,流传至今,因此本书采用的均为 Lagrange 变分法则。

② 常用的是一阶变分,有时也会用到二阶变分 $\delta^2 v$ 和三阶变分 $\delta^3 v$,实际分析中很少使用四阶以上的变分概念。

在进行变分运算或推演时，上述三个变分运算规则会经常用到。也可用来推演其他的变分运算规则，比如

$$\delta\frac{v_1}{v_2}=\delta\left(v_1\cdot\frac{1}{v_2}\right)=\delta v_1\cdot\frac{1}{v_2}+v_1\cdot\delta(v_2^{-1})$$

$$=\delta v_1\cdot\frac{1}{v_2}-v_1\cdot v_2^{-2}\cdot\delta v_2$$

$$=\frac{v_2\cdot\delta v_1-v_1\cdot\delta v_2}{v_2^2} \tag{附 1.11}$$

d. 其他运算规则

$$\delta(v_1\pm v_2)=\delta v_1\pm\delta v_2 \tag{附 1.12}$$

$$\delta(v_1\cdot v_2)=\delta v_1\cdot v_2+v_1\cdot\delta v_2 \tag{附 1.13}$$

$$\delta\left(\frac{v_1}{v_2}\right)=\frac{v_2\cdot\delta v_1-v_1\cdot\delta v_2}{v_2^2} \tag{附 1.14}$$

$$\delta v^n=nv^{n-1}\delta v \tag{附 1.15}$$

(3) 泛函取极值的必要条件和充分条件

与前面的真实曲线 $v(x)$ 和相邻曲线 $[v(x)+\delta v(x)]$ 相对应，可以得到两个能量泛函，即

$$\Pi[v(x)]=\int_{x_1}^{x_2}F[x,v(x),v'(x),v''(x)]\mathrm{d}x \tag{附 1.16}$$

$$\Pi[v(x)+\delta v(x)]=\int_{x_1}^{x_2}F[x,v(x)+\delta v(x),v'(x)+\delta v'(x),v''(x)+\delta v''(x)]\mathrm{d}x \tag{附 1.17}$$

由式(附 1.17)减去式(附 1.16)，得到如下能量泛函的增量

$$\Delta\Pi=\Pi[v(x)+\delta v(x)]-\Pi[v(x)] \tag{附 1.18}$$

此泛函增量必为正，因为根据最小势能原理，真实曲线对应的能量最低，而 $\Pi[v(x)]$ 对应于真实曲线，必有 $\Pi[v(x)]<\Pi[v(x)+\delta v(x)]$。

参照 Taylor 级数，可将泛函式(附 1.17)展开，即

$$\Delta\Pi=\int_{x_1}^{x_2}\left(\frac{\partial F}{\partial v}\delta v+\frac{\partial F}{\partial v'}\delta v'+\frac{\partial F}{\partial v''}\delta v''\right)\mathrm{d}x+\frac{1}{2!}\int_{x_1}^{x_2}\left[\frac{\partial^2 F}{\partial v^2}(\delta v)^2+\frac{\partial^2 F}{\partial v'^2}(\delta v')^2+\frac{\partial^2 F}{\partial v''^2}(\delta v'')^2+\right.$$

$$\left.2\frac{\partial^2 F}{\partial v\partial v'}\delta v\partial v'+2\frac{\partial^2 F}{\partial v\partial v''}\delta v\partial v''+2\frac{\partial^2 F}{\partial v'\partial v''}\delta v'\partial v''\right]\mathrm{d}x+\cdots \tag{附 1.19}$$

或简写为

$$\Delta\Pi=\delta\Pi+\frac{1}{2!}\delta^2\Pi+\frac{1}{3!}\delta^3\Pi+\frac{1}{4!}\delta^4\Pi+\cdots \tag{附 1.20}$$

对照式(附 1.19)和式(附 1.20)有

$$\delta\Pi=\int_{x_1}^{x_2}\left(\frac{\partial F}{\partial v}\delta v+\frac{\partial F}{\partial v'}\delta v'+\frac{\partial F}{\partial v''}\delta v''\right)\mathrm{d}x \tag{附 1.21}$$

$$\delta^2\Pi=\int_{x_1}^{x_2}\left[\frac{\partial^2 F}{\partial v^2}(\delta v)^2+\frac{\partial^2 F}{\partial v'^2}(\delta v')^2+\frac{\partial^2 F}{\partial v''^2}(\delta v'')^2+\right.$$

$$\left.2\frac{\partial^2 F}{\partial v\partial v'}\delta v\partial v'+2\frac{\partial^2 F}{\partial v\partial v''}\delta v\partial v''+2\frac{\partial^2 F}{\partial v'\partial v''}\delta v'\partial v''\right]\mathrm{d}x \tag{附 1.22}$$

其中，$\delta\Pi$ 称为能量泛函 Π 的一阶变分，$\delta^2\Pi$ 称为能量泛函 Π 的二阶变分，以此类推，$\delta^3\Pi$ 和 $\delta^4\Pi$ 分别称为能量泛函 Π 的三阶变分和四阶变分。

至此，可得泛函 $\Pi[v(x)]$ 取得极小值的必要条件和充分条件，即

$$\text{必要条件：}\quad \delta\Pi=0 \tag{附 1.23}$$

$$\text{充分条件：}\quad \delta^2\Pi>0 \tag{附 1.24}$$

与普通函数 $F(x)$ 在 $x=x_0$ 处取最小值的条件相对照，$\delta\Pi=0$ 相当于 $F'(x_0)=0$ 的条件（必要条件），而 $\delta^2\Pi>0$ 相当于 $F''(x_0)>0$ 的条件（充分条件）。

显然，依据（附 1.22）计算二阶变分是比较麻烦的。幸运的是，对于绝大多数工程问题而言，能量泛函的极大和极小问题常常由工程背景决定，并非一定要验算 $\delta^2\Pi$ 的正负问题。

(4) 函数微分与泛函变分

根据普通函数理论，函数 $F(x,v,v',v'')$ 的微分为

$$\mathrm{d}F=\frac{\partial F}{\partial x}\mathrm{d}x+\frac{\partial F}{\partial v}\mathrm{d}v+\frac{\partial F}{\partial v'}\mathrm{d}v'+\frac{\partial F}{\partial v''}\mathrm{d}v'' \tag{附 1.25}$$

对于泛函的变分而言，由于仅自变函数才有变分，即变分符号 δ 仅对自变函数起作用，对自变量不起作用，因此泛函 $F(x,v,v',v'')$ 的变分应为

$$\delta F=\frac{\partial F}{\partial v}\delta v+\frac{\partial F}{\partial v'}\delta v'+\frac{\partial F}{\partial v''}\delta v'' \tag{附 1.26}$$

此式与式（附 1.21）中被积函数的一阶变分完全一致。

对比上述两式可见，泛函的变分不含对自变量 x 的变分，这是两者的重要区别。

据此，可将泛函式（附 1.16）的各阶变分简写为

$$\delta\Pi=\int_{x_1}^{x_2}\left[\left(\frac{\partial}{\partial v}\delta v+\frac{\partial}{\partial v'}\delta v'+\frac{\partial}{\partial v''}\delta v''\right)F\right]\mathrm{d}x \tag{附 1.27}$$

$$\delta^2\Pi=\int_{x_1}^{x_2}\left[\left(\frac{\partial}{\partial v}\delta v+\frac{\partial}{\partial v'}\delta v'+\frac{\partial}{\partial v''}\delta v''\right)^2F\right]\mathrm{d}x \tag{附 1.28}$$

$$\delta^3\Pi=\int_{x_1}^{x_2}\left[\left(\frac{\partial}{\partial v}\delta v+\frac{\partial}{\partial v'}\delta v'+\frac{\partial}{\partial v''}\delta v''\right)^3F\right]\mathrm{d}x \tag{附 1.29}$$

$$\delta^4\Pi=\int_{x_1}^{x_2}\left[\left(\frac{\partial}{\partial v}\delta v+\frac{\partial}{\partial v'}\delta v'+\frac{\partial}{\partial v''}\delta v''\right)^4F\right]\mathrm{d}x \tag{附 1.30}$$

可见，改写后的 Π 变分更简洁，便于记忆和使用。

(5) 变分方法、欧拉方程与自然边界条件

下面将证明利用能量泛函 Π 的一阶变分 $\delta\Pi=0$ 的条件，即可推导出与能量泛函等价的微分方程（通常称为欧拉方程，Euler 方程）和边界条件。

① 简单能量泛函的欧拉方程和自然边界条件

以前面定义的能量泛函式（附 1.16）为例，具体推导过程如下：

第一步，求泛函的一阶变分。

下面利用变分运算法则求泛函 $\Pi(v)$ 的一阶变分 $\delta\Pi(v)$，即

$$\begin{aligned}\delta\Pi(v)&=\int_{x_1}^{x_2}\delta F(x,v,v',v'')\mathrm{d}x\\&=\int_{x_1}^{x_2}\left(\frac{\partial F}{\partial v}\delta v+\frac{\partial F}{\partial v'}\delta v'+\frac{\partial F}{\partial v''}\delta v''\right)\mathrm{d}x=\int_{x_1}^{x_2}(F_v\delta v+F_{v'}\delta v'+F_{v''}\delta v'')\mathrm{d}x\end{aligned} \tag{附 1.31}$$

其中,引入了如下记号

$$F_v=\frac{\partial F}{\partial v},\quad F_{v'}=\frac{\partial F}{\partial v'},\quad F_{v''}=\frac{\partial F}{\partial v''} \tag{附 1.32}$$

注意,式(附 1.31)的右端出现了 3 个变分 δv、$\delta v'$ 和 $\delta v''$。因为它们源自同一自变函数 $v(x)$,彼此之间必存在内在的联系,也就是说它们不能各自独立地变化。因此,为保证解答的正确性,必须首先将 $\delta v'$ 和 $\delta v''$ 变换成一阶变分 δv 的形式。

第二步,通过分部积分方法将 $\delta v'$ 和 $\delta v''$ 依次变换为 δv。

众所周知,任意两个关于自变量 x 的函数乘积的导数为

$$(a\cdot b)'=a'\cdot b+a\cdot b' \tag{附 1.33}$$

其积分为

$$\int_{x_1}^{x_2}(a\cdot b)'\mathrm{d}x=a\cdot b\Big|_{x_1}^{x_2}=\int_{x_1}^{x_2}(a'\cdot b)\mathrm{d}x+\int_{x_1}^{x_2}(a\cdot b')\mathrm{d}x \tag{附 1.34}$$

从而有

$$\int_{x_1}^{x_2}(a\cdot b')\mathrm{d}x=a\cdot b\Big|_{x_1}^{x_2}-\int_{x_1}^{x_2}(a'\cdot b)\mathrm{d}x \tag{附 1.35}$$

下面利用上述的分部积分公式依次将 $\delta v'$ 和 $\delta v''$ 变换为 δv。

首先令 $a=F_{v'}$, $b=\delta v$,则

$$\int_{x_1}^{x_2}F_{v'}\delta v'\mathrm{d}x=F_{v'}\cdot\delta v\Big|_{x_1}^{x_2}-\int_{x_1}^{x_2}\frac{\mathrm{d}}{\mathrm{d}x}F_{v'}\delta v\mathrm{d}x \tag{附 1.36}$$

令 $a=F_{v''}$, $b=\delta v'$,则

$$\int_{x_1}^{x_2}F_{v''}\delta v''\mathrm{d}x=F_{v''}\cdot\delta v'\Big|_{x_1}^{x_2}-\int_{x_1}^{x_2}\frac{\mathrm{d}}{\mathrm{d}x}F_{v''}\delta v'\mathrm{d}x \tag{附 1.37}$$

进一步地,令 $a=\frac{\mathrm{d}}{\mathrm{d}x}F_{v''}$, $b=\delta v$,则上式右端第二项的积分可改写为

$$\int_{x_1}^{x_2}\frac{\mathrm{d}}{\mathrm{d}x}F_{v''}\delta v'\mathrm{d}x=\frac{\mathrm{d}}{\mathrm{d}x}F_{v''}\cdot\delta v\Big|_{x_1}^{x_2}-\int_{x_1}^{x_2}\frac{\mathrm{d}^2}{\mathrm{d}x^2}F_{v''}\delta v\mathrm{d}x \tag{附 1.38}$$

综合式(附 1.36) ~ 式(附 1.38),可得到

$$\delta\Pi(v)=\int_{x_1}^{x_2}\left(F_v-\frac{\mathrm{d}}{\mathrm{d}x}F_{v'}+\frac{\mathrm{d}^2}{\mathrm{d}x^2}F_{v''}\right)\delta v\mathrm{d}x+\left(F_{v'}-\frac{\mathrm{d}}{\mathrm{d}x}F_{v''}\right)\cdot\delta v\Big|_{x_1}^{x_2}+F_{v''}\cdot\delta v'\Big|_{x_1}^{x_2} \tag{附 1.39}$$

第三步,引入预定的边界条件。

如果事先规定了位移边界条件(也称端点条件),如式(附 1.3)所示,则可能位移只可在限定的两个端点之间变化,而在两个端点处无变化,即端点处的变分必为零。因此,式(附 1.3)的变分表述为

$$\left.\begin{aligned}\delta v(x_1)=0\\ \delta v(x_2)=0\end{aligned}\right\} \tag{附 1.40}$$

由此可知,不论 $F_{v'}-\frac{\mathrm{d}}{\mathrm{d}x}F_{v''}$ 取何值,$\left(F_{v'}-\frac{\mathrm{d}}{\mathrm{d}x}F_{v''}\right)\cdot\delta v\Big|_{x_1}^{x_2}$ 的结果必为零,从而有

$$\delta\Pi(v)=\int_{x_1}^{x_2}\left(F_v-\frac{\mathrm{d}}{\mathrm{d}x}F_{v'}+\frac{\mathrm{d}^2}{\mathrm{d}x^2}F_{v''}\right)\delta v\mathrm{d}x+F_{v''}\cdot\delta v'\Big|_{x_1}^{x_2}=0 \tag{附 1.41}$$

第四步，写出欧拉方程和边界条件。

由于变分 δv 是任意的，则必有

$$F_v-\frac{\mathrm{d}}{\mathrm{d}x}F_{v'}+\frac{\mathrm{d}^2}{\mathrm{d}x^2}F_{v''}=0 \quad (0\leqslant x\leqslant L) \tag{附 1.42}$$

否则便一定能找到一个 δv，使式(附 1.41)的第一项大于零或小于零。因此式(附 1.42)是式(附 1.41)成立的必要条件之一，这便是变分预备定理。

式(附 1.42)是一个四阶微分方程，其与能量泛函式(附 1.4)等价。由于此方程是 Euler 首次基于变分法推出的，所以一般文献都称之为**欧拉方程**。

当然为保证式(附 1.41)成立，尚需消除式(附 1.41)中最后一项的影响，为此需要附加一个变分条件，即

$$F_{v''}\cdot\delta v'=0 \quad (x=0 \text{ 和 } x=L) \tag{附 1.43}$$

注意此条件是泛函的一阶变分为零的前提(附加)条件，习惯上称之为**自然边界条件**，而将其他事先指定的几何边界条件，比如式(附 1.3)，统称为**强制边界条件**。强制边界条件和自然边界条件为微分方程的**定解条件**。

② 复杂能量泛函的欧拉方程和自然边界条件

下面考虑被积函数 F 包含更高阶次导数项的泛函极值问题，设泛函为

$$\Pi(v)=\int_{x_1}^{x_2}F[x,v,v',v'',\cdots,v^{(n)}]\mathrm{d}x \tag{附 1.44}$$

式中 $v^{(n)}$ 代表 v 的第 n 阶导数。

仿照前面的推导过程(留读者练习)，可以推得

欧拉方程

$$F_v-\frac{\mathrm{d}}{\mathrm{d}x}F_{v'}+\frac{\mathrm{d}^2}{\mathrm{d}x^2}F_{v''}-\cdots+(-1)^n\frac{\mathrm{d}^n}{\mathrm{d}x^n}F_{v^{(n)}}=0\,(x_1\leqslant x\leqslant x_2) \tag{附 1.45}$$

自然边界条件

在 $x=x_1$ 及 $x=x_2$ 处：

对应 δv：v 给定，或 $F_{v'}-\frac{\mathrm{d}}{\mathrm{d}x}F_{v''}+\cdots+(-1)^{n-1}\frac{\mathrm{d}^{n-1}}{\mathrm{d}x^{n-1}}F_{v^{(n)}}=0$ (附 1.46)

对应 $\delta v'$：v' 给定，或 $F_{v''}-\cdots+(-1)^{n-2}\frac{\mathrm{d}^{n-2}}{\mathrm{d}x^{n-2}}F_{v^{(n)}}=0$ (附 1.47)

… … …

对应 $\delta v^{(n-1)}$：$v^{(n-1)}$ 给定，或 $F_{v^{(n)}}=0$ (附 1.48)

(3) 自然边界条件的力学解释

以式(附 1.43)所示的自然边界条件为例，对于 Euler 梁而言，其物理意义是端部的弯矩与虚转角 $\delta v'$ 的乘积，即与弯矩对应的虚功为零。实际问题中，梁端的弯矩和转角不可能同时为零，因此式(附 1.43)实质包含两种可能的自然边界条件

一是简支边界，此时端部的转角不为零，即 $\delta v'\neq 0$。若式(附 1.43)成立必有

$$F_{v''}=0 \quad (x=0 \text{ 和 } x=L) \tag{附 1.49}$$

此条件为力的边界条件，相当于简支端的弯矩为零。

二是固定边界，此时端部的转角为零，即 $\delta v'=0$。此时不论 $F_{v''}$ 取何值，式(附 1.43)恒

成立，故有

$$v'=0 \quad (x=0 \text{ 和 } x=L) \tag{附 1.50}$$

此条件为位移边界条件，相当于固定端的转角为零。

显然，上述边界条件与材料力学的结论一致。然而有些力学问题的自然边界条件并不显而易见，比如悬臂梁弯扭屈曲的自由端边界条件，若不采用变分法是很难建立起来的。历史上薄板的正确边界条件也是克希霍夫(Kirchhoff)借助变分法才得到的，因此，对于复杂问题，借助变分法来推导其自然边界条件是一个重要的研究方法。

附录 2　伽辽金法基础

此附录给出的是伽辽金的一篇经典论文著作的翻译版，该文于 1915 年 10 月发表在《Vestinik Inzhenerov I Tekhnikov》杂志 19 期第 897-908 页。虽然过去了 100 多年，但时至今日，此文仍值得一读，进而领略大师的风采和体会伽辽金方法的思想内涵。

杆和平板①

杆和平板弹性平衡方程的一系列问题

B. G. 伽辽金

1. 一些弹性的平衡方程问题，无论静力学的还是动力学的，杆还是平板，都归结为二阶或四阶的微分方程求解。这些方程的一般解不总是易于获得，即便这些解容易找到，也未必都满足问题的条件。微分方程解的获得必须适应于物理问题及条件，这种适应性并不总是足够精确。例如，Maurice Lévy 得到的矩形薄板的解，在满足基尔霍夫方程的同时还必须适应于各种特殊情况下板的边界条件的设定。结果方程的解是精确的，但是一般情况下的弹性理论问题的解是近似的。对每个具体情况，例如，对于自由的平板边界，解可以相对简单地达到任何精度；而对于边缘固定的板，即使是一个近似的解也需要大量的工作，如文献中证明的那样。

还有另外一种方式，可以选取一组待定系数的级数解，其中的每一项在端部和边缘满足边界条件。通过一般情况下使解成为微分方程的近似解来确定系数(Lévy 的解可以降阶为一组待定系数的级数，级数的每一项使解满足微分方程，并且系数以这样一种方法选取，以使解在板的边缘满足边界条件)。

在近似求解的众多方法中，Ritz 方法近来得到广泛应用。该方法简要叙述如下。

我们对杆设定弹性的曲线变形方程，或对平板设定弹性的曲面变形方程

$$w = \sum A_n \varphi_n \tag{附 2.1a}$$

其中，φ_n 是一个与坐标系相关的函数，在杆的端部或平板的边缘满足边界条件；$A_1, A_2, \cdots, A_n$ 为待定系数。采用式(附 2.1a)，我们将系统势能表示为 V，求得外力沿所选轴上曲线或面上曲线所做的功 T。与 V 一样，T 显然也包含待定系数 A_n，随后由下列条件确定

$$\frac{\mathrm{d}V}{\mathrm{d}A_n} - \lambda \frac{\mathrm{d}T}{\mathrm{d}A_n} = 0$$

其中，λ 是一个常系数。如果 $V=T$，在弹性理论问题中 $\lambda=2$。

① 该译文选自《气动弹性力学理论与计算》。

S P Timoshenko 教授发展了该方法，并将其应用到大量的弹性系统稳定性的问题中。他解决了许多这一类问题，受到广泛称赞。

Hager 教授，Lorenz 和其他人采用同样的方法应用于平板的弯曲①。

2. 本文致力于发展和应用一种不同的近似方法，求解弹性平衡的问题。该方法直接从变形的曲线或曲面方程出发，称为 Navié 方法。该方法描述如下：

假设一个荷载 $p=f(x,y)$ 作用下，边界自由的矩形平板。取变形的曲面方程为

$$w=\sum_{k=1}^{\infty}\sum_{n=1}^{\infty}A_{kn}\sin\frac{k\pi x}{a}\sin\frac{n\pi y}{b} \tag{附 2.1b}$$

坐标系原点取在矩形的一个顶点处，坐标轴沿矩形的两条边的方向。

式（附 2.1b）满足末端的边界条件，因为在 $x=0,y=0$ 和 $x=a,y=b$ 处 $w=0$；而在 $x=0$ 和 $x=a$ 处 $\frac{\partial^2 w}{\partial x^2}=0$，同时在 $y=0$ 和 $y=b$ 处 $\frac{\partial^2 w}{\partial y^2}=0$。

将 w 的表达式代入弯曲平板变形的曲面微分方程中

$$\frac{m^2Eh^3}{12(m^2-1)}\left(\frac{\partial^4 w}{\partial x^4}+2\frac{\partial^4 w}{\partial x^2\partial y^2}+\frac{\partial^4 w}{\partial y^4}\right)=f(x,y) \tag{附 2.1c}$$

我们得到

$$\frac{m^2Eh^3\pi^4}{12(m^2-1)}\sum_{k=1}^{\infty}\sum_{n=1}^{\infty}A_{kn}\left(\frac{k^2}{a^2}+\frac{n^2}{b^2}\right)^2\sin\frac{k\pi x}{a}\sin\frac{n\pi y}{b}=f(x,y) \tag{附 2.1d}$$

一般情况下，w 似乎并不满足方程式（附 2.1c），只能求得问题的近似解。为了确定系数 A_{kn}，我们在方程式（附 2.1d）的两边同时乘以 $\sin\frac{k\pi x}{a}\sin\frac{n\pi y}{b}\mathrm{d}x\mathrm{d}y$，然后限定在 $[0,a]$ 和 $[0,b]$ 做二次积分，这样得到

$$\frac{m^2Eh^3\pi^4}{12(m^2-1)}A_{kn}\cdot\frac{ab}{4}\left(\frac{k^2}{a^2}+\frac{n^2}{b^2}\right)^2=\int_0^a\int_0^b f(x,y)\sin\frac{k\pi x}{a}\sin\frac{n\pi y}{b}\mathrm{d}x\mathrm{d}y=T_{kn} \tag{附 2.1e}$$

从中可得

$$A_{kn}=\frac{48(m^2-1)a^3b^3}{m^2Eh^3}\cdot\frac{T_{kn}}{(k^2b^2+n^2a^2)^2} \tag{附 2.1f}$$

查看方程（附 2.1b），我们注意到 $w=\sum_{k=1}^{\infty}\sum_{n=1}^{\infty}w_{kn}$，其中 $w_{kn}=A_{kn}\sin\frac{k\pi x}{a}\sin\frac{n\pi y}{b}$，即变形平面 w 是由一系列的变形平面基组成的，就像是一个变形面叠加上另一个变形面，这时方程式（附 2.1e）的右侧

$$T_{kn}=\int_0^a\int_0^b f(x,y)\sin\frac{k\pi x}{a}\sin\frac{n\pi y}{b}\mathrm{d}x\mathrm{d}y$$

---

① 这里必须指出，Hager 教授的工作中存在一些关键的错误，使他的结论失去了正确性（如三边支撑的平板和四点支撑的平板，所选择的级数并不满足要求的边界条件）。此外，他的工作中包含一个最基础的错误，破坏了所有计算的正确性。这个错误在于 Hager 教授在应用 Ritz-Timoshenko 法的方式推导内力功的表达式时，忽视了切向和横向力所做的功。

这里强调 Hager 教授工作中存在的错误是非常重要的，因为这项工作显然是由于误解而得到了 Foppl 的称赞（见“Sitzungsberichte der K B Akademie der Wissenschaften，Math.-Phys. Klasse”，1912），并在当时俄国最好的一本混凝土桥梁加固方面的手册里获得了高度推荐。

是平板在 $A_{kn}=1$ 时按照弹性平面 w_{kn} 弯曲时，外部横向力所做的功。

这个解是近似的，因为实际上平板假设为弯曲振型式（附 2.1b）并不是在力 $f(x,y)$ 的作用下，而是在力 $f_1(x,y)$ 的作用下。如果解满足方程式（附 2.1c），那么在某种条件下，$f_1(x,y)$ 与 $f(x,y)$ 没有区别。为了确定方程式（附 2.1b）中的未知系数 A_{kn}，我们认为弯曲的平板 $A_{kn}=1$ 时的弯曲变形曲面 w_{kn} 是在 $f_1(x,y)$ 作用下的结果，等同于平板在 $f(x,y)$ 的作用下产生弯曲的变形曲面。

在压缩弯曲变形的情况下，横向力不是坐标的唯一函数，还与实际的平板变形曲面（w）有关，T_{kn} 不能当作是外载荷沿变形的曲面 w_{kn} 产生的结果，同时系数 A_{kn} 的确定也不能采用跟上面同样的方法。

将该方法一般化，可以得到随后的状态。我们假设平板的变形曲面为

$$w=\sum A_n\varphi_n(x,y) \tag{附 2.2}$$

每一个 φ_n 项都满足边界条件，然后将 w 的表达式代入下式

$$\frac{m^2Eh^3}{12(m^2-1)}\left(\frac{\partial^4 w}{\partial x^4}+2\frac{\partial^4 w}{\partial x^2\partial y^2}+\frac{\partial^4 w}{\partial y^4}\right)=f(x,y,w) \tag{附 2.3}$$

这样我们得到

$$\frac{m^2Eh^3}{12(m^2-1)}\sum A_n\left(\frac{\partial^4\varphi_n}{\partial x^4}+2\frac{\partial^4\varphi_n}{\partial x^2\partial y^2}+\frac{\partial^4\varphi_n}{\partial y^4}\right)=\Phi(x,y)$$

在等式的两边同时乘以 $\varphi_n\mathrm{d}x\mathrm{d}y$，并在整个平板区域积分，我们得到 n 个这种形式的方程

$$\frac{m^2Eh^3}{12(m^2-1)}\sum A_n\iint\left(\frac{\partial^4\varphi_n}{\partial x^4}+2\frac{\partial^4\varphi_n}{\partial x^2\partial y^2}+\frac{\partial^4\varphi_n}{\partial y^4}\right)\varphi_n\mathrm{d}x\mathrm{d}y=\iint\Phi(x,y)\varphi_n\mathrm{d}x\mathrm{d}y \tag{附 2.4}$$

从中我们可以确定系数 A_n。

对于弯曲状态或在压缩作用下稳定的杆，可以采用完全一样的推导方式。

我们来选择一种合适的弹性线

$$y=\sum A_n\varphi_n(x) \tag{附 2.5}$$

将 y 代入弹性线的微分方程中

$$EI\frac{\mathrm{d}^4y}{\mathrm{d}x^4}=f(x,y) \tag{附 2.6}$$

于是得到

$$EI\sum A_n\frac{\mathrm{d}^4\varphi_n}{\mathrm{d}x^4}=\Phi(x)$$

在等式的两侧同时乘以 $\varphi_n\mathrm{d}x$，然后在杆的整个长度范围求和与积分，我们得到 n 个这种形式的方程

$$\sum\sum A_nEI\int\frac{\mathrm{d}^4\varphi_n}{\mathrm{d}x^4}\varphi_n\mathrm{d}x=\sum\int\Phi(x)\varphi_n(x)\mathrm{d}x \tag{附 2.7}$$

从中我们可以确定系数 A_n。显然，方程式（附 2.6）仅当 EI 在整个杆的长度范围或某些段为常值时才可用。如果 EI 是一个变量，可以使用二阶的弹性变形方程

$$EI\frac{\mathrm{d}^2y}{\mathrm{d}x^2}=\pm M$$

系数 A_n 可以由以下方程确定

$$\int EI\,\frac{d^2y}{dx^2}\cdot\frac{d^2\varphi_n}{dx^2}dx=\pm\int M\,\frac{d^2\varphi_n}{dx^2}dx \tag{附 2.8}$$

其中积分是在整个杆的长度范围内。在横向力作用的弯曲情况下，$\int EI\,\frac{d^2y}{dx^2}\cdot\frac{d^2\varphi_n}{dx^2}dx$ 为系统沿着变形曲线 $y=\varphi_n$ 的势能，而在纵向力作用的弯曲情况下，该项为弯曲势能对 A_n 的导数。我们注意到 $\varphi_n=\frac{\partial w}{\partial A_n}$ 适用于平板的情况，而 $\varphi_n=\frac{\partial y}{\partial A_n}$ 适用于杆的情况，该方法同时适用于杆和平板的弹性振动问题和静力学问题。

下面我们要给出应用这个方法求解杆和平板的静力学问题的一些例子。

我们取一个边缘固定的平板作为弯曲平板的例子，板在整个外侧边界处支撑约束。通常在三角函数和双曲函数中寻找解，得到的解是复数形式，而且计算出有实际意义的解是非常困难和繁琐的，这点可以从 Hager 和 Pistriakov 的例子中看出。

对于边缘固定的平板问题的求解，我们选择代数级数，得到的结果几乎与 Hencky 的结果以及我们以其他方式得到的结果完全一致。这些结果表明，出于实用目的，Lévy 的方法，这里发展的方法，以及 Ritz 方法是同等适合的方法。这些结果还表明，有许多解必须在代数级数中寻找。

这里要做一个约定，给出的纵向弯曲和横向弯曲的实例仅仅用于我们研究的方法。

I

杆

A. 压缩过程中的稳定性

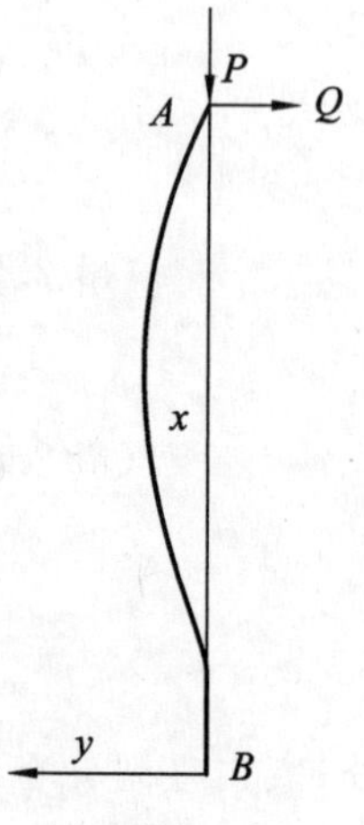

3. 杆在一端固定而在另一端自由，并沿力的方向滑动

一个力 P（附图 2.1）作用在杆 AB 的端部，杆具有均匀的截面。弹性变形曲线的微分方程为

$$EI\,\frac{d^2y}{dx^2}=Q(l-x)-Py \tag{附 2.9a}$$

对方程式（附 2.9a）两边微分两次，得到

$$EI\,\frac{d^4y}{dx^4}=-P\,\frac{d^2y}{dx^2} \tag{附 2.9b}$$

这个方程的一般解是已知的，与边界条件联立可以求得问题的精确解。下面采用近似方法求解，观察边界条件，取杆的弹性线如下

$$y=\sum_{n=1}^{\infty}A_n\left[\cos\frac{(2n-1)\pi x}{2l}-\cos\frac{(2n+1)\pi x}{2l}\right] \tag{附 2.10}$$

P Q A x y B

附图 2.1

级数的每一项为

$$y_n=A_n\left[\cos\frac{(2n-1)\pi x}{2l}-\cos\frac{(2n+1)\pi x}{2l}\right]$$

满足边界条件：当 $x=0$ 和 $x=l$ 时，$y_n=0$；当 $x=0$ 时 $\frac{dy_n}{dx}=0$，当 $x=l$ 时 $\frac{d^2y_n}{dx^2}=0$。弹性线的选取方式是令 y 不满足方程式（附 2.9b）。

将选用的 y 表达式代入式(附 2.9b),得到

$$\frac{\pi^4}{16l}EI\sum_{n=1}^{\infty}A_n\left[(2n-1)^4\cos\frac{(2n-1)\pi x}{2l}-(2n+1)^4\cos\frac{(2n+1)\pi x}{2l}\right]$$

$$=\frac{P\pi^2}{4l^2}\sum_{n=1}^{\infty}A_n\left[(2n-1)^2\cos\frac{(2n-1)\pi x}{2l}-(2n+1)^2\cos\frac{(2n+1)\pi x}{2l}\right]$$

在式(附 2.7)的帮助下,为确定系数 A_n,推导以下形式的方程

$$\frac{\pi^2 EI}{4l^2}\sum A_n\int_0^l\left[(2n-1)^4\cos\frac{(2n-1)\pi x}{2l}-(2n+1)^4\cos\frac{(2n+1)\pi x}{2l}\right]\times$$

$$\left[\cos\frac{(2n-1)\pi x}{2l}-\cos\frac{(2n+1)\pi x}{2l}\right]\mathrm{d}x$$

$$=P\sum A_n\int_0^l\left[(2n-1)^2\cos\frac{(2n-1)\pi x}{2l}-(2n+1)^2\cos\frac{(2n+1)\pi x}{2l}\right]\times$$

$$\left[\cos\frac{(2n-1)\pi x}{2l}-\cos\frac{(2n+1)\pi x}{2l}\right]\mathrm{d}x$$

如果限定取级数中的第一项(y_1),则得到

$$\frac{\pi^2}{4l^2}A_1EI(1+3^4)\frac{l}{2}=PA_n(1+3^2)\frac{l}{2}$$

从中可得

$$P=\frac{\pi^2 EI}{l^2}\times\frac{41}{20}=\frac{2.05\pi^2 EI}{l^2}$$

这是杆的临界载荷。众所周知,其精确解为

$$P_{cr}=\frac{2.046\pi^2 EI}{l^2}$$ [①]

如果取级数的两项,则可以得到两个方程

$$\frac{\pi^2 EI}{4l^2}(82A_1-81A_2)=P(10A_1-9A_2)$$

和

$$\frac{\pi^2 EI}{4l^2}(-81A_1+706A_2)=P(-9A_1+34A_2)$$

或为

$$A_1\left(40P-\frac{82\pi^2 EI}{l^2}\right)-A_2\left(36P-\frac{81\pi^2 EI}{l^2}\right)=0$$

$$-A_1\left(36P-\frac{81\pi^2 EI}{l^2}\right)+A_2\left(136P-\frac{706\pi^2 EI}{l^2}\right)=0$$

因为 A_1 和 A_2 有非零解,因此有必要条件

---

① 在方程的两边同时乘以下式,通过式(附 2.9a)可以得到相同的结果

$$\frac{\mathrm{d}^2 y_n}{\mathrm{d}x^2}\mathrm{d}x=-\frac{\pi^2}{4l^2}\left[(2n-1)^2\cos\frac{(2n-1)\pi x}{2l}-(2n+1)^2\cos\frac{(2n+1)\pi x}{2l}\right]\mathrm{d}x$$

然后两边从 0 到 l 积分,即通过式(附 2.8)确定临界载荷。如果 EI 是常值,更易于使用四阶方程。

$$\left(40P-\frac{82\pi^2EI}{l^2}\right)\left(136P-\frac{706\pi^2EI}{l^2}\right)-\left(36P-\frac{81\pi^2EI}{l^2}\right)^2=0$$

求解该方程，得到

$$P_1=\frac{2.047\pi^2EI}{l^2}$$

和

$$P_2=\frac{6.0513\pi^2EI}{l^2}$$

这里 P_1 为欧拉临界载荷，只与精确解有微小的差异；P_2 为杆的二阶弯曲不稳定平衡形式的临界载荷，如前面计算的一样，与精确解有微小的差异。

$$P_2=\frac{2.459^2\pi^2EI}{l^2}=\frac{6.0466\pi^2EI}{l^2}$$

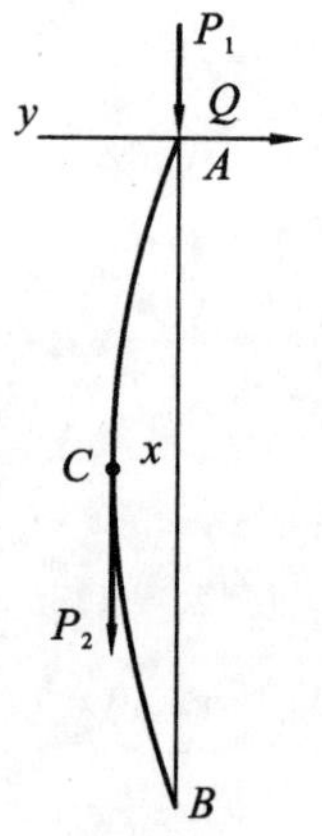

4. 两个力作用于具有自由端的杆

对于作用有两个力的杆 AB(附图 2.2)：P_1 作用于端点 A 而 P_2 作用于杆的中间点 C。AC 部分的刚度为 EI_1，而 CB 部分的刚度为 EI_2。从 A 到 C 之间的弹性线微分方程为

$$EI_1\frac{\mathrm{d}^2y}{\mathrm{d}x^2}=Qx-P_1y$$

或

$$EI_1\frac{\mathrm{d}^4y}{\mathrm{d}x^4}=-P_1\frac{\mathrm{d}^2y}{\mathrm{d}x^2}$$

从 C 到 B 之间为

附图 2.2

$$EI_2\frac{\mathrm{d}^2y}{\mathrm{d}x^2}=-Qx-P_1y+P_2(\delta-y)$$

或

$$EI_2\frac{\mathrm{d}^4y}{\mathrm{d}x^4}=-P_1\frac{\mathrm{d}^2y}{\mathrm{d}x^2}-P_2\frac{\mathrm{d}^2y}{\mathrm{d}x^2}$$

其中，δ 为杆中间点的位移。

取弹性变形曲线为

$$y=\sum_{n=1}^{\infty}y_n=\sum_{n=1}^{\infty}A_n\sin\frac{n\pi x}{l} \tag{附 2.11}$$

可由该类型的方程确定系数 A_n

$$EI_1\int_0^{\frac{l}{2}}\frac{\mathrm{d}^4y}{\mathrm{d}x^4}y_n\mathrm{d}x+EI_2\int_{\frac{l}{2}}^{l}\frac{\mathrm{d}^4y}{\mathrm{d}x^4}y_n\mathrm{d}x=-P_1\int_0^{l}\frac{\mathrm{d}^2y}{\mathrm{d}x^2}y_n\mathrm{d}x-P_2\int_{\frac{l}{2}}^{l}\frac{\mathrm{d}^2y}{\mathrm{d}x^2}y_n\mathrm{d}x$$

其中，y 的取值从公式(附 2.11)代入。

取式(附 2.11)级数的第一项，得到

$$\frac{\pi^4EI_1}{l^4}\int_0^{\frac{l}{2}}\sin^2\frac{\pi x}{l}\mathrm{d}x+\frac{\pi^4EI_2}{l^4}\int_{\frac{l}{2}}^{l}\sin^2\frac{\pi x}{l}\mathrm{d}x=P_1\frac{\pi^2}{l^2}\int_0^{l}\sin^2\frac{\pi x}{l}\mathrm{d}x+P_2\frac{\pi^2}{l^2}\int_{\frac{l}{2}}^{l}\sin^2\frac{\pi x}{l}\mathrm{d}x$$

或

$$\frac{\pi^2 E(I_1+I_2)}{2l^2}=P_1+\frac{1}{2}P_2 \tag{附 2.12}$$

如果取 $I_2=\gamma I_1$，$P=P_1+P_2$，$P_1=\dfrac{P}{k}$，$P_2=\dfrac{(k-1)P}{k}$，把这些值代入式(附 2.12)，则可得到

$$P=\frac{\pi^2 EI_2(1+\gamma)k}{l^2(1+k)\gamma}$$

这个式子由 Timoshenko 教授精确推导，它给出的结果与 Iasinskii 教授的结果非常接近。

5. 杆的一端固支，有一组沿轴向均匀分布的载荷作用其上，另有一个载荷 P 作用于另一端

取均匀截面，弹性变形曲线方程(附图 2.3)为

$$EI\frac{\mathrm{d}^2 y}{\mathrm{d}x^2}=-\int_0^x p\mathrm{d}\xi(y-\eta)-Py=-pyx+p\int_0^x \eta\mathrm{d}\xi-Py$$

或

$$EI\frac{\mathrm{d}^4 y}{\mathrm{d}x^4}=-p\frac{\mathrm{d}y}{\mathrm{d}x}-px\frac{\mathrm{d}^2 y}{\mathrm{d}x^2}-P\frac{\mathrm{d}^2 y}{\mathrm{d}x^2} \tag{附 2.13}$$

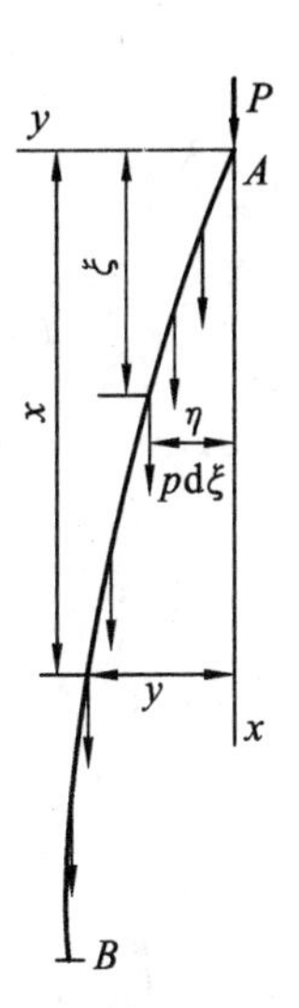

附图 2.3

取

$$y=\sum_{n=1}^{\infty}A_n\sin\frac{(2n-1)\pi x}{2l}$$

代入式(附 2.13)。

$$\frac{\pi^4 EI}{16l^4}\sum A_n(2n-1)^4\sin\frac{(2n-1)\pi x}{2l}=-\frac{p\pi}{2l}\sum A_n(2n-1)\cos\frac{(2n-1)\pi x}{2l}+$$
$$\frac{px\pi^2}{4l^2}\sum A_n(2n-1)^2\sin\frac{(2n-1)\pi x}{2l}+\frac{P\pi^2}{4l^2}\sum A_n(2n-1)^2\sin\frac{(2n-1)\pi x}{2l}$$

由式(附 2.7)，约束 y 级数自身的第一项，即方程两边同时乘以 $\sin\dfrac{\pi x}{2l}\mathrm{d}x$，并对 x 从 0 到 l 积分，则得到

$$\frac{\pi^3 EI}{8l^3}\cdot\frac{l}{2}=-\frac{pl}{\pi}+\frac{p\pi}{2l}\left(\frac{l^2}{4}+\frac{l^2}{\pi^2}\right)+\frac{P\pi}{2l}\cdot\frac{l}{2}$$

从中可得

$$P+2pl\left(\frac{1}{4}-\frac{1}{\pi^2}\right)=\frac{\pi^2 EI}{4l^2}$$

或

$$P+0.2976pl=\frac{\pi^2 EI}{4l^2}$$

假设总载荷 $P+pl=R$ 和 $\dfrac{pl}{P}=k$，则得到

$$P=\frac{R}{1+k},\ pl=\frac{Rk}{1+k}$$

将这两式代入上一个式子，可推导出

$$R=\frac{1+k}{1+0.2976k}\cdot\frac{\pi^2EI}{4l^2}$$

当 $k=0$ 时则有 $R=\frac{\pi^2EI}{4l^2}$，这样可得到一端固定、压缩力 P 作用下的杆的临界载荷。

$$k=0.5\quad R=1.5\quad P=\frac{1.5}{1.1488}\cdot\frac{\pi^2EI}{4l^2}=1.3057\frac{\pi^2EI}{4l^2}$$

$$k=1\quad R=2\quad P=\frac{2}{1.2976}\cdot\frac{\pi^2EI}{4l^2}=1.5413\frac{\pi^2EI}{4l^2}$$

$$k=2\quad R=3\quad P=\frac{3}{1.5952}\cdot\frac{\pi^2EI}{4l^2}=1.8806\frac{\pi^2EI}{4l^2}$$

$$k=\infty\quad R=pl\quad P=\frac{1}{0.2976}\cdot\frac{\pi^2EI}{4l^2}=0.84\frac{\pi^2EI}{l^2}=\frac{1}{1.09^2}\cdot\frac{\pi^2EI}{l^2}$$

如果 p 为杆的单位长度重量，则临界长度为

$$l=\sqrt[3]{\frac{0.84\pi^2EI}{p}}$$

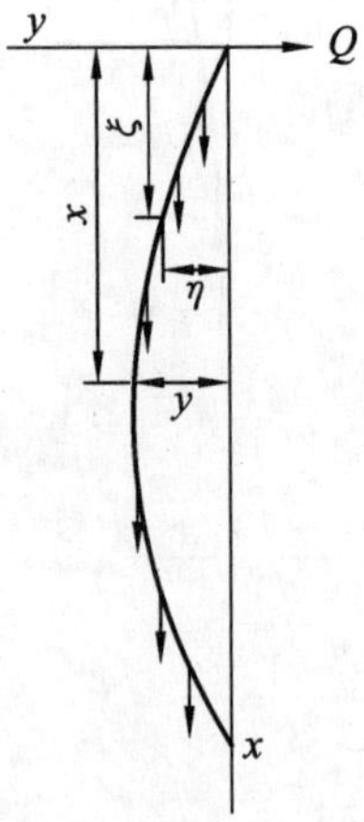

附图 2.4

6. 在沿轴向均匀分布载荷作用下，某竖直、端部自由但不能滑动的杆

假设 EI=常值，弹性变形曲线（附图 2.4）的微分方程为

$$EI\frac{d^2y}{dx^2}=-Qx-\int_0^x p\,d\xi(y-\eta)=-Qx-pyx+p\int_0^x\eta\,d\xi$$

或

$$EI\frac{d^4y}{dx^4}=-p\frac{dy}{dx}-px\frac{d^2y}{dx^2}\qquad(\text{附 }2.14)$$

表达式 $y=\sum A_n\sin\frac{n\pi x}{l}$ 满足边界条件。取第一项 $A_1\sin\frac{\pi x}{l}$ 代入四阶弹性变形的微分方程中，采用公式（附 2.7）可得到

$$\frac{\pi^4EI}{l^4}\int_0^l\sin^2\frac{\pi x}{l}dx=-\frac{p\pi}{l}\int_0^l\cos\frac{\pi x}{l}\sin\frac{\pi x}{l}dx+\frac{p\pi^2}{l^2}\int_0^l x\sin^2\frac{\pi x}{l}dx$$

或

$$\frac{\pi^2EI}{2l^2}=\frac{pl}{4}$$

可得 $pl=\frac{2\pi^2EI}{l^2}$。如果 p 为单位长度竖直放置的杆的重量，则临界长度为

$$l=\sqrt[3]{\frac{2\pi^2EI}{p}}$$

横截面相同时，两端支持的临界长度 l_1 与一端自由的临界长度 l_2 的比（参考前面的内容）为

$$\frac{l_1}{l_2}=\sqrt[3]{\frac{2}{0.84}}=1.3352$$

7. 两端弹性支撑的压杆稳定性

假设 EI 为常值，弹性变形方程为

$$EI\frac{\mathrm{d}^2y}{\mathrm{d}x^2}=Qx-Py-\int_0^x q\mathrm{d}\xi(x-\xi)$$

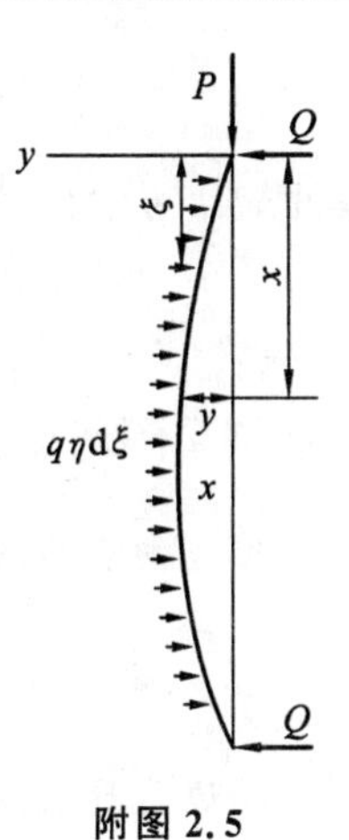

附图 2.5

其中,q 是中间媒介弹性反作用的强度。如果 β 为媒介的刚度系数,则

$$q=\beta\eta$$

并且弹性变形曲线的方程可以重新写为:

$$EI\frac{\mathrm{d}^2y}{\mathrm{d}x^2}=Qx-Py-\beta\int_0^x\eta\mathrm{d}\xi(x-\xi)$$

$$=Qx-Py-\beta x\int_0^x\eta\mathrm{d}\xi+\beta\int_0^x\eta\xi\mathrm{d}\xi$$

或

$$EI\frac{\mathrm{d}^4y}{\mathrm{d}x^4}=-P\frac{\mathrm{d}^2y}{\mathrm{d}x^2}-\beta y \qquad (附 2.15)$$

最后这个方程易于积分。下面采用近似解的方法,取 $y=\sum A_n\sin\frac{n\pi x}{l}$,把 y 的表达式代入式(附 2.15),可得到

$$\frac{\pi^4EI}{l^4}\sum A_nn^4\sin\frac{n\pi x}{l}=\frac{\pi^2P}{l^2}\sum A_nn^2\sin\frac{n\pi x}{l}-\beta\sum A_n\sin\frac{n\pi x}{l}$$

从上式可得

$$\frac{n^4\pi^4EI}{l^4}=\frac{\pi^2Pn^2}{l^2}-\beta$$

$$P=\frac{\pi^2EI}{l^2}\left(n^2+\frac{\beta l^4}{n^2\pi^4EI}\right)①$$

当 $\beta=0$(弹性介质的刚度忽略)时 $P=\frac{n^2\pi^2EI}{l^2}$,并且临界载荷 $P=\frac{\pi^2EI}{l^2}$。

临界载荷取决于弹性介质的刚度,而且并不总是对应于杆半波弯曲的形式。随着刚度的增加,与临界载荷对应的波数也在增加。

确实,对于与第 $n+1$ 阶弯曲形式对应的临界载荷,其必要条件是

$$(n+1)^2+\frac{\beta l^4}{(n+1)^2\pi^2EI}\leqslant n^2+\frac{\beta l^4}{n^2\pi^2EI}$$

或者

$$\beta\geqslant\frac{\pi^2EI}{l^4}n^2(n+1)^2$$ [7]

B. 杆的弯曲

8. 两端自由支持的梁承受均匀分布的载荷

弹性变形曲线的微分方程为

---

① $\sin\frac{n\pi x}{l}$在下面的这个条件下满足微分方程式(附 2.15)

$$P=\frac{\pi^2EI}{l^2}\left(n^2+\frac{\beta l^4}{n^2\pi^4EI}\right)$$

使得在这个例子里不需要应用式(附 2.7)。

$$EI\frac{\mathrm{d}^4y}{\mathrm{d}x^4}=p$$

其中,EI 为常值刚度,p 为单位长度载荷。取坐标系原点位于梁的中间,取

$$y=\sum_{n=1}^{\infty}A_n\cos\frac{(2n-1)\pi x}{l}$$

如果 $x=\pm\frac{l}{2}$,则有 $y=0$ 和$\frac{\mathrm{d}^2y}{\mathrm{d}x^2}=0$。

把 y 的表达式代入微分方程,可得到

$$\frac{\pi^4EI}{l^4}\sum_{n=1}^{\infty}A_n(2n-1)^4\cos\frac{(2n-1)\pi x}{l}=p$$

两边同时乘以 $\cos\frac{(2n-1)\pi x}{l}\mathrm{d}x$,对 x 变量在$\left[-\frac{l}{2},+\frac{l}{2}\right]$上做积分,可得到

$$\frac{\pi^4EI}{l^4}A_n(2n-1)^4\ \frac{l}{2}=\frac{2pl(-1)^{n+1}}{(2n-1)\pi}$$

从中可得

$$A_n=\frac{4pl^4(-1)^{n+1}}{(2n-1)^5\pi^5EI}$$

因此

$$y=\frac{4pl^4}{\pi^5EI}\sum_{n=1}^{\infty}\frac{(-1)^{n+1}}{(2n-1)^5}\cos\frac{(2n-1)\pi x}{l}$$

从这里变换到弹性变形的精确公式形式并不难,因为有

$$\frac{4pl^4}{\pi^5EI}\sum_{n=1}^{\infty}\frac{(-1)^{n+1}}{(2n-1)^5}\cos\frac{(2n-1)\pi x}{l}=\frac{p}{384}(16x^4-24l^2x^2+5l^4)$$

采用由弯曲引起的近似的变形位移公式。当 $x=0$ 时

$$y=\frac{4pl^4}{\pi^5EI}\sum_{n=1}^{\infty}\frac{(-1)^{n+1}}{(2n-1)^5}=\frac{4pl^4}{\pi^5EI}\cdot\frac{5\pi^5}{1536}=\frac{5pl^4}{384EI}$$

弯曲力矩为

$$M_x=-EI\frac{\mathrm{d}^2y}{\mathrm{d}x^2}=\frac{4pl^2}{\pi^3}\sum\frac{(-1)^{n+1}}{(2n-1)^3}\cos\frac{(2n-1)\pi x}{l}$$

当 $x=0$ 时

$$M_{\max}=\frac{4pl^2}{\pi^3}\sum\frac{(-1)^{n+1}}{(2n-1)^3}=\frac{pl^2}{8}$$

9. 集中力 P 作用于两端自由支持的梁的中点

除施加力的点之外,弹性变形曲线的所有点的方程为

$$EI\frac{\mathrm{d}^4y}{\mathrm{d}x^4}=0$$

如前段内容一样,取

$$y=\sum_{n=1}^{\infty}A_n\cos\frac{(2n-1)\pi x}{l}$$

在弯曲变形按照曲线 $\cos\frac{(2n-1)\pi x}{l}$进行时,作用在其上的外力$=P\cos0=P$,因此采用

式(附 2.7)有

$$EI\int_{-\frac{l}{2}}^{+\frac{l}{2}}\frac{d^4y}{dx^4}\cdot\frac{dy}{dA_n}dx=P$$

代入 y 的表达式,可得到

$$\frac{EI\pi^4}{l^4}(2n-1)^4A_n\frac{l}{2}=P$$

从中可得

$$A_n=\frac{2Pl^3}{(2n-1)^4\pi^4EI}$$

$$y=\frac{2Pl^3}{\pi^4EI}\sum_{n=1}^{\infty}\frac{1}{(2n-1)^4}\cos\frac{(2n-1)\pi x}{l}$$

在梁中点处($x=0$)的位移为

$$y_0=\frac{2Pl^3}{\pi^4EI}\sum_{n=1}^{\infty}\frac{1}{(2n-1)^4}=\frac{2Pl^3}{\pi^4EI}\cdot\frac{\pi^4}{96}=\frac{Pl^3}{48EI}$$

弯曲力矩为

$$M_x=\frac{2Pl}{\pi^2}\sum_{n=1}^{\infty}\frac{1}{(2n-1)^2}\cos\frac{(2n-1)\pi x}{l}$$

当 $x=0$ 时

$$M_x=\frac{2Pl}{\pi^2}\sum_{n=1}^{\infty}\frac{1}{(2n-1)^2}=\frac{Pl}{4}$$

10.两端固支的梁处于均布载荷作用下

取弹性变形曲线方程形式如下

$$y=\sum_{n=1}^{\infty}A_n\left[1-(-1)^n\cos\frac{2n\pi x}{l}\right]$$

该方程满足两端的边界条件,因为当 $x=\pm\frac{l}{2}$ 时,$y=0$ 并且$\frac{dy}{dx}=0$。

把该级数代入方程

$$EI\frac{d^4y}{dx^4}=p$$

得到

$$-\frac{16\pi^4}{l^4}\sum A_n(-1)^n\cos\frac{2n\pi x}{l}=p$$

上式两边同时乘以$\left[1-(-1)^n\cos\frac{2n\pi x}{l}\right]dx$,在$\left[-\frac{l}{2},+\frac{l}{2}\right]$上积分,得到

$$\frac{16\pi^4EIn^4}{l^4}\cdot\frac{l}{2}A_n=pl$$

从中可得

$$A_n=\frac{pl^4}{8n^4\pi^4EI}$$

$$y=\frac{pl^4}{8\pi^4EI}\sum_{n=1}^{\infty}\left[1-(-1)^n\cos\frac{2n\pi x}{l}\right]\frac{1}{n^4}$$

当 $x=0$ 时

$$y=\frac{pl^4}{8\pi^4 EI}\cdot 2\sum_{n=1}^{\infty}\frac{1}{(2n-1)^4}=\frac{pl^4}{4\pi^4 EI}\cdot\frac{\pi^4}{96}=\frac{1}{384}\frac{pl^4}{EI}$$

弯曲力矩为

$$M_x=-EI\frac{\mathrm{d}^2 y}{\mathrm{d}x^2}=-\frac{pl^2}{2\pi^2}\sum_{n=1}^{\infty}\frac{(-1)^n}{n^2}\cos\frac{2n\pi x}{l}$$

当 $x=0$ 时,弯曲力矩为

$$M_x=-\frac{pl^2}{2\pi^2}\sum_{n=1}^{\infty}\frac{(-1)^n}{n^2}=-\frac{pl^2}{2\pi^2}\left(-1+\frac{1}{2^2}-\frac{1}{3^2}+\frac{1}{4^2}-\cdots\right)=\frac{pl^2}{24}$$

当 $x=\frac{l}{2}$ 时

$$M_x=-\frac{pl^2}{2\pi^2}\sum_{n=1}^{\infty}\frac{1}{n^2}=-\frac{pl^2}{12}$$

11.两端固支的梁中间作用有集中力 P

如前段内容一样,取

$$y=\sum_{n=1}^{\infty}A_n\left[1-(-1)^n\cos\frac{2n\pi x}{l}\right]$$

将该表达式代入方程

$$EI\frac{\mathrm{d}^4 y}{\mathrm{d}x^4}=0$$

则得到

$$-\frac{16\pi^4 EI}{l^4}\sum A_n(-1)^n n^4\cos\frac{2n\pi x}{l}=0$$

上式在 $x=0$ 处不成立,因为该处 $p\neq 0$。

当弯曲沿着变形曲线 $1-(-1)^n\cos\frac{2n\pi x}{l}$ 时,作用其上的外力 P 有

$$P[1-(-1)^n\cos 0]=P[1-(-1)^n]$$

因此,采用式(附 2.7)可得到

$$-\frac{16\pi^4 EI}{l^4}\sum A_n\cdot\int_{-\frac{1}{2}}^{+\frac{1}{2}}(-1)^n n^4\cos\frac{2n\pi x}{l}\left[1-(-1)^n\cos\frac{2n\pi x}{l}\right]\mathrm{d}x=P[1-(-1)^n]$$

或

$$\frac{16\pi^4 EI}{l^4}A_n n^4\cdot\frac{l}{2}=P[1-(-1)^n]$$

从中得到

$$A_n=\frac{P[1-(-1)^n]l^3}{8n^4\pi^4 EI}$$

当 n 为偶数的时候,$A_n=0$,因此可以改写成

$$A_n=\frac{Pl^3}{4(2n-1)^4\pi^4 EI}$$

$$y=\frac{Pl^3}{4\pi^4 EI}\sum\frac{1}{(2n-1)^4}\left[1+\cos\frac{2(2n-1)\pi x}{l}\right]$$

当 $x=0$ 时

$$y=\frac{Pl^3}{2\pi^4 EI}\sum\frac{1}{(2n-1)^4}=\frac{Pl^3}{2\pi^4 EI}\cdot\frac{\pi^4}{96}=\frac{1}{192}\frac{Pl^3}{EI}$$

弯曲力矩为

$$M_x=\frac{Pl}{\pi^2}\sum\frac{1}{(2n-1)^4}\cos\frac{2(2n-1)\pi x}{l}$$

当 $x=0$ 时，$M_x=\frac{Pl}{\pi^2}\cdot\frac{\pi^2}{8}=\frac{Pl}{8}$；当 $x=\frac{l}{2}$ 时，$M_x=-\frac{Pl}{8}$。

Ⅱ

矩形平板

A. 压缩过程中的稳定性

12. 边缘自由支持的平板

假设有一个平板（附图 2.6），在边缘 $y=0$ 和 $y=b$ 处作用有单位长度载荷为 p 的均匀分布压缩力。

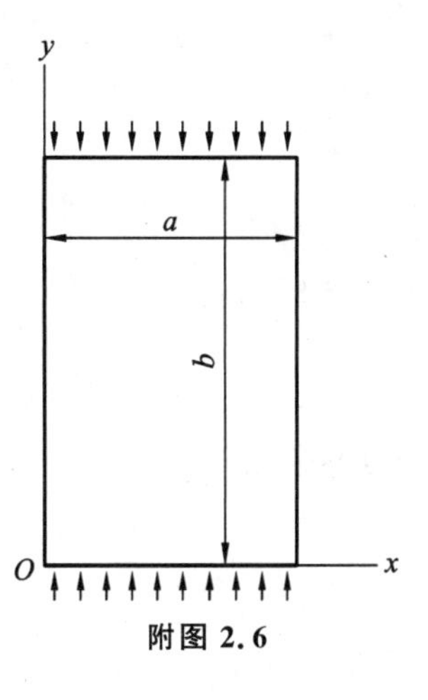

附图 2.6

取弹性平面方程

$$w=\sum_{k=1}^{\infty}\sum_{n=1}^{\infty}A_{kn}\sin\frac{k\pi x}{a}\sin\frac{n\pi y}{b}$$

将 w 的表达式代入四阶微分方程

$$\frac{m^2Eh^3}{12(m^2-1)}\left(\frac{\partial^4 w}{\partial x^4}+2\frac{\partial^4 w}{\partial x^2\partial y^2}+\frac{\partial^4 w}{\partial y^4}\right)=-p\frac{\partial^2 w}{\partial y^2}$$

（附 2.16）

得到

$$\frac{m^2Eh^3}{12(m^2-1)}\cdot\pi^4\sum_{k=1}^{\infty}\sum_{n=1}^{\infty}A_{kn}\left(\frac{k^2}{a^2}+\frac{n^2}{b^2}\right)^2\cos\frac{k\pi x}{a}\cos\frac{n\pi y}{b}=\frac{p\pi^2}{b^2}\sum_{k=1}^{\infty}\sum_{n=1}^{\infty}A_{kn}n^2\cos\frac{k\pi x}{a}\cos\frac{n\pi y}{b}$$

从中可得

$$\frac{m^2Eh^3\pi^2}{12(m^2-1)}\left(\frac{k^2}{a^2}+\frac{n^2}{b^2}\right)^2=\frac{pn^2}{b^2}$$

或者

$$p=\frac{m^2Eh^3\pi^2b^2}{12(m^2-1)n^2}\left(\frac{k^2}{a^2}+\frac{n^2}{b^2}\right)^2$$

很显然，最小的 p 值发生在 $k=1$ 的时候，因此 p 的临界值为

$$p_k=\frac{m^2Eh^3\pi^2b^2}{12(m^2-1)n^2}\left(\frac{1}{a^2}+\frac{n^2}{b^2}\right)^2$$

考察 n 的取值，取决于 a 与 b 之间的关系，当 $n>1$ 时 p_k 可以得到。

13. 三边支持的平板

在附图 2.7 中用阴影部分标出支持处。假设均匀分布的载荷 p 作用于边缘 $y=0$ 和 $y=b$ 处，级数必须满足下列边界条件：

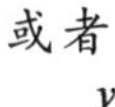
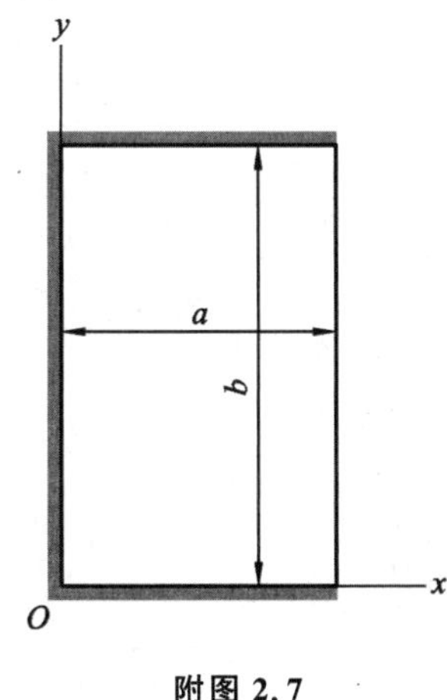

附图 2.7

(1)当 $y=0$ 和 $y=b$ 时,$w=0$ 并且$\frac{\partial^2 w}{\partial y^2}=0$;

(2)当 $x=0$ 时,$w=0$ 并且$\frac{\partial^2 w}{\partial y^2}=0$;

(3)当 $x=a$ 时,$\frac{\partial^2 w}{\partial x^2}+\frac{1}{m}\frac{\partial^2 w}{\partial y^2}=0$ 并且$\frac{\partial^3 w}{\partial x^3}+\frac{2m-1}{m}\frac{\partial^3 w}{\partial x \partial y^2}=0$。

可以进一步建立临界载荷的最小值,当截面取在 y 等于常值时,得到的曲线上的点没有变形(半波)。

取下式为弹性面的方程

$$w=\sum_{n=1}^{\infty}A_n\left(\sin\frac{\pi x}{4a}+q'_n\sin\frac{\pi x}{2a}+q''_n\sin\frac{\pi x}{a}\right)\sin\frac{n\pi y}{b} \tag{附 2.17}$$

由边界条件

$$\left[\frac{\partial^2 w}{\partial x^2}+\frac{1}{m}\frac{\partial^2 w}{\partial y^2}\right]_{x=a}=0$$

当 $m=4$ 时,得到

$$q'_n=-0.177\,\frac{b^2+4n^2a^2}{b^2+n^2a^2}$$

由边界条件

$$\left[\frac{\partial^3 w}{\partial x^3}+\frac{2m-1}{m}\frac{\partial^3 w}{\partial x \partial y^2}\right]_{x=a}=0$$

导出

$$q''_n=\frac{\sqrt{2}b^2+28n^2a^2}{128b^2+1.75n^2a^2}$$

将 w 的表达式代入方程式(附 2.16),得到

$$\frac{m^2Eh^3\pi^4}{12(m^2-1)}\sum_{n=1}^{\infty}A_n\left[\left(\frac{1}{16a^2}+\frac{n^2}{b^2}\right)^2\sin\frac{\pi x}{4a}+q'_n\left(\frac{1}{4a^2}+\frac{n^2}{b^2}\right)^2\sin\frac{\pi x}{2a}+q''_n\left(\frac{1}{a^2}+\frac{n^2}{b^2}\right)^2\sin\frac{\pi x}{a}\right]\sin\frac{n\pi y}{b}$$
$$=\frac{pn^2\pi}{b^2}\sum_{n=1}^{\infty}A_n\left(\sin\frac{\pi x}{4a}+q'_n\sin\frac{\pi x}{2a}+q''_n\sin\frac{\pi x}{a}\right)\sin\frac{n\pi y}{b}$$

在上式两端同乘$\frac{\mathrm{d}w}{\mathrm{d}A_n}\mathrm{d}x\mathrm{d}y$,并在平板的整个面积范围积分,得到

$$\frac{m^2Eh^3\pi^2}{12(m^2-1)}\left\{\left(\frac{1}{16a^2}+\frac{n^2}{b^2}\right)^2\frac{a(\pi-2)}{2\pi}+q_n'^2\left(\frac{1}{4a^2}+\frac{n^2}{b^2}\right)^2\frac{a}{2}+q_n''^2\left(\frac{1}{a^2}+\frac{n^2}{b^2}\right)^2\frac{a}{2}+\right.$$
$$q'_n\left[\left(\frac{1}{16a^2}+\frac{n^2}{b^2}\right)^2+\left(\frac{1}{4a^2}+\frac{n^2}{b^2}\right)^2\right]\frac{2a\sqrt{2}}{3\pi}+q''_n\left[\left(\frac{1}{16a^2}+\frac{n^2}{b^2}\right)^2+\left(\frac{1}{a^2}+\frac{n^2}{b^2}\right)^2\right]\frac{8a\sqrt{2}}{15n}+$$
$$\left.q'_nq''_n\left[\left(\frac{1}{4a^2}+\frac{n^2}{b^2}\right)^2+\left(\frac{1}{a^2}+\frac{n^2}{b^2}\right)^2\right]\frac{4a}{3\pi}\right\}\frac{b}{2}$$
$$=p\left[\frac{a(\pi-2)}{2\pi}+q_n'^2\frac{a}{2}+q''_n\frac{a}{2}+\frac{4q'_na\sqrt{2}}{3\pi}+\frac{16q''_na\sqrt{2}}{15\pi}+\frac{8q'_nq''_na}{3\pi}\right]\frac{n^2}{2b}$$

从中可以确定 p。

当板的宽度 $a=\infty$ 时

$$p=\frac{m^2Eh^3\pi^2}{12(m^2-1)b^2}$$

在板的两边固支时得到欧拉载荷：当 $n=1$ 和 $a=b$ 时，$p=\frac{m^2Eh^3\pi^2}{12(m^2-1)b^2}\cdot 1.487$；当 $n=1$、$a=\frac{b}{2}$ 时，$p=\frac{m^2Eh^3\pi^2}{12(m^2-1)b^2}\cdot 2.830$。

如果 $E=2\times10^6\ \text{kg/cm}^2$① 并且假设 $\frac{a}{h}=100$，临界应力为

$$\frac{P}{h}=261\ \text{kg/cm}^2\quad (a=b)$$

$$\frac{P}{h}=124\ \text{kg/cm}^2\quad \left(a=\frac{b}{2}\right)$$

这样得到当 $n=1$ 时的临界应力，当 $n>1$ 时，p 的值将增加。

B. 板的弯曲

14. 板固定在边缘，沿着外侧边界的支持上

这里假设一个板支撑在非弹性基础上，承受的载荷 p 在平面表面均匀分布。坐标系的原点位于非弯曲变形平板的中心，坐标轴与矩形的边平行(附图 2.8)。

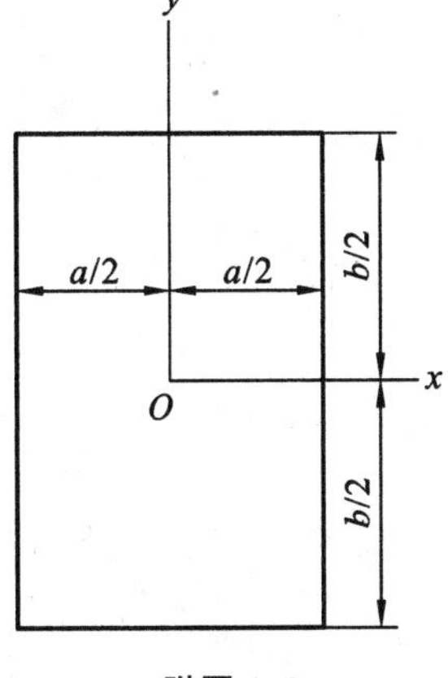

附图 2.8

弹性面的方程取为

$$w=\sum_{k=2}^{\infty}\sum_{n=2}^{\infty}A_{kn}(a^2-4x^2)^k(b^2-4y^2)^n \quad (附 2.18a)$$

根据平板的非弹性支撑情况，所选的级数中每一项都满足边界条件，因为当 $x=\pm\frac{a}{2}$ 时 $w=0$，而当 $y=\pm\frac{b}{2}$ 时也有 $w=0$。

边界的完全固支条件要求当 $x=\pm\frac{a}{2}$ 时 $\frac{\partial w}{\partial x}=0$ 和 $y=\pm\frac{b}{2}$ 时 $\frac{\partial w}{\partial x}=0$，这满足 $k\geqslant2$ 和 $n\geqslant2$ 时的方程式(附 2.18a)，从而满足所有的边界条件。

然后限定取级数中的四项，认为能够提供足够的精度，则取

$$w=A_{22}(a^2-4x^2)^2(b^2-4y^2)^2+A_{23}(a^2-4x^2)^2(b^2-4y^2)^3+A_{32}(a^2-4x^2)^3(b^2-4y^2)^2+A_{33}(a^2-4x^2)^3(b^2-4y^2)^3 \quad (附 2.18b)$$

将公式(附 2.18b)中 w 的表达式代入微分方程式(附 2.3)，得到

$$\frac{m^2Eh^3}{12(m^2-1)}\{A_{22}[384(b^2-4y^2)^2+512(a^2-12x^2)(b^2-12y^2)^2+384(a^2-4x^2)^2]+A_{23}[384(b^2-4y^2)^3+768(a^2-12x^2)(b^4-24b^2y^2+80y^4)+1152(a^2-4x^2)^2(b^2-20y^2)]+A_{32}[1152(a^2-20x^2)(b^2-4y^2)^2+768(a^4-24a^2x^2+80x^4)(b^2-12y^2)+384(a^2-4x^2)^3]+A_{33}[1152(a^2-20x^2)(b-4y^2)^3+1152(a^4-24a^2x^2+80x^4)(b^4-24b^2y^2+80y^4)+1152(a^4-4x^2)^3(b^2-20y^2)]\}=p$$

(附 2.19)

① 原文单位如此，未做改动。——译者注。

式(附 2.19)两边相继乘以$(a^2-4x^2)^2(b^2-4y^2)^2\mathrm{d}x\mathrm{d}y$，$(a^2-4x^2)^2(b^2-4y^2)^3\mathrm{d}x\mathrm{d}y$，$(a^2-4x^2)^3(b^2-4y^2)^2\mathrm{d}x\mathrm{d}y$和$(a^2-4x^2)^3(b^2-4y^2)^3\mathrm{d}x\mathrm{d}y$，然后在下列范围内积分：$x$在$\left[-\frac{a}{2},+\frac{a}{2}\right]$之间积分，$y$在$\left[-\frac{b}{2},+\frac{b}{2}\right]$之间积分。经过一些简化，得到以下形式的 4 个方程，可以确定A_{kn}的取值。

$$(1)A_{22}\left(\frac{b^4}{a^4}+\frac{4}{7}\frac{b^2}{a^2}+1\right)+30A_{23}a^2\left(\frac{1}{33}\frac{b^6}{a^6}+\frac{2}{105}\frac{b^4}{a^4}+\frac{1}{35}\frac{b^2}{a^2}\right)+30A_{32}a^2\left(\frac{1}{35}\frac{b^4}{a^4}+\frac{2}{105}\frac{b^2}{a^2}+\frac{1}{33}\right)+$$
$$60A_{33}a^4\left(\frac{1}{77}\frac{b^6}{a^6}+\frac{1}{105}\frac{b^4}{a^4}+\frac{1}{77}\frac{b^2}{a^2}\right)=\frac{21}{512}\frac{p(m^2-1)}{m^2Eh^3a^4}$$

$$(2)A_{22}\left(\frac{1}{33}\frac{b^4}{a^4}+\frac{2}{105}\frac{b^2}{a^2}+\frac{1}{35}\right)+4A_{23}a^2\left(\frac{1}{143}\frac{b^6}{a^6}+\frac{2}{385}\frac{b^4}{a^4}+\frac{1}{105}\frac{b^2}{a^2}\right)+\frac{2}{7}A_{32}a^2\left(\frac{1}{11}\frac{b^4}{a^4}+\frac{1}{15}\frac{b^2}{a^2}+\frac{1}{11}\right)+$$
$$\frac{24}{7}A_{33}a^4\left(\frac{1}{143}\frac{b^6}{a^6}+\frac{1}{165}\frac{b^4}{a^4}+\frac{1}{99}\frac{b^2}{a^2}\right)=\frac{3}{2560}\frac{p(m^2-1)}{m^2Eh^3a^4}$$

$$(3)A_{22}\left(\frac{1}{35}\frac{b^4}{a^4}+\frac{2}{105}\frac{b^2}{a^2}+\frac{1}{33}\right)+\frac{2}{7}A_{23}a^2\left(\frac{1}{11}\frac{b^6}{a^6}+\frac{1}{15}\frac{b^4}{a^4}+\frac{1}{11}\frac{b^2}{a^2}\right)+4A_{32}a^2\left(\frac{1}{105}\frac{b^4}{a^4}+\frac{2}{385}\frac{b^2}{a^2}+\frac{1}{143}\right)+$$
$$\frac{24}{7}A_{33}a^4\left(\frac{1}{99}\frac{b^6}{a^6}+\frac{1}{165}\frac{b^4}{a^4}+\frac{1}{143}\frac{b^2}{a^2}\right)=\frac{3}{2560}\frac{p(m^2-1)}{m^2Eh^3a^4}$$

$$(4)A_{22}\left(\frac{1}{11}\frac{b^4}{a^4}+\frac{1}{15}\frac{b^2}{a^2}+\frac{1}{11}\right)+\frac{12}{11}A_{23}a^2\left(\frac{1}{13}\frac{b^6}{a^6}+\frac{1}{15}\frac{b^4}{a^4}+\frac{1}{9}\frac{b^2}{a^2}\right)+\frac{12}{11}A_{32}a^2\left(\frac{1}{9}\frac{b^4}{a^4}+\frac{1}{15}\frac{b^2}{a^2}+\frac{1}{13}\right)+$$
$$\frac{48}{11}A_{33}a^4\left(\frac{1}{39}\frac{b^6}{a^6}+\frac{1}{55}\frac{b^4}{a^4}+\frac{1}{39}\frac{b^2}{a^2}\right)=\frac{9}{2560}\frac{p(m^2-1)}{m^2Eh^3a^4}$$

(附 2.20a)

当$\frac{b}{a}=1$时，可得到下面 3 个方程($A_{23}=A_{32}$)

$$(1)A_{22}+1.8182A_{23}a^2+0.8283A_{33}a^4=0.015950\frac{p(m^2-1)}{m^2Eh^3a^4}$$

$$(2)A_{22}+2.0257A_{23}a^2+1.0211A_{33}a^4=0.015045\frac{p(m^2-1)}{m^2Eh^3a^4}$$

$$(3)A_{22}+2.2364A_{23}a^2+1.2199A_{33}a^4=0.014148\frac{p(m^2-1)}{m^2Eh^3a^4}$$

(附 2.20b)

当$\frac{b}{a}=1.5$时，则可由下面 4 个方程来确定A_{kn}

$$(1)A_{22}+2.0646A_{23}a^2+0.8892A_{32}a^2+1.8396A_{33}a^4=0.005582\frac{p(m^2-1)}{m^2Eh^3a^4}$$

$$(2)A_{22}+2.2659A_{23}a^2+0.8907A_{32}a^2+2.0291A_{33}a^4=0.005211\frac{p(m^2-1)}{m^2Eh^3a^4}$$

$$(3)A_{22}+2.0694A_{23}a^2+1.2286A_{32}a^2+2.5423A_{33}a^4=0.005381\frac{p(m^2-1)}{m^2Eh^3a^4}$$

$$(4)A_{22}+2.2775A_{23}a^2+1.2283A_{32}a^2+2.7498A_{33}a^4=0.005014\frac{p(m^2-1)}{m^2Eh^3a^4}$$

(附 2.20c)

当$\frac{b}{a}=2$时，则可由下面4个方程来确定A_{kn}

$$(1)A_{22}+3.6688A_{23}a^2+0.8767A_{32}a^4+3.2216A_{33}a^4=0.002127\frac{p(m^2-1)}{m^2Eh^3a^4}$$

$$(2)A_{22}+3.8589A_{23}a^2+0.8824A_{32}a^2+3.4018A_{33}a^4=0.001988\frac{p(m^2-1)}{m^2Eh^3a^4}$$

$$(3)A_{22}+3.6746A_{23}a^2+1.2789A_{32}a^2+4.6932A_{33}a^4=0.002079\frac{p(m^2-1)}{m^2Eh^3a^4}$$

$$(4)A_{22}+3.8735A_{23}a^2+1.2771A_{32}a^2+4.9016A_{33}a^4=0.001940\frac{p(m^2-1)}{m^2Eh^3a^4}$$

（附2.20d）

对于$\frac{b}{a}=1.0$、1.5和2.0时A_{kn}的计算值在附表2.1中给出。

附表2.1

$\frac{b}{a}$	1.0	1.5	2.0	数值因子
A_{22}	0.028867	0.011845	0.005239	$\frac{p(m^2-1)}{m^2Eh^3a^4}$
A_{23}	−0.009753	−0.002795	−0.000823	$\frac{p(m^2-1)}{m^2Eh^3a^6}$
A_{32}	−0.009753	−0.002691	−0.000525	$\frac{p(m^2-1)}{m^2Eh^3a^6}$
A_{33}	0.005814	0.001033	0.000114	$\frac{p(m^2-1)}{m^2Eh^3a^8}$

在中心$(x=0,y=0)$处的位移为

$$W_{00}=a^4b^4(A_{22}+A_{23}b^2+A_{32}a^2+A_{33}a^2b^2)$$

附表2.2并排给出了Bubnov和我们在另一篇文章中推导的W_{00}的取值。

在代数级数的辅助下计算出的平板最大位移值，与Bubnov教授和使用完全不同的方法的作者得到的结果略有不同。

附表2.2　板中心位置的变形，以$\frac{pa^4}{Eh^3}$表示

$\frac{b}{a}$	m	W_{00}		
		本文计算值	Bubnov值	另一篇文章值
1	10/3	0.0138	0.0138	0.0138
	4	0.0142	0.0142	0.0143
1.5	10/3	0.0239	0.0240	0.0241
	4	0.0246	0.0247	0.0248
2	10/3	0.0273	0.0276	—
	4	0.0282	0.0285	—

任意一点的应力为

$$\sigma_x=-\frac{m^2Ez}{2(m^2-1)}\left(\frac{\partial^2 w}{\partial x^2}+\frac{1}{m}\frac{\partial^2 w}{\partial y^2}\right)$$

假设 $z=\frac{h}{2}$,则得到

$$\begin{aligned}\sigma_x &= \frac{4m^2Eh}{m^2-1}\Big\{\sum A_{kn}k(a^2-4x^2)^{k-2}[a^2-4(2k-1)x^2](b^2-4y^2)^n+\\ &\quad \frac{1}{m}\sum A_{kn}n(a^2-4x^2)^k(b^2-4y^2)^{n-2}[b^2-4(2n-1)y^2]\Big\}\\ &=\frac{4m^2Eh}{m^2-1}\{2A_{22}(a^2-12x^2)(b^2-4y^2)^2+2A_{23}(a^2-12x^2)(b^2-4y^2)^3+\\ &\quad 3A_{32}(a^2-4x^2)(a^2-20x^2)(b^2-4y^2)^2+3A_{33}(a^2-4x^2)(a^2-20x^2)(b^2-4y^2)^3+\\ &\quad \frac{1}{m}[2A_{22}(a^2-4x^2)^2(b^2-12y^2)+3A_{23}(a^2-4x^2)^2(b^2-4y^2)(b^2-20y^2)+\\ &\quad 2A_{32}(a^2-4x^2)^3(b^2-12y^2)+3A_{33}(a^2-4x^2)^3(b^2-4y^2)(b^2-20y^2)]\}\end{aligned}$$

(附 2.21a)

假设 $y=0$,则可得到在直线 $y=0,z=\frac{h}{2}$上的点的 σ_x 值。

由式(附 2.21a),假设 $y=0$,则可得到

$$\begin{aligned}\sigma_x|_{y=0}&=\frac{4m^2Eh}{m^2-1}\{2A_{22}(a^2-12x^2)b^4+2A_{23}(a^2-12x^2)b^6+3A_{32}(a^2-4x^2)(a^2-20x^2)b^4+\\ &\quad 3A_{33}(a^2-4x^2)(a^2-20x^2)b^6+\frac{1}{m}[2A_{22}(a^2-4x^2)^2b^2+3A_{23}(a^2-4x^2)^2b^4+\\ &\quad 2A_{32}(a^2-4x^2)^3b^2+3A_{33}(a^2-4x^2)^3b^4]\}\end{aligned}$$

(附 2.21b)

附表 2.3 给出了由式(附 2.21b)计算出的 $M_y=\frac{\sigma_x h^2}{6}$ 值。

附表 2.3　沿直线 $y=0$ 的 M_y 取值

$\frac{b}{a}$	m	沿直线 $y=0$ 的 M_y				
		$x=0$	$x=\frac{a}{8}$	$x=\frac{a}{4}$	$x=\frac{3}{8}a$	$x=\frac{a}{2}$
1	10/3	$0.0229pa^2$	$0.0206pa^2$	$0.0106pa^2$	$-0.0102pa^2$	$-0.0510pa^2$
	4	$0.0220pa^2$	$0.0198pa^2$	$0.0101pa^2$	$-0.0104pa^2$	$-0.0510pa^2$
1.5	10/3	$0.0367pa^2$	$0.0308pa^2$	$0.0112pa^2$	$-0.0224pa^2$	$-0.0750pa^2$
	4	$0.0362pa^2$	$0.0304pa^2$	$0.0110pa^2$	$-0.0224pa^2$	$-0.0750pa^2$
2	10/3	$0.0401pa^2$	$0.0330pa^2$	$0.0110pa^2$	$-0.0267pa^2$	$-0.0831pa^2$
	4	$0.0399pa^2$	$0.0329pa^2$	$0.0110pa^2$	$-0.0267pa^2$	$-0.0831pa^2$

附图 2.9 用图解方法展示了当 $y=0$，对 $m=4$ 时的力矩 M_y。

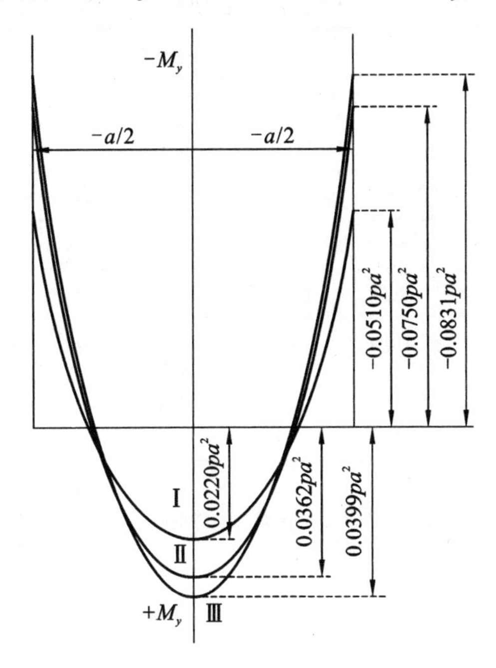

附图 2.9　$y=0$ 时的 M_y，曲线Ⅰ为 $\frac{b}{a}=1$，曲线Ⅱ为 $\frac{b}{a}=1.5$，曲线Ⅲ为 $\frac{b}{a}=2$

对于 σ_x 值，得到了类似于式(附 2.21a)的式子，形如

$$\sigma_y=\frac{4m^2Eh}{m^2-1}\{2A_{22}(a^2-4x^2)^2(b^2-12y^2)+ 3A_{23}(a^2-4x^2)^2(b^2-4y^2)(b^2-20y^2)+2A_{32}(a^2-4x^2)^3(b^2-12y^2)+ 3A_{33}(a^2-4x^2)^3(b^2-4y^2)(b^2-20y^2)+\frac{1}{m}[2A_{22}(a^2-12x^2)(b^2-4y^2)^2+ 2A_{23}(a^2-12x^2)(b^2-4y^2)^3+3A_{32}(a^2-4x^2)(a^2-20x^2)(b^2-4y^2)^2+ 3A_{33}(a^2-4x^2)(a^2-20x^2)(b^2-4y^2)^3]\} \tag{附 2.22a}$$

当 $y=0$ 时

$$\sigma_y|_{y=0}=\frac{4m^2Eh}{m^2-1}\{2A_{22}(a^2-4x^2)^2b^2+3A_{23}(a^2-4x^2)^2b^4+ 2A_{32}(a^2-4x^2)^3b^2+3A_{33}(a^2-4x^2)^3b^4+ \frac{1}{m}[2A_{22}(a^2-12x^2)b^4+2A_{23}(a^3-12x^2)b^6+ 3A_{32}(a^2-4x^2)(a^2-20x^2)b^4+ 3A_{33}(a^2-4x^2)(a^2-20x^2)b^6]\} \tag{附 2.22b}$$

附表 2.4 给出了由式(附 2.22b)计算出的 $y=0$ 时 $M_x=\frac{\sigma_y h^2}{6}$ 的值。

附表 2.4　沿直线 $y=0$ 的 M_x 取值

$\frac{b}{a}$	m	沿直线 $y=0$ 的 M_x				
		$x=0$	$x=\frac{a}{8}$	$x=\frac{a}{4}$	$x=\frac{3}{8}a$	$x=\frac{a}{2}$
1	10/3	$0.0229pa^2$	$0.0212pa^2$	$0.0116pa^2$	$0.0001pa^2$	$-0.0153pa^2$
	4	$0.0220pa^2$	$0.0204pa^2$	$0.0112pa^2$	$0.0007pa^2$	$-0.0128pa^2$
1.5	10/3	$0.0198pa^2$	$0.0176pa^2$	$0.0069pa^2$	$-0.0053pa^2$	$-0.0250pa^2$
	4	$0.0181pa^2$	$0.0162pa^2$	$0.0064pa^2$	$-0.0041pa^2$	$-0.0188pa^2$
2	10/3	$0.0143pa^2$	$0.0121pa^2$	$0.0039pa^2$	$-0.0077pa^2$	$-0.0277pa^2$
	4	$0.0123pa^2$	$0.0105pa^2$	$0.0034pa^2$	$-0.0063pa^2$	$-0.0208pa^2$

由式(附 2.21a)得到边界 $x=\frac{a}{2}$时的取值

$$\sigma_x\big|_{x=\frac{a}{2}}=-\frac{16m^2Eha^2}{m^2-1}\left[A_{22}(b^2-4y^2)^2+A_{23}(b^2-4y^2)^3\right]$$

附表 2.5 给出了边界 $x=\frac{a}{2}$的不同点处的支持力矩 $M_y=\frac{\sigma_x h^2}{6}$。边界处的 M_y 取值与 m 无关。

附表 2.5　在边界 $x=\frac{a}{2}$处的 M_y 取值

$\frac{b}{a}$	在边界 $x=\frac{a}{2}$处的支持力矩 M_y				
	$y=0$	$y=\frac{b}{8}$	$y=\frac{b}{4}$	$y=\frac{3}{8}b$	$y=\frac{b}{2}$
1	$-0.0510pa^2$	$-0.0462pa^2$	$-0.0323pa^2$	$-0.0125pa^2$	0
1.5	$-0.0750pa^2$	$-0.0706pa^2$	$-0.0541pa^2$	$-0.0235pa^2$	0
2	$-0.0831pa^2$	$-0.0807pa^2$	$-0.0665pa^2$	$-0.0310pa^2$	0

附图 2.10 展示了边界处 $x=\frac{a}{2}$的支持力矩。

曲线Ⅰ为$\frac{b}{a}=1$,曲线Ⅱ为$\frac{b}{a}=1.5$,曲线Ⅲ为$\frac{b}{a}=2$。

假设在式(附 2.22a)中 $y=\frac{b}{2}$,得到另一个边界处的应力 σ_y

$$\sigma_y\big|_{y=\frac{b}{2}}=-\frac{16m^2Ehb^2}{m^2-1}\left[A_{22}(a^2-4x^2)^2+A_{32}(a^2-4x^2)^3\right]$$

附表 2.6 给出了边界 $y=\frac{b}{2}$处的 $M_x=\frac{\sigma_y h^2}{6}$的取值。

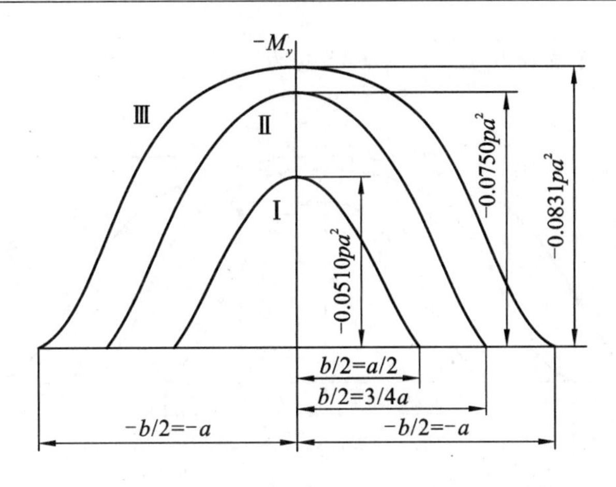

附图 2.10　边界 $x=\frac{a}{2}$处的支持力矩 M_y

附表 2.6　在边界 $y=\frac{b}{2}$处的 M_x 取值

$\frac{b}{a}$	在边界 $y=\frac{b}{2}$处的支持力矩 M_x				
	$x=0$	$x=\frac{a}{8}$	$x=\frac{a}{4}$	$x=\frac{3}{8}a$	$x=\frac{a}{2}$
1	$-0.0510pa^2$	$-0.0462pa^2$	$-0.0323pa^2$	$-0.0125pa^2$	0
1.5	$-0.0549pa^2$	$-0.0492pa^2$	$-0.0332pa^2$	$-0.0123pa^2$	0
2	$-0.0503pa^2$	$-0.0445pa^2$	$-0.0291pa^2$	$-0.0102pa^2$	0

支持处的反作用力大小等于支持位置横向力的幅值。

支持位置 $x=\frac{a}{2}$处的横向力为

$$V_{xz}=-\frac{m^2Eh^3}{12(m^2-1)}\frac{\partial^3 w}{\partial x^3}$$

$$=-\frac{16m^2Eh^3a}{m^2-1}[A_{22}(b^2-4y^2)^2+A_{23}(b^2-4y^2)^3-2A_{32}a^2(b^2-4y^2)^2-2A_{33}a^2(b^2-4y^2)^3]$$

（附 2.23）

附表 2.7 给出了支持位置 $x=\frac{a}{2}$的 V_{xz} 的取值。

附表 2.7　在支持位置 $x=\frac{a}{2}$处的横向力

$\frac{b}{a}$	在边界 $x=\frac{a}{2}$处的 V_{xz}				
	$y=0$	$y=\frac{b}{8}$	$y=\frac{b}{4}$	$y=\frac{3}{8}b$	$y=\frac{b}{2}$
1	$-0.432pa$	$-0.398pa$	$-0.291pa$	$-0.120pa$	0
1.5	$-0.509pa$	$-0.496pa$	$-0.422pa$	$-0.193pa$	0
2	$-0.534pa$	$-0.528pa$	$-0.452pa$	$-0.218pa$	0

附图 2.11 中显示了支持位置 $x=\frac{a}{2}$ 的横向力。

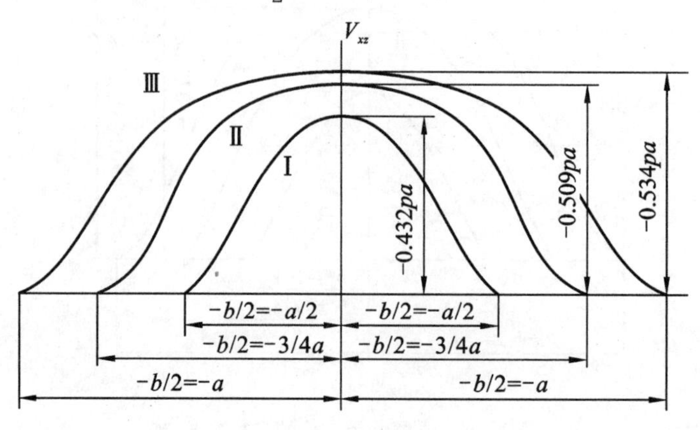

附图 2.11　支持边界 $x=\frac{a}{2}$ 处的横向力

曲线Ⅰ为 $\frac{b}{a}=1$，曲线Ⅱ为 $\frac{b}{a}=1.5$，曲线Ⅲ为 $\frac{b}{a}=2$。

在支持位置 $y=\frac{b}{2}$ 的横向力为

$$V_{yz}=-\frac{16m^2Eh^3b}{m^2-1}\left[A_{22}(a^2-4x^2)^2-2A_{23}b^2(a^2-4x^2)^2+A_{32}(a^2-4x^2)^3-2A_{33}b^2(a^2-4x^2)^3\right] \tag{附 2.24}$$

附表 2.8 给出了支持位置各点的 V_{yz} 的值。

附表 2.8　在支持位置 $y=\frac{b}{2}$ 处的横向力

$\frac{b}{a}$	在边界 $y=\frac{b}{2}$ 处的 V_{yz}（以 pa 表示）				
	$x=0$	$x=\frac{a}{8}$	$x=\frac{a}{4}$	$x=\frac{3}{8}a$	$x=\frac{a}{2}$
1	$-0.432pa$	$-0.398pa$	$-0.291pa$	$-0.120pa$	0
1.5	$-0.410pa$	$-0.293pa$	$-0.168pa$	$-0.046pa$	0
2	$-0.332pa$	$-0.282pa$	$-0.161pa$	$-0.044pa$	0

最后总结一下，我们给出了附表 2.9。在 $x=0$，$y=0$ 处给出了 M_x 和 M_y 值的对比，在支持位置处给出了 M_y、M_x、V_{xz} 和 V_{yz} 的对比，并且对比了这里的计算值和 Hencky 以及笔者在另一篇文章中的结果。

附表 2.9　结果对比表

$\frac{b}{a}$	数据来源	在中心处		在支持位置			
		M_y	M_x	M_y	M_x	V_{xz}	V_{yz}
1	本文结果	$0.0229pa^2$	$0.0229pa^2$	$-0.0510pa^2$	$-0.0510pa^2$	$-0.432pa$	$-0.432pa$
	Hencky	$0.0230pa^2$	$0.0230pa^2$	$-0.0512pa^2$	$-0.0512pa^2$	$-0.440pa$	$-0.440pa$
	笔者的另一篇文章	$0.0229pa^2$	$0.0229pa^2$	$-0.0517pa^2$	$-0.0517pa^2$	$-0.452pa$	$-0.452pa$
1.5	本文结果	$0.0367pa^2$	$-0.0198pa^2$	$-0.0750pa^2$	$-0.0549pa^2$	$-0.509pa$	$-0.410pa$
	Hencky	$0.0370pa^2$	$-0.0200pa^2$	$-0.0765pa^2$	$-0.0565pa^2$	$-0.525pa$	$-0.475pa$
	笔者的另一篇文章	$0.0368pa^2$	$-0.0204pa^2$	$-0.0753pa^2$	$-0.0515pa^2$	$-0.517pa$	$-0.457pa$